dtv

Alexander von Humboldt

# Der Andere Kosmos
# 70 Texte, 70 Orte, 70 Jahre
# 1789–1859

Herausgegeben von
Oliver Lubrich und Thomas Nehrlich

dtv

**Ausführliche Informationen über unsere Autoren und Bücher**
**www.dtv.de**

MIX
Papier aus verantwortungsvollen Quellen
FSC® C104723
FSC www.fsc.org

dtv Verlagsgesellschaft mbH & Co. KG, München 2019
Die vorliegende Auswahl basiert auf der Ausgabe:
Alexander von Humboldt, ‚Sämtliche Schriften', Berner Ausgabe,
herausgegeben von Oliver Lubrich und Thomas Nehrlich.
Die wissenschaftliche Edition der ‚Sämtlichen Schriften' wurde ermöglicht
durch den Schweizerischen Nationalfonds (SNF).

Umschlaggestaltung: Focus + Echo/ Dina Fluck
Layout: Lisa Jüngst
Satz: Druckerei C. H. Beck, Nördlingen
Gesetzt aus der Minion
Druck und Bindung: TBB, a. s., Slovakia
Gedruckt auf säurefreiem, chlorfrei gebleichtem Papier
ISBN 978-3-423-28170-6

# Inhalt

# In 70 Texten um die Welt – Der andere Kosmos des Alexander von Humboldt

„Je vis là tout le Humboldt"
(„Da sah ich den ganzen
Humboldt" – in Kapitän Nemos
Bibliothek in der „Nautilus")
Jules Verne, *Vingt mille lieues
sous les mers* (1869/70)

Alexander von Humboldt unternahm zwei große Reisen: eine nach Amerika (1799–1804) und eine nach Asien (1829). Eigentlich wollte er sich Nicolas Baudins Weltumsegelung anschließen, wie sein Vorbild Georg Forster an James Cooks zweiter Südseefahrt teilgenommen hatte (1772–1775). Aber die Expedition des französischen Forschers kam 1798 nicht zustande, und als er zwei Jahre später schließlich doch aufbrach, war Humboldt bereits in Übersee. Vergeblich versuchte er, die Expedition in Peru am Pazifik zu erreichen. Humboldt war in jeder Hinsicht ein Reisender. Er war unentwegt unterwegs. Seine Mobilität ist für seine Zeit außerordentlich – räumlich wie intellektuell. Nur ein Weltreisender im buchstäblichen Sinn wurde er nicht.

## Die Weltreise der Schriften

Die Reise um die Welt, die Humboldt selbst nicht gelang, machten dann seine Schriften. Rund 1000 Texte von ihm wurden zu seinen Lebzeiten auf dem ganzen Globus veröffentlicht: auf fünf Kontinenten, an mehr als 250 Orten. Alexander von Humboldt war der internationalste Publizist seiner Zeit.

Die Publikationsorte der Schriften gehen weit über Humboldts eigene Routen hinaus. Er veröffentlichte nicht nur in Berlin, Paris, Madrid, Caracas, Bogotá, México, Havanna und Philadelphia, Sankt Petersburg und Moskau. Seine Texte erschienen in Afrika, wohin er selbst nicht gelangte, weil Napoleons Feldzug ihn 1798 daran gehindert hatte; in Rio de Janeiro, nachdem die Portugiesen ihm 1800 den Zugang nach Brasilien verweigert hatten; in Calcutta und Bombay, wohin ihn die Engländer nicht hatten einreisen lassen. Russland und Sibirien durchquerte er bis zur chinesischen Grenze – doch einer seiner Artikel erschien in Shanghai. Lange Zeit setzte er sich für einen Schiffahrtsweg durch die Landenge von Mittelamerika ein – den seine Schriften vorwegnahmen, indem sie sowohl in Panama als auch in Auckland und Sydney gedruckt wurden, lange bevor der Panama-Kanal, der Atlantik und Pazifik verbindet, 1914 Wirklichkeit wurde.

Eine besondere Verbreitung erfuhren Humboldts Beiträge in den USA, wo sich der Naturforscher auf der Rückreise aus den Amerikas 1804 für einige Wochen aufgehalten hatte. Unter den Bedingungen einer freien und wetteifernden Presse, die wenig Rücksicht auf Urheberrechte nahm, zirkulierten seine liberalen Ideen und seine Beiträge gegen die Sklaverei hier rasant – von der *New York Times* bis zu Provinzblättern am Mississippi. Mit zunehmender Prominenz fanden nicht nur seine wissenschaftlichen Studien, sondern auch seine politischen Stellungnahmen in immer neuen Regionen Gehör.

## Der andere Kosmos

Alexander von Humboldt wurde fast 90 Jahre alt (1769–1859). In sieben Jahrzehnten war er publizistisch aktiv. Seinen ersten Artikel veröffentlichte er im Revolutionsjahr 1789, damals noch anonym, „par un jeune Gentilhomme de cette ville", in französischer Sprache in einer literarischen Zeitung in Berlin. Es folgten zahlreiche weitere Schriften, mit Varianten insgesamt fast 1000, im engeren Sinn rund 800 individuell verschiedene Texte, die zusammen mit ihren Nachdrucken, Bearbeitungen und Übersetzungen weltweit 3600 Mal veröffentlicht wurden: als Aufsätze in Zeitschriften, Artikel in Zeitungen, Essays in Journalen und als Beiträge zu den Werken anderer Autoren. An der Universität Bern gesammelt und ediert, werden sie bei dtv zum ersten Mal herausgegeben – zum 250. Geburtstag ihres Verfassers im Jahr 2019.

95 Prozent dieser Schriften wurden nach Humboldts Tod nie wieder nachgedruckt. Viele sind selbst für Humboldt-Forscher oder Biographen *terra incognita*. Im Vordergrund der öffentlichen Wahrnehmung stehen noch immer die

bekannteren Bücher: die *Ansichten der Natur* (1808), die *Ansichten der Kordilleren* (1810–1813), der amerikanische Reisebericht (1814–1831), die *Politischen Essays* über Mexiko (1808–18011) und über Kuba (1826), *Zentral-Asien* (1843) sowie der *Kosmos* (1845–1862).

Dabei lagen Humboldt seine kleineren Schriften durchaus nicht weniger am Herzen als seine großen Buchwerke. Strategisch platzierte er sie in zahlreichen Organen, in mehreren Sprachen, um gezielt in bestimmten Kontexten, von verschiedenen Zielgruppen wahrgenommen zu werden. In seiner Jugend öffnete er sich so Türen in die *scientific community*; später setzte er als weltweit bekannter Intellektueller das symbolische Kapital seiner Prominenz für politische Ziele ein: mit Solidaritätserklärungen für die Juden, mit Kritik an der Sklaverei und mit Interventionen im Präsidentschaftswahlkampf in den USA.

Gerade in seinen kleineren Texten, die nicht in Buchform erschienen, zeigt sich Humboldt als besonders vielseitiger Autor. Er bedient sich zahlreicher Genres, vom wissenschaftlichen Aufsatz über den brieflichen Reisebericht bis zur öffentlichen Stellungnahme. In seinen verstreuten Beiträgen erweist sich der Verfasser des fünfbändigen *Kosmos* als Meister der kleinen Formen.

Und Humboldts Aufsätze, Artikel und Essays bilden noch in einer weiteren Hinsicht das Gegenstück zu seinem großen Spätwerk: Unternahm er im *Kosmos* den Versuch, ‚die ganze Welt in einem Buch' darzustellen, so vermitteln sie, komplementär dazu, ‚die ganze Welt in tausend Schriften'. Die Natur wird hier nicht – so der Untertitel des *Kosmos* – in dem großangelegten ‚Entwurf einer physischen Weltbeschreibung' präsentiert, sondern wie ein feingearbeitetes Mosaik in Facetten und Fragmenten.

## Die Regeln des Spiels

Um die Weltreise von Humboldts Schriften nachzuvollziehen, haben wir für den vorliegenden Band aus jedem Jahr seiner publizistischen Tätigkeit einen Text ausgewählt, jedes Mal von einem anderen Veröffentlichungsort. Die ausgewählten Texte geben so einen Eindruck von der Chronologie und zugleich von der Topographie des Humboldtschen *Œuvre*. Mit dem Werk kaum eines anderen Autors wäre eine solche Vorgabe zu erfüllen, wären solche Spielregeln denkbar: 70 Texte, 70 Orte, 70 Jahre – ohne Wiederholung. (Allenfalls ‚wiederholte' Humboldt sich selbst. Er verstand seine eigenen Texte als Material, das er zeitlebens fortschrieb. So verarbeitete er Schlüsselepisoden seiner Reise in verschiedenen Zusammenhängen, in mehreren Genres, für unterschiedliche Publika. Und womöglich kommt er gerade auf problematische Ereignisse zurück, um sich mit ihnen erneut auseinanderzusetzen: etwa auf den Tierversuch mit elektrischen Aalen und Pferden oder auf einen Grabraub in der Totenstätte eines untergegangenen Volkes.)

Um den Zugang zu erleichtern, wird für diejenigen Texte, die in Fremdsprachen veröffentlicht wurden, auf deutsche Fassungen zurückgegriffen, sei es aus dem Corpus der Schriften selbst (etwa das deutsche Original einer englischen Übersetzung oder die deutsche Fassung eines im Original französischen Texts), aus einer entsprechenden Passage in Humboldts Buchwerken (die dann separat als Auszug herausgebracht wurde) oder als neu angefertigte Übersetzung (wenn es bisher noch nie eine deutsche Fassung gegeben hat). Wenn also 1838 in Pest Humboldts Schilderung seines Aufstiegs auf den Chimborazo auf Ungarisch erschien, geben wir hier die ein Jahr zuvor veröffentlichte deutsche Erstpublikation wieder. Wenn 1829, als Humboldt selbst durch Russland reiste, in Moskau ein Auszug aus seinen *Ansichten der Natur* erschien, präsentieren wir den entsprechenden Text aus dem deutschen Original. Und wenn Humboldts Lebenslauf von 1799 seinerzeit auf Umwegen nur auf Niederländisch gedruckt wurde, haben wir ihn hier erstmals übersetzt. (Sämtliche Quellen und die deutschen Fassungen sind im Anhang verzeichnet.)

Die vorliegende Auswahl bietet einen Ausblick auf den vollständigen „Anderen Kosmos" von Humboldts *Sämtlichen Schriften*, wie ihn die Berner Ausgabe in zehn Bänden im dtv vorstellt. Die Dimensionen dieses Gesamtwerks sind immens: ein neu zu erschließendes Universum.

## Die Neugier des Forschers

Die Reise, die wir mit Humboldts Texten unternehmen können, beginnt in Berlin, seiner Geburtsstadt, wo im Januar 1789 – Humboldt war noch keine 20 Jahre alt – sein erster Artikel erschien. Vermutlich auf Vermittlung seines Sprachlehrers, Claude Étienne Le Bauld de Nans, publizierte er in der *Gazette littéraire de Berlin* einen pflanzenwissenschaftlichen Aufsatz, auf Französisch, der Sprache seiner hugenottischen Mutter. Der Text handelt von einem javanesischen Giftbaum, dem Bohon-Upas, um den sich Legenden bildeten. Angeblich waren seine Ausdünstungen, vergleichbar jenen der Zwiebel, auch über eine gewisse Distanz wirksam und dermaßen giftig, dass Tiere, die ihm zu nahe kamen, verendeten und Vögel, die ihn überflogen, zu Boden fielen. Humboldt spricht hier noch nicht aus eigener

Anschauung, er war noch nie im Ausland, geschweige denn in Niederländisch-Ostindien. Aber er entdeckt bereits seine Lebensthemen: die Kritik des Kolonialismus, denn er beschreibt, wie die Eingeborenen sich den tödlichen Baumsaft zunutze machten, um die Holländer mit Pfeilgift zu bekämpfen; und die Ökologie der Pflanzen, denn er entwickelt in dieser Jugendschrift eine Hypothese, die bereits auf seine Pflanzengeographie und vielleicht sogar auf die Evolutionstheorie vorausweist: Nicht der Baum sei so tödlich, nimmt Humboldt an, dass in seiner Umgebung nichts wachsen kann, sondern die Umwelt sei lebensfeindlich und karg, und nur der Baum habe sich anpassen können. (Humboldts Artikel über den Bohon-Upas wird in dieser Ausgabe erstmals in deutscher Übersetzung vorgestellt.)

Während diese erste Schrift noch auf dem Studium botanischer Literatur beruhte, machte Humboldt in den nächsten Jahren praktische Erfahrung als Reisender und als Bergbaufachmann. Seine Beobachtungen in Minen und Bergwerken publizierte er in Form mineralogischer, geologischer, höhlenbotanischer und technischer Schriften. So erschien 1790 sein Aufsatz über Wassereinschlüsse im Basalt, die, so meint Humboldt hier noch, auf dessen ‚neptunischen', also marinen Ursprung schließen ließen. Er beruft sich dabei auf eigene empirische Beobachtungen, die er 1789 bei einer Rheinreise gemacht hat. Später, in den 1820er- und 1830er-Jahren, nachdem er auf seinen Reisen zahlreiche Vulkane untersucht hat, erkennt er, dass die Erdoberfläche nicht durch das Absinken eines Ur-Ozeans, sondern durch vulkanische Aktivität entstanden war, und trägt mit seinen bahnbrechenden geologischen Aufsätzen dazu bei, dass sich diese ‚plutonistische' Ansicht durchsetzte.

Ein paar Jahre später, 1795, hatte Humboldt mit dem Prosatext „Die Lebenskraft oder der Rhodische Genius" sein literarisches Début, das ihn über wissenschaftliche Kreise hinaus im deutschsprachigen Raum bekannt machte. Dies liegt zunächst an der kunstvollen Form dieser „Erzählung", die dennoch Humboldts einziger fiktionaler Text bleiben sollte. In ihrem Sujet, das der griechischen Antike entnommen ist, ihrem feierlichen Ton und ihren kunsttheoretischen Ansichten orientiert sie sich an Autoren und Formen des Altertums, aber auch an gegenwärtigen Devisen des Klassizismus.

Die „Lebenskraft" erschien in den *Horen*, einer Zeitschrift, die in der kurzen Zeit ihres Bestehens (1795–1797) nicht nur durch Goethes, Fichtes und Wilhelm von Humboldts Beteiligung zu einem literarischen Leitmedium und zu einem Gründungsorgan der Weimarer Klassik wurde. Herausgeber war Friedrich Schiller, verlegt wurde sie in Tübingen bei Johann Friedrich Cotta, der über mehrere Jahrzehnte der bedeutendste Verleger in Deutschland war, den belletristischen Buchmarkt mit literarischen Bestsellern, die wissenschaftlichen Zirkel mit Fachjournalen und die Presselandschaft mit Zeitschriften und Tageszeitungen versorgte. Später erschienen Humboldts Bücher bei ihm, Cotta wurde sein wichtigster deutscher Verleger.

Vor allem aber ist die Erzählung inhaltlich bedeutend: In philosophisch allegorischer Weise behandelt sie die „Lebenskraft" als ein rätselhaftes Prinzip, das die organische von der anorganischen Welt, die belebte von der unbelebten Natur, die Lebewesen von der toten Materie unterscheidet. Diesem Prinzip der Vitalität war Humboldt aber nicht nur poetisch auf der Spur, sondern zugleich auch empirisch, ja geradezu schmerzhaft körperlich. Angeregt durch die Forschungen des italienischen Arztes und Naturforschers Luigi Galvani, unternahm er Selbstversuche, indem er sich Schnittwunden zufügte, um die physiologischen Reaktionen seines Körpers auf die Stimulation durch verschiedene Materialien zu beobachten. Mit diesen buchstäblich einschneidenden Experimenten hat Humboldt das Phänomen der Lebenskraft, das er in seiner Erzählung poetisch versinnbildlichte, wissenschaftlich entzaubert.

Zuletzt ist die „Lebenskraft" auch biographisch lesbar. Wenn sie unter anderem davon erzählt, wie in der Natur Gleiches mit Gleichem zur Vereinigung strebt, so lässt sich dies auch auf die Geschlechter beziehen. Wahrscheinlich homosexuell, so die Überzeugung einiger Interpreten, habe Humboldt in dieser dichterischen Verkleidung auch sich selbst gemeint. Endgültig zu entscheiden ist dies freilich nicht, wie die Deutungskontroverse in der Erzählung selbst: „Einige hielten den Genius für den Ausdruck geistiger Liebe, die den Genuß sinnlicher Freuden verbietet; andere glaubten, er solle die Herrschaft der Vernunft über die Begierden andeuten. Die Weiseren schwiegen, ahneten etwas Erhabenes […]. So blieb die Sache immer unentschieden."

## Die Berichte des Reisenden

Das entscheidende Ereignis in Humboldts Leben wurde die Reise nach Amerika von 1799 bis 1804. Die Beobachtungen, die er dort machte, wertete er sein Leben lang aus, in Hunderten Veröffentlichungen. Er vermehrte damit die Kenntnisse von der ‚Neuen Welt' in einem solchen Maß, dass er nach Kolumbus als „zweiter Entdecker Amerikas" gelten konnte.

Um die spanischen Kolonien zu bereisen, brauchte der Naturforscher die Genehmigung des Königs. Mit seinem gewinnenden Auftreten und seiner Eloquenz, die ihn später in den Salons von Paris und Berlin zur Attraktion machten, gelang Humboldt hier ein diplomatischer Geniestreich. Wohl nie zuvor hatte die spanische Krone einem Ausländer so weitreichende Befugnisse erteilt. Humboldt und sein Begleiter, der französische Arzt und Botaniker Aimé Bonpland, durften nicht nur unbehelligt reisen, wohin sie wollten, sie wurden auch der Unterstützung der kolonialen Verwaltungen versichert.

Ein wichtiger Bestandteil von Humboldts Gesuch, mit dem er den spanischen König für sich einnehmen konnte, war ein Lebenslauf, in dem er seinen Werdegang beschrieb: von der Ausbildung durch Hauslehrer auf Schloss Tegel bei Berlin bis zu seinen praktischen und theoretischen Arbeiten im Bergbau der 1790er-Jahre. Das französischsprachige Manuskript dieses Lebenslaufs ist Ende des 19. Jahrhunderts postum publiziert worden. Dass der Text aber bereits zu Humboldts Lebzeiten veröffentlicht worden war – 1800 in Haarlem auf Niederländisch unter dem Titel „Korte Levens-Schets van Frederik Alexander van Humboldt" – war bisher nicht bekannt. Dieser übersehene Druck wurde für die vorliegende Ausgabe nun erstmals ins Deutsche übersetzt.

Das Entrée am spanischen Hof hatte Humboldt der sächsische Gesandte Philipp von Forell verschafft; ihm war es zu verdanken, dass er dem König sein Anliegen vortragen durfte. An Forell ist dann auch einer der ersten Reisebriefe gerichtet, die Humboldt noch am Tag seiner Landung aus Cumaná im heutigen Venezuela nach Europa sandte. Er wurde im Oktober 1799 in Madrid veröffentlicht. Mehr als die Ankunft in Amerika jedoch scheinen den spanischen Übersetzer, der den Brief in den *Anales de historia natural* auszugsweise wiedergibt, Humboldts darin mitgeteilte mineralogische Beobachtungen auf dem Pico de Teide zu interessieren, den der Reisende auf Teneriffa erklommen hatte.

Diese Publikation ist in mehrfacher Hinsicht beispielhaft: Humboldt nutzte seine zahlreichen Reisebriefe, die er an Freunde, Kollegen und Redaktionen in Europa schickte, als mobiles Medium der Reportage. Noch während er selbst unterwegs war, konnte er dem europäischen Publikum so gleichsam live von seiner Expedition berichten. Bei seiner Rückkehr war er bereits ein berühmter Mann. Dabei konnte er die Publikation seiner Fernschriften nur bedingt kontrollieren. Er musste Kürzungen, Bearbeitungen und Übersetzungen in Kauf nehmen. Dass Humboldts Reisebriefe überhaupt in Europa ankamen, war überdies angesichts der damaligen Transportwege und -mittel durchaus nicht gewährleistet. In einem Brief an seinen Bruder Wilhelm, in dem Humboldt euphorisch den bisherigen Reiseverlauf schildert und der 1802 im sächsischen Zeitz veröffentlicht wurde, klagt er über die unzuverlässige Übersee-Post. Nur ein einziges Schreiben seines Bruders habe ihn seit seiner Abfahrt erreicht. Wie viele Sendungen sind wohl verloren gegangen?

Fünf Jahre lang hielt sich Humboldt in Süd-, Mittel- und Nordamerika auf, er befuhr den Orinoco, durchquerte Tropenwälder und bestieg die Vulkane der Kordilleren, er wohnte in einfachen Lagern, abgeschiedenen Dörfern und den Hauptstädten des Kolonialreiches, er durchquerte das karibische Meer und andine Hochebenen und besichtigte Reste der präkolonialen Kulturen. Nach seinen Reisebriefen gibt der 1804 in Washington erschienene Text „Baron Humboldt" einen Überblick über den Verlauf der Expedition. Es handelt sich um Humboldts ersten umfassenden amerikanischen Reisebericht.

Dies ist umso bemerkenswerter, als sich Humboldt mit der konventionellen Beschreibung seiner Expedition eigentlich schwer tat. Die wissenschaftliche Auswertung seiner Reise – in mehrbändigen Monographien zu verschiedenen Themen und Disziplinen sowie in Hunderten von Aufsätzen und Artikeln – war ihm wichtiger als die Befriedigung der Publikumsneugier. Der erste Band seiner *Relation historique du Voyage aux régions équinoxiales du Nouveau Continent*, die von allen seinen Buchwerken am ehesten den Charakter eines Reiseberichts hat, erschien erst ab 1814, ein Jahrzehnt nach dem Ende der Reise, der dritte und letzte Band zog sich sogar bis 1831 hin. Nach nur einem Drittel der Route, im April 1801, bricht mit ihm die chronologische Schilderung ab. Die restlichen drei Jahre hat Humboldt nie ausführlich in Buchform beschrieben. Einzelne Episoden, darunter die berühmte Besteigung des Chimborazo, mit der er einen lange Zeit gültigen Höhenrekord aufgestellt hatte, veröffentlichte er sogar mit noch größerem Abstand. Sie ist in dieser Ausgabe in einem Aufsatz nachzulesen, der 1837 auf Deutsch und 1838 in ungarischer Übersetzung in Budapest erschien.

Angesichts dieser späten Schilderungen ist „Baron Humboldt" als frühester Reisebericht, der schon herauskam, bevor der Reisende wieder in Europa eingetroffen war, von besonderer Bedeutung. Auch wenn darin von Humboldt in der dritten Person gesprochen wird, handelt es sich um einen authentischen Bericht. Humboldt bediente sich solcher Verfahren, seine Autorschaft zu camouflieren, etwa um über sich selbst schreiben zu können, ohne sich dem Vorwurf der Befangenheit oder Eitelkeit auszusetzen. Im Fall des Berichts von seiner Amerikareise, über die zahlreiche Gerüchte und Halbwahrheiten im Umlauf waren, dienten sie ihm dazu, eine distanzierte Erzählerposition einzunehmen. Das Originalmanuskript liegt im Archiv der *American Philosophical Society* in Philadelphia, in die Humboldt bei seinem kurzen Aufenthalt aufgenommen worden war. (Seine Mitgliedsurkunde ist von Thomas Jefferson unterzeichnet, dem Präsidenten der USA.)

Nach seiner Rückkehr in Paris ließ Humboldt den überarbeiteten Bericht in einer zweiten Fassung, erneut unter Verschleierung seiner Verfasserschaft, auch in

Europa zirkulieren. In nicht weniger als 23 Nachdrucken, Auszügen, Bearbeitungen und Übersetzungen wurde der Text in den folgenden Jahren in Zeitungen und Zeitschriften in Deutschland, Frankreich, Großbritannien und Nordamerika veröffentlicht. Diese Verbreitung belegt das enorme Interesse der Zeitgenossen an Humboldts Expedition.

Noch 1807, als Humboldt schon seit drei Jahren wieder zurück in Europa war, erschienen in Weimar Auszüge aus Briefen, in denen er sich an eine nächtliche Szene am Orinoco erinnert. Sie sind zum einen durch die begleitende Illustration, zum anderen durch ihre literarische Rezeption bedeutend. Die Abbildung stammt von dem Maler Gottlieb Schick, der sie nach Feldskizzen Humboldts entwarf. Sie zeigt eine „Indianische Küche". In einem Urwaldlager braten Indigene auf offenem Feuer einen Affen. Affenschinken, so Humboldt, seien ein „Leckerbissen dieser Welt". Doch wer die Abbildung genau betrachtet, dem kann der Appetit vergehen. Denn der gegrillte Affe sieht aus wie ein Kind. Und in der Tat hatte Humboldt auf seiner Reise, wie er in der *Relation historique* berichtet, auch von Kannibalismus gehört, ausgerechnet durch einen besonders sanftmütigen und „zivilisierten" seiner Mitarbeiter, der behauptete, am besten am Menschen schmeckten die Handinnenflächen. Ein Jahrhundert später griff Robert Musil diese Episode in seinem Essay *Der deutsche Mensch als Symptom* (1923) auf: Er deutete sie vor dem Hintergrund des Ersten Weltkrieges als ein Exempel dafür, dass Zivilisation jederzeit und überall in Barbarei umschlagen kann.

## Die Veränderung des Denkens

Auf seiner Expedition durch das heutige Venezuela, Kolumbien, Ecuador und Peru, auf Kuba, in Mexiko und den USA war Humboldt vielerorts der erste Naturforscher überhaupt. So viel Neues war zu entdecken, zu vermessen, zu sammeln, zu erproben, zu beschreiben und zu zeichnen – und wartete nach seiner Rückkehr darauf, gesichtet, untersucht und veröffentlicht zu werden. Die Aufsätze und Abhandlungen, in denen er, auf der Grundlage seiner Tagebücher und Feldnotizen, die Amerikareise auswertet, machen in den folgenden Jahrzehnten den Großteil von Humboldts Veröffentlichungen aus. Aber wie konnte er die Natur und die Kulturen der ‚Neuen Welt', die er gesehen hatte, gedanklich bewältigen? Die neuen Gegenstände verlangten neue Ansätze der Forschung. Um seine Beobachtungen zusammenführen und seine Fragen beantworten zu können, verband er verschiedene Methoden und Wissensformen: Er forschte zunehmend inter- und sogar transdisziplinär. Die Reise in die Tropen hat Humboldts Denken verändert.

Exemplarisch für diese fächerübergreifenden Arbeiten steht ein Aufsatz über „Jagd und Kampf der electrischen Aale mit Pferden“ aus dem Jahr 1807, der 1834 in englischer Übersetzung in Philadelphia erschien. Humboldt schildert darin, wie Indigene die Zitteraale, die er untersuchen wollte, mithilfe von Pferden jagten, die sie in Sümpfe trieben, damit die Fische an ihnen ihre elektrischen Schläge entluden, so dass man sie anschließend gefahrlos fangen konnte. In diesem Text verbindet Humboldt das Genre des Reiseberichts mit ethnologischen Beobachtungen, geographischen und zoologischen Beschreibungen, botanischen, physiologischen und sogar linguistischen Informationen.

Neben seinen kleineren Schriften entstanden Humboldts große Buchwerke zur amerikanischen Reise, etwa der *Essai politique sur le royaume de la Nouvelle-Espagne* (1808–1811), eine zweibändige Monographie über Mexiko. Darin beschreibt er das mittelamerikanische Land umfassend aus politischer, ökonomischer, demographischer und historischer Perspektive. 1826 folgte eine weitere umfangreiche Landesstudie, der *Essai politique sur l'île de Cuba*. Bedeutend ist sie nicht zuletzt wegen des politischen Kapitels, in dem ihr Verfasser die Sklaverei verurteilt. In der englischen Übersetzung dieses Kuba-Werkes, die J. S. Thrasher 1856 in den USA veröffentlichte, wurde ausgerechnet dieses Fazit seines Werkes unterschlagen, das den Charakter eines Manifests hat. Humboldt wehrte sich in einem Zeitungsartikel gegen die Zensur dieses Abschnitts, der in seinen Augen der wichtigste des ganzen Buches war. Sein Protest wurde noch im selben Jahr weltweit über 30 Mal veröffentlicht – sogar in Bombay, seinerseits in einer Kolonie.

Die beiden Essays über Mexiko und Kuba wurden zu Standardwerken über die spanischen Kolonien. Neben den deutschsprachigen Bestsellern *Ansichten der Natur* (zuerst 1808) und *Kosmos* (1845–1862) sowie den prachtvoll bebilderten *Vues des Cordillères* (1810–1813) gehören sie zu Humboldts meistrezipierten Buchwerken, aus denen zahlreiche Auszüge und übersetzte Passagen in Zeitschriften und Zeitungen vorab- oder nachgedruckt wurden. Einige davon können in dieser Ausgabe nachgelesen werden.

Neben wissenschaftlichen Abhandlungen und exotischen Reiseszenen wurden Humboldts Buchwerken auch Kuriositäten entnommen, insbesondere seiner *Relation historique* (1814–1831), aus der hier zum Beispiel eine kurze, aber verhängnisvolle Seekriegs-Anekdote vorgestellt wird. Hinzu kommen Aperçus über den Kuh-Baum, dessen Pflanzensaft die Indigenen wie Milch tranken, oder den Hemd-Baum, aus dessen Rinde sie Kleidung herstellten.

## Die Globalisierung der Leserschaft

Anfang der 1830er-Jahre erschienen zwei kurze Ausschnitte aus dem Reisebericht, die wegen ihrer brisanten Themen, „Sklavenhandel“ und „Kannibalismus“, Aufsehen erregten und sich in zahlreichen Nachdrucken verbreiteten. Waren Humboldts Forschungsberichte zuvor zwar bereits zunehmend international, vor allem aber in den Wissenschaftsmetropolen der Zeit wahrgenommen worden, erreichte die geographische Verbreitung dieser kürzeren, populäreren Auszüge neue Dimensionen. Sie erschlossen publizistisch Regionen, etwa die niederländischen und portugiesischen Kolonien oder den Westen der USA, die Humboldt selbst nie besucht hatte. Die Reise seiner Schriften geht mit ihnen besonders weit über seine Expeditionen hinaus.

Dieser Trend zur Internationalisierung und zur Globalisierung der Erscheinungsorte setzt sich bis zu Humboldts Tod fort. Seine Publikationen erreichen den gesamten deutschsprachigen Raum. Von Polen, Tschechien und Ungarn über England, Schottland und Wales, Norwegen, die Niederlande und Belgien, Frankreich und Spanien bis in die Schweiz und nach Italien decken sie große Teile Europas ab. Und am Ende gelangen sie in die ganze Welt: In Süd- und Nordamerika werden nach Humboldts Reise zahlreiche seiner Schriften veröffentlicht, zum Beispiel in Ohio, in El Salvador, Curaçao und Brasilien. Später erscheinen sie, nachdem Humboldt 1829 auch Zentral-Asien bereist hatte, in Russland und Indien. 1850 wird Humboldt sogar in Afrika gedruckt, in Pietermaritzburg. Und schließlich landen seine Schriften in Australien und Neuseeland – am anderen Ende der Welt.

Durch alle bewohnten Kontinente wird die Reise der Schriften damit vollends global. An ihren Stationen ist Humboldt zu entdecken als Bergsteiger und Astronom, als Vulkanologe und Klimaforscher, als Historiker und Kartograph, als Botaniker und Ökologe, als Wissenschaftspolitiker und Forschungsmanager, als Freund und Korrespondent, als engagierter Autor und politischer Intellektueller. Einen Eindruck von der Fülle seiner Gegenstände in der vorliegenden Auswahl gibt die folgende Aufstellung.

## Die Übersicht der Beiträge

| Jahr | Ort | Thema |
|---|---|---|
| 1789 | Berlin | Der ostindische Giftbaum |
| 1790 | Helmstädt | Wasser im Basalt |
| 1791 | Göttingen | Haspel-Maschine |
| 1792 | Freiberg | Polemik gegen Beroldingen |
| 1793 | Zürich | *Florae Fribergensis specimen* |
| 1794 | Jena | Berg- und Hüttenwesen im Oberlande |
| 1795 | Tübingen | Lebenskraft |
| 1796 | Salzburg | *Gereizte Muskel- und Nervenfaser* |
| 1797 | Lüttich | Galvanische Versuche |
| 1798 | Gotha | Erfindungen für den Bergbau |
| 1799 | Madrid | Brief aus Cumaná an Forell |
| 1800 | Haarlem | Humboldts Lebenslauf |
| 1801 | London | Brief aus Cumaná an Fourcroy |
| 1802 | Zeitz | Brief aus Contreras an Wilhelm von Humboldt |
| 1803 | Brüssel | Brief aus Lima an Delambre |
| 1804 | Washington | Der erste Reisebericht |
| 1805 | Erfurt | Elektrische Fische |
| 1806 | Paris | Guano |
| 1807 | Weimar | Szene am Orinoco |
| 1808 | Mailand | Chinawälder |
| 1809 | Stuttgart | Fragmente aus dem Mexiko-Werk |
| 1810 | Hull | Kuhpocken |
| 1811 | Genf | Mexikanische Bergwerke |
| 1812 | Aarau | Wichtigste Ergebnisse aus dem Mexiko-Werk |
| 1813 | Leipzig | Gelbfieber |
| 1814 | Frankfurt am Main | Der Vulkan Jorullo |
| 1815 | Edinburgh | Der Teide auf Teneriffa |
| 1816 | Willemstad, Curaçao | Anekdote aus dem Seekrieg |
| 1817 | Graz | Barbaren |
| 1818 | Sankt Petersburg | Die Wasserfälle des Orinoco |
| 1819 | Providence | Der Kuhbaum |
| 1820 | Straßburg | Verteilung der Pflanzenformen |
| 1821 | Liverpool | Der Hemd-Baum |
| 1822 | Christiania | Eine Reiseszene |

| | | |
|---|---|---|
| 1823 | Natchez, Mississippi | Das Grab eines Volkes |
| 1824 | Wien | Die Verschiedenheit der Völker |
| 1825 | Prag | Die Bevölkerung von Amerika |
| 1826 | New York | Die Guahiba-Mutter |
| 1827 | Oldenburg | Die künftigen Verhältnisse von Europa und Amerika |
| 1828 | Augsburg | Rede beim Kongress der Naturforscher und Ärzte |
| 1829 | Moskau | Steppen und Wüsten |
| 1830 | Heidelberg | Briefe aus Sibirien an Arago |
| 1831 | Louisville | Sklavenhandel |
| 1832 | Pittsburgh | Kannibalismus |
| 1833 | Boston | Erdbeben in Cumaná |
| 1834 | Philadelphia | Kampf der elektrischen Aale mit Pferden |
| 1835 | Merthyr Tydfil | Tod Wilhelm von Humboldts |
| 1836 | Ofen | Island |
| 1837 | Cincinnati | Die Cargueros und der Übergang über die Anden |
| 1838 | Pest | Die Besteigung des Chimborazo |
| 1839 | Hamburg | Sternschnuppenströme |
| 1840 | München | Brief an Sussex über weltweite Beobachtungsstationen |
| 1841 | Nördlingen | Das Kreuz des Südens |
| 1842 | Speyer | Das Gesetz zur Judenemanzipation |
| 1843 | Neapel | Die mittlere Höhe der Kontinente |
| 1844 | Manchester | Krokodile in Südamerika |
| 1845 | Bologna | Die Verbindung von Orinoco und Amazonas |
| 1846 | Calcutta | Der erste Eindruck eines Erdbebens |
| 1847 | Sydney | Weinbau |
| 1848 | Warschau | *Kosmos* |
| 1849 | Amsterdam | Völker, die Erde essen |
| 1850 | Pietermaritzburg | Das nächtliche Tierleben im Urwald |
| 1851 | San Salvador | Brief an den Maler Wilhelm Heine |
| 1852 | Breslau | Die Einheit des Menschengeschlechts |
| 1853 | Auckland | Panama-Kanal |
| 1854 | Rio de Janeiro | Einleitung zu Aragos Werken |
| 1855 | Havanna | Die ältesten Karten und der Name von Amerika |
| 1856 | Bombay | Protest gegen Zensur |
| 1857 | Klagenfurt | Zur Versammlung der Naturforscher in Bonn |
| 1858 | Lausanne | Tod Aimé Bonplands |
| 1859 | Jackson, Mississippi | Ruf um Hülfe (an Humboldts Todestag) |

## Der Ruf um Hilfe

Wer genau mitgezählt hat, wird bemerkt haben, dass Humboldt von seinem ersten Artikel 1789 bis zu seinem Tod 1859 in einem Zeitraum von sieben Jahrzehnten publizierte, aber seine Veröffentlichungen fallen in 71 Kalenderjahre. In der Tat enthält unsere Auswahl deshalb nicht 70, sondern 71 Texte.

Mit dem einundsiebzigsten Text hat es eine besondere Bewandtnis. Von allen Publikationen Humboldts wurde seine letzte weltweit am häufigsten nachgedruckt, sie machte ihre eigene Reise um den Globus. Es handelt sich um einen launigen „Ruf um Hülfe", den der fast Neunzigjährige am 20. März 1859 in Berlin in die Zeitungen setzte. Er bittet darin seine Leser, ihn nicht weiter mit „Colonialprojekte[n]", Autogrammwünschen und Gutachteranfragen zu überhäufen und auch nicht mit „Anerbietungen, mich häuslich zu pflegen, zu zerstreuen und zu erheitern". Er komme sonst mit seiner Korrespondenz nicht mehr nach und wolle seine verbleibende Zeit lieber der Arbeit (am *Kosmos*) widmen. Dieser kuriose Hilferuf eines weltberühmten, hochverehrten Greises wurde nicht nur in ganz Deutschland, in der Schweiz, in Österreich und in den europäischen Metropolen nachgedruckt, sondern auch in der kleinen dänischen Hafenstadt Nykobing Falster, im Siebenbürgischen Brasov in Rumänien, in Memphis, Tennessee und in Buffalo, New York. Auch dort war Humboldts Bitte um Ruhe offenbar notwendig – oder zumindest lesenswert. Insgesamt wurde der „Ruf um Hülfe" mehr als 130 Mal veröffentlicht: ein spätes, aber umso beredteres Zeugnis von Humboldts internationaler Bedeutung. Am 6. Mai 1859 erschien der Text in einer kleinen Halbwochenzeitung in Jackson, Mississippi: an dem Tag, als Alexander von Humboldt in Berlin verstarb.

## Die Edition der Texte

Der *Andere Kosmos* beruht auf der Edition von Alexander von Humboldts *Sämtlichen Schriften* (Berner Ausgabe) im dtv, herausgegeben von Oliver Lubrich und Thomas Nehrlich. Die Ausgabe entstand unter Mitarbeit von Sarah Bärtschi und Michael Strobl an der Universität Bern. Sie umfasst 7 Textbände mit 3 Apparatbänden. Mitherausgeber der Textbände sind: Yvonne Wübben (Band I: Texte 1789–1799), Rex Clark (Band II: Texte 1800–1809), Jobst Welge (Band III: Texte 1810–1819), Norbert D. Wernicke (Band IV: Texte 1820–1829), Bernhard Metz (Band V: Texte 1830–1839), Jutta Müller-Tamm (Band VI: Texte 1840–1849) und

Joachim Eibach (Band VII: Texte 1850–1859). Als Redakteure betreuen Norbert D. Wernicke den Apparatband, Johannes Görbert den Forschungsband und Corinna Fiedler den Übersetzungsband. Die Übersetzungen bisher nie auf Deutsch erschienener Texte besorgten Corinna Fiedler (aus dem Französischen), Frank Geeraers (aus dem Niederländischen), Johanna von Koppenfels (aus dem Englischen und Spanischen) und Dorota Krawczyk-Janisch (aus dem Polnischen). Dem Beirat gehören an: Michael Hagner (Zürich), Eberhard Knobloch (Berlin), Alexander Košenina (Hannover) und Hinrich C. Seeba (Berkeley). Für ihre Unterstützung bei der Auswahl der Texte aus dem Corpus der Berner Ausgabe danken wir Sarah Bärtschi; für seine Mitarbeit bei der Erstellung des Manuskripts Valentin Decoppet.

Orthographie und Interpunktion der vorliegenden Texte werden so originalgetreu wie möglich wiedergegeben. Nur eindeutige Setzfehler, die den Sinn entstellen, werden korrigiert (und in der Gesamtausgabe nachgewiesen). Text- und Schriftbildmerkmale werden, wo sie für heutige Leser die Lektüre erschweren würden, modernisiert (lang-s, I/J-Identität, superskript-e, Umlaut-Majuskeln). Fußnoten werden aufsatzweise nummeriert. Die Gestaltung der Überschriften wird vereinheitlicht. Texte, die ohne Titel erschienen, erhalten eine Überschrift (die im Quellenverzeichnis mit eckigen Klammern versehen ist). Auf editorische Eingriffe und Kommentare wird verzichtet. Im Mittelpunkt stehen Humboldts Schriften selbst – und die Einladung, ihnen auf ihrer Weltreise zu folgen.

Oliver Lubrich & Thomas Nehrlich,
Bern, 1. Januar 2019

# Brief an den Autor dieses Blattes; über den Bohon-Upas

## von einem jungen Adligen aus dieser Stadt

Mein Herr.

Vor einiger Zeit veröffentlichten Sie in Ihrer *Gazette Littéraire* die Beschreibung eines giftigen Baumes, der in Indien wächst und unter dem Namen *Bohon Upas* bekannt ist. Diese Beschreibung enthielt so viele wundersame Dinge, daß man versucht war, sie für Fabeln zu halten. Sie selbst, mein Herr, schienen sie nicht als erwiesene Wahrheiten anzusehen. Eine ganz neue Schrift, die einer meiner Freunde soeben aus Schweden erhielt und die in Anbetracht ihres Verfassers als vertrauenswürdig gelten darf, stellt uns anschaulich dar, daß die Wirkungen dieses entsetzlichen Giftes an Grausamkeit alles übertreffen, was die Einbildungskraft hervorbringen kann. Dieses kürzlich erschienene Werk hat den Titel:

**Arbor Toxicaria Macassariensis: Upsaliae 1788**

Der Verfasser dieser Abhandlung ist Professor *Thunberg*, Ritter des Wasa-Ordens, Mitglied der meisten Akademien Europas, berühmt für seine Fähigkeiten und für sein umfassendes Wissen über die Natur. Er ist ein Schüler *Linnés*, auf dessen Spuren er mit einem Erfolg wandelt, welcher ihm nicht weniger Ehre einbringt als seinem großen Lehrer. Nach seinen Studien an der Akademie von Uppsala ging er nach Holland, wo er, ausgestattet mit Empfehlungsschreiben schwedischer Gelehrter, dank seinen Gaben und seinen Kenntnissen die Gunst einiger hoher Beamter zu gewinnen wußte, welche zu den vornehmsten der Republik gehören. Sein glühendes Verlangen, sich der Menschheit durch bedeutende Entdeckungen nützlich zu erweisen, lenkte sein Augenmerk auf die noch allzu wenig bekannten Teile unseres Erdballs. Seine illustren Mäzene, die sein edles Streben bemerkten, setzten es ein zum Nutzen der Gelehrtenrepublik. Auf ihre Kosten unternahm Herr *Thunberg* im Laufe mehrerer Jahre die Reisen ans Kap, nach Java und Japan. Er besuchte alle bedeutenden Orte Ost-Indiens, und wenige Botaniker unserer Zeit können sich so glänzender Erfolge rühmen. Nach seiner Rückkehr nach Europa erwies man ihm in seinem Vaterland alle Ehren, die ein Bürger seiner Art verdient. Der König von Schweden, der die Wissenschaften und die Schönen Künste fördert, zeichnete ihn mit seinem Orden aus. Die berühmtesten Akademien Europas bemühten sich darum, ihn als Mitglied aufzunehmen, und in Uppsala hat er jetzt die Position inne, deren Zierde zuvor der unsterbliche *Linné* war.

Herr *Thunberg* wagte es als erster, vorteilhafte Änderungen am System seines Lehrers vorzunehmen – das kein anderer vor ihm mit Erfolg angetastet hatte. Er nahm die vier letzten Klassen als nutzlos weg und faßte es in zwanzig Klassen: eine einfachere Methode, die Herr *Willdenow*, ein junger, aber hochgelehrter, kluger Botaniker, in seiner vorzüglichen *Flora Berolinensis* übernommen hat.

Da der Ritter *Thunberg* mehrere Jahre auf jenen unermeßlichen Inseln verbracht hat, die im Osten von Asien liegen, kennt er die wunderbaren Gewächse dieser günstigen Klimate besser als jeder andere Gelehrte Europas. Seine Beschreibung der Pflanzen Japans, seine Abhandlungen über Nelke und Muskat und so viele andere gelehrte Werke zeugen davon, daß kaum ein Botaniker vor ihm mit solcher Aufmerksamkeit für alles, was die Natur betrifft, gereist ist. Auf sein Urteil dürfen wir uns also berufen, wenn wir durch unkundige oder leichtgläubige Reisende über irgendeinen Gegenstand in die Irre geführt werden. Die Erzählungen vom Indischen Giftbaum werden uns wieder einmal zeigen, wie sehr man Dinge übertrieben hat, die uns schon durch ihre eigene Natur so viele Wunder bieten, daß man nicht noch andere erfinden muß, um sie interessanter zu machen.

Herr *Thunberg* beginnt mit einer botanischen Beschreibung des *Bohon-Upas*, oder, in korrekter Schreibweise, des *Boa-Upas*, was in der Sprache der Malaien *Giftbaum* bedeutet. Diese Völker unterscheiden zwei Sorten mit den Namen *Macan-Cavul* und *Djato matti*, welcher der gefährlichere von beiden ist. Der berühmte *Rumphius* bezeichnet sie in seinem *Herbarium Amboinense* nach der lächerlichen Art der früheren Botaniker als *weiblich* und *männlich*. Beide haben einen kräftigen, dicken Stamm und abstehende Äste, die Rinde ist gefurcht und bräunlichgrau; gelbliches, schwarz geflecktes Holz. Die Blätter sind oval, zwei Zoll breit und eine Handspanne lang. Da noch kein Botaniker die Blüten und die Früchte dieses gefährlichen Baumes untersuchen konnte, ist die Gattung nicht mit Sicherheit zu bestimmen. Herr *Thunberg* hat indessen Grund zu der Annahme, er gehöre zur Gattung *Cestrum Lin.*[1], wie die Alten eine Art von Jasmin nannten. Dies scheint ihm um so zutreffender, als er am Kap der Guten Hoffnung sah, wie die Hottentotten den Saft eines *Cestrum* mit den entsetzlichen Giften vermischten, die sie ihren Schlangen entnehmen.

Der *Boa-Upas* wächst vor allem auf den Inseln Java, Sumatra, Borneo, Baleija und Makassar. Er liebt kahle Berge und Wüsten. Ein unfruchtbarer, trockener oder eher aschenähnlicher Boden deutet sein Vorkommen an. Kein Baum, nicht einmal Gras kann in seinem Schatten wachsen. Im Umkreis eines Steinwurfs um diesen Baum, schreibt unser Autor, sei die Erde wie verbrannt. „Allerdings", fügt er als Parenthese hinzu, „*pro certo venditatur*, wie man sagt", – womit er recht deutlich macht, daß dies nur ein volkstümliches Gerücht ist.

Hier sei daran erinnert, welches Vertrauen abergläubischen oder böswilligen Reisenden zu schenken ist: Die einen haben geschrieben, im Umkreis von 10 bis 12 Meilen wachse kein Baum und kein Strauch, nicht einmal Gras. Die anderen berichten, „daß man im Umkreis von 15 bis 18 Meilen weder Mensch noch Tier, nicht einmal einen Fisch im Wasser findet". Welch riesiger Unterschied zwischen dem Raum im Umkreis eines Steinwurfs und dem von 18 Meilen? Herr *Thunberg* merkt an, daß insbesondere die Priester Interesse daran hätten, solche Irrtümer zu verbreiten, welche das einfache Volk in Indien allzu gern aufnehme. *Voltaire* würde sagen, dies beweise, daß die Priester sich auch unter dem Äquator nicht ändern. Wir enthalten uns eines Urteils und begnügen uns damit, das traurige Los der Sterblichen zu beklagen, die auf ihre sogenannten Brüder hereinfallen. Die mohammedanischen Priester könnten davon absehen, die einfachen Leute glauben zu machen, Gott habe dem Drängen des Propheten nachgegeben und diesen Baum geschaffen, um die Völker für ihre Sünden zu bestrafen. Die Übel der Menschheit sind zahlreich genug; es ist nicht nötig, sie durch so schädliche Ideen noch zu vermehren.

Man darf daran zweifeln, daß die Unfruchtbarkeit, die alle Autoren erwähnen, zu Recht den giftigen Ausdünstungen des *Boa-Upas* zugeschrieben wird. Es kann gut sein, daß dieser Baum sich in einem Boden wohlfühlt, aus dem keine andere Pflanze ihre Nahrung ziehen könnte. Ein einsamer Wacholderstrauch, der in einer Felsspalte wächst, beweist ganz sicher nicht, daß er jede Vegetation um sich herum

[1] Andere Botaniker haben geglaubt, der *Boa-Upas* sei eine Art des Eisenbaumes *Sideroxilon Lin.*: Ich weiß nicht warum. *Rumphius* sagt, „die Inder verbergen diesen Baum mit solcher Sorgfalt, daß man selbst nach der Eroberung von Celebes 1670 keine Beschreibung von ihm geben konnte". Indessen gelang es ihm 1694, einen Zweig zu erhalten, den er zeichnen ließ. *Herbarium Amboinense, Band II, Tafel LXXXVII.*

unterdrückt. Zwar habe man festgestellt, erklärt Herr *Thunberg*, daß die Reisenden im Umkreis von mehreren Meilen kein einziges Tier, keine einzige Pflanze gesehen hätten, doch sei dies für die heiße Zone unseres Erdballs nichts Außergewöhnliches. Die übermäßige Hitze im Sommer läßt alle Pflanzen eingehen; die Tiere finden in diesen Wüsten keine Nahrung mehr und fliehen ins dichteste Gehölz. Die häufigen Regenfälle im Winter beleben die Natur wieder und holen sie sozusagen aus ihrem lethargischen Schlaf; die Erde verwandelt ihre Unfruchtbarkeit in Teppiche aus Gras, und man sieht an denselben Orten, die zuvor als unbewohnbar galten, Herden weiden.

Der Saft dieses abscheulichen Baumes ist ein schwärzliches Harz, das sich in der Hitze des Feuers auflöst. Es hat bei den Indern einen hohen Preis. Die Völker, die es besitzen, haben einen klaren Vorteil gegenüber ihren Feinden. *Rumphius*, früher Konsul in Ambon, berichtet, seine Landsleute, die Holländer, hätten, ehe wirksame Gegengifte entdeckt waren, die mit diesem Saft vergifteten Pfeile mehr gefürchtet als alle anderen Gefahren und Härten des Krieges.

Dieser Saft ist sehr schwer zu sammeln; man gewinnt ihn nicht ohne Gefahr. Da die Ausdünstungen des Baumes äußerst schädlich sind, kann man sich ihm nur mit größter Vorsicht nähern; diese Schwierigkeiten und Risiken treiben den Preis des Giftes hoch. Diejenigen, die es einsammeln, müssen Kopf, Hände und Füße in Tücher hüllen. Niemand wagt den todbringenden Stamm zu berühren. Man hält sich in einer gewissen Entfernung, weil es scheint, schreibt der Autor, daß sich der Tod in der Nähe dieses Baumes niedergelassen hat.

Die Inder fangen diesen tödlichen Saft mit langen Bambusrohren auf. Sie spitzen diese Rohre an einem Ende zu und stoßen sie in den Baum. Die durch diesen Vorgang aufgespaltene Rinde entledigt sich sofort ihres schwärzlichen Saftes, der in dicken Tropfen in die Rohre fließt. Fünfzehn oder zwanzig Bambusrohre werden auf solche Weise in den Baum gebohrt; drei oder vier Tage später zieht man sie gefüllt mit dem tödlichen Gift heraus. Solange der Saft frisch ist, ist er weich und formbar wie eine Paste; dann macht man daraus kleine Rollen, die man wieder in die Bambusrohre steckt, und da dieses Gift sehr flüchtig ist, werden die Rohre acht- bis zehnmal mit doppelter Leinwand umwickelt. Aus den von mir beschriebenen Vorsichtsmaßnahmen, die zu treffen sind, um sich diesem Baum nähern zu können, wo jene Kühnen, die ihn herausfordern, der Tod zu erwarten scheint, können Sie leicht schließen, daß nichts gefährlicher ist als diese Ernte; und genauso wenig wie ich werden Sie verstehen, daß es Menschen geben kann, die so verwegen sind, dieses gefährliche Abenteuer zu wagen. Was vermag nicht einerseits der Durst nach Rache, andererseits die Gier nach Gold?

Das Volk, abergläubisch wie es in ganz Indien ist, glaubt, das Gift werde noch wirksamer, noch schrecklicher, wenn man den Stamm des Baumes durchschneidet. Das Volk denkt nicht nach; es glaubt blind; sonst würde es sich fragen, welches Verhältnis bestehen kann zwischen dem Saft eines Baumes und dem Stamm, von dem er getrennt ist. Und wenn das Berühren dieses Baumes so unheilvoll ist, wie sollte es dann gelingen, seinen Stamm abzusägen? Und wäre es möglich, so würde ein solches Vorgehen, oft wiederholt, den *Boa-Upas* bald ausrotten.

Die Giftbäume scheinen ein öffentliches Gut des Staates zu sein. *Rumphius* schreibt, die Bewohner der Berge übergäben allen Saft, den sie sammeln, einem Würdenträger des Landes namens *Creyn Sumana*. Dieser verwahrt den nationalen Schatz in seiner Festung *Boerenbourg*, in Räumen, die weder zu warm noch zu kalt sein dürfen, denn beide Extreme sind gleichermaßen schädlich für das Gift. Jede Woche werden der Saft und die Bambusrohre abgerieben und gereinigt. Zu dieser Arbeit werden nur Frauen aufgefordert und zugelassen, weil man die Männer nicht für ehrlich genug hält, daß man sie ihnen anvertrauen könnte. Andere führen alberne Gründe[2] an, die unsere Aufmerksamkeit nicht verdienen.

Das Gift des *Boa-Upas* übertrifft bei weitem das Schrecklichste, was man der perfiden Kunst vorwirft, deren sich einst die Rache mancher ultramontanen Fürsten bediente. Allein die Ausdünstungen des Baumes lassen die Glieder erstarren und verursachen die heftigsten krampfhaften Zuckungen. *Rumphius*, der einzige Botaniker, der bisher das Glück hatte, einen Zweig dieses unheilvollen Baumes zu erhalten, berichtet, dessen zerstörerische Wirkung habe sich noch durch den Bambus hindurch bemerkbar gemacht, in dem er eingeschlossen war. Legte man die Hand auf das Rohr, empfand man eine Art Krampf, ähnlich demjenigen, den ein plötzlicher Wechsel von Kälte und Hitze hervorruft. Wer es wagt, sich mit bloßem Haupt unter diesem bösartigen Baum aufzuhalten, verliert sein Haar. Ein Tropfen des giftigen Saftes ruft, auch wenn er die Haut lediglich berührt, dicke Schwellungen hervor. Die Luft um den Baum ist so vergiftet, daß jedes Tier es vermeidet, sich ihm zu nähern. Ein Vogel, der sich auf seine Zweige verirrt, fällt augenblicklich tot herab. Herr *Thunberg* hielt es nicht für passend, eine Tatsache zu zitieren, die gleichwohl, so will mir scheinen, nicht verschwiegen werden sollte. Hier ist sie nach dem Bericht von *Rumphius*.

---

[2] Wir zitieren sie auf Lateinisch, da sie sich weder auf Französisch noch auf Deutsch in schicklicher Weise ausdrücken lassen. *Menstruum nempe muliebre huic misceri veneno dicitur, atque in eum finem Macassariensium feminas bracteis indutas esse, in quibus istud.* [Man sagt nämlich, daß das weibliche Monatsblut mit diesem Gift vermischt wird, und zu diesem Zweck würden die Frauen der Makassarier Metallplättchen tragen, in denen sie es sammelten.] – Was für Absurditäten!

Das einzige Tier, welches sich im Schatten des *Boa-Upas* gern aufhält, ist eine Schlange, die nicht weniger gefährlich ist als der Ort, den sie bewohnt. Die Inder sagen, sie trage ein Horn oder, wohl wahrscheinlicher, einen breiten Kamm. Nachts leuchten ihre Augen mit einem hellen Schein; ihre Stimme ahmt den Hahnenschrei nach. Man hört sie zuweilen in der Nähe der Wohnstätten. Die hochgiftigen Ausdünstungen der Schlange verhindern, daß man sich ihr nähern kann; man tötet sie nur aus der Ferne. Zwei ähnliche, für jedes atmende Geschöpf so gefährliche, unheilbringende Wesen an einem Ort, das ist zu viel; doch zu bewundern ist die Weisheit der Natur, die, indem sie jedem Wesen eine besondere Konstitution verleiht, denselben Ort für das eine verderblich und für das andere zuträglich macht.

Das Gift des *Boa-Upas* verdient die ganze Aufmerksamkeit eines Arztes und der Naturforscher; Ursache und Wirkungen sind bei ihm gleichermaßen verwunderlich. Will man den Eingeborenen an den Orten, wo sich dieser außerordentliche Baum findet, Glauben schenken, so ist sein reiner, unvermischter Saft fast unschädlich; er dient sogar als Gegenmittel gegen die giftigen Ausdünstungen einiger Fische. *Rumphius* bestätigt dies, indem er berichtet, daß man ihn innerlich als Heilmittel anwendet, was ganz und gar erstaunlich scheint. Wie können die Ausdünstungen dieses schrecklichen Baumes so tödlich und sein Saft von so heilsamer Wirkung sein? Schließlich bildet der Saft des *Boa-Upas*, vermischt mit dem Saft des *Zerumbet*[3], das wirksamste Gift, das Kunst und Natur jemals hervorbringen konnten, und zugleich ist dieser *Zerumbet* ein heilsames Mittel, das man in Indien als Gegengift einsetzt. Welche Schwierigkeiten muß man überwinden, wenn man die wahren Gründe für diese außergewöhnlichen Phänomene erfahren möchte!

*Der Schluß ein anderes Mal.*

[3] Der *Zerumbet* ist die Wurzel einer Pflanze namens *Amomum Zerumbet Lin.* Zu derselben Gattung gehören der Ingwer, *Amomum Zingiber*; der Kardamom, *Amomum Cardamomum*, und andere aromatische Arten.

## Schluß des Briefes an den Autor dieses Blattes; über den Bohon-Upas

### von einem jungen Adligen aus dieser Stadt

——— Ist der Saft des *Boa-Upas* einmal in den Körper des Menschen gelangt, scheint er ihn so bald nicht wieder zu verlassen. Der infizierte Kranke muß sich vor allem vor dem Verzehr der Wurzel des *Zerumbet* hüten, denn noch drei Jahre, nachdem er *Boa-Upas* zu sich genommen hat, würde der *Zerumbet* ihn das Leben kosten. Was ist das für ein Gift, das so lange Zeit im Körper bleibt, ohne sich zu verändern und seine todbringende Eigenschaft zu verlieren, das darin schlummert und sich trotz seiner Flüchtigkeit im Körper konzentriert, um seine Bösartigkeit durch die Mischung mit einem anderen Saft zu entwickeln, welcher selbst wiederum ein Gegengift gegen andere Gifte verschiedener Art ist? Insbesondere wird berichtet, daß jene, die durch Gegengifte vom *Boa-Upas* geheilt wurden, jedes Jahr fühlen, wie das Gift in ihren Adern wieder erwacht.

Wenn die Bewohner von Celebes von einem Feind angegriffen werden, lassen sie aus ihrem Arsenal oder Depot alle Bambusrohre holen, die das tödliche Gift enthalten, und teilen sie in verschiedene Klassen ein. Da das Auge nicht sicher über die Güte des Giftes urteilen kann, muß man es mit chemischen Mitteln prüfen. Ein kleines Korn des gehärteten Saftes dient zu dieser Probe. Man wirft es in den Saft des *Zerumbet*, und wenn das Gift von starker Kraft ist, bringt es den *Zerumbet* zum Kochen und läßt ihn heftig aufsprudeln. Nach diesem Versuch bereitet man den *Boa-Upas* mit dem *Zerumbet* zu; man taucht die Pfeile hinein, und schon ihre Stiche sind tödlich, wenn man nicht sofort zu Hilfe eilt; dabei darf man jedoch keinen Augenblick verlieren.

Die in diese Mischung getauchten Pfeile bewahren zwei Jahre lang ihre tödliche Kraft, wenn das Gift gut ist; andere verlieren sie innerhalb von zwei bis drei Monaten. Die Inder, die über ihre Waffen Bescheid wissen wollen, prüfen sie oft mit dem Saft des *Zerumbet.* Diejenigen, die das Unglück haben, von diesen vergifteten Pfeilen verletzt zu werden, sterben eines so raschen wie grausamen Todes. Zuerst verfällt ihr ganzer Körper in Krämpfe, ihr Gesicht schwillt an, ihr Mund füllt sich mit Schaum, ihre Augen treten aus dem Kopf, und stöhnend scheiden sie dahin, die einen innerhalb einer Viertelstunde, die anderen in einer halben Stunde; manchmal sogar noch rascher, je nach Wirkkraft des Giftes.

Die Pfeile der Makassarier sind für die Europäer nicht mehr so bedrohlich, wie sie es früher waren. *Rumphius* berichtet, diese Völker hätten grenzenloses Vertrauen in ihre Waffen, und die Europäer hätten versucht, ihnen nachzueifern. Einmal haben die Makassarier die Insel Ambon vollkommen verwüstet, aber die Holländer wußten sich mit einer besonderen Kleidung aus spanischem Leder vor der schrecklichen Wirkung ihrer vergifteten Pfeile zu schützen.

Früher kannten die Europäer kein anderes Gegenmittel gegen diese tödlichen Verwundungen als menschliche Exkremente, innerlich angewendet. Dieses widerwärtige Heilmittel, das natürlich Übelkeit erregte, diente dem unglücklichen Verletzten als Brechmittel und nahm so dem Gift seine tödliche Energie. Es mußte jedoch augenblicklich verabreicht werden. Oft sah man in den Schlachten gegen diese Völker europäische Soldaten manche ihrer Kameraden um die Gnade bitten, ihnen dieses notwendige Gegenmittel zu verabreichen; und wer auf der Stelle solch einem Elenden helfen konnte, wurde von diesem als Schutzengel angesehen. *Rumphius* zitiert das Beispiel eines holländischen Soldaten, der dank diesem ekelhaften Mittel fünfmal dem Tode entging. Später lernte man bei den Indern selbst wirksamere und weniger abstoßende Gegenmittel kennen, wie die Wurzel von *Crinum Asiaticum*, die Rinde von *Ficus ramosa* usw. usw. Die Amputation, dieses universelle Heilmittel in der Chirurgie, ist für diejenigen, die von vergifteten Pfeilen verletzt wurden, vollkommen nutzlos: Es sind innerlich angewandte Mittel vonnöten. Die Könige von Celebes haben viele Versuche gemacht, indem sie zum Tode verurteilte Sklaven mit diesen tödlichen Pfeilen verletzten. Das verletzte Glied wurde sofort vom Körper getrennt, aber der Sklave starb dennoch.

All das zeigt Ihnen, mein Herr, daß der *Boa-Upas* eines der seltsamsten Phänomene der Natur ist; es wäre zu wünschen, daß ein Naturforscher die Mittel hätte, diesen gefährlichen Baum gründlich zu untersuchen. Doch wie soll man einen Gegenstand erforschen, welcher für den, der dieses Unternehmen wagen wollte, von verschiedenen Seiten so viele Gefahren birgt? Jedenfalls sind wir dem Ritter *Thunberg* für die Mitteilung seiner Beobachtungen zu großem Dank verpflichtet. Hoffen wir, daß kundige Reisende diese Beobachtungen entweder durch ihre eigenen ergänzen oder alles sammeln mögen, was über diesen, der Aufmerksamkeit der Naturforscher so würdigen Gegenstand bekannt wird.

In vorzüglichster Hochschätzung usw. usw. Berlin, den 1. Januar 1789.

# Abhandlung vom Wasser im Basalt

——— Der lebhafte Streit, welcher seit zwanzig Jahren über den vulkanischen oder neptunischen Ursprung des Basalts geführt wird, hat eine Menge vorzüglicher Mineralogen veranlast, die genauesten Untersuchungen über die Natur dieses Minerals anzustellen. Dennoch ist es auffallend, daß bey so vielen sorgfältigen Bemühungen ein Umstand bisher übersehen worden ist, der für die Lithogenesie sehr wichtig zu seyn scheint. Hr. de LUC, COLLINI, und andere deutsche, holländische ja selbst brittische Gelehrte haben den Unkeler Steinbruch, an der westlichen Seite des Rheins, zwischen Andernach und Bonn, besucht. Die Höhe seiner gegliederten Säulen, ihre sonderbare Zusammenfügung und ihre fast seigere Lage gegen den Horizont, erregten immer allgemeine Bewunderung. Man zählte die Seitenflächen der Basalte, man maaß ihre Länge und Dicke, man glaubte aufgeschüttete Laven zu sehen, für die man verwitterten Mandelstein hielt, – aber man vergaß die Stalaktiten zwischen den Prismen, den Wasserkies im Basalt, die oft 3 Zoll breiten Oliviten, und, was das wichtigste ist, die mit Wasser gefüllten Höhlungen.

Die Unkeler Basaltsäulen, welche gewiß zu den härtesten Mineralien unsers Vaterlandes gehören, enthalten in ihrem Innern Höhlungen, von denen die grösten 3–4 Zoll tief sind. Ihre Oberfläche ist völlig eben, so daß an kein Durchsintern zu gedenken ist[1]. Sie sind ganz mit reinem Wasser gefüllt, welches beym Zerschlagen der Prismen, dem Steinhauer oft entgegen sprützt. Als ich im Herbste 1789 und im Frühjahr 1790 die Unkeler Basalte untersuchte, fand ich selbst die Hölung, aus denen das Wasser ausgelaufen war. Alle Steinhauer, bey denen ich nachfragte, versicherten

---

[1] Sollte es wohl nicht auf ähnliche Art geschehen können, als solches in die bekannten euhydrischen Chalcedonkiesel (s. Ferbers Briefe aus Wälschland. S. 21. und 61.) eindrang, welche sich in den Laven der vicentinischen Gebirge finden. In die Höhlungen und Blasen der erkalteten Laven, schwitzte nemlich das Wasser durch unmerkliche feine Risse, bildete darinn stalaktitisch die Chalcedon-Kugeln und verschloß sich zuletzt selbst auf diese Weise den Ausgang. Man sehe auch über das in vulkanischen Steinen befindliche Wasser Romé de l'Isle Crystallogr. (Par. 1783. T. II. p. 37. 142.) C.

das Wasser vielmahl gesehen zu haben. Es wäre ein besonderer Skeptizismus an dem Daseyn desselben zu zweifeln.

An beyden Ufern des Rheins, soweit die Basalte sich erstrecken, sah' ich nichts, was einen vulkanischen Ursprung voraus setzt. Die Bimssteinlager bey Neuwied und Andernach allein können den Mineralogen irre machen. Selbst DOLOMIEU, der auf den Liparen so vortrefliche Entdeckungen machte, gesteht, daß der Bimsstein eins der räthselhaftesten Produkte sey. Nicht alle Vulkane werfen Bimsstein aus, weil sie nicht alle den Grundstoff dazu enthalten. Aber alle Bimssteine setzen auch nicht die Nähe von Vulkanen voraus. Die Bimssteine bey Andernach liegen in wagerechten Schichten, die mit Schichten von Thonerde abwechseln. Beyde streichen parallell über einander her. Gleiche Lage läst gleiche Entstehung vermuthen. Eben die Fluthen, welche Terebrateln, Pektiniten, Chamiten u. s. w. herbeyführten, konnten diese nicht auch den leichten Bimsstein aus entfernten Gegenden[2] wegschwemmen, und ihn in unsern unvulkanischen Gegenden absetzen?

Die Erscheinung des Wassers im Basalte scheint ein neuer Grund für den neptunischen Ursprung derselben zu seyn. Als die Basaltmasse noch weich war, trockneten wahrscheinlich die äußeren Theile der Masse geschwinder ab, und die Wasser blieben in der erhärteten Rinde eingeschlossen. Die Anhänger der vulkanischen Hypothese, werden dies Phänomen auf eine andere Weise erklären. – Ich begnüge mich, den Mineralogen ein sonderbares, und wenig bekanntes Faktum vorgelegt zu haben, unbekümmert, ob das Wasser in den Unkeler Basalten durch Abtrocknung und Verdickung erkälteter Dämpfe entstanden sey.

Soviel, als vorläufige Anzeige dessen, was ich an den Basalten neues zu bemerken glaubte. Mehrere physikalische und mineralogische Nachrichten über Linz, Linzhausen und Unkel, mit einer philologischen Untersuchung über die basaltähnlichen Steine der Alten u. s. f. findet man in einer kleinen Schrift, – (Mineralogische Beobachtungen über einige Basalte am Rhein etc.) – welche in der Schulbuchhandlung in Braunschweig erscheint.

v. H – t.

[2] Z. B. in Island. Man staune nicht über die Weite, sondern erinnere sich des nordischen Treibholzes.

## Beschreibung einer neuen Spin- Zwirn- Haspel- Kratz- und Krempel-Maschine zu hundert und mehrern Faden. Nebst 27 Abrissen. Cöthen in der Hochfürstl. priv. Glandenberg. Buchhandlung 1789. (40 Seiten in 4.) 10 Thaler

——— Die Erscheinung dieser kleinen Schrift wird jedem Freunde der Technologie gewiß nicht unwillkommen seyn. Die Zeiten sind vorüber, in denen man alle Erfindungen, durch welche menschliche Kräfte erspart werden, gleichsam mit einem Fluche belegte, in denen man das Korn gern wieder von Menschen hätte zerreiben, die Bücher von Abschreibern vervielfältigen lassen u. s. f. Man hat, obgleich erst spät, doch endlich auch in unserem Deutschen Vaterlande eingesehen, daß gefährlich scheinende Mittel durch **vorsichtigen** Gebrauch unschädlich, ja oft selbst für das Ganze wohlthätig werden. Wenn die in obiger Schrift vorgelegte Maschine ihren Zweck ganz erreichte, so könte sie allerdings die wichtigsten politischen Folgen nach sich ziehen. Sie soll sich eben dadurch von allen älteren Erfindungen dieser Art auszeichnen, daß sie nicht bloß für Baumwollen-, sondern auch für Wollen- und Hanfspinnerey bestimt ist. Die Algemeinheit ihres Gebrauchs also und das mannigfaltige Glück und Unglück, welches sie über verschiedene Länder verbreiten könte, macht sie einer aufmerksamen Zergliederung würdig. Wir wollen erst ihre einzelne Theile betrachten, sie dann mit andern, uns bekanten, Maschinen vergleichen und endlich mit einigen Anmerkungen über ihre Mängel und Vorzüge schließen.

Die neue Maschine, welche auf eilf großen Kupfertafeln vorgestelt ist, kan nur in so fern als ein Ganzes betrachtet werden, als die einzelnen Theile durch **ein Stirnrad** (als vis motrix) bewegt werden. Eine nähere Verbindung findet wenigstens zwischen der Spinn- und Krempel-Maschine nicht stat. Auch wird die Locke nicht durch das Räderwerk selbst der Spinmaschine, das Garn nicht der Zwirnmaschine zugeführt. Alles dies muß unmittelbar durch **menschliche Kräfte** geschehen. a) Die Spinmaschine § 1–37 ist ihrem Baue nach von allen uns bekanten Spinmaschinen gänzlich verschieden. Die rohen Materien, welche sie verarbeitet, **brauchen** nicht vorgesponnen zu werden. Die einzelnen (gekrempelten) Locken oder Flöthen werden bloß mit ihren Enden aneinander gedrückt und so, besonders bey Schafwolle, in ein blechernes Gefäß gelegt. Will man die rohen Materien vorspinnen lassen, so ist es allerdings vortheilhafter. Doch muß das Vorgespinste, um das Verwickeln der dicken Fäden zu vermeiden, dann auf eine horizontal schwebende Bobine gewickelt werden. Die Locke oder das Vorgespinste wird zwischen mehrern Walzen von hartem Holze durchgeklemt, welche paarweise über einander liegen, ohngefähr wie die stählernen Walzen an einem Streckwerk. Diese Lockenwalzen können durch Schrauben näher aneinander gepreßt oder gelüftet werden. Die üntern **allein** werden durch mehrere Schnüre ohne Ende in Bewegung gesetzt. Die öbern erhalten durch die Friction die entgegengesetzte Bewegung und die ganze Verrichtung ist völlig der ähnlich, auf welcher die Hindus die rohe Baumwolle von den Samenkörnern reinigen. Alle Walzen werden durch eine Scheibe bewegt, um welche sich daher halb soviel Schnüre schlingen als einzelne Walzen sind. Diejenigen, durch welche die Locke zuerst geht, müssen einen grösseren Durchmesser haben und sich daher langsamer bewegen, als die entfernteren. Die natürliche Wirkung dieser Verrichtung ist, daß die Locke durch die schnellere Bewegung der kleineren Walzen angezogen, aus der blechernen Büchse durch die grössere Walze durchgeführt und so beträchtlich ausgedehnt wird. Je geschwinder die kleinen Walzen umlaufen, d. i., je kleiner ihr Durchmesser ist, desto dünner (feiner) erhält man die Locke. Die ausgedehnte Wolle muß nun noch zu einem Faden zusammengedreht werden. Dies verrichtet ein dritter wesentlicher Theil der neuen Spinmaschine, die Spindel. Sie ist völlig der eines gewöhnlichen Tretrades ähnlich, steht aber senkrecht und wird durch ein horizontales Spinrad bewegt. Damit das gesponnene Garn sich nicht immer auf eine Stelle der Spule aufwickele, sind bey unserem Tretrade in der Scheere kleine Häckchen, durch welche die Spinnerin den Faden nach und nach immer höher leitet. Diese Unbequemlichkeit des öfteren Eingreifens in die Maschine zu verhindern, hat der Erfinder eine neue Vorrichtung anbringen wollen, die aber sehr mangelhaft beschrieben ist. Ein langer Arm, der an der Spindel beweglich ist, soll an derselben von selbst hinansteigen und so das Garn immer höher und höher leiten. Nach §. 36 scheint es, als solte das Garn selbst, so wie es sich unter dem gewölbten Ausschnitte jenes Arms oder Leiters anhäuft, denselben in die Höhe treiben. Die Schnur, welche

Rad und Spindel verbindet, kann durch eine Schraube, welche auf die Spindel wirkt, stärker oder schwächer angezogen werden. Jede dieser neuen Spinmaschinen kan nur einen Faden spinnen. Ihrer Zusammensetzung nach bestehen sie aus einer 8 Fuß hohen Seule, die durch 3 horizontale Bretter durchschnitten ist, von denen auf dem üntern die Spindel und das Spinrad, auf dem mittleren das Lockengefäß, und auf dem oberen die Lockenwalzen angebracht sind.

b) Das Haspeln § 37. Die Spinmaschine verrichtet das Haspeln selbst. Auf das untere Brett wird neben die Spindel ein Haspel gesetzt, welcher mit den oberen Lockenwalzen in Verbindung steht. Das Spinrad bewegt nun nicht mehr die Spindel, weil die Schnur ohne Ende gelöset ist. Der gesponnene Faden wird von der Spule auf den Haspel geleitet und wickelt sich so, von dem Haspelarm gezogen, gänzlich ab. c) Das Zwirnen § 38. Auch zu diesem Geschäfte kan die Spinmaschine gebraucht werden. Das mittlere Brett, der Lockentisch, wird durch einen Schieber verlängert. Auf diese Verlängerung schraubt man eine Garnwinde. Statt der Lockenbüchse erscheinen nun mehrere horizontale Bobinen, welche die Maschine durch Schnüre ohne Ende bewegt. Das Garn wird unmittelbar durch menschliche Kräfte von dem unteren Haspel auf die Garnwinde übergetragen. Es wickelt sich dann nach und nach auf die Bobinen, deren, je nachdem der Zwirn zwey- oder dreydrätig seyn soll, zwey oder drey erfordert werden. Sind die Bobinen gefüllt, so klemt man die Fäden durch die Walzen und die Spindel spint oder dreht dieselben zusammen. Zum Zwirnen gehören demnach drey Operationen: 1) daß ein Mensch die Garnwinde bewickelt; 2) daß die Maschine das Garn nach und nach auf die Bobinen leitet; 3) daß die Fäden zusammenlaufen. d) Die Krempelmaschine § 39–44. Ein völlig abgesondertes Stück, das man mit dem großen Stirnrade (vis motrix) verbinden oder besonders durch Wasser treiben lassen kan. Es besteht aus 6 hölzernen, 3 Fuß langen Walzen, die theils neben, theils auf einander liegen und wie Schrobel, mit Häckchen besetzt sind. Die rohe geflackte Wolle fällt aus einem schrägen Kasten gegen ein eisernes Gitter, durch welches die erste, nahe liegende Walze sie ergreift, ihrem Nachbar abgiebt u. s. f. Die Maschine hat einen elenden, verwirten Mechanismus von 1 Stirnrade, 7 Kammrädern, und 13 Trillingen. Nur die letzte Walze, welche (ohngefähr wie eine Kniestreiche) mit den feinsten Häckchen besetzt ist, hat einen sehr scharfsinnig ersonnenen Lockenmacher. Ein gewölbtes Brett, welches von innen ebenfalls feine Zacken hat, wird von Zeit zu Zeit durch ein Heberad gehoben und bedeckt im Fallen einen Theil der Walze. Die auf derselben ausgebreitete Scheibe streift sich gegen die Zacken oder Häckchen ab, rollt sich zusammen und sinkt als eine Locke in ein eigenes Gefäß.

Die ganze Spin- Zwirn- Haspel- Kratz- und Krempel-Maschine soll von einem Menschen durch einen Hebelarm an einer senkrechten Welle bewegt werden. Das Stirnrad dieser Welle greift auf der einen Seite in die Streichwalzen, auf der anderen in die Spinräder, welche im Kreise, wie die Haspel an der gewöhnlichen Zwirnmühle stehen.

Wir müssen bekennen, daß es nicht wenig Anstrengung erfordert, sich nach des Erfinders unvollständigen, oft räthselhaften Beschreibung einen deutlichen Begrif von diesem weitläuftigen Mechanismus zu machen. Es ist leider! noch immer das Schicksal der meisten Deutschen technologischen Schriften, daß sie dunkel und widrig geschrieben sind. Wie wenige haben wir aufzuweisen, welche an Faßlichkeit und Eleganz den Descriptions des arts et metiers, der Diderotschen Encyclopädie oder den neuesten Meisterwerken des Herrn Roland de la Platiere gleichkommen! Der Styl, welcher in vorliegender Schrift herscht, ist unter aller Critik. Die Vorrede, die man erst dem Verfasser und dann der Verlagshandlung zuschreiben muß, ist in einem gemeinen, marktschreierischen Tone geschrieben. Sie kan leicht von der beschwerlichen, aber doch interessanten Lectüre des Ganzen abschrecken. Die Glandenberg. Buchhandlung hat die Zeichnung der neuen Spinmaschine, welche alle bereits existirende **übertrift**, für **schweres** Geld an sich gekauft; sie verspricht noch andere Werke, über die man **erstaunen** wird, warnt vor einem Magister Dreschütz u. s. f. Die Kupfertafeln sind sehr sauber gestochen. Einige sind ganz entbehrlich z. B. tab. VI und VIII. Sie vertheuren das Werk unnöthiger Weise und alle 26 Figuren hätten auf wenigen Tafeln hinlänglich Raum gehabt!

Die Maschine **existirte** bey Erscheinung der Beschreibung noch **nicht.** Die Hochfürstl. Buchhandlung wolte, „um ihr Privilegium nicht mit Füßen zu treten“, sie nicht selbst erbauen. Doch versprach ein Freund in Cöthen den ersten Versuch zu wagen. Jeder, welcher ein ächtes Exemplar der Beschreibung vorzeigt, soll die Maschine in Augenschein nehmen dürfen.

Wenn wir die neue Maschine mit den schon existirenden älteren vergleichen, so scheint jene vor diesen, im Ganzen, wenig Vorzüge zu haben. Dennoch bleibt die Bekantmachung derselben für den Mechaniker immer wichtig und lehrreich. Sie enthält im **Einzelnen** allerdings viel schönes und sinreiches, welches vielleicht nicht ohne Nutzen auf andere Maschinen angewandt werden kan.

Die englischen Spinmaschinen spinnen 30–40 Fäden auf einmal. Die neue Cöthensche § 1–37. liefert nur **einen** Faden. Die Spinmaschine von 300 Fäden, deren S. 38 Erwähnung geschieht, besteht eigentlich aus 300 einzelnen Maschinen welche zugleich bewegt werden. Sie soll demnach mit Einem Arbeiter so viel Garn liefern, als 10 englische Spinmaschinen mit 10 Spinnerinnen! Aber der Erfinder scheint die Größe seiner Maschine schlecht oder vielmehr gar nicht berechnet zu haben. Angenommen die kleinen einzelnen Spinräder § 1–6 stehen auch nur 6 Zoll breit auseinander, so gehört doch zu 300 solchen Spinrädern ein 50 Fuß breites Stirnrad, welches Ein Mensch bewegen soll! Um aber nur 25 Fäden zu spinnen (S. Anhang), wäre es doch sonderbar, ein ganzes Zimmer mit einer so weitläuftigen Vorrichtung zu füllen, da man durch eine kleine 4 oder 5 Fuß lange Englische Spinnmaschine eben diesen Zweck bequemer erreichen kan. Ueberdem wird der Preis einer Engl. Spinmaschine (gewöhnlich 7 bis 8 Carolinen!) den von 25 Cöthenschen, die einen sehr sauber gearbeiteten Walzenkasten erfordern, wohl kaum das Gleichgewicht halten. Dennoch heißt es in vorliegender Schrift: „die Kosten bey einer Maschine zu 25 Faden samt Beschreibung und Abrissen sind in Zeit von 14 Tagen durch das wohlfeilere Gespinste gleich wieder ersetzt!"

Das Ausdehnen der Locke, welches die Spinnerin sonst durch das Zurückschieben der Springfederlocke bewirkt, verrichten hier die Walzen. Dieser Theil ist in der That schön ersonnen. Die Locke wird im Ziehen gepreßt, und es scheint als könte durch diese Vorrichtung das öftere Reißen der Fäden, welches den Werth unserer älteren Spinmaschinen sehr herabsetzt, verhindert oder geschwächt werden. Der Leiter an der Spule dürfte leicht seine Wirkung verfehlen. Es ist ein schwieriges mechanisches Problem, wenn man sich der Schnur oder des Gezähnes nicht bedienen kann, Theile anzubringen, welche, von selbst, regelmäßig steigen oder sinken. Wir fürchten sehr, jeder Leiter möchte zu schwer seyn, um von dem Garne gehoben zu werden. Die neue Spinn-Maschine soll auch Schafwolle und präparirten Hanf spinnen. Worauf gründet der Erfinder dieses Versprechen? Auf Erfahrungen? Sie sind nicht angestelt. Auf Theorie? Die Vernunft kan hier wenig a priori entscheiden. Die schöne Einrichtung der Walzen läßt hier allerdings mehr hoffen, als bey den englischen Spinmaschinen, wo die Locke ganz ungepreßt und frey ausgedehnt wird. Der Hanf soll präparirt werden. Der Verfasser setzt nicht hinzu wie? ob macerirt oder gelauget? Er scheint den Hanf allein vorbereiten zu wollen. War ihm denn unbekant, daß auch selbst die Baumwolle durch ein eigenes Bad gehen muß. L'art du Fabricant de velours de coton 1780 p. 8. Unsere teutschen Spinmaschinen leisten vorzüglich eben darum so wenig, weil unsere Fabrikanten nicht das englische Seifenbad kennen.

Das Zwirnen § 38 auf der neuen Maschine ist sehr unbequem. Es erfordert viele Vorbereitungen. Das Reiben des Garns zwischen den hölzernen Walzen ist für dasselbe gewiß schädlich. Selbst bey der gewöhnlichen Zwirnmühle. (**Jacobssons** Schauplatz. Th. IV. Tab. II. Fig. 8.) wird, um alle Friction zu vermeiden, der Faden über gläserne Röhren geleitet; und doch bewegt sich hier alles frey ohne Klemmung. Gesetzt aber auch die Cöthensche Maschine lieferte einen starken, wohlgedrehten Zwirn, welche Vorzüge hat sie vor den älteren? Der Vorzug, daß sie zugleich spint und zwirnt wäre allerdings wichtig, aber eine kleine Berechnung lehrt, daß er nur ein eingebildeter sey. Zu einer Maschine von 120 Fäden wird ein Stirnrad von wenigstens 20 Fuß Durchmesser erfodert. Die Kraft eines Menschen ist kaum hinreichend, die Last dieses Stirnrades und die Friction der Krempelmaschinen zu überwinden. Dennoch giebt diese weitläuftige Vorrichtung nicht mehr Garn als 3 englische Spinmaschinen zu 40 Bobinen. Bey einer sehr **geringen** Fabrikation wird man jene 120 Spinräder gewiß immer zum Spinnen beschäftigen können. Zum Zwirnen also muß eine besondere Maschine errichtet werden. Wer wird sich aber hier wohl der Cöthenschen bedienen wollen? Eine gewöhnliche Zwirnmühle hat gegen 400 Bobinen, die in 3 Etagen über einander stehen. Die Cöthensche Zwirnmaschine müßte, um eben die Wirkung zu thun, 200 Fuß im Umfange haben! Ueberdem hat man die Unbequemlichkeit solcher kreisförmigen Zwirnmühlen längst eingesehen, da sie übermäßigen Raum wegnehmen, ein Gebäude belästigen, für den Arbeiter unbequem, ja selbst seiner Gesundheit nachtheilig sind u. s. f. Die schmalen, ovalen Schifmühlen sind schon häufig eingeführt und selbst die vortrefliche englische Zwirnmühle, welche durch eine senkrechte Kurbel bewegt wird, und ein Parallelogramm ausmacht, ist in grossen teutschen Manufakturen z. B. in der Manschesterfabrik zu Berlin, bereits im Gebrauch.

Die neue Krempelmaschine § 39 ist **nichts weniger als neu.** Ganz ähnliche werden in Deutschland z. B. in Offenbach von dem geschickten Maschinisten Storch erbauet. Roland de la Platiere beschreibt sie in dem eben angeführten Art du fabric de velours etc. auf 3 planches als eine mecanique à carder le coton. Sie wurde schon 1775 in Frankreich eingeführt. In Teutschland ist sie auch im Gange, z. B. in der Wollenzeugmanufaktur der Herren Gebrüder Hesse und in der Kattun- und Zitzmanufaktur des Herrn Sieburgs zu Berlin. Doch möchten wir fast glauben, der Erfinder der sogenanten neuen Krempelmaschine habe die älteren nicht gekant. Er würde sonst die Vortheile derselben bey den seinigen genutzt haben. Wir würden diese Recension übermäßig verlängern, wenn wir alle einzelne Mängel der neuen Streichwalzen durchgehen wolten. Also nur wenige Beyspiele zur Probe! Die erste Walze darf die rohe Wolle nicht selbst an sich raufen. Sie wird ihr weit bequemer und gleichmäßiger durch einen Rumpf zugeführt. Bisweilen, was noch besser, liegt die Wolle gar auf einer beweglichen Leinwand, die durch den Rumpf (fast wie eine Schnur ohne Ende) der Maschine näher gezogen wird. Bey den neuesten englischen Krempelmaschinen **soll** die rohe, geflackte Materie gar durch einen Trichter von oben auf die Walzen geschüttet werden. Der Mechanismus, durch welchen die cöthenschen Walzen bewegt werden, verursacht gewiß übermäßige

Friction und Klemmung. Die französischen, englischen und teutschen Krempelmaschinen werden fast alle auf eine sehr einfache Art durch Schnüre ohne Ende bewegt. Zwar hat man, weil die Schnüre dem steten Wechsel der Luft zu sehr ausgesetzt sind, auch eine neue Vorrichtung mit Schrauben ohne Ende und Stirnrädern versucht. Aber bey dieser stehen die Walzen unmittelbar in Verbindung, nicht durch 7 Kamräder und 13 Trillingen, die in 6 gezähnte Cylinder greifen! Dennoch sagt Herr Roland de la Platiere von solchen Maschinen ohne Schnüre: elles ont la marche plus égale, *mais elles sont plus lourdes.*

Der Cöthensche Lockenmacher ist schön und sinreich ersonnen, aber er ist zerbrechlicher und weitläuftiger als der ältere. Bey den englischen Krempelmaschinen stehen der letzteren Walze zwey Flügel an einer horizontalen Welle gegenüber. Der vordere Theil dieser Flügel ist mit feinen (durch eine leicht sich zurückschiebende Feder bedeckten) Zähnen versehen. Diese Zähne streichen die wollene Scheibe von der Walze ab, und werfen dieselbe auf einen Rumpf, der sie gegen eine geschweifte messingene Fläche als Locke zusammenrollt.

Die neuen Cöthenschen Streichwalzen sollen nur 3 Fuß lang seyn. Daher glaubt der Erfinder, sie würden zu wenig gekrempelte Wolle liefern, und räth 4 oder mehr solche Kratzmaschinen anzulegen. Warum dürfen die Walzen nicht lieber um einige Fuß verlängert werden? So ersparte man wenigstens die ungeheure Friction so vieler Getriebe. Eine gewöhnliche Krempelmaschine von 8–10 Cylindern, welche 4–5 Fuß lang sind, liefert ja täglich 50–60 Pfund gestrichene Wolle! Diese Angabe war wohl dem Verfasser unbekant.

Wenn wir einen Blick auf das Ganze werfen, so können wir uns des Wunsches nicht enthalten, der Erfinder der neuen Spin- Zwirn- Haspel- Kratz- und Krempel-Maschine, hätte vor Bekantmachung seines, in vieler Rücksicht lobenswerthen Werks, dasselbe im Einzelnen genauer untersucht, andere Maschinen daneben gehalten, Kraft und Last berechnet, die Zahl der Zähne, Kämme und Triebstöcke angegeben u. s. f. Wie ist es denkbar, daß ein Mensch zwey Stirnräder von wenigstens 150 Fuß Umfang, 1200 auf einander schleifende Lockenwalzen, und 4 Krempelmaschinen (von denen eine, wie die Erfahrung selbst in Teutschland lehrt, fast 2 Arbeiter erfodert) in Bewegung setze? Wir hoffen, daß geschickte Mechaniker das mancherley Gute, welches vorliegende Schrift enthält, über die Mängel die wir ihr vorwerfen, nicht übersehen, sondern vielmehr, daß sie es zu anderen Maschinen benutzen und so für das Wohl der menschlichen Geselschaft anwenden werden.

**Alexander von Humboldt.**

# Anzeige

——— HERR VON BEROLDINGEN erwähnt in seiner überaus interessanten und lehrreichen Schrift ÜBER DIE VULKANE Th. 1. S. 285. des Vorkommens des Wassers in den Unkler Basalten – ein Vorkommen, das ich zuerst in einer eigenen Abhandlung in Hrn. Crells chem. Annalen 1790 St. 5. S. 414. und nachmals in meinen Miner. Beob. über einige Basalte am Rhein (doch beide male anonymisch) bekannt gemacht habe. Er wünscht im Namen des sich belehren wollenden mineralogischen Publikums zu wissen, „an wen man sich wegen dieser sonderbaren, von so vielen gelehrten Naturforschern nicht bemerkten Erscheinung zu halten habe."

Da ich durch den litterarischen Streit über die Aegyptischen Alterthümer, welchen Herr WITTE gegen die Herren NIEBUHR und EBELING und gegen mich so lebhaft geführt, ohnedies längst veranlaßt wurde, mich selbst als den Verfasser der Miner. Beobachtungen öffentlich zu nennen, und da jener Aufforderung des Herrn von Beroldingen also schon dadurch einigermaßen Genüge geleistet worden ist, so füge ich hier nur die Nachricht hinzu, daß Herr WERNER bereits vor einigen Jahren ebenfalls Wasser in den Basalten der Pflasterkante bei Marksuhl entdeckte, worüber wir eine interessante Abhandlung von diesem berühmten und vortreflichen Mineralogen zu erwarten haben.[1]

In dem zweiten, an wichtigen Beobachtungen nicht minder reichen Theile S. 306 giebt mir H. v. B. Schuld: DASS ICH IHM DEN VULKANISCHEN STAAR ÜBER SEINE SUBLIMATIONSHYPOTHESE HABE STECHEN WOLLEN. Die Worte, welche sich in meiner Schrift auf diese Hypothese beziehen, lauten also:

„Die Nähe in welcher sich die Zweibrückischen Quecksilberminen mit den Basalten befanden, zog die Aufmerksamkeit eines gelehrten und scharfsinnigen Mineralogen auf sich. Herr v. BEROLDINGEN erklärte die mercurialischen Erze dieser Gegend für Sublimate des vulkan. Feuers. Ich muß gestehen, daß ob ich

[1] Auch für die Erscheinung des SCHWEFELKIESES im Basalte hole ich hier noch eine Autorität nach, die ich bisher übersehen habe. S. Herrn v. Charpentiers Beobachtungen über den Huthberg bei Herrnhuth in der Miner. Geographie S. 30.

gleich selbst einen großen Theil dieses merkwürdigen Gebirges sahe, der Augenschein mich doch nicht von jenen vulkanischen Wirkungen überzeugen konnte, weil ich den Grundsatz dieser Hypothese, die ehemalige Flüssigkeit der Basalte für noch immer nicht hinlänglich erwiesen hielt, doch bin ich nicht unbescheiden genug, um diese Aeußerung für mehr, als einen SCHWACHEN Zweifel auszugeben."

H. v. B. versichert, daß ich in dieser Stelle selbst gestünde, UNBESCHEIDEN ZU SEIN, JA ALLENFALLS NOCH UNBESCHEIDNER SEIN ZU KÖNNEN, daß ich ihm die Meinung von der Flüssigkeit der Basalte aufbürde, an die er nie gedacht, ja in Hr. Crells chem. Beiträgen II. S. 131 selbst bestritten habe u. s. f. Diese Vorwürfe scheinen mir in einem bloßen Misverständnisse gegründet zu seyn, da Hr. v. B. und ich verschiedene Ideen mit dem Worte Basalt verknüpfen (wie ich auch aus Th. 1. S. 291 ersehe, wo ich Basalt und Schlacke verwechselt haben soll.) Ich war selbst damals, als ich jene kleine, jugendliche Arbeit herausgab, weit davon entfernt, die verschiedenen Theorien über die Entstehung des Basalts mit einander zu vermengen, und ich bezog mich (S. 18 meiner Miner. Beobacht.) nicht auf H. v. Beroldingens Meinung von der ENTSTEHUNG DESJENIGEN FOSSILS, DAS ER AUSSCHLIESSLICH BASALT NENNT, sondern auf die porösen Gesteinarten, die er (wie ich aus seinem Buche und aus den, mit Feuerflammen bezeichneten, Bergen auf seiner Petrographischen Karte schloß) für wirkliche LAVEN erklärte, welche ich aber der BASALTFORMAZION beizähle.

Ob ich durch jenen Ausdruck „ICH BIN NICHT UNBESCHEIDEN GENUG U. S. F." das Geständniß einer schon begangenen Unbescheidenheit abgelegt habe, ist eine grammatische Frage, die ich gern unbeantwortet lasse. SONDERBAR indeß genug, daß ich wegen einer Wendung getadelt werde, durch die ich dem VORWURFE, ich wolle den H. v. B. ZURECHTWEISEN, oder durch die blose Aeußerung MEINES Zweifels eine ganze Theorie widerlegen, VÖLLIG ENTGEHEN zu können glaubte!

Ich würde dieser kleinen Umstände nicht einmal erwähnen, wenn ich nicht für den großen Theil des mineralogischen Publikums (welcher meine Schrift nicht gelesen hat) unangenehme Misverständnisse zu vermeiden wünschte. Denn der Ausdruck des „STAARSTECHENS" läßt meiner Seits ein Benehmen ahnden, dessen ich mir UNBEWUSST BIN, UND WELCHES ICH MIR, NACH MEINEN IDEEN VON SITTLICHKEIT, nie ERLAUBEN werde.

F. A. v. HUMBOLDT.

# Selbstanzeige von *Florae Fribergensis specimen*

——— Eine bergmännische Reise, die mich viele Monathe lang aus meinem Vaterlande entfernte, hat mich gehindert, meinen Versuch über die unterirdische Vegetation bereits im verflossenen Sommer erscheinen zu lassen. Ich darf indeß hoffen, daß diese Arbeit durch die Verzögerung selbst gewonnen hat; weil ich Gelegenheit fand, die Gegenstände, die ich abgebildet, indeß noch genauer zu untersuchen, die Beständigkeit ihrer Formen in den entlegensten Gebirgen und in so verschiedener Teufe zu prüfen, die schwankende Synonimie zu vervollkommenen und (was mir am wichtigsten schien) meine bisherigen Versuche über chemische Pflanzenphysiologie theils zu wiederholen, theils zu erweitern. Der Abdruck des Werks ist jetzt vollendet und unter dem Titel: *Florae Fribergensis specimen, plantas cryptogamicas praesertim subterraneas exhibens, edidit F. A. ab Humbold: accedunt Aphorismi ex doctrina Physiologiae chemicae plantarum cum tabulis aeneis. Berolini apud H. A. Rottmann.* 1793. 4. erschienen. In dem Anhange habe ich den Begriff der Lebenskraft im allgemeinen näher zu entwickeln und die Pflanzen als ein Objeckt der physiologia comparata zu behandeln versucht. Ich wünsche, daß andre Chemiker meine Versuche über die oxygenirte Kochsalzsäure, als ein so auffallendes Reizmittel der vegetabilischen Gefäße, über das Grünwerden der Pflanzen in athmosphärischer Luft beym bloßen Lampenschein u. s. f. unpartheyisch prüfen und die von mir begangenen Irrthümer öffentlich anzeigen mögen, damit ein so wichtiger Theil der Naturkunde, dem ich alle meine künftige Muße unablässig zu widmen gedenke und der nur durch Facta bereichert werden kann, doch bald zu höherer Vollkommenheit gelange. Da der Abdruck meines Werkes zu einer Zeit geschah, wo ich mit sehr heterogenen Dingen beschäftigt war, so hole ich folgende Versehen nach:

Pag. VII. lin. 16 lies statt suspicaris – suspiceris. p. X. l. 18 historia – historiam. XI. 2 orgyas – orgyias. XI. penult. Gnussum – Gneussum. XI. ultima. operint – operiunt. – XII. 24. iungitur – iungatur. XIV. 2. alpinia – alpina. p. 134. l. 13.

alumniosa – aluminosa. p. 137. l. 20. videantur – videntur. p. 142. l. 15. diuturna – diurna. p. 143. l. 10. Plat. occidentalis – Aceris platanoidis. p. 144. l. 11. solae – soli. p. 144. l. 14. cellosus – cellulosus. p. 145. l. 8. appellantur – appellentur. p. 147. l. 16. nullo aliae – nulli alii. p. 152. l. 15. alterutris – utrisque. p. 155. l. 21. temporatus – temperatus. l. 28. fatior – fateor. p. 156. l. 7. obstipui – obstupui. p. 159. l. 29. poludosa – paludosa. p. 190. l. 18. leget – legit.

A. v. Humboldt,

Kön. Preuß. Oberbergmeister.

# Richtigstellung

——— In dem klassischen Werke meines Freundes, des Hn. D. Reuß, Min. Geographie von Böhmen 1793. bin ich mehrmals als Mitverfasser einer Abhandlung über das Mittelgebirge (Berg. Journ. 92. St. 3. 4.) rühmlichst erwähnt. So schmeichelhaft mir dieser Irrthum auch immer seyn könnte, so bin ich doch zur Steuer der Wahrheit schuldig ihn selbst anzuzeigen. Jene vortrefliche Abhandlung ist *ganz* die Arbeit des Hn. *Freiesleben*, dem wir bereits ähnliche geognostische Beobachtungen über das Elbthal, das Saalfelder und Kammsdorfer Gebirge, und die Thüringer Flözformation verdanken. Wo ich ihm Zusätze lieferte (und es sind deren wenige und unbedeutende!) bin ich immer namentlich aufgeführt. Genauen und unpartheyischen Oryktognosten, welche *seine* musterhafte Karakteristik neuer Foßilien mit den mangelhaften äußeren Beschreibungen in meinen älteren Schriften vergleichen, kann der Abstand *meiner* Arbeit von der *seinigen* nicht entgehen.

A. F. v. Humboldt, königl. preuß. Oberbergmeister.

Steben, auf Nailaer Refier, im Febr. 1794.

# Die Lebenskraft oder der Rhodische Genius

## Eine Erzählung

Die Syrakuser hatten ihren Poikile wie die Athener. Vorstellungen von Göttern und Heroen, griechische und italische Kunstwerke bekleideten die bunten Hallen des Portikus. Unablässig sah man das Volk dahin strömen, den jungen Krieger, um sich an den Thaten der Ahnherrn, den Künstler, um sich an dem Pinsel grosser Meister zu weiden. Unter den zahllosen Gemählden, welche der emsige Fleiß der Syrakuser aus dem Mutterlande gesammelt, war nur eines, das seit einem vollen Jahrhunderte die Aufmerksamkeit aller Vorübergehenden auf sich zog. Wenn es dem Olympischen Jupiter, dem Städtegründer Cekrops, dem Heldenmuth des Harmodius und Aristogiton an Bewunderern fehlte, so stand doch um jenes Bild das Volk in dichten Rotten gedrängt. Woher diese Vorliebe für dasselbe? War es ein gerettetes Werk des Apelles, oder stammte es aus der Mahlerschule des Kallimachus[1] her? Nein, Anmuth und Grazie strahlten zwar aus dem Bilde hervor, aber an Verschmelzung der Farben, an Charakter und Styl des Ganzen durfte es sich mit vielen andern im Poikile nicht messen.

Das Volk staunt an und bewundert, was es nicht kennt und diese Art des Volks begreift viel unter sich. Seit einem Jahrhundert war das Bild aufgestellt und ohnerachtet Syrakus in seinen engen Mauren mehr Kunstgenie umfaßte, als das ganze übrige meerumflossene Sizilien – so blieb der Sinn desselben doch immer unenträthselt. Man wußte nicht einmal bestimmt, in welchem Tempel dasselbe ehemals gestanden habe. Denn es ward von einem gestrandeten Schiffe gerettet, und nur die Waaren, welche dieses führten, liessen ahnen, daß es von Rhodus kam.

[1] Cacizotechnos. Plin. XXXIV. 19. n. 35.

An dem Vorgrunde des Gemähldes sah man Jünglinge und Mädchen in eine dichte Gruppe zusammengedrängt. Sie waren ohne Gewand, wohlgebildet, aber nicht von dem schlanken Wuchse, den man in den Statuen des Praxiteles und Alkamenes bewundert. Der stärkere Gliederbau, welcher Spuren mühevoller Anstrengung trug, der menschliche Ausdruck ihrer Sehnsucht und ihres Kummers, alles schien sie des Himmlischen oder Götterähnlichen zu entkleiden, und an ihre irrdische Heimath zu fesseln. Ihr Haar war mit Laub und Feldblumen einfach geschmückt. Verlangend streckten sie die Arme gegen einander aus, aber ihr ernstes trübes Auge war nach einem Genius gerichtet, der von lichtem Schimmer umgeben, in ihrer Mitte schwebte. Ein Schmetterling saß auf seiner Schulter, und in der Rechten hielt er eine lodernde Fackel empor. Sein Gliederbau war kindlich, rund, sein Blick himmlisch lebhaft. Gebieterisch sah er auf die Jünglinge und Mädchen zu seinen Füssen herab. Mehr charakteristisches war an dem Gemählde nicht zu unterscheiden. Nur am Fusse glaubten einige noch die Buchstaben ζ und ω zu bemerken, woraus man (denn die Antiquarier waren damals nicht minder kühn, als jetzt) den Namen eines Künstlers Zenodorus, also gleichnamig mit dem spätern Koloß-Giesser, sehr unglücklich zusammen setzte.

Dem Rhodischen Genius, so nannte man das räthselhafte Bild, fehlte es indeß nicht an Auslegern in Syrakus. Kunstkenner, besonders die jüngsten, wenn sie von einer flüchtigen Reise nach Corinth oder Athen zurükkamen, hätten geglaubt, alle Ansprüche auf Genie verläugnen zu müssen, wenn sie nicht sogleich mit einer neuen Erklärung hervorgetreten wären. Einige hielten den Genius für den Ausdruck geistiger Liebe, die den Genuß sinnlicher Freuden verbietet; andere glaubten, er solle die Herrschaft der Vernunft über die Begierden andeuten. Die Weiseren schwiegen, ahneten etwas Erhabenes, und ergözten sich im Poikile an der einfachen Komposition der Gruppe.

So blieb die Sache immer unentschieden. Das Bild ward mit mannigfachen Zusätzen copirt, in Reliefs geformt und nach Griechenland gesandt, ohne daß man auch nur über seinen Ursprung je einige Aufklärung erhielt. Als einst mit dem frühen Aufgange der Plejaden die Schiffahrt ins Aegäische Meer wieder eröfnet ward, kamen Schiffe aus Rhodus im Hafen von Syrakus an. Sie enthielten einen Schatz von Statuen, Altären, Candelabern und Gemählden, welche die Kunstliebe der Dionyse in Griechenland hatte sammeln lassen. Unter den Gemählden war eines, das man augenblicklich für ein Gegenstück zum Rhodischen Genius erkannte. Es war von gleicher Größe, und zeigte ein ähnliches Kolorit; nur waren die Farben besser erhalten. Der Genius stand ebenfalls in der Mitte, aber ohne Schmetterling, mit gesenktem Haupte, die erloschene Fackel zur Erde gekehrt, der Kreis der

Jünglinge und Mädchen stürzte in mannigfachen Umarmungen, gleichsam über ihm zusammen. Ihr Blick war nicht mehr trübe und gehorchend, sondern kündigte den Zustand wilder Entfesselung, die Befriedigung lang genährter Sehnsucht an.

Schon suchten die Syrakusischen Alterthumsforscher ihre vorige Erklärungen vom Rhodischen Genius umzumodeln, damit sie auch auf dieses Kunstwerk paßten, als der Tyrann Befehl gab, es in das Haus des Epicharmus zu tragen. Dieser Philosoph aus der Schule des Pythagoras, wohnte in dem entlegenen Theile von Syrakus, den man Tycha nannte. Er besuchte selten den Hof der Dionyse, nicht, als hätten nicht geistreiche Männer aus allen griechischen Pflanzstädten sich um sie versammlet, sondern weil solche Fürstennähe auch den geistreichsten Männern von ihrem Geiste raubt. Er beschäftigte sich unabläßig mit der Natur der Dinge, und ihren Kräften, mit der Entstehung von Pflanzen und Thieren, mit den harmonischen Gesetzen, nach denen Weltkörper im Großen und Schneeflocken und Hagelkörner im Kleinen sich kugelförmig ballen. Da er überaus bejahrt war, so ließ er sich täglich in dem Poikile und von da nach Nasos an den Hafen führen, wo ihm sein Auge, wie er sagte, ein Bild des Unbegrenzten, Unendlichen gab, nach dem sein Geist vergebens strebte. Er ward von dem niedern Volke und doch auch von dem Tyrannen geehrt. Diesem wich er aus, wie er jenem freudig entgegen kam.

Epicharmus lag entkräftet auf seinem Ruhebette, als der Befehl des Dionysius ihm das neue Kunstwerk sandte. Man hatte Sorge getragen ihm eine treue Kopie des Rhodischen Genius mit zu überbringen, und der Philosoph ließ beyde neben einander vor sich stellen. Sein Blick war lange auf ihnen geheftet, dann rief er seine Schüler zusammen und hub mit gerührter Stimme an:

„Reißt den Vorhang vor dem Fenster hinweg, daß ich mich noch einmal weide an dem Anblick der reichbelebten lebendigen Erde. Sechzig Jahre lang habe ich über die innern Triebräder der Natur, über den Unterschied der Stoffe gesonnen und erst heute läßt der Rhodische Genius mich klarer sehen, was ich sonst nur ahnete. Wenn der Unterschied der Geschlechter lebendige Wesen wohlthätig und fruchtbar aneinander kettet, so wird in der unorganischen Natur der rohe Stoff von gleichen Trieben bewegt. Schon im dunkeln Chaos häufte sich die Materie und mied sich, je nachdem Freundschaft oder Feindschaft sie anzog oder abstieß. Das himmlische Feuer folgt den Metallen, der Magnet dem Eisen; das geriebene Elektrum bewegt leichte Stoffe; Erde mischt sich zur Erde; das Kochsalz gerinnt aus dem Meere zusammen und die Säure der Stüptärie[2] strebt, sich mit dem Thone zu verbinden. Alles eilt in der unbelebten Natur sich zu dem seinen zu gesellen.

---

[2] Alaun. – Schwefelsäure, den Alten bekannt.

Kein irrdischer Stoff (wer wagt es, das Licht diesen beyzuzählen?) ist daher irgendwo in Einfachheit und reinem, jungfräulichen Zustande zu finden. Alles eilt von seinem Entstehen an zu neuen Verbindungen und nur die scheidende Kunst des Menschen kann ungepaart darstellen was Ihr vergebens im Inneren der Erde und in dem beweglichen Wasser- und Luft-Oceane suchtet. In der todten unorganischen Materie ist träge Ruhe, so lange die Bande der Verwandtschaften nicht gelöst werden, so lange ein dritter Stoff nicht eindringt, um sich den vorigen beizugesellen. Aber auch auf diese Störung folgt wieder unfruchtbare Ruhe."

„Anders ist die Mischung derselben Stoffe im Thier- und Pflanzenkörper. Hier tritt die Lebenskraft gebieterisch in ihre Rechte ein; sie kümmert sich nicht um die demokritische Freundschaft und Feindschaft der Atome; sie vereinigt Stoffe, die in der unbelebten Natur sich ewig fliehen, und trennt, was in dieser sich unaufhaltsam sucht."

„Tretet näher um mich her, meine Schüler, und erkennet im Rhodischen Genius, in dem Ausdruck seiner jugendlichen Stärke, im Schmetterling auf seiner Schulter, im Herrscherblick seines Auges, das Symbol der Lebenskraft, wie sie jeden Keim der organischen Schöpfung beseelt. Die irrdischen Elemente, zu seinen Füßen, streben gleichsam, ihrer eigenen Begierde zu folgen, und sich mit einander zu mischen. Befehlend droht ihnen der Genius mit aufgehabener, hochlodernder Fackel, und zwingt sie, ihrer alten Rechte uneingedenk, seinem Gesetze zu folgen."

„Betrachtet nun das neue Kunstwerk, welches der Tyrann mir zur Auslegung gesandt; richtet Eure Augen vom Bilde des Lebens ab, auf das Bild des Todes. Aufwärts weggeflohen ist der Schmetterling, ausgelodert die umgekehrte Fackel, gesenkt das Haupt des Jünglings. Der Geist ist in andre Sphären entwichen, die Lebenskraft erstorben. Nun reichen sich Jünglinge und Mädchen frölich die Hände. Nun treten die irrdischen Stoffe in ihre Rechte ein. Der Fesseln entbunden folgen sie wild, nach langer Entbehrung, ihrem geselligen Triebe, und der Tag des Todes wird ihnen ein bräutlicher Tag. – So gieng die todte Materie von Lebenskraft beseelt, durch eine zahllose Reihe von Geschlechtern, und derselbe Stoff umhüllte vielleicht den göttlichen Geist des Pythagoras, in dem vormals ein dürftiger Wurm im augenblicklichen Genusse sich seines Daseyns freute!"

„Geh Polykles und sage dem Tyrannen, was du gehört hast. Und Ihr, meine Lieben, Phradmon und Skopas und Timokles tretet näher und näher zu mir. Ich fühle, daß die schwache Lebenskraft auch in mir den irrdischen Stoff nicht lange mehr zähmen wird. Auch er fordert seine Freyheit wieder. Führt mich noch einmal in den Poikile, und von da ans offene Gestade. Bald werdet ihr meine Asche sammlen!"

# Ankündigung

—— Es ist den Physikern bereits durch meine physiologischen Briefe an Hrn. **Blumenbach,** welche in Hrn. **Gren's** neuem Journal der Physik erschienen sind, und durch die Aufforderung mehrerer Gelehrten bekannt, daß ich seit einigen Jahren mit einer Untersuchung über die Reitzempfänglichkeit thierischer Organe beschäfftigt bin. Ich habe nicht voreilig mit der Herausgabe dieser Beobachtungen seyn wollen, um dieselben durch sorgfältige Prüfung und Vervielfachung meiner Versuche so zu bestätigen, als es der große Gegenstand verdient, über den ich diese Arbeit unternommen. Jetzt glaube ich es endlich wagen zu dürfen, dieselbe dem Publikum vorzulegen, und sie wird einige Zeit nach Johannis in Berlin (bey Decker und Comp. in Posen gedruckt) unter dem Titel erscheinen:

> **Versuche über die gereitzte Muskel- und Nervenfaser, nebst Vermuthungen über den chemischen Prozeß des Lebens, von Friedrich Alexander v. Humboldt** – mit einigen Anmerkungen des Hofr. **Blumenbach** und Kupfertafeln.

Diese Schrift fängt mit den **Galvanischen** Versuchen an, nicht als wenn diese den Hauptgegenstand derselben ausmachten, sondern weil sie mich gleichsam zu den folgenden Beobachtungen über die Vitalität leiteten. Durch die Art, wie ich die **Galvanischen** Versuche anstelle, ohne alle Metalle und kohlenstoffhaltige Substanzen, zum Theil mit bloß organisch verbundenen thierischen Theilen glaube ich unwidersprechlich beweisen zu können, daß der Stimulus in diesem wundersamen Phänomene von den Organen selbst ausgeht, und daß sich dieselben dabey keineswegs leidend verhalten. Ich habe mich sorgfältig bemüht, die Thatsachen von den Vermuthungen über ihre Ursachen zu trennen, weil es mich unendlich schmerzen würde, Facta, deren Erforschung mir so viel Anstrengung gekostet, mit den theoretischen Vermuthungen sogleich vergessen zu sehen. Auch legte ich mir das Gesetz auf, nur neue Beobachtungen zu liefern, und der ältern nur dann zu erwähnen, wenn ich sie erweitern oder umstossen konnte.

Die Hauptgegenstände, welche ich behandle, sind folgende: Allgemeine Bedingungen, unter denen **Galvanische** Muskelbewegungen erfolgen, nach verschiedenem Zustande der Empfänglichkeit der Organe – Erhöhte und mindere Erregbarkeit, positive und negative Fälle nach bestimmten Gesetzen – Ausdruck derselben durch allgemeine Zeichen nach Art analytischer Formeln – Wirkung der Nerven als Anthrakoskop – Unterbindung und Zerschneidung derselben – Einströhmen eines Fluidums durch nicht-cohärirende Theile – Sensible Atmosphäre der Nerven und Bestimmung ihrer Größe nach verschiedenen Graden der Lebenskraft – Wie die thierische Materie aus der Entfernung wirkt – Untersuchung dessen, was im Leiter vorgeht – Neue **Galvanische** Versuche mit Menschen, Insecten und Würmern – Versuche mit Herznerven – Erklärungsarten des **Galvanischen** Reitzes, und Anreihung dieser Erscheinungen an andere früher beobachtete Erscheinungen – Widerlegung der **Voltaschen** Theorie – Die Flamme ist kein Leiter des **Galvanischen** Fluidums – Belegung der Metalle mit Hauch, Dampf-Electrophor – Nutzen des Metallreitzes – Wundersame Erscheinungen bey Blasenpflastern – Neue Methode durch den **Galvanischen** Versuch die Reitzempfänglichkeit der thierischen Organe zu prüfen – Entdeckungen über den specifischen Reitz der irritablen und sensiblen Fiber – Rückblick auf das einseitige **Brownsche** System von sthenischer und asthenischer Kraft – Wirkungen der Alkalien auf die Nerven, und der Säuren auf die Muskelfaser – Versuche mit oxydirtem Arsenik, oxygenirter Kochsalzsäure, aufgelös'tem Ammoniak, und andern Stoffen auf die thierischen Organe. (Ein getrenntes Organ, mit irritabeln sensibeln Fibern versehen, kann in wenigen **Sekunden** vom Zustande der tiefsten Unerregbarkeit zu dem der höchsten Reitzempfänglichkeit erhoben, und von dieser wiederum zu jener herabgestimmt werden. Dieser Wechsel erhöhter und geminderter Lebenskraft ist in einem Nerven vier bis fünf Mahl eben so willkürlich hervorzubringen, als die Hand des Künstlers die Saiten eines Instruments an- und abspannt). Reitzempfänglichkeit der Organe im Sonnenlichte, bey verschiedener Temperatur im Sauerstoffgas, Stickgas und Wasserstoffgas und im Zustand der Ruhe – Untersuchung der Frage, ob vermehrte oder verminderte Erregbarkeit in der veränderten Structur der Faser oder in Mittheilung eines gasförmigen Stoffes gegründet ist. – Ein einziger Stoff, das Oxygen, bestimmt nicht den Grad der Lebenskraft. Beweis, daß das Azote eine unendlich größere Wirkung auf die erhöhte Erregbarkeit der Organe hat – Vermuthungen über den chemischen Prozeß der Vitalität und die Verhältnisse, welche diesen Prozeß befördern, hemmen, und wieder erwecken – Die Lebensverrichtungen sind mehrern Stoffen zuzuschreiben – Muskelbewegung, ihre Stärke und Schwächung – Tod – Zweyfacher Zustand der thierischen Faser im Tode – Fäulniß – Wirkung der Nervenkraft auf dieselbe – Definition belebter und unbelebter Materie – Vermuthungen über den Charakter thierischer Individualität.

**F. A. v. Humboldt.** Im März 1796.

# Neue Versuche über den Metallreitz, besonders in Hinsicht auf die verschiedenartige Empfänglichkeit der thierischen Organe

## Aus einem Briefe an den Herrn Hofrath Blumenbach vom Herrn Oberbergrath F. A. von Humboldt

——— Bey der Ausarbeitung meiner Schrift über die gereitzte Muskelfaser, mit der ich seit meiner Rückkunft aus der Schweiz lebhaft beschäftigt bin, habe ich mich nicht begnügt, ältere Versuche zu wiederhohlen, sondern ich bin eifrigst bemüht gewesen, die Lehre von der thierischen Reitzbarkeit durch neue Versuche zu erweitern. Verzeihen Sie es meiner Eitelkeit, lieber B., wenn ich sage, daß ein glücklicher Zufall meine Arbeiten mehr begünstigt hat, als ich es je zu hoffen wagen durfte. Auch experimentirte ich dießmal nicht aufs Ohngefähr (wie ich es oft zu thun gern gestehe), sondern lehrreiche Unterhaltungen mit den Herren Scarpa und Volta zu Pavia und Como, und vor allem Herrn Reils philosophische Abhandlung über die Lebenskraft (Archiv für die Physiologie, Band 1. Heft 1. S. 8.) leiteten mich auf Untersuchungen, die ich ehemals vernachläßigt hatte. Ich eile, Ihnen einige Resultate derselben mitzutheilen; ich hebe nur das aus, was von andern Physikern vor mir noch nicht beobachtet wurde, und bleibe meiner älteren Methode getreu, nur Thatsachen zusammenzustellen, ohne mich auf Dinge einzulassen, die wenigstens außer den Gränzen unserer bisherigen Erfahrungen liegen. „Est enim genus Philosophantium, qui in paucis experimentis sedulo et accurate elaborarunt, atque inde Philosophias educere et confingere ausi sunt; reliqua miris modis ad ea detorquentes." Baco Ver. Nov. Organ. I. 62.

Unter allem, was ich Herrn Scarpa über meines und meines Bruders galvanische Versuche erzählte, war dem großen Physiologen nichts so auffallend, als die Erscheinung an meinem Rücken, die wundersam schnelle Umwandlung der herbeygelockten lymphatisch-serösen Feuchtigkeit, deren ich in meinem ersten Briefe[1] an Sie erwähnte. Wo ist ein Stimulus, sagte er, der in wenigen Augenblicken die Natur der Gefäße so abändert, sie stimmt, Säfte zu bereiten, welche bey der ersten Berührung des Oberhäutchens sogleich Entzündung erregen, und ihren Weg durch Stunden lang anhaltende Röthe bezeichnen? Ich versprach Herrn Scarpa, das wichtige Experiment an mir selbst zu wiederholen und ich habe Wort gehalten. Auf den Muscul. Deltoid. der rechten und linken Schulter wurden mir abermals zwey Blasenpflaster gelegt. Sie zogen heftig, obgleich schwächer als beym ersten Versuche. Herr von Schallern, der mit größter Vorsicht und unermüdeter Geduld wohl $\frac{3}{4}$ Stunden lang auf meinem Rücken experimentirte, schnitte die linke Blase auf und ließ die Feuchtigkeit frey herablaufen und antrocknen. Sie bezeichnete ihren Weg durch nichts, als ihren Glanz, welcher beym Abwaschen natürlich auch verschwand. Dieß Antrocknen war nöthig, um der Einwendung zu begegnen, als habe die Wunde schon vorher ungereitzt, durch eine Idiosynkrisie meiner Gefäße, scharfe Säfte abgesondert. Kaum gieng das, nicht wenig schmerzhafte, Galvanisiren der Wunde mittelst Zink und Silber an, so quoll die seröse Feuchtigkeit häufiger heraus, sie wurde sichtbar dunkler gefärbt, und in wenigen Sekunden entzündete sie in ihrem Laufe den Rücken in blaurothen Striemen. Wo sie (da der Rücken waagrecht lag) gegen die Bauchhöhle herablief und von den Falten des Muskelfleisches aufgehalten ward, wurde die entzündete Stelle zollgroß, ja ich konnte, indem ich den Finger in die Feuchtigkeit tauchte, Figuren auf meine Oberhaut mahlen, die selbst nach dem Abwaschen Stunden lang blauroth gefärbt blieben. Eben diese Wirkung wurde auf der rechten Schulter beobachtet. Ich versuchte aus Unvorsicht mit kaltem Wasser die entzündeten Stellen zu waschen, sie nahmen aber, unter unseren Augen, an Intensität der Farbe und Größe so gewaltsam zu, daß diese Erscheinung dem Arzte und mir selbst bedenklich wurde, und wir den Rücken (obgleich ohne großen Erfolg) mit lauwarmer Milch bestrichen. So war denn dieß Experiment an mir selbst unwiederruflich bestätigt, und wie wundersam zeigt sich hiebey nicht die thierische Maschine? Ein feiner Stoff[2] dem Organe mitgetheilt, oder aus ihm abgesondert, ändert in wenigen Augenblicken seine Natur ab, und nun quellen Säfte hervor[3], welche in ihren Urstoffen

[1] Neues Journ. der Phys. Band. 2. Heft 2. S. 119.

[2] S. Reils Archiv S. 94. und die scharfsinnigen Ideen, welche S. 118. entwickelt werden.

[3] Aufgeklärte Aerzte werden bey Lesung dieser Wirkungen von selbst darauf fallen, daß sie, mit Vorsicht angewendet, vielleicht künftig für die Wundarzneykunde wichtig werden können.

anders gemischt oder geformt sind, als es die vorigen waren! Wie schön wird Ihre Lehre von der vita propria der Gefäße, auf die Sie, lieber B. zuerst aufmerksam machten, dadurch bestätigt!

Meine Rückenwunden wurden nun noch zu vielen anderen Versuchen benutzt, die ich mir längst aufgezeichnet hatte, um sie an mir selbst anzustellen. Ich erzähle Ihnen hier nur einige, da Sie die zusammengesetzteren in meinem Buche entwickelt finden. Auf meiner rechten Wunde lag Zink, auf der linken Silber, ein Eisendrath, der mit dem Zink zusammenhieng, gieng mir durch den Mund, und zwar zwischen der Oberlippe und spongiosen Substanz der Oberzähne, einer zweyten Person aber über die Zunge weg. Als der Eisendrath gegen das Silber gebogen ward, sahe man meinen Muscul. cucullar. deutlich zucken, ich fühlte ein lebhaftes Brennen und Pochen in der Schulter, ich sah Leuchten vor beiden Augen, und die zweyte Person schmeckte die Säure auf der Zunge. Alle diese heterogenen Erscheinungen waren in einem Augenblicke vorhanden, ohnerachtet der Communicationsdrath einige Fuß lang war. Mein Experiment mit dem Hauche glückte mir ebenfalls für die Empfindung. Auf der Wunde lag Zink, darauf Gold; dieß Gold und die Wunde wurde mit Zink berührt, aber kein Pochen war fühlbar. Dieß Pochen und Brennen empfand ich sogleich als das Gold mit einer verdampfenden Flüssigkeit benetzt war!

Ein präparirter Froschschenkel lag auf meiner linken Schulter. Die rechte Wunde war mit Zink bedeckt. Der Schenkel hüpfte (ohnerachtet er 8 Zoll vom Zink ablag,) sobald ein Silberdrath ihn und den Zink verband. Meine theilweise entblößte Cutis leitete also unter der Oberhaut, welche eine Brücke zwischen beiden Wunden bildete, das Galvanische Fluidum weg. Lag der Schenkel auf Glas und dieß auf meiner linken Schulter, so erfolgte, unter sonst gleichen Umständen, kein Reitz. Wie das Glas, isolirte auch die Oberhaut selbst; denn weder der Zink, noch der Froschschenkel durften darauf liegen, wenn der Stimulus vorhanden seyn sollte. Ueberaus wichtig in diesen Fällen ist der Umstand: daß ich, wenn meine Cutis dem Frosch zum Leiter nach dem Zink hin diente, nichts, weder Pochen noch Brennen, empfand. Eben so zuckt auch ein Froschschenkel β nicht, dessen Cruralnerv (ohne das Metall zu berühren) auf einem armirten Cruralnerven α liegt, wenn der zu α gehörige Schenkel mittelst Silber mit der Armatur verbunden wird. Das galvanische Fluidum ist also in diesen Fällen, bey seinem Durchgange, kein specifiker Reitz für die Bewegungsorgane, wohl aber für das Geschmacksorgan; denn die Zunge am Eisendrathe schmeckte (in meinem oben erzählten Versuche) deutliche Säure. Noch mehr: legen sie einen Nerv mit 6–8 Kubiklinien Muskelfleisch L, z. B. den Nervus radialis, oder den von ihm ausgehenden Nervus axillaris an Zink; auf L aber, fern vom Zinke, einen präparirten Schenkelnerven I sammt den Muskeln, in die er inserirt ist. Bey sehr lebhaften Fröschen wird I mit gereitzt, wenn ein Silberdrath L allein und den Zink verbindet, bey matteren muß das Silber I selbst berühren, um es zu Zuckungen zu stimuliren. Sind aber in diesem letzteren Falle die Zuckungen in I vorhanden, so fehlen sie stets in L, das unbeweglich ruht. Diese Erfahrung ist unwidersprechlich wahr, man mag die Stellen der Nerven verwechseln, oder zwey Cruralnerven nehmen, die gewiß einerley Bewegungsreitz gehorchen. Was folgt daraus? Daß das unbekannte Fluidum ±G, welches durch den Zink, Silber, I, und L circulirt, bey seinem Durchgange durch L, (noch nicht oder nicht mehr?) die Eigenschaften besitzt, welche es in I äußert. Ich erwähne hier nicht, wie sehr diese Erfahrung der Electrizitätstheorie, nach der das ±G nichts anderes als rege gemachte ±E selbst ist, widerspricht. Diese Untersuchung, welche auf das Wesen des Galvanismus selbst führt, liegt hier außer meinem Zwecke.

Sie werden mich fragen, lieber B, ob ich die Empfindung beschreiben kann, welche der Galvanische Reitz bey mir erregte? Da ich so wiederhohlte Versuche an dem Alveolus eines ausgezogenen Zahnes, mehrern Handwunden und bey vier Blasenpflastern an mir selbst anstellte, so kann vielleicht hierin niemand so bestimmt entscheiden, als ich. Die Empfindung des Galvanischen Reitzes ist immer schmerzhaft und um so schmerzhafter, je wunder die gereitzte Stelle ist, und je länger der Reitz dauert. So wie matte Froschschenkel oft beym Anfange des Galvanisirens gar nicht, und nach drey oder vier Berührungen lebhaft zucken, so habe ich ebenfalls deutlich an mir selbst bemerkt, daß die ersten Schläge nur dunkel empfunden werden, die folgenden vier bis sechs aber lebhaft afficiren. Bis zur Abstumpfung des gereitzten Nerven, durch fortdaurende Stimulation, konnte ich es nie bringen. Ohnerachtet ich meine letzten Rückenwunden über $\frac{3}{4}$ Stunden lang reitzen ließ, so blieb der Schmerz doch immer im Zunehmen. Noch heute am dritten Tage ist die Wunde entzündet und ich unterscheide deutlich die mehr galvanisirte linke Schulter von der rechten. Die Empfindung, welche der Metallreitz erregt, hat mit der der electrischen Schläge oder des electrischen Bades für mich auch nicht die entfernteste Aehnlichkeit. Es ist ein Schmerz sui generis, der nicht das (knipsend) stechende, abgesetzte, durchdringende des electrischen Fluidums hat. Ich unterscheide darin ein heftiges Pochen, einen ordentlichen Druck mit anhaltendem Brennen verbunden. Dieß Brennen ist ungleich empfindlicher, wenn die Wunde von einer Silberplatte bedeckt und von einer Zinkstange in wenigen Berührungspunkten gereitzt wird, als wenn eine Zinkplatte auf der Wunde liegt und man die silberne Pincette zur Verbindung braucht.

Ich komme nun zu Versuchen, welche Ihnen (ich darf es dreist behaupten) eine neue unerwartete Wirkung der Metalle auf die gereitzte Nervenfaser zeigen werden. Ob ich sie gleich zur Prüfung der Voltaischen Electrizitätstheorie anstellte, so werde ich dieselben doch lieber, als einfache Thatsachen, erzählen.

Ich hatte mehrmals im Herbst 1795 und im verflossenen Frühjahr beobachtet[4], daß bey sehr lebhaften Thieren Zuckungen erfolgen, wenn Zink R den Nerven armirt, auf den Nerv ein leitender Stoff L (nasses Tuch, Muskelfleisch, Morcheln,) liegt, und dieß L und der Nerv mittelst Silber r verbunden wird. Die Kette,

Nerv. R. L. r.

ist also positiv. So wie die Lebenskraft der Thiere verschwindet, so wird die vorgenannte Formel negativ, das heißt, alle Zuckungen verschwinden, bis entweder L heraustritt, oder auf L noch einmal Zink gelegt wird. Die Kette Nerv. R. L. r. muß demnach in die Grundformel

Nerv. R. r, oder in

Nerv. R. L. R. r

umgeändert werden. Diese Erfahrung belehrte mich augenscheinlich, daß das Nichterfolgen des Reitzes, bey minder lebhaften Thieren, nur von der geminderten Empfänglichkeit des Organs für den Stimulus herrühre, daß der Stimulus selbst aber sowohl in

Nerv. R. L. r. als im

Nerv. R. r

vorhanden sey.

Da nun der Ursach des Galvanismus auf keinem andern Wege nachgespührt werden kann, als durch sorgfältige Beobachtung der Verhältnisse, unter denen die Kette der Metalle reitzt und nicht reitzt; so sehen sie selbst, lieber B, wie unendlich wichtig es ist, entweder mit recht lebhaften Individuen zu experimentiren, oder ein Mittel in Händen zu haben, die Empfänglichkeit der thierischen Organe zu erhöhen. Dieses Mittel habe ich endlich entdeckt, und ich bin stolz darauf, zu gestehen, daß der lehrreiche Umgang mit dem großen und scharfsinnigen Physiker, Herrn Alessandro Volta, mich zu dieser Entdeckung veranlaßte.

Schon im May dieses Jahres hatte ich Frösche galvanisirt[5], deren Muskeln ich mit Säuren und deren Nerven ich mit alcalischen Auflösungen benetzte. Ich zeichnete in meinen Papieren Verstärkung der Zuckungen auf, schrieb dieselben aber der allei-

4 Neues Journ. der Phys. B. 2. H. 2. S. 124.

5 S. a. a. O. S. 126.

nigen Anwendung der Säuren zu. Herr Volta, dessen Unterricht ich so vieles verdanke, zeigte mir, wie er leitende Substanzen, um ihre Leitungskraft zu vermehren, lieber mit Oleum tartari per deliquium, als mit Wasser befeuchte. Dieser Umstand veranlaßte mich, neue Versuche mit der alcalischen Auflösung zu machen. Ich ließ nun die Säuren vom Muskel weg und benetzte bloß den Nerven mit Oleum tartari per deliquium. Welche unerwartete Phänomene wurde ich da gewahr! Alle, welche ich Ihnen, lieber B., hier erzähle, sind nicht etwa von mir allein, wenige Minuten lang, ein oder zweymal, beobachtet worden; nein! alle diese Experimente wurden halbe Stunden lang, auf trocknen Glasplatten, vor mehreren Zeugen, die alle Nebenumstände vorsichtig prüften, an acht, zehn und mehr Individuen angestellt. Es bleibt mir daher kein Verdacht der Selbsttäuschung zurück.

Wenn man einen entblößten Nerv mit Oleum tartari befeuchtet, so werden zwar beym Galvanisiren gleich in den ersten Augenblicken die Zuckungen um vieles verstärkt[6], in dem Muskel selbst aber geht, (falls er auf einer Glasplatte sich selbst überlassen ruht,) keine sichtliche Veränderung vor. Nach drey bis vier Minuten aber, besonders wenn man den Nerv in die Höhe hebt, damit die alcalische Auflösung nach der Insertion des Nerven in den Muskel herabläuft, sieht man Kennzeichen eines fürchterlichen Stimulus. Der Schenkel auf einer bloßen Glasplatte liegend, mit keinem Metall oder kohlenhaltigen Stoffe in Berührung, geräth von selbst in die lebhaftesten Zuckungen. Wadenmuskel und Zehe spielten unaufhörlich, und die letzteren spannen die Schwimmhaut eines Frosches so heftig aus, daß sie dem Zerreissen nahe zu seyn scheint. Muskeln, aus denen man alle Lebenskraft entwichen glaubte, weil ihr Nerv mit Zink und Silber, oder Zink und Gold keinen Reitz mehr erregte, zuckten heftig mit gleichartigen Metallen, als ihr Nerv mit der alcalischen Auflösung getränkt war. Thiere, deren Reitzempfänglichkeit ich durch warme Solutionen von Arsenikkalk vernichtet hatte, zuckten sogleich lebhaft wieder, als sie mit dem Oleum tartari bestrichen wurden. Sie wissen, daß ich den galvanischen Reitz wirksam finde, wenn Nerv und Muskel mit gleichartigen Metallen armirt ist, zwischen beiden aber ein heterogenes Metall R liegt, dessen eine Fläche mit einer ausdunstenden Substanz in Berührung steht; daß der Reitz aber sogleich verschwindet, wenn Sie die ausdünstende Sub-

[6] Ich habe diesen Versuch an mir selbst gewagt. Ich ließ meine Schulterwunde mit dem oleum tartari benetzen. Der Schmerz war sehr gering dabey, aber kaum wurde die benetzte Stelle galvanisirt, so erfolgten heftigere Schläge, ein empfindlicheres Brennen, als ich je vorher erfahren. Die Empfänglichkeit meines Organs war erhöht. Eben so wollte mein Hauchversuch, Nerv. R. r. L. R. an der Zunge mir nie deutlich glücken, bis ich die Zunge mit Oleum tartari befeuchtete. In diesem Zustande war die Säure mit Zink und Zink sehr genau wahrzunehmen.

stanz wegnehmen, oder R an beiden Flächen damit belegen. So fand ich es immer bey 50 bis 60 Thieren, an denen ich diesen Versuch anstellte; so meldeten es mir andere, welche meine Versuche wiederhohlten. Benetzen Sie, lieber B., den Nerv mit der alkalischen Auflösung, so ist alles anders. Der Reitz erfolgt, die Belegung mit Dampf mag doppelt, einfach oder gar nicht vorhanden seyn. Die Fälle

Frosch r. R. r.

Frosch r. L. R. r.

Frosch r. L. R. L. r.

sind dann alle positiv. – Beweise genug, um zu zeigen, daß das Oleum tartari per deliquium nicht bloß den Nerven reitzt, sondern auch (was in Brown's System freylich für eins gilt,) seine Reitzempfänglichkeit vermehrt. „Stimulant alcalia fibram contractilem (?) et nerveam, ideo evitanda quidem motu febrili, spasmis, convulsionibus corpus exagitantibus, fibris nimium tensis aut irritabilibus, tanta potiora his languentibus aut torpentibus." Gmelin appar. medicam. Vol. I. p. 60. auch Cullen Lectures on the Materia medica ed. 2. p. 274.

Alle Erscheinungen, welche ich bisher nur einzeln und selten bey den Amphibien beobachten konnte, welche ich aus dem Winterschlafe erweckte und von besonderer Reitzempfänglichkeit fand, alle diese Erscheinungen bin ich jetzt im Stande durch die alkalische Auflösungen bleibend und wiederhohlt darzustellen. Dieser Umstand hat mich nun zu folgenden neuen Versuchen geleitet, deren Resultate ich Ihnen vor Erscheinung meiner Schrift in wenigen Zeilen vorlegen will. Sie werden daraus sehen, wie weit man noch in Aufsammlung von Erfahrungen über den Galvanischen Reitz zurück war, wie schnell man Theorien aufführte, die nur von wenigen Factis abstrahirt waren, unbekümmert, ob es nicht möglich sey, der Natur in diesem großen Phänomene gründlicher und vollständiger nachzuspühren.

Ich unterscheide zwey Zustände des thierischen Organs, den der natürlich hohen oder künstlich erhöhten, und den der minderen Reitzempfänglichkeit. Daß beide Zustände nicht schneidend zu trennen sind, da hier von Graden die Rede ist, bedarf keiner Erwähnung. Das obige Beyspiel im Fall:

Frosch r. L. R. L. r.

der in einem Zustande positiv, im andern negativ ist, rechtfertiget aber allein schon jene Eintheilung. Die Reitzempfänglichkeit, welche ich durch Oleum tartari per deliquium, durch Solutionen von flüchtigem Laugensalze, oxygenirte Kochsalzsäure und Arsenikkalk hervorbringe, ist indeß nur sehr selten in gleichem Maaße bey natürlich lebhaften Individuen zu beobachten.

## I. Im Zustande der erhöhten Reitzempfänglichkeit habe ich Muskularbewegungen entdeckt:

1) Ohne Metall und kohlenhaltige Stoffe, mit bloß thierischen Stoffen. Die Galvanische Entdeckung, einen Frosch zu reitzen, indem man ihn so präparirt, daß Rumpf und Schenkel nur durch den Ischiadnerven zusammenhängen, und nun den weißen tendinösen Theil des Wadenmuskels gegen die Brust beugt, ist Ihnen aus meinem Briefe aus Mayland vom 26 Aug. bekannt[7]. Ich schrieb Ihnen damals, daß Herr Volta gefunden habe, die Zuckung erfolge nur, wenn die Brust mit Blut oder Seife bestrichen sey. Aber dieser Methode erwähne ich hier nicht, sie erfordert eine besondere Präparation des Thieres und die Bedingung, welche der große Physiker hinzufügt, macht das Factum noch verwickelter. Ich habe, seit meiner Rückkunft aus Italien, ein Mittel entdeckt, welches unendlich einfach ist und bey künstlich erhöhter Empfänglichkeit des Organs, oder bey sehr lebhaften, aus dem Winterschlaf erweckten und darauf wohl genährten Individuen die stärksten Contractionen erregt. Ich lege den Nervus cruralis auf Glas, befestige ein Stückchen frisches Muskelfleisch an einen Griff von Siegellack und bringe es mit dem Nerv und Schenkelmuskel zugleich in Berührung, so entsteht eine lebhafte Zuckung, sobald die Kette geschlossen wird. Eben dieß erfolgt, wenn ich statt des Muskelfleisches ein abgeschnittenes Stück Schenkelnerv, N selbst nehme, so daß die Kette nur aus zwei Stoffen, Nerv und Muskelfaser, besteht. Auch ist der Reitz stärker, wenn N erst den Schenkel und dann den Nerv, als umgekehrt, berührt. Wird der Nerv mit der linken Hand gehalten und berührt ihn ein Stück frisches Muskelfleich M in der Rechten, so entsteht ebenfalls starke Muskelbewegung. Sie verschwindet, wenn M nicht mehr frisch ist, oder wenn man Horn oder scharfkantiges Holz statt M nimmt. Drücke ich M und N wieder durch L, wie in den vorigen Formeln aus, so ist hier der Fall:

Frosch. L.

positiv, und ein einfacherer möchte wohl schwerlich je entdeckt werden. Wenn überhaupt ein Fluidum aus dem Nerv in den Muskel strömt, um diesen zum Zusammenziehen zu reitzen, so scheint dasselbe bloß dadurch stimulirend zu werden, daß es aus dem Nerven durch einen fremden, (d. i. mit dem Nerven nicht organisch verbundenen) thierischen Stoff in den Nerven zurückkehrt!

2) Mittelst Metalle oder kohlenhaltige Substanzen, und zwar, ohne daß eine

[7] Grens neues Journ. der Phys. B. 2. H. 4. S. 473.

kreisförmige Leitung zwischen Muskel und Nerv statt findet, oder mit derselben, kürzer ausgedrückt

a) ohne Kette. – Auch dieser einfache Fall der Reitzung war bisher unbeobachtet und widerspricht allen bisherigen Hypothesen. Ich fand zuerst am 20sten Nov. daß, wenn der Cruralnerve auf Zink lag, und der Zink, mittelst Zink, Eisen, Silber, (nur nicht mittelst Holz, Horn, oder isolirende Substanzen) in den entferntesten Punkten berührt werde, bey jeder Berührung Zuckungen entstanden. Dieß Phänomen stellte sich damals sehr oft vor mehrern Zeugen und anhaltend wieder dar. Alles war mit Glas isolirt und rein abgetrocknet. Zwischen dem Schenkel und dem Zink oder Eisen, welches ich (mittelst isolirender Griffe) in der Hand hielt, war keine Spur von Leitung. Ja! ich legte zwey Cruralnerven auf den Zink, die sich, so wenig als ihre Schenkel, nirgends berührten, beide Schenkel wurden zum Ueberfluß mittelst zwey trockner Glastafeln in die Luft empor gehoben, und die Contraction war dennoch in beiden Schenkeln da, so oft eine dritte Person die Nervenarmatur 4 Zoll vom Punkte ab (wo die Nerven auflagen) mittelst Zink, Silber oder Eisen erschütterte. Ich gestehe, daß mir diese Erscheinung von allem, was ich bisher noch beym Galvanisiren gesehen oder darüber gelesen, dergestalt abzuweichen schien, daß sie mich und die Umstehenden, wie ein Zauber, in Erstaunen setzte.

b) Mit Kette, und zwar in zwey Unterabtheilungen:

α) bey homogenen Metallen. So wenig ich im Zustande der gewöhnlichen, mindern Reitzempfänglichkeit Contractionen bey homogenen Metallen wahrgenommen, so gleichgültig scheint mir nach zweyjährigen Versuchen Gleichartigkeit oder Ungleichartigkeit der Metalle im Zustande der erhöhten Reitzempfindlichkeit. Homogeneität beruht nicht auf Gleichartigkeit chemischer Bestandtheile, sondern darauf, ob ein Metall mehr erwärmt, polirt, gehärtet, anders geformt sey, als das andere. Niemand hat diese Art von Versuchen zu einer größeren Feinheit gebracht, als der große Physiker Volta, dessen Namen gewiß jeder Naturforscher mit Verehrung nennt. Aber durch eben diese Feinheit ist es in dem Streite über Homogeneität endlich so weit gekommen, daß a priori einzusehen ist, der Skeptiker, welcher Heterogeneität behauptet, sey unüberwindlich. Ich erzähle daher die einfachen Versuche, welche ich in dieser Hinsicht angestellt, und bitte Sie lieber B., nur nach der Wahrscheinlichkeit zu urtheilen, welche sonst unsere Schlüsse in Gegenständen der Physik leitet. Ich reinigte Quecksilber so sorgfältig, als es die Vorschriften der Chemie lehren, ich goß dasselbe in eine porcellanene Schale, und brachte das ganze Quantum in die Nähe des Ofens, um alle Theile eine bestimmte Temperatur annehmen zu lassen. Auf der Oberfläche des Quecksilbers war kein

Stäubchen, kein Wassertropfen, keine Oxydation zu bemerken. Sie war spiegelnd hell. Vorher hatte ich von einem lebhaften Frosche (der nicht mit Oleum tartari bestrichen war) den Schenkel abgelöst und an diesen den Nervus cruralis und ein Bündel Muskelfasern dergestalt heraus präparirt, daß beide (Nerv und Muskel) zu gleicher Länge herabhiengen. Der Schenkel hieng an zwey seidenen Fäden; traf nun der Nerv allein die Quecksilberfläche, so erregte der Stoß keinen Reitz; berührte aber der Muskelbündel mit dem Nerven zugleich die metallische Flüssigkeit, so erfolgten so heftige Zuckungen, daß die Schwimmhaut sich, wie in einem Anfalle von Tetanus, ausspannte. Diese Zuckungen fehlten nie und waren bey allen Punkten, in denen das Einsenken geschah, vorhanden. Ich frage nun jeden unpartheyischen Leser, ob das Quecksilber denn in allen Punkten heterogen sey, ob ich unvorsichtig experimentirt habe? Noch mehr: Nerven von lebhaften Fröschen lagen auf Zink; es erfolgten Contractionen, wo ich nur Zink und Nerv mittelst ein Stückchen Muskelfleisch L verband. Ja! man kann in solchen Fällen das L entbehren, man präparire Schenkelnerv und Muskelbündel aus einem Schenkel heraus, und lege den Nerv auf Silber. Der Reitz ist vorhanden, sobald mittelst einer Glasröhre der Muskelbündel irgendwo an das Silber herangeschoben wird. In der Linken hielt ich den Cruralnerven, in der Rechten einen Silberdrath, so oft dieser den Muskel leise berührte, erfolgten Zuckungen. Sie blieben gleich heftig, welches Metall ich in der Rechten hielt. Ein Froschschenkel war so sehr erschöpft durch $1\frac{1}{2}$ stündiges Galvanisiren, daß selbst Zink und Silber einen kaum sichtbaren Reitz hervorbrachten, der Cruralnerv ward in die alkalische Auflösung getaucht und nun – nun war mit Zink und Zink die Bewegung so heftig, daß der Schenkel $\frac{1}{2}$ Zoll weit von der Glasplatte herabflog. So viel von einer Gattung von Versuchen, auf welche ich vielstündige Sorgfalt angewandt habe und übergenug, um zu entscheiden, ob Herr Volta nicht irre, wenn er gegen Aldini behauptet[8] „die Zusammenziehungen bey homogen geglaubten Metallen seyn nur bey sehr genau und frischpräparirten Fröschen, und zufällig unter hundert tausendmalen kaum einmal sehr schwach wahrzunehmen keinesweges aber mit den kräftigen Convulsionen und Stößen zu vergleichen, welche ungleichartige Metalle hervorbringen?"

β) Bey heterogenen Metallen. Nach wiederhohlten Versuchen entstehen Contractionen, bey künstlich erhöhter Reitzempfänglichkeit,

wenn zwischen heterogenen Muskel- und Nervenarmaturen
eine thierische leitende Substanz liegt;

[8] Grens neues Journ. B. 2. H. 2. S. 157.

wenn zwischen homogenen Muskel- und Nervenreitzern
ein heterogenes Metall liegt;
wenn zwischen homogenen Muskel- und Nervenreitzern
ein heterogenes Metall liegt, das an einer, oder
an beiden Flächen mit einer ausdünstenden Flüssigkeit
belegt ist.

## II. Im Zustande minderer Reitzempfänglichkeit habe ich nur dann Zuckungen beobachtet:

a) Wenn heterogene Muskel- und Nervenarmaturen sich unmittelbar berühren, der gewöhnliche Fall.

b) Wenn zwischen homogenen Muskel- und Nervenreitzern ein hetorogenes Metall liegt, das an einer Fläche mit einem ausdünstenden Stoffe belegt ist; mein sogenanntes Hauchexperiment. Grens N. Journal B. 2. H. 2. S. 116.

Nach der von mir gewählten analytischen Form, lassen sich alle vorgenannte Fälle durch folgende Formeln ausdrücken:

Im Zustande erhöhter Reitzbarkeit sind positiv:

Frosch. L.
Frosch. R. R.
Frosch. R. R.
Frosch. R. L. r.
Frosch. R. r. R.
Frosch. R. L. r. R.
Frosch. R. L. r. L. R.

Im Zustande minderer Reitzbarkeit sind constant:

+ Frosch. R. r. — – Frosch. R. R.
+ Frosch. R. L. r. R. — – Frosch. R. L. r.
+ Frosch. R. L. r. L. r. R. — – Frosch. R. L. r. L. R.

So können alle bisherigen Erfahrungen in dreyzehen Formeln übersichtlich zusammengedrängt werden, und eine Theorie, welche den Galvanischen Reitz erklären soll, muß nicht auf einige Fälle, sondern auf alle passen. Wer sich mit der Voltaischen Theorie genau bekannt gemacht hat, fühlt von selbst, daß nicht etwa die Erfahrungen von homogenen Metallen (I. 2. b. α.) sondern die I. 1. so wie I. 2. a. und besonders der positive Fall, Frosch R. L. r. L. R., dieselbe ganz umstürzen.

Die galvanischen Beobachtungen haben mir einen neuen Weg eröfnet, interessante Versuche über specifike Reitze der irritabelen und sensibelen Fiber, über die sthenische und asthenische Kraft chemischer Stoffe anzustellen. Sie werden eine lange Reihe davon in meiner Schrift finden und gewiß mit mir über das wundersame Verschwinden, Wiederkehren und abermalige Verschwinden der Erregbarkeit erstaunen. Herr Reil (Archiv der Physiologie B. 1. H. 1. S. 94.) hat hierüber scharfsinnige Muthmassungen geäußert. Was die Säuren für die Muskelfaser sind, scheinen mir die Alkalien für die sensible Fiber zu seyn. Kochsalzsäure auf den Muskel gestrichen, zeigt mir vermehrten Reitz, auf den Nerven gestrichen, vernichtet sie alle Reitzempfänglichkeit. Diese kehrt auch nicht zurück, wenn Sie die Säure durch alkalische Solutionen abzustumpfen suchen; obgleich das Organ (wie meine neue Entdeckung über oxygenirte Kochsalzsäure lehrt) wohl nicht zerstöhrt ist. Alkalische Solutionen, (besonders das Oleum tartari per deliquium, dem der Spiritus salis ammoniaci aquosus weit nachsteht), bringen matte Frösche zu heftigen Zuckungen. Fortgesetztes Bestreichen des Nerven mit Alkalien erzeugt, wie bey allen Ueberreitzungen, vollkommene Atonie, nach Brown eine debilitas indirecta. Der überreitzte Nerv zuckt nun auch bey Zink und Gold nicht mehr. Gießen Sie vorsichtig einige Tropfen Kochsalzsäure auf den Nerv, so entsteht auf demselben natürlich ein heftiges Brausen. Die Kohlensäure wird in Bläschen unter der Nervenscheide sichtbar, ein Theil des Alkali ist abgestumpft – und nun, nun gelingt das Galvanisiren wieder mit Zink und Zink. Die Reitzempfänglichkeit erscheint erhöhet wieder, sobald die Menge des auf den Nerven wirkenden Alkali durch die Säure gemindert ist. Vermehren Sie dieselbe noch einmal, so entsteht neue Abstumpfung des Organs, neue debilitas indirecta; gießen Sie noch einmal Salzsäure auf den Nerv, so stellen Sie, (es ist mir in Gegenwart des Herrn Dr. von Schallern vollkommen geglückt,) zum zweytenmale die erhöhte Reitzempfänglichkeit wieder her. Welch ein wundersamer Organismus, welche Tenacität, welche Unzerstöhrbarkeit der sensibelen Fiber!

Sie erinnern sich der Entdeckung, welche ich im Winter 1793 über den Einfluß der oxygenirten Kochsalzsäure machte[9]. Gemeine Kochsalzsäure tödtet alle Keimkraft, in reinem Wasser keimt Lepid. sativum in 38 Stunden, in dephlogistisirter Salzsäure in 6 bis 7 Stunden. Vor wenigen Tagen ist es mir geglückt, wiederhohlt zu sehen, wie analog die oxygenirte Kochsalzsäure auch auf die thierische Organisation wirkt. Ich ließ zwey an sich schwache Froschschenkel durch siebenstündiges Galvanisiren ermatten. Sie zuckten nur schwach, wenn Silber am Muskel, und Zink am Nerv lag, gar nicht wenn das Silber den Zink und Nerv verband. Mit

---

[9] Flora Fribergensis. S. 156.

Wasser bestrichen blieben die Erscheinungen sich gleich; mit oxygenirter Kochsalzsäure aber den Nerv benetzt, erfolgten sogleich lebhafte Contractionen, als das Silber zum Leiter zwischen Zink und Nerv diente. Daß, wie bey den Pflanzen, nur der aus der Säure sich entwickelnde Sauerstoff die Reitzempfänglichkeit mehrte, schien mir daraus zu folgen, daß die Vermehrung nur in den nächsten zehn Minuten merkbar war, nachher aber eine Atonie entstand, welche durch alkalische Bäder nicht zu heben war. Die Flüssigkeit würkte nun als gemeine Kochsalzsäure. Dagegen – und das scheint mir sehr wichtig – erfolgen neue Convulsionen, wenn man einen Froschschenkel, den eine warme Arsenikalauflösung bis zur völligen Abstumpfung überreitzt hat, zwey Minuten lang in Oleum tartari taucht. Die Reitzempfänglichkeit des Nerven wird völlig dadurch hergestellt. – –

Im December 1795.

# Anzeige von ein paar für den Bergbau wichtigen Maschinen, um das Lichtbrennen und Athmen in irrespirablen Luftarten zu unterhalten

——— Unter den Künsten, deren Ausübung sich gleichsam auf einen anhaltenden Kampf mit den Elementen gründet, behaupten Schiffahrt und Bergbau mit Recht den ersten Rang. So wie beyde wichtig für die Fortschritte Naturbeschreibender Wissenschaften geworden sind, so haben auch diese wechselseitig wohlthätig auf jene gewirkt, ja ihr Einfluß würde noch größer geworden seyn, wenn die bürgerlichen Verhältnisse nicht durch eine so weite Kluft den Theoretiker vom Techniker trennten. Der Bergmann hat die Festigkeit des Gesteins durch einfache Werkzeuge, Feuersetzen und Sprengarbeit zu besiegen, ungeheure Lasten durch mannigfaltige Maschinen zu erheben, die eindringenden Wasser durch Stollen abzuleiten, oder durch Wasser, Feuer, Luft und Thierkräfte zu gewältigen gelernt. Wenn Hindernisse sich der Arbeit entgegen stellen, so bietet unsere Kunst so vielerley Mittel dar, EINE NATURKRAFT ZUR BEKÄMPFUNG DER ANDERN ANZUWENDEN, daß oft die Wahl dessen schwer fällt, welches den Vorzug verdient. So erfreulich aber auch der Rückblick auf das schon geleistete ist, so sehen wir uns doch noch manche Kräfte entgegenwirken, welche wir entweder gar nicht, oder doch nur unvollkommen zu besiegen im Stande sind. Unter diesen letztern schien mir der nachtheilige Einfluß, welchen die irrespirablen und Lichtverlöschenden Gasarten (böse und matte Wetter) auf den Bergbau, die Feldminirkunst und andere Gewerbe des bürgerlichen Lebens haben, am wichtigsten zu seyn. Die großen Fortschritte der pneumatischen Chemie ließen mich hoffen, daß durch ihre Benutzung manches aus dem Gebiete der theoretischen Speculation in die Sphäre des Praktikers wohlthätig überzutragen wäre. Auf welchem Wege und durch welche oft gefahrvolle Versuche ich diese Hofnung erfüllt gesehen, wie ich endlich einen Apparat zu Stande gebracht habe, mit welchem Menschen sich Stundenlang, ohne Nachtheil der Gesundheit und mit brennenden Lichtern in nicht athembaren und Lichtverlöschenden Luftarten aufhalten können, habe ich vorläufig an einem andern Orte (in Hrn. von Crells Chem. Annalen 1796. St. n.) entwickelt. Jene Anzeige ist aber zu unvollständig, um ohne Zeichnung und Modell meinen LICHT-ERHALTER (sammt den tragbaren Luftmagazienen) und die RESPIRATIONS-MASCHINE so nachmachen zu lassen, daß sie dem Gang- und Flötzbergmann zum Fahren und Arbeiten vor Orte, dem Mineur zum Recognosciren im Pulverdampf in die Hände gegeben werden könnte. Luft- und Wasserbehälter sind mannigfaltig abzuändern, aber die Art, wie die Sauerstoffhaltige Luft (ich bediene mich in der Grube nie der LEBENSLUFT, sondern der überall zu schöpfenden, GEMEINEN ATMOSPHÄRISCHEN) DURCH und UM die Flamme strömt, erfordert eine ganz eigene und künstliche Vorrichtung. (In sehr matten Wettern verlöscht jede Lampe nach Argandschem Princip, man mag noch so viel der reinsten oxygenirten Luft durch den Tocht durchpressen!) Ich habe in den letzten Monaten Gelegenheit gehabt, merkwürdige Versuche hierüber anzustellen. Absoluter Mangel des Sauerstoffs macht die unterirdischen Gasarten schlechterdings nicht Lichtverlöschend. Diese Eigenschaft beruht auf bisher weniger beachteten Verhältnissen chemischer Luftgemische und (wie es scheint) hauptsächlich AUF DER NEIGUNG DES KOHLENSTOFFS UND DER KOHLENSTOFFSÄURE, DAS OXYGEN zu umhüllen, oder sich zu übersäuren. Sobald der Druck meines physiologischen Werks über die gereitzte Muskelfaser und den Vitalitätsproceß geendigt seyn wird, werde ich nicht säumen, den ganzen Apparat in einer EIGNEN SCHRIFT genau zu beschreiben. Da ich fast 3 Jahre lang an dieser Sache, welche gewiß MIT DER ZEIT sehr wichtig werden kann, gearbeitet, und meine Lage als praktischer Bergmann mir die Leichtigkeit verschaft hat, nicht bloß im Laboratorium, sondern IN DER GRUBE SELBST zu beobachten und zu experimentiren, so habe ich es wohl nicht an Thätigkeit und Fleiße dabey fehlen lassen. Dennoch bin ich überzeugt, daß der mehrjährige Gebrauch des Licht-Erhalters (Rettungslampe) im Großen noch auf mannichfaltige MÄNGEL desselben aufmerksam machen wird. Denn bisher kenne ich nur den Fehler, daß er durch MECHANISCHE STÖSSE (welche Luftwellen erregen) im Fahren, nicht aber beym Arbeiten vor Ort, leichter verlöscht und daher VORSICHTIGER, als ein anderes Licht, geführet seyn will. Nach so vielen überwundenen Schwierigkeiten wird man auch diese (welche ich für Pflicht halte, ausdrücklich selbst herauszuheben) wohl auch noch besiegen. Um bis zur Erscheinung meiner Schrift nicht der Verbreitung dieser kleinen Erfindung, welche das einzige Verdienst der Nützlichkeit hat, zu schaden, so eile ich anzuzeigen, daß ich im Begriff stehe, vollständige

Apparate nach Berlin, Freiberg, Clausthal, Weimar und Reichenhall abgehen zu lassen, und daß Personen, welche dieselben aus BAIREUTH selbst zu erhalten wünschen, sich deshalb mit postfreyen Briefen an meinen dortigen Freund, den Herrn Münzmeister GÖDEKING, mit dem ich viele chemische Arbeiten gemeinschaftlich angestellt, wenden können. Zur Respirationsmaschine, davon einzelne Theile ohnedies gar nicht von meiner Erfindung sind, kann der Luftsack von Wachstaffent, der in Leipzig sehr sauber verfertigt wird, nicht beygelegt werden. Dagegen findet sich bey dem Licht-Erhalter die Larve und das Respirationsrohr, welches man in Deutschland, bald das Beddoesische, bald das Menziesche nennt, welches aber schon in Hales Statik der Gewächse (Halle 1748. Tab. 9. Fig. 39.) sauber abgebildet ist. Von der Gründlichkeit deutscher Bergleute darf ich hoffen, daß sie meinen Wunsch, jenen Apparat zu vervollkommen, nicht unerfüllt lassen werden.

F. A. von HUMBOLD. Im Januar 1797.

# Auszug aus einem Brief des Barons von Humboldt aus Cumaná an den Baron von Forell

## vom 16. Juli 1799, von Herrn Christian Herrgen

——— Ich hoffe, daß Sie meinen Brief aus Teneriffa vom 25. Juni erhalten haben, in dem ich von meiner Besteigung des Pico de Teyde berichtete. In einer Höhe von 1917 Toisen, bzw. 4473 kastilischen Ellen, konnte ich mitten im Meer einen wunderbaren Ausblick erleben.

Dem Brigadier Don Rafael Clavijo habe ich eine kleine Mineraliensammlung zukommen lassen, die belegt, daß der Pico de Teyde ein Berg ist, der aus Basalt, schieferigem Porphyr und Obsidian-Porphyr besteht, der ebenso wie die Basaltformationen in Portugal auf Kalkstein ruht.

Zugleich zeigt die besagte Sammlung, daß der Bimsstein, dessen Ursprung man bisher im Feldspat gesehen hat, ein Zersetzungsprodukt des Obsidians durch Feuer ist.

Ich habe die Luft auf dem Gipfel des Teyde untersucht und herausgefunden, daß sie nicht mehr als 0,18 Sauerstoff enthielt, im Vergleich dazu enthält die Luft in der Ebene 0,27 von eben dieser Substanz etc.

Anmerkung. In der Nummer 1 des vorliegenden Jahrbuches, auf Seite 15, erwähnte ich bereits ein schönes Stück Obsidian mit Bimsstein vom Pico de Teyde, das sich schon seit längerem im Kabinett des Don Joseph Clavijo Faxardo befindet.

Dieses Stück, ebenso wie ein ähnliches, das sich in meinem Besitz befindet, dessen Herkunftsort ich allerdings nicht kenne, haben mich zu der Überzeugung gebracht, daß der Bimsstein seinen Ursprung weder im Feldspat noch im Asbest oder in einer der anderen Substanzen hat, die ihm in den verschiedenen mineralogischen Werken zugeschrieben werden. Wenn die Proben, die Herr Baron von Humboldt erwähnt, denen in dem oben erwähnten Kabinett ähneln, bin ich der

Überzeugung, daß der Obsidian und der Bimsstein, wenn auch nicht gleichzeitig entstanden, doch zumindest gleichen Ursprungs sind. Wiederholt habe ich Experimente mit dem Brenner sowohl mit dem einen als auch mit dem anderen gemacht und dabei herausgefunden, daß beide sehr leicht schmelzen und dabei zu einem opaken weiß-grünlichen Glas werden. Noch scheint mir der wahre Grund, der zu der so porösen und faserigen Form des Bimssteins führt, die der kompakten Form des Obsidians so grundlegend entgegensteht, allerdings schwer erklärbar zu sein.

Im *Journal de Physique* von J. El. de la Metherie, Band 49, Seite 36, erklärt der Bürger Q. A. de Luc die Entstehung des Bimssteins folgendermaßen, und dies scheint mir eine der plausibelsten Erklärungen, die bisher publiziert wurden.

„Der Bimsstein, so wie er in den Handel kommt, verdankt seine Form der Zeit. Er ist das Skelett einer bestimmten Art von Schlacke, von der sich nur die vitrifizierten Teile in Form von Blättern und Fäden erhalten haben, also jene Teile, die dem Zerfall widerstehen konnten. Man weiß von der Schlacke, die ich aufgesammelt habe, daß der erste Vorgang wahrscheinlich schon im Vulkankrater geschieht, mit Hilfe der sauren und schwefelhaltigen Dämpfe, die in die Schlacke eindringen. Zeit und Feuchtigkeit tun ein Übriges, egal ob sich die Schlacke nun an der Oberfläche des Vulkans, am Meeresufer oder verschüttet unter einer Schicht Vulkangestein befindet. Diese Art der Schlacke findet man allerdings weder am Vesuv noch am Ätna, woraus ich schließe, daß sie eine Besonderheit vulkanischer Inseln ist. Der sofortige Kontakt mir Salzwasser ist vielleicht nötig, um diese Vitrifizierung herbeizuführen."

# Kurze Lebensskizze von Friedrich Alexander von Humboldt

## Geschrieben von ihm selbst, in Spanien, im Mai 1799

——— Nachdem ich im elterlichen Hause eine sorgfältige Erziehung sowie den Unterricht durch die namhaftesten Gelehrten von Berlin hatte genießen dürfen, schloß ich meine Studien an den Universitäten von Göttingen und Frankfurt ab. Für das Finanzwesen bestimmt, verbrachte ich darauf ein Jahr an der Handelsakademie zu Hamburg, einer Ausbildungsstätte für Kaufleute sowie für Personen, die im Staatsdienst für Handel, Banken und Manufakturen zuständig sind. Glücklicherweise hatte mein erstes Werk über die *Basalt-Berge am Rhein*, wie wenig verdient auch, einen Erfolg, der den Leiter unseres Bergwesens, den Freiherrn *von Heinitz*, zu dem Wunsch veranlaßte, daß ich in seinem Departement tätig würde. Darauf unternahm ich eine Reise zur Mineralogie und Naturgeschichte durch Holland, England und Frankreich, unter der Leitung von *Georg Forster*, dem namhaften Naturforscher, der mit Kapitän *Cook* eine Weltreise gemacht hatte. Ihm verdanke ich den größten Teil der geringen Kenntnisse, welche ich besitze. Nach meiner Rückkehr aus England widmete ich mich dem Studium der praktischen Bergwerkskunde zu Freiberg und im Harz. Nachdem ich diese und jene nützlichen Versuche zur Einsparung von Brennstoff beim Salzsieden unternommen und ein kleines Werk über diesen Gegenstand veröffentlicht hatte (inzwischen von *Coquebert* ins Französische übersetzt), sandte mich der König nach Polen und in das Innere Deutschlands, um die Salzminen von Wieliczka, Hallein und Berchtesgaden zu untersuchen. Die dort von mir gezeichneten Karten waren dienlich für die neuen Salzwerke von Magdeburg. Obwohl ich noch keine acht Monate im Dienst gewesen war, ernannte mich Seine Majestät bei der Anbindung der fränkischen Fürstentümer an die Krone zum Direktor der Bergwerke in jener Provinz, in der die Arbeiten seit einem Jahrhundert stillgestanden hatten. Ich blieb drei Jahre in diesem Fach beschäftigt, und meine Unternehmungen gelangen so glücklich, daß die Alaun-, Kobalt- und sogar die Goldminen von Goldkronach bald Vorteile für die Königliche Schatzkammer erbrachten.

Zufrieden mit diesem Fortschritt, entsandte man mich abermals nach Polen, um zu erkunden, welchen Nutzen man aus dem Gebirge der neuen Provinz, seitdem Südpreußen genannt, ziehen konnte. Zur gleichen Zeit entwarf ich einen Plan zur Verbesserung der Salzquellen an den Küsten der Ostsee. Während meines Aufenthaltes in den Gruben führte ich eine Reihe von gefährlichen Versuchen durch über die Mittel, unterirdische Gase weniger schädlich zu machen und erstickte Personen zu retten. Es gelang mir, eine neue antimephitische Lampe zu erfinden, die in keinem Gas erlischt, sowie eine Atemmaschine zu konstruieren; Instrumente, die auch bei militärischen Grubenarbeiten dienen können, wenn feindliche Geschütze sie behindern. Dieses Gerät erhielt die Genehmigung durch das Kriegsministerium, und seine Einfachheit war der Grund, weshalb man bald auch im Ausland davon Gebrauch machte.

Zu jener Zeit veröffentlichte ich auch ein botanisches Werk: *Flora Fribergensis*, die chemische Physiologie der Pflanzen, in verschiedene Sprachen übersetzt, sowie eine große Zahl von Abhandlungen zur Physik und Chemie, die zum Teil in französischen und englischen Zeitschriften erschienen. Nach meiner Rückkehr aus Polen verließ ich für geraume Zeit meinen Wohnsitz im Gebirge und schloß mich Herrn *von Hardenberg* bei einer politischen Mission an, mit der er vom König kurz vor dem Basler Frieden beauftragt worden war. Ich folgte ihm zu den an den Rheinufern liegenden Armeen in Holland und in der Schweiz. Dies gab mir die Gelegenheit, die hohe Gebirgskette der Alpen, Tirol, Savoyen und den übrigen Teil der Lombardei zu besuchen. Als im folgenden Jahr das französische Heer gegen das Frankenland zog, wurde ich in das Hauptquartier des Generals *Moreau* gesandt, um mit ihm über die Neutralität einiger Reichsfürsten zu verhandeln, die der König unter seinen Schutz genommen hatte.

Mit dem brennenden Verlangen, eine andere Weltgegend zu besuchen und sie mit Bezug auf die allgemeine Physik zu betrachten, nicht nur die Arten und Kennzeichen der Lebewesen (eine Übung, der man sich bisher allzu sehr gewidmet hatte), sondern auch den Einfluß der atmosphärischen Luft und ihrer chemischen Zusammensetzung auf die Lebewesen zu studieren, den Bau des Erdballs, die Beschaffenheit der Erdschichten in den am weitesten voneinander entfernten Ländern, mit einem Wort die großen Übereinstimmungen der Natur, wuchs in mir der Wunsch, den königlichen Dienst für einige Jahre zu verlassen und einen Teil meines Vermögens der Förderung der Wissenschaften zu widmen. Ich bat daher um meine Entlassung; aber Seine Majestät, anstatt mir diese zu gewähren, ernannte mich zum Oberbergrat, erhöhte mein Jahresgehalt und genehmigte eine Reise im Dienst der Naturgeschichte.

Da ich aus solch großer Entfernung meinem Vaterland keinen Dienst erweisen konnte, nahm ich das Jahresgehalt nicht an und dankte Seiner Majestät für die Gunst, die mir erwiesen wurde, weniger aufgrund meiner geringen Verdienste als in Anerkennung der Verdienste meines Vaters, der bis zu seinem Tod das achtungsvollste Vertrauen seines Fürsten besaß.

Um mich angemessen auszurüsten für eine Reise mit so vielfältigen Zwecken, stellte ich eine Auswahl an erlesenen astronomischen und physikalischen Instrumenten zusammen: zur genauen Bestimmung der astronomischen Lage der Orte, der Magnetkraft, der Abweichung der Kompaßnadel, der chemischen Zusammensetzung der Luft, ihrer Elastizität, Feuchtigkeit und Temperatur, ihrer elektrischen Ladung und Transparenz, der Farbe des Himmels, der Temperatur des Meeres in großer Tiefe usw. Da ich um diese Zeit eine bemerkenswerte Entdeckung gemacht hatte bezüglich der Nervenflüssigkeit und der Art, wie man die Nerven durch chemische Einwirkung reizen kann (indem man ihre Reizbarkeit nach Belieben verringert oder erhöht), erkannte ich die Notwendigkeit, mich vor allem der Anatomie zu widmen. Dazu hielt ich mich für vier Monate an der Universität Jena auf und veröffentlichte ebendort die zwei Bände meiner Versuche zu den Nerven und dem chemischen Prozeß des Lebens: ein Werk, das auch in französischer Übersetzung erschien.

Von Jena ging ich nach Dresden und Wien, um dort die botanischen Schätze zu studieren und ein weiteres Mal das Innere von Italien zu besuchen. Die Unruhen in Rom brachten mich von dieser Absicht ab, und während ich mich in Salzburg aufhielt, fand ich eine neue Methode zur Analyse der atmosphärischen Luft, worüber ich zusammen mit *Vauquelin* eine Abhandlung veröffentlichte. Zu jener Zeit vollendete ich auch die Konstruktion meines neuen Barometers und eines Instruments, dem ich den Namen *Anthracometer* gab, da es die Menge an Kohlensäure *(acide carbonique)* in der atmosphärischen Luft anzeigt. Noch in der Hoffnung, bis nach Neapel gelangen zu können, reiste ich nach Frankreich ab, wo ich fünf Monate mit den Pariser Chemikern zusammenarbeitete. Bei dieser Gelegenheit las ich im Nationalinstitut verschiedene Abhandlungen vor, zu finden in den *Annales de Chimie*; und ich veröffentlichte zwei Werke: eines über die unterirdischen Gase und die Art, sie weniger schädlich zu machen; das andere über die Zerlegung der Luft.

Nach dem Beschluß des französischen *Directoire*, eine Reise um die Welt mit drei Schiffen unter dem Befehl von Kapitän *Baudin* durchführen zu lassen, wurde ich vom Minister der Marine gebeten, die Gelehrten, die diese Expedition begleiten sollten, bei ihrer Arbeit zu unterstützen. Ich machte mich schon bereit, nach Havre abzureisen, als Geldmangel den Plan zunichte machte. Ich entschied daraufhin, mich nach Afrika zu begeben, um das Atlasgebirge zu untersuchen. Zwei Monate lang wartete ich in Marseille darauf, mich einschiffen zu können, doch eine Änderung der politischen Verhältnisse in Algier zwang mich, diesen Vorsatz aufzugeben, und ich begab mich auf diese Halbinsel, um den Schutz Seiner Katholischen Majestät für eine Reise nach Amerika zu erbitten, deren Gelingen die höchsten meiner Wünsche erfüllen würde.

Auf Ersuchen des sächsischen Gesandten, des Freiherrn *von Forell*, residierend am Madrider Hof, entwarf Herr von *Humboldt* diese Lebensskizze und stellte sie dem Gesandten zur Verfügung. Dieser, selbst ein gelehrter Mann, beeilte sich, die Bitte des Herrn *von Humboldt* zu erfüllen und die beschriebene Reise angesichts ihrer Bedeutung für die Naturwissenschaften, die Chemie und die Geologie dem Ministerium des Königs von Spanien vorzulegen: dieser, mit aufgeklärten freiheitlichen Anschauungen und dem steten Bestreben, die Wissenschaften zu fördern, erteilte eine Genehmigung, die seit der Expedition des Herrn *de la Condamine* ihresgleichen suchte.

Man fertigte zu diesem Zweck die präzisesten und für diesen vornehmen Reisenden ehrenvollsten Befehle an alle Vizekönige und Oberbefehlshaber der ausgedehnten Besitzungen Seiner Katholischen Majestät in jener neuen Erdhälfte aus. Versehen mit diesen Königlichen Aufträgen und mit Empfehlungsschreiben aller Gelehrten und begleitet von den guten Wünschen aller, welche die wahren Ergebnisse seiner geplanten Reisen für die Geologie erwarteten und ihren Wert zu schätzen wußten, brach Herr *von Humboldt* nach La Coruña auf und reiste von dort Anfang Juni letzten Jahres auf einem Postschiff nach Havanna, mit der Absicht, sich weiter nach Mexiko zu begeben und zuerst den nördlichen Teil Amerikas zu durchfahren, um danach durch den Süden desselben Kontinents zu reisen und darauf über die Philippinischen Inseln nach Europa zurückzukehren, wozu er eine Zeit von drei oder vier Jahren brauchen wird. Seit seiner Abreise hat man bereits Briefe von ihm von *Santa Cruz* auf Teneriffa und sogar aus Cumaná empfangen.

# Auszug aus einem Briefe des Hrn. v. Humboldt an Hrn. Fourcroy

Cumana d. 16. Oct. 1800.

Während der 16 Monate die wir mit Bereisung des großen Landstrichs zwischen der Küste, dem Oronoco, dem schwarzen- und Amazonenflusse zubrachten, hat der B. Bonpland mit den Doubletten über 6000 Pflanzen getrocknet. Ich habe mit ihm an Ort und Stelle auf 1200 Species beschrieben worunter eine große Menge zu seyn scheint die noch nicht von Aublet, Jacquin, Mutis und Dombey beschrieben sind. Wir haben Insecten, Schalthiere und Färbehölzer gesammlet; Crocodile, Seekühe (Lamantins) Affen, Zitteraale (Gymnotus elect.) wo die Flüssigkeit lediglich galvanisch, und nicht elektrisch ist – zergliedert. Wir haben viele Schlangen, Eidexen, einige Fische u. s. w. beschrieben.

Ich habe eigentlich zwey Reisen unternommen: eine nach den Missionen der Chaymas-Indianer zu Paria und die andere in das unermeßliche Land nordwärts des Amazonenflusses zwischen Popayan und die Gebirge des französischen Guyana. Wir sind zweymal vor den großen Wasserfällen des Oronoco, unterm 5° 12′ südl. Breite u. 4 St. 43 Min. westl. Länge von Paris, – und denen von Atures und Maypures im 5° 39′ Br. und 4 St. 41. M. 40 S. Länge, vorbeygekommen; von der Mündung des Guaviare und der Flüsse Atabaya, Temi und Tuamini. Ich ließ meine Pirogue zu Lande, nach dem schwarzen Flusse schaffen. Wir gingen zu Fuß durch die Wälder der Hevea (die das elastische Harz liefert) der Cinchona (wo die Chinarinde herkommt) und der Winterana-Canella. Ich stieg vom Rio-Negro bis San-Carlos um die Länge durch den Zeithalter von Berthoud zu bestimmen, mit welchem ich noch immer sehr zufrieden bin. Ich besuchte alsdann die Gegend von Casiguiare welche von den Ydapaminaren bewohnt wird welche blos von geräucherten Ameisen leben. Ich drang bis zu den Quellen des Oronoco, bis jenseits dem Vulcan von Duida vor, so weit als es die Wildheit der Guaicas- und Guakaribos-Indianer verstattete; ich fuhr den ganzen Oronoco hinab bis zur Hauptstadt von Guyana wo ich 500 Lieues in 26 Tagen machte ohne die Rasttage zu rechnen.

Wir haben Ihnen den Milchsaft eines Baumes geschickt welchen die Indianer die Kuh nennen, weil sie die Milch davon trinken die nicht schädlich sondern vielmehr sehr nährend ist. Mit Hülfe der Salpetersäure habe ich Caoutchouc oder Federharz daraus bereitet. Unter das für Sie bestimmte mischte ich etwas Soda und zwar ganz nach den Grundsätzen die Sie selbst davon aufgestellt haben.[1]

Ich habe auch versucht Ihnen das Curare oder das berüchtigte Gift der Indianer vom schwarzen Fluß, in seiner ganzen Reinigkeit, zu verschaffen. Ich machte ausdrücklich deshalb eine Reise nach Esmaralda um die Pflanze zu sehen welche diesen Saft liefert. Unglücklicherweise aber stand sie nicht in der Blüthe. Ich werde Ihnen ein andermal die genaue Bereitungsart dieses Giftes mittheilen, wie sie bey den Catarapeici- und Magnixitases-Indianern gewöhnlich ist. Hier nur einiges: Die Pflanze die das Gift enthält heißt Maracury, ich sende Ihnen hier die Zweige dieser Liana; sie wächset sparsam zwischen den Granitgebirgen von Guanaja und Yumariquin, im Schatten der Theobroma-Cacao und der Caryocas. Nachdem man das Oberhäutchen aufgehoben hat, übergießt man sie mit kaltem Wasser, man drückt alsdann den Saft aus, läßt etwas Wasser über dem schon halb ausgedrückten Oberhäutchen stehen und filtrirt den Aufguß. Die durchgegangene Flüssigkeit ist gelblich. Hierauf kocht man sie und läßt sie bis zur Consistenz des Syrupzuckers abdampfen. Dieser Syrup enthält schon das Gift selbst, ist aber noch nicht dick genug um die Pfeile damit zu überziehen. Man vermischt ihn deshalb mit dem glutinösen Saft eines andern Baums welchen die Indianer Kiracaguera nennen. Diese Mischung wird wieder so lange gekocht bis sie sich zu einer bräunlichen Masse verdickt. Sie wissen daß der Curare innerlich als ein Magenmittel gebraucht wird und er ist auch in der That nicht eher schädlich als wenn er mit dem Blute gemischt wird welches er desoxidirt. Ich habe nur erst seit etlichen Tagen Versuche damit angestellt, aber bereits bemerkt daß er die atmosphärische Luft zersetzt.

Ich füge dieser Substanz noch 3 andre bey; das Dapiche, le Dapiche (ausgesprochen: Dapitsche) das Pendarenharz (le leche de Pendare) und die Otomaken-Erde (la terre des Otomaques).

Das Dapiche ist eine Art von elastischem Gummi das Ihnen wahrscheinlich nicht bekannt ist. Wir haben es an einem Ort entdeckt wo sich keine *Hevea* findet in den Morästen des Javitagebirgs in einer Breite von 2° 5′. Diese Sümpfe sind durch die fürchterlichen Boa-Schlangen die darinn leben, berüchtigt. Wir fanden

[1] Fourcroy hatte vorgeschlagen den Saft der Hevea den man in Flaschen versenden wollte, mit ätzendem Laugensalze zu verbinden um den Niederschlag des Caoutchouc zu verhüten.

bey den Poimasanos- und Paragini-Indianern musicalische Instrumente die aus Caoutchouc verfertigt waren und die Einwohner sagten, daß sich diese Substanz in der Erde fände. Das Dapiche oder Zapis ist eine weiße schwammige Masse die man unter den Wurzeln der beyden Bäume Jacia und Curvara findet; diese Bäume scheinen uns neue Gattungen zu seyn und wir werden zu seiner Zeit die Beschreibung davon geben. Der Saft dieser Bäume ist eine sehr wäßrige Milch; indessen scheint es eine Krankheit für sie zu seyn wenn sie diesen Saft durch die Wurzeln verlieren und wirklich stirbt der Baum durch diese Art von Hämorrhagie ab und der Saft gerinnt in der feuchten Erde ohne die freye Luft zu berühren. Ich sende Ihnen hier sowohl das Dapiche selbst als auch eine Art von Caoutchouc welches daraus bereitet ist indem man es blos dem Feuer aussetzt und es darinn schmelzt.

Das Pendarenharz ist eine getrocknete Milch des Baums Pendare und stellt einen weißen natürlichen Firniß vor. Man überzieht mit dieser Milch wenn sie noch frisch ist, die Gefäße der Tutuma's. Sie trocknet schnell und ist ein sehr schöner Firniß; unglücklicherweise aber wird sie gelblich wenn man sie in großer Masse trocknet.

Die Erde der Otomaguen ist 3 Monate lang fast die einzige Nahrung dieser durch ihre bemahlten Körper scheußlichen Nation. Diese Leute essen die erwähnte Erde so lange als der Oronoco sehr hoch ist und man viele Schildkröten daselbst findet. Es ist eine Art von lettiger Erde und es giebt Leute die 1 bis $1\frac{1}{2}$ Pfund des Tages davon verzehren. Einige Mönche haben behauptet daß sie das Fett aus den Crocodillschwänzen damit vermischten; aber dieß ist falsch. Wir haben bey den Otomaguen Vorräthe von ganz reiner Erde gefunden, die sie aßen, und sie geben ihr keine andere Zubereitung als daß sie selbige ein wenig rösten und anfeuchten. Mir scheint es sehr wunderbar wie man rubust seyn und täglich $1\frac{1}{2}$ Pf. Erde essen kann, da es doch bekant ist was für traurige Wirkungen die Erde bey Kindern hat. Indessen haben mich meine eignen Erfahrungen über die Erde und ihre Eigenschaft, im feuchten Zustande die Luft zu zersetzen, gelehrt, daß sie wirklich nähren, das heißt, durch chemische Verwandtschaften wirken könne.

Ich füge für das Museum eine Tabaksdose eben dieser Otomaken und das Hemd einer Nation aus der Nachbarschaft der Piroas bey. Diese Dose ist sehr groß, eigentlich eine Schüssel auf welche man eine Mischung von einer geriebenen und verweseten Mimosenfrucht nebst etwas Salz und gebrannten Kalk schüttet. Der Otomak hält die Schüssel in der einen Hand, und in der andern eine Röhre wovon 2 Oeffnungen in seine Nasenlöcher passen um diesen stimulirenden Taback dadurch einzuziehen. Dieses Werkzeug hat ein historisches Interesse: es ist blos bey den Otomaken und Omeguas im Gebrauch wo es Condamine gesehen hat; folglich bey zwey Nationen die jetzt auf 300 Lieues von einander entfernt wohnen; es beweißt daß die Omekas die nach einer alten Tradition von *Guaviare* gekommen sind, vielleicht von den Otomaken abstammen und daß die Stadt Menoa von Philipp von Urre zwischen Meta und Guaviare gesehen worden ist. Diese Thatsachen können Aufschluß über die Fabel des Dorada geben.

Das Hemd der Nation in der Nachbarschaft der Piroas ist von der Rinde des Baums *Marisna* der man weiter keine Zubereitung giebt, hier wachsen also die Hemden auf den Bäumen! Eben so ist es auch in der Nähe des Dorada, wo ich keine mineralische Merkwürdigkeit als Talk und etwas Titaneum gesehen habe.

Es wird bemerkt daß Fourcroy noch keins von allen den hier erwähnten Dingen erhalten hatte.

# Neuere Berichte vom Hrn. Oberbergrath Humboldt

## Auszug eines Briefs des Hrn. Alexander von Humboldt, an seinen Bruder, W. v. H. in Berlin

——— Ich werde nicht müde, Briefe nach Europa zu schreiben, ob ich gleich überzeugt bin, daß nur wenige den Ort ihrer Bestimmung erreichen. Zwar gehen von den größern Städten hier wöchentlich Posten nach den Häfen. Allein, nachdem die Briefe daselbst oft 4 bis 6 Monate auf eine Schifsgelegenheit gewartet haben, und endlich zur See sind, übergiebt sie die übertriebene Vorsichtigkeit der Schifskapitäne, bei dem geringsten Anschein von Gefahr, den Wellen. (Mein letzter Brief war aus St. Anna, der östlichen Cordillera de los Andes).

Nicht besser geht es mit den Briefen, die von Europa hieher geschrieben werden. Ausser einigen aus Spanien, einem einzigen von Dir, und zwei von H..s, habe ich, seitdem ich Corunna verlassen [am 5 Junius 1799], schlechterdings keinen einzigen aus Europa bekommen. Da sich so Viele hier in demselben Falle befinden, so fängt man an, diese Entbehrung gelassener zu ertragen.

Ich bin äusserst glücklich; meine Gesundheit ist so gut als sie vorher nie war; mein Muth ist unerschütterlich; meine Plane gelingen mir; und wo ich hinkomme, werde ich mit zuvorkommender Gefälligkeit aufgenommen. Ich habe mich bereits dergestalt an die neue Welt, die mich umgiebt, gewöhnt, an die Tropen-Vegetation, die Farbe des Himmels, die Stellungen der Gestirne, den Anblick der Indianer: daß Europa meiner Einbildungskraft manchmal nur wie ein Land vorschwebt, das ich in meiner Kindheit sah. Ich sehne mich indeß darum nicht weniger dahin zurück, und denke im Herbst 1804 wieder bei Euch zu seyn.

Die unangenehmste Folge der Ungewißheit des Briefwechsels von hier aus, ist die Nothwendigkeit in der man sich sieht, immer wieder von neuem zu wiederholen, was man schon oft geschrieben hat. Doch sehe ich aus Deinem Briefe, daß

Du bis zum Nov. 1799, also bis nach meiner Reise zu den Chaimas-Indianern, ziemlich häufig Briefe von mir erhalten hast.

Vom November bis Jänner 1800, waren wir in Karakkas. Von da unternahmen wir die Reise auf dem Orinoko. Wir kamen durch den Apure in diesen Fluß, schiften ihn, über die Katarakten hinweg, aufwärts, gelangten unter 2 Grad Nördl. Br. in die kleinen Flüsse Atabapo, Tuamini und Temi; und trugen von da unser Kanot drei Tage lang bis Canno Pimichia am Schwarzen Fluß (rio negro). Diesen schiften wir erst abwärts, bis zu den Gränzen von Groß-Para (du Grand Para) und Brasilien; dann aufwärts bis zum Casiquiari zwölf Tage lang: zwischen so dick verwachsenen Wäldern, daß wir darin die Tiger, und zwar große Tiger, auf den Bäumen erblickten, weil der zu üppige Pflanzenwuchs sie auf der Erde zu gehen verhinderte. Vom Casiquiari kamen wir [wieder] in den Orinoko, den wir nun weiter aufwärts gegen Osten, nach seinem Ursprung zu schiffend, bis über den feuerspeienden Berg Duida hinaus verfolgten. Noch weiter vorzudringen, verhinderte uns die Wildheit der menschenfressenden Guaikas. Auch ist nie ein Weisser weiter östlich in das unbekannte Land dieser unabhängigen Indianer gekommen; wir sind in den Wäldern zwischen dem Rio Negro, Orinoko, und Amazonenfluß, 500 Meilen tiefer landeinwärts gewesen, als Löffler gelangte. Von Duida, schifften wir nun den ganzen Orinoko bis an seine Mündung, 500 Französische Meilen weit hinab.

Von dieser über 1200 Meilen weiten Reise kehrten wir im Julius (1800) nach St Thomé de la Angostura zurück. Wir verweilten hier einen Monat, wo ich die Gegend, und die Pflanzen, namentlich den Cortex Angosturae, untersuchte; während der gute Bonpland am Fieber litt, einer Folge der schrecklichen Miasmen in den nassen Wäldern des Aequators. – Von da gingen wir, durch das Land (oder die sogenannte Mission) der Karaiben, und über Neubarcelona, nach Cumana, wo wir im September ankamen. Die Karaiben sind die größeste und muskelstärkste Nation, welche ich je gesehen habe; sie allein widerlegt schon Raynals und Pauws Träumereien über die Schwäche und Ausartung des Menschengeschlechts in der neuen Welt. Ein ausgewachsener Karaibe gleicht einem aus Erz gegossenen Herkules.

Im December kamen wir, nach einer anderthalb Monat langen und sehr stürmischen Schiffahrt, wo wir bei den Klippen des baxo de la Vibora (der Vipernbank), im Süden von Jamaika, beinahe Schiffbruch litten, in der Havana an: wo wir drei Monate lang (bis Februar 1801) zum Theil im Hause des Grafen Orelly, zum Theil auf dem Lande bei dem Grafen Jaruco und dem Marques de Real Socorro, zubrachten. – Ich hatte schon den Entschluß gefaßt, von hier nach Nordamerika zu segeln, bis zu den Fünf Seen zu gehen, durch den Ohio und Missisipi nach Luisiana herunter zu schiffen, und von da den wenig bekannten Landweg nach Neubiscaja und Mexiko einzuschlagen. Allein, mehrere Umstände bewogen mich diesen Plan aufzugeben, und wieder nach Südamerica zurückzukehren. Ich schiffte mich daher in Batabano (auf Kuba) ein, wir kamen aber, weil wir, durch den Unglauben des Steuermanns an meine Instrumente, in den Meerbusen von Darien geriethen, erst nach 35 Tagen, da sonst diese Ueberfahrt höchstens 14 Tage währt, am 1 April 1801 nicht ohne große Gefahr in Cartagena an. Doch hatte ich unterwegs Gelegenheit, die geographische Lage der beiden Caymans und andere Sandbänke und Klippen, welche noch nicht genau genug bekannt waren, durch meinen Chronometer zu bestimmen.

Bis hieher war die Reise schon aus frühern Nachrichten bekannt. Nur glaubte man, diesen Theil des Briefes nicht unterdrücken zu dürfen, da er kurz und deutlich die ganze Folge derselben vor Augen legt.

Von Karthagena aus besuchten wir häufig den wegen der ungeheuren Dicke seiner Bäume berühmten Wald Turbako; in welchem doch Stämme von 8 Fuß im Durchmesser, z. B. die Cavanillesia Mokando, der Aufmerksamkeit des treflichen Jacquin entgangen sind. – Hier in Karthagena traf ich Hrn Fidalgo und die Komission, welche den Plan dieser Küste aufzunehmen hieher gesandt ist, mit sehr schönen Chronometern und andern Instrumenten an. Da sich meine geographischen Beobachtungen in dem Lande der Indianer zwischen dem Orinoko, Kasiquiari, Schwarzen Fluß, und Marannon (Amazonenfluß), auf die Lage mehrerer Küstenpunkte gründeten; so war ich begierig, meine Bestimmung derselben mit der, welche Hr Fidalgo gemacht hatte, zu vergleichen. Wir fanden eine wunderbare und durchgängige Uebereinstimmung in den Längenbeobachtungen. Auch fanden wir durch Vergleichung unsrer Tagebücher, daß die Magnetnadel seit 1798 auf dieser Küste eben so westlich als in Europa östlich abweicht, d. h. daß im Südamerica die östliche Abweichung schon angefangen hat sich zu vermindern.

Der lebhafte Wunsch, den großen Botaniker Don Jose Celestino Mutis, der noch ein Freund Linne's war, und sich jetzt in Santa Fee de Bogota aufhält, zu sehen, und unsre Pflanzensammlungen mit den seinigen zu vergleichen; und die Begierde, die ungeheure Cordillere der Anden zu übersteigen, die sich von Lima (nördlich herauf) bis an die Mündung des Flusses Atrato (in den Golf von Darien) um so allein eine auf meine eigenen Beobachtungen gegründete Karte des ganzen Südamerikas nordwärts vom Amazonenfluße geben zu können: bewogen mich, den Landweg nach Quito über Sta Fe und Popayan dem Seewege über

Portobelo, Panama und Guayaquil vorzuziehen. Ich schickte daher nur meine größten Instrumente, die Bücher, die ich nicht nöthig hatte, und andre Sachen, auf dem letztern (dem Seewege) ab: wir aber schifften uns, nach einem fast dreiwöchentlichen Aufenthalte in Karthagena, auf dem Magdalenenfluß ein.

Die Gewalt des angeschwollenen mächtigströmenden Wassers hielt uns 45 Tage lang auf dem Magdalenenflusse, während welcher Zeit wir uns immer zwischen wenig bewohnten Wäldern befanden. Auf einer Strecke von 40 Französ. Meilen ist nicht ein Haus oder andere menschliche Wohnung anzutreffen. Ich sage Dir nichts mehr von der Gefahr der Katarakten, von den Mosquitos, von den Stürmen und Gewittern, die hier fast ununterbrochen fortdauern und alle Nächte das ganze Himmelsgewölbe in Flammen setzen; ich habe dies alles umständlich in einer Menge andrer Briefe beschrieben. – Wir schifften auf diese Weise bis Honda, im 5ten Grad N. Breite. Ich habe den topographischen Plan des Flusses in vier Blättern gezeichnet wovon der Vicekönig eine Kopie behalten hat; ich habe ein barometrisches Nivellement von Karthagena bis Sta Fe gezeichnet; ich habe an vielen Orten den Zustand der Luft untersucht: denn meine Eudiometer sind noch alle im Stande, so wie überhaupt kein einziges meiner kostbaren Instrumente zerbrochen ist. Bouguer hat auf seiner Rückreise nach Frankreich gleichfalls den Magdalenenfluß, nur abwärts, beschifft; er hatte aber damals keine Instrumente bey sich.

Von Honda aus besuchte ich die Bergwerke von Mariquita und Sta Anna, wo der unglückliche d'Elhuyar seinen Tod fand. Hier giebt es Pflanzungen von Zimmet (Laurus cinnamomoides Mutis), welcher dem von Zeilan ähnlich, und derselbe ist, den ich schon früher am Fluß Guaviare und am Orinoko fand. Hier findet sich auch der berühmte Mandelbaum (Caryocar amygdaliferum); Wälder von Kinabäumen; und die Otoba, die eine wahre Miristica (Muskatnuß) ist, und auf welche die Regierung jetzt ihre Aufmerksamkeit richtet. Hr. Derieux, ein Franzose, welcher mit 2000 Piastern (500 Frd'or unsers Geldes) zum Aufseher dieser Pflanzungen ernannt ist, begleitete uns auf unsrer Schiffahrt.

Von Honda steigt man 1370 Toisen aufwärts nach Sta Fee de Bogota. Der Weg zwischen den Felsen – kleine eingehauene Treppen, nur 18 bis 20 Zoll breit, so daß die Maulthiere nur mit Mühe ihren Leib durchbringen – ist über alle Beschreibung schlecht. Man tritt aus der Mündung des Berges (la boca del monte) bei 4° 35′ N. Breite; und nun befanden wir uns auf einmal in einer großen Ebene von mehr als 32 Französ. Quadratmeilen, auf der man zwar keine Bäume sieht, die aber mit Europäischen Getreidearten besäet und mit Indianischen Dörfern angefüllt ist. Diese Ebene (los llanos de Bogota) ist der ausgetrocknete Grund des See's Funzhe, welcher in der Mythologie der Muyscas Indianer eine wichtige Rolle spielt. Das böse Princip oder der Mond, ein Weib, brachte eine Sündfluth hervor, durch welche sich der See bildete. Aber Bochika, das gute Princip oder die Sonne, zertrümmerte den Fels Tequendama, wo heutiges Tags der berühmte Wasserfall ist; der See Funzhe lief ab; die Bewohner der Gegend, die sich während der Fluth auf die nächsten Berge geflüchtet hatten, kehrten in die Ebne zurück; und Bochika, nachdem er den Indianern eine politische Verfassung und Gesetze, welche denen der Inkas ähnlich waren, gegeben hatte, gieng den Tempel von Sagamuri zu bewohnen. Da lebte er 25000 Jahre, und zog sich hernach in sein Haus, die Sonne, zurück.

Unsre Ankunft in Sta Fé glich einem Triumphzug. Der Erzbischoff hatte uns seinen Wagen entgegen geschickt; mit demselben kamen die Vornehmsten der Stadt. Man gab uns ein Mittagsessen 2 Meilen von der Stadt, und wir zogen mit einem Gefolge von mehr als 60 Personen zu Pferde ein. Da man wußte, daß wir Mutis zu besuchen kamen, und dieser durch sein hohes Alter, sein Ansehn bei Hofe und seinen persönlichen Charakter, in der ganzen Stadt in außerordentlicher Achtung steht; so suchte man seinetwegen unsrer Ankunft einen gewissen Glanz zu geben, und ihn in uns zu ehren. Der Vicekönig darf in der Stadt, der Etikette nach, mit niemand essen; er war aber gerade zufällig auf seinem Landsitze Fucha, und lud uns dahin zu sich ein. – Mutis hatte uns ein Haus in seiner Nähe einrichten lassen, und behandelte uns mit ausnehmender Freundschaft. Er ist ein ehrwürdiger alter Geistlicher, von beinahe 72 Jahren; und dabei ein reicher Mann: der König zahlt für die botanische Expedition hieselbst jährlich 20000 Piaster. Seit funfzehn Jahren arbeiten 30 Maler bei Mutis; er hat 2 bis 3 tausend Zeichnungen in Großfolio, welche Miniaturgemälde scheinen. Nächst der Bankssischen in London, habe ich nie eine größere botanische Bibliothek als die Mutisische gesehen. – Ungeachtet der Nähe beim Aequator, ist das Klima hier empfindlich kalt, wegen der vorher angezeigten hohen Lage: das Thermometer steht meist auf 6 bis 7 Grad Reaumur, oft auf 0, nie über 18°.

Ich bin, bei den Flußmiasmen und den Entzündungerregenden Moskitostichen, völlig gesund geblieben; aber der arme Bonpland bekam, auf dem Wege von Honda nach Sta Fé, wieder das dreitägige Fieber. Dies nöthigte uns, zwei volle Monate, bis zum 8 Septemb. 1801, in der letzten Stadt zu bleiben. Ich maß indeß die umliegenden Berge, von denen mehrere 2000 bis 2500 Toisen hoch sind; besuchte den See Guatavita, den Wasserfall Tequendama, der wegen der Menge seines Wassers außerordentlich schön, aber, nur 91 Toisen hoch ist, die Steinsalzgruben von Zipaguira, u. s. w.

Sobald Bonpland wieder hergestellt war, verließen wir Sta Fé, und sind jetzt auf dem Wege nach Quito. Wir wollen durch Ibagua und die Schneegegenden von Quindiu über die Anden gehn. Bouguer ging über Guanacas. – Ich schreibe diese Zeilen am Fuße der Cordillere, die ich in drei Tagen besteige. Wir sind mehr zu Fuße als auf unsern Maulthieren. Aber diese Art zu reisen bekömmt uns wohl, und wir sind sehr gut mit allem Nöthigen versehn.

Im Jänner 1802 gehe ich nach Lima; von dort im Mai nach Akapulko; und von da, nachdem ich vorher Mexiko bereist haben werde, vollende ich meine Reise um die Welt, indem ich über die Philippinen, und hierauf um das Vorgebirge der guten Hoffnung herum, nach Europa zurückkehre.

[In dem Briefe aus Sta Fé, vom 6 Sept., findet sich noch die naturhistorische Merkwürdigkeit]:

Wir haben entdeckt, und ich halte es keinem Zweifel mehr unterworfen: daß der Krokodil, von dem alle Flüsse hier leider voll sind, ein Krokodill von 25 Fuß Länge, ein Cor biauritum, biloculare [ein Herz mit zwei Ohren und mit zwei Kammern], wie ein warmblütiges Thier, hat.

[Das wichtigste in dem Briefe aus Papayan, vom 26 Nov. ist Folgendes]:

Wir reisten am 8 Sept. von Sta Fé de Bogota ab, und stiegen über die Cordillere der Anden bei Quindiu, wo wir 14 Tage lang über Schnee gehen mußten. Wir haben auf dieser Reise interessante Wanderungen in die Gebirge gemacht; und unter andern den Vulkan von Purace besucht, dessen Mündung, die 2300 Toisen hoch liegt, schon auf eine große Entfernung ein furchtbares Getöse macht. Ende Decembers rechnen wir in Quito einzutreffen.

# Auszug aus einem Briefe des Hrn. Alexander von Humboldt an Hrn. Delambre

Lima d. 25. Nov. 1802.

Ich komme, mein verehrter Freund, aus dem Innern von Ländern, wo ich auf einer großen Ebene Versuche über die geringen stündlichen Veränderungen der Magnetnadel gemacht habe, und ich vernehme mit Bedauern, daß die Fregatte Astigarraga, die erst in 14 Tagen abgehen sollte, ihren Abgang beschleunigt hat, und diese Nacht schon nach Cadix unter Segel gehen will. Dies ist seit 5 Monaten die erste Gelegenheit, die wir aus den Einöden der Südsee wieder nach Europa haben, und der Mangel an Zeit macht es mir unmöglich, an das Nationalinstitut zu schreiben, wie es meiner Pflicht gemäß wäre, da mir selbiges so rührende Beweise von der Theilnahme und Güte giebt, womit ich von demselben beehrt werde. Nur wenige Tage vor meiner Abreise nach Jaen und dem Amazonenlande erhielt ich den Brief vom 2. Pluviose des 9. Jahrs, welchen Sie im Namen dieses illustren Instituts an mich geschrieben hatten. Dieser Brief hatte eine Wanderung von 2 Jahren gemacht, ehe er mich in der Gebirgskette der Andes fand. Ich erbrach ihn am andern Morgen einer zweyten Expedition, die ich am Krater des Vulkans auf dem Pichincha vorgenommen hatte, wo ich ein Voltaisches Elektrometer aufstellen und den Durchmesser des Schlundes messen wollte, den ich 752 Toisen fand, da der vom Vesuv nur 312 hat. Dieser Umstand erinnerte mich, daß auch am Gipfel des Guaguapichincha, wo ich mich oft befand und den ich als einen classischen Boden liebe, Condamine und Bouguer ihre ersten Briefe von der ehemaligen Akademie erhalten hatten, und stellte mir vor, daß der Pichincha den Physikern (si magna licet componere parvis) Heil bringe. Wie kann ich Ihnen, Bürger, die Freude ausdrücken, womit ich diesen Brief des Instituts und die wiederholten Versicherungen Ihres Andenkens gelesen habe! Wie süß ist das Bewußtseyn im Gedächtniß derer zu leben, welche durch ihre Anstrengungen die Fortschritte des menschlichen Geistes ohne Unterlaß befördern! In den einsamen Ebnen der Apura so wie in den dicken Gehölzen des Casiguiare und des Oronocco, waren mir allenthalben Ihre Namen gegenwärtig; und wenn ich die verschiedenen Epochen meines herumtreibenden Lebens durchlaufe, so verweile ich immer mit Vergnügen bey der, wo ich im 6ten und 7ten Jahre bey Ihnen lebte, und wo die Laplace, Fourcroy, Vauquelin, Guyton, Chaptal, Jussieu, Desfontaines, Halle, Lalande, Prony und besonders Sie, edle, zärtliche Seele, in den Ebnen von Lieusaint, mich mit Güte überhäuften. Nehmen Sie doch alle das Opfer meiner innigsten Ergebenheit und meiner unveränderlichsten Erkenntlichkeit an.

Lange vorher ehe ich den Brief erhielt, den Sie als Secretair des Instituts an mich geschrieben hatten, schrieb ich nach und nach drey Briefe an die physisch-mathematische Classe: zwey von Santa-Fe de Bogota, welche ich mit einer Abhandlung über das Chinageschlecht, (Cinchona quinquina) und verschiedenen Proben von siebnerley Rinden, so wie mit ausgemahlten Abbildungen von diesen Pflanzen, nebst Zergliederung der durch die Länge ihrer Staubfäden so verschiedenen Blüte, und sorgfältig getrockneten Skeletten, begleitet hatte. Der Doctor Mutis, der mir tausenderley Gefälligkeiten erwiesen, und welchem zu Liebe ich 40 Tage an dem Flusse wieder hinauf reiste, machte mir ein Geschenk mit beynahe 100 prächtigen Abbildungen in groß Folio, welche neue Geschlechter seiner Flora von Bogota im Manuscript enthielten. Ich glaubte, daß diese Sammlung, welche eben so merkwürdig wegen ihrer schönen Malerey, als interessant für die Botanik ist, in keine bessern Hände, als in die von Jussieu, Lamark und Desfontaines gelegt werden könne, und habe sie deshalb dem Nationalinstitut als ein schwaches Merkmal meiner Anhänglichkeit angeboten. Diese Sammlung mit den Chinaarten sind gegen den Junius dieses Jahres nach dem indischen Carthagena abgegangen, und Herr Mutis selbst wollte die weitere Besorgung nach Paris übernehmen. Ein dritter Brief für das Institut ist von Quito mit einer geologischen Sammlung von Produkten des Pichincha, Cotopaxa und Chimborazo abgegangen. Wie niederschlagend ist es für mich, daß ich in einer so traurigen Ungewißheit wegen der Ankunft dieser Gegenstände, so wie über die von der Sammlung seltener Sämereyen, welche wir bereits vor 3 Jahren an den Pflanzengarten zu Paris übermacht haben, schweben muß!

Die wenige Muße, welche mir für heute noch übrig ist, verstattet mir nicht Ihnen einen Abriß von meinen Reisen und Beschäftigungen seit unserer Zurückkunft von Rio Negro zu geben. Sie wissen, daß wir zu Havanna die falsche Neuigkeit von der Abreise des Capitän Baudin nach Buenos-Ayres erfuhren. Getreu meinem Versprechen, mich mit demselben zu vereinigen, wo ich könnte, und überzeugt, daß ich den Wissenschaften nützlicher werden könne, wenn ich meine

Arbeiten mit denen der Naturforscher, welche den Capitän Baudin begleiten, vereinigte, habe ich mich nie einen Augenblick bedacht, den kleinen Ruhm, meine Arbeiten selbst zu beendigen, aufzuopfern, und habe deshalb sogleich ein kleines Fahrzeug zu Bataban gemiethet, um mich nach dem indischen Carthagena zu begeben. Die Stürme haben aber diese kurze Ueberfahrt um mehr als einen Monat verlängert. Die wechselnden Land- und Seewinde (brises) hatten auf dem Südmeere, wo ich den Capitän Baudin suchen wollte, nachgelassen, und ich hatte mich schon für die beschwerliche Reise nach Honda, Ibague, die Gebirgsstraße von Quindiu, Popayen, Pastos, nach Quito eingerichtet. Meine Gesundheit hat immer noch fortgefahren, den Veränderungen der Temperatur, welchen man auf dieser Reise ausgesetzt ist, auf eine wunderbare Art zu widerstehen. Es giebt hier Berge, wo man auf 2460 Toisen durch Schnee wadet, und wieder brennende Thäler, wo Reaumurs Thermometer nicht unter 26 bis 24° fällt. Mein Reisegefährte Herr Bompland, dessen Einsichten, Muth, gränzenlose Thätigkeit mir zur größten Unterstützung bey meinen Untersuchungen über die Botanik und vergleichende Anatomie gereichten, hat 2 Monate lang mit dreytägigen Fiebern zu kämpfen gehabt. Die Zeit der größten Regengüsse traf uns auf dem bedenklichsten Uebergange, auf der hohen Ebne von Pastos, und nach einer Reise von 8 Monaten kamen wir nach Quito, um daselbst die Nachricht zu hören, daß der Capitän Baudin seinen Weg von Westen nach Osten über das Vorgebirge der guten Hoffnung genommen habe. Schon längst ans Umkehren gewöhnt, trösteten wir uns mit dem Gedanken, so große Aufopferungen um etwas Gutes zu stiften, gemacht zu haben. Indem wir unsere Augen auf unsere Herbarien, auf unsere barometrischen und geodätischen Messungen, auf unsere Zeichnungen, auf unsere Versuche über die Luft der Cordilleras richteten, bedauerten wir es keinen Augenblick, Gegenden durchstrichen zu haben, die größtentheils noch von keinem Naturforscher waren besucht worden. Wir haben bemerkt, daß der Mensch schlechterdings auf nichts zu rechnen hat, als was er durch seine eigne Energie zuwege bringt. Die Provinz Quito dieser höchste Platz auf der ganzen Erde ist durch die große Katastrophe vom 4ten Februar 1797 ganz zerrissen worden, und hat uns einen weiten Schauplatz für physische Beobachtungen dargeboten. So ungeheure Vulcane, deren Flammen sich oft auf 500 Toisen erheben, konnten nie einen Tropfen flüßige Lava zum Vorschein bringen; sie speyen blos Wasser und geschwefeltes Hydrogengas, Schlamm und kohlenhaltigen Thon. Seit 1797 ist dieser ganze Erdtheil in Bewegung: jeden Augenblick empfanden wir schreckliche Stöße und das unterirdische Getöse in den Ebnen von Riobamba war völlig so wie in einem Gebirge, welches sich unter unsern Füßen zertrümmerte. Die atmosphärische Luft und die benetzten Erdarten scheinen die großen Wirkungsmittel dieser Verbrennungen und unterirdischen Gährungen zu seyn. Alle diese Vulcane finden sich in einem zersetzten Porphyr.

Man hat bisher zu Quito geglaubt, daß 2470 Toisen die größte Höhe wäre, in welcher die Menschen der Feinheit der Luft noch widerstehen könnten. Im März 1802 reiseten wir einige Tage in den großen Ebnen, welche den Vulkan Antisana von 2107 Toisen umgeben, und wo selbst die Ochsen, wenn man sie jagt, oft Blut speyen. Am 16. März entdeckten wir einen Weg auf dem Schnee, der einen sanften Abhang bildete, auf welchem wir bey 2773 Toisen in die Höhe stiegen. Die Luft enthielt daselbst 0,008 Kohlensaures Gas, 0,218 Oxygen-Gas und 0,774 azotisches Gas. Reaumurs Thermometer war nicht tiefer als 15°, und wir fanden es überhaupt nicht kalt; aber das Blut drang uns aus den Lippen und Augen. Das Local verstattete uns nicht, hier Versuche mit der Bordaischen Boussole anzustellen, nur erst in einer tiefern Grotte von 2467 Toisen Höhe konnte es geschehen. Die Intensität der magnetischen Kräfte war hier viel größer als zu Quito, und zwar in dem Verhältniß von 230 zu 218; man muß aber nicht vergessen, daß die Zahl der horizontalen Oscillationen der Nadel[1] oft vermehrt wird, wenn sich die Inclination der Nadel vermindert, und daß sich diese Intensität auch durch die Gebirgsmasse, wo die Nadel vom Porphyr afficirt wird, vergrößert. Bey der Expedition, die ich am 23. Junius 1802 auf dem Chimborazo machte, haben wir bewiesen, daß man bey gehöriger Gedult eine große Luftverdünnung aushalten kann. Wir kamen auf 500 Toisen höher als La-Condamine am Carazon, und trugen unsere Instrumente auf den Chimborazo 3031 Toisen hoch, wo wir die Quecksilberhöhe im Barometer auf 13 Zoll 11,2 Linien herabsinken sahen. Das Thermometer stand 1°,3 unter 0. Auch hier drang uns das Blut aus den Lippen und unsere Indianer verliessen uns nach ihrer Gewohnheit. Der B. Bompland und Herr Montufar, Sohn des Marquis von Selvalegre zu Quito waren die einzigen, welche widerstehen konnten. Wir verspürten sämmtlich ein Uebelbefinden, eine Schwäche und eine Neigung zum Erbrechen, welche ohnstreitig eben so sehr vom Mangel an Oxygene in diesen Gegenden, als von der Dünne der Luft herrührte. Ich fand nicht mehr als 0,20 Oxygene in dieser unermeßlichen Höhe. Eine fürchterliche Aushöhlung hinderte uns, auf den Gipfel des Chimborazo selbst zu kommen, wohin wir nur noch 236 Toisen hatten. Sie wissen, daß man noch sehr wenig über die eigentliche Höhe dieses Colosses einig ist. La Condamine maß ihn bloß in einer

---

[1] Die Stärke der magnetischen Kraft wird am besten durch die Anzahl der Schwingungen gemessen welche eine aus dem magnetischen Meridian gebrachte Nadel in einer gewissen Zeit macht. D. H.

großen Entfernung, und gab ihm eine Höhe von ohngefähr 3220 Toisen, während Don George Juan selbige auf 3380 Toisen setzt, ohne daß der Unterschied zwischen beyden Höhen von der verschiedenen Höhe, welche diese Astronomen bey dem Signal von Carabura annehmen, herzuleiten ist. Ich habe in der Ebene von Tapia eine Standlinie von 1702 Metern gemessen. (Verzeihen Sie daß ich, nach der Eintheilung meiner Werkzeuge, bald von Toisen, bald von Metern rede; Sie werden selbst ermessen, daß ich einst bey der Herausgabe meiner Reisebemerkungen alles auf den Meter und den hunderttheiligen Wärmemesser reduciren werde.) Zwey geodäsische Operationen gaben mir die Höhe des Chimborazo 3267 Toisen über der Meeresfläche. Man muß aber die Rechnungen noch durch die Distanzen des Sextanten mit dem künstlichen Horizont, und andere Umstände verbessern. Der Vulcan des Tunguragua hat sich seit La Condamine's Zeiten sehr vermindert. Statt 2620 Toisen fand ich nicht mehr als 2531, und ich getraue mir zu behaupten, daß diese Verschiedenheit nicht von einem Irrthum in der Messung herrührt, weil bey meinen Messungen des Cayamba, des Antisana, des Cotopaxi, des Iliniza die Resultate kaum 10 bis 15 Toisen von denen, welche La Condamine und Bouguer gefunden hatten, verschieden waren. Auch sagen alle Einwohner dieser unglücklichen Gegenden, daß der Tunguragua schon nach dem bloßen Auge sich gesenkt habe. Im Gegentheil finde ich den Cotopaxi, der so unermeßliche Auswürfe gehabt hat, noch von der nämlichen Höhe wie 1744, ja vielmehr noch etwas höher, welches aber einem Irrthum von meiner Seite zuzuschreiben seyn mag. Es zeigt aber auch der steinigte Gipfel des Cotopaxi, daß er eine wahre Feueresse vorstellt, die dem Einsturze widersteht, und ihre Gestalt beybehält. Die Operationen, welche wir vom Januar bis zum Julius in den Andes von Quito machten, haben den Einwohnern die traurige Neuigkeit zur Kenntniß gebracht, daß der Krater des Pichincha, welchen La Condamine voll Schnee sah, von Neuem brannte, und daß der Chimborazo, den man für so ruhig und unschuldig hielt, ehedem ein Vulcan war, und es wahrscheinlich in der Folge aufs Neue seyn wird. Wir fanden darin verbrannte Felsen und Bimssteine in einer Höhe von 3031 Toisen. Wehe dem Menschengeschlechte, wenn das vulcanische Feuer (denn man kann behaupten, daß die ganze Landhöhe von Quito ein einziger Vulcan von mehreren Gipfeln ist) sich einst Luft durch den Chimborazo macht! Man hat es mehrmals gedruckt gelesen, daß dieser Berg aus Granit besteht, aber man findet kein Atom darin: es zeigt sich hie und da ein Säulenförmiger Porphyr, mit eingesprengtem gläsigten Feldspath, Hornstein und Olivin. Die Porphyrschicht hat eine Mächtigkeit von 1900 Toisen. Ich könnte Ihnen bey dieser Gelegenheit auch von einem polarisirenden Porphyr etwas melden, den wir zu

Voisaco bey Pasto entdeckten, welcher eben so wie der im Journal der Physique von mir beschriebene magnetische Serpentinstein aus der Oberpfalz, eine Polarität zeigt, ohne Eisenspäne anzuziehen. Ich könnte Ihnen noch andere Thatsachen anführen, welche sich auf das große Gesetz des Parallelismus der Schichten und ihrer enormen Dicke in der Nähe des Aequators beziehen; es wäre aber zu viel für einen Brief, der vielleicht verloren geht, und ich werde deshalb ein andermal wieder darauf kommen. Ich bemerke jetzt nur noch, daß außer den Elephantenzähnen, die wir aus der Landhöhe von Santa-Fee, die 1350 Toisen über dem Meere liegt an B. Cuvier geschickt haben, davon einige dem fleischfressenden Elephanten, und andere einer Species zugehören, welche wenig von dem Afrikanischen unterschieden ist, und die im Thal Timana, in der Gegend von Ibarra und in Chili gefunden werden. Sonach ist es bestätigt, daß dieses fleischfressende Ungeheuer vom Ohio oder dem 50sten Grad nördlicher, bis zum 35° südlicher Breite zu Hause ist. Zu Quito habe ich meine Zeit äußerst angenehm zugebracht. Der Gerichtspräsident Freyherr von Corondelet hat uns mit Güte überhäuft, und seit 3 Jahren habe ich mich nie über die Beamten der spanischen Regierung zu beschweren, sondern sie haben mich durchaus mit einer solchen Feinheit und Auszeichnung behandelt, daß ich ihnen zu einem immerwährenden Danke verpflichtet bin. Wie sich doch die Zeiten und die Sitten geändert haben! Ich habe mich viel mit den Pyramiden und ihren Grundlagen beschäftigt, die ich nicht für so ganz zerstört halte. Ein freygebiger Privatmann, der ein Freund der Wissenschaften und der um sie verdienten Männer eines La Condamine, Godin und Bouguer ist, der Marquis von Selvalegre zu Quito, gedenkt sie wieder herzustellen; aber dieses führt mich zu weit.

Nachdem ich Assouay und Cuenca, wo man uns Schauspiele von Stiergefechten gab, zurückgelegt hatte, nahmen wir den Weg nach Oxa, um unsere Untersuchungen über die China zu vollenden. Von da reiseten wir einen Monat lang in die Provinz Jaen, Bracamorros und in die Pongos des Amazonenflusses, dessen Ufer mit der Andiva und Bugainvilläa (Jussieu) geziert sind. Es schien mir interessant, die Länge von Tomependa und Chuchungat, wo sich die Charte von La Condamine anfängt, zu bestimmen, und diese Oerter mit der Küste zu verbinden. La Condamine konnte blos die Länge von der Mündung der Napa bestimmen, indem es damals noch keine Chronometer gab. Es ist deshalb auch für die Längen der übrigen hiesigen Oerter eine Berichtigung nöthig. Mein Chronometer von Louis Berthoud that Wunder, indem ich seinen Gang von Zeit zu Zeit durch den ersten Jupiterstrabanten prüfte, und Punkt für Punkt meine Meridiandifferenzen mit denen verglich, welche bey der Expedition des Herrn Fidalgo gefunden wurden, der auf Befehl des Königs trigonometrische Vermessungen von Cumana zu Carthagena vorgenommen hat.

Vom Amazonenflusse gingen wir über die Andes durch die Bergwerke von Hualgayoc, welche jährlich eine Million Piaster Ausbeute geben, und wo sich das graue silberhaltige Kupferwerk in einer Tiefe von 2065 Toisen findet. Wir stiegen durch Cascamasca, wo ich in dem Pallaste von Atahualpa die Bögen der Peruvianischen Gewölbe zeichnete, wieder niederwärts nach Truxilla, und wandten uns nun durch Wüsteneyen an der Küste des Südmeers nach Lima, wo der Himmel ein halbes Jahr lang mit dicken Dünsten bedeckt ist. Ich eilte, nach Lima zu kommen, um daselbst am 9. Nov. Merkurs Sonnendurchgang zu beobachten.

Unsere Sammlungen von Pflanzen und Zeichnungen, die ich über die Anatomie der Geschlechter nach den Ideen machte, die mir Herr Jussieu in den Versammlungen der Naturhistorischen Societät mitgetheilt hatte, waren durch die Reichthümer sehr vermehrt worden, die wir in der Provinz Quito, zu Loxa, am Amazonenflusse und in den Cordilleren von Peru gefunden hatten. Wir fanden eine Menge Pflanzen wieder, welche Joseph Jussieu gesehen hatte, z. B. die Lloqua affinis, Quillajae und andere. Wir haben eine neue Species der Jussiaea, die allerliebst ist, der Colletia, mehrere Passionsblumen und den baumartigen Loranthus von 60 Fuß Höhe gefunden. Ueberhaupt sind wir sehr reich an Palmen und Gräsern, worüber der B. Bompland eine sehr ausführliche Schrift ausgearbeitet hat. Wir sind gegenwärtig im Besitz von 3784 sehr vollständigen Beschreibungen in lateinischer Sprache, und überdies noch von einem Drittel so viel Pflanzen in den Herbarien, die wir aus Mangel an Zeit noch nicht beschreiben konnten. Es giebt gewiß keine Pflanze, von welcher wir den Felsen nicht anzeigen können, worauf sie wächst, und die Höhe in Toisen, bis auf welche sie sich erhebt, so daß die Geographie der Pflanzen in unsern Manuscripten sehr genaue Materialien auffinden wird. Um es noch besser zu machen, ist oft eine und dieselbe Pflanze von Bompland und von mir besonders beschrieben worden. Aber zwey Drittel und mehr von den Beschreibungen gehören der Beharrlichkeit des B. Bompland ausschließlich zu, dessen Eifer und Ergebenheit für die Fortschritte der Wissenschaften man nicht genug bewundern kann. Denn Jussieu, des Fontaines und Lamarck haben an ihm einen Schüler gebildet, der noch viel weiter gehen wird. Wir haben unsere Herbarien mit denen des Herrn Mutis verglichen; wir haben viele Bücher aus der unermeßlichen Bibliothek dieses großen Mannes nachgeschlagen, und uns dadurch überzeugt, daß wir viel neue Genera und Species haben; aber es wird noch viel Zeit und Arbeit dazu gehören, um zu entscheiden, was wirklich neu ist. Wir werden auch eine neue kieselartige Substanz mitbringen, welche mit dem ostindischen Tabascher Aehnlichkeit hat und die vom Herrn Macee analysirt worden ist. Diese findet sich in den Knoten einer gigantischen Grasart, welche mit dem Bambusrohre verwechselt wird, wo aber die Blüthe von Schrebers Bambusa verschieden ist. Ich weiß nicht, ob der B. Fourcroy die Milch von der Pflanzenkuh (so nennen die Indianer einen gewissen Baum) erhalten hat. Es ist dies eine Milch, welche, mit Salpetersäure behandelt, mir ein Federharz von balsamischem Geruch gegeben hat, die aber, weit entfernt, daß sie nach Art einer jeden andern Pflanzenmilch ätzend oder schädlich seyn sollte, nährend und angenehm zu trinken ist. Wir haben sie auf dem Wege nach dem Oronocco in einer Pflanzung entdeckt, wo sie von den Negern sehr häufig getrunken wird. Ich habe auch dem B. Fourcroy, so wie Sir Joseph Banks, unser Dapiche oder weißes oxygenirtes Federharz geschickt, welches aus den Wurzeln eines Baums in den Pimichinischen Waldungen in einem ganz abgelegenen Winkel der Erde bey den Quellen des Rio Negro herausschwitzt.

Ich werde nicht nach den Philippinen gehen, sondern meinen Weg über Acapulco, Mexico und Havanna nach Europa nehmen, und ich hoffe Sie im September oder Oktober 1803 in Paris zu umarmen.

Gruß und Respekt.

Humboldt.

Ich werde im Februar zu Mexico und im Junius in der Havanna seyn, und es liegt mir nichts mehr am Herzen, als die Handschriften, die ich besitze, zu bewahren und sie herauszugeben. – Wie sehr verlangt mich, in Paris zu seyn!!!

# J. C. Delametherie's vorläufige Nachricht von der durch die Herren v. Humboldt und Bonpland in den Jahren 1799, 1800, 1801, 1802, 1803 und 1804 nach den Wendekreisen unternommenen Reise

——— Der allgemeine Antheil, den die gelehrte Welt mit so viel Recht an der Reise der Hrn. *v. Humboldt* und *Bonpland* nimmt, so wie die Freundschaft, welche mich mit diesen zwei Männern verbindet, legen mir die süße Pflicht auf, dem Publicum hier einen kurzen Auszug aus allen den Nachrichten mitzutheilen, die ich sowohl aus ihrer öffentlichen als Privat-Correspondenz, so wie aus den Abhandlungen, welche sie selbst im National-Institute vorlasen, geschöpft habe.

Nachdem Hr. *v. Humboldt* acht Jahre hindurch in Teutschland, Pohlen, England, Frankreich, in der Schweiz und Italien physikalische Beobachtungen angestellt hatte, kam er im Jahr 1798 nach *Paris*, wo ihm das National-Museum zu seinem Vorhaben, die Reise um die Welt, mit dem Capitain *Baudin* zu machen, gefällig die Hand bot.

Aber in dem nämlichen Augenblicke, da er mit Herrn *Alexander Aimé Goujou Bonpland*, (Eleven der Arzneischule und des botanischen Gartens zu Paris) nach *Havre* abgehen wollte, brach der Krieg mit Oestreich neuerdings aus, und die nun mangelnden Gelder nöthigten das Directorium, die Reise des Hrn. *Baudin* bis auf einen günstigern Zeitpunct hinauszusetzen. Hr. *v. Humboldt*, welcher seit dem Jahre 1792 den Vorsatz hegte, auf eigne Kosten eine Reise nach den Wendekreisen zu machen, einem zur Vermehrung der Fortschritte in den physikalischen Wissenschaften hinzweckendem Unternehmen, faßte jetzt den Entschluß, den nach Aegypten abgehenden Gelehrten zu folgen; da aber mittlerweile die Schlacht von *Abukir* alle directe Communication mit *Alexandrien* abgeschnitten hatte, so kam er auf den Gedanken, mit einer Schwedischen Fregatte, welche den Consul Herrn *Sciöldebrandt* nach *Algier* überführen sollte, dahin abzugehen, nachher der Karawane nach *Mekka* zu folgen, und sich durch Aegypten und über den Persischen Meerbusen nach Ostindien zu begeben; aber der zwischen Frankreich und den barbarischen Mächten ganz unerwartet ausgebrochene Krieg, so wie die Unruhen im Orient hinderten Hrn. *v. Humboldt*, von Marseille, wo er sich zwei Monate vergeblich aufhielt, absegeln zu können. Ueber diese neue Verzögerung unwillig, aber immer noch des festen Vorsatzes, sich der Expedition von Aegypten beizugesellen, gieng er mit der Hoffnung nach Spanien ab, vielleicht unter Spanischer Flagge leichter, mittelst eines Ostwindes von *Carthagena* nach *Algier* oder *Tunis* überfahren zu können, und reiste deshalb über *Montpellier, Perpignan, Barcelona* und *Valencia* nach *Madrid.* Die Nachrichten aus dem Orient lauteten immer trauriger; der Krieg ward mit einer beispiellosen Erbitterung geführt; er mußte also auf das Vorhaben, durch Aegypten nach Indostan zu gelangen, Verzicht thun: eine glückliche Vereinigung begünstigender Umstände entschädigte Hrn. *v. Humboldt* bald für den Verdruß so vielen Verzuges. Der Hof von *Madrid* gab ihm im März 1799 die ausgedehnteste Erlaubniß, nach den Spanischen Colonien in Nord- und Süd-America zu gehen, und dort alle Nachforschungen, alle Untersuchungen, die zu den Fortschritten der Wissenschaften dienen können, anstellen zu dürfen. Diese Erlaubniß war mit solchen Vergünstigungen ertheilt, die den liberalen Gesinnungen der Regierung sehr zur Ehre gereichen. Se. Katholische Majestät würdigte den Erfolg dieser Expedition mit persönlich bezeugter Theilnahme zu beehren, und Hr. *von Humboldt* gieng, nachdem er einige Monate zu *Madrid* und *Aranjuez* verweilt hatte, im Monat Junius 1799, von seinem Freunde *Bonpland* begleitet, welcher ausgezeichnete Kenntnisse in der Botanik und Zoologie mit demjenigen unermüdeten Eifer und der Liebe für die Wissenschaften verbindet, welche alle Arten physischer und moralischer Aufopferungen mit Gleichgültigkeit ertragen lehren, aus Europa ab.

Mit diesem Freunde hat Hr. *v. Humboldt* fünf Jahre hindurch auf eigne Kosten eine Reise in beide Hemisphären gemacht; eine Reise zu Wasser und zu Lande von beinahe 9000 Franz. Meilen, und die größte, die jemals ein Privatmann unternommen hat. Unsere beiden, mit Empfehlungsschreiben vom Spanischen Hofe versehenen Reisende giengen mit der Fregatte *Pizarro de la Coruña* nach den Canarischen Inseln ab. Sie landeten an der Insel *Graziosa*, nahe bei der Insel *Lancerotta*, und zu *Teneriffa*, wo sie bis an den Crater des *Piks* von *Teyde* stiegen, um die atmosphärische Luft zu analysiren, und über die Basalte und porphyrartigen Schiefer Africa's geologische Beobachtungen anzustellen. Sie kamen im

Monat Julius im Haven von Cumana, am Meerbusen von *Cariaco*, einem Theile des mittägigen America's, und einer durch die Arbeiten und Unglücksfälle des unermüdlichen *Löffling* berühmt gewordnen Gegend, an. Sie besuchten im Verlaufe der Jahre 1799 und 1800 die Küste von *Paria*, die Missionen der Indier, *Chaymas* und die Provinz *Neu-Andalusien*, eines der heißesten, aber gesündesten, obwohl durch häufige und schröckliche Erdbeben verwüsteten Länder der Erde; sie durchreisten die Provinz *Neu-Barcelona*, *Venezuela* und das Spanische *Guyana*. Nachdem sie mittelst der Beobachtungen der Trabanten des Jupiters zu *Cumana*, *Caracas* und auf mehreren andern Puncten die Längen fixirt hatten; nachdem sie auf den Gipfeln des vom *Bejaria* bekränzten *Caripe* und *Silla de Avila* herborisirt hatten, giengen sie von der Hauptstadt *Caracas* im Februar 1800 nach den schönen Thälern von *Aragua* ab, wo der große See von *Valencia* die Vorstellung des Genfersees ins Gedächtniß zurückbringt, nur daß ersterer sich durch die Pracht der Vegetation unter dem Wendezirkel unendlich schöner darstellt.

Von *Portocabello* begaben sie sich gegen Süden, drangen längs den Küsten des *Antillischen Meeres* bis an die Gränzen von *Brasilien*, gegen den Aequator vor, giengen nachher mitten durch die weiten Flächen von *Calabozo*, *Apura* und des *Nieder-Oronoko*, die *Llanos*, Wüsten, die den Africanischen gleichen, und wo durch das Zurückprallen der drückendsten Hitze der Réaumursche Thermometer im Schatten auf 33 bis 37° stieg, und wo der zweitausend Quadratmeilen große brennende Erdstrich sich nur fünf Zoll über die Meeresfläche erhebt. Der der Oberfläche des Meeres gleiche Sand zeigt durchgehends das sonderbarste Phänomen der Strahlenbrechung und Wellenbewegung. Er birgt in den Monaten der Dürre und ohne Gras Crocodille und Riesenschlangen.

Der Mangel an Wasser, die Sonnenhitze, und der von den brennenden Winden in die Höhe gehobene Sand ermüden wechselseitig den Reisenden, welcher sich mit seinem Maulthiere nach dem Laufe der Gestirne, oder nach einigen zerstreuten Sträuchen der *Mauritia* oder des *Embothrium*, welche man von drei zu drei Franz. Meilen entdeckt, richtet.

Zu St. *Fernando d'Apura*, in der Provinz von *Varinas* begannen die Herren *v. Humboldt* und *Bonpland* eine beschwerliche Schiffahrt von ungefähr 500 Seemeilen, welche sie auf Indianischen Kähnen zurücklegten, und mit Hülfe der mathematischen Längen-Uhren, der Trabanten-, Stern- und Mondsentfernungen eine Charte vom Lande aufnahmen. Sie fuhren den *Rio Apura* herab, welcher sich unter dem 7ten Grade der Breite in den *Oronoko* ergießt. Da sie der drohenden Gefahr eines Schiffbruchs bei der Insel *Pananuma* glücklich entgangen waren, so fuhren sie den letztbenannten Fluß bis an die Mündung des *Guaviare* hinauf, passirten die berühmten Wasserfälle von *Atures* und *Maypure*, wo die Höhle von *Ataruipo* die Mumien eines durch die Kriege der Karaiben und Maravitanos vernichteten Volkes in sich birgt. Bei der Mündung des *Rio Guaviare*, welcher von *Neu-Grenada* die Anden herabfließt, und welchen der Pater *Gumilla* fälschlich für die Quellen des *Oronoko* gehalten hatte, verließen sie diesen Fluß, und fuhren die kleinen Flüßchen *Atabapo, Tuamini* und *Temi* hinauf.

Von der Mission *Javita* drangen sie zu Lande bis an die Quellen des *Guainia,* welchen die Europäer *Rio Negro* nennen, und den *la Condamine* (welcher ihn bloß bei seinem Einflusse in den *Amazonenfluß* gesehen hat) ein Meer von süßem Wasser nennt. Einige dreißig Indianer trugen die Canots durch ein dichtes Gehölze von *Hevea, Lecythis* und *Laurus Cinamomoides* an den *Cano Pimichin.* Vermittelst dieses kleinen Flüßchens gelangten unsre Reisenden an den *Schwarzen Fluß*, welchen sie bis an die kleine Festung *St. Carlos,* welche man fälschlich als unter dem Aequator liegend vermuthete, und bis an die Gränzen von *Groß-Para*, einem Hauptbezirke von *Brasilien*, hinabfuhren. Ein von *Temi* bis *Pimichin* vermöge des ebenen Terrains sehr leicht zu grabender Canal würde eine innere Communication zwischen der Provinz *Caracas* und der Hauptstadt *Para*, eine unendlich kürzere Communication, als die von *Casiguiare* darbieten. Auch könnte man vermittelst dieses nämlichen Canals (denn von der Art ist die bewundernswürdige Lage der Flüsse in diesem neuen Welttheile) von *Rio Guallaga*, drei Tagereisen von *Lima* oder von der Südsee, auf Kähnen und vermittelst des *Amazonenflusses* und des *Rio Negro,* bis an die Mündungen des *Oronoko* gerade der Insel *Trinitad* über, hinabsegeln, eine Fahrt, welche beinahe 2000 Fr. Meilen beträgt. Die Mißhelligkeiten, welche gerade zu der Zeit zwischen dem Spanischen und Portugiesischen Hofe herrschten, verhinderten Hrn. *v. Humboldt*, seine forschenden Unternehmungen bis jenseits *St. Gabriel de las Cochuellas* in der Generalhauptmannschaft von *Groß-Para* auszudehnen.

*La Condamine* und *Maldonado* hatten die Mündung des *Rio Negro* astronomisch bestimmt. Das Hinderniß war also weniger fühlbar, es war indessen ein viel unbekannterer Theil, nämlich der Arm des *Oronoko*, Namens *Casiguiare*, welcher die Communication zwischen dem *Oronoko* und *Amazonenflusse* bildet, und über dessen Existenz man seit fünfzig Jahren so viel gestritten hat, zu bestimmen. Um dies Geschäft auszuführen, fuhren die Herren *v. Humboldt* und *Bonpland* von der Spanischen Festung *St. Carlos* durch den *Schwarzen Fluß* und den *Casiguiare* in den *Oronoko*, und auf dem letztern bis an die Mission *Esmeraldo* bei dem Vulcan *Duida*, oder bis an die Quellen des Flusses aufwärts.

Die *Guaikas*-Indier, eine sehr weiße, sehr kleine, fast zwergartige, aber höchst kriegerische Nation, welche das Land östlich von *Pasimoni* bewohnet, und die sehr kupferfarbnen *Guajariben*, die noch weit wilder und bis jetzt Menschenfresser sind, machten jeden Versuch, bis an die Quelle des *Oronoko* selbst vordringen zu können, unnütz, welche die sonst sehr verdienstlichen Charten von *Caulin* unendlich zu weit gegen Morgen setzen.

Von der Mission *Esmeralda*, einigen in dem hintersten und einsamsten Winkel dieser Indischen Welt versteckten Hütten, fuhren unsere Reisenden mit Hülfe des hohen Wassers 340 Fr. Meilen, das heißt den ganzen *Oronoko* bis an seine Mündungen abwärts, nach *St. Thomas* von *Nueva Guayana* oder *Angostura*, passirten zum zweitenmale die Wasserfälle, südlich welchen die beiden Historiographen dieses Landes *Gumilla* und *Caulin* niemals gekommen waren.

Während dieser langen mühseligen Fahrt waren unsere Reisende wegen des Mangels an Lebensmitteln und Schutzes gegen die Witterung, bei dem nächtlichen Regen, und Aufenthalte in den Gehölzen, der Mosquitos und einer unendlichen Menge anderer stechenden und theils giftigen Insecten, der Unmöglichkeit, sich wegen der Wildheit der Crocodille und des kleinen Fisches *Karibe* durch Bäder erquicken zu können, und den Miasmen, eines brennenden und feuchten Klimas, fortdauernden Leiden ausgesetzt. Sie kehrten vom *Oronoko* durch die Ebenen von *Cari* und die Missionen der *Karibischen Indianer*, einer außerordentlichen Menschengattung, und vielleicht nächst den Patagoniern die größten und robustesten Leute auf der Erde, nach *Barcelona* und *Cumana* zurück.

Nach einem Aufenthalte von einigen Monaten auf der Küste verfügten sie sich längs der südlichen Seite *St. Domingos* und *Jamaicas* nach *Havana*. Diese in einer sehr späten Jahreszeit vollzogene Fahrt war eben so langwierig als gefährlich, da das Schiff in der Nacht beinahe auf den Klippen südlich der Sandbank von *Vibora*, deren Lage Hr. *v. Humboldt* vermittelst des Zeitmessers bestimmt hat, gescheitert wäre. Er verweilte drei Monate auf der Insel *Cuba*, wo er sich mit der Längenbestimmung von *Havana* und mit der Angabe einer neuen Bauart von Oefen für die Zuckersiedereien, welche sich seitdem erhalten und ziemlich allgemein verbreitet hat beschäftigte. Er war eben im Begriffe, nach *Vera Cruz* abzugehen, in der Absicht, durch *Mexico* und *Acapulco* nach den Philippinischen Inseln, und von da (wäre es möglich gewesen) über *Bombai, Balsora* und *Haleb* nach *Constantinopel* zu reisen, als ihn falsche Nachrichten von der Reise des Capt. *Baudin* von seinem Plane ab führten. Die Americanischen Zeitungen verkündeten nämlich, daß dieser Seemann von Frankreich nach *Buenos-Ayres* abgehen, und wenn er das Vorgebirge *Horn* umschifft habe, längs den Küsten von *Peru* und *Chili* hinsegeln würde.

Hr. *v. Humboldt* hatte bei seiner Abreise aus Paris im Jahr 1798 dem Museum und dem Capt. *Baudin* versprochen, daß, so bald die Französische damals unterbliebene Seereise statt haben würde, er sich mit derselben zu vereinigen suchen würde, er befinde sich auch auf einem Theile der Erdkugel, auf welchem er wolle; er schmeichelte sich, daß seine und des Hrn. *Bonpland* Nachforschungen für die Fortschritte in den Wissenschaften weit nützlicher ausfallen würden, wenn sie ihre Bemühungen mit denen der Gelehrten, welche Capt. *Baudin* begleiten sollten, vereinigten. Alle diese Rücksichten bestimmten Hrn. *v. Humboldt*, seine Manuscripte von den Jahren 1799 und 1800 gerade nach Europa zu senden, und sich eine kleine Goëlette in dem Haven zu *Batabano* zu miethen, um nach *Carthagena* in Südamerica, und von da, so geschwinde als immer möglich, über die Landenge von *Panama* in die Südsee abzugehen. Er hoffte, den Capt. *Baudin* zu *Guayaquil* oder zu *Lima* anzutreffen, und mit ihm *Neu-Holland* und die Inseln des stillen Oceans, die eben so interessant wegen des Reichthums ihrer Vegetation, als in Hinsicht moralischer Beobachtungen sind, zu besuchen.

Es wäre unklug gewesen, die Manuscripte und bereits zusammengebrachten Sammlungen den Gefahren dieser langen Seereise auszusetzen. Die Manuscripte, über deren Schicksal Hr. *v. Humboldt* drei Jahre hindurch in einer grausamen Ungewißheit lebte, waren gerettet, allein ein Drittheil der Naturalien-Sammlungen hat die See bei einem Schiffbruche verschlungen. Glücklicherweise hat dieser Verlust, worunter sich Insecten vom *Oronoko* und *Rio Negro* befanden, nur die Doubletten betroffen; allein er verlor durch diesen Schiffbruch einen Freund, dem er seine Pflanzen und seine Insecten anvertraut hatte, Namens *Fray Juan Gonzalez*, einen Mönch vom Orden St. Franciscus, einen jungen Menschen voller Thätigkeit und Muth, welcher in dem so wenig bekannten Erdstriche des Spanischen *Guyana* viel weiter als irgend sonst ein Europäer vorgedrungen ist.

Hr. *v. Humboldt* gieng im März 1801 von *Batabano* ab, segelte südlich längs der Insel *Cuba* hin, und bestimmte auf der Gruppe der Inselchen, die man die *Gärten des Königs* nennt, und den Landungspuncten des *Dreieinigkeits-Havens*, mehrere astronomische Puncte. Die Meeresströme verlängerten seine Fahrt, welche nur 13 bis 15 Tage dauern sollte, über einen Monat. Sie warfen die Goëlette viel zu weit westlich über die Mündungen des *Atracto* hinaus. Man landete an *Rio Sinu*, wo noch nie ein Botaniker herborisirt hatte; allein die Annäherung von *Carthagena* war sehr beschwerlich wegen der Gewalt der Brandung bei *St. Martha.* Die Goëlette wäre nahe an der Riesenspitze beinahe umgeschlagen, man mußte sich an die Küste flüchten, um sich vor Anker zu legen, wo Hr. *v. Humboldt* aus diesem Unfalle den Vortheil zog, die Mondsfinsterniß am 2ten März 1801 zu beobachten. Unglücklicherweise erfuhr man auf dieser Küste, daß die Jahreszeit schon zu spät sey, um eine Schiffahrt auf der Südsee von *Panama* bis *Guayaquil* zu unternehmen; er mußte also auf die Ausführung des Projects, den Isthmus zu durchreisen, Verzicht thun; und das Verlangen, den berühmten *Mutis* näher kennen zu lernen, und dessen unermeßliche Reichthümer in Naturalien zu untersuchen, bestimmten Hrn. *v. Humboldt*, einige Wochen in den mit Gustavia, Toluifera, Anacardium karacoli (Elephantenlaus) und Cavanillesea der Peruvianischen Botanisten geschmückten Wäldern von *Turbaco* zu verweilen; und binnen 35 Tagen den schönen und majestätischen Fluß *de la Magdalena* wieder hinaufzufahren, von welchem Flusse er, trotz der Plage von den Musquitos, die Charte skizzirte, während *Bonpland* die in Erzeugung von Heliconia, Psychotria, Melastoma, Myrodia und Dychotria emetica, deren Wurzel die Ypekakuanha von *Carthagena* ist, reichhaltige Vegetation erforschte.

Nachdem unsere Reisenden zu *Honda* ans Land gestiegen waren, begaben sie sich auf Mauleseln, (die im ganzen mittägigen America einzige Art fortzukommen) und auf abscheulichen Wegen, mitten durch Wälder von Eichen, Melastoma und Cinchona nach *St. Fé de Bogota,* der Hauptstadt des Königreichs *Neu-Granada,* in einer schönen 1360 Toisen über die Meeresfläche erhabnen, und unter Begünstigung einer beständigen Frühlingstemperatur, mit Europäischem Getraide und Asiatischem Sesam angebauten Ebene. Die prächtigen Sammlungen des *Mutis,* der große und imposante 98 Toisen hoch herabstürzende Wasserfall von *Tequendama,* die Bergwerke von *Mariquita, St. Ana,* und *Zipaguira,* die von der Natur gebildete Brücke von *Icononzo,* wo zwei losgerissene Felsen durch ein Erdbeben eine solche Stellung bekommen haben, daß sie einen dritten in der Luft schwebenden Felsen wie Pfeiler halten; alle diese besondern Gegenstände beschäftigten unsere Reisenden bis in den September 1801.

Von dieser Zeit an unternahmen sie trotz des Regens, welcher die Wege fast unbrauchbar machte, die Reise nach *Quito;* sie stiegen über *Fusagasuga* wieder in das Thal *Magdalena* hinab, passirten die *Andes* von *Quindiu,* wo die schneeweiße Pyramide von *Tolina* sich mitten aus Wäldern von Styrax, baumartigen Passifloren, Bambusrohr und Wachspalmen emporhebt. Sie mußten sich dreizehn Tage in abscheulichem Kothe herumschleppen, und wie am *Oronoko* unter freiem Himmel in den Gehölzen, ohne eine Spur von Menschen zu haben, die Nächte hinbringen. Nachdem sie baarfuß und vom immerwährenden Regen entkräftet in dem Thale des Flusses *Cauca* angekommen waren, verweilten sie zu *Carthago* und *Buga,* und durchzogen die Provinz *Chaco,* dem Vaterlande der *Platina,* welche sich unter abgebrochenen mit Olivin und Augit angefüllten Basaltgeröllen Grünstein und fossilem Holze findet.

Sie stiegen sodann über *Caloto* und die Goldwäscherei von *Quilichao* nach *Popayan,* welches am Fuße der mit Schnee bedeckten Vulcane von *Puraca* und *Sotara* liegt, und von *Bouguer* zur Zeit seiner Rückkehr nach Frankreich besucht ward. Es hat eine der malerischsten und in Betreff des Klimas der vortrefflichsten Lagen auf dem Erdrund, und der Thermometer hielt sich beständig von 17 bis 19° nach Réaumur. Nachdem unsere Reisenden mit vieler Mühe an den Crater des Vulcans von *Purace,* eine mit siedendem Wasser angefüllte Oeffnung, die mitten im Schnee mit einem schröcklichen Gebrause hydrogene Schwefeldünste auswirft, gelangt waren, giengen sie von *Popayan* über die steilen *Cordillieren* von *Almaguer* nach *Pasto,* vermieden aber die verpestete und ansteckende Atmosphäre des Thales von *Patia.* Von *Pasto,* einer ebenfalls am Fuße eines brennenden Vulcans gelegenen Stadt, giengen sie über *Guachucal* mitten durch die hohe Ebene der Provinz *de los Patos,* die von dem stillen Meere durch die *Anden* des Vulcans von *Chili* und *Cumbal* getrennt, und durch seine große Fruchtbarkeit an Waizen und Koka *(Erythroxylon peruvianum)* berühmt ist. Endlich nach einer viermonatlichen Reise auf Mauleseln gelangten sie in die südliche Hemisphäre nach der Stadt *Ibarra* und nach *Quito.* Diese lange Reise durch die *Cordillieren* der hohen *Anden,* und in einer Jahrszeit, in welcher auf diesen Wegen fast nicht fortzukommen war, und während derselben die Reisenden täglich einem Regen von 7 bis 8 Stunden Dauer ausgesetzt waren, dieser Zug mit einer großen Menge Instrumente und voluminösen Sammlungen wäre unmöglich auszuführen gewesen, wenn nicht die großmüthige Gütigkeit des Herrn *Mendiunetta,* Vicekönigs von *Sta. Fé,* und des Baron *de Carondelet,* Präsidenten zu *Quito,* ins Mittel getreten wäre, indem beide von einem gleichen Eifer für die Fortschritte der Wissenschaft beseelt, die gefährlichsten Wege und Brücken auf einer Route von 450 Fr. Meilen ausbessern ließen.

Die Herren *v. Humboldt* und *Bonpland* kamen am 6ten Januar 1802 zu *Quito* an, dieser durch die Arbeiten von *Condamine, Bouguer, Godin,* des D. *Jorge-Juan* und *Ulloa* in den Jahrbüchern der Astronomie berühmten Hauptstadt, die auch noch dadurch in gutem Rufe steht, weil die Einwohner einen großen Grad von Liebenswürdigkeit und eine glückliche Neigung zu den Künsten und Wissenschaften besitzen. Unsere Reisenden setzten ihre geologischen und botanischen Nachforschungen acht bis neun Monate hindurch in dem Königreiche *Quito* fort, einem Lande, dessen kolossalische Höhe seiner Schneebedeckten Berggipfel, die beständige Activität seiner wechselsweise Feuer, Felsen, Unrath und Schwefelleberwasser auswerfenden Vulcane, die Menge der Erdbeben, (das vom 7ten Februar 1797 verschlang in wenig Secunden nahe an 40,000 Einwohner) seine Vegetation, die Ueberreste der Peruvianischen Architectur, und mehr noch, als alles dieses, die

Sitten seiner alten Bewohner, es vielleicht zu dem interessantesten Lande unserer Erde machen.

Nach zwei fruchtlosen Versuchen gelang es ihnen zweimal, bis an den Crater des Vulcans *Pichincha* zu gelangen, wo sie Versuche über die Analyse der Luft, deren electrische, magnetische, hygroscopische Ladung, deren Elasticität und die Grade der Temperatur des kochenden Wassers anstellten. *La Condamine* hat diesen nämlichen Crater gesehen, und vergleicht ihn ganz richtig mit dem Chaos der Poeten; allein er hatte keine Instrumente bei sich, und konnte sich nur einige Minuten dort halten.

Zu seiner Zeit war dieser in porphyrartigen Basalt ausgehöhlte unermeßliche Schlund ausgekühlt, und mit Schnee angefüllt; unsere Reisenden fanden ihn neuerdings entzündet, und dieser neue Vorfall war für die Stadt *Quito,* welche nur 4 bis 5000 Toisen davon entfernt liegt, sehr niederschlagend. Es fehlte nicht viel, so hätte es Hrn. *v. Humboldt* auch das Leben gekostet; denn bei seinem ersten Versuche, da er sich mit einem Indianer, der den Rand des Craters eben so wenig, als er selbst kannte, allein befand, wäre er bald versunken, indem er über eine nur mit einer Lage von gefrornem Schnee überzogene Kluft weggieng.

Unsere Reisenden machten während ihres Aufenthaltes in dem Königreich *Quito* besondere Excursionen auf die Schneegebirge von *Antisana, Cotopaxi, Tunguragua* und *Chimborazo,* welches der höchste Berg unsers Erdballs, und von den Französischen Academikern nur approximatif gemessen worden ist. Sie untersuchten und studirten hauptsächlich den geognostischen Theil der *Cordillieren* der *Anden,* über welchen in Europa noch nichts erschienen ist; denn die Mineralogie ist so zu sagen weit jünger, als die Reise von *Condamine,* dessen allumfassendes Genie, dessen unglaubliche Thätigkeit sonst alles aufgriff, was in den physischen Wissenschaften interessant seyn konnte. Die trigonometrischen und barometrischen Vermessungen des Hrn. *v. Humboldt* haben dargethan, daß einige dieser Vulcane, hauptsächlich der von *Tunguragua,* sich seit 1753 ansehnlich gesenkt haben. Diese Resultate stimmen mit dem, was die Bewohner von *Pelileo* und den Ebenen von *Topia* mit ihren Augen bemerkt haben.

Hr. *v. Humboldt* erkannte diese ganzen großen Massen für ein Werk der Crystallisation. „Alles, schrieb er mir *(Delamétherie),* was ich in diesen Regionen, wo die höchsten Erhöhungen der Erde sich befinden, gesehen habe, hat mich immer mehr und mehr in der grossen Idee, die Sie (in der schönen *Theorie der Erde,* des allervollkommensten Werkes, welches wir über diese Materie haben) von der Entstehung der Berge aufgeregt haben, befestiget. *Alle Massen, aus welchen sie entstanden sind, haben sich nach dem Grade ihrer Aehnlichkeit oder Verwandtschaft vermöge der Gesetze der anziehenden Kraft vereinigt, und haben ebenfalls durch die Gesetze der Crystallisation auf den verschiedenen Plätzen der Erdoberfläche die mehr oder minder wichtigen beträchtlichen Höhen gebildet.* Es kann in dieser Hinsicht für den Reisenden, welcher ohne vorgefaßte Meinung diese großen Massen betrachtet, kein Zweifel übrig bleiben. Sie werden aus unsern Berichten ersehen, daß auch nicht ein einziger von den Gegenständen ist, die Sie abhandeln, den wir nicht durch unsere Arbeiten weiter zu erläutern gesucht haben.“

Bei allen diesen im Januar 1802 begonnenen Excursionen wurden unsere Reisenden durch Hrn. Carl *Montufar*, Sohn des Marquis *Selvalègre* von *Quito*, einen für die Fortschritte der Wissenschaften eifrig bemühten Privatmann, begleitet, welcher damit umgeht, die Pyramiden von *Sarouguier*, Grundsäulen der berühmten Basis der Französischen und Spanischen Academiker, auf eigene Kosten wieder aufzubauen. – Dieser junge höchst interessante Mann ist mit Hrn. *v. Humboldt*, nachdem er ihn auf seiner übrigen Forschungsreise in *Peru* und Königreiche *Mexico* begleitete, nach Europa übergegangen. Die Umstände begünstigten die Anstrengungen dieser drei Reisenden so, daß sie bis auf die höchsten Gipfel der Gebirge, bis wohin sich noch nie ein Mensch verstiegen hatte, gelangten. Auf den Vulcan *Antisana* brachten sie die Instrumente mehr als 2200, auf den *Chimborazo* am 23sten Junius 1802 über 3300 Fuß, höher, als *Condamine* und *Bouguer* auf den *Corazon* steigen konnten. Sie gelangten auf eine Höhe von 3036 Toisen über die Meeresfläche des stillen Oceans, und sahen aus ihren Augen, aus ihren Lippen und Zahnfleische das Blut vordringen, und von einer Kälte gefrieren, die der Thermometer nicht mehr anzeigte, die aber während der Inspiration einer so sehr verdünnten Luft von dem Mangel an Wärmestoff herrührte. Eine 80 Toisen tiefe und sehr breite Kluft hinderte sie, auf den Gipfel des *Chimborazo*, wohin sie ungefähr noch 224 Toisen hatten, zu gelangen.

Während seines Aufenthalts zu *Quito* erhielt Hr. *v. Humboldt* einen Brief, mit welchem ihn das Französische National-Institut beehrte, und aus welchem er ersah, daß der Capitain *Baudin* nach *Neu-Holland* abgesegelt sey, und die östliche Fahrt um das Vorgebirg der guten Hoffnung herum eingeschlagen habe; er mußte also darauf, sich zu ihm zu gesellen, Verzicht thun, und doch hatte die Hoffnung dazu unsere Reisenden 13 Monate über beschäftiget, und ihnen die Möglichkeit, von *Havana* nach *Mexiko* und den Philippinischen Inseln zu gehen, aus den Händen gespielt. Diese Hoffnung hatte sie zu Lande und zu Wasser über 1000 fr. Meilen im Süden, da sie allen Extremen der Temperatur, von den mit ewigem Schnee bedeckten Bergen bis auf den Grund der tiefen Schlüfte, wo der Thermometer sich Tag und Nacht von 26 bis 31° nach Réaumur erhielt, ausgesetzt waren, begleitet. An Unfälle aller Art gewöhnt, trösteten sie sich leicht über diesen Streich des Geschickes; sie fühlten aufs neue, daß der Mensch sich auf nichts zu verlassen habe, als auf die Früchte seiner eigenen Energie; und *Baudins* Reise, oder vielmehr die falsche Nachricht von der Direction derselben hatte dazu Veranlassung gegeben, daß sie unermeßliche Länder, auf welchen ohne diesen Zufall vielleicht lange Zeit kein Naturforscher zur Untersuchung sein Augenmerk gerichtet haben würde, bereisten. Da Hr. *v. Humboldt* sich von jetzt an entschloß, seine Expedition auf eigne Hand zu verfolgen, so nahm er seinen Weg von *Quito* nach dem *Amazonen-Flusse* und *Lima,* in der Erwartung, dort den wichtigen Durchgang des Merkurs durch die Sonnenscheibe zu beobachten.

Unsere Reisenden besuchten anfänglich die Ruinen von *Lactacunga, Hambato* und *Riobamba,* einem in dem ungeheuern Erdbeben von 1797 über den Haufen geworfenen Erdstrich. Sie zogen durch die Schneegefilde von *Assouay* und *Cuenca,* und von da mit erstaunlichen Mühseligkeiten wegen des Transports der Instrumente und eingepackten Kräutersammlung durch den *Paramo* von *Saragura* nach *Loxa.* Hier in den Wäldern von *Gonzanama* und *Malacates* untersuchten sie den kostbaren Baum, von welchem die Menschen zuerst die fiebervertreibende Eigenschaft der Chinarinde kennen lernten. Die große Ausdehnung des Erdstriches, den ihre Expedition umfaßte, gewährte ihnen den Vortheil, den vor ihnen noch kein Botaniker genossen hat, durch eigene Ansicht die verschiedenen Gattungen von *Cinchona* zu *Sta. Fé, Popayan, Cuenza, Loxa* und *Jaen* mit der *Cuspa* und *Cuspara* von *Cumana* und am *Rio Carony,* wovon letzterer fälschlich *Cortex Angusturae* genannt wird, und einer neuen Gattung der *Pentandria monogynia* mit wechselsweise stehenden Blättern zuzugehören scheint, zu vergleichen.

Von *Loxa* kamen sie über *Ayavaca* und *Gouncabamba* nach *Peru,* und giengen queer über den hohen Gipfel der *Anden,* um sich gegen den *Amazonenfluß* zu wenden. Sie hatten in zwei Tagen den *Rio de Chamaya* fünf und dreißigmal zu passiren; diese Uebergänge waren immer gefährlich, und geschahen bald mittelst der Floße, bald durch Fuhrten. Sie sahen die prächtigen Ueberreste der Heerstraße von *Ynga,* die die Vergleichung mit den schönsten in Frankreich und Spanien aushält, und auf dem porphyrischen Rücken der *Anden* 1200 bis 1800 Toisen in der Höhe von *Cusco* bis *Assouay* fortlief, und mit *Tambos* (Wirthshäusern) und öffentlichen Brunnen versehen war. Endlich schifften sie auf eine Flöße von *Ochroma,* an dem kleinen Indianischen Dorfe *Chamaya,* ein, und fuhren auf dem Flusse gleiches Namens in den *Amazonenfluß* hinab, und bestimmten die astronomische Lage dieses Zusammenflusses durch die Culmination verschiedener Sterne und den Zeitmesser.

*Condamine* schiffte sich bei seiner Rückreise von *Quito* nach *Para* und *Frankreich* auf dem *Amazonenflusse* weit unter *Quebrada* und *Cuchunga* ein; mithin hatte er keine weitere Längenbeobachtung, als bis an die Mündung des *Rio Napo.* Hr. *v. Humboldt* suchte diese Lücken auf der schönen Charte des Französischen Astronomen auszufüllen, indem er auf dem *Amazonenflusse* bis an die Wasserfälle von *Rentema* schiffte, und entwarf zu *Tomependa,* dem Hauptorte der Provinz *Jaen de Bracamorros,* einen detaillirten Plan dieses unbekannten Theiles vom *Ober-Maranou,* sowohl aus seinen eigenen Beobachtungen, als aus den Nachrichten, welche er darüber von gereisten Indianern erlangte. Hr. *Bonpland* machte unterdessen eine interessante Excursion in die um die Stadt *Jaen* liegenden Wälder, wo er neue Gattungen von der *Cinchona* entdeckte; und nachdem er von dem brennenden Klima dieser einsiedlerischen Gegend viel ausgestanden; nachdem er Gelegenheit gehabt hatte, eine reichhaltige Vegetation in neuen Gattungen von *Jacquinia, Godoya, Porleria, Bougainvillea, Colletia* und *Pisonia* zu bewundern, giengen unsere drei Reisenden zum fünftenmale über die *Cordillieren* der *Anden,* über *Montan* zurück, um sich wieder nach *Peru* zu begeben.

Sie fixirten den Standpunct, auf welchem der Compaß von *Borda* den Punct Null der magnetischen Neigung zeigte, obwohl dies auf 7 Grad der südlichen Breite war. Sie untersuchten die Bergwerke von *Hualguayok,* wo das gediegene Silber sich in großen Massen, 2000 Fuß Höhe über der Meeresfläche befindet; Bergwerke, in welchen einige metallische Gänge versteinerte Muscheln enthalten, und die nebst denen von *Pesco* und von *Huantajayo* gegenwärtig die reichsten in *Peru* sind. Von *Caxamarca,* welches durch seine warmen mineralischen Bäder und durch die Ruinen des Pallastes des *Atahualpa* berühmt ist, stiegen sie nach *Truxillo* hinab, deren Nachbarschaft die Spuren der unermeßlichen Peruvianischen Stadt *Mansiche* zeigt, die mit Pyramiden geziert war, in deren einer man im achtzehnten Jahrhunderte für mehr als vier Millionen Franz. Livres in geschlagenem Golde fand.

Bei diesem westlichen Hinabsteigen von den *Anden* genossen unsere Reisenden zum erstenmale den imposanten Anblick des stillen Oceans, und jenes langen und engen Thales, dessen Bewohner weder Regen noch Donner kennen, und wo die allerstrengste, und für die Menschen gefährlichste Macht, die Theocratie selbst, unter einem glücklichen Klima die Wohlthätigkeit der Natur nachzuahmen scheint.

Von *Truxillo* verfolgten sie die dürren Küsten des Südmeers, welche vor Zeiten durch die Canäle von *Ynga* bewässert und fruchtbar gemacht waren, von denen aber nichts als traurige Ueberreste geblieben sind. Nachdem sie über *Santa* und *Guarmey* zu *Lima* angekommen waren, blieben sie einige Monate in dieser interessanten Hauptstadt von *Peru,* deren Einwohner sich durch die Lebhaftigkeit ihres Genies und die Liberalität ihrer Gesinnungen auszeichnen. Hr. *v. Humboldt* hatte das Glück, im Haven zu *Calao* von *Lima* das Ende des Durchganges des Mercurs ganz vollkommen zu beobachten; ein um so glücklicherer Zufall, da der dicke Nebel, der in dieser Jahrszeit herrscht, oft zwanzig Tage über die Sonnenscheibe nicht zu Gesichte kommen läßt. Er war erstaunt, in *Peru,* in so einer unermeßlichen Entfernung von Europa, die neuesten literarischen Producte, welche die Chymie, Mathematik und Physik abhandeln, vorzufinden; und er bewunderte eine große intellectuelle Thätigkeit bei den Einwohnern, welche die Europäer der Ueppigkeit zu beschuldigen belieben.

Im Januar 1803 schifften sich unsere Reisenden auf der Königlichen Corvette, die *Castora,* nach *Guayaquil* ein; eine Fahrt, die unter Begünstigung der Meerströme und der Winde in drei bis vier Tagen vollendet ist, wo hingegen der Rückweg von *Guayaquil* eben so viele Monate heischt. In diesem erstbenannten, an dem Ufer eines unermeßlichen Flusses gelegenen Haven übersteigt die Majestät der Vegetation in Palmen, *Plumeria, Tabaernemontana* und *Bananen* alle Beschreibung; und hier hörten sie auch jeden Augenblick das Brausen des Vulcans *Cotopaxi,* welcher den 6ten Januar 1803 in einer beunruhigenden Explosion begriffen war.

Sie giengen auf der Stelle dahin ab, um ganz in seiner Nähe Zeuge seiner Verheerungen zu seyn, und um ihn zum zweitenmale zu besuchen; aber die unerwartete Neuigkeit von der baldigen Abfahrt der Fregatte *Atlante,* und die Furcht, in vielen Monaten keine andere Gelegenheit zu finden, nöthigte sie, sogleich umzukehren, nachdem sie sieben Tage lang ganz unnütz von den Mosquitos, Babaoyos und Ubigars gepeinigt worden waren.

Sie hatten eine glückliche Fahrt von dreißig Tagen auf dem stillen Oceane bis *Acapulco,* einem westlich im Königreich *Neu-Spanien* liegenden Haven, der durch die Schönheit eines Bassins, den die Gewalt eines Erdbebens in den Felsen gehauen zu haben scheint; durch das Elend seiner Bewohner, welche Millionen von Piasters nach den Philippinischen Inseln und nach China einschiffen sehen, und endlich noch durch ein eben so brennendes als tödtliches Klima berühmt und berüchtigt ist.

Hr. *v. Humboldt* hatte anfänglich bloß den Vorsatz, sich einige Monate in *Mexiko* aufzuhalten, und seine Rückkehr nach Europa zu beschleunigen; seine Reise dauerte ohnedies schon mehr als zu lange; die Instrumente, besonders die Zeitmesser, fiengen nach und nach an, wandelbar zu werden. Alle Bemühungen, die er sich gegeben hatte, solche durch neue Ueberschickungen ersetzt zu sehen, waren fruchtlos geblieben. Außerdem sind die Fortschritte in den Wissenschaften in Europa so schnell, daß man in einer Reise von vier Jahren und darüber in Gefahr kömmt, die Naturerscheinungen von Gesichtspuncten aus zu betrachten, die in dem Augenblicke, wo die Arbeiten dem Publicum mitgetheilt werden, nicht mehr interessant sind.

Hr. *v. Humboldt* schmeichelte sich, im August oder September 1803 in Frankreich zu seyn; allein die Reize eines so schönen und abwechselnden Landes, wie *Neu-Spanien*, die Gastfreundschaftlichkeit der Bewohner, und die Furcht vor dem gelben Fieber von *Vera Cruz*, welches fast alle diejenigen hinrafft, welche vom Monat Junius an bis zum October von den Bergen herabsteigen: das Zusammentreffen solcher Beweggründe forderte ihn auf, seine Abreise bis zu Ende des Winters zu verschieben. Nachdem unsere Reisenden sich mit den Pflanzen, mit der Luft, mit den stündlichen Veränderungen des Barometers, mit den magnetischen Phänomenen, und hauptsächlich mit Bestimmung der Länge von *Acapulco*, einem Haven, in welchem schon früher zwei tiefdenkende geschickte Astronomen, die Herren *Espinosa* und *Galeano*, Beobachtungen anstellten, beschäftiget hatten, unternahmen sie die Reise nach *Mexiko*. Sie erhoben sich allmählich durch die brennendheißen Thäler von *Meßcala* und *Papagayo*, wo der Thermometer sich im Schatten auf 32° nach Réaumur erhielt, und wo man über den Fluß auf Früchten von *Crescentia pinnata*, die durch Stricke von Agava zusammen gebunden sind, setzt, nach den hohen *Plateaus* von *Chilpantzingo*, *Tehuilotepek* und *Tasco*.

Auf diesen Höhen, 6 bis 700 Toisen über die Meeresfläche erhaben, begünstiget das milde und frische Klima das Wachsthum der Eichen, der Cypressen, der Tannen, des baumstämmigen Farnkrautes, und den Anbau der Europäischen Getraidearten.

Nachdem sie einige Zeit in den Bergwerken von *Tasco*, den allerältesten und sonst den einträglichsten des Königreichs zugebracht hatten; nachdem sie die Eigenschaft dieser silbernen Erzgänge, welche von dem harten kalkartigen Felsen zum Glimmerartigen Schiefer von blätterigem Gypse eingefaßt übergehen, untersucht hatten, stiegen sie über *Cuernavaca* und durch die Nebeldünste von *Guchilaque* nach der Hauptstadt *Mexiko*. Diese Stadt, von mehr als 150,000 Einwohnern auf dem Grund und Boden des alten *Tenochtitlan*, zwischen den Seen von *Tezcuco* und *Xochomillo* liegend, (Seen, die sich, seit die Spanier, um die Gefahr der Ueberschwemmungen zu vermeiden, die Bergschlüfte von *Sinkoq* eröffneten, sehr verringert haben) diese von eben so breiten, als nach der Schnur gezogenen Straßen durchschnittene, im Angesicht zweier mit Schnee bedeckter Colossen, wovon der eine (der *Popocatepek*) ein noch in Brand stehender Vulcan ist, liegende Stadt, die auf einer Höhe von 1160 Toisen eines temperirten und angenehmen Klimas genießt, mit Canälen, mit angepflanzten Alleen, mit einer unendlichen Menge kleiner Indischen Marktflecken umgeben ist, diese Hauptstadt Mexikos ist ohne Zweifel mit den schönsten Städten Europens zu vergleichen. Sie zeichnet sich noch besonders durch große wissenschaftliche Etablissemenss aus, welche mit mehreren in der alten Welt um den Rang streiten könnten, und die in der neuen Welt ihres Gleichen nicht haben.

Der botanische Garten, welcher unter der Aufsicht eines vortrefflichen Botanisten, des Hrn. *Cervantes,* steht; die Expédition des Hrn. *Sessé,* bloß zum Studium der Mexikanischen Vegetabilien bestimmt, und mit den vortrefflichsten Zeichnern besetzt; die Bergwerksschule, deren Entstehen man der Freigebigkeit des Corps der Bergleute und dem schöpferischen Genie des Hrn. *Elhuyar* verdankt; die Maler-, Kupferstecher- und Bildhauer-Schule; alle diese Anstalten verbreiten den Geschmack und die Aufklärung in einem Lande, wo die Reichthümer sich der geistigen Ausbildung entgegenzustämmen scheinen.

Mit den aus der schönen Sammlung der Bergwerksschule entlehnten Instrumenten begann Hr. *v. Humboldt* eine sehr weitläuftige Arbeit über die Längenbestimmung Mexikos, die, so wie die zu *Havanna* gemachten correspondirenden Observationen der Trabanten es bestätigen, beinahe um zwei Grad falsch war.

Nach einem Aufenthalte von einigen Monaten in der Hauptstadt besuchten unsere Reisenden die berühmten Bergwerke von *Moran* und von *Real-del-Monte,* in welchen der Erzgang von der *Biscayna* dem Grafen von *Regla* Millionen von Piastern eingebracht hat. Sie ließen die *Obsidiane* von *Oyamel,* welche Lagen in dem Perlensteine und Porphyr bilden, und dessen sich die alten Mexikaner zu Messern bedienten, ausgraben. Diese ganze Landschaft ist mit Basalten, Amygdaloiden und kalkartigen secondairen Formationen, von der großen Höhle von *Danto* von einem Flusse durchschnitten, bis an die Porphyr-Orgeln von *Aktopan,* angefüllt, und stellt für die Geologie die interessantesten Erscheinungen dar, Erscheinungen, die auch bereits durch Hrn. *M. del Rio,* einen Schüler *Werners,* und einen der geschicktesten Mineralogen unserer Zeit analysirt worden sind.

Nach ihrer Rückkehr von der Excursion nach *Moran* im Julius 1803 unternahmen sie eine andere in den nördlichen Theile des Königreichs. Sie richteten ihre Forschungsreise gleich auf *Huehuetoca,* wo man mit einem Kostenaufwande von 6 Millionen Piaster eine Oeffnung in den Berg *Sincoq* gegraben hat, um die Gewässer aus den Thälern von *Mexiko* in den Fluß *Montezuma* zu leiten. Sie giengen nachher über *Queretaro,* wo der Abt *Chappe* im Jahr 1700 gewesen war, über *Salamanca* und die fruchtbaren Ebenen von *Yrapuato* nach *Guanaxuato,* einer Stadt mit 50,000 Einwohnern, die in einem engen Kessel liegt, und durch ihre weit einträglicheren Bergwerke, als die von *Potosi* je waren, berühmt ist.

Das Bergwerk des Grafen *Valenciana,* welches einer beträchtlichen Stadt auf einem Hügel, wo vor 30 Jahren noch Ziegen weideten, seine Entstehung gegeben hat, hat schon eine perpendiculäre Tiefe von 1840 Fuß. Es ist dies die reichhaltigste und tiefste Mine auf der Erde; der jährliche Vortheil der Proprietaires, der niemals dem des Jahres der Auffindung der Ader beikömmt, neigt sich auf drei Millionen Livres, da er sonst bis auf fünf und 6 Millionen gestiegen war.

Nach zwei Monaten von Vermessungen und geologischer Nachforschungen zu *Guanaxuato,* und nachdem sie zu *Comagillas* die mineralischen warmen Bäder untersuchten, deren Temperatur 11° nach Réaumur stärker ist, als der auf den Philippinischen Inseln, die *Sonnerat* für die allerheißesten auf der Erde hält, wandten sich unsere Reisenden über das Thal von *St. Yago,* wo man in verschiedenen an dem Gipfel der Basalt-Berge befindlichen Teichen eben so viele Craters ausgebrannter Vulcane zu finden geglaubt hat, nach *Valladolid,* der Hauptstadt des alten Königreichs *Michoakan.* Von da stiegen sie trotz des ununterbrochenen Herbstregens, über *Patzquaro,* welches am Ufer eines sehr großen Teiches liegt, gegen die Küsten des stillen Oceans in die Ebenen von *Jorullo* hinab, da wo im Jahr 1759, durch die größte Catastrophe, die der Erdball je erlitten hat, in einer Nacht aus der Erde ein Vulcan von 1494 Fuß Höhe, rund herum mit mehr denn 2000 kleinen noch rauchenden Oeffnungen umgeben, sich emporhob. Unsere Reisenden stiegen in den entzündeten Crater des großen Vulcans auf 258 Fuß perpendiculairer Tiefe hinab, indem sie über Spalten sprangen, welche entzündeten schweflichten hydrogenen Stoff aushauchten. Sie gelangten mit vieler Gefahr, wegen der Zerbrechlichkeit der Basalte und sienitischen Lava, bis beinahe auf den Boden des Craters, wo sie die mit Kohlensäure außerordentlich überladene Luft analysirten.

Von dem Königreiche *Mechoacan,* einem der lachendsten und fruchtbarsten Länder von America, kehrten sie über die hohe Gebirgsebene von *Toluca,* wo sie den mit Schnee bedeckten Berg des nämlichen Namens, indem sie auf dessen höchsten Gipfel den *Pik* von *Fraile* stiegen, welcher 2364 Toisen über die Meeresfläche erhaben ist, ausmaaßen, nach Mexiko zurück. Sie besuchten auch zu *Tolucca* den berühmten Händebaum, (den *Cheiranthostämon* des Hrn. *Cervantes*) ein Geschlecht, welches ein fast einziges Phänomen darstellt, weil dieser, der nur als einziges Individuum existirt, von dem höchsten Alter ist.

Bei ihrer Rückkehr nach der Hauptstadt von *Mexiko* blieben sie mehrere Monate über daselbst, um ihre Kräutersammlung, die hauptsächlich in Grasarten sehr reichhaltig war, und ihre geologischen Sammlungen zu reguliren; um die Berechnung der in dem Laufe dieses Jahres vollzogenen barometrischen und trigonometrischen Messungen und Vermessungen zu ziehen, und hauptsächlich, um die Risse des geologischen Atlasses, welchen Hr. *v. Humboldt* herauszugeben sich vorgenommen hat, ins Reine zu zeichnen.

Dieser nämliche Aufenthalt gab ihnen auch Gelegenheit, der Aufstellung der colossalischen Statue des Königs zu Pferde beizuwohnen, die ein einziger Künstler, Hr. *Tolsa,* mit Ueberwindung solcher Schwierigkeiten, wovon man sich in Europa gar keinen Begriff machen kann, modellirt, gegossen, und auf ein sehr hohes Piedestal aufgerichtet hat; eine Statue, die im simpelsten und reinsten Geschmacke gearbeitet ist, und der schönsten Hauptstadt der alten Welt zur Zierde gereichen würde.

Im Januar 1804 verließen unsere Reisenden *Mexiko,* um den östlichen Fall der Cordilleren von Neu-Spanien zu erforschen. Sie nahmen eine geometrische Vermessung der beiden Vulcane von *Puebla,* des *Popocatepek* und *Iztaccihuatl* vor; von dem unzugänglichen Crater des erstern erzählt eine fabelhafte Tradition, daß sich *Diego Ordaz* in Stricken hängend hinabgelassen habe, um Schwefel von da zu holen, den man ohnedies in der Ebene sammeln konnte.

Hr. *v. Humboldt* fand, daß der nämliche Vulcan *Popocatepek,* auf welchen Hr. *Sonnenschmidt,* ein eifriger Mineralog, sich bis auf 2557 Toisen zu steigen gewagt hat, viel höher ist, als der *Pik* von *Orizava,* welchen man bis jetzt für den höchsten Coloß des Landes *Anahuac* gehalten hat. Er maaß auch die große Pyramide von *Cholula* aus, ein mysteriöses Werk, welches von den *Tultequen* aus ungebrannten Ziegelsteinen aufgeführt worden ist, und von deren Spitze man eine prächtige Aussicht auf die beschneiten Berggipfel und die lachenden Ebenen von *Tlascala* genießt.

Nach diesen gemachten Erforschungen stiegen sie über *Perote* nach *Xalapa* hinab, einer Stadt, die 674 Toisen über der Meeresfläche erhaben liegt, eine mittlere Höhe, welche die Früchte aller Klimate begünstigt, und wo man einer für die Gesundheit der Menschen gleich sanften und wohlthätigen Temperatur genießt. Hier fanden unsere Reisenden an dem Hrn. *Thomas Murphy,* einem achtungsvollen Manne, welcher, was so selten ist, ein großes Vermögen mit dem Geschmacke für die Wissenschaften verbindet, einen Freund, der ihnen alle mögliche Erleichterungen, ihre Operationen in den Gebirgen zu vollenden, verschaffte.

Der abscheuliche Weg, welcher von *Xalapa* nach *Perote* durch fast undurchdringliche Eichen- und Tannenwälder führt; ein Weg, den man zur Chaussee umzuschaffen anfängt, ward vermittelst des Barometers dreimal nivellirt. Hr. *v. Humboldt* gelangte, trotz der Menge des Tages vorher gefallenen Schnees, bis zum Gipfel des berühmten *Cofre,* der 162 Toisen höher, als der *Pik* von *Teneriffa* ist. Er nahm auch eine trigonometrische Vermessung des *Pik* von *Orizava* vor, den die Indianer *Sitlaltepetl* nennen, weil die aus seinem Crater aufsteigenden leuchtenden Dünste ihnen von weitem wie ein untergehender Stern vorkommen, und von dessen Länge Hr. *Ferrino* sehr genaue Versuche bekannt gemacht hat.

Nach einem sehr interessanten Aufenthalte in diesen Gegenden, wo im Schatten der *Liquidambars* und *Amyrisse,* die *Epidendrum vanilla,* und der *Convolvulus jalappa,* zwei zur Ausfuhr gleich kostbare Erzeugnisse gedeihen, stiegen unsere Reisenden gegen die Küste nach dem Haven von *Vera-Cruz* hinab, welcher zwischen lockern Sandhügeln liegt, deren Reverberation der Sonnenstrahlen eine erstickende Hitze verursacht. Sie blieben glücklicherweise von dem schwarzen Erbrechen, welches schon daselbst grassirte, verschont.

Sie giengen mit einer Spanischen Fregatte nach *Havanna,* um dort die im Jahr 1800 in Verwahrung gegebenen Kräutersammlungen wieder zu sich zu nehmen. Nach einem Aufenthalte von zwei Monaten segelten sie nach den vereinigten Americanischen Staaten; ein heftiger Sturm setzte sie beim Herausschiffen aus dem Canale von *Bahama* in große Gefahr; der Orcan wütete sieben Tage in einem fort.

Nach einer Fahrt von 32 Tagen kamen sie zu *Philadelphia* an. Sie hielten sich in dieser Stadt, und zu *Washington* zwei Monate lang auf, und kamen im August 1804 zu *Bordeaux* mit einer großen Menge Zeichnungen, mit 35 Kisten Sammlungen, und 6000 Pflanzenarten versehen, wieder in Europa an.

# Versuche über die electrischen Fische

## Aus einem Briefe an den Präsidenten Freyherrn von Dachroeden

### 1.

Die großen und bewundernswürdigen Entdeckungen, welche Herr Volta über die verschiedenartige Ladung sich berührender Metalle, und über die Wirkungen electrischer Tension gemacht, haben von neuem die Aufmerksamkeit der Physiologen auf die Erscheinungen der Raja Torpedo und des Gymnotus electricus geheftet. Sind diese Erscheinungen befriedigend aus der Theorie der Leidner Flasche und der galvanischen Säule zu erklären, oder darf man darin noch eigene vitale Wirkungen, das heißt, solche, welche nur der belebten Materie eigenthümlich sind, vermuthen?

Zur Entscheidung einer so wichtigen Frage ist es nothwendig, eine große Zahl genauer Beobachtungen zu sammeln, und Versuche nach leitenden Ideen anzustellen, welche unbekannt waren, als Walsh mit dem Zitteraal und Spallanzani mit dem Zitterrochen experimentirten. Seit meiner Rückkunft nach Europa hatte ich den lebhaftesten Wunsch, mich an einer Küste zu befinden, wo die Raja torpedo gemein wäre, um die electrischen Erscheinungen, welche sie darbietet, mit denen zu vergleichen, die ich in Südamerica am Gymnotus beobachtet, und in einer der ersten Classe des Nationalinstituts verlesenen Abhandlung beschrieben habe. In La Rochelle, in Genua und Civita Vechia wurde diese Erwartung nicht befriedigt. Der Zitterroche wird daselbst nur selten und bloß in gewissen Jahrszeiten gefangen. Erst bey meinem neulichen Aufenthalte in Neapel ist es mir geglückt, diesen electrischen Fisch lebendig, in voller Stärke, und so oft ich wollte, zu erhalten. Die Untersuchung, unter welchen Bedingungen die Torpille (Raja torpedo) ihren Schlag geben, unter welchen sie ihn nicht geben kann, schien mir natürlich am wichtigsten, um einst den Grund dieser wunderbaren Phänomene selbst zu entdecken. Folgende Versuche habe ich darüber mit meinem Freunde Herrn Gay-Lussac angestellt, dessen Scharfsinn und Fertigkeit im Experimentiren hinlänglich bekannt ist. Ich werde mich bemühen, die Erscheinungen abgesondert von allen theoretischen Vermuthungen darzustellen; eine Absonderung, die bey einem Gegenstande, über welchen die Meinungen so getheilt sind, doppelt nothwendig wird.

## 2.

Die Empfindung, welche der Zitterrochen errregt, ist der der electrischen Explosionen gewissermaßen analog, doch wesentlich von ihr verschieden. Sie ist durchdringender, convulsivischer, schmerzhafter, und wenn der Fisch schon kraftlos ist, dem Gefühl des Sehnenhüpfens ähnlich. Das Galvanisiren entblößter Hautnerven[1] in den Schultermuskeln (Latissimus dorsi), die Berührung der Zitterrochen und die des Gymnotus haben Wirkungen in mir hervorgebracht, welche nur der Stärke nach von einander verschieden sind. Niemand wagt es, sich den Schlägen eines frischgefangenen, kraftvollen Gymnotus auszusetzen. Die größeren dieser Zitteraale haben über sechs Fuß Länge. Ich habe sie funfzehnpfündig und fünf Fuß drei Zoll lang gesehen. Als wir, Herr Bonpland und ich, im März 1800 in den Sümpfen von Bera mitten in den großen Steppen von Calabozo[2] Zitteraale fischten, wurden in wenigen Minuten mehrere Pferde durch sie getödtet. Der Gymnotus, längs dem Bauche des Pferdes hingleitend, trifft alle edleren Theile, Herz und Abdominalnerven zugleich. Das betäubte Pferd sinkt zu Boden und erstickt, weil es zu lange in seiner Lethargie unter dem Wasser verweilt. Ich selbst habe mehrere Tage lang den Schmerz gefühlt, welchen die wiederholten Schläge matterer Zitteraale mir in den Knieen und Armen zurückgelassen hatten. Die Kraft der Torpille ist freylich nicht mit der jener electrischen Tropenfische zu vergleichen. Doch ist auch sie fähig, aufs unangenehmste zu erschüttern, und Personen, welche gewohnt sind, kleine Leidner Flaschen mittelst der Finger zu entladen, fürchten oft die Wirkungen eines frischgefangenen kraftvollen Zitterrochens.

---

[1] S. meine Versuche über die gereizte Muskel- und Nervenfaser B. 1. S. 101.

[2] In der Provinz Venezuela in 8° 56′ nördlicher geogr. Breite. Man jagt Pferde in den Sumpf, um durch das Geräusch den Zitteral zu zwingen, an das Ufer zu kommen.

## 3.

Die Berührung des Gymnotus und der Torpille erregt nicht immer ein Gefühl in dem Berührenden. Man kann diese Thiere sehr oft mit beiden Händen zugleich reizen, ohne irgend eine Erschütterung zu empfinden, auf welche Weise man auch die Kette schließe, und so kraftvoll auch die Fische seyn mögen. Es hängt schlechterdings von der Willkühr der letzteren ab, ob sie sich entladen und den Berührenden betäuben wollen. Wiederholte Versuche, die ich mit Herrn Bonpland und Gay-Lußac in Südamerica und Neapel gemeinschaftlich angestellt, haben dieses wichtige Factum begründet.

## 4.

Es ist falsch, daß der Gymnotus Augen, Kopf oder Floßen bewege, indem er sich entlade. Ich habe die heftigsten Schläge empfangen, ohne daß der Fisch sich äußerlich mehr dabei bewegte, als ein Mensch, dessen Ideen von einem Objecte zum andern, oder von dunkler Verwirrung zur größten Lebendigkeit übergehen. Ganz anders ist es mit dem Zitterrochen. Dieser bewegt die Brustfloßen, so oft er seinen electrischen oder galvanischen Schlag giebt. Die heftigste Muskelbewegung des Gymnotus ist übrigens gar nicht mit erschütternden Explosionen begleitet. Ich habe den Zitteraal in Händen gehabt, und indem er sich convulsivisch krümmte, um sich mir zu entwinden, fühlte ich keine Entladung. Dasselbe Individuum gab wenige Minuten darauf die heftigsten Schläge, ohne die äußere Lage seines Körpers zu verändern.

## 5.

Der Zitterrochen erschüttert, falls er seine Kraft äußern will, man mag isolirt mit einem Finger allein die eine (untere oder obere) Seite der electrischen Organe berühren, oder beide Hände zugleich auf die untere und obere Fläche dieser Organe legen. Die Stärke des Schlages nimmt mit der Größe der Berührungsfläche zu. Die Erschütterung ist heftiger, indem man mit der flachen Hand berührt, als indem man bloß die Fingerspitze mit dem electrischen Organe in Contact setzt. Bey dem Gymnotus habe ich diese Unterschiede nicht bemerkt, selbst wenn seine reizende oder erschütternde Kraft bereits sehr herabgesunken war.

## 6.

Der Zitterrochen erschüttert nur dann, wenn man die electrischen zelligen Organe unmittelbar berührt. Bei dem südamerikanischen Zitteraale erfolgt der Schlag, wenn man den Fisch auf dem Rücken streichelt. Der schon erschöpfte, ermattete Zitterrochen entladet sich nicht, wenn man ihn unter dem Wasser zwischen beiden Händen hält, kaum aber erhebt man ihn zur Oberfläche des Wassers an die Luft, so fühlt man heftige Schläge.

## 7.

Berührt man die Torpille (Raja torpedo) mittelst einer metallenen Spitze, so empfindet man isolirt oder nicht isolirt nie die geringste Erschütterung. Eben so wenig fühlt man dieselbe, wenn man den Fisch auf eine metallene Platte und diese auf die flache linke Hand legt.

## 8.

Berührt man in diesem Falle (7.) die obere Fläche der electrischen Organe zugleich mit der rechten Hand, so empfindet man den Schlag in beiden Händen, trotz der metallenen Platte, welche die linke Hand von der unteren Fläche der electrischen Organe trennt.

## 9.

Werden die electrischen Organe des Zitterrochen an der unteren und oberen Fläche mit zwey metallenen Platten dergestallt belegt, daß diese Platten nirgends an einander stoßen, so fühlt man die Erschütterung, wenn man mit beyden Händen diese zwey belegenden Platten zugleich berührt. Dieses Gefühl findet aber gar nicht statt, falls in diesem Versuche beyde Platten unmittelbar mit ihren Rändern unter einander in Contact stehen.

## 10.

Das feinste Electrometer wird auf keine Weise durch die electrischen Organe des Zitterrochen und des Zitteraals afficirt, selbst nicht, wenn man den Condensator mittelst eines metallenen Fadens mit dem isolirten Fische in Verbindung setzt. Kein Electrometer kündigt eine Tension der Organe oder eine Veränderung in den metallenen Platten an, welche die electrischen Organe berühren. –

## 11.

Wenn mehrere Menschen eine Kette bilden, und die äußersten Glieder dieser Kette den Fisch berühren, so pflanzt sich die Erschütterung auf alle andere fort. Eben diese Fortpflanzung findet statt, wenn die Kette durch Wasser dergestalt unterbrochen wird, daß zwey Personen mit der rechten Hand die obere und untere Fläche der Organe berühren, und zwey Metallspitzen in der linken in einen Wassertropfen halten, ohne daß diese Spitzen in unmittelbaren Contact treten. –

## 12.

Wenn man in dem eben beschriebenen Versuche (11.) eine Lichtflamme an die Stelle des Wassertropfens setzt, so erfolgt keine Entladung des Fisches, sey es ein Zitterrochen oder ein Gymnotus. Dieselbe tritt aber ein, wenn die Metallspitzen sich in der Lichtflamme unmittelbar berühren. Bei allen Kettenverbindungen, wie in § 11, verhindert die dünnste Luftschicht, oder der geringste Abstand der Kettenglieder die Fortpflanzung des electrischen Schlages. So vortrefflich auch das Wasser leitet, so lebhafte Erschütterungen man auch empfindet, indem man den Zitteraal oder die Torpille (wenn diese noch recht frisch und kraftvoll ist), unter dem Wasser berührt, so ist doch stets unmittelbare Berührung erforderlich. Die Wirkung erfolgt nie, wenn man sich den Organen bloß nähert, oder wenn eine dünne Wasserschicht die sich nahenden Finger von den Organen trennt.

## 13.

Dies sind die entscheidensten Versuche, welche wir, Herr Gay-Lussac und ich, im verflossenen Monate in Neapel angestellt haben. Einen eben so geistreichen als erhabenen Naturforscher Herrn von Buch dürfen wir als Augenzeugen der mehresten derselben anführen. Wenn sie unsere Resultate mit dem vergleichen, was Aldini in seinem Memoire sur les poissons electriques[3] gesammelt, so werden sie sehen, daß man bisher eben nicht deutliche Ideen von den Bedingungen gehabt hat, unter denen der Zitterrochen seine Wirkungen bei der mittelbaren und unmittelbaren Berührung äußert.

Die Versuche 7. 8. 9. beweisen, daß das dem Zitterrochen einwohnende Fluidum sich nicht durch Tension, gleichsam durch Überladung, sondern durch entgegengesetzte Pole, durch Kettenverbindung äußert. Bey dem Gymnotus habe ich zwar oft starke Schläge erhalten, wenn ich den Fisch mittelst einer Metallspitze berührte, und durch dürres Holz vom Fußboden isolirt war. Der Schmerz in den Füßen aber läßt vermuthen, daß die Isolirung für die übermäßige Kraft des Thieres zu unvollkommen war.

Die Pole scheinen auf einer und derselben Fläche der electrischen Organe neben einander zu liegen. Denn die Entladung findet statt, indem man mittelst der Finger eine Fläche der Organe allein berührt. Eine untergelegte Platte (8.), sagt man in dieser Flaschenhypothese, stört nur darum den Effect, weil die Entladung dann durch die Platte selbst geschieht, und die Hand dessen, der die Platte unterstützt, sich außerhalb dem Kreise der sich ins Gleichgewicht setzenden Electricitäten befindet. Beweiset aber der Versuch § 5, daß auf einer und derselben Fläche der electrischen Organe positive und negative Pole neben einander liegen, so ist in dem Fall (§ 9), wo die beiden Hände einer Person die mit Metallplatten belegten unteren und oberen Flächen der Organe entladen, und die Erschütterung in beiden Armen gefühlt wird, schwer einzusehen, warum die + E. der unteren Fläche, statt sich durch den neben ihn liegenden positiven Pol zu sättigen, die – E. der oberen Fläche sucht. Hier ist man genöthigt, ein Hin- und Herströmen der ± E. von unten nach oben und von oben nach unten anzunehmen, welches nach den bisher bekannten electrischen Erscheinungen wenig zu begreifen ist. Die Unempfindlichkeit

[3] Essai theorique et experimental sur le Galvanisme T. 2. p. 61.

aller Electrometer bei den Versuchen mit kraftvollen electrischen Fischen entfernt die Wirkungen der letzteren von der Theorie der Voltaischen Säule, und nähert sich mehr der der Leidner Flaschen.

Das Nichtleiten der Flamme (§ 2), welche sich bei allen anderen electrischen Erscheinungen so wirksam zeigt, ist ebenfalls sehr auffallend. Kennen wir auch die Gesetze, nach denen die Entladungen der electrischen Fische sich äußern, so sind wir der Erklärung dieser *vitalen Erscheinungen* doch wohl noch weniger nahe, als viele unphysiologische Schriftsteller glauben. Geoffroy hat gezeigt, durch wie feine Nuancen die electrischen Organe der Zitterrochen sich von den analogen Organen der unelectrischen Rochen unterscheiden.

Verletzungen der Gehirne und der Nerven schwächen die sogenannte electrische Kraft dieser Fische. Sie selbst laden ihre Organe nach Willkühr und plötzlich; denn viele heftige Schläge folgen oft schnell hinter einander.

Die mechanische Betrachtung der *heterogenen* Theile, aus welchen die Zellen jener Organe bestehen, reicht demnach in der That nicht hin, so große Erscheinungen zu erklären. Man lähmt den Untersuchungsgeist und schadet dem Fortgange der Wissenschaften, so oft man für entschieden hält, was höchstens nur als wahrscheinlich geahndet werden darf.

# Über den Guano

——— Guano ist eine gelblichbraune, erdige Substanz eigener Art, ohne sonderlichen Geschmack, und mit einem dem Bibergeil ähnlichen Geruche begleitet; deren sich die Peruaner seit Jahrhunderten als eines Düngungsmittels bedienen. Die Vorrathskammern desselben sind benachbarte felsige Inseln der Südsee, von welchen solcher jährlich in großer Menge nach dem festen Lande geholet wird; da in dessen Ermangelung der größte Theil des, obschon an unterirdischen Naturschätzen so reichen, Peru's nur eine unfruchtbare Sandwüste sein würde.

Obgleich frühere Schriftsteller über Südamerika schon des Guano's erwähnt haben, mit der Nachricht, daß man solchen für animalischen Ursprungs, und zwar für Vogelmist halte; so hat doch noch Niemand die Neugierde gehabt, ihn nach Europa kommen zu lassen; und seit Ulloa, also seit 1745, ist dieser merkwürdigen Substanz nie mehr gedacht worden.

Um so dankenswerther ist es, daß Hr. Alex. v. Humboldt, während seines Aufenthalts in jenen Ländern, auch auf diesen Gegenstand seine Aufmerksamkeit gerichtet, und einen, für die chemische Untersuchung bestimmten, Vorrath desselben mitgebracht hat. Die Inseln, auf denen der Guano gegraben wird, hat Hr. v. Humboldt nicht selbst besucht; er hat aber von denen, die damit handeln, genaue Erkundigung darüber eingezogen. Das Wesentlichste davon enthält ein, in Mémoires de l'Institut des sciences, lettres et arts. Tom. VI. Paris. 1806. S. 369. befindlicher Aufsatz von Fourcroy und Vauquelin, über das Guano, mit der Nachricht, daß man bei der chemischen Prüfung concrete Harnsäure als dessen Hauptbestandtheil gefunden habe.

So seltsam das Vorkommen dieses Stoffs im Guano auch scheinen mag, so hat sich doch dessen Dasein in den von mir angestellten Untersuchungen völlig bestätigt; an deren Darlegung ich ein mehreres Interesse zu knüpfen beabsichtige, indem ich folgenden, vom Hrn. von Humboldt gefälligst mir mitgetheilten Beitrag zur Geschichte des Guano voranschicke.

„Der Name: Huanu, (die Europäer verwechseln immer Hua mit Gua, und *u* mit *o*) bedeutet in der Inka-Sprache Mist, mit dem man düngt. Das Verbum Düngen heißt huanunchani. Die ursprünglichen Einwohner von Peru glauben alle, daß der Guano Vogelmist sei; nur von den Spaniern bezweifeln es viele. Sonderbar genug, daß sich die Guano-Inseln und Klippen alle zwischen dem 13ten und 21ten Grade südlicher geograph. Breite befinden; da doch südlicher und nördlicher die Schaar von Cormoranen, Flamingo's und Kranichen gleich zahlreich zu sein scheint. Bei der Stadt Arica verbreitet die kleine Isla di Guano einen solchen fürchterlichen Gestank, daß die Schiffe deshalb sich der Stadt nicht ganz zu nähern wagen, wie schon Feuillé (Journal Vol. II. p. 598.) bemerkt. In Arica sind längst dem Ufer große Magazine gebauet, in denen der Guano aufbewahrt wird. Wenn man bedenkt, daß, seit dem 12ten oder 13ten Jahrhunderte wenigstens, schon die Gewohnheit herrscht, mit Guano zu düngen, daß viele Millionen Kubikfuß davon auf dem sandigen Theile von Peru verstreuet worden sind, (da die Möglichkeit des Ackerbaues längst der Seeküste ja bloß auf diesem köstlichen Mittel beruhet,) wenn man bedenkt, daß der Guano noch immer in gleicher Menge geliefert wird, ja daß, nach jetzigen Erfahrungen, die Vögel auf einer Insel in vielen Jahren nicht ein Paar Schiffsladungen hervorzubringen scheinen, so erstaunt man über die lange Reihe von Jahrhunderten, oder über die Menge von Vögeln, welche dazu gehörten, jene Guano-Schichten aufzuhäufen.

Der frische Vogelmist, den man auf den Felsen um Huaura, und an andern Orten der Südseeküste siehet, bildet eine dünne weißliche Kruste, welche sogar dem braungelben Guano ganz unähnlich siehet.

Ich zweifle zwar keinesweges, daß der Guano ebenfalls Vogelmist sei; aber es fragt sich: ist er auf denselben Inseln entstanden, in denen man ihn jetzt gräbt, oder haben ihn Naturrevolutionen dahin zusammengehäuft? Deutet er auf eine Epoche, in der es auf dem überschwemmten Erdkörper eine noch größere Menge Wasservögel gab, als jetzt; gleichsam wie die Steinkohlen-Formation auf eine ungeheure Ueppigkeit alter Vegetation hinweiset? Oder ist der Guano in einem Zustande der Dinge entstanden, welcher ganz dem jetzigen ähnlich ist, und haben nur viele Jahrtausende dazu gehört, um ihn stratum super stratum zu solchen Schichten anschwellen zu lassen? Wenn man auf den Peruanischen Aeckern Massen von 300 bis 400 Kubikfuß Guano aufgehäuft siehet, fühlt man sich von allen diesen Fragen gleichzeitig bestürmt. Ich wage keine bestimmte Meinung darüber zu äußern. Langer Aufenthalt auf den Klippen und Inseln der Peruanischen Küste, aufmerksame Beobachtung der Menge Unrath, welche viele tausend Cormorane und Flamingo's gegenwärtig in Einem Jahre liefern, wird künftig einmal zur Entscheidung dieser Fragen leiten. Was aber wird aus dem Peruanischen Ackerbau, was aus der Bevölkerung der

Küste werden, wenn die Guano-Inseln erschöpft sind? Ein dortiger Landmann tröstete sich mit der Idee, daß Lehmgruben und Gypsbrüche in Europa ja auch nicht erschöpft würden; eben als dürfe man den Guano, wie Gyps und Lehm, als etwas unorganisches betrachten. Ohnerachtet man auf dem Meere nieset, und von dem fürchterlichsten Gestanke beängstigt wird, wenn man einem Guanero (Guano-Fahrzeuge) begegnet, so leidet die Gesundheit der Matrosen auf dem Guanero, doch gar nicht dabei. Ich habe die meisten von sehr schöner blühender Gesichtsfarbe gesehen, und noch dazu reitzbarere weiße Menschen, die aber schon 10 bis 12 Jahre in einem so unreinlichen, als einträglichen Handel, an diesen Geruch gewöhnt waren. Sonderbar genug, daß man, trotz dieser Erfahrungen, in Arica die häufigen Wechselfieber dem Guano-Geruche zuschreibt.

Warum findet man nicht Guano auf der Insel S. Lorenzo, dem Callao gegenüber, an der Küste von Lima, oder auf andern Inseln, nördlich von Lima, welche doch alle auch von zahllosen Vögeln bewohnt sind? Ulloa (Relacion del Viage a la America Merid. T. 3 p. 127 §. 219.) sagt, daß wenn man die Tiefe betrachte, in der der Guano gegraben werde, (er spricht als Augenzeuge, da er die Guano-Inseln selbst besucht hat,) so müsse man glauben, es sei eine Erde; aber der Geruch spreche dagegen. Doch glaube er, daß viele Erde mit dem Vogelmiste im Guano gemengt sei; (und darin spricht die Analyse für ihn.)

Frezier, der die Peruanische Küste im Jahr 1712 bis 1714 bereisete, war im Hafen von Arica und auf der Insel Iquique, südlich von Arica. Auf dieser Insel wurde der Guano durch Neger gegraben. Er erstaunte ebenfalls, wie die Vögel solche Massen hätten hervorbringen können, doch versichert er, daß man in großer Tiefe Vogelfedern gefunden habe. (Frezier Voyage dans la Mer du Sud p. 133.)

Um Arica, wo man für 3 bis 400000 Thlr. Pfeffer (Capsicum baccatum) baut, düngt man jede Pflanze dreimal mit Guano; beim Anwurzeln, beim Blühen, und Fruchtansetzen.

Unter der Regierung der Inkas wurde der Guano als ein wichtiges Object der Staatswirthschaft betrachtet. Es war bei Todesstrafe verboten, die jungen Vögel auf den Guano-Inseln zu tödten. Jede Insel hatte ihren Aufseher, jede war unter gewisse Provinzen vertheilt; denn, von Arica bis Chaucay, auf 200 Seemeilen Länge, düngte man bloß mit Guano. (Garcilasso Historie de los Yncas. Vol. I. p. 134.) Aus dieser Vorsorge wird begreiflich, wie der Guano so beträchtlich habe zunehmen können. Alle diese schöne Ordnung ist umgestürzt. Man gräbt jetzt zu jeder Jahreszeit. Aber der Guano ist nicht das einzige Beispiel eines sonderbaren Peruanischen Düngers. Bei Villacori düngten die alten Peruaner gar mit vom Meere ausgeworfenen Sardellen. *l. c. p.* 135.“

# Auszüge aus einigen Briefen des Frhrn. Alex. v. Humboldt an den Herausgeber

## (Hierzu gehört die Skizze einer nächtlichen Scene am Orinoko)

Berlin, d. 14. Junius, 1806.

– – Ich rücke sehr gut in der Arbeit fort, auf welche Sie ein so gütiges Interesse heften. Wissenschaftliche Werke, die mit Zahlen gefüllt sind, erfordern viel Zeit. Denken Sie, daß das englische Gouvernement selbst 3 bis 4 Jahre bedurfte, um *Vancouver's* Reise redigiren zu lassen, und meine Redaction ist der Masse und Vielseitigkeit wegen schwieriger. Etliche 20 Bogen in 4to von der Pflanzengeographie sind bereits gedruckt. Der erste Theil der historischen Beschreibung ist weit vorgerückt und zugleich wird auch die Statistik von *Mexiko* und der Theil der astronomischen Beobachtungen und Messungen erscheinen. Die Höhenmessungen wurden nach *Laplace's* Formeln berechnet. Dazu kommen die Berechnungen der Chronometer-, Monddistanzen, Trabanten-Beobachtungen für Orte, um Längen und Breiten zu bestimmen. –

– – Von den zwei Fischen[1] habe ich nicht ganze colorirte Zeichnungen, sondern kann die Farbe nur in Stücken angeben. Der eine ist der *Eremophilus Mutisii*, der andre der *Astroblepus.* Die Farbe und Zeichnung ist übrigens auf dem ganzen Leibe dieselbe, erstere graulichgrün. Beide und der *Pimelodes* sind in natürlicher Größe von mir gezeichnet. – – Ueber die *Pimeloden* setze ich hinzu: Alle Vulkane sind hohle, an einander gereihte Gewölbe. Man erkennt dies an jedem Crater. Reichen die Vulkane, wie in den *Andes*, in die ewige Schneelinie über 2500 Toisen unter dem Aequator hinaus, so füllen sich in Jahrtausenden diese Höhlen und Gewölbe mit geschmolzenem Schneewasser. Der Sitz des Feuers ist fern davon. Entstehen

[1] Frhr. *v. H.* hatte die Güte, mir die Zeichnung zweier seltener Fischarten, und besonders der von den südamerikanischen Vulkanen ausgeworfenen *Pimeloden* mitzutheilen. D. H.

nun bei Explosionen Erdbeben, so öffnen sich diese unterirdischen Kammern und die Fische, welche darin leben, stürzen mit dem Wasser heraus. Wie sie aber zuerst auf solche Höhen kamen, ist schwer zu sagen. Vielleicht werden sie gehoben, wie die Dämpfe vor unsern Augen den Boden des vesuvischen Craters heben; ja so heben, daß 1805 man den Boden (fond du crater) von Neapel aus sah. –

– – *Skinner's Description of Peru*[2] ist nicht so schlecht. Ich habe sie flüchtig durchblättert. Leider hat der Vf. nicht alle 12 Bände des *Mercurio peruano* gekannt und die interessantesten Materialien, z. B. die Charte vom *Rio Guallaga*, weggelassen. In einer gewissen gelehrten Zeitung las man über diese Schrift sehr abentheuerlich: „die Aufsätze hätten etwas Fremdes, man möchte sagen, *Uneuropäisches.*" Welch ein Vorwurf! – Europäisch ist freilich in *Lima* nichts. Die Kupfer sind meistens abscheulich und englischer Zusatz, z. B. die Kleidung der *Ynkas*, die Minerva u. s. w. Dagegen sind die Damen von *Quito* mit den faltigen Kleidern *(punzoña)* und der Sklave schon sehr gut. –

– – Ich lege Ihnen eine kleine Originalskizze des braven *Schick*, eines sehr geistreichen, teutschen Künstlers, welcher seit Jahren in *Rom* lebt, den ich dort fand und den ich unter meine Freunde zählen darf, als ein kleines Geschenk bei. Sie schildert sehr treu unsere nächtliche Existenz auf der *Reise am Orinoko*, wie man die Hamaken ausbreitet, die Feuer anschürt gegen den grausamen Jaguar; die Papageien und Affen, die wir lebendig bei uns hatten; wie ein Affe gebraten wird, um ihn zu essen; die Palmzweige, welche man über der einen Seite der Hamaken sehr pittoresk ausbreitet, um sich etwas vor dem Regen in das Gesicht zu schützen u. s. w. Die Skizze ist in der That sehr genialisch und Jemand, der mit uns gewesen wäre, würde es nicht treuer haben machen können. – – Vielleicht finden Sie Gelegenheit, sie zu benutzen, oder einmal stechen zu lassen. –

Berlin, d. 21. Novbr. 1806.

– – Die kleine Zeichnung, welche ich Ihnen mittheilte, und welche Ihre Aufmerksamkeit auf sich gezogen hat, entstand folgendermaßen. Hr. *Schick*, ein Wirtemberger, (derselbe, dessen großes Bild der Sündfluth viel Ruf hat), hörte mich oft, bei meinem letzten Aufenthalte in Rom, mit Interesse von meinem Leben in den Wäldern der *Guayana* reden, besonders von den nächtlichen Scenen am Ufer des *Orinoko*. Ich zeigte ihm kleine Skizzen, welche ich selbst an Ort und Stelle mit

[2] Das geogr. Institut hat von einem in diesem Fache rühmlich bekannten Gelehrten eine Uebersetzung dieses Werks veranstalten lassen, deren Erscheinung durch die Hoffnung die dem Engländer *Skinner* nicht zugänglichen Bände des *Mercurio peruano* zu erhalten und durch sie seine Nachrichten zu ergänzen, verzögert ward. D. H.

wenigen Linien entworfen. Nach diesen und nach meiner Erzählung entstand jene Zeichnung, welche in der That im Detail so genau ist, als man es von Darstellungen einer so großen Natur verlangen kann.

Wenn ich sie betrachte, glaube ich mich an den *Alto Orinoko* oder *Cassiquiare* versetzt. Nichts gränzt an die stille Majestät jener Tropennächte. Der Wald (Mimosen, Palmen, Hevea und Cäsalpinien) drängt sich dicht an den Fluß. Man fährt lange mit dem Canot am Ufer hin, bis man eine Stelle trifft, wo das Pflanzengewirre Einem Raum läßt, ans Land zu steigen und seine Hamaken (Hängematten) auszuspannen. Europäer haben keinen Begriff von diesen Hindernissen, welche die Vegetation der Cultur des Menschengeschlechts im Innern von *Südamerika* setzt. Die wildesten Völkerstämme, wenn sie nicht Savannen (Grasfluren) bewohnen, werden zum Gartenbau gezwungen. Sie müssen Pisang und Arumarten und Jatropha bauen, weil das Dickicht der Wälder sie hindert, als Jäger zu leben. Missionsniederlassungen liegen nur etwa 1000 Toisen von einander entfernt, und kaum hat man einen Landweg von einer zur andern eröffnen können. Die ewigen Aequatorial-Regen hindern das Abbrennen der Waldungen, und das Menschengeschlecht muß in Menge noch sehr zunehmen, ehe es dort Herr der Pflanzenschöpfung wird.

Die Indianer rudern mit gränzenloser Anstrengung Strom aufwärts 15 Stunden lang. Man fährt um 2 bis 3 Uhr Morgens ab und bleibt bis 6 Uhr Abends auf dem Flusse, d. h. bis zur einbrechenden Nacht. Wir waren drei weiße Menschen und 14 bis 15 kupferfarbene Indianer. Kaum landet man an, wo die Waldung etwas lichter ist, so schafft man sich Raum durch Weghauen der Zweige und der rankenden Pflanzen. Die Instrumente und die Petacas (Koffer von Rindsleder, unsern Schachteln ähnlich) werden in die Mitte gesetzt. Umher spannt man die Hamaken aus, in denen man vor den furchtbaren Schlangen gesichert ist, die abgerechnet, welche sich von oben von den Bäumen herablassen. Wo die Bäume fehlten, an sandigen Ufern, wo der Fluß sein Bette nicht ganz ausfüllt und wo man es nicht wagt, sein Canot zu weit zu verlassen, schliefen wir auf platter Erde auf einem ausgebreiteten Thierfelle. Von den zahllosen Mosquitos (von denen zu verschiedenen Stunden verschiedne Gattungen erscheinen, und die man, ohne sie zu sehen, am Stich, nach der Art des Schmerzes, unterscheidet) sage ich Ihnen nichts. Reisende, die bloß in Westindien, oder an den Küstenländern in Südamerika oder in Peru waren, kennen diese gränzenlose Plage nur durch Erzählung Anderer. Im vollem Maaße empfindet man dies Uebel nur in der Flußwelt am *Magdalenen-Flusse*, am *Orinoko* und *Cassiquiare*, nicht am *Rio Negro*. Denn überall, wo schwarzes, caffeebraunes Wasser fließt, giebt es keine Crocodile, keine Mosquitos und angenehme Kühlung. Die ersten Wochen erschöpft man seine Einbildungskraft mit Anstalten, sich vor diesen Plagen zu schützen. Nach Monaten fühlt man, daß alle Gegenmittel umsonst sind. Kaltes Wasser lindert die Geschwulst. Aber das Flußwasser ist zu 22° Réaum. und der Blutdurst der Crocodile, die man nicht mit dem Alligator verwechseln muß, wie der Biß des Caraiben-Fisches, verbieten meist das Baden.

Unsere Hamaken und die des Mönchs (denn ein Franciskanermönch ist ein schützender Begleiter) werden in der Mitte ausgespannt. Den äußern Rand des Ranche nehmen die Indianer ein. Noch weiter hin schürt man Feuer an, um den Jaguar abzuhalten. Denn der Tiger der *Guayana* ist gar nicht so feige, als *Buffon* behauptete, der Jaguar und Tigerkatzen verwechselte. Ein Augenblick großer Gefahr ist, wenn durch nächtliche Regen jene Feuer erlöschen. Man muß dann den ganzen Regen in der Hamake abwarten, da die Crocodile, welche an das Ufer kommen, Einen hindern, das Canot zu suchen. Das Geschrei der Waldthiere ist dann unbeschreiblich und giebt der Scene einen Charakter romantischer Wildheit.

In der Mitte des Bildes hat Hr. *Schick* eine Indianische Küche abgebildet. Sie sehen, sie ist sehr einfach. Ein von Baumzweigen gebildeter Rost, auf dem man den Affen, die große *Simia Paniscus* bratet. Affenschinken sind ein Leckerbissen dieser Welt.

Al. v. Humboldts nächtliche Scene am Orinoco.

A. G. Ephem. 1807. 1 Str.

# Über die Chinawälder in Südamerika

——— Der Zweck dieser Abhandlung ist den Fieberrindenbaum als einen Gegenstand der physikalischen Erdbeschreibung oder der Pflanzen-Geographie zu betrachten. Unter den mannigfaltigen Schriftstellern, welche der *Cinchona* erwähnen, sind keine als *La Condamine*, *Ruiz*, *Pavon* und *Zea* welche diesen wohlthätigen Baum auf dem südamerikanischen Continente selbst beobachtet haben. Unter ihnen giebt nur der erstere eine physikalische Beschreibung der Pflanze. Die andern, so wie *Jacquin* und *Swartz,* welche die Fieberinde auf den Westindischen Inseln sahen, oder *Vahl* und *Lambert*, welche nach troknen Exemplaren arbeiteten, sind bloß mit dem naturbeschreibenden Theile, mit der botanischen Diagnose beschäftigt gewesen. Bei meinem vierjährigen Aufenthalte in Südamerika habe ich Gelegenheit gehabt, lange in Ländern zu leben, in welchen die Chinabäume einheimisch sind. Wir haben dieselbe, Herr *Bonpland* und ich, nördlich und südlich vom Aequator, im Königreich Neu-Grenada, zwischen *Honda* und *Santa Fe de Bogota*, in der Provinz *Popayan*, im Corregiment *Loxa*, am Amazonen-Strohme in der Provinz *Jaen de Bracamoros* und im nördlichen Theile von *Peru* beobachtet. Bei unserm Aufenthalt im Hause des Herrn *Don Jose Celestino Mutis* in *Santa Fe*, sind uns die botanischen Schäze dieses grossen Naturforschers geöfnet gewesen. Wir haben dazu in Spanien von dem Herausgeber der *Flora Peruviana*, in *Guayaquil*, (dem Hafen von *Quito* an der Küste der Südsee), von *Ruizens* Schüler, *Tafalla*, in dem Städchen *Loxa*, von dem königlichen Aufseher der Chinawälder *Don Vicente Olmedo*, viele interessante Nachrichten über Gegenstände einziehen können, welche uns ohne die mittheilende Güte dieser Freunde unbekannt geblieben wären. In dem mit grenzenloser Bitterkeit geführten Streite, ob die neu-grenadische pomeranzenfarbene Fieberrinde von *Santa Fe* oder die peruanische von *Ruiz* und *Pavon* beschriebene *Cinchona nitida* mit der seit 1638 berufenen sogenannten *ächten Cinchona* von *Uritusinga* identisch sey, kann nur der entscheiden, der die Gegenden selbst besucht hat, welche diese drei Pflanzen hervorbringen. Aber keiner der streitenden Partheien, weder *Mutis*, *Zea* noch *Ruiz* und *Pavon* haben das Corregiment von *Loxa* betreten. Daher jede Parthei mit gleichem Ungrunde vorgegeben hat, die wirksamste Fieberrinde ihres Districts sey die ächte von *Uritusinga.* Wir haben in dem zweiten Fascikel unserer Aequinoctial-Pflanzen[1] erwiesen, daß diese letztere, die *Cascarilla Fina de Loxa*, von der *Cinchona lancifolia Mutis* und allen in *Ruizens Quinologia*, in der *Flora peruviana*, und in dem neuern *Supplement* zur *Quinologia* beschriebenen peruanischen Fieberrinden ganz verschieden sey. So wenig wir es wagen dürfen, uns mit den vorgenannten vortreflichen Botanikern zu messen, so ist uns doch der zufällige Vorzug vor ihnen zu Theil geworden, außer den Chinawäldern um *Santa Fe* auch die von *Loxa* selbst gesehen zu haben. In der That hatte seit *Joseph de Jussieu* dessen Beobachtungen ohnedies nie bekannt gemacht worden sind, also seit 62 Jahren kein reisender Naturforscher vor uns diese schönen Gebirgsebenen von *Loxa* besucht. Durch diese Umstände begünstigt, glaube ich über einen so schwierigen und durch mannichfaltigen Streit immer mehr und mehr verwirrt gewordenen Gegenstand mit einiger Zuversicht reden zu können.

Es würde überflüßig seyn hier zu wiederholen was man über die Geschichte der Entdekung der heilenden Eigenschaften der Fieberrinde gefabelt hat. Bald soll ein Kranker aus einer Lache getrunken haben, in welchen Chinastämme gelegen hatten und deren Wasser dadurch einen bittern Geschmack angenommen hatte; bald soll ein Löwe sich das Fieber durch kauen von Chinarinde geheilt und die Aufmerksamkeit der Indianer auf diesen Baum gezogen haben. *Lambert* hat in seiner *Monographie* von *Cinchona*[2] alle diese Meinungen gesammelt. Daß Thiere den Menschen belehrt haben ist eine sehr gewöhnliche Form der Volksmährchen. Das vortrefliche Gegengift, *Vejuco del Guaco*, eine von *Mutis* beschriebene Pflanze, die der *Mikania* verwandt ist, und die man fälschlich mit der *Ayapana* aus Brasilien verwechselt, soll auch der (wie der *Falco serpentarius*) mit Schlangen kämpfende Neu-Grenadische *Falco Guaco*, den Indianern gezeigt haben. Daß übrigens der ungemähnte große amerikanische Löwe, *Felis concolor*, das Fieber habe, ist eine so gewagte Hypothese als die Behauptung der Einwohner des verpesteten Thals *Gualla bamba*,[3] welche mich versicherten, daß selbst die Geier *(Vultur aura)* in ihrer Gegend fieberkrank wären. Ja in der Region der Chinawälder findet sich nicht einmal der die Wärme liebende *Felis concolor*, sondern höchstens die noch nicht gehörig beschriebene Katze *Puma*, welche ich *Felis andicola* nennen möchte, *La Condamine's petit lion du volcan de Pichincha*, den wir bis 2500 Toisen Höhe angetroffen haben.

[1] *Plantes équinoctiales, par Mrs. Humboldt et Bonpland. Troisième livraison p.* 39.

[2] *A description of the genus Cinchona* 1797. *p.* 39.

[3] Nahe bei der Stadt Quito.

Die so oft nachgeschriebene Geschichte der Gräfin *Chinchon*, Vicekönigin von *Peru*, ist wohl noch zweifelhafter als man gemeinhin glaubt. Allerdings war ein Graf *Chinchon, Don Geronimo Fernandez de Cabrera Bobadella y Mendoza* von 1629 bis 1639 Vicekönig in *Lima*. Es ist sehr wahrscheinlich, daß seine Gemahlin nach ihrer Zurückkunft nach Spanien 1640 zuerst die Fieberrinde in Europa verbreitete. Der Name *Pulvis Comitissae* scheint selbst älter als der *Pulvis Jesuiticus* oder *Pulvis patrum*. Aber ich glaube (und Herr *Olmedo* in *Loxa* ist mit mir derselben Meinung) ich glaube nicht, daß der Corregidor von Loxa, *Don Juan Lopez de Cannizares*,[4] der die fieberkranke Gräfin geheilt haben soll, das Mittel von den Indianern empfing. In *Loxa* selbst herrscht nicht bloß gar keine Tradition dieser Art, sondern es ist auch nicht wahrscheinlich, daß die Erfindung der Heilkraft der *Cinchona* den amerikanischen Urvölkern zugehöre, wenn man bedenkt, daß diese (gleich den Einwohnern von Hindostan) mit unabänderlicher Beharrlichkeit an ihren Gebräuchen, an ihren Speisen und Heilmitteln hängen, und daß ihnen dennoch in *Loxa*, *Guancabamba* und weit umher der Gebrauch der Fieberrinde ganz unbekannt ist. In den tiefen und heißen Gebirgsthälern von *Catamayo*, *Rio Calvas* und *Macara* sind Wechselfieber überaus gemein. Aber die dasigen Einwohner sowohl als die von *Loxa*, zu welcher Kaste sie auch gehören mögen, sterben lieber, als daß sie den Entschluß fassen sollten, Chinarinde, welche sie mit den Opiaten in die Klasse branderregender Gifte setzen, einzunehmen. Die Indianer heilen sich durch Limonaden, durch die ölige aromatische Schale der kleinen grünen wildwachsenden Citrone, durch Aufgüsse der *Scoparia dulcis* und durch starken Kaffee[5]. Bloß in *Malacates*, wo so viele Cascarilleros, Chinarinden-Schäler, wohnen, fängt man an Vertrauen zu der *Cinchona* zu gewinnen. In *Loxa* ist kein Document vorhanden, welches die Geschichte der Erfindung der *Cinchona* aufklären könnte. Doch geht daselbst die alte Sage, die Jesuiten hätten beim Holzfällen nach Landessitte durch Kauen der Rinde die verschiedenen Baumarten unterschieden, und seien bei dieser Gelegenheit auf die große Bitterkeit der *Cinchona* aufmerksam geworden. Da unter den Missionairen stets Arzneykundige waren, so hätten, sagt man, diese den Aufguß bei der gewöhnlichen Krankheit der Gegend, dem Tertianfieber, versucht. Diese Sage ist minder unwahrscheinlich, als die Behauptung europäischer Schriftsteller, welche, wie noch neuerlichst *Ruiz* und *Pavon*, die Erfindung den Indianern zuschreiben. Auch im

[4] *Flora Peruviana*. T. II, p. 2.

[5] Unter den Indianern am *Orinoco*, besonders in *Atures* und *Maypure*, haben wir ein vortrefliches fieberheilendes Mittel gefunden, die *frutta de Burro*, die Frucht einer neuen Art *Uvaria*, welche wir unter dem Namen *Uvaria febrifuga* beschreiben werden.

Königreich Neu-Grenada war den Eingebornen die Heilkraft der *Cinchona* gänzlich unbekannt.

Hundert Jahre verflossen, ehe man irgend eine botanische Beschreibung des Baumes erhielt, dessen gepülverte Rinde das Jesuiterpulver gab. Der Astronom *La Condamine*, der mit unbeschreiblicher Lebhaftigkeit alle Theile des menschlichen Wissens umfaßte, und von dem *Jussieu* in Paris mehrere sehr saubere botanische Zeichnungen besitzt, *La Condamine* war der erste Gelehrte, welcher den Fieberrindenbaum untersuchte und beschrieb. Er reiste[6] durch *Loxa* nach *Lima* im Jahr 1737, und seine Beschreibung der *Cinchona* erschien in den *Mém. de l'Academie* 1738. Späterhin, 1739, besuchte *Joseph de Jussieu* die Gegend um *Loxa*. Er ärndtete daselbst und um *Zaruma* viele Pflanzen ein, welche sich noch im *Jussieuschen* Herbarium in Paris befinden, und welche wir mit den unsrigen, eben dort, sechzig Jahr später eingesammelten verglichen haben. Unter diesen befand sich die *Cinchona pubescens*, welche *Vahl* als neu beschrieben hat, welche aber, wie wir weiter unten erweisen werden, die erste *Cinchona officinalis* des Linneischen *Systema Naturae* nach der zwölften Ausgabe ist. Im Jahr 1743 war *La Condamine* zum zweiten Male in *Loxa*, von wo aus er, wie wir im Jahr 1802 nach *Tomependa* und dem Amazonenstrohme reiste. Damals wurde der erste, und sonderbar genug, der letzte Versuch gemacht, junge Stämme des Fieberrindenbaums lebendig nach Europa zu bringen. Nachdem der Astronom sie 8 Monathe lang auf einer Schiffahrt von 1200 Lieues sorgsam gepflegt hatte, verschlang sie ein hoher Wellenschlag, der beim *Cap d'Orange* nördlich von *Parà* das Canot überströmte.

Lange kannten die Botaniker in ihren Systemen nur eine einzige Species von *Cinchona*, welche Linné *officinalis* nannte, und in deren Beschreibung er unsere *C. condaminea* und *C. cordifolia Mutis* ohne es zu wissen verband; denn das ihm von *Santa Fe* aus gesandte Exemplar war gelbe China, und von der, von *La Condamine* freilich unvollkommen gezeichneten, ganz verschieden. *Jacquin's* Reise lehrte endlich eine zweite Species, die *C. caribaea* kennen. Die Westindischen Inseln, die Südsee, selbst Ostindien boten den Reisenden nach und nach mehr Arten der *Cinchona* dar; aber gerade die heilsamsten und merkwürdigsten des Continents von Südamerika blieben am längsten unbeachtet.

Von 1638 bis 1776 kam keine andere Fieberrinde in den Handel als die des *Corregimiento de Loxa* und der zunächst gelegenen Gegenden. *La Condamine* erwähnt der China von *Riobamba* und *Cuenca* in der Provinz Quito wie der von *Ayavaca* und *Jaen de Bracamorros*. Aber die China von den innern Theilen von

[6] *Voyage à l'Equateur*, p. 31. 75. 186 und 203.

Peru (um *Huanuco* und in der Provinz *La Paz*) oder gar die China des Königreichs Neu-Grenada waren ihm völlig unbekannt.

Man ahndete nicht, daß es nördlich vom Aequator, also in unserer Hemisphäre Fieberrindenbäume geben könne, bis ein glücklicher Zufall einen Mann, der lange Zeit wegen der ökonomischen Verhältnisse des Chinaschälens in Loxa gelebt hatte, auf seinem Rückwege nach Spanien über *Popayan* nach *Santa Fe de Bogota* führte. Dieser aufmerksame Reisende war der Obermünz-Direktor, (Superintendente general de Moneda de S. Fe) *Don Miguel de Santistevan*, der ohne alle botanische Kenntnisse physiognomisch, das heißt nach den bloßen Habitus, die Chinabäume von *Loxa* an bis zum $2\frac{1}{2}°$ nördlicher Breite entdeckte. In einem Projekte über die königliche Administration alles Fieberrindenhandels *(estanco de cascarilla)* welches er 1753 an den Vicekönig Marquis *de Villar* richtete, sagt er ausdrücklich, daß er nicht bloß zwischen *Loxa* und *Quito*, z. B. östlich von *Cuenca* bei den Dörfern *Paute* und *Gualasco*, westlich von *Riobamba* am Abfall des *Chimborazo* bei *Angas* und an der *Cuesta de S. Antonio*, sondern auch zwischen *Quito* und *S. Fe* überall, wo das Erdreich gleiche Höhe mit *Loxa* hat, also 800 Toisen über dem Meere erhoben ist, Fieberrindenbäume gefunden habe. Die Angabe der Höhe von *Loxa* ist zwar nach neuern Messungen und selbst nach den ältern *La Condamineschen*[7] um wenigstens 250 Toisen zu gering; doch ist die feine Bemerkung über die mittlere Höhe, auf welcher sich stets die *Cinchona* am Gebirgsabhange findet, um so auffallender, als selbst gelehrte Naturforscher damals wenig auf die Geographie der Pflanzen und die Höhe des Standorts achteten. Auch ist zu bemerken, daß obgleich *Santistevan* laut der handschriftlichen Nachrichten, die ich mir von ihm verschafft, im Allgemeinen von Fieberrindenbäumen zwischen *Quito* und *S. Fe* spricht, man dennoch aus der Aufzählung einzelner Orte ersieht, daß er dieses kostbare Produkt nur im Thal des *Rio Tuanambu* nördlich von *Pasto*, in den Wäldern von *Beruecos*, und bei *Popayan* (beim gefährlichen Andes-Paß *Guanacas* zwischen dem Dorfe dieses Namens und dem *Sitio de los Corrales*) entdeckte.

So stand es mit der Auffindung der *Cinchona* nördlich vom Aequator bis 1772. Alle Chinarinde, welche in den Handel kam, war von *Loxa, Guancabamba* und *Jaen*, vielleicht selbst von *Riobamba* und *Cuenca*. Alle wurde durch die Häfen der Südsee verschifft. Die wichtige Entdeckung in den Provinzen *Pasto* und *Popayan* blieb unbenutzt. Im Jahr 1772 entdeckte *Don Jose Celestino Mutis* die Chinarinde um *Santa Fe*, und seit dieser Epoche erhielt Europa Fieberrinde, welche nicht das *Cap Horn* umschiffte, und über *Carthagena de Yndias* nach *Cadiz* kam.

[7] *Voyage de la rivière de l'Amazone p.* 25.

Herr *Mutis* hatte bereits 12 Jahre früher das Königreich Neu-Grenada bewohnt. Er war zweimal durch die Wälder zwischen *Guaduas* und *Santa Fe* geritten, wo der Fieberrindenbaum von den schönen Grenadischen Eichen umgeben ist. Wenn man die Mannigfaltigkeit der Gewächse erwägt, welche in diesen Ländern den Botaniker beschäftigen, wenn man bedenkt, wie die Höhe der Stämme in der Tropenwelt dem Auge Blätter und Blüthen fern entrückt, so darf man sich weniger wundern, wie Herr *Mutis* erst 1772 die *Cinchona*, da er sie blühend fand, erkannte. Dieser vortrefliche Naturforscher, der aus Cadiz gebürtig ist, studirte 3 Jahr in Madrid und begleitete 1760 aus Liebe zur Botanik den Vicekönig *Don Pedro Mesia de la Cerda* als Leibarzt nach *Santa Fe*. Er lebte lange in den Bezirken von *Pampelona* und *de la Montuosa*, ein Name, aus welchem Linné zu Herrn *Mutis* größtem Mißvergnügen *Mexico* gemacht hat, so daß der schwedische Botaniker alle neu-grenadische Pflanzen, die er von der *Montuosa* erhielt, als mexikanische aufgeführt hat[8]. Dieser Irrthum ist um so wunderbarer, da *Linné*, der mit *Mutis* stets über *Carthagena de Yndias* correspondirte, wohl merken mußte, daß dieser sich nie in Mexico aufhielt. Die Abwesenheit des letztern in den Bergwerken nördlich von *S. Fe* hatte ihn von den Chinawäldern von *Mave*, *Gascas* und den *Aseradero* entfernt gehalten. *Mutis* giebt in einem Berichte an den Vicekönig *Don Manuel Antonio Florez* als Grund der spätern Auffindung der *Cinchona* an, daß bis 1772 alle seine botanische Excursionen außerhalb der ersten 5° nördl. Breite gerichtet gewesen wären, welche er für das ausschließliche Vaterland der Fieberrinde in der nördlichen Hemisphäre hielt. Der große Naturforscher ahndete damals noch nicht, daß man bald darauf *Cinchona* bis zur Mündung des *Rio Opon*, ja bis *Santa Martha*, also bis zum 10° N. Br. entdecken würde.

*Mutis* hatte sich 1761 die ersten trocknen Exemplare der gelben China von *Loxa (C. cordifolia)* durch den Münzdirektor *Santisteva* verschafft. Nach dieser wurde das *genus Cinchona* so festgestellt, wie er es an Linné mittheilte. Im Jahr 1772, als *Mutis* mit seinem Freunde *Don Pedro Ugarte* durch den Wald von *Tena* unfern dem Gebirgsabhange von *S. Fe* ritt, entdeckte er Fieberrindenbäume. Ein Jahr darauf fand er sie auch zwischen *Honda* und *Guaduas* und überreichte dem Vicekönig *Don Manuel de Guirior*, der sich eben auf dem Magdalenenstrome ausgeschifft hatte, einen blühenden Strauß der *Cinchona*, als ein neu entdecktes kostbares Erzeugniß dieses Landes, welches die Natur überdies mit aromatischen Muskatnüssen, *(Myristica Otoba)* mit einem vortreflichen Zimmtlorbeer, *(Laurus cinnamoides Mut.)* mit gewürzhaften *Puchery* oder *Todaspecie*, *(Laurus Putseri Mut.)* mit Mandeln, *(Caryocar amigdaliferum Mut.)* mit vier Arten von *Styrax*, mit

[8] Zum Beispiel: *Manettia reclinata*.

dem Balsam von *Tolu*, *(Tuluifera indica)* mit einem Theebaume *(Alstonia theaeformis Mut.)* mit Ipecacacuanha, *(Psychotria emetica Mut.)* mit Wachspalmen *(Ceroxylon andicola Humb.)* mit Caranniaharz *(Aeginetia caranifera Mut.)* mit Winterscher Rinde, *(Wintera grenadensis)* mit *Quassia Simaruba* und mit den köstlichsten Farbenhölzern bereichert hat.

Es ist in der Geschichte der Wissenschaften sehr gewöhnlich, daß nicht der, welcher eine Entdeckung selbst macht, sondern der, welcher eine fremde Entdeckung als die seinige mit einer gewissen Keckheit verbreitet, für den ersten Entdecker gilt. *Mutis*, ein Mann von einem liberalen, etwas neugierigen Charakter, hatte keine Belohnung von dem Gouvernement gefordert. Er beschäftigte sich in der Stille mit botanischen Untersuchungen der neuen China-Arten, die er auffand, und mit Anwendung der Fieberrinden in ausgebreiteter medizinischer Praxis. Erst im Jahr 1783 erhielt er eine königliche Besoldung, als die botanische Expedition von *Santa Fe* durch *Gongora*, der zugleich Erzbischof und Vicekönig war, organisirt ward.

Vier Jahre nach der Entdeckung des Doctor *Mutis*, 1776, wußte ein verschlagener und zanksüchtiger Arzt zu *S. Fe, Don Sebastian Jose Lopez Ruiz* aus *Ganama* gebürtig, die spanische Regierung zu überreden, daß er die ersten Fieberrindenbäume in Neu-Grenada entdeckt habe. Er sandte Proben der neuen China nach Madrid, sprach viel von der Wichtigkeit des neuen Handelsartikels und erhielt eine jährliche Pension von 2000 Piaster zur Belohnung. Aus Aktenstücken, welche Herr *Lopez* mir im Januar 1802 durch seinen Bruder, einen Kanonikus in Quito, zustellen ließ, um mir die Priorität seiner Entdeckung zu beweisen, habe ich ersehen, daß er erst 1774 die *Cinchona* um *Honda* erkannte, und 1775 den ersten medizinischen Versuch damit machte. Herr *Lopez* genoß nicht lange seines vollen Jahrgehalts. Der Vicekönig *Gongora*, der ohnedies Herrn *Mutis* sehr schätzte, und dessen erster Sekretair, *Don Zenon de Alonzo*, der ein eifriger Beförderer der Wissenschaften war, stellte dem Hofe vor, daß *Lopez* nicht der frühere Entdecker der neugrenadischen Fieberrinde sei. Man strich sogleich die Hälfte der königlichen Pension, befahl Herrn *Lopez* nach den *Darien* zu reisen, wo man ebenfalls vorgab *Cinchona* entdeckt zu haben, und da er sich weigerte die Reise in ein so verpestetes Klima zu unternehmen, so zog der Vicekönig auch die letzte Hälfte des Jahrgehalts ein. Seit dieser Epoche entstand ein heftiger Streit über die Priorität der Entdeckung. *Lopez* machte eine Reise nach Europa und wußte sich 1000 Piaster Gehalt wieder zu verschaffen. Er schmeichelte sich bei Herrn *Mutis* botanischen Widersachern ein, und diese erwähnten seitdem oft seiner als Mitentdecker. Noch auffallender ist es, daß der Obrist *Don Antonio de la Torre Miranda* in seiner

Topographie der Provinz Carthagena *(Noticia individual de las Poblaciones nuevas fundadas en la Provincia de Carthagena)* durch Zeugnisse beweisen will, daß ihm die Ehre des Auffindens der Chinarinde in Neu-Grenada gehöre, weil er sie 1783 (also 11 Jahr nach *Mutis*) zuerst bei *Fusagasuga* entdeckt habe. Herr *Mutis* hatte in Mariquita eine Pflanzung von Cinchona und von Kanell-Lorbeer der Andaquie-Missionen angefangen, deren Überbleibsel wir noch gesehen haben. Im Jahr 1800 trug das spanische Gouvernement einem französischen Arzte, *Louis Derieux*, auf, diese Pflanzungen fortzusetzen, die einheimische *Myristica* zu kultiviren, und die allgemeine Aufsicht über das Verpacken der Chinarinde in Neu-Grenada zu führen. Er erhielt 2000 Piaster Gehalt mit dem allgemeinen Titel eines *Commissionado y Encargado de investigaciones de historia Natural en el Nuevo Reyno de Grenada.* Er hatte so wenig botanische Kenntnisse als *Lopez*, war aber ein Mann von vielem Geist und intellectueller Bildung. Er hatte lange vorher in *Santa Fe* gelebt, von wo man ihn unter der falschen Beschuldigung revolutionairer Gesinnungen in Ketten nach Carthagena, von da in ein Gefängniß nach Cadiz schleppte. Nach Anerkennung seiner Unschuld gab ihm der Staatsminister *Don Mariano de Urquijo* jene Aufsicht über die Chinawälder. Ich habe mit ihm die Reise auf dem Magdalenenstrome gemacht, während welcher sein liebenswürdiger Sohn mehrere Pflanzen für mich gezeichnet hat. Der Vater trat zwischen *Mutis* und *Lopez* auf. Wie die specifiken Charaktere der Cinchona-Arten in Madrid zwischen *Zea*, *Ruiz* und *Pavon* die bittersten Streitigkeiten erregt haben, so ist die Fieberrinde in *Santa Fe* auch seit ihrer ersten Auffindung ein gehässiger Gegenstand der Verfolgung gewesen. Ich habe mit großem Mißvergnügen erfahren, daß Herr *Derieux* bald nachdem ich Südamerika verließ, sein Jahrgehalt verloren hat, ja sogar aufs neue gezwungen worden ist, das Vicekönigreich zu räumen, so daß die Chinabäume wiederum ohne eine Aufsicht wachsen, die freilich bisher ihre Vermehrung oder Erhaltung nicht befördert hat.

Wir haben in dieser einfachen Geschichtserzählung gezeigt, daß bis 1772 alle Fieberrinde in den Wäldern von *Loxa, Ayavaca* und *Jaen de Bracamorros* gesammelt wurde, also bloß zwischen dem $3^{ten}$ und $5^{ten}$ Grade südlicher Breite, und daß erst 1772 auf dem südamerikanischen Continent heilsame Cinchona-Arten in der nördlichen Halbkugel benutzt wurden, Cinchona-Arten, welche man zwischen dem $4^{\circ}$ und $5^{\circ}$ der Breite entdeckte. Bis dahin kannte man noch keine in dem eigentlichen Peru, besonders nicht in den der Hauptstadt Lima näher gelegenen Gebirgen. Das Thal von *Rio Calvas* und das Dorf *Ayavaca*, in dessen Nähe vortrefliche schon 1738 berufene *Cinchona condaminea* wächst, gehört zwar in politischer Hinsicht zu Peru, aber beide liegen dicht an der Grenze des Corregiments von *Loxa* und die China von *Ayavaca* wurde wie die von *Jaen* sowohl unter dem Namen *Cascarilla fina de Uritusinga* verkauft als auch in *Payta* eingeschifft.

Erst 1776 fing das eigentliche Verkehr mit peruanischer Fieberrinde an. *Don Francisco Renquifo* entdeckte die *C. nitida Ruiz* eine der *Mutisischen* pommeranzenfarbigen *(Cinchona lancifolia)* sehr nahe verwandte Species bei *Huanuco* am Berg *S. Christo val de Cuchero*. Ein unternehmender Mann *Don Emanuel Alcarraz* brachte die ersten Proben davon nach *Lima* und setzte die Benutzung dieses Produktes in Gang. Die Herausgeber der *Flora Peruviana* drangen 1779 zwar nicht bis an den Amazonenstrom selbst, aber doch bis an die Flüsse vor, welche sich zunächst in denselben ergießen. Sie besuchten die schönen Thäler von *Tarma, Xauxa,* und *Huamalies* und bestimmten 1779, also sieben Jahr nachdem *Mutis* seine Arbeit über die neugrenadischen Cinchona-Arten begann, die botanischen Charaktere der nordperuanischen Species. Nach und nach wurde heilsame Fieberrinde fast zugleich im nördlichsten und südlichsten Theile von Südamerika entdeckt, in den Gebirgen um *Santa Martha*, und im Königreich *Buenosayres* bei *La Paz* und *Cochabamba*, wo ein Seeofficier *Rubin de Celis* und der deutsche Botaniker *Taddäus Hänke* die Einwohner auf dieses kostbare Produkt aufmerksam machten.

Europa wurde demnach seit dem Jahr 1780 auf allen Seiten durch die Häfen von *Payta, Guayaquil, Lima, Buenosayres, Carthagena* und *Santa Martha* mit Fieberrinde von verschiedener Heilkraft überströmt. Diese Fieberrinde kam theils unmittelbar nach Spanien, theils durch Schleichhandel nach Nordamerika und England. Hier und da wurden auch Westindische Cinchona-Arten unter die des Continents gemengt. Man nannte Rinden, welche zwar auch überaus fieberheilend sind, aber von Bäumen herrühren, die nicht einmal dem *genus Cinchona* angehören, China. So sprach man in Cadiz von *Cascarilla* oder *Quina de Cumana* und von *Quina de la Angostura*. Ohne zu bedenken, daß wahre Fieberrinden zwar gleiche Heilkraft besitzen, aber doch specifike Unterschiede in der Art ihrer Wirksamkeit äußern können, theilte man alle China in ächte und unächte ein. Man forderte China wie die von *Loxa*, ohne zu bedenken, daß schon 1738 von *Loxa* selbst drei bis vier Arten Fieberrinden nach Europa kamen, welche von ganz verschiedenen Species von *Cinchona* geliefert werden. Man vergaß, daß die Güte der Rinde nicht bloß davon abhänge, daß sie von *C. lancifolia* oder von *C. macrocarpa* sei, sondern daß eben so sehr Standort, Alter des Baumes, schnelles und langsames Trocknen die Wirksamkeit bestimme. Man verkannte dieselbe Species, wenn die Rinde statt in Canutillos, d.h. in dünnen Rollen, in dicken Cortezones, oder gar gepülvert war. Man mengte bald aus Versehen, bald aus

Betrug Rinden von *Wintera grenadensis* und von gerbenden *Weinmannien* unter die Chinarinde, ja man färbte diese oft mit Aufguß von Brasilienholz.

Unter diesen Verhältnissen entstanden die abentheuerlichsten Vorurtheile in Beurtheilung der Cinchona. Gewisse Handlungshäuser in Spanien, welche seit einem halben Jahrhundert im Besitze des Alleinhandels der China von *Loxa* waren, suchten die von Neu-Grenada und dem südlichen Peru zu verrufen. Sie fanden gefällige Botaniker, welche durch rasche Erhebung von Varietäten zu Species bewiesen, daß alle Peruanischen *Cinchonen* von denen um *S. Fe* wachsenden specifisch verschieden wären. Physiker zogen, gleich den Päbsten, Demarcationslinien auf der Karte. Sie behaupteten, daß über einen gewissen Breitegrad hinaus in der nördlichen Hemisphäre keine wirksame China wachsen könne. Da indeß das Verkehr mit der Fieberrinde von *Huamalies* und *Huanuco*, welche *Ortega*, *Ruiz*, *Pavon* und *Tafalla* anrühmten, bald in die Hände derer fiel, welche den Südseehandel mit der alten China von *Loxa* getrieben hatten, so gewannen natürlich die neuen peruanischen Fieberrinden leichter Eingang in Spanien, als die von *Santa Fe.* Die letztern dagegen, welche die Engländer und Nordamerikaner sich leicht in *Carthagena* als einem dem Schleichhandel zugänglicheren Hafen verschaffen konnten, erhielt vorzüglichen Ruf in London, Deutschland und Italien. Die Wirkung kaufmännischer Ränke ging so weit, daß in Cadiz auf königlichen Befehl eine Menge der vortreflichsten pommeranzenfarbenen China von Neu-Grenada, welche *Mutis* auf königliche Kosten hatte schälen lassen, als ein völlig unwirksames Heilmittel verbrannt wurde, während man in allen spanischen Feldhospitälern an diesem köstlichen Erzeugnisse von Südamerika den größten Mangel litt. Ein Theil der zur Vernichtung verurtheilten China wurde von englischen Kaufleuten in Cadiz heimlich gekauft und in London zu hohen Preisen versteigert. Seitdem Herr *Zea*, der jetzige Aufseher des botanischen Gartens zu Madrid, in den *Annales de Ciencias naturales* gegen die Herausgeber der *Flora Peruviana* behauptet hat, daß ihre peruanischen Chinaarten mit den *Mutisischen* identisch sind, daß sie aber eine Species unter zwei bis drei Namen beschrieben haben, ist der Streit über die Güte der Fieberrinde von *Santa Fe* aufs neue lebhaft rege geworden. Das Supplement der Quinologia von *Ruiz* und *Pavon* ist mit einer Bitterkeit geschrieben, welche dem ruhigen Gange wissenschaftlicher Untersuchungen stets fremd bleiben sollte.

Ehe wir von der Geschichte der Entdeckung der *Cinchona* zu ihrer geographischen Verbreitung und ihren übrigen physikalischen Verhältnissen übergehen, müssen wir einen Blick auf die specifiken Unterschiede der verschiedenen Arten werfen. Eine eigentliche vollständige botanische Auseinandersetzung ist gegen den Zweck dieser Abhandlung. Wir werden dieselbe, Herr *Bonpland* und ich, bei einer andern Gelegenheit versuchen, nemlich in der Beschreibung der von uns, auf unserer Expedition entdeckten, von unserm vortrefflichen Freunde *Willdenow* bereits zum Theil bestimmten 2000 neuen Pflanzenarten. Da fast jede Species von China einer eigenen Region, einer eigenen Höhe am Gebirgsabhange der Andeskette zukömmt, so ist es zur gründlichen Behandlung des Gegenstandes unumgänglich nöthig, wenigstens die Synonimie der wichtigsten officinellen Arten zu berichtigen. Ich werde zuversichtlich nur dessen erwähnen, was ich selbst zu beobachten Gelegenheit gehabt habe.

(Die Fortsetzung künftig.)

# Über die Chinawälder in Südamerika

## Zweiter Abschnitt

——— Das *genus Cinchona* gehört zu den Pflanzengattungen, deren Arten in neuern Zeiten außerordentlich vermehrt worden sind. Linné kannte nur zwei derselben *C. officinalis* und *C. caribaea.* Vahl[9] führt in seiner Abhandlung über die Fieberrinde neun, Lambert[10] in seiner englischen Monographie eilf, Persoon im kleinen 1805 erschienenen *Enchiridium botanicum*[11] ein und zwanzig Species auf. Zählt man zu diesen noch zwei ehemals zur *Cinchona* gehörigen *Cosmibuenen* der *Flora Peruviana*, die in Ostindien entdeckte *Cinchona excelsa Roxb.*, meine *C. condaminea*, Vavasseur's *C. spinosa* und Willdenow's noch unbeschriebene kleinblättrige *C. brasiliensis*, welche wir der vom Graf Hoffmannsegg veranstalteten naturhistorischen Expedition verdanken, so scheint gegenwärtig die Zahl der entdeckten Fieberrindenbäume bis 27 Arten angewachsen zu seyn. Die Verfasser der *Flora Peruviana* haben allein 13 neue Species zu beschreiben geglaubt, während Herr Mutis alle von ihm in Südamerika untersuchte Cinchonen nur auf sieben reducirt. Ja Herr Professor Zea hat in den

9 *Skrivter af Naturhistorie Selskabet* B. 1. H. 1. p. 16.
10 *Description of the genus Cinchona* 1797.
11 *Synopsis plantarum* P. 1. p. 196.

Anales de ciencias naturales de Madrid[12] zu beweisen gewagt, daß fast alle von Ruiz und Pavon aufgeführte wirksame Species sich auf die von Mutis im Jahr 1793 in der Litteraturzeitung von Santa Fe de Bogota[13] beschriebenen 4 Arten *C. lancifolia C. oblongifolia*, *C. cordifolia* und *C. ovalifolia* zurückführen lassen.

In der That ist mir kaum ein Baum bekannt, der mehr in der Gestalt seiner Blätter variirt, als die *Cinchona*. Wer einzelne trockene Exemplare der Herbarien bestimmt, und nicht selbst Gelegenheit hat die Pflanze in den Wäldern zu beobachten, wird fast wie bei der *Broussonettia papyrifera*, in Blättern, die von einem Zweige sind, verschiedene Species zu erkennen glauben. Die gelbe Fieberrinde, *C. pubescens Vahl*, haben wir zugleich foliis ovatis, oblongis, ovato-lanceolatis und ovato-cordatis gefunden. Mutis nennt sie *C. cordifolia*, weil sie die einzige Art ist, auf der man bisweilen herzförmige Blätter findet. Dieselbe Species variirt wie die weiße China, *C. ovalifolia Mut. (C. macrocarpa Vahl)* foliis utrinque laevibus und foliis utrinque pubescentibus. Diese Varietäten sind in den vortreflichen colorirten Zeichnungen dargestellt, welche mir Herr *Mutis* bei meiner Anwesenheit in *Santa Fe* geschenkt und welche, mit einem vollständigen Herbarium meiner Expedition nach den Tropenländern, in dem Jardin des Plantes zu Paris deponirt sind. Selbst die lorbeerblättrige C. *Condaminea*, die feinste China von Uritusinga, hat, je nachdem sie in Höhen wächst, die der des Gothard oder des Aetna gleich sind, die verschiedenartigsten Blätter. Sie würde die Chinaschäler (Cascarilleros) täuschen, wenn sie den Baum nicht an den von den Botanikern so lange übersehenen Glandeln erkennten. Wir haben in Gonzanama unfern Loxa eine große Zahl dieser heterogenen Blattformen sauber mit Buchdruckerschwärze abgedruckt, um zu beweisen,[14] wie schwankend alle bloß von den Blättern hergenommene Kennzeichen sind. Zu diesen und ähnlichen Zwecken ist die längst bekannte, aber noch sehr zu vervollkommnende Methode der Ectypa überaus nützlich, da sie vielbeschäftigten Reisenden ein Mittel darbietet, sich in wenigen Minuten die treuesten Umrisse zu verschaffen.

Je mehr die Fieberrindenbäume nach Höhe des Standorts, Rauhheit oder Milde des Klima's, nach Vereinzelung der Stämme oder dichter Umgebung von anderen Pflanzen, nach Geilheit des Wuchses und grösserer oder geringerer Nässe des Bodens in der Gestalt und Glätte der Blätter variiren, desto nothwendiger ist es bei den diagnostischen Kennzeichen auf die Gestalt der Blüthen, besonders auf die Länge der Staubgefäße, auf das Verhältniß zwischen den Staubfäden und Staub-

12 Anno 1801 No. 5.

13 *Pupel periodico de Santafe* 1793. n. 111.

14 Gegen *Ruiz y Pavon Supplem. à la Quinologia* p. 32.

beuteln, wie zwischen dem freien und angewachsenen Theil der Filamente Rücksicht zu nehmen. Es ist nicht genug die Species in solche zu unterscheiden, welche Corollam glabram oder hirsutam, Stamina exserta oder inclusa haben. Ein aufmerksamer Beobachter findet fast in jeder Art auffallende Verschiedenheiten in dem Bau der Corolla. So hat *C. parviflora Mut.* filamenta basi dilatata et pubescentia, *C. macrocarpa Vahl* filamenta vix ulla, antheras in parte superiori tubi latentes, *C. oblongifolia Mut.* filamenta brevissima, antheras infra medium tubi sitas. Die *Cinchona ovalifolia Mut.*, die weiße China, variirt oft mit 6 bis 7; die C. *Condaminea* nur mit 3 oder 4 Staubfäden. Bei der erstern wird der limbus oft in 6 bis 7, bei der letztern meist in 4 Einschnitte getheilt gefunden. Bei der *Cascarilla fina de la Provincia de Jaen*, welche Herr Bonpland nächstens beschreiben wird, fand ich den Staubbeutel stets kürzer als den freie Theil des Staubfadens, und diesen freien Theil wiederum länger als den angewachsenen, dagegen bemerkte ich, daß bei der *Cascarilla fina de Uritusinga* oder der C. *Condaminea* die Antheren doppelt länger als der freie Theil des Filaments und dieser freie Theil $\frac{2}{3}$ kürzer als der angewachsene ist. Die Angabe dieser Verhältnisse fehlt fast ganz in den sonst so vortrefflichen Beschreibungen der Cinchona, die wir Vahl, Swartz und den Verfassern der Flora Peruviana verdanken.

In dem Handel werden mehrere Rinden Chinarinden genannt, welche nicht demselben genus Cinchona zugehören. So nannte man in Spanien *Quina de la Guayana* oder *de la Angostura* das vortreffliche Heilmittel, welches die Catalunnischen Capucinermönche der Missionen am Fluß *Carony* zuerst bekannt gemacht haben. Herr *Mutis* lernte den Cortex Angosturae schon 1759 in Madrid bei Don Vincente Rodriguez de Rivas[15] kennen, er bediente sich desselben in seiner medizinischen Praxis; er vermuthete schon damals, daß sie nicht dem genus Cinchona angehöre. *Löfling* ist in den Missionen von *Carony* gestorben, ohne dieses herrliche Produkt zu kennen. Man schrieb es hernach bald der *Brucea ferruginea*, die übrigens in Abyssinien wächst, bald der *Magnolia glauca*, bald (was allerdings wahrscheinlicher war) der westindischen *Magnolia Plumeri* zu. Wir haben auf unsrer Expedition Gelegenheit gehabt, den *Cusparebaum*, welcher den Cortex Angosturae giebt, botanisch zu untersuchen. Wir erkannten darin ein neues *genus*, welchem unser vortrefflicher Freund Willdenow in den Schriften der Königl. Akademie der Wissenschaften den Namen *Bonplandia*[16] beigelegt hat. Dieser Name meines Reisegefährten ist der Cuspapflanze geblieben, da wir die von

[15] *Papel periodico de Santafe* n. 95. p. 337.

[16] Samml. deutscher Abhandl. für 1801 und 1802, S. 36.

Cavanilles aufgestellte mexikanische *Bonplandia geminiflora* in *Caldasia heterophylla* verwandelt haben.

Von der Cinchona ist ebenfalls verschieden die China von Cumana, welche unter dem Namen *Cascarilla de Nueva Andalusia* seit 4 bis 5 Jahren durch den thätigen Gouverneur Don Vincente Emparan nach Spanien gesandt worden ist. Ein Chemiker würde diese Cusparinde schwerlich von wahrer Fieberrinde unterscheiden können. Sie ist ein vortreffliches fieberheilendes Mittel. Ohnerachtet wir die Cuspabäume von Rio Manzanario bei Cumana fast ein Jahr lang beobachtet haben, so ist es uns doch leider nie geglückt ihre Blüthe zu finden. Wir wissen daher nicht, in welchem Kennzeichen sich das genus von Cinchona und Bonplandia unterscheidet, doch macht der Mangel von stipulis, der Blätterstand und der ganze habitus es mehr als wahrscheinlich, daß die Cuspa keine Cinchona ist. Die Abwesenheit der Afterblätter ist besonders auffallend. Trotz der folia alterna könnte indeß die China von Cumana doch wohl Cinchona seyn, wie *Cornus alternifolia* isolirt zwischen zwölf Cornusarten foliis oppositis steht.

Sehr zweifelhaft ist uns ebenfalls geblieben, ob die Chinarinde von Atacamez, einem Dorfe das westlich von der Villa de Ibarra an der Küste der Südsee zwischen Rio verde und Rio Esmeraldita gelegen ist, von einer Cinchonaart geliefert wird. Die Blüthe dieser Atacamezrinde, welche wir bei unserm Aufenthalt in der Stadt Popayan haben kennen gelernt, ist noch von keinem Botaniker untersucht worden. Herr Brown, der lange vor uns, 1793 in der Südsee war, hat bereits in Lamberts Monographie der Cinchona[17] einige Nachricht von dieser neuen Chinarinde heißer Erdstriche gegeben. Er nennt sie aus geographischer Unkunde oder durch Verunstaltung des Namens, *Bark of Tecamez* statt *Cascarilla of Atacamez.*

Eine vierte Pflanzengattung, welche Chinarinde, wenn gleich von geringer Heilkraft giebt, ist das genus *Cosmibuena* der Flora Peruviana. Daher gehört *Cinchona longiflora Mutis*, oder *Cinchona grandiflora Ruiz*, ein Baum von großer Schönheit, den wir oft in tiefen heißen Thälern mit schönen duftenden Blüthen prangen gesehen. Die Staubfäden liegen tief in dem tubus corollae versteckt, und die Frucht ist der der andern Cinchonaarten so ähnlich, daß das genus *Cosmibuena* wohl schwerlich als ein eigenes bestehen kann.

Dagegen wäre es vielleicht rathsam die Chinabäume mit langen aus der Röhre der Blumenkrone weit hervorragenden Staubfäden, wie Jacquin's *C. caribaea*, Swarzens *C. angustifolia*, *C. brachycarpa* und *C. floribunda* in ein eigenes fünftes, den Cinchonen nahe verwandtes genus zu vereinigen. Die sieben dazu gehörigen

[17] *Lambert* p. 30.

Arten haben das Eigenthümliche, daß sie alle, bis auf eine Ausnahme, der Inselwelt, nemlich den philippinischen, westindischen und Südseeinseln zugehören, und heiße Thäler, ja selbst Ebenen dem hohen Gebirgsstande vorziehen. Auf dem südamerikanischen Continent kenne ich nur zwei Arten, welche stamina exserta haben, Lambert's *C. longiflora* aus der französischen Guyana, und die noch nicht beschriebene *Cinchona dissimiliflora Mut. (staminibus longe exsertis, corollae laciniis tubo longioribus, foliis cordato oblongis)*, welche im Königreich Neu-Grenada vom Gebirgsabhange gegen die Ebene bis zu 200 Toisen über die Meeresfläche herabsteigt. In Westindien findet sich *C. caribaea* und *C. angustifolia* an noch tiefern Punkten, ja in Gegenden, die warm genug für die Kultur des Zuckerrohrs sind. Alle diese Insel-Cinchonen, staminibus exsertis, haben glatte Corollen. Alle bis auf die einzige *C. philippica*[18] *pedunculis biternato* corymbosis, welche Nee zu Santa Cruz de la Laguna bei Manilla entdeckt hat, haben Stigma capitatum oder obtusum. Dagegen bemerkt man in allen Cinchonen staminibus inclusis ein getheiltes Stigma. Die Blumenkrone der letztern ist bald glatt, bald mit Filz bedeckt. Schon Mutis schlägt in der Litt. Zeit. von Santa Fe vor, die Cinchonen mit langen vorstehenden Staubfäden von den übrigen zu trennen. „Ich weiß nicht," sagt er, „was mein Freund Linné von der Fieberrinde der Südsee gehalten hat, denn die Aufnahme im Supplement beweist nur die Gunst des Sohnes, dessen Meinungen für mich nicht das Gewicht der Meinungen des Vaters haben." Die Verfasser der Flora peruviana wollen jene Insel-Cinchonen zu Portlandien[19] machen, aber Herr Swarz beweist mit Recht in Schraders Journal für die Botanik[20] daß bei den Insel-Cinchonen wie bei denen des festen Landes die Capsel ein dissepimentum loculorum exacte parallelum und bei Portlandia ein dissepimentum vere contrarium existirt. Ruizens *Portlandia corymbosa* ist daher keine Portlandia, sondern gehört zu den Cinchonen filamentis e basi tubi ortis, zu *C. caribaea*, *C. floribunda* und *C. brachycarpa*, eine Pflanzengruppe, welche Herr Swartz ebenfalls der Blüthe, aber nicht der Frucht wegen in ein eigenes genus vereinigen möchte. Die in Ostindien entdeckte *C. excelsa* mit ungeheuer langen oft 12 Zoll langen und 5 Zoll breiten Blättern steht zwischen den westindischen und südamerikanischen Cinchonen fast in der Mitte und ihre Existenz scheint die vorgeschlagene Trennung der beiden Gattungen gleichsam zu widerrathen. Doch nähert sich *C. excelsa Roxb.* weniger den Insel-Cinchonen als den Neu-Grenadischen und Peruanischen Corolla pubescenti, staminibus medio tubi insertis nec

18 *Cavanilles Icon.* T. IV. p. 15. t. 329.

19 *Flor. Peruv.* T. II. *Praef. et* p. 49.

20 Band I. p. 358.

e basi tubi nascentibus, antheris nec filamentis exsertis, margine seminum lacero haud integro. Die Antheren bei dieser ostindischen Art sind achtmal länger als die Staubfäden. In der Gestalt der Früchte ist es schwer Gründe für die Vereinigung der Insel-Cinchonen in ein eigenes genus zu finden. Sie unterscheiden sich[21] von den Fieberrinden des Continents von Südamerika „valvulis minus extrorsum divergentibus et receptaculo ovato nec lineari seminumque margine integro nec lacero.“ Aber außer der glatten ungekerbten Rinde der Saamenflügel, welche ich meistens finde, zeigen die übrigen Gestalten der Früchte allmälige Übergänge, welche alle Cinchonen gleichsam an einander ketten. Für das neue *genus* der die heiße Ebene liebenden Insel-Cinchonen bliebe demnach übrig: Corolla glabra, filamentis longe exsertis ex basi tubi nascentibus. Semina margine integro cincta. Stigma simplex capitatum. Aber 1) viele Cinchonen staminibus inclusis und *C. grandiflora Ruiz,* haben corollam glabram. 2) *C. philippica* hat weit vorragende Filamente, Stigma bilamellatum, und wie es scheint doch semina margine integro cincta. 3) *C. excelsa* hat Stigma subcapitatum leviter emarginatum bei nicht gekerbtem Saamen und nicht hervorragenden Staubfäden. Bei diesen Ausnahmen, wäre es allerdings gewagt, so nahe verwandte natürliche Pflanzengattungen von einander zu trennen.

Am wenigsten scheint auf dem ersten Anblick die sonderbare stachlige C. *spinosa* von der Insel S. Domingo zu dem genus Cinchona zu gehören. Sie ist wunderbar kleinblättrig und hat oft folia terna vertiticillata. Von der Farbe ächter Fieberrindenbäume entfernt sich noch mehr eine zweite stachliche Cinchona, welche bei *Guayaquil* an der Südseeküste wächst, und welche uns Herr Tafalla bei unserm Aufenthalte daselbst im Winter 1803 gezeigt hat. Diese letztere noch unbeschriebene Species ist eine rankende Pflanze, und dadurch einigermaßen dem genus Danais aus Madagascar verwandt, welches Persoon auf Portlandia folgen läßt, da die *Cinchona* ähnlichere *Paederia fragrans* von *Paederia foetida* getrennt worden ist. Diese Tafallasche neue *C. scandens* hat übrigens die völlige Frucht der fieberheilenden Cinchona und gehört unstreitig zu den merkwürdigsten Erscheinungen der Pflanzenphysiognomik.

Eben diese Frucht der ächten *Cinchonen* bringt auch *Pinkneya pubens Michaux*[22] hervor, ein Baum, den ich mit *C. caribaea* in dem vortrefflichen botanischen Garten des Herrn Hamilton bei Philadelphia kultivirt gefunden habe. Die *Pinkneya* wächst am Marienflusse in der Provinz Georgia, und ist von Bartram

---

[21] Schrader a. a. O. S. 359.

[22] *Flor. americana* I. p. 105.

bereits propter calycis laciniam unicam foliaceam bracteaeformem, unter dem Namen *Mussaenda bracteolata* beschrieben. Die fieberheilenden Kräfte dieser dem genus Cinchona nahe verwandten, außerhalb der Tropenwelt wachsenden Pflanze sind noch nicht untersucht worden. Dagegen hat Herr Walker in zwei schönen Abhandlungen gezeigt, daß die Rinde von *Cornus florida* aus Virginien und von C. *sericea* aus Pensylvanien und Süd-Carolina, ja selbst der Tulpenbaum *(Liriodendron Tulipifera)* als fieberheilende Mittel mit Vortheil in Nordamerika gebraucht werden können[23]. Im Königreich Neu-Spanien, wo bisher keine Art der Cinchona entdeckt worden ist, kann, wie mich der Aufseher des akademischen botanischen Gartens zu Mexico versichert hat, die von Sesse aufgefundene noch unbeschriebene *Portlandia mexicana* die Fieberrinde von Loxa ersetzen; in Ostindien (nach D. Klein in Tranquebar) kann es die von Roxburgh abgebildete *Switenia febrifuga*. Eine mit Portlandia nahe verwandte Pflanze, Swarzens und Jacquin's *Portlandia hexandra*, (Aublets *Coutaria speciosa*) liefert die Chinarinde der französischen Guyana, welche in Frankreich unter dem Namen écorce fébrifuge de Cayenne[24] bekannt ist, und welche so wenig als die China von Cumana oder die Cuspare der Angostura von einer Cinchona herstammt.

So viel über die generischen Kennzeichen der Gewächse, welche an *Cinchona* grenzen und alle zu der großen Familie der *Rubiacien* gehören. Wir sehen, daß so wie Caoutchouc[25] aus dem Safte der verschiedenartigsten Pflanzen in Menge abgeschieden wird, am Orinoco und in Cayenne aus der *Hevea*, am Canno Pimichin der in den Rio Negro fällt, aus dem Baume *Jacio*, im Königreich Neu-Grenada aus einer neuen Art von Ficus, in der Provinz Popayan bei dem indianischen Dorfe la Cruz aus einer von uns zu beschreibenden Lobelia, in Bengalen aus der im 5ten Bande der *Asiat. Researches* abgebildeten *Urecola elastica*, in Madagascar aus *Commiphora madagascarensis*; so bietet auch die Natur das fieberheilende Prinzip der China oder diejenige gerbestoffhaltige, Sauerstoff absorbirende Mischung, die wir in vorzüglicher Güte von der *Cinchona Condaminea*, *C. pubescens* Vahl, und *C. lanceifolia* Mut., erhalten in Gewächsen dar, welche nicht einmal zu einer und derselben Gattung gehören. Ein Chemiker würde vielleicht mehr Unterschiede zwischen den westindischen und südamerikanischen Fieberrinden, als zwischen

---

23 *Walker on the virtues of the Cornus and the Cinchona compared. Philad.* 1803. *Rogers Diss on the properties of the Liriodendron Phil.* 1802.

24 *Ventenat Tableau du regne végétal.* T. II. p. 578.

25 Man nennt häufig die *Cecropia peltata* als einen Baum, der einen Theil des amerikanischen *Caoutchucs* liefere. Ich zweifle aber daß man in einem Theile des neuen Continents sich dieses schwer zu verdickenden Saftes bediene.

der Cuspa von Cumana und der China von Loxa finden, und doch ist der Cuspabaum foliis alternis stipulis nullis höchst wahrscheinlich eine von Cinchona weit entfernte Gattung.

Nachdem wir sorgfältig geschieden, was theils in botanischer Hinsicht mit Cinchona nahe verwandt, theils im Handel mit den Namen China, Cascarilla, Quinquina oder écorce fébrifuge von verschiedenen Nationen bezeichnet wird, nachdem wir getrennt die Cinchonen mit eingeschlossenen nicht aus dem untern Ende der Blumenröhre entspringenden Staubfäden mit getheilter Narbe und gezähnten Saamenrändern von den Insel-Cinchonen, deren lang hervorragende Filamente tief aus der Blumenröhre entspringen, und die bei ungezähnten Saamenflügeln ein ungetheiltes *Stigma* haben; nachdem wir die Verwandtschaft und vorgegebene Mischungsähnlichkeit untersucht von Cinchona, Portlandia, Coutarea, Cosmibuena, Pinkneya, Danais, Bonplandia, Cuspa und Atacamez-Baum: so gehen wir zu der Bestimmung derjenigen Cinchona-Arten über, welche für die Heilkunde und für das Verkehr der Nationen von großer Wichtigkeit geworden sind. Ohne die gründliche Auseinandersetzung der specifischen Charaktere und ohne Berichtigung eines Theils der Synonymie würde alles was ich von der geographischen Verbreitung der Fieberrinde und von ihren physikalischen Verhältnissen sagen werde, undeutlich und schwankend bleiben, da (wie ich schon oben erwähnt), fast jeder Species eine eigene Region angewiesen worden ist, und da einige Botaniker zum größten Schaden der Wissenschaften die heterogensten Arten mit einerlei Namen belegt haben. So z. B. ist *Cinchona longiflora* Mut. ganz von C. *longiflora* Lambert, verschieden. Beide haben zwar *corollam glabram* und gehören zu den wärmeliebenden minder fieberheilenden Cinchonen. Aber die erstere aus Neu-Grenada hat stamina inclusa und ist wahrscheinlich mit C. *grandiflora Flor. Peruv.* identisch. Dagegen gehört die C. *longiflora* Lambert aus der französischen Guyana zu den Arten, welche filamenta longe exserta und sehr kurze Saamenkapseln haben. *Cinchona caribaea* Jacq. ist ganz von der C. *caribaea* verschieden, die im Journal de Physique 1790 Octobre, beschrieben ist. Die Diagnosen, welche ich beifüge, sind nicht aus anderen bereits gedruckten Werken entlehnt, sondern beziehen sich theils auf meine eigenen in der freien Natur angestellten Beobachtungen, theils auf das, was ich dem belehrenden Umgange des Herrn Mutis verdanke.

## Charakteristik einiger Cinchona-Arten

Vahl in seiner vortrefflichen, von Lambert vermehrten Monographie, theilt alle Species in zwei Pflanzengruppen floribus tomentosis, staminibus inclusis und floribus glabris staminibus exsertis ein. Diese Eintheilung hat den Fehler, daß zwei Charaktere neben einander gestellt werden, welche keinesweges gleichzeitig bei allen jetzt bekannten Arten beobachtet werden. Allerdings hat keine Cinchona floribus tomentosis lang hervorragende Staubfäden, denn bei der ostindischen Species sind bloß die Antheren sichtbar; aber es giebt Cinchonen, welche wie *C. parviflora* Mut. und C. *grandiflora Flor. Peruv.* eine glatte Blumenkrone und eingeschlossene Staubfäden haben. Mit mehreren, wenn gleich auch nicht mit vollem Rechte, könnte man trennen: Cinchonae staminibus inclusis stigmate bilamellato seminum ala denticulata vel lacera und Cinchonae filamentis insertis ex imo tubo nascentibus seminibus membrana integra cinctis. Logisch richtiger scheint es indeß die Cinchonen in die mit glatten und in die mit haarigen Blumenkronen abzutheilen. Dann zerfällt bloß die erste Abtheilung nach der Länge der Staubfäden in zwei kleinere tribus und dann gesellen sich (was freilich nur ein Nebengewinn ist) noch alle nutzbaren und fieberheilenden Species in eine Gruppe zusammen.

### A. Cinchonae corollis tomentosis

1. C. *Condaminea corollae tubo hirto, foliis ovato-lanceolatis utrinque glaberrimis, in axillis nervorum inferne scrobiculatis. Humb. et Bonpl. Plant. Equin. Fasc. II. p.* 29. *tab.* 10.

Diese Art, die feine China von Uritusinga, konnte bloß mit der C. *glandulifera Flor. Peruv.* verwechselt werden. Aber diese letztere unterscheidet sich corolla solummodo intus lanuginosa tubo externe glaberrimo, foliis inferne villosis[26]. Auch zählen die Einwohner die C. *glandulifera*, welche (zu Chicoplaya) *Cascarilla negrilla* genannt wird, zu den minder heilsamen China-Arten.

---

26 *Flor. Peruv.* T. III. p. 1. t. 224.

Wenn irgend eine Species ausschließlich den Namen C. *officinalis* verdiente, so wäre es der Baum, welcher die Cascarilla fina de Uritusinga liefert, eine Fieberrinde, welche man in Spanien von jeher im Tertianfieber für die heilsamste von allen gehalten hat, und welche gegenwärtig bloß für die königl. Hofapotheke geschält wird, und daher auf gesetzmäßigen Wegen nie in den Handel kommt. Ohnerachtet dieser Vorzüge haben wir aus mehrern Gründen ihr doch lieber einen neuen, nicht von ihrer Güte oder Heilkraft hergenommenen Namen gegeben. 1) Nicht eine Species, sondern alle mit haarigen und filzigen Blüthen versehenen Cinchonen sind officinell, und keine Art verdient einen absoluten Vorzug vor allen, da nach Verschiedenheit der Krankheitsformen verschiedene Species, z. B. in intermittirenden eingewurzelten Fiebern, C. *Condaminea* und C. *lancifolia Mut.* bei Muskelkrankheiten oder eiternden Geschwüren C. *oblongifolia Mut.* in der Nachkur, um Rückfälle zu vermeiden, die mildere C. *cordifolia Mut.* anzuwenden ist. 2) In den Schriften der Botaniker werden ganz heterogene Cinchona-Arten unter dem Namen C. officinalis beschrieben. Hätten wir die China von Uritusinga mit demselben Namen belegt, so hätte man sie mit der gelben C. *cordifolia Mut.*, mit der weißen C. *macrocarpa Vahl*, oder gar mit C. *nitida Ruiz*, welche drei Species zu verschiedenen Zeiten C. *officinalis* geheißen haben, verwechselt.

Dieser letztere für die botanische Synonymie und die Materia medica gleich wichtige Punkt verdient eine genauere Erläuterung. Man frägt: welches Gewächs hat Linné in der 12ten Ausgabe des Systema Naturae C. *officinalis* genannt? Vahl behauptet, es sei seine C. macrocarpa[27] aus dem Königreich Neu-Grenada, die ihm Ortega mittheilte. Da nun aber C. macrocarpa Vahl nichts anders als unsere weiße großblüthige China von S. Fe, C. *ovalifolia* Mut. ist, und laut Herrn Mutis eigenem Zeugniß diese nie von Linné gesehen ward, so darf C. *macrocarpa* Vahl nicht als Synonym von C. *officinalis* Linn. Syst. Nat. ed. 12. aufgeführt werden. Der große Kopenhagner Botaniker, dessen frühzeitigen Tod alle Freunde der Pflanzenkunde mit Recht betrauern, ward zu einer irrigen Synonymie dadurch verleitet, daß er 1) wußte, Linné habe im spätern Zeitraum seine Beschreibung der C. *officinalis* auf Exemplare gegründet, welche er von S. Fe erhielt, und 2) daß er fälschlich voraus setzte, alle um S. Fe von Mutis entdeckten Chinawälder beständen aus weißer Fieberrinde, oder C. *macrocarpa*.

Linné vereinigte, wie schon oben bemerkt worden ist, zwei ganz verschiedene Pflanzen unter der Benennung C. *officinalis*. Das getrocknete Exemplar, welches er zur selbst entworfenen Diagnose benutzte, war (wie mich Herr Mutis wiederholt

[27] *Act. Havn* I. p. 19. *Lambert* p. 22.

mündlich versichert hat) gelbe China, C. *cordifolia* Mut., und dieselbe Species, welche Vahl C. *pubescens* nennt, von der aber eine Varietät völlig glatte Blätter, folia utrinque glabra, hat. Als Synonym führte Linné die von la Condamine in den Mém. de l'Academie 1738 beschriebene Art an. Er vereinigte demnach eine Species von S. Fe mit einer andern, welche ausschließlich in der Gegend von Loxa wächst.

Ruiz nennt in der Quinologia[28] C. *officinalis* eine Art, welche er späterhin in der Flora Peruviana unter dem Namen *C. nitida* beschreibt. Er behauptete damals, daß dieser Baum, welcher in den Wäldern von Huamalies und Xauxa, also fern von Loxa unter dem $10^{\circ}$–$12^{\circ}$ südl. Br. wächst, die von La Condamine beschriebene China sei. Im Supplement à la Quinologia, p. 68, einer gegen Herrn Zea, Mutis und Cavanilles erschienenen botanischen Streitschrift, wird diese Behauptung mit Recht zurückgenommen. In der That ist C. *nitida* oder C. *officinalis Ruiz* keine andere als die Cascarilla naranjanda von S. Fe, oder C. *lancifolia* Mut.

Weil demnach bereits vier verschiedene Arten, die Cascarilla fina de Uritusinga, die La Condamine gezeichnet, C. *pubescens* Vahl, C. *nitida* Ruiz und C. *macrocarpa* Vahl, mit dem Namen C. *officinalis* belegt worden sind, so haben wir zum Andenken an die ersten Beschreiber, jene China von Uritusinga C. *Condaminea* genannt. Zwar äußert Herr Ruiz im Supplemento a la Quinologia die Meinung, daß die Pflanze, welche man jetzt in Loxa Cascarilla fina nennt, nicht die von dem französischen Astronomen beschriebene Pflanze sei; aber dagegen zeugt nicht bloß das einstimmige Zeugniß aller Einwohner von Loxa, Caxanuma und Uritusinga, sondern auch das Jussieusche Herbarium zu Paris. Herr Bonpland hat unsere C. *Condaminea* sorgfältig mit den Exemplaren verglichen, welche von Joseph de Jussieu und La Condamine gesammelt wurden. Es blieb kein Zweifel über die Identität der Species übrig.

Da die C. *Condaminea* wie Myristica, Caryocar amygdaliferum, und viele kostbare Produkte der Tropenwelt auf einen sehr kleinen Raum beschränkt ist, so hat man sie auch bisher am unvollständigsten beschrieben. Kein Botaniker, weder Ruiz und Pavon, noch Tafalla oder Nee, oder Hänke oder Mutis hat sie vor uns an ihrem Standorte beobachtet. Als unvollständige Abbildungen der C. *Condaminea* darf man betrachten 1) Mém. de l'Acad. de 1738, p. 114. 2) Lamark Encyclopédie pl. 164. fig. 1. 3) Vahl Skrivt. af Naturh. Selskabet I. tab. 1. und Lambert Monogr. Tab. 1. Überall ist der wahre Charakter der Blätter verfehlt und es würde gewagt seyn diese Synonymie anzuführen, wäre man nicht durch Untersuchung der Exemplare gesichert, welche zu den Abbildungen gedient haben.

---

28 *Cascarilla officinal.* Quinologia Act. II. p. 56.

Unsere C. *Condaminea* wächst unter dem 4ten Grade südlicher Breite am Gebirgsabhange in der mittlern Höhe zwischen 900 und 1200 Toisen. Sie liebt ein etwas milderes Klima als die orangenfarbige China, C. *lancifolia* Mut. von S. Fe. Sie ist einer mittlern Temperatur von 15 bis 16° R. ausgesetzt, welches ungefähr die mittlere Wärme der Kanarischen Inseln ist.

Ich schalte hier eine genaue Diagnose der C. *Condaminea* ein, welche ich zu Gonzanama entworfen, und die (da sie unter astronomischen Manuskripten vergraben blieb) von Herrn Bonpland bei Herausgabe des 2ten Fasciculs der Plant. équinoxiales nicht hat benutzt werden können.

*Calyx* tubulosus basi angustatus sub 5-gonus subhirtus ore 5-dentato, dentibus ovatis acuminatis patentibus. *Cor.* hypocrateriformis tubo cylindrico rubro laevissime hirto 5-gono (ad basin persaepe fisso) limbo 5-fido saepissime 4 fido, laciniis ovatis acutis apice et margine ciliatis, vel tomentosis ciliis albis. *Faux* Corollae et totius tubi pars interior rubra glabra, nec ciliata. *Stamina* quinque, rarius tria et quatuor. In Corolla 4 fida saepius stamina quinque numeravi. *Filamenta* ex rubro albescentia, imo tubo adnata, cum eo cohaerentia, tertiam tubi partem aequantia, eademque tantum tertia sui longitudinis parte libera. *Antherae* flavae lineares, parte libera filamenti duplo longiores. *Germen* rotundum subdepressum rubescens, saepe punctatum et 5-sulcatum. *Stylus* fere longitudine tubi crassus teres. *Stigma* tubum vix superans viridescens, compressum, bifidum saepe bipartitum, *Capsula* calyce coronata, oblonga flore tertia parte longior, bipartibilis, striato-costata, de medio hiscens, dissepimento parallelo. *Semina* plura compressa ala membranacea crenulata cincta. – *Rami* cicatrisati post casum foliorum, sub 4 goni juniores glaberrimi, subpulverulenti. *Folia* petiolata decussatim opposita lanceolata obtusa acuta, integerrima, utrinque viridia, nullis venis rubris picta, fere laurina, glaberrima, in axillis nervorum inferne scrobiculata. *Glandulae* nullis pilis obsitae, convexitate in pagina superiori folii conspicua, venas altitudine superantes. Pagina folii inferior scrobiculum demonstrat. *Petioli*, saepe rubescentes superne plani inferne teretes. Stipulae deciduae oblongae carinatae. Panicula axillaris et terminalis folio longior floribus breve pedicellatis.

Größe der Theile bei einem Baume, der zum erstenmale blüht: Kelch, $1\frac{7}{10}$ Linien lang; Blumenkrone, $5\frac{4}{10}$ Linien; Capsel 8 Linien lang, $3\frac{1}{2}$ Lin. breit; stets Par. Maaß. Blätter ohne Blattstiel, die recht ausgewachsen, 4 Z. 3. Lin. lang und 1 Z. 9 Lin. breit. Die jungen Blätter haben oft eine Länge von 5 Zoll und dabei die große Breite von 4 Z. 7 Lin.

Die C. Condaminea variirt außerordentlich in den Blättern, ehe der Baum zur Blüthe kommt. In den Schößlingen und sehr jungen Bäumen bemerkt man oft folia lato ovata und ovato-lanceolata. Je älter der Baum wird, desto schmälere Blätter trägt er. Bei großer Geilheit des Wuchses verschwinden oft die Grübchen, welche auf der obern Blattseite als convexe Glandeln erscheinen. Auf sehr breiten Blättern, in denen das Parenchyma beträchtlich ausgedehnt ist, fehlen sie fast ganz. Doch trifft man selbst dann auf demselben Zweige immer einzelne folia scrobiculata.

2. C. *lancifolia foliis lanceolatis acutis utrinque glaberrimis.* Mutis Period. de St. Fe, p. 465. (et Flor. Bogot. Mss.) In Santa Fe unter dem Namen Quina naranjanda, Quinquina orangé oder pommeranzenfarbige China bekannt. Nächst der C. *Condaminea* die fieberheilendste aller China-Arten, die Species, welche Herr Mutis in seiner Quinologia die Quina primitiva directamente febrifuga nennt, weil er sie den folgenden drei Arten vorzieht und weil er glaubt, was freilich unrichtig ist, die feine China von Uritusinga sei, mit der Quina naranjada von Neu-Grenada identisch. Die C. *lancifolia* hat kleinere Blätter als alle andere Arten corollis tomentosis. Auch sind dieselben stets glatt, da hingegen bei der gelben und weißen Fieberrinde der Standort Varietäten mit haarigen Blättern erzeugt.

Die Quina naranjada liebt ein rauhes Klima. Sie wächst zwischen dem 4ten und 5ten Grade N. Br. auf Gebirgsabhängen, die 700 bis 1500 Toisen hoch sind. Die mittlere Temperatur dieses Standorts ist ohngefähr der von Rom gleich. Sie beträgt 13° R., doch sind die Fieberrindenbäume, welche am höchsten gegen den Gipfel der Gebirge aufsteigen, meist einer Temperatur von 8 bis 9° ausgesetzt. Bei nächtlicher Kälte sinkt das Thermometer in diesen Alpenwäldern stundenlang bis zum Gefrierpunkt herab, doch fällt bis 1500 Toisen Höhe kein Schnee in dieser Breite.

Die Quina naranjada gehört mit der C. *Condaminea* zu den seltenen China-Arten. Die Natur hat sie selbst im Königreich Neu-Grenada in viel geringerer Menge als die rothe und gelbe Fieberrinde hervorgebracht, welche letztere hie und da fast zusammenhängende Gebüsche bilden. C. *lancifolia* dagegen steht immer einzeln, und was bei einem so kostbaren Erzeugniß sehr zu bedauern ist, sie vermehrt sich minder leicht durch Wurzelsprößlinge als C. *cordifolia* und C. *oblongifolia.*

In Vahls und Lamberts Monographien ist der Art naranjada von S. Fe nicht erwähnt. Ein unbestreitbares Synonymum hingegen ist *Cinchona angustifolia Ruiz*, Suppl. à la Quinologia, p. 21., wo eine vortreffliche Abbildung gegeben wird. Es ist in der That zu verwundern, daß ein so genauer Botaniker als Herr Ruiz den alten Mutisischen Namen *C. lancifolia* in C. *angustifolia* umändert, da derselbe bis jetzt von Swartz[29] einer bekannten Insel-Cinchone cor. glabris staminibus longe exsertis gegeben worden ist.

29 Flor. Ind. occ. I. p. 380. Lambert p. 29. Pl. 9.

Herr Professor Zea glaubt, und wie mir scheint mit vollem Recht, daß mehrere Species der Flora Peruviana bloß verschiedene Zustände der Quina naranjada bezeichnen, Zustände, welche von Alter, Klima und Standort abhängen. So scheinen Varietäten der C. *lancifolia Mut.* zu seyn: 1) C. *nitida* Flor. Peruv. II. Icon. t. 191. (Ruiz Quinol. II. p. 56.) Ruizens Cascarilla officinal. 2) C. *lanceolata* Flor. Per. II. p. 51. und C. glabra Ruiz Quin. II. p. 64., Cascarilla lampina, von der keine Abbildung geliefert wird. Herr Zea glaubt auch hieher rechnen zu dürfen C. *rosea* Flor. Per. II. Ic. 199. eine Art, welche in Peru die seltenste seyn soll, und (was mit der Natur der C. *lancifolia* wenig übereinstimmt) in die tiefsten Gegenden[30] vom Gebirge herabsteigt.

Die Fieberrinde, welche in Cadiz unter dem Namen Calisaya berühmt und von vorzüglicher Heilkraft ist, gehört nach Mutis unbezweifelt der C. *lancifolia* zu. Ruiz hält sie in der Quinologia für synonym mit seiner C. glabra. In der Streitschrift gegen Zea nimmt er aber diese Meinung zurück, und versichert, daß um Huanuco keine Species wachse, welche eine der Calisaya ähnliche Rinde gebe[31]. Der Name Calysaja ist übrigens der der Provinz, welche diese Fieberrinde liefert und welche im südlichsten Peru in der Intendencia de la Paz liegt.

Von der orangefarbenen China, wie überhaupt von den drei nächstfolgenden Mutisischen Arten, der gelben, rothen und weißen, enthält eine neuere französische Schrift, Aliberts Traité des fièvres ataxiques, zweite Auflage, sehr genaue Abbildungen. Dieselben sind nach trocknen Exemplaren entworfen, welche durch Herrn Mutis bestimmt waren und Herr Zea während seines Aufenthalts in Paris aus seinem Herbarium lieferte.

3. C. *cordifolia fol. orbiculato-ovatis saepe subcordatis subtus tomentosis supra pubescentibus Mutis, MSS.* Quina amarilla, Quinquina jaune, gelbe China von S. Fe, wie oben entwickelt die von Linné in Syst. Nat. T. II. ed. 12. p. 64 unter dem Namen C. *officinalis* beschriebene Species. Bei der C. *cordifolia* und C. *lancifolia* reichen die Antheren bis in die obern Theile der Blumenröhre, dagegen sie bei der rothen China *(C. oblongifolia)* tief in der Mitte der Röhre verborgen sind. C. *cordifolia* hat zwei Varietäten. Var. β. *foliis vix cordatis utrinque glabris.* γ. *foliis utrinque hirsutis, tertio.* Sammet-China vom gemeinen Volk im Königreich Neu-Grenada genannt. Unter dem 4° N. Br. zwischen 900 und 1440 Toisen Höhe. Herzförmige Blätter sind selten, doch bietet jeder Zweig meist einige dar. C. *cordifolia Mut.* ist nach Bonplands Untersuchung identisch mit C. *pubescens Vahl,* wie das Jussieu-

30 Ruiz Supplem. a la Quinologia p. 54.

31 a. a. O. p. 73 und 95.

sche Herbarium beweist, aus welchem Vahl sein Exemplar erhielt. Joseph de Jussieu hatte nemlich 1738 diese China-Art und unsere C. *Condaminea* in den Wäldern von Loxa gesammelt.

Eben so gewiß ist auch C. *ovata* Flor. Per. II. t. 195., *Cascarilla Pallido Ruiz*, Quinol. Art. 7. p. 74, um Pozuzo *Pata de Guallerata* genannt, ein Synonym von C. cordifolia Mut. Ruiz und Pavon haben diese Identität neuerlichst selbst eingestanden[32].

Nach Zea ist eine Varietät von C. cordifolia Mut. die C. *hirsuta* Flor. Per. II. Ic. 192. *Cascarillo delgado* oder C. *tenuis Ruiz*, Quinol. II. p. 56. Gehört auch hieher C. *purpurea* Flor. Per. II. t. 193 oder *Cascarillo morado Ruiz* Quinol. Art. V. p. 67? Diese Species variirt wunderbar in den Blättern und zwar auf demselben Baume.

4. C. *oblongifolia foliis oblongis acuminatis glabris, filamentis brevissimis, antheris infra medium tubi latentibus. Mut. MSS.*

Quina roxa, Quinquina rouge de S. Fe. Differt a C. *lancifolia* 1) foliis latioribus majoribus oblongis nec lanceolatis, 2) antheris haud in summo tubo latentibus.

Sie wächst unter dem 5° N. Br. zwischen 600 und 1300 Toisen Höhe und ist im Königreich Neu-Grenada vorzüglich gemein um das Städtchen Mariquita, wo so lange der Sitz von Herrn Mutis botanischer Expedition war. Sie trägt oft weit größere Frucht als die weiße China, C. *ovalifolia*, daher sie mit mehrerem Rechte als diese den Namen *macrocarpa* verdiente. Ihre Rinde ist weniger fieberheilend als C. *Condaminea* und C. *lancifolia*, mehr als die gelbe China *(C. cordifolia)*. Sie ist sehr reizend, für schwache Constitutionen erhitzend, in sthenischen inflammatorischen Krankheiten oft gefährlich, um so wohlthätiger äußerlich angewandt, in Muskelkrankheiten, eiternden und brandigen Geschwüren.

Nach Ruizens eigenen neueren Geständnissen ist mit C. *oblongifolia* Mut. oder mit der rothen China von S. Fe identisch die gelbe China, *Cascarilla amarilla* Quinol. Art. 6. p. 71. oder C. *magnifolia* Flor. Per. II. Ic. 196, welche in Peru wegen des schönen orangenartigen Geruchs der Blüthe flor. de Azahar, in Popayan Palo de requeson[33] genannt wird.

5. C. *ovalifolia fol. elipticis supra glaberrimis subtus pubescentibus, antheris in parte tubi superiori latentibus, filamentis vix ullis. Mut. MSS.*

Quina blanca, Quinquina blanc. Weiße China von St. Fe.

Var. β. fol. utrinque pubescentibus.

γ. fol. utrinque laevibus.

Beide Varietäten, besonders die erstere, hat oft corollam 6–7 lobam, stamina 6–7.

---

32 Suppl. a la Quinol. p. 18.

33 Period. de St Fe, p. 335.

Unter dem 3ten bis 6ten Grade N. Br. zwischen 700 und 1400 Toisen Höhe. Die Var. mit glatten Blättern ist bei S. Martha häufig. Ein sicheres, selbst von Mutis und Ruiz[34] anerkanntes Synonym ist C. *macrocarpa Vahl.* (Lambert p. 22. pl. 3). Unter den Cinchonen mit haarigen Blumenkronen ist sie die großblüthigste von allen. Sie muß indeß mit C. *grandiflora* Flor. Per. II. p. 54. (*Cosmibuena obtusifolia* Flor. Per. III. t. 198.) die eine völlig glatte corolla hat, nicht verwechselt werden.

6. C. *brasiliensis foliis oblongis acuminatis, venis subtus pubescentibus panicula terminali, tubo calycis longitudine Willd. MSS.*

Eine sehr kleinblüthige Species, welche wir, wie schon oben erwähnt, dem Gr. Hoffmansegg verdanken, mit Aublets und Lamberts C. *longiflora* aus der französischen Guayana, die einzige Fieberrinde, welche an der östlichen Küste des südamerikanischen Continents wächst. Man weiß nichts bestimmtes über die Höhe ihres Standorts, da sie aber aus der Nähe der Stadt Gran Para, am Ausfluß des Amazonenstromes, eingesandt worden ist, und da sich in dieser Gegend nur niedrige Hügel befinden, so darf man vermuthen, daß C. *brasiliensis* den heißen Regionen zugehört.

Der von Herrn Willdenow aufgefundene Charakter tubus corollae longitudine calycis, unterscheidet diese Cinchone von allen bisher beschriebenen. Faux corollae hirsuta; Pili rari breves in laciniarum corollae interiori superficie adpressi.

7. C. *excelsa corolla pubescente, filamentis e medio tubi nascentibus, antheris exsertis, foliis oblongis acutis subtus pubescentibus.* Roxb. Plant. of the Coast of Coromandel II. t. 106.

Die einzige bisher auf dem Continent der alten Welt entdeckte Fieberrinde, über deren medizinischen Gebrauch indeß bei ihrer Bitterkeit noch keine Versuche angestellt worden sind. Sie hat grünlich weiße sehr kleine Blüthen und unter allen Cinchonen die größten bisweilen 1 Fuß lange und 5 Zoll breite Blätter. Die Staubfäden sind achtmal kürzer als der Staubbeutel.

Die *C. excelsa, Bundaroo* der Telinga-Indianer, wächst in der Bergreihe der Circars, welche an der nordöstlichen Küste der großen Halbinsel von Hindostan hinläuft. Retzius[35] hat früher aus Nachrichten, die ihm König mittheilte, einer Cinchona erwähnt, welche der Küste von Coromandel gegenüber, in Malacca wächst, und von welcher die ächte terra Japonica, *Cottu Cambar* genannt, geliefert wird, ein Pflanzenprodukt, welches man lange der *Mimosa spicata* Pluk fälschlich zuschrieb. Sollte diese Cinchone aus Malacca eine von C. excelsa verschiedene Species seyn?

34 Suppl. p. 18.

35 Fasc. observ. bot. IV. p. 6.

## B. Cinchonae corollis glaberrimis

a. *staminibus inclusis.*

8. C. *grandiflora tubo corollae longissimo, fol. lanceolato oblongis utrinque glabris.*

Ich habe den älteren Namen der Flor. Per. beibehalten. Gegenwärtig nennt Herr Ruiz diese Species *Cosmibuena obtusifolia* (Flor. Per. Vol. III.) Sie ist identisch mit *C. longiflora Mut.*, ein Name, welcher Verwirrung erregte, da Lambert die im Journ. de Phys. Oct. 1790 als *C. caribaea* beschriebene Insel-Fieberrinde stam. longe exsertis als *C. longiflora* aufführt. Unsere C. grandiflora hat überaus wohlriechende Blüthen.

Sie liebt die warmen Regionen und steigt bis zwei- und dreihundert Toisen Höhe vom Gebirge herab. Sie wächst in Gegenden, deren mittlere Temperatur 18–19 Grad ist.

9. *C. parviflora fol. ovatis glabris filamentis basi dilatatis et pubescentibus. Mut. MSS.*

Sie hat die kleinsten Früchte unter allen Cinchonen.

b. *Staminibus exsertis.*

10. C. *dissimiliflora foliis cordato-oblongis glaberrimis, limbo corollae tubo longiori, capsulis sublinearibus augustissimis. Mut. MSS.*

Nächst der *C. longiflora Lamb.*, der einzigen Species des Continents, welche stamina exserta hat. Zwischen 200–700 Toisen Höhe in warmen Gegenden.

11. *C. caribaea Swartz.*

12. *C. longiflora Lamb.*

13. *C. lineata Vahl.*

14. *C. floribunda Swartz.*

15. *C. angustifolia Swartz.*

16. *C. brachycarpa Vahl.*

Diese letztern sechs Species wachsen alle in den westindischen Inseln und lieben eine Temperatur von 17–22° R.

17. *C. corymbifera Forster.*

Auf den Gesellschaftsinseln in der Südsee.

18. *C. philippica Cav.*

von Nee bei Manilla entdeckt.

Ich wage die Behauptung nicht, daß alle bisher bekannte Cinchonen unter den von mir aufgestellten 18 Arten begriffen sind. Ich habe bloß die aufzählen wollen, welche mir theils aus der Natur theils aus guten Abbildungen bekannt sind, und welche mir unbezweifelt specifisch von einander verschieden scheinen. Eine nähere Untersuchung verdienen *C. acutifolia, C. micrantha, C. glandulisera, C. dichotoma, Cosmibuena acuminata* und *C. spinosa.* Vielleicht dürfte das genus zu 24 Arten anschwellen.

# Fragmente aus dem neuesten Hefte des v. Humboldt'schen Werkes über den politischen Zustand des Königreichs Neu-Spanien

## 1. Das alte und neue Mexiko

——— Man ist schon so lange her daran gewöhnt, von der Hauptstadt Mexiko's als von einer mitten in einem See gebauten Stadt zu hören, welche nur durch Dämme mit dem festen Lande zusammenhänge, und mag sich daher sehr wundern, den Mittelpunkt der heutigen Stadt in meinem mexikanischen Atlas um 4,500 Metern von dem See Tezcuco und von dem von Chalco über 9000 M. entfernt zu finden. Man wird deswegen entweder die Genauigkeit der in den Entdeckungsgeschichten der neuen Welt gegebenen Beschreibungen in Zweifel ziehen, oder sich mit der Erklärung helfen, daß die heutige Hauptstadt von Mexiko nicht auf den nämlichen Grund gebaut sey, auf welchem die alte Residenz von Montezuma gestanden habe. Allein es ist völlig zuverlässig, daß die Stadt ihre Stelle nicht verändert hat. Die Domkirche von Mexiko steht genau auf demselben Platze, wo sich der Tempel des Huitzilopochtli befand; die heutige Straße Tacuba ist die alte Straße Tlacopan, durch welche Cortez in der traurigen Nacht (zur Auszeichnung la noche triste genannt) vom 1 Juli 1520 den berühmten Rückzug gemacht hat, und die anscheinende Verschiedenheit der Lage, wie sie auf den alten Karten und den meinigen angegeben ist, kommt blos von der Verminderung des Wassers im See von Tezcuco her.

Es wird nicht unnütz seyn, hier eine Stelle aus einem unter dem 30 Okt. 1520 von Cortez an Kaiser Karl V erlassenen Briefe anzuführen, worin er ein Gemählde von dem Thale von Mexiko entwirft. Es ist mit hoher Einfachheit verfaßt, und schildert zugleich die Polizey, welche in dem alten Tenochtitlan herrschte. „Die Provinz, sagt Cortez, in welcher die Residenz dieses großen Fürsten Muteczuma liegt, ist rings von hohen und durch Abgründe durchschnittenen Gebirgen umgeben. Die Ebene hat beynahe siebenzig Stunden im Umfange, und enthält zwey Seen, welche fast das ganze Thal ausfüllen, so daß die Einwohner von einem Umkreise von mehr als funfzig Stunden in Kähnen fahren.“ (Hiebey ist zu bemerken, daß Cortez blos von zwey Seen spricht, weil er die von Zumpango und Xaltocan, zwischen denen er auf seiner Flucht von Mexiko nach Tlascallo vor der Schlacht von Otumba eiligst durchzog, nur unvollkommen kannte.) „Von diesen beyden grossen Seen im Thale von Mexiko enthält der eine süßes, und der andere gesalzenes Wasser. Sie sind blos durch einen kleinen Strich von Gebirgen (die konischen und freystehenden Hügel bey Iztapalapan) von einander getrennt. Diese Gebirge erheben sich mitten in der Ebene, und die Wasser des Sees vermischen sich nur in einer schmalen Fuge, welche zwischen den Hügeln und der hohen Cordillera (wahrscheinlich auf der östlichen Senkung von Cerros de Santa Fe) liegt. Die vielen Städte und Dörfer, die auf beyden Seen gebaut sind, treiben ihren Handel auf Kähnen, und nicht über das feste Land hin. Die große Stadt Temixtitan (Tenochtitlan) steht mitten in dem Salz-See, der seine Ebben und Fluthen hat, gleich dem Meere. Von welcher Seite des Ufers man kommen mag, braucht man immer zwey Stunden, um sie zu erreichen. Vier Dämme führen nach dieser Stadt. Sie sind das Werk der Menschenhände, und immerhin zwey Lanzenlängen breit. Die Stadt selbst ist so groß als Sevilla oder Cordoba. Die Straßen, das heißt die Hauptstraßen, sind zum Theil sehr enge, zum Theil sehr weit; die einen halb trocken, die andern zur Hälfte von schiffbaren Kanälen durchschnitten, welche mit hübschgebauten hölzernen und so geräumigen Brücken versehen sind, daß zehen Reiter zugleich darüber setzen können. Der Markt ist doppelt so groß, als der von Sevilla, und mit einem ungeheuern Portikus umgeben, unter welchem alle Arten von Waaren, Lebensmitteln, Kleiderschmuck von Gold, Silber, Bley, Kupfer, edeln Steinen, Knochen, Muscheln und Federn, von Leder und Baumwollenstoffen, zum Verkaufe ausgestellt sind. Auch findet man hier gehauene Steine, Ziegel und Zimmerholz. Einzelne Stellen sind für den Verkauf von Wildbret, andere von Gemüßen und Gartenkräutern eingerichtet. Hier befinden sich auch eigene Häuser, wo die Barbiere (mit Schermessern von Obsidian) die Kopfhaare rasiren, und andere, welche unsern Apothekerbuden gleichen, und wo schon völlig zubereitete Arzneimittel, Salben und Pflaster verkauft werden. In andern Häusern gibt man um's Geld zu essen und zu trinken, und man sieht überhaupt so vielerley Dinge auf dem Markte, daß ich nicht im Stande bin, sie Ew. Hoheit alle aufzuzählen. Um Verwirrung zu vermeiden, werden alle Waaren an abgesonderten Orten verkauft. Alles wird nach der Elle gemessen, und wir haben bis jetzt noch kein Gewicht brauchen sehen. Mitten auf dem großen Platze steht ein Haus, welches ich die Audiencia nennen möchte, und wo immer zehn bis zwölf Richter sitzen, welche über die bey'm Handel entstandenen Streitigkeiten entscheiden. Eine andre Art öffentlicher Personen ist unaufhörlich im Gedränge verbreitet, führt die Aufsicht darüber, daß um billige Preise verkauft wird, und man hat bemerkt, wie sie die falschen Maße, welche sie bey den Kaufleuten fanden, zerbrachen."

## Fragmente aus dem neuesten Hefte des v. Humboldt'schen Werkes über den politischen Zustand des Königreichs Neu-Spanien

### 2. Das alte und neue Mexiko

——— Mit einer Menge von Teocallis geziert, welche sich, wie die Minarets, zum Himmel erhoben, umgeben von Wasser und Dämmen, auf Inseln gebaut, die mit Vegetation bedeckt waren, und bey der ewigen Bewegung mehrerer tausend Böte, durch die der See belebt wurde, muß das alte Tenochtitlan, nach dem Berichte der ersten Eroberer, Aehnlichkeit mit einigen Städten von Holland und China, oder mit dem Delta von Nieder-Aegypten gehabt haben. Die Hauptstadt, welche die Spanier auf demselben Boden wieder aufbauten, gewährt vielleicht keinen so lachenden, aber einen desto imposantern, majestätischern Anblick. Mexiko gehört zu den schönsten Städten, welche die Europäer in den beyden Hemisphären aufgeführt haben, und mit Ausnahme von Petersburg, Berlin, Philadelphia und einigen Quartieren von Westminster, gibt es vielleicht keine Stadt von demselben Umfange, deren Boden so gleichförmig wagerecht, deren Straßen so breit und regelmäßig, und deren öffentliche Plätze so groß wären, wie all dies bey der Hauptstadt von Neu-Spanien der Fall ist. Die Architektur ist im Durchschnitte von ziemlich reinem Stil, und manche Gebäude nehmen sich wirklich sehr schön aus. Das Aeußere der Häuser ist nicht mit Ornamenten überladen, und die beyden Arten von Quadersteinen, der poröse Mandelstein, Tetzontli genannt, und besonders ein Porphyr mit glasartigem Feldspath ohne Quartz, geben den mexikanischen Bauten ein gewisses Ansehen von Festigkeit und selbst von Pracht. Von den Balkons und Galerien, durch welche alle europäische Städte beyder Indien so sehr entstellt werden, weiß man hier nichts. Die Geländer und Gitter sind von biskayischem Eisen mit Bronze-Verzierungen, und statt der Dächer hat man, wie in Italien und allen südlichen Ländern, Terrassen auf den Häusern.

Seit dem Aufenthalte des Abbé Chappe im J. 1769 ist Mexiko außerordentlich verschönert worden. Das für die Bergschule bestimmte Gebäude, zu welchem die reichsten Männer des Landes eine Summe von mehr als drey Millionen Franken beygesteuert haben, würde den ersten Plätzen von Paris und London Ehre machen. Einige mexikanische Architekten, welche in der Akademie der schönen Künste in der Hauptstadt gebildet worden sind, haben vor Kurzem zwey große Hotels gebaut, von denen das eine in dem Quartier Traspana gelegene in seinem Hofe ein sehr schönes Peristyl von ovaler Form enthält. Mit allem Rechte bewundern die Reisenden auf der Plaza major von Mexiko, der Domkirche und dem Pallaste der Vice-Könige gegenüber, eine große, mit viereckigen Platten von Porphyr gepflasterte Einfassung, deren Gitter reich mit Bronze verziert sind, und auf deren Mitte die Statue Karl's IV zu Pferde auf einem Piedestal von mexikanischem Marmor steht. Bey allen Fortschritten, welche die schönen Künste seit dreißig Jahren in diesem Lande gemacht haben, ist indeß unläugbar, daß die Hauptstadt von Mexiko einem Europäer weniger wegen der Größe und Schönheit ihrer öffentlichen Denkmale, als wegen der Breite und Geradheit ihrer Straßen, weniger wegen ihrer einzelnen Gebäude, als wegen ihrer übereinstimmenden Regelmäßigkeit, ihrer Ausdehnung und Lage auffallen wird. Durch ein Zusammentreffen ungewöhnlicher Umstände sah ich in sehr kurzer Zeit hintereinander Lima, Mexiko, Philadelphia, Washington, Paris, Rom, Neapel und die größten Städte von Deutschland. Vergleicht man schnell auf einander folgende Eindrücke mit einander, so ist man oft im Stande, eine Meynung, der man sich zu unbedachtsam überlassen hatte, zu berichtigen. Allein trotz allen Vergleichungen, welche der Hauptstadt von Mexiko nicht durchgängig günstig seyn könnten, hat sie eine Idee von Größe in meinem Gedächtnisse zurückgelassen, welche ich besonders dem imposanten Karakter ihrer Lage und der sie umgebenden Natur zuschreiben muß.

Wirklich ist auch das Gemählde, welches das Thal an einem schönen Sommermorgen, und bey dem wolkenlosen dunkelazurnen Himmel, welcher der trockenen und dünnen Luft hoher Gebirge eigen ist, von einem der Thürme des Doms von Mexiko oder von dem Hügel von Chapoltepec herab betrachtet, darstellt, von wunderbarem Reichthum, und seltener Mannigfaltigkeit. Eine schöne Vegetation umgibt diesen Hügel. Alte Cypressenstämme, von mehr als funfzehen bis sechszehen Metern im Umfange, erheben ihre blätterlosen Scheitel über die Spitzen der Schinus, deren Wuchs den orientalischen Thränenweiden ähnlich ist. Von dieser einsamen Stelle auf der Höhe des Porphyrfelsen von Chapoltepec herab beherrscht das Auge eine ungeheure Ebene, und die herrlich angebauten Gefilde, welche sich bis zu den kolossalen Gebirgen, auf welchen der ewige Schnee liegt, erstrecken. Die Stadt scheint von dem See von Tezcuco genetzt, dessen Umgebungen von Dörfern und Weilern an die schönsten Partien der Art in der Schweiz erinnern. Große Alleen von Ulmen und Pappeln führen auf allen Seiten nach der Stadt. Zwey Wasserleitungen durchschneiden auf sehr hohen Bogen die Ebene, und gewähren einen eben so angenehmen, als merkwürdigen Anblick. Gegen Norden zeigt sich das prächtige Kloster der lieben Frau von Guadelupe, wie es sich an die Gebirge Tepeyacac lehnt, zwischen Schluchten, welche Dattelpalmen und baumähnliche Yuccas beherbergen. Gegen Süden ist das ganze Land zwischen Sant-Angelo, Tacubaya und Sant-Agostino de las Cuevas, einem ungeheuren Garten von Orangen, Pfirsichen, Aepfeln, Kirschen und andern europäischen Obstbäumen ähnlich. Diese herrliche Kultur macht einen großen Kontrast mit den kahlen Gebirgen, welche das Thal einschließen, und unter denen sich die berühmten Vulkane von Puebla, Popocatepetl und Iztaccihuatl auszeichnen. Der erste unter diesen Bergen bildet einen ungeheuern Kegel, dessen Krater unaufhörlich in Flammen ist, und aus der Mitte des ewigen Schnees Rauch und Asche auswirft.

Auch die gute Polizey, welche in Mexiko herrscht, zeichnet diese Stadt rühmlich aus. Die meisten Straßen haben auf beyden Seiten sehr breite Trottoirs, sind sehr reinlich, und des Nachts durch Spiegellaternen mit platten Dochten in Bänderform erleuchtet. Diese Vortheile verdankt die Stadt der Thätigkeit des Grafen von Revillagigedo, bey dessen Ankunft noch die äußerste Unreinlichkeit geherrscht hatte.

In sehr geringer Tiefe findet man überall auf dem Boden von Mexiko Wasser; es ist aber ein wenig salzig, wie das vom See von Tezcuco. Die beyden Wasserleitungen, welche der Stadt süßes Wasser zuführen, sind von neuer Architektur, aber der Aufmerksamkeit jedes Reisenden würdig. Die Quellen von trinkbarem Wasser befinden sich östlich von der Stadt, die eine auf dem kleinen isolirten Berge von Chapoltepec, und die andre auf den Cerros de Santa Fe, bey der Cordillera, welche das Thal von Tenochtitlan von dem von Lerma und Toluca scheidet. Die Bogen der Wasserleitung von Chapoltepec dehnen sich in einer Länge von 3300 Metern. Ihr Wasser kommt auf der Südseite der Stadt, bey dem Salto del Agua herein, ist aber nicht sehr klar, und wird nur in den Vorstädten von Mexiko getrunken. Am wenigsten mit luftsaurer Kalkerde geschwängert ist das Wasser des Aquädukt von Santa Fe, welcher sich längs der Alameda hinzieht, und über der

Traspana, an der Brücke vor Marescala endigt. Diese Wasserleitung hat beynahe 10200 Meter Länge; allein die Senkung des Bodens machte nur für ein Drittheil ihrer Ausdehnung Bogen nöthig. Eben so beträchtliche Wasserleitungen hatte die alte Stadt Tenochtitlan. Bey'm Anfange der Belagerung zerstörten die beyden Hauptleute Alvarado und Olid die von Chapoltepec. Cortez redet, in seinem ersten Brief an Karl V, auch von der Quelle von Amilco, bey Churubusco, deren Wasser in Röhren von gebrannter Erde in die Stadt geführt wurde. Diese Quelle befindet sich ganz nahe bey Santa Fe, und man erkennt die Reste dieser großen Wasserleitung noch, welche doppelte Röhren hatte, von denen die eine das Wasser nach der Stadt führte, während die andre gereinigt wurde. Dieses Wasser wurde in den Kähnen verkauft, die in den Straßen von Tenochtitlan herumfuhren. Die Quellen von Sant-Augostino de las Cuevas sind indeß die schönsten und klarsten. Auch glaubte ich, auf dem Wege von diesem schönen Dorfe nach Mexiko Spuren einer alten Wasserleitung zu erkennen.

## Fragmente aus dem neuesten Hefte des v. Humboldt'schen Werkes über den politischen Zustand des Königreichs Neu-Spanien

### 3. Die alt-mexikanischen Tempel, Teocalli genannt

——————— Der erste Teocalli, um welchen die neue Stadt gebaut wurde, war, wie der älteste griechische Tempel, der des Apollo zu Delphi, welchen Pausanias beschrieben hat, von Holz. Das steinerne Gebäude hingegen, dessen Architektur von Cortez und Bernal Diaz bewundert wurde, war von dem Könige Ahuitzotl im Jahre 1486 auf der nämlichen Stelle aufgeführt worden. Es bestand in einer Pyramidalform von 37 Metern Höhe, und lag mitten auf einem großen, mit Mauern eingeschlossenen Hofe. Man unterschied daran fünf Stockwerke, wie an verschiedenen Pyramiden von Sacara, und besonders an der von Mehedun. Der Teocalli von Tenochtitlan stand, gleich allen egyptischen, asiatischen und mexikanischen Pyramiden, in genauer Richtung gegen die Himmelsgegenden, hatte eine Basis von 97 Metern, und war oben abgestumpft, so daß er in der Entfernung einem ungeheuern Cubus ähnlich sah, auf dessen Spitze kleine, mit hölzernen Kuppeln bedeckte, Altäre angebracht waren. Die Endspitze dieser Kuppeln erhob sich 54 Meter über die Basis des Gebäudes, oder über das Pflaster seiner Einfassung. Diese Umstände beweisen die große Aehnlichkeit, welche der Teocalli mit jenem alten Denkmale von Babylon hatte, das von Strabo das Mausoleum des Belus genannt wird, und nichts als eine dem Jupiter Belus geweihte Pyramide war. Weder der Teocalli, noch dieses babylonische Gebäude waren Tempel in dem Sinne, welchen wir nach den Ueberlieferungen der Griechen und Römer mit diesem Ausdrucke verbinden. Alle den mexikanischen Gottheiten geheiligten Gebäude waren abgestumpfte Pyramiden, wie das die großen bis auf den heutigen Tag erhaltenen Denkmale von Teotihuacan, Cholula und Papantla beweisen, und aus welchen wir schliessen können, wie die kleinern Tempel in den Städten Tenochtitlan und Tecuco beschaffen gewesen seyn mögen. Bedeckte Altäre standen auf den Spitzen des Teocalli's, und wir dürfen sie daher wol in die Klasse der Pyramidal-Monumente von Asien setzen, von denen man erst kürzlich sogar Spuren in Arkadien gefunden hat; denn das konische Mausoleum des Callisthus, ein wahrer Tumulus, der mit Fruchtbäumen besetzt war, machte die Basis eines kleinen der Diana geweihten Tempels.

Wir kennen die Materialien nicht, aus welchen der Teocalli von Tenochtitlan gebaut war; denn die Geschichtschreiber berichten blos, er sey mit einem harten polirten Steine überzogen gewesen. Die ungeheuern Fragmente, welche man indeß von Zeit zu Zeit in der Gegend der heutigen Domkirche entdeckt, sind von Porphyr, mit einem Grunde von Grünstein, der voll Amphibolen und glasartigen Feldspaths ist. Als man vor Kurzem den Platz um die Domkirche pflasterte, fand man in einer Tiefe von 10 bis 12 Metern Stücke Bildhauerarbeit. Wenige Nationen haben wol größere Massen in Bewegung gesetzt, als die Mexikaner. Der Kalender- und Opferstein, welche auf dem großen Platze stehen, haben 8 bis 10 Kubik-Meter. Die kolossale Statue des Teoyaomiqui, die mit Hieroglyphen bedeckt ist, und auf einer Diele des Universitätsgebäudes liegt, ist zwey Meter lang, und drey breit. Auch hat mich der Kanonikus Gamboa versichert, man sey bey einer Grabung in der Nähe der Kapelle des Sagrasio, neben einer ungeheuern Menge von Idolen, welche zum Teocalli gehörten, auch auf ein Stück Felsen mit Bildhauerarbeit gestoßen, das sieben Meter Länge, sechs Breite, und drey Höhe gehabt, und das man umsonst herauszuschaffen versucht habe.

Einige Jahre nach der Belagerung von Tenochtitlan, welche sich, wie die von Troja, mit einer allgemeinen Zerstörung der Stadt endigte, lag der Teocalli schon in Trümmern. Ich möchte daher glauben, daß die Aussenseite der abgestumpften Pyramide aus Thon bestanden, welcher mit dem porösen Mandelsteine, Tetzontli genannt, überzogen war. Wirklich fing man auch kurz vor dem Baue dieses Tempels, unter der Regierung des Königes Ahuitzotl, an, die Brüche dieses zellenförmigen, porösen Steins zu bearbeiten. Nichts war daher leichter, als Gebäude zu zerstören, welche aus so leichten, und so porösen Materialien, als der Bimsstein ist, aufgeführt waren. Ueber die Dimensionen dieses Teocalli stimmen die meisten Geschichtschreiber zwar miteinander überein; indeß dürften sie doch wol übertrieben seyn. Allein die Pyramidalform dieses mexikanischen Gebäudes, und seine große Aehnlichkeit mit den ältesten, asiatischen Denkmalen haben für uns weit mehr Merkwürdigkeit, als seine Masse und Größe.

## Fragmente aus dem neuesten Hefte des v. Humboldt'schen Werkes über den politischen Zustand des Königreichs Neu-Spanien

### 4. Andre mexikanische Alterthümer u. dgl.

——— Die einzigen alten Denkmale im Thale von Mexiko, welche einem Europäer durch ihre Größe und Masse auffallen können, sind die Reste der beyden Pyramiden von San Juan de Teotihuacan, nordöstlich vom See von Tezcuco. Sie waren der Sonne und dem Monde geweiht, und wurden von den Eingebornen Tonatiuh Ytzaqual, Haus der Sonne, und Meztli Ytzaqual, Haus des Mondes, genannt. Nach den Messungen, welche im Jahre 1803 von einem jungen mexikanischen Gelehrten, dem Doktor Oteyza, angestellt worden sind, hat die erste Pyramide, die am südlichsten gelegene, in ihrem gegenwärtigen Zustande, eine Basis von 208 Metern (645 Fuß) Länge, und 55 Metern (66 mexikanische Varen oder 171 Fuß) perpendikulärer Höhe. Die zweyte, die Mondpyramide, ist um 11 Meter (30 Fuß) niedriger, und hat auch eine kleinere Basis. Nach dem Berichte der frühsten Reisenden und nach ihrer heutigen Form selbst zu urtheilen, haben diese Denkmale den Aztekischen Teocallis zum Muster gedient. Die Völker, welche dieses Land bey der Ankunft der Spanier bewohnten, schrieben die Pyramiden von Teotihuacan der Tultekischen Nation zu, und ihre Erbauung stiege demnach bis in's achte oder neunte Jahrhundert hinauf, indem Tollan's Reich von 667 bis 1031 gedauert hat. Die Seiten dieser Gebäude stehen, auf etwa 52′, genau von Norden nach Süden und von Osten nach Westen. Ihr Inneres besteht aus Thon mit einer Mischung von kleinen Steinen. Dieser Kern ist mit einer dicken Mauer von porösem Mandelstein bedeckt, und man erkennt noch die Spuren einer Kalklage, womit die Steine (der Tetzontli) überzogen waren. Einige Schriftsteller des sechzehnten Jahrhunderts behaupten, nach einer indianischen Tradition, daß das Innere dieser Pyramiden hohl sey. Indeß versichert der Chevalier Boturini, daß der mexikanische Geometer, Siguenza, vergebens den Versuch gemacht habe, diese Gebäude durch eine Galerie zu durchbrechen. Sie bildeten vier Terrassen, von denen heutzutage indeß nur noch drey sich erkennen lassen, indem die Zeit und die Vegetation der Cactus und Agaven sehr zerstörend auf das Aeußere dieser Denkmale gewirkt haben. Eine Treppe von großen Quadern führte ehemals auf die Spitze, wo nach dem Berichte der frühesten Reisenden Statuen aufgestellt waren, deren Ueberzug aus sehr dünnen Goldplatten bestand. Jede der vier Hauptterrassen war in kleine Stufen von etwa einem Meter Höhe abgetheilt, deren Fugen man noch unterscheiden kann. Diese Stufen sind mit Stücken von Obsidian bedeckt, welche ohne Zweifel Schneideinstrumente waren, womit die Tultekischen und Aztekischen Priester (Papahua Tlemacazque oder Teopixqui) in ihrem grausamen Götterdienste den menschlichen Schlachtopfern die Brust öffneten. Es ist bekannt, daß der Obsidian (Itztli) in großer Menge gebrochen wurde, und man sieht die Spuren solcher Brüche noch in vielen Brunnen zwischen den Bergwerken von Moran und dem Dorfe Atotonilco el Grande, in den Porphyrgebirgen von Oyamel und Jacal, einer Gegend, welche die Spanier das Messergebirge, el Cerro de las Navajas, nennen.

Man wünschte wol die Frage aufgelöst, ob diese merkwürdigen Gebäude, von denen das eine (der Tonatiuh Ytzaqual) nach den genauen Messungen meines Freundes, Hrn. Oteyza, eine Masse von 128,970 Kubiktoisen enthält, ganz von Menschenhänden erbaut sind, oder ob die Tulteken blos irgend einen natürlichen Hügel benutzt, und mit Steinen und Kalk überzogen haben. Diese Frage ist neulich bey Gelegenheit mehrerer Pyramiden von Gize und Sacara in Anregung gekommen, und durch die fantastischen Hypothesen, welche Herr Witte über den Ursprung der kolossalen Monumente von Egypten, Persepolis und Palmyra gewagt hat, doppelt merkwürdig geworden. Da weder die Pyramide von Cholula, von der wir in der Folge reden werden, noch die von Teotihuacan durchbrochen worden sind, so kann man unmöglich etwas Zuverlässiges von ihrem Innern sagen. Die indianischen Traditionen, denen zufolge sie hohl seyn sollen, sind unbestimmt und widersprechend. Durch ihre Lage in Ebenen, wo sich sonst kein Hügel findet, wird es sogar sehr wahrscheinlich, daß kein natürlicher Fels den Kern dieser Denkmale ausmacht. Was indeß noch sehr bemerkenswerth ist (besonders wenn man sich an Pococke's Behauptungen über die symmetrische Stellung der egyptischen Pyramiden erinnert), liegt in dem Umstande, daß man rings um die Häuser der Sonne und des Mondes von Teotihuacan eine Gruppe, und ich möchte sagen, ein System von Pyramiden findet, welche kaum 9 bis 10 Meter Höhe haben. Diese Denkmale, deren es mehrere hunderte sind, stehen in sehr breiten Straßen, welche genau der Richtung der Parallelen und Meridiane folgen, und sich auf die vier Seiten der zwey großen Pyramiden eröffnen. Auf der Südseite des Mondstempels sind diese kleinen Pyramiden häufiger, als auf der des Sonnentempels; auch waren sie ja, nach der Tradition des Landes, den Sternen geweiht. Indeß scheint es gewiß, daß sie Gräber der Stammhäupter gewesen sind. Diese ganze Ebene, welche die Spanier, nach einem Worte aus der Sprache der Insel Cuba, Llano de los Cues nennen, hatte einst in den aztekischen und tultekischen Sprachen den Namen Micaotl, Weg der Todten. Welche Aehnlichkeiten mit den Denkmalen des alten Kontinents! Woher hatte dieses tultekische Volk, welches, nach seiner Ankunft auf dem Boden von Mexiko, im siebenten Jahrhunderte, nach einem gleichförmigen Plane mehrere dieser Denkmale von kolossaler Form, diese abgestumpften und in verschiedene Terrassen, wie der Tempel des Belus in Babylon, abgetheilten Pyramiden erbaute, woher hatte es das Vorbild zu diesen Gebäuden erhalten? War es vom mongolischen Stamme? Und war es von demselben Ursprunge wie die Chinesen, die Hiongunu's und die Japaner?

Ein anderes altes, der Aufmerksamkeit des Reisenden sehr würdiges Denkmal ist die militärische Verschanzung von Xochicalco, welche süd-süd-westlich von der Stadt Cuernavacas bey Tetlama liegt, und in's Kirchspiel von Xochitepeque gehört. Sie besteht in einem isolirten Hügel von 117 Metern Höhe, der mit Gräben umgeben, und von Menschenhänden in fünf, mit Mauerwerk überkleidete, Terrassen abgetheilt ist. Das Ganze bildet eine abgestumpfte Pyramide, deren vier Seiten genau nach den vier Himmelsgegenden gerichtet sind. Die Steine von Porphyr, mit einer Basaltbasis, sind sehr regelmäßig geschnitten, und mit hieroglyphischen Figuren geziert, unter denen man Krokodile, welche Wasser aussprützen, und, was sehr merkwürdig ist, Menschen, welche nach asiatischer Weise auf den unterschlagenen Beinen sitzen, unterscheidet. Die Plattform dieses außerordentlichen Denkmals hat etwa 9000 Quadratmeter Inhalt, und enthält die Ruinen eines kleinern Gebäudes, welches wahrscheinlich zur letzten Zuflucht der Belagerten diente.

Ich will diese flüchtige Uebersicht der aztekischen Alterthümer mit der Bezeichnung einiger Orte schließen, welche man, wegen des Interesse, das sie für die Kenner der Geschichte der Eroberung von Mexiko durch die Spanier haben, klassisch nennen kann.

Der Pallast des Motezuma stand genau auf derselben Stelle, wo sich heutzutage das Hotel des Herzoges von Monteleone, gewöhnlich Casa del Estado genannt, befindet, nämlich auf der Plaza mayor, südwestlich von der Domkirche. Dieser Pallast bestand, gleich den Pallästen der chinesischen Kaiser, von welchen uns Sir George Staunton und Hr. Barrow genaue Beschreibungen geliefert haben, aus einer großen Reihe geräumiger, aber sehr niedriger Häuser. Sie nahmen den ganzen Raum zwischen dem Empedradillo, der großen Straße von Tamba und dem Kloster de la Professa ein. Nachdem Cortez die Stadt erobert hatte, nahm er seine Wohnung den Ruinen des Pallastes der Aztekischen Könige gegenüber, wo heutzutage der Pallast der Vicekönige steht. Indeß fand man bald, daß Cortez Haus sich besser zu den Versammlungen der Audienzia schicke, und die Regierung ließ sich daher die Casa del Estado, oder das alte Hotel von Cortez Familie, welche den Titel vom Marquisat des Valle de Oaxaca führt, abtreten. Zur Entschädigung gab man ihr dafür den Platz des alten Pallastes von Motezuma, wo sie dann das schöne Gebäude aufführte, in welchem sich die Staats-Archive befinden, und das, mit der ganzen Erbschaft, an den neapolitanischen Herzog von Monteleone gekommen ist.

Als Cortez den 8 Nov. 1519 seinen ersten Einzug in Tenochtitlan hielt, wurde ihm und seinem kleinen Armee-Korps nicht im Pallaste des Motezuma, sondern in einem Gebäude, welches einst der König Axajacatl bewohnt hatte, Quartier angewiesen. In diesem Gebäude hielten die Spanier und ihre Bundsgenossen, die Tlascalteken, den Sturm der Mexikaner aus; und hier starb auch der unglückliche König Motezuma an den Folgen einer Wunde, die er, während er sein Volk haranguirte, erhalten hatte. Noch sieht man unbedeutende Reste dieses Gebäudes in den Mauerwerken hinter dem Kloster von St. Theresa, am Ende der Straßen von Tacuba und Indio triste.

(Die Fortsetzung folgt.)

# Fragmente aus dem neuesten Hefte des v. Humboldt'schen Werkes über den politischen Zustand des Königreichs Neu-Spanien

## 4. (Fortsetzung)

——— Eine kleine Brücke bey Bonavista hat ihren Namen, Sprung des Alvarado (Salto de Alvarado), zum Andenken an den wunderähnlichen Sprung, welchen der tapfere Petro de Alvarado machte, als sich die Spanier in der traurigen Nacht, da die Mexikaner bereits den Damm von Tlacopan an mehrern Orten durchschnitten hatten, aus der Stadt nach den Gebirgen von Tepeyacac zurückzogen. Indeß scheint es, daß man schon zu Cortez Zeit sich über die historische Wahrheit dieses Ereignisses gestritten habe, ungeachtet sich die Volkstradition unter allen Klassen von Mexiko's Bewohnern erhalten hat. Bernal Diaz betrachtet die Geschichte des Sprunges als eine bloße Aufschneiderey seines Waffenbruders, dessen Muth und Geistesgegenwart er übrigens mehrmals anrühmt, und versichert, daß der Graben zu breit gewesen sey, um darüber wegzuspringen. Allein ich muß bemerken, daß diese Anekdote mit vieler Umständlichkeit in der Handschrift eines adeligen Metis aus der Republik von Tlascala, Diego Munoz Camargo, erzählt wird. Ich habe diese Handschrift, von welcher der Pater Torquemada auch Kenntniß gehabt zu haben scheint, im Kloster von San Felipe Neri nachgeschlagen. Ihr Verfasser war ein Zeitgenosse von Cortez, und er erzählt die Geschichte von Alvarado's Sprunge mit vieler Einfachheit, ohne Anschein von Uebertreibung, und ohne über die Breite des Grabens etwas Näheres zu sagen. In seiner naiven Darstellung glaubt man einen Helden des Alterthums zu erkennen, welcher, Arm und Schulter auf seine Lanze gestützt, einen ungeheuern Sprung macht, um sich vor seinen Feinden zu retten. Camargo setzt sogar noch hinzu, daß noch andre Spanier Alvarado's Beyspiel nachahmen wollten, aber, in Ermangelung gleicher Behendigkeit, in den Graben (Azequia) gefallen sind. Die Mexikaner, sagt er, waren so erstaunt über die Geschicklichkeit dieses Mannes, daß sie, als sie ihn gerettet sahen, die Erde aßen, (eine figürliche Redensart, welche dieser Tlascalische Schriftsteller aus seiner Vatersprache entlehnte, und die das Erstaunen der Verwunderung ausdrückt). „Die Kinder Alvarado's, welcher der Hauptmann vom Sprunge genannt wurde, bewiesen durch Zeugen und vor den Richtern von Tezcuco diese Heldenthat ihres Vaters. Ein Prozeß zwang sie hiezu, in welchem sie die Thaten von Alvarado de el Salto, ihres Vaters, bey der Eroberung von Mexiko darstellten."

Ferner zeigt man den Fremden die Brücke von Clerigo, bey der Plaza major von Tlatelolco, als die denkwürdige Stelle, wo der letzte aztekische König, Quanhiemotzin, Neffe seines Vorgängers, Königes Cuitlahuatzin und Schwiegersohn des Motezuma II, gefangen genommen wurde. Indeß erhellt aus den sorgfältigen Nachforschungen, welche ich mit dem Pater Pichardo angestellt habe, daß dieser junge König in einem großen Wasserbehälter, der einst zwischen der Garita del Persalvillo, dem Platze von Santiago de Tlatelolco und der Brücke von Amarac war, in die Hände des Garci Holguin gefallen ist. Cortez befand sich auf der Terrasse eines Hauses von Tlatelolco, als man ihm den königlichen Gefangenen vorführte. „Ich ließ ihn sich setzen, sagt der Sieger selbst in seinem dritten Briefe an Kaiser Karl V, und behandelte ihn mit Zutrauen. Allein der junge Mensch legte die Hand an einen Dolch, den ich am Gürtel trug, und bat mich, ihn zu tödten, weil er, nachdem, was er sich selbst und seinem Volke schuldig gewesen, keinen andern Wunsch mehr habe, als zu sterben." Dieser Zug ist der schönsten Zeit von Rom und Griechenland werth; denn die Sprache starker Seelen, die gegen das Unglück kämpfen, ist unter allen Zonen, und welche Farbe die Menschen tragen, dieselbe. Wir haben oben das tragische Ende dieses unglücklichen Quauhtemotzin gesehen!

Nach der gänzlichen Zerstörung des alten Tenochtitlan blieb Cortez noch vier oder fünf Monate mit seinen Leuten zu Colohuacan, einem Orte, für den er immer eine große Vorliebe gezeigt hat. Er war im Anfange unentschlossen, ob er die Hauptstadt nicht auf einer andern Stelle an dem See wieder aufbauen sollte. Indeß entschied er sich endlich für die alte Lage, „weil die Stadt Temixtitan einmal berühmt geworden war, weil ihre Lage wunderbarlich ist, und man sie von jeher als den Hauptort der mexikanischen Provinzen angesehen hatte (Como principal y sennora de todas estas provincias)." Uebrigens wäre es, wegen der häufigen Ueberschwemmungen, welche das alte und das neue Mexiko erlitten, klüger gewesen, die Stadt östlich von Tezcuco, oder auf die Anhöhen zwischen Tacuba und Tacubaya zu stellen. Wirklich sollte sie auch zur Zeit der großen Ueberschwemmung von 1607, nach einem förmlichen Befehle Philipp's III, auf diese Anhöhen verpflanzt werden; allein der Ajuntamiento, oder der Stadtmagistrat machte dem Hofe die Vorstellung, daß der Werth der Häuser, welche auf diese Weise zu Grunde gehen müßten, 105 Millionen Franken betrage. Man schien damals in Madrid nicht zu wissen, daß die Hauptstadt eines schon acht und achtzigjährigen Königreiches kein fliegendes Lager ist, welches man nach Gefallen von einem Orte zum andern rücken kann!

Es ist unmöglich, die Zahl der Bewohner des alten Tenochtitlan mit einiger Gewißheit anzugeben. Nach dem Mauerwerke der zerstörten Häuser, nach den Berichten der ersten Eroberer und besonders nach der Zahl der Streiter zu urtheilen, welche die Könige Cuitlahnatzin und Quauhtimotzin den Tlascalteken und Spaniern entgegenstellten, scheint die Bevölkerung von Tenochtitlan zum wenigsten dreymal größer gewesen zu seyn, als die des heutigen Mexiko ist. Nach der Versicherung des Cortez war das Zuströmen der mexikanischen Handwerksleute, welche nach der Belagerung für die Spanier als Zimmerleute, Maurer, Weber, Metallgießer u. dgl. arbeiteten, so groß, daß die Stadt Mexiko im Jahre 1524 bereits 30,000 Einwohner zählte. Die neuern Schriftsteller haben aber die widersprechendsten Ideen über ihre Bevölkerung aufgestellt, und der Abbé Clavigero beweist in seinem vortrefflichen Werke über die alte Geschichte von Neu-Spanien, wie diese Angaben von 60,000 bis auf anderthalb Millionen von einander abgehen. Diese Widersprüche dürfen uns aber nicht in Erstaunen setzen, wenn wir nur bedenken wollen, wie neu noch statistische Untersuchungen selbst in den kultivirtesten Theilen von Europa sind.

Nach den neuesten und am wenigsten verdächtigen Angaben scheint die gegenwärtige Bevölkerung der Hauptstadt von Mexiko (die Truppen mitgerechnet), von 135–140,000 Seelen zu seyn. Die im Jahre 1790 auf Befehl des Grafen von Revillagigedo angestellte Zählung, gab für die Stadt nicht mehr als 112,926 Menschen an; man weiß aber zuverlässig, daß dieses Resultat um ein Sechstheil zu klein ist. Die regulirten Truppen und die in der Hauptstadt garnisonirenden Milizen bestehen aus 5–6000 Mann unter den Waffen. Mit großer Wahrscheinlichkeit kann man die gegenwärtige Bevölkerung folgendermaßen bestimmen:

| | |
|---:|---|
| 2,500 | weisse Europäer. |
| 65,000 | weisse Creolen. |
| 33,000 | Eingeborne, (kupferfarbige Indianer). |
| 26,500 | Metis, gemischt von Weissen und Indianern. |
| 10,000 | Mulatten. |
| 137,000. | Einwohner. |

So sind demnach in Mexiko 69,500 farbige Menschen, und 67,500 Weisse. Allein sehr viele Metis (Mestizos) sind beynahe eben so weiß, als die Europäer und die spanischen Creolen.

In den drey und zwanzig Klöstern, welche die Hauptstadt enthält, befinden sich beynahe 1200 Individuen, von denen 580 Priester und Choristen sind. Die funfzehn Frauen-Klöster enthalten 2100 Nonnen, von denen etwa 900 Profeß gethan haben.

Der Clerus von Mexiko ist sehr zahlreich, wiewol er immer noch um ein Viertheil geringer ist, als der von Madrid. Die Zählung von 1790 gab an:

| In den Mönchsklöstern: | | |
|---|---|---|
| Priester und Choristen | -------- | 573. |
| Novizen | -------- | 59. |
| Dienende Brüder | -------- | 235. |
| In den Nonnenklöstern: | | |
| Nonnen, die Profeß gethan | -------- | 888. |
| Novizen | -------- | 35. |
| Präbendirte | -------- | 26. |
| Pfarrer | -------- | 16. |
| Vikarien | -------- | 43. |
| Weltgeistliche | -------- | 517. |
| Summe der Individuen | -------- | 2,392. |

und, ohne die dienenden Brüder und Novizen, 2,063. Der Clerus von Madrid besteht, nach dem vortrefflichen Werke des Hrn. von Laborde, aus 3,470 Personen, so daß sich also in Mexiko der Clerus zur ganzen Bevölkerung wie $1\frac{1}{2}$ zu 100, und in Madrid wie 2 zu 100 verhält.

# Fragmente aus dem neuesten Hefte des v. Humboldt'schen Werkes über den politischen Zustand des Königreichs Neu-Spanien

## 5. Die schwimmenden Gärten (Chinampas)

——— Die sehr sinnreiche Erfindung der Chinampas scheint bis zum Ende des vierzehnten Jahrhunderts aufzusteigen. Sie ist in der außerordentlichen Lage eines Volkes gegründet, das rings von Feinden umgeben, mitten auf einem an Fischen nicht sehr reichen See zu leben genöthigt ist, und natürlich auf alle mögliche Mittel zu seinem Lebens-Unterhalte sinnen muß. Wahrscheinlich hat die Natur selbst den Azteken die erste Idee zu diesen schwimmenden Gärten gegeben. An den sumpfigen Ufern der Seen von Xochimilco und Chalco reißt die starke Bewegung des Wassers, zur Zeit des hohen Standes desselben, Erdschollen ab, die mit Kräutern bedeckt und mit Wurzeln durchflochten sind. Diese Schollen treibt der Wind hin und her, bis sie sich zuweilen zu kleinen Flößen vereinigen. Ein Menschenstamm, welcher zu schwach war, um sich auf dem festen Lande zu halten, glaubte diese Stücke Boden benutzen zu müssen, den ihm der Zufall anbot, und dessen Eigenthum ihm von keinem Feinde streitig gemacht wurde. Die ältesten Chinampas waren daher nichts, als Stücke Rasen, welche von den Azteken künstlich waren zusammengefügt, alsdann aufgehackt und angesäet worden. Dergleichen schwimmende Inseln bilden sich unter allen Zonen, und ich habe deren in dem Königreiche Quito, auf dem Flusse Guayaquil gesehen, welche acht bis neun Meter lang waren, mitten auf dem Strome trieben, und junge Zweige von Bambusa, Pistia stratiotes, Pontederia und eine Menge anderer Vegetabilien trugen, deren Wurzeln sich leicht in einander verflochten. Auch sah ich in Italien auf dem kleinen Lago di aqua solfa, bey Tivoli, in der Nähe der Thermen des Agrippa, solche kleine Inseln, welche aus Schwefel, luftsaurer Kalkerde und Blättern des Ulva thermalis bestanden, und sich durch das leiseste Wehen des Windes in Bewegung setzten.

Bloße Erdschollen, welche sich vom Ufer abrissen, haben also Anlaß zur Erfindung der Chinampas gegeben; allein die Industrie der aztekischen Nation hat dieses System vom Gartenbaue nach und nach vervollkommnet. Die schwimmenden Gärten, welche die Spanier in großer Menge fanden, und von denen noch mehrere auf dem See von Chalco übrig sind, waren Flöße von Schilf, (Totora), Aesten, Wurzeln und Zweigen von Buschwerk. Diese Bestandtheile, welche sehr leicht sind, und sich ganz in einander verwickeln, bedecken die Indianer mit einer schwarzen Erde, welche von Natur mit Kochsalz geschwängert ist. Durch das Wasser, womit man die Erde aus dem See begießt, verflüchtigt sich dieses Salz nach und nach, und je öfter man diese Auslaugung vornimmt, desto fruchtbarer wird der Boden. Man wendet dieses selbst bey dem Salzwasser aus dem See von Tezcuco mit Vortheil an, indem dieses Wasser, dem noch viel zu seiner Saturation fehlt, wenn es durch den Boden filtrirt wird, das Salz vortrefflich auflöst. Oft enthalten die Chinampas sogar die Hütte des Indianers, welcher eine solche Gruppe schwimmender Gärten zu hüten hat. Man stößt sie mit langen Stangen weiter, oder rückt sie damit zusammen, und treibt sie so nach Gefallen von einem Ufer zum andern.

# Kuhpocken in Mexiko

Wir haben nun noch die physischen Ursachen zu untersuchen, welche beinah periodisch die Vermehrung der Bevölkerung in Mexico unterbrechen. Diese Ursachen sind die Pocken, die grausame Krankheit, welche die Eingebornen *Matlazahuatl* nennen, und besonders die Theurung der Lebensmittel, deren Folgen sehr lange nachgefühlt werden.

Die Pocken, welche seit 1520 in diesem Lande bekannt sind, scheinen ihre Verwüstungen nur alle siebenzehn Jahre anzurichten. In den Aequinoctial-Gegenden haben sie, wie das schwarze Erbrechen und mehrere andre Krankheiten, ihre festen Perioden, an denen sie sich regelmäßig wieder einfinden; und man möchte glauben, daß sich in diesen Ländern die Anlage der Eingebornen für gewiße Miasmen nur in sehr weit von einander entfernten Perioden erneuert; indem die Pocken, deren Saamen sehr oft von europäischen Schiffen gebracht wird, nur in sehr ansehnlichen Zwischenräumen epidemisch, aber auch den Erwachsenen nur desto gefährlicher werden. 1763 und besonders 1779 haben die Pocken erschreckliche Verwüstungen angerichtet. Im lezteren Jahr rafften sie blos in der Hauptstadt von Mexico über neuntausend Menschen hin, die Leichenwagen durchzogen, wie in Philadelphia zur Zeit des gelben Fiebers, die Straßen alle Abend, um die Leichname aufzunehmen, und ein großer Theil der mexicanischen Jugend ward in diesem unglücklichen Jahre niedergemäht.

Die Epidemie von 1797 war weniger mörderisch, wozu der Eifer gewirkt haben mag, womit man die Pockenimpfung in den Umgebungen von Mexico und im Bisthum von Mechoacan verbreitet hatte. In Valladolid, der Hauptstadt dieses Bisthums, starben von 6,800 Individuen, denen die Krankheit inokulirt worden war, nicht mehr als 170, also $2\frac{1}{2}$ von 100; und dennoch hatte man bei vielen die Operation erst zu einer Zeit vorgenommen, wo sie wahrscheinlich schon von den natürlichen Pocken angesteckt waren. Von hundert Individuen jedes Alters, welche ohne Impfung die Opfer der natürlichen Pocken geworden, starben jedesmal vierzehn. Mehrere Personen, besonders unter der Geistlichkeit, zeigten bei dieser Gelegenheit den lobenswürdigsten Patriotismus, in dem sie die Fortschritte der Epidemie durch die Inokulation aufzuhalten suchten. Ich will hier nur zween, gleichaufgeklärte, Männer nennen, den Herrn von Reaño, Intendanten von Guanaxuato und Don Manuel Abad, Canonicus-Pœnitentiarius beim Domstift von Valladolid, deren edelmüthige und uneigennützige Absichten immer das allgemeine Beste zum Ziel hatten. Die Pocken wurden dazumal im ganzen Königreich mehr als 50–60,000 Menschen eingeimpft.

Seit dem Januar 1804 wurde die Kuhpockenimpfung durch die Thätigkeit eines ehrwürdigen Bürgers, Don Thomas Murphy, welcher zu verschiedenenmalen den Virus aus Nord-America kommen ließ, in Mexico eingeführt. Er fand hiebei wenige Schwierigkeiten, indem die Kuhpocken sich als eine leichte Krankheit zeigten, und die Inokulation der gewöhnlichen Pocken die Indianer längst an die Nützlichkeit der Idee gewohnt hatte, durch ein kleines Übel freiwillig einem größern zu begegnen. Wären die Kuhpocken, oder wenigstens die gewöhnliche Inokulation seit dem 16ten Jahrhundert in der neuen Welt bekannt gewesen, so würden mehrere Millionen Indianer nicht die Opfer dieser Krankheit und besonders der unvernünftigen Behandlung geworden seyn, durch die man sie so gefährlich gemacht hat. Blos durch sie ist die Anzahl der Eingebornen von Californien auf eine so fürchterliche Weise herabgeschmolzen. – So aber kamen die königlichen Schiffe, welche die Kuhpocken nach den Colonien von America und Africa bringen sollten, erst kurze Zeit nach meiner Abreise in Vera-Cruz an.

*Don Antonio Valmis*, der Oberarzt dieser Expedition, besuchte Portorico, die Insel Cuba, Mexico und die philippinischen Inseln. Sein Aufenthalt in Mexico, wo man die Kuhpocken indeß schon vor seiner Ankunft kannte, hat die Ausbreitung dieses wohlthätigen Verwahrungsmittels ganz besonders erleichtert. In den vorzüglichsten Städten des Königreichs bildeten sich Comités für die Kuhpockenimpfung, *(juntas centrales)* welche aus den aufgeklärtesten Männern bestehen, von Monat zu Monat neue Operationen vornehmen laßen, und so darüber wachen, daß der Kuhpocken-Miasmus nicht verloren geht. Er wird diß aber um so weniger, da er in dem Lande selbst vorhanden ist. Wirklich hat ihn Herr *Valmis* in der Gegend von Valladolid und im Dorf Atlisco, bei Puebla, an den Eutern der mexicanischen Kühe entdeckt. Nachdem dieses Geschäft den wohlthätigen Absichten des Königs von Spanien gemäß ausgeführt worden ist, darf man wohl hoffen, daß die Vaccination durch den Einfluß der Geistlichkeit, und besonders der Missionnärs, nach und nach bis ins Innere des Landes verbreitet werden werde. Darum muß auch Herrn Valmis Reise ewig denkwürdig in den Annalen der Geschichte bleiben. Zum erstenmal sahen die Indianer bei dieser Gelegenheit jene Schiffe, welche sonst blos Blut- und Mordinstrustrumente enthielten, der leidenden Menschheit die Keime der Hülfe und des Trostes bringen!

Die Ankunft der bewaffneten Fregatten, auf welchen Herr Valmis den atlantischen Ozean und das Süd-Meer durchstreifte, hat an verschiedenen Küsten zu einer sehr einfachen, aber nur desto rührendern, religiösen Ceremonie Veranlassung gegeben. Die Bischöffe, die Militär-Gouverneurs und die im Rang ausgezeichnetsten Personen begaben sich an das Seeufer. Hier nahmen sie die Kinder, welche die Kuhpocken den Ur-Eingebornen von America und dem malaischen Stamm auf den philippinischen Inseln bringen sollten, auf ihre Arme, und trugen sie unter allgemeinem Jauchzen, vor die Altäre, wo sie dem höchsten Wesen für ein so glückliches Ereignis dankten. Wirklich muß man die Verwüstungen, welche die Pocken in der heißen Zone, und unter einem Menschenstamm anrichten, dessen physische Constitution allen Hautkrankheiten entgegen zu seyn scheint, näher kennen, um es einzusehen, wie Herrn Jenner's Entdeckung für die Aequinoctialgegenden des neuen Continents noch unendlich wichtiger ist, als für die gemässigten Länder des alten.

Denen, welche sich mit der Geschichte der Vaccination befassen, zu Gefallen, werde ich hier ein Factum beibringen, welches für ihren Zweck Interesse hat. Bis zum November 1802 waren die Kuhpocken in Lima unbekannt. Um diese Zeit herrschten die natürlichen auf den Küsten des Süd-Meeres. Das Kauffartheischiff, *Santo Domingo de la Calzada*, legte auf seiner Überfahrt von Spanien nach Manilla, in Lima an, und ein Bewohner von Cadiz hatte den guten Einfall gehabt, diesem Schiff Kuhpockenstoff für die philippinischen Inseln mitzugeben. Diese Gelegenheit benutzte man in Lima, und Herr Unanue, Professor der Anatomie und Verfasser einer vortreflichen physiologischen Abhandlung über das Clima von Peru[1] vaccinierte verschiedene Personen mit dem Virus, welchen das Kauffartheischiff gebracht hatte. Allein es entstand keine Blatter, und man hielt den Virus bereits für verändert oder zu schwach, da bemerkte Herr Unanue erst, daß die vaccinirten Personen alle bereits besonders gutartige natürliche Pocken gehabt hatten, und bediente sich daher dieses Ansteckungs-Gifts, um die Epidemie, auf dem Weg der gewöhnlichen Impfung, minder schädlich zu machen.

Im Lauf dieser Epidemie, 1802, machte man auch durch einen Zufall die Entdeckung, daß die wohlthätige Wirkung der Kuhpocken schon lange Zeit bei den Landleuten der peruanischen Anden bekannt gewesen war. Man hatte einem

[1] Dieses Werk, welches die genaueste Bekanntschaft mit der französischen und englischen Literatur verräth, führt den Titel: Observaciones sobre el clima de Lima y sus influencias en los seres organizados en especial el hombre, por el Dr. D. Hipolito Unanue. Lima. 1806.

Negersklaven in dem Hause des Marquis von Valleumbroso die natürlichen Pocken einoculiert; allein er zeigte kein Symptom von Krankheit. Man wollte die Operation an ihm wiederholen, da erklärte er, er sey überzeugt, daß er nie die Pocken bekommen würde, indem er beim Weiden der Kühe auf der Cordillera der Anden eine Art von Hautkrankheit gehabt habe, welche, nach der Aussage der alten indianischen Väter, von der Berührung gewisser Beulen, welche man zuweilen an den Eutern der Kühe finde, hergekommen sey. Wer diese Hautkrankheit gehabt, sezte der Neger hinzu, ist vor den Pocken sicher. – Wirklich haben die Afrikaner, und besonders die Indianer, ausserordentlich viel Scharfsinn in der Beobachtung des Characters, der Lebensweisen und der Krankheiten der Thiere, unter welchen sie gewöhnlich leben. Man darf sich daher nicht wundern, daß das gemeine Volk, seit der Einführung des Hornviehs in America, die Bemerkung gemacht hat, wie die Blattern, welche man auf den Eutern der Kühe bemerkt, den Hirten eine Art von unschädlichen Pocken mittheilen, und die, welche sie gehabt, der allgemeinen Ansteckung zur Zeit großer Epidemien völlig entgehen.

Die *Matlazahuatl*, eine dem indianischen Stamm ganz eigene Krankheit, scheint sich nur alle Jahrhunderte Einmal zu zeigen. Sie wüthete besonders in den Jahren 1545, 1576 und 1736, und wird von den spanischen Schriftstellern eine Pest genannt. Da die letzte Epidemie der Art zu einer Zeit geherrscht hat, wo die Heilkunde, selbst in der Hauptstadt, noch nicht einmal als Wissenschaft anerkannt war, so fehlen uns die genaueren Nachrichten über diese Krankheit. Zuverläßig hat sie indeß einige Ähnlichkeit mit dem gelben Fieber oder dem schwarzen Erbrechen, greift aber keinen Weissen an, er mag nun ein Europäer seyn, oder von den Ur-Eingebornen abstammen. Die Individuen der kaukasischen Race scheinen diesem tödtlichen Typhus überhaupt gar nicht unterworfen zu seyn, während dagegen das gelbe Fieber, oder das schwarze Erbrechen die mexicanischen Indianer nur sehr selten angreift. Der hauptsächlichste Schauplatz des *Vomito prieto* ist die Seegegend, deren Clima ausserordentlich heiß und feucht ist. Die *Matlazahuatl* hingegen verbreitet Schrecken und Tod bis ins Innere des Landes, auf das Central-Plateau und in die kältesten und dürrsten Gegenden des Königreichs.

Der Franziskaner Mönch Torribio, (bekannter unter seinem mexicanischen Namen, Motolinia,) versichert, daß die im Jahr 1520 durch einen Neger-Sclaven von Narvaëz eingeführten, Pocken die Hälfte der Bewohner von Mexico dahingeraft haben, und Torquemada hat sogar die kühne Meinung, daß in den beiden Epidemien der *Matlazahuatl*, von 1545 und 1576, in der erstern 800,000, und in der letztern 2,000,000 Indianer gestorben seyen. Zieht man aber die Schwierigkeit in Betrachtung, welche man selbst heutzutag in dem östlichen Europa findet, wenn man die Zahl der Pestopfer anschlagen will, so darf man wohl mit allem Grund daran zweifeln, daß sich die beiden Vice-Könige, Mendoza und Almanza, welche das eben eroberte Land regierten, im sechzehnten Jahrhundert das Verzeichnis aller, von der Matlazahuatl dahingemähten Indianer verschaffen konnten. Ich will indeß die Glaubwürdigkeit dieser beiden Mönche und ihrer Geschichtswerke nicht angreifen, wenn es gleich sehr unwahrscheinlich ist, daß ihr Kalkul auf genauen Nachrichten beruht.

Es wäre sehr merkwürdig, das Problem aufzulösen: ob die Pest, welche vor der Ankunft der Europäer von Zeit zu Zeit die atlantischen Gegenden der vereinigten Staaten verwüstet hat, und welche der berühmte Rush mit seinen Anhängern als das Princip des gelben Fiebers ansieht, mit der *Matlazahuatl* der mexicanischen Indianer identisch sey? Man darf hoffen, daß diese letzte Krankheit, wenn sie sich wieder in Neu-Spanien zeigen sollte, von den Ärzten aufs sorgfältigste beobachtet werden werde.

# Allgemeine Betrachtung über die Minen von Mexiko in ihren Beziehungen zur Geologie

——————— In der 5ten Lieferung von HUMBOLDTS *Essai politique sur le Royaume de la nouvelle Espagne* (*Paris* 1810) findet man folgende interessante mineralogische Notizen verbunden mit lehrreichen Nachrichten über den Zustand des Bergbaues in Neu-Spanien. Am häufigsten findet man in Mexiko die Erze auf Gängen, auf Lagern und Stockwerken erscheinen sie seltner. Auf 4 bis 5000 Gängen wird jezt gebaut und ohne Zweifel würde man, kennte man sie genauer, in der Masse und in den Strukturverhältnissen derselben Analogien finden, welche auf einen gleichzeitigen Ursprung hindeuten und eben so Identitäten mit den Gängen in Ungarn und im Erzgebirge Sachsens. Die meisten mexikanischen Gänge sezzen im Ur- und Uebergangs-, weniger häufig im Flözgebirge auf. Urthonschiefer, Grauwacke und Alpen-Kalkstein sind die Gebirgsarten in welchen man jene Erzlagerstätten am häufigsten findet. In einem Urthonschiefer, auf welchem Thon-Porphyr mit Granaten gelagert ist, sind auch die Schäzze von Potosi eingeschlossen. Die Gruben von *Hualgayoc*, von *Chota*, von *Yauricocha* und von *Pasco* in *Peru* hingegen bauen in Alpen-Kalkstein[1].

Das *mexikanische Gold* wird meist im aufgeschwemmten Lande gefunden, und durch bloßes Waschen gewonnen. Das aufgeschwemmte Land erscheint vorzüglich häufig in der Provinz *de la Sonora*, welche als das *Choco* des nördlichen Amerika angesehen werden kann. Man hat viel Gold in dem Sande gewonnen, welcher sich in dem Thale von *Rio Hiaqui* findet. Weiter nördlich, in der *Pimeria Alta* hat man Goldkörner und Geschiebe 5 bis 6 Pfund schwer gefunden[2]. Zum Theil aber wird das Gold in *Mexiko* auch auf Gängen gewonnen, welche im

[1] Diese vier zulezt genannten Gruben liefern jährlich zweimal so viel Silber als alle Bergwerke Deutschlands.

[2] In Peru, unweit de la Paz, soll im Jahre 1733 ein 45 Pfund schweres Goldgeschiebe gefunden worden seyn.

Urgebirge aufsezzen. In der Provinz *Oaxaca* finden sich die meisten Gold führenden Gänge theils im Gneiße, theils im Glimmerschiefer. Die leztere Gebirgsart zumal hat sich in den berühmten Gruben von *Rio San-Antonio* sehr reich an Gold gezeigt. Die Gänge, deren Gangmasse Quarz ausmacht, haben oft über $1\frac{1}{2}$ Fuß Mächtigkeit, aber der Gehalt derselben an Erzen ist sehr ungleich und im Ganzen der Gold-Bergbau in den Gruben von *Oaxaca* nicht sehr bedeutend. Das Gold überhaupt erscheint rein oder im Gemische mit Silbererzen fast auf allen *Mexikanischen* Gängen. So findet man mit den Silbererzen in den Gruben von *Villalpando* und von *Rayar* unweit *Guanaxuato*, ferner in denen von *Sombrero* Gediegen-Gold in Oktaedern krystallisirt, in Blättchen und gestrickt.

Das *Silber* findet sich in *Peru* als Glanzerz, Spröd-Glanzerz, Rothgültigerz, Graugültigerz und Hornerz, weniger häufig gediegen.

Die Gruben von *Guanaxuato* liefern jährlich 5–6000 Mark Silber und 15–1600 Mark Gold. Die älteste Gebirgsart, welche man in diesem Distrikte kennt, ist der Urthonschiefer, welcher auf den Graniten von *Zacatecas* und von *Penon-Blanco* ruht. In größerer Teufe übergeht er in Talk- und Chloritschiefer. Zahllose Quarz-Gänge und Trümmer durchsezzen ihn nach allen Richtungen. In den tiefen Schächten von *Valenciana* finden sich im Thonschiefer untergeordnete Lager von Syenit, von Hornblendeschiefer und von Serpentin, welche schichtenweise miteinander abwechseln. Auch auf der Insel *Cuba*, nahe bei dem Dorfe *Regla*, erscheint der Syenit mit Serpentin abwechselnd und in dem lezten Gesteine sehr viel Schillerspath. Derselbe Thonschiefer von *Guanaxuato*, den man im Tiefsten der Gruben von *Valenciana* beobachtet, erscheint auch wieder zu Tage 800 Meter höher auf dem Gipfel der *Sierra Santa-Rosa*. Seine Schichten streichen sehr regelmäßig St. 8–9 und neigen sich unter 45–50° nach SW. Eine Neigung, die dem größern Theile der alten Gebirgsarten *Mexikos* eigen ist. Auf dem Thonschiefer ruhen zwei verschiedene Formationen, die eine ein Porphyr, erhebt sich bis zu bedeutenden Höhepunkten, östlich vom Thale von *Marfil* und nordwestlich von *Valenciana*; die andere, ein älterer Sandstein, nimmt die weniger erhabenen *Plateaus* ein. Der Porphyr bildet gigantisch gestaltete Berge. Die ältesten Lager scheinen diejenigen zu seyn, welche Hornstein oder dichten Feldspath zur Grundmasse haben. Die jüngern im Gegentheile enthalten häufig glasigen Feldspath in einer theilweise klingsteinartigen Grundmasse. Sie haben viel analoges mit dem böhmischen Porphyrschiefer und man würde geneigt seyn, sie der Trapp-Formation beizuzählen, wenn nicht eben diese Gesteinarten bei *Villalpando* die reichsten Golderze einschlössen. Alle diese Porphyre von *Guanaxuato* haben das mit einander gemein, daß in ihnen die Hornblende fast eben so selten ist, als der Quarz und der Glimmer. Ihre Lager haben mit denen des Thonschiefers eine gleiche Richtung und einen gleichen Fall. Der Haupt-Gang (*Veta madre*) durchsezt den Thonschiefer und den Porphyr. In beiden Gebirgsarten zeigt er sich in hohem Grade erzführend. Er hat viel Aehnlichkeit mit dem Spitaler Hauptgange zu *Schemniz*. Die Fossilien welche die Gangmasse bilden sind: gemeiner Quarz, Amethist, späthiger Kalkstein und Braunkalk und muschlicher Hornstein, mit diesen brechen Gediegen-Gold, Gediegen-Silber, Glanzerz und Spröd-Glanzerz, dunkles Rothgültigerz, Bleiglanz, braune Blende, Spath-Eisenstein, Kupfer und Schwefelkies.

Die Gruben von *Zacatecas* bauen in einem Gesteine welches, rücksichtlich der geognostischen Konstruktion viel Aehnlichkeit mit dem von *Guanaxuato* hat. Die ältesten, zu Tage ausgehenden Gebirgsarten sind syenitisch. Auf diesen ist ein Thonschiefer, die erzführende Gebirgsart, gelagert, welcher durch die Lagen von jaspisartigem Kieselschiefer, von Grauwacke und von Grünstein, die er umschließt, sich dem Thonschiefer der Uebergangs-Formation nähert. Der Thonschiefer wird von einem metallleeren Porphyre bedeckt. Die Gangmasse bilden mannichfaltige Fossilien, Quarz, muschlicher Hornstein, späthiger Kalkstein, schaaliger Baryt und späthiger Braunkalk. Die Erze sind Spröd-Glanzerz und Glanzerz, lezteres mit Gediegen-Silber gemengt, ferner Silberschwärze, Hornerz in mehreren Farben-Verschiedenheiten, in größerer Tiefe etwas weniges Gediegen-Gold und Rothgültigerz zumal in S. W. von der Stadt *Zacatecas*, Bleiglanz, Weiß-Bleierz, gelbe, schwarze und braune Blende, Kupfer- und Schwefelkies, Magnet-Eisenstein, Kupferlasur, Malachit und Grau-Spiesglanzerz. In der Intendanz von *Zacatecas* sind auch die Gruben von *Fresnillo* und von *Sombrerete* gelegen. Jene bauen in einer isolirten Berggruppe, welche sich über die Ebene des Zentral-Plateaus erhebt. Das Gestein, welches die Ebenen konstituirt, gehört der Porphyr-Formation an, die erzführende Berggruppe aber besteht aus Grauwacke[3].

Die *Veta nigra* ist der reichste Gang unter den Gruben von *Sombrerete*. Ein dichter Kalkstein ist die Gebirgsart, in welcher die meisten Gänge aufsezzen. Er umschließt Lager von jaspisartigem Kieselschiefer. In dem Distrikte von *Sombrerete* kommt zumal das Rothgültigerz häufig vor, es füllt nicht selten den ganzen Raum des Ganges von mehr als 3 Fuß Mächtigkeit aus.

Die Gruben von *Catorce* nehmen, unter denen von *Neuspanien*, wenn man sie nach der Menge des Silbers, welches sie liefern, klassifizirt, den zweiten oder

---

[3] Nach SONNENFELS sezzen in derselben eine zahllose Menge von Erzgängen auf, die vorzüglich reich an Hornerz sind.

dritten Rang ein. Aus der Mitte der, von dichtem Kalksteine der zweiten Formation zussammengesezten, Berge erheben sich (wie im *Vicentinischen*) Massen von Basalt und von basaltischem Mandelsteine, die Olivin, Obsidian und Zeolith umschließen. Eine große Menge von Gängen, die meist nicht sehr mächtig sind und in ihrer Richtung die mannichfaltigste Verschiedenheit darbieten, durchsezzen den dichten Kalkstein, der auf Uebergangsthonschiefer gelagert ist. Möglich ist es, daß dieser auf der syenitischen Gebirgsart ruht. Die Gänge sind meist Spathgänge und fallen unter 25 bis 30° nach Nord-Ost. Fast alle die Gangmasse bildenden Mineralien sind in einem Zustande von Auflösung. Die Grube *Veta grande* hat unermeßliche Schäzze von Gediegen-Silber und von Hornerz geliefert.

Die Gruben von *Pachuca*, von *Real del Monte* und von *Moran* sind wegen ihres Alters sehr berühmt. Seit dem Anfange des 18ten Jahrhunderts wird nur noch auf dem Gange *de la Biscaïna*, oder von *Real del Monte*, mit Lebhaftigkeit gebaut. Die Gebirge des Distrikts von *Real del Monte* umschließen Lagen von Porphyr, welche, in Hinsicht ihres relativen Alters, sehr von einander abweichen. Die Gebirgsart, welche das Hangende und das Liegende der silberführenden Gänge ausmacht, ist ein aufgelöster Porphyr, dessen Hauptmasse theils thonartig, theils hornsteinartig zu seyn scheint. Das Daseyn der Hornblende in demselben verräth sich oft nur durch graue Flecken, in welchen gemeiner und glasiger Felsspath eingemengt erscheinen. Auf bedeutenden Höhepunkten findet man Porphyre deren Grundmasse Perlstein ist, mit Lagen und Nieren von Obsidian. Im Distrikte von *Real del Monte* findet man nicht wie zu *Freiberg*, zu *Derbyshire* oder wie in den Gebirgen von *Zimapan* und von *Tasco* in einem kleinen Raume eine große Menge reicher aber wenig mächtiger Gänge, sondern es gleicht derselbe vielmehr den Harzgebirgen, denen von *Schemniz* oder von *Guanaxuato* und *Potosi* wo die Erze in weniger zahlreichen Lagerstätten, aber von desto bedeutenderer Dimension verbreitet sind. Die vier Gänge der *Biscaïna*, des *Rosario*, der *Cabrera* und des *Encino* durchziehen die Distrikte von *Real del Monte*, von *Moran* und von *Pachuca* in ausserordentlichen Distanzen, ohne daß sie von anderen Gängen durchsezt oder verdrückt würden.

Der Gang *Veta de la Biscaïna*, welcher zu den Gruben von *Catorce* gehört, ist schon seit dem 16ten Jahrhunderte im Bau. Er streicht St. 6 und fällt unter 85° nach S. Seine Mächtigkeit beträgt 4 bis 6 Meter. Der Porphyr dieser Gegend streicht gleichfalls St. 6 und fällt unter 60° nach NO. Da, wo die wichtigsten Erzpunkte sind, besteht die Gangmasse aus Quarz, der in muschlichen Hornstein übergeht, aus Amethist, späthigem Kalksteine und schaaligem Baryte. Die Erze, Glanzerz mit Gediegen-Silber gemengt, Sprödglanzerz, dunkles Rothgültigerz, Bleiglanz, Kupfer-

und Schwefelkies. Alle eben genannten Silbererze finden sich auch in einem durchaus aufgelösten Zustande und mit Eisenoxyd gemengt, wie die Pacos in Peru, dicht unter der Oberfläche der Erde.

Außer dem Gold und Silber finden sich, wie auch zum Theil aus obigem schon hervorgeht, noch folgende Metalle in dieser Gegend:

*Kupfer*, gediegen; Kupferglanz und Roth-Kupfererz.

*Zinn*; Zinnstein im Seifengebirge[4].

*Eisen* kommt häufiger vor, als man gewöhnlich glaubt, so zumal in den Intendanzen von *Valladolid, Zacatecas und Guadalaxara*, und in den innern Provinzen.

*Blei* ist in großer Menge in den Kalkgebirgen des nordöstlichen Neu-Spaniens verbreitet.

*Zink, Spiesglanz, Arsenik und Braunstein*, kommen gleichfalls vor.

*Kobalt* hat man bis jezt noch nicht gefunden.

*Quecksilber* findet sich an vielen Orten, zumal in der Intendanz von *Guanaxuato* und von *Mexiko*. Es wird jedoch jezt nicht mehr darauf gebaut. Eine berühmte Quecksilbergrube ist zu *Huancavelica* im Berge *Santa-Barbara*.

*Platina* kommt nur in *Choco* und zu *Barbacoas* vor, westlich von den Sandsteingebirgen die sich auf dem östlichen Ufer des *Cauca*, 15 Stunden von *Popayan*, erheben.

[4] Es scheint, als habe der Zinnstein seine ursprüngliche Lagerstätte in den Gängen, welche die Porphyre der Trapp-Formation durchsezzen.

# Kurze Darstellung des gegenwärtigen Zustandes von Neu-Spanien

——————— (Diese Uebersicht ist die Schlußrede des klassischen Werkes: *Essai politique sur le royaume de la Nouvelle-Espagne; par Alexandre de Humboldt.* Zwei Bände, Paris b. Schöll, 1811, davon das letzte Heft erst vor wenigen Tagen erschien.)

Physische Ansicht. Eine breite Bergkette in der Mitte des Landes zieht sich, erst in der Richtung von Südost nach Nordwest, dann in jener von Süden nach Norden hin. Weite Flächen dehnen sich über den Rücken dieser Berge aus, und senken sich allmählig der gemäßigten Zone zu; unter der warmen Zone beträgt ihre absolute Höhe 2300 bis 2400 Meter. Der Cordilleren-Abhang ist mit dichten Wäldern bedeckt, während hingegen die Zentral-Ebene beinahe ganz unfruchtbar und dürr erscheint. Die höchsten Gipfel, von denen mehrere die Grenze der Schneeschmelze übersteigen, sind mit Eichen und Fichten bekleidet. In der Equinoxial-Gegend sind die verschiedenen Klima gleichsam terrassenartig über einander geschichtet; zwischen dem 15 und 22 Breitengrade beträgt die mittlere Temperatur der feuchten und für die Ankömmlinge aus kältern Himmelsstrichen ungesunden Küstengegend 25 bis 27 Grade des Thermometers von 100 Graden; sie beträgt 16 bis 17 Grade auf der durch ihre gesunde Atmosphäre berühmten Zentral-Ebene. Es regnet wenig im Innern des Landes, und der bevölkertste Theil desselben hat keine schiffbaren Flüsse.

Flächeninhalt. Er beträgt hundert und achtzehntausend Quadratmeilen, deren zwei Drittheile unter der gemäßigten Zone gelegen sind; der unter der warmen Zone liegende Drittheil genießt, um der überaus hohen Lage seiner Flächen willen, meist eines Wärmegrades, welcher der Frühlingstemperatur Spaniens und des mittäglichen Italiens nahe kommt.

Bevölkerung. Die fünf Millionen achthundert und vierzigtausend Einwohner bestehen zunächst aus zwei Millionen fünfhunderttausend kupferfarbiger Landeseingeborner, einer Million mexikanischer Spanier und siebenzigtausend europäischer Spanier; die Zahl der Negersklaven ist überaus gering. Der größte Theil der Bevölkerung ist auf die Zentral-Ebene zusammengedrängt. Die Geistlichkeit begreift mehr nicht als vierzehntausend Individuen. Die Bevölkerung der Hauptstadt beträgt 135,000 Seelen.

Landwirthschaft. Die Hauptnahrung des Volkes liefern die Paradiesfeige, die Maniokwurzel, der Mais, die Getraidearten und die Kartoffeln. Die unter der warmen Zone gepflanzten Cerealien geben, überall wo das Land zwölf- bis dreizehnhundert Meter hoch liegt, einen vierundzwanzigfachen Ertrag. Der Maguei (Agave) kann als der Weinstock der Eingebornen betrachtet werden. Der Anbau des Zuckerrohrs hat seit kurzem schnelle Fortschritte gemacht; Vera-Cruz führt jährlich sechstehalb Millionen Kilogramme, oder für den Werth von 1,300,000 Piaster mexikanischen Zucker aus. An den Nordküsten wird Baumwolle von der besten Gattung gepflanzt. Der Anbau des Kakao und Indigo sind beide vernachlässigt. In den Wäldern von Quilate können jährlich bei neuntausend Zentner Vanille eingesammelt werden. In den Distrikten Orizaba und Cordova wird auf den Tabaksbau viele Sorgfalt verwandt; im Bezirk Yucatan findet sich Ueberfluß von Wachs. Die Cochenille-Aernte von Oaxaca beträgt jährlich 400,000 Kilogramme. Das Hornvieh hat sich in den innern Landesgegenden (provincias internas) und auf der östlichen Küste, zwischen Panuco und Huasacualco, ungemein vervielfältigt. Der Zehnten der Geistlichkeit, welcher als Maasstab der Fortschritte des Landesertrags dienen kann, hat sich während der letzten zehn Jahre um zwei Fünftheile vermehrt.

Bergwerke. Sie ertragen jährlich an Gold 1600 Kilogramme; an Silber 537,000 Kilogr.; überhaupt 23 Millionen Piaster, oder beinahe die Hälfte des Werthes der köstlichen Metalle, die alljährlich aus den Bergwerken beider Amerika gezogen werden. Die Münzstädte von Mexiko hat von 1690 bis 1803 mehr als 1353 Millionen Piaster, und seit der Entdeckung von Neu-Spanien bis zu Anfang des neunzehnten Jahrhunderts wahrscheinlich 2028 Millionen Piaster, oder beinahe zwei Fünftheile alles Goldes und Silbers geliefert, das während dieser Zeit von dem neuen Kontinent dem alten zugeflossen ist. Die drei Bergwerksbezirke Guanaxuato, Zacatecas und Catorce, die eine zwischen dem 21 und 24 Breitegrad gelegene Zentralgruppe bilden, liefern beinahe die Hälfte alles Goldes und Silbers, welches alljährlich aus den Bergwerken von Neu-Spanien gezogen wird. Der Erzgang von Guanaxuato, welcher reicher ist als die Erzlager von Potosi, liefert für sich allein im jährlichen Durchschnitt 130,000 Kilogramme Silber, oder einen sechsten Theil alles Silbers, welches Amerika jährlich in Umlauf setzt. Das einzige Bergwerk von Valenciana, dessen jährliche Förderungskosten vier und eine halbe

Million Franken übersteigen, hat seit vierzig Jahren seinen Besitzern einen ununterbrochenen reinen Jahresertrag von mehr denn drei Millionen Franken abgeworfen; es stieg derselbe in einzelnen Jahren bis zu sechs Millionen, und er betrug innerhalb weniger Monate zwanzig Millionen für die Familie Fagoaga zu Sombrerete. Der Ertrag der mexikanischen Bergwerke hat sich seit zweiundfünfzig Jahren verdreifacht und seit einem Jahrhundert versechsfacht; er wird noch höher steigen, in dem Verhältnisse, wie theils die Bevölkerung des Landes, theils der Kunstfleiß und die Kenntnisse seiner Bewohner, Fortschritte machen. Weit entfernt, daß der Bergbau dem Ackerbau Nachtheile brächte, hat derselbe vielmehr die Urbarmachungen in den am wenigsten bevölkerten Gegenden befördert. Der Reichthum der mexikanischen Bergwerke beruht mehr auf dem Ueberflusse, als auf der innern Reichhaltigkeit ihrer Silbererze; der Mittelwerth dieser letztern beträgt nicht mehr als 0,002 (oder drei bis vier Unzen auf den Zentner von hundert Pfund). Die Menge des durch Quecksilber gewonnenen Erzes verhält sich zu dem durch Schmelzung erhaltenen wie 7 zu 2. Die Amalgamirungsweise, deren man sich bedient, ist langsam, und es geht dabei sehr viel Quecksilber verloren. Dieser Verlust beträgt für ganz Neu-Spanien jährlich bei 700,000 Kilogramme. Es ist zu vermuthen, die mexikanischen Cordilleras werden künftig einst das für den innern Verbrauch erforderliche Quecksilber, Eisen, Kupfer und Blei liefern können.

Manufakturen. Der Jahresertrag der Fabrikindustrie beläuft sich auf sieben bis acht Millionen Piaster. Die Leder-, Tuch- und Baumwollenzeug-Fabriken haben seit Abfluß des vorigen Jahrhunderts einige Fortschritte gemacht.

Handel. Die Einfuhr fremder Erzeugnisse und Waaren beträgt zwanzig Millionen Piaster; die Ausfuhr der landwirthschaftlichen und Fabrik-Produkte von Neu-Spanien belauft sich auf sechs Millionen Piaster. Der Ertrag der Bergwerke ist, an Gold und an Silber, dreiundzwanzig Millionen, von welchen acht bis neun für königliche Rechnung ausgeführt werden; wenn demnach von den übrigen fünfzehn Millionen Piaster vierzehn Millionen für Ersatz des Ueberschusses der Einfuhr gegen die Ausfuhr abgezogen werden, so ergibt sich, daß das baare Geld in Mexiko sich jährlich kaum um den Betrag einer Million Piaster vermehrt.

Staatseinkünfte. Die Einkünfte überhaupt (le revenu brut) belaufen sich auf zwanzig Millionen Piaster, wovon fünf und eine halbe Million Ertrag der Gold- und Silberbergwerke sind, vier Millionen von der Tabaks-Ferme, drei Millionen von den Einfuhrzöllen (alcavalas), eine Million dreihunderttausend von der Kopfsteuer der Indier und achthunderttausend von der Getränksteuer, welche von dem gegährten Safte der Agave erhoben wird, herrühren.

Militärische Vertheidigung. Sie kostet den vierten Theil der Gesamteinkünfte. Die mexikanische Armee ist dreißigtausend Mann stark, von denen kaum der dritte Theil Linientruppen und zwei Drittheile Milizen sind. Der kleine Krieg, welcher stets gegen die Nomaden-Indier in den provincias internas geführt wird, und der Unterhalt der presidios, oder Militärposten, sind überaus kostbar. Die Beschaffenheit der östlichen Küsten und die Gestaltung des Bodens erleichtern die Vertheidigung des Landes gegen die Ueberfälle einer Seemacht.

Dies sind die Hauptresultate, welche aus meiner in der Hauptstadt von Neu-Spanien begonnenen Arbeit hervorgehen. Möge sie denen, welchen die Sorge für die Wohlfahrt des Landes übertragen ist, nützlich sein; möge sie dieselben besonders von der wichtigen Wahrheit überzeugen, daß der Wohlstand der Weißen aufs genaueste mit demjenigen der kupferfarbenen Race in Verbindung steht, und daß in beiden Amerika kein dauerhaftes Glück möglich ist, so lange nicht diese durch langen Druck niedergehaltene, aber nicht verächtlich gewordene Race aller Vortheile theilhaftig gemacht wird, welche die Fortschritte der Kultur und die Vervollkommnung der Staatseinrichtungen gewähren.

# Bemerkungen über das gelbe Fieber, und dessen Zusammenhang mit der Temperatur[1]

## 1.

Das gelbe Fieber, oder, wie die Spanier es nennen, das schwarze Erbrechen (*vomito prieto* oder *negro*), herrscht fast alle Jahre an der flachen Ostküste Neu-Spaniens, und man hält die Stadt *Vera Cruz* für den hauptsächlichsten Sitz desselben. Diese berühmte Seestadt wird von 16000 Menschen bewohnt[2], ist der einzige für Kriegsschiffe brauchbare Hafen, den es an der Ostküste von Neuspanien giebt, und auf die Befestigung desselben sind von der Regierung 50 Millionen Piaster verwendet worden. Und dennoch ist es seit dem Jahre 1801 mehrmals in Anregung gekommen, diese Stadt als den Hauptsitz des gelben Fiebers, zu schleifen, und die Einwohner nach der 20 franz. Meilen entfernten Stadt Xalapa zu versetzen, welche auf der Höhe der Cordilleren-Ebne liegt, und einen ewigen Frühling genießt.

Wenn sich der Typhus, den man das gelbe Fieber nennt, zuerst in diesem Theile Amerikas gezeigt hat, ist schwer auszumachen. Der Abt Clavigero giebt in seiner Geschichte von Mexico das Jahr 1725 an; in Vera Cruz und in Mexico herrscht aber unter den Einwohnern allgemein die Sage, die alte Stadt Vera Cruz, welche jetzt nur noch als Dorf Namens *la Antigua* vorhanden ist, sey am Ende des 16ten

---

[1] Nach dessen *Essai politique sur le Roy. de la Nouvelle Espagne,* Paris 1811. 8. t. 4. p. 477–564, und nach der *Bibl. britann.* 1811 frei dargestellt von Gilbert.

[2] Nach der Schätzung von Don Quiros, welche Hr. von Humboldt in den Zusätzen nachträgt, hatte Vera Cruz im J. 1806 beständige Einwohner 20000, Matrosen und Seeleute 3640, Maulthiertreiber aus dem Innern zum Handel mit dem Innern, der 49139 Maulthiere beschäftigte, 7370, Fremde, Reisende und Soldaten 4500, zusammen 35,510 Seelen. *G.*

Jahrhunderts wegen der Krankheit verlassen worden, von der dort die Europäer weggerafft wurden. Der portugiesische Arzt Juan Ferreyra de Rosa beschreibt schon das gelbe Fieber in seinem zu Lissabon 1694 gedruckten Tractat über die Pest in Fernambuk; er hatte es zu *Olinda* in Brasilien beobachtet, wo es seit 7 Jahren wüthete, und bald nachdem eine portugiesische Armee Fernambuk von den Holländern erobert hatte, ausbrach. Wir wissen ferner mit Gewißheit, daß das gelbe Fieber 1691 auf der Insel *Barbados* unter dem Namen *Fieber von Kendal* herrschte; daß es durch Schiffe von Fernambuk dorthin gebracht worden sey, daran fehlt es ganz an Beweisen. Zu *St. Martha* und zu *Carthagena* in Südamerika scheint diese Krankheit indeß erst seit 1729 oder 1730, und zu *Guayaquil* seit 1740 bekannt zu seyn. Seitdem hat es sich wiederholt auch außerhalb der Antillen und des spanischen Amerika gezeigt, am *Senegal*, in den *vereinigten Staaten Nordamerikas* (1741, 47, 62 und seit 1793 fast alle Jahre), zu *Malaga* (1741, 1803, 4), zu *Cadix* (1731, 33, 34, 44, 46, 64 und von 1800 bis 1803), zu *Livorno* und selbst auf *Minorca*. Daß das gelbe Fieber dieser Orte ein anderes sey, als das zu Vera Cruz, oder daß es von den afrikanischen Küsten nach der Insel Granada und von dort nach Philadelphia eingeführt worden sey, sind völlig grundlose Meinungen. Auf ähnliche Weise glaubte man ehemals, eine von *Siam* kommende Flotte habe das schwarze Erbrechen nach Amerika gebracht.

Pringle, Lind und einige andere berühmte Aerzte sind der Meinung gewesen, die galligten Krankheiten, welche sich bei uns im Sommer und im Herbste einfinden, seyen der erste Grad des gelben Fiebers[3]. In der That haben die von Lancisi, Torti und neuerlich von dem berühmten Frank[4] beschriebenen bösartigen intermittirenden Fieber, welche in Italien herrschen, eine geringe Aehnlichkeit mit dem gelben Fieber; in der Gegend um Rom will man selbst von Zeit zu Zeit Einzelne haben sterben sehn, mit fast allen pathognomischen Kennzeichen dieses Typhus, Gelbsucht, Erbrechen, Blutflüssen u. dergl. Solche Aehnlichkeiten sind aber nur zufällig, und man kann das gelbe Fieber überall, wo es den Charakter einer epidemischen Krankheit hat, als einen Typhus *eigner Art* betrachten, welchen Franck mit dem Namen *febris gastrico-nervosa* bezeichnet. Daher sind die stationairen Gallen- und bösartigen intermittirenden Fieber, welche an den Ufern des Oronoco, an der Seeküste von Cumana bis Cap Codera, im Thale des Magdalenenflusses, zu Acapulco und in vielen andern feuchten und ungesunden Gegenden, welche ich auf meiner Reise besucht habe, herrschen, wesentlich verschieden von

---

3 Lind üb. die Krankh. der Europäer in den heißen Ländern S. 14, und Berthe *Précis histor. de la malad. qui a regné en Andalousie en* 1800. p. 17.

4 *De curandis hominum morbis* t. 1. p. 150.

dem *vomito prieto* oder dem gelben Fieber, das die westindischen Inseln, Neu-Orleans und Vera-Cruz verheert.

Es ist von Einigen, doch ohne allen Grund, behauptet worden, das gelbe Fieber habe sich nie in der südlichen Hemisphäre gezeigt, und sie haben die Ursache davon in der größern Kälte dieser Halbkugel gesucht. Zwar ist um den Südpol unstreitig mehr Eis als um den Nordpol gelagert, der Einfluß desselben erstreckt sich aber schwerlich bis über 48° Breite herab. Der in der temperirten Zone liegende Theil Südamerikas hat das Klima einer nach Süden zu sich verengernden Halbinsel; die Sommer sind dort minder heiß und die Winter minder strenge, als unter gleichen Breiten in den Ländern der nördlichen Halbkugel, welche nach Norden zu immer breiter werden. Die Temperatur in *Buenos Ayres* ist kaum von der in Cadix verschieden. In den ersten Jahren des gegenwärtigen Jahrhunderts wüthete aber das gelbe Fieber selbst in dem wegen seiner Gesundheit sonst so berühmten *Monte Video.* Ueberall wo Menschen, welche in einem kalten Klima geboren sind, sich in die niedrigen Gegenden der heißen Zone, oder andre sehr heiße Küsten begeben, und die von Miasmen angesteckte Luft täglich zu athmen gewagt haben, scheint das gelbe Fieber ausbrechen zu können.

Seit etwa sechzig Jahren ist *Panama* fast der einzige Ort an den Küsten der Südsee, wo sich das gelbe Fieber eingefunden hat. Hier, wie zu Callao (dem Hafen von Lima in Peru), treten die großen Epidemieen oft mit der Ankunft von Schiffen aus Chili zusammen. Nicht daß sie aus diesem Lande, einem der gesegnetsten und gesundesten auf der Erde, mitgebracht würden, (dort sind sie unbekannt); sondern weil die Einwohner desselben, wenn sie sich in die heiße Zone versetzen, den schädlichen Einfluß ausnehmend heißer, mit Ausflüssen aus faulenden Körpern beladener Luft nicht weniger als die Nordländer empfinden. *Panama* liegt auf einer dürren Pflanzenleeren Landzunge, wo bei der Ebbe jedesmal eine große Strecke der Bucht aus dem Wasser hervortritt. Die Seepflanzen und gallertartigen Mollusken, mit der diese bedeckt bleibt, zersetzen sich in der Gluth der Sonne sehr schnell, und es steigen aus ihnen Miasmen hervor, welche auf die Eingebornen fast ohne Einwirkung sind, aber in kälteren Gegenden Amerikas und in Europa Geborne mächtig ergreifen. Zu *Portobelo*, welches an der Westseite der Landenge von Panama liegt, steigen die fauligen Ausflüsse, welche die hier herrschenden intermittirenden Gallenfieber erzeugen, nicht aus dem Meere hervor, denn hier sind Ebbe und Fluth kaum merklich, sondern aus den Wäldern, die sich vor wenigen Jahren noch bis dicht an die Thore von Portobelo zogen, und erst vor Kurzem rund um die Stadt ausgerodet worden sind, um ihr gesundere Luft und Schutz vor den Affen zu verschaffen, von denen sich Nachts ganze Schaaren in die Gärten schlichen und die Früchte stahlen.

Schon lange vor Cortez wurde Neuspanien von einer oft wiederkehrenden pestartigen Epidemie verheert; einem Gallenfieber, welches noch jetzt dort häufig wüthet, und in seinen Complicationen manches Aehnliche mit dem gelben Fieber hat, sich von diesem jedoch darin wesentlich unterscheidet, daß es die Eingebornen oder die kupferfarbne Race ergreift, und im Innern des Landes wüthet, in 7200 bis 7800 par. Fuß Höhe über dem Meere, wo das Thermometer am Tage nur auf 10 oder 12° C. steht; indeß das gelbe Fieber blos an den Küsten herrscht, und allein diejenigen ergreift, welche nicht an das brennende und ungesunde Klima der niedrigen Küsten gewöhnt sind, und nicht die Eingebornen dieser Küstengegend. Nie verbreitet es sich weiter vom Meere, als höchstens 10 franz. Meilen Landeinwärts, und der Pachthof *l'Encero*, der 5568 par. Fuß über dem Meere unweit Vera Cruz liegt, ist die obere Gränze, bis zu welcher das schwarze Erbrechen hinaufgeht. In dieser Höhe ist zugleich die untere Gränze der mexikanischen Eiche, welche in der zur Entwickelung jenes Krankheitsstoffs nöthigen Wärme nicht ausdauert. Wer in *Vera Cruz* geboren und erzogen ist, ist in dieser Stadt vor dem gelben Fieber sicher; etwas Aehnliches gilt von *Havannah*. Wohl aber hat man gesehen, daß Kaufleute aus der Insel Cuba während des Augusts oder Septembers in Vera Cruz vom gelben Fieber ergriffen wurden, und daß Eingeborne des spanischen Amerika zu Havannah, in Jamaica und in den vereinigten Staaten am schwarzen Erbrechen starben. Doch sind das eben so seltene Fälle, als daß Neger an dieser Krankheit sterben. Die Eingebornen, welche von ihrer ersten Kindheit an an der großen Hitze der Küsten von Mexico, und an den Miasmen gewöhnt sind, mit denen die Luft um Vera Cruz erfüllt ist, erreichen häufig ein hohes Alter.

Es darf uns nicht wundern, daß ein Fieber, welches die Nicht-Acclimatisirten in den Antillen ergreift, die Aufmerksamkeit der europäischen Aerzte in den früheren Zeiten so wenig auf sich gezogen hat. Im 16ten und 17ten Jahrhundert richtete es weit weniger Verheerungen an, als jetzt. Die tropischen Gegenden Amerikas wurden damals jährlich nur von sehr wenigen Europäern, und fast nur von Spaniern und Portugiesen besucht, denen die heißen Klimate minder gefährlich sind, als den Bewohnern des nördlichen Europa, welche jetzt Westindien besuchen. Die ersten europäischen Ansiedler lebten auf Kuba, Jamaika und Haity nicht in volkreichen Städten zusammengedrängt, wie jetzt, und die Spanier überhaupt bauten sich anfangs mehr im Innern Amerikas auf den hohen Gebirgsebnen an, wo sie eine ihrem Vaterlande ähnliche Temperatur fanden, als an den heißen und feuchten Küsten. Die Häfen von *Panama* und von dem 1584 verlaßnen

*Nombre de Dios*, welches östlich von Portobelo lag, waren anfangs, nach der Eroberung Amerikas, die einzigen Küstenorte, wo zu gewissen Zeiten des Jahrs ein großer Zusammenfluß von Fremden Statt fand; der Aufenthalt in Panama wurde aber auch von den Europäern seit 1535 eben so gefürchtet, als jetzt der Aufenthalt zu Vera Cruz, zu Omoa oder zu Portocaballo.

## 2.

An den Küsten von Mexico zeigt sich zwischen dem *Gang der Krankheiten* und den *Variationen der Luft-Temperatur* der genauste Zusammenhang.

*Vera Cruz* liegt unter 19° 11′ 52″ nördlicher Breite. Man kennt dort nur zwei Jahrszeiten, die Jahrszeit der Nord-Stürme *(los nortes)*, welche von der Herbst- bis zur Frühlings-Nachtgleiche herrscht, und die Jahrszeit der Süd-West-Winde *(brizas)*, welche ziemlich regelmäßig vom März bis in den September wehen. Der Januar ist zu Vera Cruz der kälteste Monat des Jahrs, weil die Sonne am 16. Mai und am 27. Juli dort durch das Zenith geht, und der Januar von diesen beiden Zeitpunkten am weitesten absteht. Das gelbe Fieber fängt in der Stadt gewöhnlich nicht eher an um sich zu greifen, als bis die mittlere Temperatur des Monats auf 24° nach der Centes. Scale (19° R.) gestiegen ist. Im December, Januar und Februar erreicht sie diese Gränze nicht; auch ist es ein sehr seltner Fall, daß das gelbe Fieber während dieser Jahrszeit nicht ganz verschwindet, in welcher häufig eine empfindliche Kälte herrscht. Im Monat März fängt die große Hitze an, und mit ihr die Epidemie, die in der Regel bis an das Ende Octobers anhält. Der Mai ist zwar heißer als der September und October, in diesen beiden Monaten wüthet aber doch das gelbe Fieber am stärksten, denn in allen Epidemieen geht eine gewisse Zeit darauf hin, bis der Keim der Krankheit sich in seiner ganzen Stärke entwickelt; auch scheint die Regenzeit, welche vom Juni bis in den September dauert, zur Erzeugung des Miasma um Vera Cruz mit zu wirken. Wenn das gelbe Fieber den Sommer über so heftig wüthet, wie im J. 1802, so hält es den ganzen Winter über an.

Um den Einfluß der Temperatur auf das gelbe Fieber außer Zweifel zu setzen, habe ich während meines Aufenthaltes zu Vera Cruz über 21000 meteorologische Beobachtungen, welche der Hafen-Capitain Don Bernardo de Orta von 1788 bis 1802 dort angestellt hatte, mit der größten Sorgfalt verglichen, und daraus die *mittleren Temperaturen der einzelnen Monate zu Vera Cruz* abgeleitet. Sie findet man in der folgenden Tabelle, und daneben die Zahl der Kranken, welche im J. 1803 im St. Sebastians-Hospitale *monatlich* an dem gelben Fieber nieder lagen, so wie derer, die daran starben. In den Listen der andern viel ansehnlicheren Hospitäler fanden sich die Krankheiten nicht angegeben. Die mittleren Temperaturen von *Mexiko* und von *Paris*, welche ich zur Vergleichung beigefügt habe, stehn in einem auffallenden Contraste mit den mittleren Temperaturen der Ostküsten von Neu-Spanien. Ich habe die ersteren aus den Beobachtungen gezogen, welche Hr. Alzate im J. 1769, doch nur während der letzten 9 Monate angestellt hat; im Januar kömmt das Thermometer zu Mexico auf 5 bis 6° C. und selbst noch tiefer herab[5]. Die mittleren Temperaturen von Paris sind aus dem von Hrn. Cotte für die Jahre von 1765 bis 1808 berechneten *Calendrier de Montmorency* entlehnt[6]. – Gern hätte ich noch ähnliche Data von *Philadelphia* hinzugefügt, wo der Sommer so heiß als in Neapel und der Winter so strenge als in Preußen ist, ich habe mir aber die mittleren Temperaturen der einzelnen Monate, und die Zahl der an dem gelben Fieber monatlich Erkrankten und Gestorbenen von dorther nicht verschaffen können. Aus den höchsten und niedrigsten Ständen, welche das Thermometer in den einzelnen Monaten oder Jahren erreicht hat, läßt sich nichts auf die *mittleren* Temperaturen der Luft, und was damit zusammenhängt, schließen[7].

---

5 *Observaciones meteorologicas de los ultimos nueve meses del A.* 1769. *Mexico* 1770.

6 *Journal de Phys.* 1809. p. 382.

7 Dieses scheint der großen Zahl von Aerzten entgangen zu seyn, welche die Frage verhandelt haben, ob die Epidemieen des gelben Fiebers, welche in den Jahren 1800 bis 1805 an den südlichen Küsten von *Spanien* gewüthet haben, durch einen im südlichen Europa ungewöhnlichen Grad von Hitze verursacht worden seyn oder nicht. Man findet in vielen Büchern angegeben, das Jahr 1790 sey um 2° C. wärmer gewesen als die Jahre 1799 und 1800, weil in diesen beiden letzten Jahren das Thermometer in Cadix nur bis auf 28° und 30°,5 C., im J. 1790 dagegen bis auf 32° C. gestiegen sey. Aus einer solchen isolirten Beobachtung läßt sich aber nichts auf die mittlere Wärme schließen. Die schönen meteorologischen Beobachtungen des Chevalier Chacon, welche Hr. Arejula (*de la fiebre amarilla de Cadiz* 2 Voll.) bekannt gemacht hat, werden darüber sicher mehr Belehrung geben, wenn man sich der Mühe unterziehn will, aus ihnen die Mittel jedes Monats abzuleiten. *v. H.*

| Zeit der Nord-Winde | Mittlere Temperaturen der Luft nach der Centes. Scale zu Vera Cruz | Mexico | Paris | Kranke am gelb. Fieber im St. Sebastians-Hospit. zu Vera Cruz hinein gek. | gestorben |
|---|---|---|---|---|---|
| Januar | 21°,7 | | 1°,2 | 7 | 1 |
| Februar | 22,6 | | 4,3 | 6 | 2 |
| März | 23,3 | | 8,0 | 19 | 5 |
| Zeit der Süd-West-Winde u. des gelb. Fiebers | | | | | |
| April | 25,7 | 18°,6 | 10,5 | 20 | 4 |
| Mai | 27,6 | 18,8 | 14,1 | 73 | 11 |
| Juni | 27,5 | 16,9 | 18,0 | 49 | 6 |
| Juli | 27,5 | 17,0 | 19,4 | 51 | 11 |
| August | 27,6 | 17,0 | 20,2 | 94 | 16 |
| September | 27,4 | 15,8 | 16,4 | 68 | 8 |
| October | 26,2 | 16,4 | 12,0 | 29 | 3 |
| Zeit der Nord-Winde | | | | | |
| November | 24,0 | 14,4 | 6,5 | 9 | 2 |
| December | 21,1 | 13,7 | 3,8 | 3 | 0 |
| Mittel aus dem ganzen Jahre | 25,4 | 17,0 (?) | 11,3 *) | auf 6,2 | 1 |

Zu *Cumana*, zu *la Guayra*, auf den östlichen Antillen, welche mit Vera Cruz unter einerlei Parallelkreis liegen, und überall in dieser Zone, wo der Nordwind nicht bläst, ist die mittlere Temperatur des *Januar* über 25° C. Zu Vera Cruz herrscht der Nordwind manchmal noch den April über, und fängt schon im October wieder an. Die Europäer, welche von dem schwarzen Erbrechen ergriffen zu werden fürchten, sehn die Jahre, in denen der Nordwind bis in den März mit

*) Ich füge hier die mittleren Temperaturen der Monate in *Genf*, nach den Beobachtungen von 1800 bis 1810, nach dem Vorbilde des Hrn. Odier in der *Bibl. brit.* bei.

| | | | |
|---|---|---|---|
| Januar | 0°,69 C. | Juli | 18,91 C. |
| Februar | 1,70 | August | 19,23 |
| März | 5,13 | Septemb. | 15,62 |
| April | 8,84 | Octob. | 10,32 |
| Mai | 14,63 | Novemb. | 6,02 |
| Juni | 17,36 | Decemb. | 1,64 |

*Mittel des ganzen Jahrs* 10°,06 C. oder 8°,05 R.

„Diese Mittel, sagt Hr. Odier, sind aber nur aus zwei Beobachtungen täglich, die eine bei Aufgang der Sonne, die andere um 2 Uhr Nachmittags, hergeleitet. Um recht genaue Mittel zu haben, müßte man wahrscheinlich, meint er, mehr Beobachtungen täglich genommen haben. Das Mittel von 1796 bis 99, wo man eine Beobachtung mehr, beim Untergang der Sonne, mitgenommen habe, sey nur 9°,90 C. oder 7°,92 R. gewesen; wäre täglich noch eine vierte Beobachtung angestellt worden, so würde man vielleicht noch eine niedrigere mittlere Temperatur erhalten haben. Doch wären freilich diese vier Jahre kälter als gewöhnlich gewesen." Aber eben dadurch, daß man die Temperatur jedes Tags nur aus dem höchsten und dem niedrigsten Thermometerstande berechnet hat, ist man zu etwas Zuverlässigem und Constantem gelangt, wie Hr. von Buch sehr richtig bemerkt hat (siehe *Annal.* B. 40. S. 273). *Gilbert.*

Heftigkeit bläst, und sich schon im September spüren läßt, für sehr glücklich an. Nachdem die Sonne am 16. Mai durch das Zenith von Vera Cruz nördlich gegangen ist, beginnt im Juni die Regenzeit; sie hört im September auf, nachdem die Sonne auf ihrer südlichen Wanderung am 27. Juli durch das Zenith zurückgegangen ist. Der Mai und August sind die heißesten Monate des Jahrs; die mittlere Temperatur des Augusts beträgt in Vera Cruz 27,6, in Rom 26°, in Upsala 15°,6 der Centesimal-Scale.

In dem ganzen Theile von Mexico, der zwischen den Wendekreisen, und selbst bis 28° nördlicher Breite hinauf liegt, giebt es überhaupt nur zwei Jahrszeiten, die *Regenzeit (estacion de las aguas)*, die vom Anfang des Juni oder Juli bis in den September oder October dauert, und die *trockne Zeit (el estio)*, welche die andern acht Monate vom October bis Anfang Mai anhält. Gewöhnlich fängt der Regen an auf dem östlichen Abhange der Cordillere, an den Küsten von Vera Cruz, wo er unter heftigen electrischen Explosionen 15 oder 20 Tage eher als auf der Bergebne im Innern des Landes um Mexico eintritt; in Guadalaxara fängt die Regenzeit noch später an, und zuletzt auf der Westküste. Die chemische Wirkung, durch die sie erzeugt wird, pflanzt sich von Ost nach West, in der Richtung des Passatwindes fort. In den Monaten November, December und Januar ist der Regen in den Gebirgen, selbst in Höhen, die nicht 6000 Fuß betragen, mit Hagel und Schnee gemischt; diese Regen dauern aber höchstens 4 oder 5 Tage. Ungeachtet ihrer Kälte hält man sie für sehr fruchtbar für Weizen und für künstliche Wiesen. Auch in Mexico, wie in Europa, regnet es in den bergigen Gegenden im Ganzen am mehrsten. Von 24 bis 30° Breite sind Regen seltner und von kürzerer Dauer, dafür schneit es über 26° Breite hinaus ziemlich viel. Zu große Feuchtigkeit ist in Mexico etwas sehr Seltenes. In den letztern Jahren hatte es vielmehr weniger und später geregnet, und bei meiner Anwesenheit in Mexico verspätete sich der Anfang der Regenzeit um drei volle Monate, fing erst im September an, und dauerte nur bis in die Mitte Novembers. Die ausnehmende Dürre, welche vom Juni bis in den September herrscht, zwingt die Einwohner, ihre Felder und Wiesen künstlich zu wässern. Wo das nicht geschieht, verschwindet alles Gras im April, wenn der heiße und dürre Südostwind sich häufig einzustellen anfängt, und nicht gewässerter Weizen leidet besonders im Mai. Die ersten Regengüsse im Juni bringen aber das Grün auf den Feldern und die Blätter der Bäume wieder hervor.

In Vera Cruz fällt das Jahr über mehr als 1,870 Metres *Regen.* In dem einzigen Monat Juli 1803 fing ein genauer Beobachter, der Ingenieur-Oberst von Constanzo, über 0,380 Meter Regen auf, also zwei Drittel von der Regenmenge, welche in London das ganze Jahr über fällt[8]. Der Verdünstung dieses Regenwassers ist es zuzuschreiben, daß bei dem zweiten Durchgang der Sonne durch das Zenith von Vera Cruz der Wärmestoff dort nicht stärker als bei dem ersten Durchgange angehäuft ist. Der November und December sind dagegen in Vera Cruz so trockne Monate, daß in ihnen die Regenmenge im J. 1803 nicht 14 Millimeter betrug, während dort am 18ten August und am 14ten September in 24 Stunden über 70 Millimeter Regen gefallen waren.

In Vera Cruz, wie überhaupt in den tropischen Gegenden, fürchtet man sich am mehrsten für den Anfang und für das Ende der Regenzeit. Denn zu große Feuchtigkeit hält die Fäulniß der in morastigen Gegenden angehäuften vegetabilischen und thierischen Körper fast eben so sehr, als große Trockenheit zurück.

## 3.

Wenn gleich das gelbe Fieber sich nur in Ländern und in Jahrszeiten äußert, in welchen die mittlere Temperatur der Sommermonate auf 24° der Centesimalscale steigt, so halte ich doch keineswegs große Hitze für die einzige und die wahre Ursache dieser Krankheit. Es scheinen dazu noch andre Ursachen mitwirken zu müssen.

Die Gegend um Vera Cruz ist schrecklich dürr. Kaum ziehn sich die Wälder, welche den östlichen Abhang der Cordillere bedecken, bis zu dem Pachtgute *l'Encero* herab; dort fängt eine minder dichte Holzung an, die sich 5 bis 6 Lieues von der Küste allmählig verliert. Einige Cocosbäume in den Gärten des Dorfs *la Antigua* sind von *Xalapa* her die letzten großen Bäume, die man in dieser Wüste erblickt. Bewegliche Sandhügel *(Meganos)*, welche die heftigen Winde zusammen blasen, und die die Stadt an der Süd- und Südwest-Seite umgeben, vermehren noch die ausnehmende Hitze zu Vera Cruz. Diese kegelförmigen Dünen sind bis 50 par. Fuß hoch. Bei ihrer größern Oberfläche werden sie von der Sonne ausnehmend stark erhitzt, und sie behalten die den Tag über erhaltene Temperatur die ganze Nacht über. So häuft sich in ihnen die Hitze immer mehr an, so daß im Juli ein Thermometer in dem Sande dieser Dünen bis auf 48 oder 50° C. steigt,

---

8 Die mittlere Menge des Regens und Schnees, welche in *Genf* das ganze Jahr über fällt, beträgt nur 31 Zoll $3\frac{1}{4}$ Linie, also nicht ganz 0,852 Meter; s. *Bibl. britann.* B. 31 und 46.

während die Temperatur in der freien Luft im Schatten sich auf 30° C. erhält. Diese Dünen strahlen die Hitze ringsumher aus, wie Oefen, und hindern überdieß die freie Circulation der Luft. In den Sandebnen um die Stadt finden sich überdieß Moräste, in welchen das Regenwasser sich ansammelt, das durch die Dünen durchsickert. Die Aerzte sehn sie mit Recht als eben so viel Quellen der Verpestung an. Am Fuße der Dünen stehn nur kleine Sträucher, deren Stängel und Blüthen kaum aus dem dürren Sande hervorragen, der sie bedeckt. Wo ihn das Wasser der in der Regenzeit austretenden Sümpfe benetzt, ist die Vegetation kräftiger. Mehrere Pflanzen, die einen feuchten und salzigen Boden lieben, bedecken ihn an einzelnen Stellen; und diese niedrigen und sumpfigen Stellen sind um so mehr zu fürchten, da sie nicht immer unter Wasser stehn. Die abgestorbenen Blätter, Früchte, Wurzeln, Insectenlarven und andre thierische Ueberreste werden durch die brennenden Strahlen der Sonne in Fäulniß gesetzt; die Natur der Pflanzen, die an solchen Stellen wachsen, trägt ebenfalls dazu bei, das Miasma zu vermehren. Die Fäulniß von Pflanzen ist vorzüglich zu fürchten, wenn sich darunter viel adstringirende befinden, die in ihrer Rinde und Wurzel viel mit dem Gerbstoff verbundne thierische Materie enthalten, wie Hr. Vauquelin in seinem Aufsatze über die Verbindung des Gerbstoffs mit Gallert und Eyweißstoff in den *Annal. du Museum* t. 15. p. 77. gezeigt hat. Ich werde an einem andern Orte die Versuche bekannt machen, welche ich zu Cumana über die Einwirkung befeuchteter und dem Lichte ausgesetzter Wurzeln des Manglier angestellt habe, aus denen sich die merkwürdige und seit langer Zeit in beiden Indien bekannte Erfahrung erklärt, daß unter allen Orten, wo der Manglier und der Mancenillier kräftig wachsen, die ungesundesten diejenigen sind, wo die Wurzeln dieser Bäume nicht immer mit Wasser bedeckt sind.

In der Stadt Vera Cruz selbst fehlt es nicht an Ursachen, welche sie ungesund machen. Sie ist für ihren geringen Umfang zu volkreich; 16000 Einwohner[9] sind darin auf einem Raume von 500000 Quadratmeter zusammen gedrängt; denn Vera Cruz hat die Gestalt eines Halbkreises von nicht 600 Metern Halbmesser. Die mehrsten Häuser haben über dem Erdgeschoß nur eine einzige Etage; vom gemeinen Volke leben daher viele in Einem Zimmer. Die Straßen sind zwar breit und gerade, und die längsten laufen nach Nordwest; da aber die Stadt von einer hohen Mauer umgeben ist, findet in den Straßen fast keine Circulation der Luft Statt. Den Wind, welcher den Sommer über nur sanft aus Südost und Ost-Süd-Ost bläst, verspürt man nur auf den Dächern der Häuser; in den Straßen athmet man

9 Oder vielmehr, wie wir oben S. 257 gesehn haben, 35500 Menschen. G.

dann eine stehende und glühende Luft. Die Nordwinde dagegen stürmen im Winter so heftig, daß man oft nicht über die Straße gehen kann. Die Unreinlichkeit der Einwohner hat man sehr übertrieben. Seit einiger Zeit läßt es sich die Policey angelegen seyn, die Gesundheit der Luft zu erhalten, und schon ist Vera Cruz minder schmuzig als viele Städte im südlichen Europa.

## 4.

Es ist merkwürdig, daß sich das gelbe Fieber noch nicht auf der Westküste Neu-Spaniens gezeigt hat, obgleich zu *Acapulco* dieselben Ursachen der Ungesundheit, und noch in höherem Grade, als zu Vera Cruz herrschen. Es ist von Erdbeben und Orkanen heimgesucht; die Einwohner athmen eine glühende, mit Insekten erfüllte und von fauligen Emanationen verdorbene Luft, und während eines großen Theils des Jahrs sehn sie die Sonne nur durch eine olivenfarbne Dunstlage, welche auf ein Hygrometer, das sich in den untern Regionen der Luft befindet, nicht einwirkt. Die Häuser stehn an einer Felsenmauer, die durch Reverberiren die Luft noch mehr erhitzt, und das Bassin des Hafens ist so von Bergen umgeben, daß der Gouverneur des Schlosses, Don Josef Barreiro, nach Nordwesten einen Durchschnit in den Bergen hat machen lassen, um während der Sommerhitze dem Seewinde einigen Zugang zu verschaffen. Dieses kühne Unternehmen ist nicht ohne Erfolg geblieben; der kleine Luftzug, der sich durch diese Bresche einfindet, ist für Acapulco um so heilsamer, da östlich bei der Stadt eine Lache liegt, deren Wasser alle Jahr vertrocknet, und dann eine unzählige Menge kleiner, mit einer Schleimhaut umgebner Fische zurückläßt, die in Haufen faulen, und deren Emanationen galligte Faulfieber erzeugen und Acapulco zu einem der ungesundesten Orte des neuen Continents machen[10]. Ueberhaupt herrschen in der ganzen Küstengegend, von der Mündung

[10] Zwar stehn mehrere Kalkofen zwischen der Lache und der Stadt und calciniren eine Menge Madreporen, und nach der Lehre des Hrn. Mitchill's in Neu-York soll das Princip der bösartigen Fieber und der Wechselfieber (nach ihm das Stickstoffoxyd, welches er *Septon* nennt) vom Kalke verschluckt werden, – daher der Kalkboden in Frankreich, England und Sicilien der gesundeste sey, – Acapulco ist aber nichts desto weniger höchst ungesund. Es fallen mir dabei die Träume des Abts Soulavie ein, daß Basalt und Mandelstein die electrische Ladung der Luft vermehren, und dadurch auf das Moralische der Einwohner Einfluß haben, und sie leichter, revolutionärer und ihre alte Religion aufzugeben geneigter machen sollen. – In Nordamerika haben es Mitchill's Speculationen

des Rio Papagallo bis San Blas, gastrische Fieber, welche häufig in adynamische Fieber ausarten, und in diesen dürren und brennenden Ebnen voll kleiner Lachen, welche Krokodillen zu Schlupfwinkeln dienen, ist eine galligte Constitution fast einheimisch. In Acapulco raffen Gallenfieber und die *cholera morbus*, deren Symptome so erschrekkend sind, jährlich viele Mexikaner weg, welche aus dem Gebirgslande nach Acapulco des Handels wegen herabsteigen.

Acapulco liegt noch um 3° südlicher als Vera Cruz; überdieß halten die hohen Cordilleren von Mexico die Strömung kalter Luft davon ab, welche von Canada nach den Küsten von Tabasco fließt. Selbst das Meer ist dort heißer als zu Vera Cruz, denn ich fand es im März 1803 auf der Rhede von Acapulco 28 bis 29° C. warm, während es im Februar 1804 zu Vera Cruz nur eine Wärme von 20 bis 22°, und an den Küsten von Peru nur von 15 bis 16° hatte. Ich habe mich überzeugt, daß überhaupt die Temperatur des Meers einen bedeutenden Einfluß auf die Temperatur der benachbarten Küste hat; sie richtet sich aber nicht blos nach der Breite, sondern auch nach der Menge der Untiefen und nach der Geschwindigkeit der Strömungen, welche das Wasser andrer Klimate herbeiführen. Außerhalb des Stroms, der von der magellanschen Meerenge nach dem Cap Parinna mit Macht fließt, hat der große Ocean in der Gegend der Linie eine Temperatur von 25 bis 26° C.

Im Sommer erhält sich während des Tags die Temperatur der Luft zu Acapulco fast immer auf 30 bis 36°, und selbst im Februar bei ruhigem Wetter auf 28 bis 30° C., während ich das Thermometer an der Ostküste von Mexico in diesem Monate ganze Tage lang unter 21° habe stehn, und die Luft sich manchmal plötzlich durch Nordwinde bis 17° abkühlen sehn. Doch giebt es auch zu Acapulco alle 24 Stunden einen Augenblick, wo sich eine außerordentliche Kühlung spüren läßt; nämlich unmittelbar vor dem Aufgang der Sonne. An das Klima nicht Gewöhnte, welche des Nachts an diesen Küsten leicht bekleidet reisen, oder an der freien Luft schlafen, laufen daher große Gefahr. Zu Cumana und an andern Orten des tropischen Amerika nimmt die Temperatur gegen Sonnenaufgang nur um 1 oder 2° C. ab; in Acapulco habe ich dagegen häufig das Thermometer, welches am Tage auf 28 oder 29° C. und während der Nacht auf 26° C. stand, von 3 Uhr Morgens an schnell fallen, und bei Sonnenaufgang bei 17 oder 18° stehn sehn; eine Veränderung, welche einen

dahin gebracht, daß, als wir von den Antillen nach Philadelphia kamen, Gesundheitsbeamte erschienen, und die Fallthürsluke, durch die man unter das Verdeck steigt, mit Kalkwasser einen Fuß breit umpinseln ließen, damit sich das Septon oder das Miasma des gelben Fiebers von Havannah, das sich im Innern unsers Schiffs befinde, darin sigiren solle. Es war sehr natürlich, daß unsere spanischen Matrosen diese vorgebliche Desinficirung für ein Zaubermittel hielten. *v. H.*

großen Eindruck auf die Organe macht. Nirgends anders zwischen den Wendekreisen habe ich eine so große Kälte während des letzten Theils der Nacht empfunden; man glaubt plötzlich aus dem Sommer in den Herbst versetzt zu seyn; kaum ist aber die Sonne aufgegangen, so muß man wieder über Hitze klagen. In einem Klima, in welchem die Gesundheit hauptsächlich auf die Functionen der Haut beruht, und die geringsten Veränderungen der Temperatur die Organe afficiren, bewirkt eine Abkühlung der Luft um 10 bis 12 Grade eine Unterdrückung der Transpiration, welche den nicht acclimatisirten Europäern sehr gefährlich ist. Wenn zu *Guayaquil*, wo sich die Temperatur fast immerfort zwischen 29 und 32° C. erhält, das Thermometer plötzlich auf 23 bis 24° herabgeht, beklagen sich die Einwohner über Kälte.

Wahrscheinlich liegt die Ursache, daß Acapulco bis jetzt vom gelben Fieber verschont geblieben ist, darin, weil nur Schiffe von Manilla, Guayaquil und andern Seestädten der heißen Zone diesen Hafen besuchen. Gingen dahin Schiffe von Chili oder von der Nordwestküste Amerikas, und würde die Stadt zugleich von mehrern Europäern oder von Bewohnern des hohen Plateau von Mexico besucht, so würden dort die Gallenfieber sich wahrscheinlich bald in gelbes Fieber umstalten. Der Keim dieser letzten Krankheit dürfte sich dann zu Acapulco noch fürchterlicher als zu Vera Cruz entwickeln, und das gelbe Fieber dort das ganze Jahr hindurch herrschend werden, wie z. B. auf Trinidad, auf St. Lucie und in la Guayra, wo die mittlere Temperatur der Monate auch nur um 2 bis 3° variirt[11].

## 5.

*Ist das gelbe Fieber ansteckend?* Diese wichtige Frage hat unter den Aerzten große Debatten veranlaßt.

Da auf Schiffen, die nicht reinlich erhalten werden, unter einer zahlreichen Besatzung leicht bösartige Fieber einreißen, ist es ein ziemlich häufiger Fall, daß

[11] Die mittlere Temperatur des wärmsten Monats ist von der des kältesten Monate verschieden, zu Umeå in *Schweden* unter 63° 50′ Breite um 28°,5; in *Deutschland* unter 50° 5′ Br. um 23°,2; in *Frankreich* unter 48° 50′ Br. um 21°,4; in Italien unter 41° 54′ Br. um 20°,6; im südlichen Amerika unter 10° 27′ Br. nur um 2°,7. (Siehe Thomson's Chemie nach Riffault's Uebersetzung T. 1. p. 106.) *v. H.*

der Anfang einer Epidemie sich von der Ankunft einer Flotte herschreibt. Statt aber dann das Uebel der verdorbenen Luft in einem Schiff, worin der Luftwechsel fehlt, oder der Einwirkung eines brennenden und ungesunden Klimas auf die eben angekommene Mannschaft zuzuschreiben, pflegt man zu behaupten, die Epidemie sey von einem andern Hafen, den die Flotte auf ihrer Fahrt von Europa nach Amerika berührt habe, mitgebracht worden. So hörte man oft in Mexico, das Kriegsschiff, mit welchem der und der Vicekönig in Vera Cruz angekommen sey, habe das gelbe Fieber mitgebracht, welches schon mehrere Jahre ausgeblieben war; und während der Zeit der großen Hitze beschuldigen Havannah, Vera Cruz und die nordamerikanischen Häfen einander wechselseitig, die Epidemie eine von der andern erhalten zu haben. Gerade so meinte man in Spanien, das gelbe Fieber sey dorthin mit einer Polacre aus Vera Cruz oder mit einer Corvette aus Havannah gekommen; dieses ließ sich aber so wenig darthun, daß drei ausgezeichnete Aerzte zu Cadix erklärten, das gelbe Fieber habe sich in Spanien selbst entwickelt. Und eben so schreiben die Einwohner von Aegypten den in den Morgenländern unter dem Namen der *Pest* bekannten tödtlichen Typhus den griechischen Schiffen zu, die ihn mitbringen sollen, während man in Griechenland und in Constantinopel von derselben Pest behauptet, sie komme aus Rosette oder aus Alexandrien[12].

Es ist außer Zweifel, daß das schwarze Erbrechen in *Vera Cruz nicht* ansteckend ist. In den mehrsten Ländern sieht das Volk Krankheiten für ansteckend an, die das nicht sind; und dennoch glaubt man in Mexico nicht, daß es für jemand, der nicht acclimatisirt ist, im mindesten gefährlich sey, sich beim gelben Fieber dem Kranken zu nähern, sich dem Hauch des Sterbenden auszusetzen, oder ihn zu berühren. Auf dem zwischen den Wendekreisen liegenden Theile des Continents von Amerika, ist diese Krankheit nicht mehr ansteckend, als in Europa das Wechselfieber. Den Erkundigungen, welche ich selbst in Nordamerika eingezogen habe, und den Beobachtungen aller Aerzte, die in den Antillen und in den verein. Staaten practisirt haben, zu Folge, bin ich geneigt zu glauben, daß diese Krankheit in Amerika weder in der gemäßigten, noch in der heißen Zone, *ihrer Natur nach* ansteckend ist, daß sie aber wohl unter gewissen Einflüssen des Klimas und der Jahrszeiten, bei Aufeinanderhäufung der Kranken, oder bei individueller Disposition derselben, einen ansteckenden Charakter annehmen kann. Diese Ausnahmen scheinen in der heißen Zone äußerst selten, in der gemäßigten dagegen häufiger zu seyn. Denn in *Spanien*, wo im Jahre 1800 über

12 *Pugnet sur les fièvres du Levant et des Antilles* p. 97 et 331.

47000 und im J. 1804 über 64000 Menschen an dem gelben Fieber gestorben sind, war diese Krankheit *ansteckend*, jedoch blos an den Orten, wo sie wüthete. Denn es ist durch viele, vorzüglich zu Malaga, Alicante und Carthagena beobachtete Thatsachen erwiesen, daß Angesteckte die Krankheit in den Dörfern, zu denen sie sich geflüchtet hatten, nicht verbreitet haben, obgleich diese Dörfer dasselbe Klima als die angesteckten Städte hatten. Dieses ist das Urtheil der HH. Dumeril, Bally und Nysten, welche die französische Regierung im J. 1805 nach Spanien geschickt hatte, um dort der Art, wie diese Epidemieen entstanden sind, nachzuforschen[13]. Wenn gleich in den Theilen Amerikas zwischen den Wendekreisen, in den vereinigten Staaten, und in Spanien während mehrerer Sommermonate eine gleiche Temperatur herrscht, zeigt doch das gelbe Fieber sich hier sehr verschieden. *Zwischen den Wendekreisen* ist der nicht-contagiöse Charakter desselben fast allgemein anerkannt. In den *nordamerikanischen Staaten* wird dieser Charakter schon sehr bestritten von der medicinischen Facultät der Universität zu Philadelphia, und von den HH. Wistar, Blane, Cathral und andern ausgezeichneten Aerzten. In *Spanien* ist das gelbe Fieber ohne allen Zweifel ansteckend, wie das Beispiel derer lehrt, die sich mitten im Sitze des Uebels durch völliges Isoliren von der Krankheit frei erhalten haben.

Es ist ausgemacht, daß selbst zu Vera Cruz das gelbe Fieber sich nur zu gewissen Epochen zeigt; doch hat man bis jetzt die Modificationen der Atmosphäre, welche in der heißen Zone diese periodischen Veränderungen erzeugen, noch nicht zu entdecken vermocht. Auch zweifle ich, daß dieses so bald gelingen werde. Nach den interessanten Versuchen der HH. Thenard und Dupuytren reicht eine Beimischung von $\frac{2}{1000}$ Schwefelwasserstoffgas hin, daß in der atmosphärischen Luft ein Hund erstickt, und die Erscheinungen des Lebens werden von vielen Ursachen modificirt, von denen die mächtigsten sich unsern Sinnen entziehn. Wir sehen überall, wo mit Feuchtigkeit durchzogne und von der Sonne erhitzte organische Körper an freier Luft liegen, Krankheiten entstehn. In der heißen Zone werden die stehenden Lachen um so gefährlicher, je dürrer und sandiger der Boden umher ist, je mehr er folglich die umgebende Luft erhitzt. Einige der Bedingungen, unter welchen luftförmige Ausflüsse, die wir Miasmen nennen, entstehn, lassen sich errathen; aber die chemische Natur dieser Miasmen ist uns noch unbekannt; es ist

[13] *Bally Opinion sur la contagion de la fièvre jaune* 1810. p. 40. Daß das gelbe Fieber von Vera Cruz oder von der Havannah durch Schiffe nach Spanien gebracht worden sey, ist eine nicht erwiesene Meinung; drei ausgezeichnete Aerzte zu Cadix, die HH. Ammeller, Delon und Gonzales, glaubten vielmehr, es habe sich von selbst in Spanien entwickelt. Eine Krankheit kann ansteckend seyn, ohne daß sie von außen her eingeführt ist. *v. H.*

sehr möglich, daß es dreifache oder vierfache Verbindungen sind. Indeß dürfen wir jetzt wenigstens nicht mehr Wechselfieber einer Anhäufung von Wasserstoffgas an feuchten und heißen Orten, Faulfieber ammoniakalischen Ausflüssen, und Entzündungskrankheiten einem Uebermaaß von Sauerstoff in der Luft zuschreiben; die neuere Chemie, der wir so viel positive Wahrheiten verdanken, hat uns auch gelehrt, daß uns noch vieles unbekannt ist, was wir lange mit Gewißheit zu wissen meinten.

Die Geschichte der gelben Fieber-Epidemieen zu Vera Cruz geht nicht über ein halbes Jahrhundert hinauf, nämlich nicht bis über das Jahr 1762, weil das große Militär-Hospital zu Vera Cruz erst im J. 1764 errichtet ist. Das gelbe Fieber wüthete von 1762 bis 1775, dann verschwand es, und erschien erst wieder im J. 1794. Es ist merkwürdig, daß in den 8 vorhergehenden Jahren auch nicht ein einziger Fall des schwarzen Erbrechens vorgekommen war, ungeachtet des außerordentlichen Zusammenflusses von Europäern und Mexikanern aus dem Innern, der großen Ausschweifungen der ankommenden Matrosen, und der viel größern Unreinigkeit der Stadt, und obgleich das gelbe Fieber diese Jahre über in der Havannah und auf den Antillen wüthete, und jährlich einige hundert Schiffe von diesen Orten nach Vera Cruz kamen, wo keins derselben in Quarantaine gesetzt wurde. Die fürchterliche Epidemie von 1794 schrieb sich von der Ankunft dreier Kriegsschiffe her, die in Portorico angelegt hatten, und eine Menge junger an das Klima nicht gewöhnter Seeleute mitbrachten. Von 1794 bis 1804 ist die Krankheit jährlich wieder erschienen, sobald die Nordwinde zu wehen aufhörten. Das große Militair-Hospital, wohin alle zur See ankommende Kranke gebracht werden, hat in den 7 Jahren von 1787 bis 1794 nur 16835, in den 9 Jahren von 1794 bis 1803 dagegen 57213 aufgenommen. Vor der Epidemie von 1794 starben in demselben nur $2\frac{1}{2}$ auf 100 Kranke, seitdem 6 bis 7, obgleich viele, die dahin kommen, nur unbedeutende Krankheiten haben.

Ich habe die mittlere Temperatur des Jahrs 1794 Monat vor Monat aus den meteorologischen Beobachtungen des Hrn. Orta ausgezogen und mit denen der beiden vorhergehenden und des folgenden Jahrs verglichen, und es ergiebt sich daraus, daß es diese Jahre keineswegs an Hitze übertraf, wie die folgende Tafel zeigt:

| | Mittlere Temperatur zu Vera Cruz im Jahr | | | |
|---|---|---|---|---|
| | 1792 | 1793 | 1794 | 1795 |
| Januar | 21°,5 | 20°,8 | 20°,6 | 20°,7 |
| Februar | 21,5 | 22,3 | 22,8 | 21,0 |
| März | 23,7 | 22,8 | 22,6 | 22,5 |
| April | 24,2 | 26,1 | 25,3 | 24,0 |
| Mai | 27,3 | 27,9 | 25,3 | 26,5 |
| Juni | 28,5 | 27,8 | 27,5 | 27,2 |
| Juli | 27,5 | 26,9 | 27,8 | 27,7 |
| August | 28,3 | 28,1 | 28,3 | 27,8 |
| September | 27,5 | 28,1 | 27,1 | 26,1 |
| October | 26,3 | 25,5 | 26,1 | 25,0 |
| November | 24,7 | 24,4 | 23,0 | 24,3 |
| December | 21,9 | 22,1 | 21,7 | 21,9 |
| des ganzen Jahrs | 25,2 | 25,2 | 24,8 | 24,5 |

Hitze und Feuchtigkeit der Luft können auf zwei sehr verschiedne Arten zur Entwickelung der Epidemieen mitwirken, indem sie entweder die Erzeugung von Miasmen befördern, oder blos die Erregbarkeit der Organe erhöhen und dadurch zur Krankheit prädisponiren. Die Temperatur hat zwar einen nicht zu bezweifelnden Einfluß auf den Fortgang des gelben Fiebers zu Vera Cruz; wir haben aber keinen Beweis dafür, daß, wenn es mehrere Jahre aufgehört hatte, ein sehr heißer und sehr feuchter Sommer hingereicht habe, es wieder zu erwecken. Auch ist es nicht die Hitze allein, welche das hervorbringt, was man gallichte Constitution nennt[14]. Einige Aerzte in Neu-Spanien behaupten, in der heißen Zone sey die Epidemie des gelben Fiebers, wie die der Pocken periodisch, und sind der

[14] Ungeachtet die Haut des am schwarzen Erbrechen Erkrankten gelb wird, so ist es doch gar nicht wahrscheinlich, daß die Galle dabei in das Blut übergehe, und daß das Leber- und Pfortader-System die Hauptrolle in dem gelben Fieber spiele, wie man angenommen hat. Die *schwarze Materie*, welche der Kranke im gelben Fieber ausbricht, hat nur wenig Aehnlichkeit mit Galle. Sie gleicht dem Kaffeesatze, und ich habe mehrmals gesehn, daß sie auf Wäsche und an Mauern unauslöschliche Flecke zurück ließ. Wenn man sie mäßig erhitzt, so entbindet sich daraus Schwefel-Wasserstoffgas. Nach den Versuchen des Hrn. Stubin Firth zu New-Yersey (*on malignant fever* 1804 p. 37, 47.) soll sie keinen Eyweißstoff enthalten, sondern ein Harz, ein Oehl und phosphorsaure und salzsaure Kalk- und Kali-Salze. Dagegen besteht die menschliche Galle nach Herrn Thenard in 1100 Theilen aus 1000 Th. Wasser, 42 Th. Eyweißstoff und 58 Th. Harz, gelbe Materie, Natron und Salz. Derselbe Anatom hat dadurch, daß in mehreren Leichen, die er öffnete, der Magenmund vollkommen verstopft war, dargethan, daß diese schwarze Materie nicht aus den Gefäßen der Leber komme, sondern, durch die in der Schleimhaut sich verbreitenden Arterien in den Magen gebracht werde, und er versichert, man finde die schwarze Materie nach dem Tode noch in diesen Gefäßen. *von Humboldt.*

hoffnungsvollen Meinung, daß wir uns am Ende der epidemischen Periode befinden.

Wenn das gelbe Fieber in Vera Cruz mit Heftigkeit wüthet, ist der kürzeste Aufenthalt in der Stadt oder in der sie umgebenden Atmosphäre hinreichend, daß Nicht-Acclimatisirte davon ergriffen werden. Wenn Einwohner der Stadt Mexico nach Europa reisen, pflegen sie sich aus Furcht vor diesem Uebel bis zur Abfahrt des Schiffs in Xalapa, welches auf den Bergen liegt, aufzuhalten, und sich während der Kühle der Nacht in einer Senfte durch Vera Cruz tragen zu lassen, um sogleich in einer Schaluppe an Bord zu gehn. Manchmal hilft aber diese Vorsicht nicht, und sie sind die einzigen, welche wenige Tage nach dem Anfang der Seereise am gelben Fieber sterben. Daß sie nicht etwa erst am Bord des Schiffs, das im Hafen gelegen hat, sondern beim Durchgange durch die verpestete Küstengegend die Krankheit in sich aufgenommen haben, davon geben Europäer den Beweis, die gleich nach Ankunft ihres Schiffs in den Hafen, in einer Senfte die Reise nach Perotte angetreten haben, und doch am gelben Fieber erkrankt sind. Man sollte daraus schließen, das gelbe Fieber sey in allen Himmelsstrichen ansteckend. Wie wäre aber eine solche Ansteckung in die Ferne damit zu vereinigen, daß es in Vera Cruz bei unmittelbarer Berührung gewiß nicht ansteckt? und ist es nicht viel natürlicher anzunehmen, daß die Atmosphäre um Vera Cruz faulende Ausflüsse enthält, welche die Functionen des Lebens in Unordnung bringen, wenn man sie auch nur kurze Zeit über einathmet?

Die Weißen und die Mestizen, welche die Bergebene im Innern von Mexico bewohnen, wo die mittlere Temperatur 16 bis 17° C. ist, und das Thermometer manchmal bis zum Frostpunkt herab sinkt, werden, wenn sie sich in die flache Küstengegend um Vera Cruz herabwagen, von dem gelben Fieber noch eher als die Europäer und die Nordamerikaner ergriffen. Da diese zu Schiffe dahin kommen, gewöhnen sie sich allmählig an die große Hitze, indeß die Mexikanischen Spanier in einigen Stunden das Klima der gemäßigten, mit dem der heißen Zone vertauschen. Besonders groß ist die Sterblichkeit unter den Mauleseltreibern, die sich großen Strapazen in den Gebirgswegen, welche denen über den St. Gotthard ähnlich sind, aussetzen müssen, und unter den Recruten der Garnison von Vera Cruz. Umsonst ließ man diese einige Wochen in Xalapa, um sich allmählig zu acclimatisiren, beorderte sie nur Nachts zu marschiren, und quartirte sie in luftige Zimmer ein; sie starben darum nicht minder schnell. Durch einen Zusammenfluß von außerordentlichen Umständen starben vor wenigen Jahren von 300 Mexicanischen Recruten, welche 18 bis 20 Jahr alt waren, in drei Monaten in Vera Cruz 272, daher man auch bei meiner Abreise

Willens war, Neger und acclimatisirte farbige Menschen hierher als Besatzung zu legen.

Die mehresten Europäer, welche nach Neu-Spanien während der Zeit des gelben Fiebers kommen, pflegen während ihres Aufenthalts in Vera Cruz die ersten Symptome der Krankheit zu spüren, nemlich Schmerzen in der Gegend der Lenden, Färbung des Weißen des Auges in gelb, und Congestionen nach dem Kopfe[15]. Indeß pflegt die Krankheit erst auszubrechen, wenn sie Xalapa oder la Pileta erreicht haben, welches in der Fichten- und Eichenregion 1600 bis 1800 Meter über dem Meere liegt. Einer meiner Mexicanischen Bekannten hatte sich bei seiner ersten Ankunft aus Europa nur sehr kurze Zeit in Vera Cruz aufgehalten, kam in Xalapa ohne alles Uebelbefinden an, und ließ sich dort rasiren. „Sie werden noch heute Abend das schwarze Erbrechen bekommen, (sagte ihm beim Einseifen der Raseur, ein Amerikaner,) die Seife trocknet indem ich sie über das Gesicht verbreite, und das ist ein Zeichen, welches niemals trügt; ich rasire die ankommenden Europäer, die durch diese Stadt reisen, nun schon zwanzig Jahre lang; von 5 sterben ihrer 3.“ In der That brach das gelbe Fieber nach wenigen Stunden aus, als der Reisende auf dem Wege nach Perote war, er mußte sich nach Xalapa zurück bringen lassen, und entging mit genauer Noth dem Tode.

In Vera Cruz bleiben nicht nur die Eingebornen vom gelben Fieber ganz verschont, sondern auch Europäer und Einwohner gemäßigter Klimate erhalten dort und in der heißen Zone das gelbe Fieber *nur einmahl.* Die Einwohner der Nordamerikanischen Staaten bleiben an ihrem Geburtsorte nicht frei von der Ansteckung, und es ist sehr gewöhnlich, daß es jemand dort zweimahl bekömmt; Fälle, die in den Antillen nur sehr selten vorkommen, und in Vera Cruz, wie es scheint, gar nicht, da sich dort niemand, der das gelbe Fieber einmahl gehabt hat, bei folgenden Epidemieen fürchtet. Für das *weibliche Geschlecht* ist die Krankheit in *Vera Cruz* minder gefährlich als für das männliche. Dasselbe fand in *Spanien* Statt, wo im J. 1800 in Cadix 1577 Weiber und 5810 Männer, und in Sevilla 3672 Weiber und 11013 Männer weggerafft wurden. Es ist irrig, daß Gicht, intermittirende Fieber und syphilitische Krankheiten vor dem gelben Fieber schützen. Daß der Erkrankende schon nach 30 bis 40 Stunden stirbt, ist in der heißen Zone ein seltnerer Fall als in der gemäßigten.

In *Spanien* erfolgte manchmal in 6 bis 7 Stunden der Tod. In diesem Fall zeigt sich die Krankheit in der einfachsten Gestalt, und scheint blos das Nervensystem

---

15 Dr. Rush bemerkte während der Epidemie des gelben Fiebers, welche im J. 1793 zu Philadelphia herrschte, daß auch bei vollkommen Gesunden, ja selbst bei Negern, das Weiße im Auge gelb war, und der Puls außerordentlich schnell ging. *v. H.*

zu ergreifen; auf die Erregung desselben erfolgt eine vollkommene Abspannung der Kräfte, und das Lebensprincip erlöscht mit furchtbarer Schnelligkeit. Die gallige Complexion kann sich dann nicht äußern, und der Kranke stirbt unter starken Blutflüssen, doch ohne gelb zu werden, und ohne die sogenannte schwarze Galle auszubrechen. In *Vera Cruz* liegt der Kranke, ehe er stirbt, gewöhnlich 6 bis 7 Tage und länger, und diese Zeit reicht völlig hin, daß der auf das Verdauungssystem wirkende Reiz den wahren Charakter des adynamischen Fiebers verlarven kann.

Die Sterblichkeit ist in *Vera Cruz* geringer als man erwarten sollte, weil das gelbe Fieber nur die in kältern Gegenden gebornen, und nie die Eingebornen von *Vera Cruz* befällt. Bei den großen Epidemieen sind in den Ringmauern der Stadt nicht über 1500 Menschen gestorben. In dem am besten verwalteten Hospital von Vera Cruz, dem von *St. Sebastian*, welchem ein berühmter Arzt vorsteht, sterben nur 12 bis 15 von 100, die am gelben Fieber krank sind; im großen Hospital der Mönche von *San Juan de Dios*, wo die Kranken in einem engen Raume zusammengehäuft lagen, stieg dagegen in den letzten 15 Jahren die Sterblichkeit während starker Epidemieen auf 30 bis 35 von 100; man beklagt sich aber auch allgemein über die Curart dieser Mönche. Im Jahr 1806 sind in Vera Cruz, die Hospitale mitgerechnet, überhaupt 663 Menschen gestorben. Da nun nach Quiros Berechnung die Stadt damals 35,510 Einwohner hatte, so stieg die mittlere Sterblichkeit dieses Jahrs, in welchem die Epidemie des gelben Fiebers nicht herrschte, nur auf 1,8 von Hundert. Im J. 1805 starben 1049 und war die Einwohnerzahl 36230, es betrug also die mittlere Sterblichkeit im Jahre 2,8 auf Hundert. Man sieht daher, daß die Seestadt *Vera Cruz* in gewöhnlichen Jahren, wenn das gelbe Fieber dort nicht wüthet, nicht ungesunder ist, als es die mehrsten Seestädte der heißen Zone sind[16]. Als in *Spanien* das gelbe Fieber wüthete, war dort die Sterblichkeit viel größer. Es starben nach den von Hrn. *Dumeril* mir mitgetheilten Nachrichten während der Epidemie

| | | | |
|---|---|---|---|
| des Jahrs 1800 | zu Cadiz | von 48520 Kranken, | 9977 |
| | zu Sevilla | – 76000 | 20000 |
| | zu Xeres | – 30000 | 12000 |
| 1801 | zu Sevilla | – 4100 | 660 |
| 1802 | zu Alicante | – 9000 | 2472 |
| | zu Cadiz | – 5000 | 2000 |

16 Dieser Sterblichkeit zu Folge würde vielmehr Vera Cruz eine der gesundesten Städte auf der Erde seyn, belehrte uns nicht das Einwohner-Verzeichniß S. 257, daß die Zahlen sich nicht unmittelbar mit Sterblichkeitszahlen andrer Städte vergleichen lassen. *G.*

Nach Herrn *Arejula* (*de la Fiebre* p. 148, 433.) starben von 100 Kranken im Jahr 1800 zu Sevilla 19, zu Alikante 26, und im Jahr 1803 zu Malaga 40, und im Jahr 1804 eben daselbst über 60. Die spanischen Aerzte, fügt er hinzu, können sich rühmen im Ganzen $\frac{3}{5}$ der Kranken, mit denen es schon bis zum schwarzen Erbrechen gekommen war, geheilt zu haben. Dieser Angabe eines berühmten praktischen Arztes zu Folge, würde die Sterblichkeit, wenn die Krankheit recht bösartig ist, auf 40 von 100 Kranken steigen. Man darf indeß bei allen diesen Angaben nicht übersehn, daß das gelbe Fieber nicht alle Jahre gleich bösartig ist, so wenig als selbst die Pest, die in Aleppo nach Dr. Russels Bemerkungen manchmal unter so mildernden atmosphärischen Einflüssen eintritt, daß die daran Erkrankenden nicht einmal bettlägrig werden.

Die *Behandlung* des gelben Fiebers hat sich sehr verbessert, seitdem man von dem ehemals in den spanischen und französischen Colonieen ausnehmend großen Mißbrauch der Aderlässe, Purganzen und schwächenden Mittel zurück gekommen ist; ein Verdienst, welches dem Brown'schen System zukömmt, das in Mexico noch enthusiastischere Anhänger als in Edinburg, Wien und in Mailand gefunden hat. Aderlässe, die der Dr. Rush so eifrig empfiehlt, hält man in Vera Cruz für schädlich; der Uebergang aus dem entzündeten Zustande in den der Erschlaffung oder den Typhus ist in der heißen Zone so schnell, daß Blutverlust das gänzliche Abspannen der Kräfte nur beschleunigt. Keins von allen als Specificum gegen das gelbe Fieber gerühmten Mitteln hat in Vera Cruz den Erfolg gehabt, den man davon erwartete, weder die *China*, die sich doch oft in den Antillen und in Spanien bewährt hat (einige ziehn ihr die *Cortex angustura* d. h. die Rinde der *Bonplandia trifoliata* vor), noch der in Philadelphia und auf Jamaika in Ruf stehende *Calomel*, noch der *Ananassaft* und der Aufguß von *Palo mulato* (einer zum Geschlecht *Amyris* gehörenden Pflanze). Unterrichtete Aerzte beschränken sich darauf, während der ersten Periode der Krankheit Bäder, gelinde Abführungen, Sorbets, und besonders Wasser mit Eis zu empfehlen[17]. Wenn die Kräfte sehr erschlafft sind, nehmen sie zu den kräftigsten Erregungsmitteln ihre Zuflucht, und fangen mit den stärksten Dosen an, die sie allmählig vermindern. Herr Comoto, Arzt des St. Sebastian-Hospitals, hat in einer Stunde bis auf 100 Tropfen Schwefel-Aether, oder

[17] Man hat in Vera Cruz eine Schneepost *(Posta de nieve)* eingerichtet, welche mit Hagel vermischten Schnee von dem Abhange des Vulkans von *Orizaba*, in größter Geschwindigkeit nach Vera Cruz bringt. Der Schnee wird in altes Laub und Asche eingewickelt, und die Maulesel laufen damit im vollen Trab. Dennoch schmilzt auf dem 20 Lieues langen Wege, etwa die Hälfte, da das Thermometer auf 29 bis 30 C. Grade zu stehen pflegt. Die Einwohner können daher täglich Sorbets und Wasser mit Eis haben, welches ein außerordentlicher Vorzug dieses von so viel Europäern und Mexicanern aus dem Innern besuchten Hafens ist, den die Antillen, Carthagena und Panama entbehren. *v. H.*

60 bis 70 Tropfen *Laudanum liquidum* reichen lassen, mit außerordentlichem Erfolg. In allen Perioden der Krankheit zeigt sich das Einreiben von Baumöhl, welches berühmte Aerzte empfohlen haben, von Nutzen.

Indeß auch bei der besten Behandlung bleibt das gelbe Fieber immer eine höchst gefährliche Krankheit, die sich häufig in Vera Cruz einfinden und dort Verwüstungen anrichten wird, bis man es wird dahin gebracht haben, die Ungesundheit der Luft durch Austrocknen der die Stadt umgebenden Moräste zu mindern, den Einwohnern trinkbares Wasser zuzuleiten, die Hospitäler und Kirchhöfe aus den Ringmauern zu entfernen, in den Krankensälen, in den Kirchen, und besonders am Bord der Schiffe tägliche Räucherungen mit oxygenirt-salzsaurem Gas einzuführen, und die Stadtmauern niederzureißen, welche die Einwohner zwingen, sich in einem zu kleinen Raume zusammen zu drängen, und den Luftzug hindern, ohne dem Schleichhandel abzuhelfen.

# Beschreibung des Vulkan Jorullo

## ausgezogen aus dem *Essai politique sur le Royaume du Mexique*

Humboldt giebt in seinem *Essay politique sur la nouvelle Espagne*, S. 249 ff. folgende lehrreiche Nachricht über den merkwürdigen Vulkan von Jorullo:

„Die große Katastrophe, in welcher dieses vulkanische Gebirge aus der Erde empor gehoben worden ist, und durch welche eine Landstrecke von bedeutender Ausdehnung ein durchaus verändertes Ansehen gewonnen hat, ist vielleicht eine der merkwürdigsten physischen Revolutionen, welche uns die Geschichte unseres Planeten kennen gelernt hat. Es ist das einzige Beispiel, wo, im Innern eines Kontinents, 16 Meilen (lieues) von der Küste und mehr als 42 Meilen von irgend einem andern noch wirksamen feuerspeienden Berge, plözlich im Mittelpunkte von mehr als 1000 kleiner brennender Kegel, ein Berg von Schlacken und Asche von 517′ Höhe[1] gebildet worden wäre. – Diese wichtige Thatsache ist den Mineralogen, den Physikern Europas unbekannt geblieben, ungeachtet nicht mehr als etwas über 50 Jahre verflossen sind, seit sie sich ereignet und die Gegend nur sechs Tagereisen von der Hauptstadt Mexikos entfernt ist, wenn man von dem Zentral-Plateau nach den Küsten des Südmeeres hinabsteigt.

Eine ausgedehnte Ebene erstreckt sich von dem Hügel von Aguasarco bis zu den Dörfern von Toipa und Petatlan. Zwischen Picachor del Mortero, las Cerras de las Cuevas und denen von Cuichu, mißt diese Ebene nicht mehr als 750 bis 800 Meter Höhe über den Niveau des Ozeans. Basalt-Hügel erheben sich mitten in einem Terrain, in welchem ein Porphyr mit grünsteinartiger Grundmasse die herrschende Gebirgsart ist. Ein seltsamer Kontrast waltet ob zwischen der unfrucht-

[1] Ueber dem Niveau der nahen Ebenen.

baren, durch das vulkanische Feuer verwüsteten Ebene und der üppigen Vegetation, mit welcher man die Gipfel der Hügel bedeckt findet.

Bis zur Hälfte des 18. Jahrhunderts sah man zwischen den beiden Flüssen der Cuitimba und dem San Pedro, mit Zuckerrohr und Indigo bepflanzte Felder. Sie wurden von Basaltbergen begrenzt, deren Struktur anzudeuten scheint, daß das ganze Land, in einem viel frühern Zeitraume, schon mehrere vulkanische Revolutionen erlitten hatte. Im Monat Juny 1759 hörte man ein unterirrdisches Getöse. Ein furchtbares Brausen, dem Toben des Meeres ähnlich, war mit häufigen Erderschütterungen begleitet. Diese Erscheinungen traten nach Verlaufe von 50–60 Tagen wieder ein. Vom Anfange des September-Monats an, schien indessen alles auf eine vollkommene Ruhe hinzudeuten, als auf einmal in der Nacht vom 28. bis auf den 29. September das unterirrdische Geräusche von neuem und mit erhöhter Gewalt begann. Eine Strecke von 3–4 Quadratmeilen, unter dem Namen Malpaye bekannt, erhob sich blasenförmig. Das Unterbrochene der Schichten macht noch bis auf den heutigen Tag die Grenze jenes Phaenomens kenntlich. An den äussersten Punkten liegt Malpaye nur 12 Meter über dem vormaligen Niveau der Ebene, las Playas de Jorullo genannt: aber die Konvexität des Terrains nimmt verhältnißmäßig bis zum Mittelpunkte so sehr zu, daß man hier etwa 160 Meter Höhe rechnen kann.

Augenzeugen, die das gräßliche Schauspiel vom Gipfel des Berges Aguasarco während der ganzen Dauer der großen Katastrophe übersehen konnten, versichern, man habe auf einer Fläche von mehr als einer halben Quadratmeile überall Flammen hervorbrechen sehen; weiß glühende Bruchstücke des Gesteines wurden bis zu einer ungeheuren Höhe emporgeworfen und mitten durch eine dicke Aschenwolke ähnlich dem stürmischen Meere, sah man, durch die Helle, welche das vulkanische Feuer verbreitete, die erweichte Erdrinde sich gleichsam blähen. Jezt stürzte sich die Cuitimba und der San-Pedro in Flammenschlünde hinab. Durch die Zersezzung des Wassers wurde die Gluth vermehrt: man konnte das Feuer bei der Stadt Pascuoro, auf einem sehr breiten Plateau und 1400 Meter höher als die Ebene an las Playas gelegen, deutlich wahrnehmen. Schlammige Auswürfe, zumal von Thonlagen, welche die in konzentrischen Lagern vorhandene Basaltkugeln umgeben, scheinen auf die höhere Wichtigkeit der Rolle hinzudeuten, welche die unterirrdischen Wasser bei dieser ausserordentlichen Natur-Begebenheit gespielt haben. Tausende von kleinen Basaltkegel, nur 2–3 Meter hoch, von den Indianern Oefen (Hornitos) genannt, stiegen aus dem entflammenden Gewölbe des Malpaye hervor. Ungeachtet seit 15 Jahren, nach dem Zeugnisse der Eingebohrnen, die Hizze der Feueröfen sich bedeutend vermindert hatte, so fand HUMBOLD dennoch bei seiner Anwesenheit, daß das Thermometer, wenn man es in die Oeffnungen hielt, aus welchen wässerige Dünste sich entwickelten, bis zu 95° stieg. Jeder kleine Kegel ist ein kleiner Fumarole, aus welchem eine dicke Rauchwolke bis zu 10 und 15 Meter Höhe sich erhebt. In mehrern hört man ein unterirrdisches Getöse, welches die Nähe eines kochenden Fluidums andeutet.

Mitten zwischen diesen Oefen, auf einer Spalte, die von N. N. nach S. S. O. zieht, sind sechs Erdhügel von ziemlicher Größe emporgestiegen. Sie messen 4–500 Meter über den alten Niveau der Ebene. Eine Wiederholung des Phänomens vom Monte Novo bei Neapel, welche zu mehreren Malen in einer Reihe vulkanischer Hügel sich darstellt. Der bedeutendste derselben, welcher lebhaft an ähnliche Erscheinungen in der Auvergne erinnert, ist der große Vulkan von Jorullo. Er war stets in Flammen und warf, nach der Nordseite hin, eine unermeßliche Menge von verschlackten und basaltischen Laven aus, welche Bruchstücke uranfänglicher Gesteine umschließen. Die heftigen Ausbrüche dieses Zentral-Vulkans dauerten fort bis zum Monat Februar 1760. In den folgenden Jahren wurden sie nach und nach seltener. Die Häuser von Queretaro, eine Entfernung von mehr als 48 Meilen in gerader Richtung vom Eruptions-Punkte, waren mit Asche bedeckt. Ungeachtet zur Zeit als H. die Gegend untersuchte[2], das unterirrdische Feuer nicht sehr wirksam schien, und Malpaye sowohl als der große Vulkan mit Vegetation bedeckt zu werden anfingen, so war doch die umgebende Luft durch die Thätigkeit der kleinen Oefen (Hornitos) so sehr erhizt, daß das Thermometer, entfernt vom Boden und im Schatten, bis zu 43° stieg.

Die Quellen der Cuitimba und des San Pedro haben sich in der Nacht vom 29. September 1759. verloren, aber mehr westlich, in 2000 Meter Entfernung, in dem emporgetriebenen Landstriche, sieht man heutiges Tages zwei Flüsse, für welche man die Namen Cuitimba und San Pedro beibehalten hat und die gleich warmen Quellen, das Thermometer bis zu 52° in die Höhe treiben.

Die Lage des neuen Vulkans von Jorullo bietet Stoff zu einer ungemein lehrreichen geologischen Beobachtung dar. Man weiß nämlich, daß eine Parallele von großen Erhöhungen besteht, oder vielmehr eine enge Zone zwischen 18° 59′ u. 19° 12′ Breite in welcher alle Gipfel des Anahuac befindlich sind, welche über die Region des ewigen Schnees hinausreichen. Diese Gipfel gehören entweder Vulkanen an

[2] Auf dem Grund des Kraters fand man die Luft = 47°, an andern Punkten 58°–60°. Auf dem Wege dahin muß man mehrere Höhlungen überschreiten, die schwefelichte Dünste aushauchen, und in welchen das Thermometer bis zu 85° stieg.

welche in der neuesten Zeit noch thätig sind, oder Bergen, deren Form, so wie die Natur ihrer Gebirgsarten es überaus wahrscheinlich machen, daß sie vordem ein unterirrdisches Feuer beherbergt haben.“

# Beschreibung des Aufstiegs auf den Gipfel von Teneriffa

——— Gegen drei Uhr des Morgens machten wir uns, bei dem düstern Schein einiger fichtenen Fackeln, auf den Weg nach dem Gipfel des Pitons. Man kommt dem Vulcan, von der nord-östlichen Seite aus, bei, wo die Abhänge außerordentlich steil sind, und wir gelangten nach zwei Stunden auf eine kleine Ebene, die wegen ihrer isolirten Lage den Namen *Alta Vista* führt. Es ist dieß auch die Station der *Neveros*, das heißt der Eingebornen, die sich ein Gewerbe daraus machen, Eis und Schnee zu holen, welchen sie in den benachbarten Städten verkaufen. Ihre Maulthiere, welche an das Bergsteigen mehr gewöhnt sind, als die, welche man den Reisenden gibt, gehen bis *Alta Vista*, und bis hieher müssen die Neveros den Schnee auf dem Rücken tragen. Über diesem Punkt beginnt das *Malpays*, eine Benennung, mit welcher man hier, wie in Mexico, in Peru, und überall, wo es Vulcane gibt, ein von Dammerde entblößtes, und mit Bruchstücken von Lava bedecktes Erdreich bezeichnet.

Wir beobachteten jetzt, während der Dämmerung, eine auf hohen Bergen ziemlich gemeine Erscheinung, welche aber die Lage des Vulcans, auf dem wir uns befanden, ziemlich auffallend machte. Eine Lage von weißen und flockigen Wolken entzog uns den Anblick des Oceans und der niedern Gegenden der Insel. Die Lage schien nur 800 Toisen hoch zu seyn; die Wolken waren so gleichförmig verbreitet, und hielten sich so genau in einer wagrechten Ebene, daß sie das Ansehen einer ungeheuren mit Schnee bedeckten Plaine darstellten. Die kolossale Pyramide des Piks, die vulcanischen Spitzen von Lancerote, Fortaventura und Palma erhoben sich wie Klippen aus der Mitte dieses ungeheuren Dunstmeeres: ihre schwärzlichen Teinten contrastirten mit der Weiße der Wolken.

Ich wünschte genau den Augenblick des Aufgangs der Sonne in einer so beträchtlichen Höhe, wie die, welche wir auf dem Pik erreicht hatten, beobachten zu können. Kein Reisender, der mit Instrumenten versehen war, hatte noch eine solche Beobachtung gemacht. Ich hatte eine Fernröhre und ein Chronometer, dessen Gang ich sehr genau kannte. Auf der Seite, wo die Sonnenscheibe erscheinen mußte, war der Horizont frei von Wolken. Wir bemerkten den ersten Rand um 4 St. 48′ 550″ wahrer Zeit, und was merkwürdig ist, der erste leuchtende Punkt der Scheibe berührte unmittelbar die Gränze des Horizonts; folglich sahen wir den wahren Horizont, d. h. einen Theil des Meeres, in einer Entfernung von mehr als 43 Meilen. Es ist durch Berechnung erwiesen, daß, unter der nämlichen Parallele, der Aufgang der Sonne in der Ebene um 5 St. 1′ 50″,4 oder 11′ 51″,3 später, als auf der Höhe des Piks hätte erscheinen müssen. Der beobachtete Unterschied war 12′ 55″, welches ohne Zweifel von der Ungewißheit der Refractionen für eine Zenithdistanz, wo es an Beobachtungen fehlt, herrührt.

Der schroffste Theil des Berges blieb uns noch zu besteigen übrig, der Piton, welcher den höchsten Gipfel bildet. Der Abhang dieses kleinen Kegels, mit vulcanischen Aschen und Bruchstücken von Bimstein bedeckt, ist so steil, daß es fast unmöglich wäre, die Spitze zu erreichen, wenn man nicht einem alten Lavastrom folgte, welcher aus dem Krater geflossen zu seyn scheint, und dessen Trümmer den Verwüstungen der Zeit widerstanden. Diese Trümmer bilden eine Mauer von verschlackten Felsen, welche sich mitten durch die beweglichen Aschen erstreckt. Wir bestiegen den Piton, indem wir uns an diesen Schlacken hielten, deren Kanten sehr scharf sind, und die, halb zersetzt, uns oft in der Hand blieben. Wir brauchten nahe zu eine halbe Stunde, um einen Hügel zu ersteigen, dessen perpendiculäre Höhe kaum 90 Toisen beträgt.

Als wir auf der Spitze des Piton ankamen, waren wir erstaunt, daselbst kaum so viel Platz zu finden, um bequem sitzen zu können. Wir wurden durch eine kleine kreisförmige Mauer von porphyrartiger Lava, deren Hauptmasse Pechstein war, aufgehalten; diese Mauer entzog uns den Anblick des Kraters. Der Westwind wehte mit solcher Heftigkeit, daß wir Mühe hatten, uns auf den Beinen zu halten. Es war 8 Uhr Morgens, und wir waren erstarrt von Kälte, ungeachtet sich das Thermometer ein wenig über dem Gefrierpunkt erhielt.

Der Krater des Piks ähnelt, seinem Rand nach, nicht denen der meisten andern Vulcane, welche ich besucht habe, z. B. den Kratern des Vesuvs, des Jorullo und des Pichincha. Bei diesen erhält der Piton seine conische Form bis an die Spitze; ihr ganzer Abhang ist gleich geneigt, und gleichförmig mit einer Schichte sehr zertheilten Bimsteins überdeckt; kommt man auf die Spitze dieser drei Vulcane, so hindert nichts, den Boden des Schlunds zu sehen. Der Pik von Teneriffa und der Cotopaxi im Gegentheil haben eine sehr verschiedene Structur; sie haben auf ihrem Gipfel einen Grat oder eine kreisförmige Mauer, welche den Krater umgibt; von ferne sieht diese Mauer wie ein kleiner Cylinder aus, welcher auf einem abgestumpften Kegel sitzt. Auf dem Cotopaxi bemerkt man diese besondere Beschaffenheit mit dem bloßen Auge in einer Entfernung von mehr als 2000 Toisen; auch ist noch niemand bis an den Krater dieses Vulcans gekommen. Auf dem Pik von Teneriffa ist der Grat oder Kamm, welcher den Krater wie eine Brustwehr umgibt, so hoch, daß er völlig den Zugang zu der Caldera hindern würde, wenn sich nicht auf der westlichen Seite eine Öffnung fände, welche die Wirkung eines Ergusses sehr alter Lava zu seyn scheint. Durch diese Öffnung stiegen wir an den Boden des Trichters hinab, dessen Figur elliptisch ist; die große Axe liegt von Nordwest nach Südost; nahe zu N. 35° W. Die größte Breite der Öffnung schien uns 300 Fuß, die kleinste 200.

Wir stiegen in den Boden des Kraters auf einem Strich zerbrochener Laven, der sich an der östlichen Öffnung der Einfassung endigt. Die Wärme war nur an einigen Spalten bemerkbar, aus denen sich Wasserdünste mit einem eigenen Brausen entwickelten. Einige dieser Luftlöcher oder Spalten befinden sich außerhalb der Einfassung an dem äußern Rand der Brustwehr, welche den Krater umgibt. Als wir das Thermometer hinein hielten, sahen wir es schnell auf 68 und 75 Grade steigen. Es zeigte ohne Zweifel eine höhere Temperatur an, aber wir konnten das Instrument nur beobachten, nachdem wir es heraus genommen hatten, aus Furcht, uns die Hände zu verbrennen. Hr. *Cordier* fand mehrere Spalten, deren Wärme derjenigen des siedenden Wassers gleich war. Man könnte glauben, diese Dünste, welche sich stoßweise entwickeln, enthalten Salzsäure oder Schwefelsäure; aber an einem kalten Körper verdichtet, zeigen sie keinen besondern Geschmack, und die Versuche, welche mehrere Physiker mit Reagentien machten, beweisen, daß die Rauchöffnungen des Piks nur reines Wasser ausdünsten; diese Erscheinung, welche derjenigen ähnlich ist, die ich auf dem Krater von Jorullo beobachtet habe, verdient um so mehr Aufmerksamkeit, als die Salzsäure in den meisten Vulcanen im Überfluß vorhanden ist, und als Hr. *Vauquelin* sogar in den porphyrartigen Laven vom Sarcouy in Auvergne deren entdeckt hat.

Vergebens verlängerten wir unsern Aufenthalt auf dem Gipfel des Piks, um den Augenblick zu erwarten, wo wir den Anblick des ganzen Archipels der glücklichen Inseln genießen könnten. Wir entdeckten zu unsern Füßen Palma, Gomera und Groß-Canaria. Die Berge von Lancerote, welche beim Aufgang der Sonne von Dünsten befreit waren, wurden bald in dunkle Wolken gehüllt. Wenn man nur eine gewöhnliche Refraction voraussetzt, so umfaßt das Auge, bei heiterer Zeit, von der Spitze des Vulcans eine Oberfläche der Erde von 5700 Quadratmeilen, dem vierten Theil der Oberfläche Spaniens gleich. Man hat oft die Frage aufgeworfen, ob es möglich sey, von der Höhe dieser kolossalen Pyramide die Küste Afrika's zu sehen; aber die nächsten Theile dieser Küste sind noch von Teneriffa 2° 49″ am Kreisbogen oder 56 Meilen entfernt; da nun der Gesichtsstrahl vom Horizont des Piks 1° 57′ beträgt, so kann das Cap Bojador nur gesehen werden, wenn man für dasselbe eine Erhöhung von 200 Toisen über die Oberfläche des Oceans annimmt.

Wir konnten auf dem Gipfel des Piks die Farbe des azurnen Himmelsgewölbes nicht genugsam bewundern. Ihre Intensität am Zenith schien uns 41° des Cyanometers zu entsprechen. Man weiß aus den Erfahrungen von *Saussure*, daß diese Intensität mit der verminderten Dichtigkeit der Luft zunimmt, und daß das nämliche Instrument zur nämlichen Zeit 39° auf dem Prioré von Chamouny und 40° auf dem Gipfel des Montblancs anzeigte. Dieser letztere Berg ist 540 Toisen höher als der Vulcan von Teneriffa; und wenn man ungeachtet dieses Unterschieds daselbst den Himmel in einem weniger falben Blau erblickt, so muß man diese Erscheinung der Trockenheit der afrikanischen Luft, und der Nähe der heißen Zone zuschreiben.

Wir sahen auf dem Gipfel des Piks keine Spur von Psora, Lecidea oder einer andern kryptogamischen Pflanze. Kein Insect flog in den Lüften; man findet indessen einige Hymenopteren an die Massen von Schwefel geklebt, welcher mit schwefeliger Säure befeuchtet ist, und die Öffnung der Dampflöcher überzieht. Es sind dieß Bienen, welche durch die Blumen des *Spartium nubigenum* herbeigezogen worden zu seyn scheinen, und welche schiefe Winde in diese hohen Gegenden trieben, wie die Schmetterlinge, welche Hr. *Ramond* auf dem Gipfel des Mont-Perdu fand. Diese letzteren gehen vor Kälte zu Grunde, während die Bienen des Piks versengt werden, wenn sie sich unvorsichtig den Öffnungen nähern, bei denen sie Wärme suchen wollten.

Ungeachtet dieser Wärme, die man an dem Rand des Kraters in den Füßen empfindet, bleibt doch der Aschenkegel während mehrerer Wintermonate mit Schnee bedeckt. Es ist wahrscheinlich, daß sich unter der Schneedecke große Gewölbe bilden, denen ähnlich, welche man unter den Gletschern der Schweiz findet, deren Temperatur beständig geringer ist als die des Bodens, auf dem sie ruhen.

Der heftige and kalte Wind, welcher seit dem Aufgang der Sonne wehte, nöthigte uns, am Fuß des Piton einen Zufluchtsort zu suchen. Unsere Hände und das Gesicht froren, während unsere Stiefeln von dem Boden, auf dem wir gingen, verbrannt waren. Wir stiegen in wenigen Minuten den Zuckerhut herab, den wir mit so vieler Mühe bestiegen hatten, und diese Schnelligkeit war zum Theil unwillkürlich, denn oft rollte man über die Aschen herab. Wir verließen ungern diesen einsamen Ort, diese Gegend, in welcher sich die Natur in ihrer ganzen Majestät zeigt; wir schmeichelten uns eines Tages, die canarischen Inseln wieder zu sehen; aber dieses Vorhaben wurde, wie so viele andere, die wir damals im Sinne hatten, nicht ausgeführt.

Um die Reisebeschreibung auf den Gipfel des Piks nicht zu unterbrechen, überging ich mit Stillschweigen die geologischen Beobachtungen, die ich über die Structur dieses kolossalen Berges und über die Natur der ihn zusammensetzenden vulcanischen Felsen gemacht habe. Ehe wir den Archipel der canarischen Inseln verlassen, wird es nützlich seyn, uns noch einen Augenblick aufzuhalten, um unter einem Gesichtspunkt dasjenige zusammenzufassen, was sich auf das physische Gemälde dieser Gegenden bezieht.

Ist der konische Berg eines Vulcans ganz von Materien gebildet, welche durch wiederholte Ausbrüche geschmolzen und aufgehäuft wurden, oder enthält er in seinem Mittelpunkt einen Kern von Urfelsen, welche mit Laven bedeckt sind, die selbst wieder das nämliche durchs Feuer veränderte Urgebirg sind? Welches sind die Bande, welche die Producte der neuen Vulcane an die Basalte, an die Phonoliten und an jene Porphyre mit einer Grundlage von Feldspath ohne Quarz anknüpfen, welche die Cordilleren von Peru und Mexico, so wie die kleine Gruppe der Monts-dores, des Cantal und des Mezen in Frankreich bedecken? Wurde der Central-Kern der Vulcane an seiner Stelle erhitzt, und während eines Zustands von Erweichung durch die elastischen Dünste erhoben, ehe diese Flüssigkeiten durch einen Krater mit der äußern Luft in Verbindung standen? Welches ist die Substanz, die seit Tausenden von Jahren diesen bald so langsamen, bald so thätigen Brand unterhält? Wirkt diese unbekannte Ursache in einer unermeßlichen Tiefe, oder findet der chemische Proceß in den secundären, dem Granit aufgelagerten, Felsen statt?

Je weniger diese Probleme in den zahlreichen Werken, welche bis jetzt über den Ätna und den Vesuv erschienen, aufgelöst sind, desto mehr wünscht der Reisende mit eignen Augen zu sehen. Er schmeichelt sich, glücklicher zu seyn, als diejenigen, welche ihm vorangingen; er will sich eine genaue Idee über die geologischen Verhältnisse zwischen dem Vulcan und den umliegenden Bergen bilden; aber wie oft ist er in seiner Erwartung getäuscht, wenn, an den Grenzen des Vorgebirgs, ungeheure Bänke von Tuff und Puzzolanen jede Beobachtung des Vorkommens und der Auflagerung unmöglich machen. Man gelangt in das Innere des Kraters mit geringern Schwierigkeiten, als man anfangs glaubte; man untersucht den Kegel von seiner Spitze bis zu seiner Grundfläche; man ist über den Unterschied erstaunt, welchen die Producte jeder Eruption darbieten, und über die Ähnlichkeit, die doch zwischen den Laven eines und desselben Vulcans herrscht: aber trotz der

Sorgfalt, mit welcher man die Natur fragt, trotz der Menge partieller Beobachtungen, welche sich mit jedem Schritt darbieten, kommt man von dem Gipfel eines brennenden Vulcans weniger befriedigt zurück, als man war, da man sich zum Hinaufgehen anschickte. Nachdem man die vulcanischen Erscheinungen an Ort und Stelle untersucht hat, erscheinen sie isolirter, veränderlicher, und noch dunkler, als man sich vorstellt, wenn man die Berichte der Reisenden zu Rathe zieht.

Diese Betrachtungen boten sich mir dar, als ich von der Spitze des Piks von Teneriffa, des ersten brennenden Vulcans, welchen ich zu besuchen Gelegenheit hatte, zurückkam: sie machten mich jedesmal von Neuem betreten, wenn ich im südlichen Amerika oder in Mexico Gelegenheit hatte, vulcanische Berge zu untersuchen. Wenn man über die geringen Fortschritte nachdenkt, welche die Arbeiten der Mineralogen und die Entdeckungen in der Chemie für die physische Geologie der Vulcane hervorbrachten, so kann man sich einer unangenehmen Empfindung nicht erwehren: sie ist es besonders für diejenigen, welche, indem sie die Natur in verschiedenen Klimaten fragten, mehr mit den Problemen beschäftigt sind, welche sie nicht auflösen konnten, als mit der kleinen Anzahl von Resultaten, welche sie erhalten haben.

Der Pik von Teyde bildet eine pyramidale Masse, wie der Ätna, der Tungurahua und der Popocatepec. Es fehlt viel, daß dieser physiognomische Charakter allen Vulcanen gemein sey. Wir beobachteten deren in der südlichen Hemisphäre, welche, anstatt die Form eines Kegels oder einer umgestürzten Glocke darzustellen, nach Einer Richtung hin verlängert sind, indem ihr Rücken entweder geebnet, oder durch kleine Felsenspitzen ungleich gemacht ist. Diese Structur ist dem Antisana und dem Pichincha, zwei brennenden Vulcanen der Provinz Quito, eigen; und die Abwesenheit der konischen Form darf nie als ein Grund betrachtet werden, den vulcanischen Ursprung auszuschließen. Ich werde in dem Verlauf dieses Werks einige von den Beziehungen entwickeln, welche ich zwischen der Physiognomie der Vulcane und dem Alter ihrer Gebirgsarten wahrgenommen zu haben glaube. Es ist hinreichend, hier im Allgemeinen zu bemerken, daß die Gipfel, welche noch jetzt mit der größten Gewalt und in den kürzesten Zeitzwischenräumen Feuer speien, *schlanke Piks* mit konischer Form sind; daß die Berge mit *verlängerten Rücken*, und die durch kleine Steinmassen uneben gemacht sind, sehr alte und dem Erlöschen nahe Vulcane sind; und daß die Höhen, welche in der Form von *Kuppeln* oder umgestürzten Glocken zugerundet sind, jene problematischen Porphyre anzeigen, von denen man vermuthet, daß sie an Ort und Stelle erhitzt, von Dämpfen durchdrungen, und in einem erweichten Zustand in die Höhe gehoben worden seyen, ohne je wie die eigentlichen steinartigen Laven geflossen zu haben. Zu der ersten dieser Arten von Typus gehören der Cotopaxi, der Pik von Teneriffa und der von Orizava in Mexico; die zweite ist dem Cargueirazo und dem Pichincha in der Provinz Quito, dem Vulcan von Puracé bei Popayan, und vielleicht auch dem Hekla in Island eigen. Der dritte und letzte Typus findet sich in der majestätischen Form des Chimborazo, und, wenn es erlaubt ist, diesem Koloß zur Seite einen Hügel Europa's zu stellen, in dem Grand-Sarcouy in Auvergne.

# Anekdote aus dem Seekrieg

——— Wir wurden durch den Capitän des *Pizarro* zu dem Gouverneur der Provinz, *Don Vicente Emparan* geführt, um ihm die Pässe vorzuweisen, die uns von dem Staats-Secretariat gegeben worden waren. Er nahm uns mit der Offenheit und edeln Einfachheit auf, die die basquische Nation bezeichnen. Ehe er zum Gouverneur von Portobello und Cumana ernannt wurde, hatte er sich als Schiffs-Capitän in der königlichen Marine ausgezeichnet. Sein Name erinnert an eines der außerordentlichsten und traurigsten Ereignisse, das die Geschichte der Seekriege darbietet. Bei dem letzten Bruch zwischen Spanien und England, schlugen sich zwei Brüder des Hrn *d'Emparan* während der Nacht vor dem Hafen von Cadix, indem der Eine das Schiff des Andern für ein feindliches hielt. Der Kampf wurde so heftig, dass beide Schiffe fast zu gleicher Zeit sanken. Ein sehr kleiner Theil der Mannschaft wurde gerettet, und die beiden Brüder hatten das Unglück, sich kurze Zeit vor ihrem Tode zu erkennen.

# Was sind Barbarer?

## (Hypothese von Alex Humboldt)

——— Der nördliche Theil der amerikanischen Äquinoctionallande, das Festland und die Ufer des Orenoko, gleichen, hinsichtlich der mannigfachen Völkerschaften, von denen sie bewohnt werden, dem caucasischen Gebirgslande, den Bergen von Hindon-Kho, der Nordspitze Asiens jenseits der Tungusen und der um die Mündung des Lena wohnenden Tartaren. Die in diesen verschiedenen Landschaften herrschende Barbarey ist vielleicht weniger dem ursprünglichen Mangel aller Civilisation, als vielmehr einer lang andauernden Verwilderung, zuzurechnen. Die meisten Horden, welche wir Wilde nennen, stammen wahrscheinlich von Völkern her, die einst in der Kultur weiter vorgerückt waren; und woran mag man die verlängerte Kindheit des Menschengeschlechts (in so fern es eine solche überall giebt) von jenem Zustand sittlicher Ausartung unterscheiden, bey welcher Absonderung, Elend, gezwungene Wanderungen, oder die Strenge klimatischer Ursachen, sogar auch die Spuren der Civilisation vertilgen. Könnte sich das Gebieth der Geschichte über Alles ausdehnen, was den ursprünglichen Zustand des Menschen und die erste Bevölkerung eines Festlandes betrifft, so würden wir uns auf die Ueberlieferungen und Gesetzbücher Indiens berufen, in denen so oft und mannigfach die Meinung vorkommt, der zufolge die Wilden aller Völkerstämme betrachtet werden, welche aus der bürgerlichen Gesellschaft ausgestossen, in die Wälder verwiesen wurden. Das Wort Barbaren, welches wir von den Griechen und Römern entlehnt haben, war vielleicht nur der Eigennahme irgend einer jener verwilderten Horden.

# Der Orinoco

## Sein Ursprung, sein Lauf, die sonderbare Vegetation und die eigenthümlichen Thiere, die wundervollen Cataracten und Wasserfälle derselben, die auffallenden Menschenraçen und die Spuren untergegangener Völkerstämme an seinen Ufern (Nach Alexander von Humbolts Werken über Amerika)

Der Nahme Orinoco, den die ersten Entdecker dem Fluße gegeben, und der wahrscheinlich einer Sprachverwirrung seinen Ursprung verdankt, ist tief im Innern des Landes unbekannt. Denn im Zustande thierischer Rohheit bezeichnen die Völker nur solche Gegenstände mit eigenen Nahmen, welche mit andern verwechselt werden können. Der Orinoco, der Amazonen- und Magdalenen-Strom werden schlechthin der Fluß, allenfalls der große Fluß, das große Wasser genannt, während die Uferbewohner die kleinsten Bäche durch besondere Nahmen unterscheiden.

Die Strömung, welche der Orinoco zwischen dem südamerikanischen Continent und der asphaltreichen Insel Trinidad erregte, ist so mächtig, daß Schiffe, die bey frischem Westwinde mit ausgespannten Segeln dagegen anstreben, sie kaum zu überwinden vermögen. Diese öde und gefürchtete Gegend wird die Trauerbucht (Golfo triste) genannt. Den Eingang bildet der Drachenschlund (bocca del Drago). Hier erheben sich einzelne Klippen Thurmähnlich zwischen der tobenden Fluth. Sie bezeichnen gleichsam den alten Felsdamm, der, von der Strömung durchbrochen, die Insel Trinidad mit der Küste Paria vereinigte.

Der Anblick dieser Gegend überzeugte zuerst den kühnen Weltentdecker Colon von der Existenz eines amerikanischen Continents. „Eine so ungeheure Maße süßen Wassers“ (schloß der „Naturkundige“ Mann.) „könnte sich nur bey großer Länge des Stroms sammeln. Das Land welches diese Wasser liefern, müsse ein

Continent und keine Insel seyn." Wie die Gefährten Alexanders, über den schneebedeckten Paropamisus vordringend, in dem krokodillreichen Indus einen Theil des Nils zu erkennen glaubten; so wähnte Colon, der physiognomischen Ähnlichkeit aller Erzeugnisse des Palmenklima's unkundig, daß jener neue Continent die östliche Küste des weit vorgestreckten Asiens sey. Milde Kühle der Abendluft, ätherische Reinheit des gestirnten Firmamentes, Balsamduft der Blüthen welchen der Landwind zuführte, alles ließ ihn ahnden, daß er sich hier dem Garten von Eden, dem heiligen Wohnsitz des ersten Menschengeschlechtes, genähert habe. Der Orinoco schien ihm einer von den vier Strömen, die nach der ehrwürdigen Sage der Vorwelt von dem Paradiese herabkommen, um die mit Pflanzen neugeschmückte Erde zu wässern und zu theilen. Diese poetische Stelle aus Colons Reisebericht hat ein eigenthümliches psychisches Interesse. Sie lehret aufs neue, daß die schaffende Phantasie des Dichters sich im Weltentdecker, wie in jeder Größe menschlicher Charaktere, ausspricht.

Wenn man die Wassermenge betrachtet, die der Orinoco dem atlantischen Ocean zuführt, so entsteht die Frage, welcher der südamerikanische Flüsse, ob der Orinoco, der Amazonen oder la Platastrom der größere sey. Die Frage ist unbestimmt, wie der Begriff von Größe selbst. Aber dieser Fluß ist, wie die englischen Flüße, verhältnißmässig von einer geringeren Länge. Seine unbeträchtliche Tiefe wird schon bey der Stadt Buenos-Ayres der Schiffahrt hinderlich. Der Amazonenstrom ist der längste aller Flüsse. Von seinem Ursprung im See Cauricocha bis zu seinem Ausfluß beträgt sein Lauf 720 geographische Meilen. Dagegen ist seine Breite in der Provinz Jaen de Bracamoros bey der Katarrakte von Rentama, wo ich ihn unterhalb des pittoresken Gebirges Patachum maß, kaum der Breite unsers Rheins bey Mainz gleich.

Der Orinoco erscheint bey seiner Mündung schmaler, als der La Plata und Amazonenstrom. Aber tief im Innern der Guayana, 140 Meilen von der Mündung entfernt, fand ich bey hohem Wasser den Fluß noch über 16,200 Fuß breit. Sein periodisches Anschwellen erhebt den Wasserspiegel jährlich 48 bis 52 Fuß hoch über den Punkt des niedrigsten Standes. Zu einer genauen Vergleichung der ungeheuren Ströme, welche den südamerikanischen Continent durchschneiden, fehlt es bisher an hinlänglichen Materialien. Um dieselbe anzustellen, müßte man das Profil des Strombettes, und seine, in jedem Theile so verschiedene Geschwindigkeit kennen.

Zeigt der Orinoco in dem Delta, welches seine vielfach getheilten, unerforschten Arme einschließen, zeigt er in der Regelmäßigkeit seines Anschwellens und Sinkens, in der Menge und Größe seiner Krokodile, mannigfaltige Ähnlichkeit mit dem, von der Natur nach einem kleineren Maßstabe gebildeten Nyl, so sind beyde sich auch darinn einander analog, daß sie lange als brausende Waldströme zwischen Granit- und Syenitgebirgen sich durchwinden, bis sie, von baumlosen Ufern begränzt, langsam fast auf söliger Fläche, hinfließen. Von dem berufenen Bergsee der Abyssinischen Alpen, in Gogam, bis Syene und Elephantina hin, dringt der Nyl durch die Gebirge von Schangalla und Semar. Eben so entspringt der Orinoco an dem südlichen Abfalle der Bergkette, die sich unter dem 4ten und 5ten Grade nördlicher Breite, von der französischen Guyana aus, westlich gegen die Andes von Neugranada vorstreckt. Die Quellen des Orinoco sind von keinem Europäer, ja von keinem Eingebornen, der mit den Europäern in Verkehr getreten ist, besucht worden.

Als wir im Sommer 1800 den Ober-Orinoco beschifften, gelangten wir bis zu den Mündungen des Sodomoni und Guapo. Hier ragt hoch über den Wolken der mächtige Gipfel des Duida hervor, ein Berg, dessen Anblick eine der größten Naturscenen der Tropenwelt darbiethet. Der südliche Abfall ist eine baumleere Grasflur. Dort erfüllen weit umher Ananasdüfte die feuchte Abendluft. Zwischen niedrigen Wiesenkräutern erheben sich die saftstrotzenden Stengel der Bromelien. Unter der blaugrünen Blätterkrone leuchtet fernhin die goldgelbe Frucht. Wo unter der Grasdecke die Bergwasser ausbrechen, da stehen einzelne Gruppen hoher Fächerpalmen. – Ihr Laub wird in diesem heißen Erdstriche nie von kühlenden Luftströmen bewegt.

Östlich vom Duida beginnt ein Dickicht von wilden Kakaostämmen, welche den berufenen Mandelbaum (Bertolletia excelsa), das Kraftvolleste Erzeugniß der Tropenwelt, umgeben. Hier sammeln die Indianer das Material zu ihren Blasröhren, kolossale Gras-Stengel, die von Knoten zu Knoten über 17 Fuß lange Glieder haben. Einige Franziskanermönche sind bis zur Mündung des Chiguire vorgedrungen, wo der Fluß bereits so schmal ist, daß die Eingebornen über denselben nahe am Wasserfall der Guahariben, aus rankenden Pflanzen eine Brücke geflochten haben. Die Guaicas, eine auffallend weiße, aber kleine Menschenraçe, mit vergifteten Pfeilen bewaffnet, verwehrt das weitere Vordringen gegen Osten.

Daher ist alles fabelhaft, was man von dem Ursprung des Orinoco aus einem See vorgegeben. Vergebens sucht man in der Natur die Lagune des Dorado welche noch Arrowsmith's neueste Karte als ein 20 Meilen langes innländisches Meer bezeichnet. Sollte der mit Schilf bedeckte kleine See, aus welchem der Piara (ein Zweig des Mao) entspringet, die Mythe veranlaßt haben? Dieser Sumpf liegt indeß 5 Grad westlicher als die Gegend, in welcher man die Orinoco-Quellen vermuthen darf. In ihm befindet sich die Insel Pumacena, vermuthlich ein Fels von Glimmerschiefer, dessen Glanz seit dem 16ten Jahrhundert in der Fabel des Dorado eine denkwürdige, für die betrogene Menschheit oft verderbliche Rolle gespielet hat.

Nach der Sage vieler Eingebornen sind die magellanischen Wolken des südlichen Himmels, ja die herrlichen Nebelflecken des Schiffes Argo, ein Wiederschein von dem metallischen Glanze jener Silberberge der Parime. Übrigens ist es eine uralte Sitte theoretisirender Geographen, alle beträchtlichen Flüsse der Welt aus Landseen entstehen zu lassen.

Der Orinoko gehört zu den sonderbaren Strömen, die nach manigfaltigen Wendungen gegen Westen und Osten zuletzt dergestalt zurücklaufen, daß sich ihre Mündung fast in einem Meridian mit ihren Quellen befindet. Von Chiguire und Gehette bis zum Guaviare hin, ist der Lauf des Orinoco westlich, als wolle er seine Wässer dem stillen Meere zuführen. In dieser Strecke sendet er gegen Süden den, in Europa wenig bekannten Cassiquiare, einen merkwürdigen Arm aus, der sich mit dem Rio Negro, oder, (wie ihn die Eingebornen nennen) mit dem Guainia vereinigt; das einzige Beyspiel einer Verästelung zweyer großen Flüsse.

Die Natur des Bodens und der Eintritt des Guaviare und Atabapo in den Orinoco, bestimmen den letztern, sich plötzlich gegen Norden zu wenden. Aus geographischer Unkunde hat man den Guaviare lange als den wahren Ursprung des Orinoco betrachtet. Die Zweifel, welche ein berühmter Geograph seit dem Jahre 1797 gegen die Möglichkeit einer Verbindung mit dem Amazonen-Strome erregte, sind, wie ich hoffe, durch meine Expeditionen, vollkommen wiederlegt worden. Bey einer ununterbrochenen Schiffahrt von 472 geographischen Meilen bin ich durch ein sonderbares Flußnetz, von Rio Negro durch den Cassiquiare in den Orinoco, durch das Innere des Continents, von der brasilianischen Gränze bis zur Küste von Caraccas gelangt.

In diesem obern Theile des Flußgebiets zwischen dem 3ten und 4ten Grade nördlicher Breite hat die Natur die räthselhafte Erscheinung der sogenannten schwarzen Wasser mehrmahls wiederholt. Der Atabapo, dessen Ufer mit Carolineen und baumartigen Melastomen geschmückt ist, der Temi, Tuamini und Guainia, sind Flüsse von kaffeebrauner Farbe. Diese Farbe geht im Schatten der Palmgebüsche fast in Tintenschwärze über. In durchsichtigen Gefäßen ist das Wasser goldgelb. Mit wunderbarer Klarheit spiegelt sich in diesen schwarzen Strömen das Bild der südlichen Gestirne. Wo die Wasser sanft hinrieseln, da gewähren sie dem Astronomen, der mit Reflectionsinstrumenten beobachtet, den vortrefflichsten künstlichen Horizont.

Mangel an Krokodillen, aber auch an Fischen, größere Kühlung, mindere Plage der stechenden Mosquitos und Salubrität der Luft, bezeichnen die Region der schwarzen Flüsse. Wahrscheinlich verdanken sie ihre sonderbare Farbe einer Auflösung von gekochtem Wasserstoff, der Üppigkeit der Tropenvegetation und der Kräuterfülle des Bodens, auf dem sie hinfließen. In der That habe ich bemerkt, daß am westlichen Abfall des Chimborazo, gegen die Küste des stillen Meeres hin, die ausgetretenen Wässer des Rio de Guajaquil allmählig eine goldgelbe, fast kaffeebraune Farbe annahmen, wenn sie wochenlang die Wiesen bedeckt hatten.

Unfern der Mündung des Guaviare und Atabapo findet sich die edelste Form aller Palmengewächse, der Piriguao, dessen glatter 60 Fuß hoher Stamm mit schilfartig-zartem, an den Rändern gekräuseltem Laube geschmückt ist. Ich kenne keine Palme, welche gleich große und gleich schöngefärbte Früchte trägt. Diese Früchte sind Pfirsichen ähnlich, gelb mit Purpurröthe untermischt. Siebenzig bis achtzig derselben bilden ungeheure Trauben, deren jährlich jeder Stamm 3 zur Reife bringt. Man könnte dieses herrliche Gewächs die Pfirsichpalme nennen. Die fleischigen Früchte sind wegen der großen Üppigkeit der Vegetation meist saamenlos. Sie gewähren deßhalb den Eingebornen eine nahrhafte und mehlreiche Speise, die, wie Pisang und Kartoffeln, einer mannigfaltigen Zubereitung fähig ist.

Bis hierher, oder bis zur Mündung des Guaviare (und Atabapo findet sich die edelste Form aller Palmengewächse, der Piriguao) läuft der Orinoco längs dem südlichen Abfall des Gebirges Parime hin. Von seinem linken Ufer bis weit jenseits des Aequators, bis gegen den 15ten Grad südlicher Breite, dehnt sich die unermeßliche, aber waldbedeckte Ebene des Amazonen-Stromes aus. Wo aber der Orinoco bey San Ferdinando de Atabapo sich plötzlich gegen Norden wendet, durchbricht er einen Theil der Gebirgskette selbst. Hier liegen die großen Wasserfälle von Atures und Maypures. Hier ist das Strombette überall durch kolossale Felsmaßen verengt, gleichsam in einzelne Wasserbehälter durch natürliche Dämme abgetheilt.

Vor der Mündung des Meta steht in einem mächtigen Strudel eine isolirte Klippe, welche die Eingebornen sehr passend den Stein der Geduld nennen, weil er bey niedrigem Wasser den Aufwärtsschiffenden bisweilen einen Aufenthalt von 2 vollen Tagen kostet. Tief in das Land eindringend, bildet hier der Fluß mahlerische Felsbuchten. Der Indianer-Mission Carrichana gegenüber, wird der Reisende durch einen sonderbaren Anblick überraschet. Unwillkührlich haftet das Auge auf einem schroffen Granitfelsen, el Mogote de Cocuyza, ein Würfel, der 200 Fuß hoch senkrecht abgestürzt, auf seiner obern Fläche einen Wald von Laubholz trägt. Wie ein cyclopisches Monument von einfacher Größe, erhebt sich diese Felsmaße hoch über dem Gipfel der umherstehenden Palmen. In scharfen Umrißen schneidet sie sich gegen die tiefe Bläue des Himmels ab – ein Wald über dem Walde.

Schifft man in Carichana weiter abwärts; so gelangt man an den Punkt, wo der Strom sich einen Weg durch den engen Paß von Paraguau gebahnt hat. Hier erkennt man überall Spuren chaotischer Verwüstung. Nördlicher gegen Urana und Encamarada hin erheben sich Granitmaßen von groteskem Ansehen. In wunderbare Zacken getheilt, und von blendender Weiße leuchten sie hoch aus dem Gebüsche hervor.

In dieser Gegend, von der Mündung des Apure an, verläßt der Strom die Granitkette. Gegen Osten gerichtet, scheidet er, bis zu dem atlandischem Ozean hin, die undurchdringlichen Wälder der Guayana von den Grasfluren, auf denen unabsehbar das ferne Himmelsgewölbe ruht. So umgibt der Orinoco von drey Seiten, gegen Süden, gegen Westen und gegen Norden, den hohen Gebirgsstock, welcher den weiten Raum zwischen den Quellen des Jav und Caura ausfüllt. Auch ist er Stromklippen- und strudelfrey von Carichana bis zu seinem Ausfluß hin; den Höllenschlund (Bocca del infierno) bey Muitaco abgerechnet, einen Wirbel, der von Felsen verursachet wird, die aber nicht, wie zu Atures und Maypures, das ganze Strombette verdämmen. In dieser meernahen Gegend kennen die Schiffenden keine andere, als die Gefahr der natürlichen Flöße, gegen welche bey Nacht die Kanoes oftmahls scheitern. Diese Flöße bestehen aus Waldbäumen, die durch den wachsenden Strom am Ufer entwurzelt und fortgerissen werden. Mit blühenden Wasserpflanzen wiesenartig bedeckt, erinnern sie an die schwimmenden Gärten der mexikanischen Seen.

Nach diesem schnellen Überblick des Laufs des Orinoco und seiner allgemeinsten Verhältniße gehe ich zur Beschreibung der Wasserfälle von Maypures und Atures über.

Von dem hohen Gebirgsstock Cunavami aus, zwischen den Quellen der Flüsse Sipapo und Ventuari, schiebt sich ein Granitrücken weit gegen Westen, nach dem Gebirge Uniama vor.

Von diesem Rücken fließen 4 Bäche herab, welche die Katarakte von Maypures gleichsam begränzen, an dem östlichen Ufer des Orinoco der Sipapo und Sanariapo, an dem westlichen Ufer der Cameji und der Toparo. Wo das Dorf Maypures liegt, bilden die Berge einen weiten, gegen Südwesten geöffneten Busen.

Der Strom fließt jetzt schäumend an dem östlichen Berggehänge hin. Aber fern in Westen erkennt man das alte verlaßene Ufer. Eine weite Grasflur dehnt sich zwischen beyden Hügelketten aus. In dieser haben die Jesuiten eine kleine Kirche von Palmenstämmen gebauet. Die Ebene ist kaum 30 Fuß über den obern Wasserspiegel des Flußes erhaben.

Der geognostische Anblick dieser Gegend, die Inselform der Felsen Keri und

Oco, die Höhlungen, welche die Fluth in dem erstern dieser Hügel ausgewaschen, und welche mit den Löchern in der gegenüberliegenden Insel Uivitari genau in gleicher Höhe liegen, – alle diese Erscheinungen beweisen, daß der Orinoco einst diese ganze, jetzt trockene Bucht ausfüllte. Wahrscheinlich bildeten die Wasser einen weiten See, so lange der nördliche Damm Wiederstand leistete. Als der Durchbruch erfolgte, trat zuerst die Grasflur welche Guareken-Indianer bewohnen, als Insel hervor. Vielleicht umgab der Fluß noch lange die Felsen Keri und Oco, die, wie Bergschlösser aus dem alten Strombette hervorragend, einen mahlerischen Anblick gewähren. Bey der allmähligen Wasserverminderung zogen die Wasser sich ganz an die östliche Bergkette zurück.

Diese Vermuthung wird durch mehrere Umstände bestätigt. Der Orinoco hat nähmlich, wie der Nil bey Philä und Syene, die merkwürdige Eigenschaft, die röthlich weißen Granitmaßen, die er Jahrtausende lang benetzt, schwarz zu färben. So weit die Wasser reichen, bemerkt man am Felsufer einen bleyfarbenen, kohlenstoffhaltigen Überzug, der kaum eine zehntel Linie tief in das Innere des Gesteins eindringt, diese Schwärzung und die Höhlungen deren wir oben erwähnten, bezeichnen den alten Wasserstand des Orinoco.

Im Felsen Keri, in den Inseln der Katarakten, in der Hügelkette Cumadaminari, die oberhalb der Insel Toma fortläuft, an der Mündung des Jao endlich, sieht man jene schwarzen Höhlungen 150 bis 180 Fuß über den heutigen Wasserspiegel erhaben. Ihre Existenz lehrt (was übrigens auch in Europa in allen Flußbetten zu bemerken ist) daß die Ströme, deren Größe noch jetzt unsere Bewunderung erregt, nur schwache Überreste von der ungeheuren Wassermenge der Vorzeit sind.

Selbst den rohen Eingebornen der Guayana sind diese einfachen Bemerkungen nicht entgangen. Überall machten uns die Indianer auf die Spuren des alten Wasserstandes aufmerksam. Ja in einer Grasflur bey Uruana liegt ein isolirter Granitfels, in welchen, (laut der Erzählung glaubwürdiger Männer) in 80 Fuß Höhe, Bilder der Sonne, des Mondes und mannigfaltiger Thiere, besonders Bilder von Krokodillen und Boaschlangen, fast reihenweise eingegraben sind. Ohne Gerüste kann gegenwärtig niemand an jener senkrechten Wand hinaufsteigen, welche die aufmerksamste Untersuchung künftiger Reisenden verdient. In eben dieser wunderbaren Lage befinden sich die hieroglyphischen Steinzüge in den Gebirgen von Uruana und Encanaramada.

Fragt man die Eingebornen, wie jene Züge eingegraben werden konnten, so antworten sie: es sey zur Zeit der hohen Wässer geschehen, weil ihre Väter damahls in dieser Höhe schifften. Ein solcher Wasserstand war also neuer, als die rohen Denkmähler menschlichen Kunstfleißes. Er deutet auf einen Zustand der Erde, welcher mit demjenigen nicht verwechselt werden muß, in dem der erste Pflanzenschmuck unseres Planeten, in dem die riesenmäßigen Körper ausgestorbener Landthiere und die pelagischen Geschöpfe einer chaotischen Vorwelt, in der erhärtenden Erdrinde ihr Grab fanden.

Der nördlichste Ausgang der Katarakten ist durch die natürlichen Bilder der Sonne und des Mondes bekannt. Der Felsen Keri, dessen ich mehrmahls erwähnt, hat nähmlich seine Benennung von einem fernleuchtenden weißen Flecken, in welchem die Indianer eine auffallende Ähnlichkeit mit der vollen Mondsscheibe zu erkennen glauben. Ich habe selbst nicht diese steile Felsenwand erklimmen können, aber wahrscheinlich ist der weiße Flecken ein mächtiger Quarzknoten, den zusammenscharende Gänge in dem graulich schwarzen Granite bilden.

Dem Keri gegenüber, auf dem basaltähnlichen Zwillingsberge der Insel Ouivitari, zeigen die Indianer mit geheimnißvoller Bewunderung eine ähnliche Scheibe, die sie als das Bild der Sonne, Camosi, verehren. Vielleicht hat die geographische Lage beyder Felsen mit zu dieser Benennung beygetragen, denn in der That fand ich Keri gegen Abend und Camosi gegen Morgen gerichtet. Sprachforscher werden in dem amerikanischen Worte Camosi die Ähnlichkeit mit Camosh dem Sonnennahmen in einem der phönizischen Dialekte, erkennen.

Die Katarakten von Maypures bestehen nicht, wie der 140 Fuß hohe Fall des Niagara, in dem einmahligen Herabstürzen einer großen Wassermasse. Sie sind auch nicht Flußengen, Pässe, durch welche sich der Strom mit beschleunigter Geschwindigkeit durchdrängt, wie der Pongo von Manseriche im Amazonenfluße. Sie erscheinen als eine zahllose Menge kleiner Kaskaden, die wie Staffeln auf einander folgen. Der Raudal, so nennen die Spanier diese Art von Katarakten, wird durch einen Archipelagus von Inseln und Klippen gebildet, welche das 8000 Fuß weite Flußbette dermaßen verengen, daß oft kaum ein 20 Fuß breites freyes Fahrwasser übrig bleibt. Die östliche Seite ist gegenwärtig weit unzugänglicher und gefahrvoller als die westliche.

An dem Ausfluß des Cameji ladet man die Güter aus, um das leere Kanoe, oder, wie man hier sagt, die Piragua, durch die des Raudals kundigen Indianer bis zur Mündung des Toparo zu führen wo man die Gefahr für überwunden hält. Sind die einzelnen Klippen oder Staffeln (jede derselben wird mit einem eigenem Nahmen bezeichnet) nicht über 2 bis 3 Fuß hoch, so wagen es die Eingebornen, sich mit dem Kanoe herabzulassen. Geht aber diese Fahrt stromaufwärts, so schwimmen sie voran, schlingen nach vieler vergeblicher Anstrengung ein Seil um die Felsspitzen, welche aus dem Strudel hervorragen, und ziehen, mittels dieses Seils, das Fahrzeug aufwärts. Bey dieser mühevollen Arbeit wird das letztere oft gänzlich mit

Wasser gefüllt oder umgestürzt. Bisweilen, und diesen Fall allein besorgen die Eingebornen, zerschellt das Kanoe auf der Klippe. Mit blutigem Körper suchen sich dann die Lootsen dem Strudel zu entwinden, und schwimmend das Ufer zu erreichen. Wo die Staffeln sehr hoch sind, wo der Felsdamm das ganze Bette durchsetzt, wird der leichte Kahn ans Land gebracht, und am nahen Ufer auf untergelegten Baumzweigen, wie auf Walzen, eine Strecke fortgezogen.

Die beruffensten und schwierigsten Staffeln sind Purimarimi und Manimi. Sie haben 9 Fuß Höhe. Mit Erstaunen habe ich durch Baromettermeßungen gefunden (ein geodetisches Nivellement ist wegen der Unzugänglichkeit des Lokals und bey der verpesteten mit zahllosen Mosquitos gefüllten Luft, nicht auszuführen), daß das ganze Gefälle des Raudals von der Mündung des Cameji als zu der des Toparo, kaum 28 bis 30 Fuß beträgt. Ich sage mit Erstaunen; denn man erkennt daraus, daß das fürchterliche Getöse und das wilde Aufschäumen des Flußes Folge der Verengung des Bettes durch zahllose Klippen und Inseln, Folge des Gegenstromes ist, den die Form und Lage der Felsmassen erregt. Von der Wahrheit dieser Behauptung, von der geringen Höhe des ganzen Gefälles, überzeugt man sich am besten, wenn man aus dem Dorfe Maypures über den Felsen Manimi zum Flußbette herabsteigt.

Hier ist der Punkt, wo man eines wundervollen Anblicks genießt. Eine meilenlange schäumende Fläche bietet sich auf einmahl dem Auge dar. Eisenschwarze Felsmassen ragen burgartig aus derselben hervor. Jede Insel, jeder Stein ist mit üppiganstrebenden Waldbäumen geschmückt. Dichter Nebel schwebt ewig über dem Wasserspiegel. Durch die dampfende Schaumwolke dringt der Gipfel der hohen Palmen. Wenn sich im feuchten Dufte der Strahl der glühenden Abendsonne bricht, so beginnt ein optischer Zauber. Farbige Bögen verschwinden und kehren wieder. Ein Spiel der Lüfte, schwankt das ätherische Bild.

Umher auf den nackten Felsen, haben die rieselnden Wasser in der langen Regenzeit Inseln von Dammerde zusammengehäuft. Mit Droseren, mit silberblättrigen Mimosen und mannigfaltigen Kräutern geschmückt, bilden sie die Blumenbeete mitten auf dem öden Gestein. Sie rufen bey dem Europäer das Andenken an jene Pflanzengruppen zurück, welche die Alpenbewohner Courtils nennen; Granitblöcke mit Blüthen bedeckt, die einsam aus den savoyischen Glätschern hervorragen.

In blauer Ferne ruht das Auge auf der Gebirgskette Cunavami, einem langgedehnten Bergrücken, der prallig in einem abgestumpften Kegel sich endigt. Den letztern (Calitamini ist sein indischer Nahme) sahen wir bey untergehender Sonne, wie in röthlichem Feuer glühen. Diese Erscheinung kehrt täglich wieder. Niemand ist je in der Nähe dieser Berge gewesen. Vielleicht rührt der Glanz von einer spiegelnden Ablösung des Talk oder Glimmersschiefer her.

Während der 5 Tage, welche wir in der Nähe der Katarakten zubrachten, war es uns auffallend, wie man das Getöse des tobenden Stromes dreymahl stärker bey Nacht, als bey Tage vernimmt. Bey allen europäischen Wasserfällen bemerkt man die nähmliche Erscheinung. – Was kann die Ursache derselben in einer Einöde seyn, wo nichts die Ruhe der Natur unterbricht? Wahrscheinlich der Strom aufsteigender warmer Luft, welcher der Fortpflanzung des Schalles hinderlich ist, und welcher nach der nächtlichen Erkältung der Erdrinde aufhört.

Die Indianer zeigten uns Spuren von Wagengeleisen. Sie reden mit Bewunderung von den gehörnten Thieren, Ochsen, die zur Zeit, als hier die Jesuiten ihr Bekehrungsgeschäft trieben, die Kanoes auf Wagen auf den linken Orinoco-Ufer von der Mündung des Cameji zu der des Toparo zogen. Die Fahrzeuge blieben damahls beladen, und wurden nicht wie jetzt durch das beständige Stranden und Hinschieben auf den rauhen Klippen abgenutzt.

Der Situationsplan, welchen ich von der umliegenden Gegend entworfen habe, zeigt, daß selbst ein Kanal von Kameji zum Toparo eröfnet werden kann. Das Thal, in welchem jene wasserreichen Bäche fließen, ist sanft verflächt. Der Kanal, dessen Ausführung ich dem Generalgouverneur von Venezuela im Sommer 1800 vorgeschlagen, würde, als ein schiffbarer Seitenarm des Flußes, das alte gefahrvolle Strombette entbehrlich machen.

Der Raudal von Atures ist ganz den von Maypures ähnlich; wie dieser eine Inselwelt, zwischen welcher der Strom sich in einer Länge von 3–4000 Toisen durchdrängt; ein Palmen-Gebüsch, mitten aus dem schäumenden Wasserspiegel hervortretend. Die beruffensten Staffeln der Katarakte liegen zwischen Suripamana und Ürapuri.

Als wir, Herr Bonpland und ich, von den Ufern des Rio Negro zurückkehrten, wagten wir es, die letzte oder untere Hälfte des Raudals vor Atures mit dem beladenen Kanoe zu passiren. Wir stiegen mehrmahls auf den Klippen aus, die, als Dämme, Insel mit Insel verbinden. Bald stürzen die Wasser über diese Dämme weg, bald fallen sie mit dumpfem Getöse in das Innere derselben. Daher sind oft ganze Strecken des Flußbettes trocken, weil der Strom sich durch unterirdische Kanäle einen Weg bahnt. Hier nisten die goldgelben Klippenhühner (Pipra rupicola) einer der schönsten Vögel der Tropenwelt, mit doppelter beweglicher Federkrone, streitbar wie der ostindische Haushahn.

Im Raudal von Canucari bilden aufgethürmte Granitkugeln den Felsdamm. Wir krochen dort in das Innere einer Höhle, deren feuchte Wände mit Conferven und leuchtendem Bissus bedeckt waren. Mit fürchterlichem Getöse rauschte der Fluß hoch über uns weg. Wir fanden zufällig Gelegenheit, diese große Naturscene länger, als wir wünschten, zu genießen. Die Indianer hatten uns nähmlich mitten in der Katarakte verlassen. Das Kanoe sollte eine schmale Insel umschiffen, um uns, nach einem langen Umwege, an der untern Spitze derselben wiederum aufzunehmen. Anderthalb Stunden lang harrten wir, bey fürchterlichen Gewitterregen. Die Nacht brach ein; wir suchten vergebens Schutz zwischen den klüftigen Granitmassen. Die kleinen Affen, welche wir Monate lang in geflochtenen Käfigen mit uns führten, lockten durch ihr klagendes Geschrey Krokodille herbey, deren Größe und bleygraue Farbe ein hohes Alter andeuteten. Ich würde dieser, im Orinoco so gewöhnlichen Erscheinung nicht erwähnen, hätten uns nicht die Indianer versichert, kein Krokodill sey je in den Katarakten gesehen worden. Ja im Vertrauen auf ihre Behauptung hatten wir es mehrmahls gewagt, uns in diesem Theile des Flußes zu baden.

Indessen nahm die Besorgniß, daß wir durchnäßt und von dem Donner des Wassersturzes betäubt, die lange Tropennacht mitten im Raudal durchwachen müßten, mit jedem Augenblicke zu, bis die Indianer mit unserm Kanoe erschienen. Sie hatten die Staffel, auf der sie sich herablassen wollten, bey allzuniedrigem Wasserstande unzugänglich gefunden. Die Lootsen waren genöthiget gewesen, in dem Labyrinth von Kanälen ein zugänglicheres Fahrwasser zu suchen.

Am südlichen Eingange des Raudals von Atures, am rechten Ufer des Flußes, liegt die, unter den Indianern weit berufene Höhle von Ataruipe. Die Gegend umher hat einen großen und ernsten Naturcharakter, der sie gleichsam zu einem Nationalbegräbnisse eignet. Man erklimmt mühsam, selbst nicht ohne Gefahr herabzurollen, eine steile, völlig nackte Granitwand. Es würde kaum möglich seyn, auf der glatten Fläche festen Fuß zu fassen, träten nicht große Feldspathkrystalle, der Verwitterung trotzend, zolllang aus dem Gesteine hervor.

Kaum ist die Kuppel erreicht, so wird man durch eine weite Aussicht über die umliegende Gegend überrascht. Aus dem schäumenden Flußbette erheben sich mit Wald geschmückte Hügel. Jenseits des Stromes, über das westliche Ufer hinweg, ruht der Blick auf der unermeßlichen Grasflur des Meta. Am Horizont erscheint, wie drohend aufziehendes Gewölk, das Gebirge Uniama. So die ferne; aber nahe umher ist alles öde und eng. Im tiefgefurchten Thale schweben einsam der Geyer und die krächzende Caprimulge. An der nackten Felswand schleicht ihr schwindender Schatten hin.

Dieser Kessel ist von Bergen begränzt, deren abgerundete Gipfel ungeheure Granitkugeln tragen. Der Durchmesser dieser Kugeln beträgt 40 bis 50 Fuß. Sie scheinen die Unterlage nur in einem einzigen Punkte zu berühren, eben, als müßten sie, bey dem schwächsten Erdstoße, herabrollen.

Der hintere Theil des Felsthales ist mit dichtem Laubholze bedecket. An diesem schattigen Orte öffnet sich die Höhle von Ataruipe; eigentlich nicht Höhle, sondern ein Gewölbe, eine weit überhängende Klippe, eine Bucht, welche die Wasser, als sie einst diese Höhe erreichten, ausgewaschen haben. Die Höhle selbst ist die Gruft eines vertilgten Völkerstammes. Wir zählten ungefähr 600 wohlerhaltene Skelette, in eben so vielen Körben, welche von den Stielen des Palmenlaubes geflochten sind. Diese Körbe, die die Indianer Mapires nennen, bilden eine Art viereckiger Säcke, die nach dem Alter des Verstorbenen von verschiedener Größe sind. Selbst neugeborne Kinder haben ihre eigene Mapire. Ihre Skelette sind so vollständig, daß keine Rippe, keine Phalange fehlt.

Die Knochen sind auf dreyerley Weise zubereitet, theils gebleichet, theils mit Onotto, dem Pigment der Bixaorellana, rothgefärbt, theils mumienartig zwischen wohlriechendem Harze in Pisangblätter eingeknetet.

Die Indianer versichern, man grabe den frischen Leichnam auf einige Monate in feuchte Erde, welche das Muskelfleisch allmählig verzehre; dann scharre man ihn aus, und schabe mit scharfen Steinen den Rest des Fleisches von den Knochen ab. Dieß sey noch der Gebrauch mancher Horden der Guayana. Neben den Mapires oder Körben findet man auch Urnen vom halbgebrannten Thone, welche die Knochen von ganzen Familien zu enthalten scheinen.

Die größern dieser Urnen sind 3 Fuß hoch und $5\frac{1}{2}$ Fuß lang, von angenehmer ovaler Form, grünlich, mit Henkeln, in Gestalt von Krokodillen und Schlangen, an dem obern Rande mit Meandern und Labyrinthen geschmücket. Diese Verzierungen sind ganz denen ähnlich, welche die Wände des mexikanischen Pallastes bey Mitla bedecken. Man findet sie unter allen Zonen auf den verschiedensten Stufen menschlicher Kultur; unter Griechen und Römern, am sogenannten Tempel des Deus rediculus bey Rom, wie auf den Schildern der Otaheiter; überall, wo rhythmische Wiederholung regelmässiger Formen dem Auge schmeichelte. Die Ursachen dieser Ähnlichkeiten beruhen, wie ich an einem andern Orte entwickelt habe, mehr auf physischen Gründen, auf der innern Natur unserer Geistesanlagen, als sie Gleichheit der Abstammung und altes Verkehr der Völker beweisen.

Unsere Dollmetscher konnten keine sichere Auskunft über das Alter dieser Gefäße geben. Die mehrsten Skelette schienen indeß nicht über 100 Jahr alt zu seyn. Es geht die Sage unter den Guarecken-Indianern, die tapferen Aturen haben sich, von menschenfressenden Kariben bedrängt, auf die Klippen der Katarakten gerettet; ein trauriger Wohnsitz, in welchem der bedrängte Völkerstamm, und mit ihm seine Sprache unterging. In dem unzugänglichsten Theile des Raudals befinden sich ähnliche Grüfte; ja es ist wahrscheinlich, daß die letzte Familie der Aturer erst spät ausgestorben sey. Denn in Maypures (ein sonderbares Factum) lebt noch ein alter Papagey, von dem die Eingebornen behaupten, daß man ihn darum nicht verstehe, weil er die Sprache der Aturer rede.

Wir verließen die Höhle bey einbrechender Nacht, nachdem wir mehrere Schädel und das vollständige Skelett eines bejahrten Mannes, zum größten Ärgerniß unserer indianischen Führer, gesammelt hatten. Einer dieser Schädel ist von Herrn Blumenbach in seinem vortrefflichen kraniologischen Werke abgebildet worden. Das Skelett aber ist, wie ein großer Theil unserer Sammlungen, in einem Schiffbruch untergegangen, der an der afrikanischen Küste unserm Freunde und ehemahligen Reisegefährten, dem jungen Franziskanermönch, Juan Gonzalez, das Leben kostete.

Wie im Vorgefühl dieses schmerzhaften Verlustes, in ernster Stimmung entfernten wir uns von der Gruft eines untergegangenen Völkerstammes. Es war eine der heitern und kühlen Nächte, die unter den Wendekreisen so gewöhnlich sind. Mit farbigen Ringen umgeben, stand die Mondscheibe hoch im Zenith. Sie erleuchtete den Saum des Nebels, der in scharfen Umrissen, wolkenartig, den schäumenden Fluß bedeckte. Zahllose Insekten goßen ihr röthliches Phosphorlicht über die graubedeckte Erde. Von lebendigem Feuer glühte der Boden, als habe die sternvolle Himmelsdecke sich auf die Grasflur niedergesenkt. – Rankende Bignonien, duftende Vanille, und gelbblühende Banisterien schmücken den Eingang der Höhle. Über dem Grabe rauschen die Gipfel der Palmen.

So sterben dahin die Geschlechter der Menschen. Es verhallt die rühmliche Kunde der Völker. Doch wenn jede Blühte des Grabes welkt, wenn im Sturm der Zeiten die Werke schaffender Kunst zerstieben, so entsprißt ewig neues Leben aus dem Schooße der Erde. Rastlos entfaltet ihre Knospen die zeugende Natur – unbekümmert, ob der frevelnde Mensch (ein nie versöhntes Geschlecht) die reifende Frucht zertritt. –

# Ueber die Milch des Kuhbaums und die Pflanzenmilch überhaupt[1]

Wir theilen hier einen Auszug mit aus einer Abhandlung, welche *Herr von Humboldt* vor kurzem in einer Sitzung der Akademie der Wissenschaften zu Paris vorlas. Diejenigen von unsern Lesern, welche über einen für die Pflanzenchemie so interessanten Gegenstand ausführlichere Nachrichten wünschen, können dieselben im fünften Bande der Relation historique des *Herrn von Humboldt*, der nächstens erscheinen wird, finden.

„Seit einigen Wochen hatten wir, in den Thälern von Aragua von einem Baume reden hören, dessen Saft eine nahrhafte Milch ist; man nennt ihn *Kuhbaum.* Man versicherte uns, daß die Neger der Niederlassung diese vegetabilische Milch in Menge trinken, und sie für ein sehr gesundes Nahrungsmittel halten. Da nun alle Milchsäfte der Pflanzen scharf, bitter und mehr oder weniger giftig sind, so kam uns diese Angabe ganz ausserordentlich vor. Die Erfahrung hat uns während unseres Aufenthalts zu Barbula (einer Provinz von Karakas) gezeigt, daß man die guten Eigenschaften des Palo de Vaca nicht übertrieben habe. Dieser schöne Baum hat das Ansehen des Sternapfelbaums.[2] Die oblongen zugespitzten, lederartigen und abwechselnd gestellten Blätter sind mit parallelen nach unten hervortretenden Adern bezeichnet, und bis 10 Zoll lang. Die Blüthe haben wir nicht gesehen. Die Frucht ist wenig fleischig, und enthält eine manchmal auch 2 Nüsse. Wenn man Einschnitte macht in den Stamm des Kuhbaums, der zu der Familie der Sapoteen zu gehören scheint, so giebt er eine Menge klebrige, dickliche Milch die nicht die geringste Schärfe besitzt, und einen sehr angenehmen Balsamduft verbreitet. Man brachte sie uns in den Früchten des Tutumo oder des Kalabassenbaums. Wir tranken Abends vor Schlafengehen und am frühen Morgen eine beträchtliche

[1] Uebersetzt aus den Annales de Chimie et physique. 1818. Fevr. p. 182.

[2] Chrysophyllum Cainito.

Menge davon, ohne daß wir die geringste nachtheilige Wirkung verspürten. Blos das klebrige Wesen dieser Milch macht sie etwas unangenehm. Neger und Freie, welche in den Plantagen arbeiten, geniessen sie, indem sie Brod aus Mais und Maniok, die Arepa und die Cassave hineintauchen. Der Aufseher der Niederlassung versicherte uns, daß die Sklaven in der Jahreszeit, wo ihnen der Palo de Vaca die meiste Milch giebt, sichtbarlich stark werden."

„Sezt man diese Flüssigkeit der Luft aus, so bilden sich auf ihrer Oberfläche, vielleicht durch Einsaugung des Sauerstoffs aus der Atmosphäre Häute von einer sehr stark animalisirten, gelblichen, faserigen, einer käsigen Materie ähnlichen Substanz. Trennt man sie von der übrigen mehr wässerigen Flüssigkeit, so findet man sie elastisch fast wie Kautschuk, aber sie sind mit der Zeit der Fäulniß unterworfen wie die Gallerte. Dieses beym Zutritt der Luft sich absondernde Gerinnsel nennt das Volk Käse. Nach 5 bis 6 Tagen wird dasselbe sauer, wie ich es an den Stückchen sah, die ich an den Orenoko mit nahm. Die in einem verstopften Glase aufbewahrte Milch hatte ein wenig Coagulum abgesetzt, war aber nichts weniger als übelriechend geworden, sondern hauchte fortdauernd Balsamduft aus.

Mit kaltem Wasser gemischt gewann der frische Saft nur unvollkommen; aber mit Salpetersäure trat die Aussonderung der klebrigen Membranen ein. An H. von *Fourcroy* schickten wir zwey Flaschen voll solcher Milch. In der einen war sie in ihrem natürlichen Zustande; in der andern gemischt mit einer bestimmten Quantität kohlensauren Natrums."

„Unser ausserordentlicher Baum scheint der Küstenkordillere anzugehören, besonders von Barbula bis zum See Maracaybe. Es finden sich auch einige Stämme davon in der Nähe des Dorfs San Marco, und, nach Herrn *Bredmeyer*, dessen Reisen die schönen Schönbrunner und Wiener Pflanzenhäuser so sehr bereichert haben, auch im Thal Caucagua, östlich drey Tagreisen von Karakas. Dieser Naturforscher hat, wie wir, die Pflanzenmilch des Palo de Vaca von angenehmem Geschmack und aromatischem Geruch befunden. Zu Caucagua nennen die Innländer den Baum, welcher diesen nahrhaften Saft giebt, den Milchbaum Arbol de Leche."

# Ueber die Pflanzenmilch

„Lange Zeit bevor die Chemiker Wachstheilchen im Pollen der Blumen, in dem glänzenden Ueberzug der Blätter, und in dem weißlichen Staub auf unsern Pflaumen und Trauben entdeckten, formten die Bewohner der Anden von Quindiu Kerzen aus der dicken Wachslage, welche den Stamm einer Palme umgiebt. Erst vor wenigen Jahren entdeckte man in Europa den Käsestoff, die Basis des Käses in den Mandelemulsionen, während man seit Jahrhunderten in den Küstengebirgen Venezuelas die Milch eines Baums und den Käse, der aus dieser Pflanzenmilch sich ausscheidet, für ein gesundes Nahrungsmittel hält. Was ist die Ursache dieses eigenthümlichen Gangs in der Entwicklung unserer Kenntnisse? Wie könnte in der einen Halbkugel das Volk erkennen, was in der andern so lange Zeit dem Scharfsinne der Chemiker entschlüpfte, welche die Natur zu erforschen und sie nie auf ihren geheimnißreichen Wegen zu überraschen gewohnt sind? Darum, weil eine kleine Zahl von Elementen und verschiedentlich verbundenen Grundstoffen in mehreren Pflanzenfamilien verbreitet sind; weil die Gattungen und Arten dieser natürlichen Familien in der Zone unter dem Aequator und in den kalten und gemässigten Zonen nicht gleichmässig vertheilt sind; weil Völkerstämme, welche durch die ihnen durchaus nothwendigen Bedürfnisse angespornt werden, und deren Kost fast ganz aus dem Pflanzenreiche genommen ist, Nahrungsstoffe und mehlige und genießbare Substanzen überall entdecken, wo die Natur sie niedergelegt hat in dem Safte, den Rinden, den Wurzeln oder den Früchten der Pflanzen. Jenes Stärkmehl, welches in seiner ganzen Reinheit die Körner der Cerealien enthalten, findet sich in den Wurzeln der Arumarten, der Tacca pinnatifida und der Jatropha Manihot mit einem scharfen, manchmal selbst giftigen Saft gemischt. Der Wilde Amerikas wie der auf den Südseeinseln lernte dieses Mehl durch Ausdrücken und Trennen von jenem Saft aussüssen.

In der Pflanzenmilch und den milchartigen Emulsionen sind ganz ausgezeichnet nahrhafte Stoffe, Eyweisstoff, Käsestoff und Zucker mit Kautschuk und kaustischen und tödtlichen Stoffen z. B. mit Morphium[3] und Blausäure gemischt. Diese Mischungen ändern sich nicht nur in den verschiedenen Familien, sondern auch in den Arten, die zu demselben Geschlecht gehören. Bald ist es Morphium oder

[3] Das Opium enthält Morphium, Kautschuk u. s. w.

das narkotische Princip, welches die Pflanzenmilch charakterisirt, wie in der Mohnfamilie, bald ist es das Kautschuk, wie in der Hevea und Castilleja, bald sind es Eyweißstoff und Käsestoff, wie in dem Papaye und dem Kuhbaum.

Die milchgebenden Pflanzen gehören besonders den drey Familien der Euphorbiaceen, der Urticeen und der Apocyneen, und da wir finden, sobald wir die Austheilung der Pflanzenformen über die Erdkugel genauer betrachten, daß weit mehrere Arten dieser drei Familien den tiefliegenden Gegenden der Tropen angehören, so dürfen wir hieraus schliessen, daß eine sehr hohe Temperatur die Ausbildung des Milchsafts, die Entwicklung des Kautschuks, des Eyweißtoffs und der käsigen Substanz begünstigt.

Der Saft des Palo de Vaca giebt unstreitig das auffallendste Beispiel einer Pflanzenmilch, in welcher das scharfe und tödtliche Prinzip nicht mit dem Eyweisstoff, Käsestoff oder Kautschuk verbunden ist; indessen giebt es schon unter den Geschlechtern Euphorbia und Asclepias Arten, deren Saft mild und unschädlich ist; so z. B. Tabayba dulce auf den kanarischen Inseln, wovon wir an einem andern Orte gesprochen haben,[4] und Asclepias lactifera auf Ceylon. *Burman* berichtet, daß man sich in Ermangelung der Kuhmilch der Milch jener letzteren Pflanze bedient, und daß man die Speisen, welche man gewöhnlich mit thierischer Milch zubereitet, mit ihren Blättern kocht. Man kann hoffen, daß ein mit der Chemie sehr vertrauter Reisender, Herr *John Davy*, diese Sache während seines Aufenthalts auf der Insel Ceylan aufhellen wird; denn es wäre möglich, wie Herr *Dekandolle* sehr gut bemerkt, daß die Einwohner den Saft, der aus der jungen Pflanze träufelt, nur zu derjenigen Zeit gebrauchen, wo der scharfe Stoff noch unentwickelt ist. In mehreren Ländern genießt man übrigens wirklich die ersten Sprossen der Apocyneen.

Durch diese Zusammenstellung habe ich versucht, unter einem allgemeineren Gesichtspunkt, die Milchsäfte, welche in den Pflanzen fliessen und die milchartigen Emulsionen, welche die Früchte der Mandeln und Palmen geben, darzustellen.

Es wird mir erlaubt seyn, diesen Betrachtungen noch die Resultate einiger Versuche beizufügen, welche ich mit dem Saft der Carica papaya während meines Aufenthalts in den Thälern von Aragua zu machen suchte, ob ich gleich damals fast gar keine Reagentien zur Hand hatte. – Derselbe Saft wurde seitdem von Herrn Vauquelin untersucht.[5] Dieser treffliche Chemiker hat den Eyweißstoff und

[4] Euphorbia balsamifera. Der Milchsaft des Cactus mamillaris ist gleichfalls mild. (Decandolle, Essai sur les propriétés médicales des plantes, pag. 156.)

[5] Vauquelin und Cadet de Gassicourt in den Annales de XLIII. pag. 275; Tom. XLIX, pag. 250 und 304.

die käsige Materie sehr gut erkannt; er vergleicht den Milchsaft mit einer hoch animalisirten Substanz, mit dem Blute der Thiere; aber er konnte seine Versuche nur mit einem gegornen Saft anstellen, und mit einem häßlich riechenden Coagulum, welches sich bey der Ueberfahrt des Schiffs von Isle-de-France nach Havre gebildet hatte. Er hat den Wunsch ausgesprochen, daß ein Reisender die Milch der Papaya im Augenblick ihres Herabträufelns von dem Stängel oder der Frucht untersuchen möge.

Je jünger die Frucht der Karika ist, um so mehr giebt sie auch Milch; man findet sie schon in dem kaum befruchteten Saamen. Die Milch die im Verhältniß der Reife der Frucht an Menge abnimmt wird auch wässriger. Man trifft dann weniger von jenem thierischen Stoffe darinn an, welcher durch Säuren und Zutritt des Sauerstoffgases in der Luft gerinnt. Da die ganze Frucht schleimig ist, so könnte man glauben, daß die gerinnbare Substanz bei dem Wachsen der Frucht in die Organe abgesetzt wird, und zum Theil die fleischige Substanz bildet.

Wenn man die Salpetersäure mit vier Theilen Wasser verdünnt – in die aus einer sehr jungen Frucht ausgepreßte Milch Tropfenweise gießt, so sieht man eine auffallende Erscheinung. Es bildet sich im Mittelpuncte jedes Tropfens ein gelatinöses durch grauliche Streifen getheiltes Häutchen. Diese Streifen sind nichts anders als der wässrig gewordene Saft, weil der Zutritt der Säure ihn seines Eyweißstoffes beraubte. Zu gleicher Zeit verdunkelt sich der Mittelpunct der Häutchen, und nimmt eine Farbe an wie Eigelb. Die Häutchen vergrössern sich nun gleichsam wie durch Verlängerung der divergirenten Fibern. Die ganze Flüssigkeit sieht anfangs aus wie ein Achat mit milchigen Wolken, und man glaubt unter seinen Augen organische Häute entstehen zu sehen. Wenn die Gerinnung sich über die ganze Masse verbreitet, verschwinden die gelben Flecken wieder. Rührt man sie um, so werden sie körnig, wie weicher Käse.[6] Die gelbe Farbe erscheint wieder, sobald man aufs Neue einige Tropfen Salpetersäure zu-

6 Was sich in Klümpchen und faserigen geronnenen Brocken niederschlägt, ist kein reines Kautschuck, sondern vielleicht ein Gemeng dieser Substanz mit Käse- und Eyweißstoff. Die Säuren schlagen das Kautschuk aus dem Milchsafte der Euphorbien, der Feigen und der Heven nieder; so auch den Käsestoff aus der thierischen Milch. Eine weisse geronnene Masse bildet sich in völlig verschlossenen Fläschgen voll Heveamilch, die wir während unserer Reise an den Orinoco in unsern Sammlungen aufbewahrten. Hier hat vielleicht die Entwicklung einer Pflanzensäure den Eyweißstoff oxydirt. Die Entwicklung des Heveakoagulums oder eines wahren Kautschuks geht demungeachtet ungleich schneller beym Zutritte der Luft vor sich. Die Absorbtion des Sauerstoffgases der Luft ist keineswegs für die Entwicklung der Butter nothwendig, welche sich in der Milch der Thiere völlig ausgebildet vorfindet; aber ich glaube, man darf nicht daran zweifeln, daß in der Pflanzenmilch diese Einsaugung Häute bildet aus Kautschuk, geronnenen Eyweißstoff und Käsestoff, welche sich nach und nach in den an die Luft gestellten Gefässen entwickeln.

gießt. Die Säure wirkt hier wie der Zutritt des Sauerstoffs in der Luft in der Temperatur von 27°–35°; denn das weisse Gerinnsel wird in zwei oder drey Minuten gelb, wenn man es der Luft aussetzt. Nach einigen Stunden geht die gelbe Farbe ins Braune über, vielleicht, weil der Kohlenstoff in dem Maasse freier wird, als der Wasserstoff, mit welchem er verbunden war, sich verzehrt. Die durch die Säure gebildete geronnene Masse wird schleimig, und nimmt jenen Wachsgeruch an, den ich bemerkte indem ich Muskelfleisch und Morcheln mit Salpetersäure behandelte.[7] Nach den schönen Versuchen des H. *Hatchett* kann man annehmen, daß der Eyweißstoff zum Theil in den Zustand der Gallerte übergeht. Wirft man die frischbereitete geronnene Masse von der Papaye in Wasser, so weicht sie auf, löst sich zum Theil auf und giebt dem Wasser eine rothe Färbung. – Setzt man die Milch blos in Berührung mit Wasser, so bilden sich auch Häute. Es fällt augenblicklich eine zitternde, der Stärke ähnliche Gallerte zu Boden. Diese Erscheinung ist besonders dann sehr auffallend, wenn das Wasser, welches man dazu gebraucht, bis zum 40° oder 60° erwärmt ist. Die Gallerte verdichtet sich, jemehr man Wasser zugießt. Sie behält lange ihre weisse Farbe, und wird erst beym Hinzuschütten einiger Tropfen Salpetersäure gelb. Geleitet durch den Versuch der Herren *Fourcroy* und *Vauquelin* über den Saft der Hevea, mischte ich der Papayamilch eine Auflösung von kohlensaurem Natron zu. Es entsteht keine Gerinnung, selbst wenn man reines Wasser in das Gemisch von Milch und Kaliauflösung gießt. Nur dann erscheinen Häute, wenn man durch Zusatz von Säure das Natrum neutralisirt, und dann noch überschüssige Säure hinzugießt. Eben so bewirkte ich, daß das durch Salpetersäure, Citronensaft oder warmes Wasser gebildete Gerinsel durch Mischung mit kohlensaurem Natrum wieder verschwand. Der Saft wird wieder milchig und flüssig wie in seinem vorigen Zustande; aber dieser Versuch gelingt nur, wenn die Gerinnung vor sehr kurzer Zeit vorgegangen war.

Vergleicht man die Milchsäfte der Papaya, des Kuhbaums und der Hevea, so findet man auffallende Aehnlichkeit zwischen den Säften, die mit Käsestoff als Hauptbestandtheil versehen sind, und denen, bey welchen Kautschuk vorwaltet. Alle weissen und frisch bereiteten Kautschuks, so auch die undurchdringlichen Mäntel[8] welche man im spanischen Amerika bereitet indem man eine Lage Heveamilch zwischen zwei Tücher streicht, hauchen einen thierischen und widerlichen Geruch aus. Dieser scheint darauf hinzudeuten, daß das Kautschuk bey seiner Gerinnung den Käsestoff, der vielleicht nur ein abgeänderter Eyweißstoff ist, mit sich fortnimmt.

---

[7] S. meine Versuche über die gereizte Muskel- und Nervenfaser, 1 Thl. pag. 177.

[8] Ponchos y Ruanas encauchadas entre dos telas.

Die Frucht des Brodbaums ist eben so wenig Brod, als es die Bananen sind vor ihrer Reife, oder die knolligen und stärkehaltigen Wurzeln des Manioks, der Dioscorea, des Convolvulus Batatas und der Kartoffeln. Die Milch des Kuhbaums hingegen besitzt Käsestoff, eben so wie die Milch der Säugethiere. Erheben wir uns zu allgemeineren Betrachtungen, so werden wir, mit Herrn Gay-Lussac, das Kautschuk, als den Oeltheil, als die Butter der Pflanzenmilch ansehen. Man findet ja, wie in der Pflanzenmilch Käsestoff und Kautschuk, so in der thierischen Käsestoff und Butter. Diese beiden Prinzipe, das Eyweißstoffige und das Oelige unterscheiden sich in ihrer Zusammensetzung in den verschiedenen Thiergattungen so wie in denen der milchgebenden Pflanzen. In den letzteren sind sie meistens mit andern Stoffen gemischt, die als Nahrungsmittel schädlich wären, aber die man vielleicht durch chemische Processe auszuscheiden lernen könnte. Nährend wird eine Pflanzenmilch, wenn sie keinen scharfen und narkotischen Stoff und weniger Kautschuck als käseartige Masse enthält.“

# Über die Gesetze, welche man in der Vertheilung der Pflanzenformen beobachtet

——— 5. Febr. Hr. Al. v. Humboldt liest die Ergebnisse seiner weiteren Forschungen zu Ausmittlung der Gesetze, nach denen die Pflanzenformen über die Erde vertheilt sind. Die Vorlesung ist eine Fortsetzung früherer und der vor vier Jahren erschienenen Prolegomena de distributione geographica plantarum, secundum cœli temperiem et altitudinem montium.

Es gewährt das Studium der Pflanzen-Geographie überhaupt sowol als insbesondere desjenigen Theils, womit sich diese Abhandlung zunächst beschäftigt und den man auch die botanische Rechenkunst nennen kann, eigenthümliches Vergnügen; denn mitten unter der scheinbaren Verwirrung, die aus dem Einfluß mannigfacher örtlicher Ursachen hervorzugehen scheint, kommen die unwandelbaren Gesetze der Natur zu Tage, sobald man entweder eine hinlänglich ausgedehnte Landschaft vor Augen hat, oder eine solche Masse von Thatsachen vergleicht, worin die partiellen Störungen sich gegenseitig ausgleichen oder aufheben. Aehnliche Berechnungen, wie diejenigen sind, welche über die Vertheilung der Pflanzenfamilien auf dem Erdball angestellt werden, lassen sich hinwieder auch auf die verschiedenen Thierklassen anwenden. Aus den reichen, im Museum der Naturgeschichte von Paris aufbewahrten Schätzen ergiebt sich, daß die Zahl der bisher bekannten, theils verborgen, theils offen blühenden Pflanzen an 56000 Arten reicht, während diejenige der Insekten bey 44000, der Fische bey 2500, der Amphibien bey 700, der Vögel bey 5000 und der Säugthiere bey 500 beträgt. Den Berechnungen des Hrn. Valenciennes und von Humboldt zufolge, kommen auf Europa allein ungefähr 80 Säugthiere, 400 Vögel und 30 Amphibien: somit leben in diesem nördlichen temperirten Erdstriche fünfmal so viel Arten Vögel als Säugthiere, wie hinwieder ebendaselbst (in Europa) auf fünfmal mehr Hülsengewächse denn Orchideen und Euphorbiaceen angetroffen werden. Die kürzlich durch Hr. Delalande vom Vorgebirg der guten Hoffnung zurückgebrachten reichen Sammlungen können, wenn sie mit den Arbeiten der Herren Temmink und Levaillant verglichen werden, darthun, daß in diesem südlichen temperirten Erdstrich die Säugthiere sich zu den Vögeln gleichfalls wie 1 zu 4,3 verhalten. Ein solches Zusammentreffen zwey entgegengesezter Zonen muß auffallend und merkwürdig erscheinen. Die Vögel, vorzüglich aber die Amphibien, erhalten gegen die Aequatorial-Zone hin einen verhältnißmäßig viel stärkeren Zuwachs als die Amphibien. Aus den Entdeckungen des Hrn. Cuvier über die fossilen Knochen läßt sich mit Wahrscheinlichkeit folgern, daß diese Verhältnisse nicht zu allen Zeiten die nämlichen waren, und daß durch die früheren Katastrophen, welche unser Erdball erlitten hat, ungleich mehr Säugthiere als Vögel vertilgt worden seyn dürften.

Die Forschungen der Pflanzen-Geographie stehen in genauer Verbindung mit den wichtigsten Aufgaben der Meteorologie und der Naturlehre der Erde überhaupt. Das Uebergewicht einzelner Pflanzenfamilien bestimmt den Charakter einer Landschaft, ihre heitere oder auch prachtvolle Gestaltung. Das Vorherrschen gewisser Arten der Gräserfamilie, welche ausgedehnte Savannen bilden, so wie dasjenige der Palmen- und Zapfenbäume, ist sehr einflußreich auf den Gesellschaftsstand der Völker, auf ihre Lebensart und die schnellere oder langsamere Entwicklung ihres Kunstfleißes gewesen. Die raschen Fortschritte, welche das Studium der Pflanzenerdkunde seit zwölf Jahren durch die vereinten Arbeiten der Herren Brown, Wahlenberg, de Candolle, Leopold von Buch, Parrot, Ramond, Schouw und Hornemann gemacht hat (sagt Hr. v. Humboldt, dessen Name den genannten Naturforschern vorangestellt werden muß), ist wesentlich durch die Vortheile der natürlichen Methode des Hrn. von Jussieu befördert worden, indem nicht allein bey der künstlichen Eintheilung des Sexualsystems, sondern auch bey Annahme solcher Familien, die von schwankenden und irrigen Grundsätzen ausgehen (Dumosaæ, Oleraceæ u. s. w.), es völlig unmöglich wird, die bey der Vertheilung der Pflanzen über den Erdball waltenden allgemeinen Gesetze wahrzunehmen.

Unstreitig liegt noch sehr Vieles bey allen diesen Forschungen im Dunkel. Die Vertheilung organischer Geschöpfe über den Erdball beruht nicht einzig nur auf den sehr zusammengesezten climatischen Verhältnissen, sondern zum Theil auch auf solchen geologischen Ursachen, die, weil sie auf einen vormaligen Zustand unseres Planeten Bezug haben, völlig unbekannt sind. Die großen dickhäutigen Säugethiere mit mehr als zweyspaltigen Hufen (Pachydermes) werden heutzutage in der neuen Welt nicht angetroffen, wogegen sie unter analogen Himmelsstrichen in Asien und Afrika noch in Menge vorkommen. Die Familie der Palmbäume ist in der Aequinoctialzone Afrika's gar wenig zahlreich, in Vergleichung mit der Menge ihrer im südlichen Amerika vorkommenden Arten. Solche Verschiedenheiten dürfen uns aber keineswegs von dem Studium der Naturgesetze abhalten, sondern sie sollen uns vielmehr anspornen, dieselben in allen ihren Verflechtungen genauer zu erforschen. Es ist die Pflanzen-Geographie eine Abtheilung der physikalischen Erdbeschreibung. Wenn auch die Gesetze, welche die Natur in der Vertheilung der Pflanzenformen beobachtet, noch ungleich verwickelter wären, als sie dem ersten Anscheine nach sind, so müßten dieselben darum nicht minder sorgsam erforscht werden. Die Krümmungen der Flüsse und die regellose Küstengestaltung haben die Aufnahme von Landkarten keineswegs gehindert. Die Gesetze des Magnetismus sind entdeckt worden, so bald man anfieng, Linien gleicher Declination und gleicher Inclination zu ziehen, und eine Menge Anfangs widersprechend scheinender Beobachtungen zu vergleichen. Es hieße den Gang völlig verkennen, auf welchem die Naturwissenschaft allmählig zu sicheren Resultaten gelangt ist, wenn man glauben wollte, es sey noch allzufrüh, die numerischen Elemente der Pflanzen-Geographie ausmitteln zu wollen. Ueberall, wo es um die Erforschung einer verwickelten Erscheinung zu thun ist, wird von der allgemeinen Betrachtung der Verhältnisse, unter denen die Erscheinung statt findet oder verändert ist, ausgegangen. Nachdem eine gewisse Menge dieser Verhältnisse gekannt sind, so findet sich's alsdann, daß die ersten Folgerungen bey denen man zunächst stehen blieb, von örtlichen Einwirkungen nicht hinlänglich frey geblieben sind. Die numerischen Elemente werden alsdann berichtigt und man erkennt jezt einen geregelten Gang, sogar auch in den Wirkungen der partiellen Störungen. Die Kritik übt sich an allem, was allzuvoreilig für allgemein gültige Folgerung ausgegeben ward, und der einmal aufgereizte Geist der Kritik befördert hinwieder die Erforschung der Wahrheit, und beschleunigt die Fortschritte der Naturwissenschaften. Für solche Gelehrte, welche jede Erscheinung gerne in sich allein und ganz vereinzelt betrachten, welche die mittleren Temperaturen der Orte, so wie die in den Abweichungen des Magnetismus der Erde, oder in den Verhältnissen zwischen Geburten und Sterbefällen entdeckten Gesetze, als gewagte Hypothesen und für leere theoretische Muthmaßungen ansehen, müssen freylich auch die Rechnungsversuche der Pflanzen-Geographie, der Aufmerksamkeit wenig würdig erscheinen; während Naturforscher hingegen, welche bey den wechselseitigen Verkettungen der organischen Wesen gerne verweilen, und wissen, daß die Zahlenergebnisse sich durch vervielfältigte und sorgfältiger erörterte Thatsachen berichtigen lassen, ein desto größeres Gefallen an Forschungen haben werden, die über den Haushalt der Natur, wie über den zwischen climatischen Verhältnissen und den Formen der Geschöpfe wahrgenommenen Zusammenhang, und über die Vertheilung von Pflanzen und Thieren auf die verschiedenen Regionen unsers Planeten, mancherley Licht verbreiten können. Durch Zählung und Vergleichung der Arten einzig nur, mag man sich richtige Begriffe von den Verhältnissen der Vegetation in einem gegebenen Lande verschaffen; eben so von dem Einflusse der Temperatur auf die Vervielfältigung bestimmter Formen, in der Nähe des Aequators, unter den mittleren Parallelkreisen und gegen den Polarkreis; von den Charakterzügen, welche die beyden Hauptsysteme der Flora der alten und der neuen Welt in den Zonen gleichartiger Wärme bezeichnen.

# Hemden und Mützen auf den Bäumen

——— Alexander v. Humboldt erzählt: Wir sahen am Abhange der Ernea Duida (in Süd-Amerika) Hemdenbäume von 50 Fuß Höhe. Die Indianer schneiden die gewöhnlich 2 Fuß dicken Stämme in kleinere Stücken, von denen sie die rothe, faserige Rinde abzuschälen verstehen, ohne einen Einschnitt der Länge nach zu machen. Diese Rinde dient ihnen statt eines Kleides ohne Naht, welches das Ansehen starker Sackleinwand hat. Die obere Oeffnung dient für den Kopf, und zwei kleinere werden für die Arme an den Seiten eingeschnitten. Die Einwohner tragen diese Hemden besonders in der Regenzeit. Dazu passen die Mützen recht gut, welche die Blüthen einer gewissen Palmenart bilden, und die grober Strickerei täuschend ähnlich sehen.

# Eine Reiseszene

——— Schon früher habe ich bemerkt, daß die sumpfige Ebene zwischen Javita und der *Embarcadere* von Pimichin, durch ihre vielen Schlangen, in diesem Lande berüchtigt ist. Bevor die verlassene Hütte in Besitz genommen ward, tödteten die Indianer zwey große Mapanare-Schlangen, die vier bis fünf Fuß lang waren. Sie gehörten, glaube ich, zu der nämlichen Art, die ich am Rio Magdalena beschrieben habe. Das Thier ist schön, aber sehr giftig, unterm Bauche weiß, auf dem Rücken braun und roth gefleckt. Da der innere Raum der Hütte voll Gras war, und wir uns auf den Boden lagerten (die Hängematten zu befestigen, war unmöglich), so war man die Nacht über nicht unbesorgt. Am Morgen wurde beym Aufheben des Jaguar-Felles, worauf einer von unsern Bedienten sich gelagert hatte, eine große Schlange gefunden. Dem Zeugnisse der Indianer zufolge, nähern diese, wenn sie nicht verfolgt werden, in ihren Bewegungen langsamen Thiere sich dem Menschen, weil sie die Wärme aufsuchen. Wirklich hatte sich an den Ufern des Magdalenenstromes ein solches Thier ins Bett eines unserer Reisegefährten geschlichen, und war einen Theil der Nacht über darin geblieben, ohne ihm irgend ein Leid zuzufügen. Ich will hier keineswegs die Vertheidigung der Nattern und Klapperschlangen übernehmen, aber dennoch glaube ich behaupten zu können, daß, wenn diese giftigen Thiere zum Angriffe so geneigt wären, wie man gewöhnlich glaubt, so würde der Mensch in einigen Theilen von Amerika, zum Beyspiele an den Gestaden des Orenoko und in den feuchten Bergen von Choco, ihrer Überzahl zu widerstehen nicht vermocht haben.

Den 6. Mai. Nachdem zuvor der Boden unserer Piroge sorgfältig untersucht war, bestiegen wir dieselbe bey Sonnenaufgang. Obgleich durch den Land-Transport dünner geworden, hatte derselbe doch keine Spalten geworfen. Wir glaubten, das nämliche Fahrzeug würde annoch für die uns bevorstehende Schiffahrt von 300 Lieuen, den Rio-Negro hinab, den Cassiquiare herauf, und wieder den Orinoko bis Angostura hinunter, ausreichen. Der Pimichin, welcher ein Bach *(Canno)* heißt, hat die Breite der Seine, gegenüber der Gallerie von den Tuillerien; allein niedrige, gerne im Wasser wachsende Bäume, die Corossols und die Achras, verengen sein

Bett dermaßen, daß nur ein Kanal von 15 bis 20 Toisen übrig bleibt. Nach dem Rio Chagre ist er einer der durch zahlreiche Krümmungen ausgezeichnetsten Flüsse in Amerika. Man zählt ihrer fünfundachtzig, wodurch die Schifffahrt ungemein verlängert wird. Sie bilden nicht selten rechte Winkel, und sind auf eine Entfernung von zwey bis drey Lieuen vertheilt. Um den Längenunterschied zwischen der Embarcadere und der Stelle, wo wir in den Rio-Negro übergehen sollten, zu bestimmen, habe ich den Lauf des *Canno* Pimichin mit der Boussole aufgenommen, und die Zeit bemerkt, während welcher wir in gleicher Richtung fuhren. Die Strömung betrug nur 2,4 Fuß Geschwindigkeit in der Sekunde, unsere Piroge aber legte mittelst des Ruderns 4,6 Fuß zurück. Die Embarcadere von Pimichin liegt, glaube ich, 1100 Toisen westwärts von seiner Mündung, und 0° 2′ westwärts von der Mission Javita. Dieser Canno ist das ganze Jahr hindurch schiffbar; er hat einen einzigen Raudal, dessen Auffahrt ziemlich schwierig ist: seine Ufer sind niedrig, aber felsigt. Nachdem wir fünfthalb Stunden die Krümmungen des schmalen Kanals verfolgt hatten, gelangten wir endlich in den Rio-Negro.

Der Morgen war frisch und schön. Sechsunddreyßig Tage waren wir in einen schmalen und dermaßen beweglichen Kahn eingeschlossen gewesen, daß ein unvorsichtiges Aufstehen vom Sitze, ohne die Ruderer zu erinnern, durch Anlehnen auf der andern Seite das Gleichgewicht herzustellen, ihn umzuschlagen hingereicht hätte. Die Insektenstiche hatten uns viele Leiden verursacht: aber dem ungesunden Klima hatten wir widerstanden; die zahlreichen Wasserfälle und Brandungen, welche die Schiffahrt der Flüsse hemmen, und dieselben oft gefährlicher als lange Seefahrten machen, hatten wir, ohne umzuschlagen, zurückgelegt. Nach Allem, was wir bisher erduldet haben, darf mir wohl, denke ich, vergönnt seyn, von dem Vergnügen zu sprechen, welches wir fühlten, nachdem wir nun die Zuflüsse des Amazonenstromes erreicht, die Landenge, welche zwey große Strom-Systeme trennt, zurückgelegt und die Zuversicht erhalten hatten, unsern wichtigsten Reisezweck erfüllt zu wissen, der in der astronomischen Bestimmung des Laufes von jenem Arm des Orenoko bestund, welcher sich in den Rio-Negro ergießt, und dessen Daseyn seit einem halben Jahrhunderte wechselsweise behauptet und wieder geläugnet ward. Ein Gegenstand, welchem man lange entgegensieht, scheint an Wichtigkeit zu gewinnen, je mehr man sich ihm nähert. Diese unbewohnten, mit Waldung bedeckten und keine Erinnerungen vergangener Zeit darbietenden Gestade des Cassiquiare beschäftigten damals meine Phantasie nicht weniger, als jetzt die in den Jahrbüchern civilisirter Völker berühmten Gestade des Euphrats oder des Oxus. In diesen innern Gegenden des neuen Festlandes gewöhnt man sich beynahe, den Menschen als etwas in der Ordnung der Natur ausserwesentliches zu betrachten.

Die Erde ist mit Gewächsen überladen, deren freyer Entwickelung kein Hinderniß entgegensteht. Eine unermeßliche Lage Dammerde bezeugt die ununterbrochene Wirksamkeit organischer Kräfte. Die Krokodile und die Boas sind die Beherrscher der Ströme: der Jaguar, das Peckri, der Tapir und die Affen durchziehen ohne Furcht und Gefahr die Wälder, in denen sie, wie auf einem alterthümlichen Erbgute, angesiedelt sind. Dieser Anblick einer belebten Natur, worin der Mensch nichts ist, trägt etwas Befremdliches und Trauriges an sich. Auf dem Ozeane selbst und in den Sandwüsten Afrika's mag man sich nur mit Mühe daran gewöhnen, obgleich hier, wo nichts vorhanden ist, das an unsere Felder, an unsere Waldungen und an unsere Flüsse erinnert, die weite Einöde, welche man durchwandert, gar viel weniger auffallend erscheint. Hier, in einem fruchtbaren, mit unvergänglichem Grün geschmücktem Lande sucht man vergeblich Spuren menschlicher Wirksamkeit; man glaubt sich in eine völlig verschiedene Welt versetzt. Es sind diese Eindrücke um so stärker, als dieselben länger andauern. Ein Soldat, der sein ganzes Leben in den Missionen am Ober-Orenoko zugebracht hatte, theilte unser Nachtlager am Gestade des Flusses. Er war ein verständiger Mensch, der, in einer stillen und hellen Nacht, mich über die Größe der Gestirne, über die Mondbewohner, und über hundert andere Dinge mehr, welche mir eben so unbekannt wie ihm waren, sehr angelegentlich befragte. Meine Antworten mußten seiner Wißbegierde unbefriedigend seyn, und er sprach dann mit zuversichtlichem Tone also: „Was die Menschen betrifft, so glaube ich, es gibt deren dort oben gerade eben so wenig, als Ihr solche auf dem Landwege von Javita nach Cassiquiare gefunden hattet. Ich glaube, in den Sternen, so wie hier, eine mit hohem Gras und mit einem Walde *(mucho monte)* bewachsene Ebene zu sehen, durch die ein Strom fließt." In den hier angeführten Worten ist der Eindruck enthalten, welchen der einförmige Anblick dieser einsamen Gegenden hervorbringt.

# Das Grab eines Volkes

In dieser Grabstätte einer verschwundenen Völkerschaft zählten wir in kurzer Zeit über 600 wohl erhaltene und so regelmäßig geordnete Gerippe, daß man sich hinsichtlich ihrer Zahl nicht leicht irren mochte. Jedes Gerippe liegt in einer Art Korb, welche aus Blattstielen von Palmbäumen geflochten sind. Die Eingebornen nennen diese Körbe *Mapires*, und sie haben die Gestalt eines viereckigen Sackes. Ihre Größe ist verschieden, nach dem Alter der Leichen: es finden sich auch solche, die für todtgeborne Kinder bestimmt waren; wir haben von 10 Zoll bis auf 3 Fuß 4 Zoll lange gesehen. Alle diese in sich selbst gekrümmten Skelette sind dermaßen vollständig, daß ihnen keine Rippe und kein Glied (phalange) fehlt. Die Knochen sind auf drey verschiedene Arten zubereitet, entweder an Luft und Sonne gebleicht, oder mit *Onoto*, einem aus der Bixa orellana gezogenen Färbestoff, roth gefärbt; oder, gleich winklichten Mumien, mit wohlriechenden Harzen überzogen und in Heliconien- und Pisang-Blätter gewickelt. Die Indianer erzählten uns, die Leichen werden erst in den feuchten Boden gelegt, damit die fleischigen Theile sich allmählig zersetzen. Nach etlichen Monaten gräbt man sie wieder aus, um die noch an den Knochen befindlichen weichen Theile mit gewezten Steinen vollends abzuschaben. Verschiedene Horden in Guiana befolgen diese Sitte jezt noch. In der Nähe der *Mapire*s oder Körbe finden sich halbgebrannte Thongefäße, welche die Knochen einer ganzen Familie zu enthalten scheinen. Die größten dieser Gefäße oder Todten-Urnen sind 3 Fuß hoch und 4 Fuß 3 Zoll lang. Ihre Farbe ist graulicht-grün, und ihre Gestalt ein gefälliges Eirund. Die Henkel haben die Form von Krokodillen oder Schlangen: der Rand ist mit Meandern, Labyrinthen und eigentlichen Grekken aus verschiedentlich zusammengesezten geraden Linien verziert. Solche Zeichnungen finden sich unter allen Zonen, bey Völkern, die von einander am weitesten entfernt sind, sowohl hinsichtlich auf ihren Wohnsitz, als in Bezug auf den Grad der Kultur, welche sie erreicht haben. Noch heutzutage tragen die Bewohner der kleinen Mission von Maypures diese Zeichnungen auf ihre gemeinste Töpferwaare; sie dienen den Schilden der Otahaiter, den Fischergeräthen der Eskimos, den Mauern des mexikanischen Pallastes von Mitla und den Gefäßen von Groß-Griechenland gleichmäßig zum Schmucke. Eine rhythmische Wiederholung der nämlichen Formen erfreut das Auge überall, wie die taktmäßige Wiederholung der Töne dem Ohre gefällig ist. Analogien, welche ihren Grund in den Gefühlen der Menschenbrust und in den natürlichen Anlagen unseres Verstandes haben, können sich nicht eignen, über Herkunft und frühere Verhältnisse der Völker Aufschlüsse zu geben.

Wir mochten zu keiner bestimmten Meynung über den Zeitpunkt des Ursprungs der *Mapires* und der bemalten Töpfe gelangen, die sich in der Beingrotte von Ataruipe vorfinden. Die meisten scheinen nicht über ein Jahrhundert alt; es ist jedoch wahrscheinlich, daß unter dem Einfluß einer gleichartigen Temperatur, und in Ermanglung aller Feuchtigkeit, die Erhaltung dieser Dinge auch in viel längerer Zeit gleich vollkommen seyn müßte. Einer unter den Guahibes-Indianer vorhandenen Überlieferung zufolge, sollen die kriegerischen Atures, durch die Kariben verfolgt, sich auf die in Mitte der großen Kataracten befindlichen Felsen geflüchtet haben. Hier ist diese vorhin so zahlreiche Nation, und mit ihr zugleich ihre Sprache allmählig erlöscht. Die lezten Familien der Atures haben noch im Jahr 1767 gelebt, zur Zeit des Missionars Gili: im Zeitpunkt unserer Reise, der Umstand scheint mir bemerkenswerth, wurde in Maypures ein alter Papagey gezeigt, von dem die Einwohner bezeugten; „man verstehe nicht, was er sage, weil er die Atures-Sprache rede."

Wir öffneten, was unsere Begleiter sehr ungern sahen, verschiedene *Mapires*, um die Form der Schädel genau zu untersuchen: alle boten den Karakter des amerikanischen Stammes dar: zwey oder drey nur näherten sich der caucasischen Race. Wir haben früher schon gemeldet, daß mitten in den Kataracten, an den unzugänglichsten Stellen, mit Eisen beschlagene Kisten gefunden wurden, welche europäisches Handwerksgeräthe, Kleidungstücke und Glaswaaren enthielten. Diese Waaren, welche zu den ungereimtesten Gerüchten von verborgenen Schätzen der Jesuiten Veranlassung gegeben haben, gehörten vermuthlich portugiesischen Krämern an, die in diese wilden Gegenden vorgedrungen waren. Ließe sich wohl vermuthen, daß die Schädel von europäischer Race, welche den Gerippen der Eingebornen beygesellt, und mit gleicher Sorgfalt, wie diese, aufbewahrt waren, hinwieder auch Überbleibsel portugiesischer Reisender, die durch Krankheit oder im Gefechte umkamen, gewesen seyen? Die Abneigung der Landeseingebornen gegen Alles, was nicht zu ihrer Race gehört, macht diese Vermuthung unwahrscheinlich. Vielleicht haben sich Metis, Flüchtlinge der Missionen von Meta und Apure, in der Nähe der Kataracten niedergelassen und sich mit Weibern vom

Atures-Stamme verehlicht. Solche Mischungen geschehen zuweilen unter diesem Himmelsstriche, obgleich seltener als in Kanada und im ganzen westlichen Amerika, wo Jäger von europäischer Herkunft sich den Wilden zugesellen, ihre Lebensart und Sitten annehmen, und mitunter auch großen politischen Einfluß erlangen.

Wir wählten in der Grotte von Ataruipe mehrere Schädel, ein Kinder-Skelett von 6 bis 7 Jahren und zwey Skelette von Erwachsenen aus dem Atures-Volke. Diese Knochen alle, zum Theil roth gefärbt, zum Theil mit wohlriechenden Harzen überzogen, waren in eben den Körben *(mapires* oder *canastos)* enthalten, die wir so eben beschrieben haben. Sie machten fast eine ganze Maulthier-Ladung aus; und da uns der Eingebornen abergläubischer Abscheu vor Leichen, nachdem diese einmal beerdigt sind, bekannt war, so unterließen wir nicht, die *Canastos* in frischgeflochtene Matten einzuwickeln. Diese Vorsicht ward jedoch, zu unserm Leidwesen, durch den Scharfsinn und den ausnehmend feinen Geruch der Indianer unnütz. Allenthalben, wo wir Halt machten, in den Missionen der Kariben, mitten in den *Llanos*, zwischen Angostura und Nueva Barcelona, sammelten sich die Eingebornen um unsere Maulthiere, durch die Affen angelockt, welche wir am Orenoko gekauft hatten. Kaum aber hatten diese guten Leute unsere Ladung berührt, so verkündigten sie die nahe Einbuße des Zugviehs, „das den Todten trüge." Umsonst versicherten wir, ihre Muthmaßung sey irrig, indem die Körbe Gebeine von Krokodillen und See-Kühen enthalten: sie blieben auf ihrer Behauptung, „es seyen von ihren Voraltern," und sie riechen das Harz der Skelette. Um den Abscheu der Eingebornen zu besiegen, und um Wechsel-Maulthiere zu erhalten, bedurften wir des Ansehens der Ordensleute. Von den aus der Grotte von Ataruipe herrührenden Schädeln ist einer in dem schönen Werke, welches mein vormaliger Lehrer, Hr. Blumenbach, über die Varietäten des Menschengeschlechts herausgab, abgebildet. Die Indianer-Skelette hingegen sind, nebst einem bedeutenden Theil unserer Sammlungen, in einem Schiffbruche verloren gegangen, der unserm Freund und Reisegefährten, Fray Juan Gonzales, einem jungen Franziskaner-Ordensmanne, das Leben gekostet hat.

Stillen Betrachtungen hingegeben, verließen wir die Grotte von Ataruipe. Es war eine der ruhigen und heitern Nächte, wie sie unter dem heißen Himmelsstriche so häufig vorkommen. Der Sterne Glanz war mild und planetarisch. Ihr Funkeln mochte am Horizont kaum wahrgenommen werden, welcher durch die großen Nebel-Gestirne der südlichen Halbkugel beleuchtet erschien. Eine zahllose Menge Insekten verbreitete ein röthliches Licht in der Atmosphäre. Der mit Gewächsen dicht besezte Boden glänzte von einem hellen und beweglichen Feuer, als hätten die Gestirne des Firmaments sich auf die Savane niedergelassen. Mehrmals blieben wir am Ausgang der Grotte stehen, um die Schönheit dieser außerordentlichen Landschaft zu genießen. Wohlriechende Vanillen und Schlingäste der Bignonia schmückten den Eingang; über ihr auf dem Gipfel das Hügels wogten sich zitternde Palmschafte.

# Verschiedenheit der Völker Südamerikas und Europas

——— Folgende aus der Reise des Herrn v. Humboldt in die Äquinoctial-Gegenden gezogene Stelle ist (wie eins unserer Zeitblätter sehr richtig bemerkt) geeignet, die zwischen den Völkern Süd-Amerika's und Europa's herrschende Verschiedenheit recht anschaulich zu machen.

„Was die neuen Völker sowohl in den vereinigten Staaten als in den spanischen und portugiesischen vorzüglich characterisirt, ist der Mangel an Erinnerungen, was wohl beachtet zu werden verdient. Dieser Mangel an Tradition hat nicht bloß etwas Peinliches für den Reisenden, dessen Einbildungskraft dadurch die schönsten Genüsse entgehen; er wirkt auch auf die mehr oder weniger mächtigen Bande selbst ein, welche den Colonisten an den Boden knüpfen, den er bewohnt, an die Form der Felsen, die seine Hütte umgeben, an die Bäume, welche seine Wiege beschatten. – Bey den Alten, den Phöniziern und Griechen, gingen die Volksüberlieferungen und Erinnerungen von der Metropole zu den Colonien über, wo sie, von Generationen zu Generationen sich verewigend, unaufhörlich den günstigsten Einfluß auf die Meinungen, Sitten und Politik der Colonisten ausübten. Die Griechen von Klein-Asien und Sicilien waren den Bewohnern von Argos, Athen und Korinth, von welchen sie sich abzustammen rühmten, nicht fremd. Eine große Ähnlichkeit in den Sitten trug dazu bey, die auf religiöse und politische Interessen gegründete Einheit zu befestigen. Oft brachten die Colonisten die Erstlinge ihrer Ernten in den Tempeln ihrer Metropolen zum Opfer, und wenn durch einen Zufall von übler Vorbedeutung das heilige Feuer auf den Altären der Vesta erlosch, sendete man tief aus Ionien nach den Prytanäen von Griechenland, um es wieder zu holen. Andere Erinnerungen, gleichfalls geeignet, die Einbildungskraft in Bewegung zu setzen, waren an die Colonien selbst geknüpft. Sie hatten ihre heiligen Haine, ihre Schutzgottheiten, ihre Lokalmythologie, und was den Fictionen der ersten Zeitalter Leben und Dauer gibt, sie hatten Dichter, deren Ruhm sich glänzend selbst über die Metropole erstreckte.

Diese Vortheile und noch viele andere mangeln den modernen Colonien. Die meisten wurden in einer Zone gegründet, wo das Klima, die Erzeugnisse des Bodens, der Anblick des Himmels und der Landschaften gänzlich von dem verschieden sind, was Europa zeigt und hervorbringt.

Der Colonist mag wohl den Bergen, Flüssen und Wäldern Nahmen geben, welche an die Gegenden des Mutterlandes erinnern; aber diese Nahmen verlieren bald ihr Anziehendes und sprechen zu den künftigen Geschlechtern nicht mehr. Unter dem Einflusse einer exotischen Natur entstehen Gewohnheiten, welche den neuen Bedürfnissen angemessen sind; die Volkserinnerungen löschen unvermerkt aus, und die sich noch erhalten, knüpfen sich, gleich den Phantomen der Einbildungskraft, weder an eine bestimmte Zeit, noch an einen bestimmten Ort mehr. Der Ruhm des Don Pelagio und des Cid Campeador drang wohl bis in Amerika's Berge und Wälder, das Volk spricht diese berühmten Nahmen zuweilen noch aus, aber sie treten, wie einer idealen Welt, wie unbestimmten, fabelhaften Zeiten angehörig, vor den Geist.

Dieser neue Himmel, dieser Contrast der Klimate, diese physische Gestaltung des Landes wirken mehr auf den gesellschaftlichen Zustand in den Colonien, als die absolute Entfernung von der Metropole. Die heutige Schifffahrt ist so vervollkommnet, daß die Mündungen des Orinoco und des Rio de la Plata Spanien viel näher scheinen, als es ehemahls der Pharus und Tartessus von den Küsten Griechenlands und Phöniziens waren. Und so bemerken wir auch, daß in gleich entfernten Regionen Europa's Sitten und Überlieferungen sich mehr in der gemäßigten Zone und auf dem Rücken der Äquinoctial-Gebirge als in den Ebenen der heißen Zone erhalten haben.

Die Gleichheit der Lage trägt bis auf einen gewissen Punct zur Erhaltung innigerer Beziehungen zwischen den Colonisten und den Metropolen bey. Dieser Einfluß physischer Ursachen auf den Zustand werdender Staaten zeigt sich hauptsächlich, wenn von Völkerschaften desselben Stammes und die sich erst ganz neu von einander trennten, die Rede ist. Durchreiset man die neue Welt, so glaubt man da einen größeren Sagenkreis und frischere Erinnerungen aus dem Mutterlande zu finden, wo das Klima die Cultur der Gaben der Ceres erlaubt. In dieser Hinsicht gleichen Pensylvanien, Neu-Mexiko und Chili jenen Hoch-Ebenen von Quito und Neu-Spanien, welche mit Eichen und Tannen bedeckt sind.

Bey den Alten hingen Geschichte, religiöse Meinungen und der physische Zustand eines Landes durch unauflösliche Bande zusammen. Um den Anblick der Gegenden, um die alten Umgestaltungen der Metropole zu vergessen, hätte der Colonist dem ihm von seinen Vorältern überlieferten Cultus entsagen müssen. Bey den modernen Völkern hat die Religion, um so zu reden, keine Lokalfarbe mehr. Das Christenthum hat, indem es den Ideen einen weitern Umkreis gibt und alle Völker erinnert, daß sie Bestandtheile derselben Familie ausmachen, das National-Gefühl geschwächt; es hat in den beyden Welten die alten Überlieferungen des Orients und andere, die ihm eigenthümlich sind, ausgestreut. Nationen, an Ursprung und Sprachen von einander verschieden, haben durch dasselbe gemeinschaftliche Erinnerungen erhalten, und die Einführung der Mission hat, nachdem sie in einem großen Theile der neuen Welt die Civilisation begründet, den kosmogonischen und religiösen Ideen ein bedeutendes Übergewicht über die rein nationalen Erinnerungen ertheilt. Was noch mehr ist: Amerika's Erinnerungen sind fast alle in Gegenden gegründet, wo die erloschenen Generationen kaum einige Spur ihres Bestehens zurückgelassen haben. Im Norden von Rio Gila, an den Ufern des Missouri, in den östlichen Anden erstrecken sich die Traditionen kaum auf ein Jahrhundert zurück. In Peru, Quatimala und Mexiko bezeugen, es ist wahr, Ruinen von Gebäuden, historische Gemählde und plastische Denkmähler die vormahlige Civilisation der Eingebornen; aber man findet in einer ganzen Provinz kaum eine Familie, welche bestimmte Kenntnisse von der Geschichte der Inka's und mexikanischen Fürsten besitzet. Der Eingeborne hat seine Sprache, seine Kleidung, seinen National-Charakter beybehalten, aber sein Quippus, seine symbolische Mahlerey fehlt ihm; die Einführung des Christenthums und andere Umstände haben nach und nach die historischen und religiösen Überlieferungen verschwinden gemacht.

Von einer anderen Seite verschmäht der Colonist europäischen Stammes Alles, was sich auf überwundene Völker bezieht. Zwischen Erinnerungen der Metropole und diejenigen des Landes versetzt, welche er entstehen sah, betrachtet er die einen und die andern mit der nähmlichen Gleichgültigkeit unter einem Klima, wo die Gleichheit der Jahreszeiten die Aufeinanderfolge der Jahre beynahe unbemerkt macht; er überläßt sich nur den Genüssen der Gegenwart und blickt selten in die verflossenen Zeiten zurück.

Und welcher Unterschied herrscht auch zwischen der einförmigen Geschichte moderner Colonien und dem abwechselnden Gemählde, welches die Gesetzgebung, die Sitten und politischen Revolutionen der alten Colonien darbiethen. Ihre durch die verschiedenen Formen ihrer Regierung modifizirte geistige Bildung erweckte oft den Neid der Metropole. Durch diesen glücklichen Wettstreit erreichten die Wissenschaften und Künste in Ionien, Groß-Griechenland und Sicilien den höchsten Grad ihres Glanzes. In unsern Tagen dagegen haben die Colonien weder Landesgeschichte noch National-Literatur. Die der neuen Welt haben fast niemahls mächtige Nachbarn gehabt, und der Zustand der Gesellschaft hat daselbst nur unmerkliche Veränderungen erlitten. Ohne politische Existenz haben diese Niederlassungen des Handels und des Ackerbaues nur einen passiven Antheil an den großen Welterschütterungen genommen.“

# Brief an einen Geistlichen in Amsterdam

— Folgendes ist ein Auszug aus einem Schreiben Alexanders von Humboldt an einen Geistlichen in Amsterdam.

| | | | |
|---|---|---|---|
| | Totalbevölkerung von Amerika: | | 34,284,000. |
| I. | Römisch-Katholische: | | |
| | a. Spanisch-Amerika: | | |
| | Weiße | 2,937,090 | |
| | Indianer | 7,530,000 | |
| | Gemischte Racen u. Neger | 5,518,000. | |
| | | | 15,985,000. |
| | b. Portugiesisch-Amerika: | | |
| | Weiße | 920,000 | |
| | Neger | 1,960,000. | |
| | Gemischte Racen und Indianer | 1,120,000. | |
| | | | 4,000,000. |
| | c. Vereinigte Staaten, Nieder-Canada und Guyana | | 536,000. |
| | Haiti, Porto-Rico und franz. Antillen | | 1,656,000. |
| II. | Protestanten: | | |
| | a. Vereinigte Staaten | | 9,990,000. |
| | b. Alt-Englisch-Canada, Neu-Schottland, Labrador | | 260,000. |
| | c. Englisches u. holländisches Guyana | | 220,000. |
| | d. Englische Antillen | | 734,500, |
| | e. Holländische, dänische etc. Antillen | | 82,500. |
| III. | Unabhängige, nicht christliche Indianer | | 820,000. |
| | | Totalsumme | 34,284,000. |

Zugleich gibt Hr. v. Humboldt die Bevölkerung nach der Verschiedenheit der Abstammung und der Sprachen also an:

| | | |
|---|---|---|
| Weiße | 13,162,000 | – 38 Proz. |
| Indianer | 8,610,000 | – 25 Proz. |
| Neger | 6,223,000 | – 18 Proz. |
| Gemischte Racen | 6,289,000 | – 19 Proz. |
| | 34,284,000 | |

Die schwarze Bevölkerung (ohne Vermischung mit den Weißen und Indianern) besteht aus 1,141,000 Freien und 5,079,000 Sklaven. Von den letztern sind 1,152,000 in dem Archipel der Antillen, 1,620,000 in den Vereinigten Staaten, und 1,800,000 in Brasilien.

Von den Einwohnern Amerika's sprechen

| | |
|---|---|
| die englische Sprache | 11,297,500 Individuen. |
| die spanische Sprache | 10,174,000 |
| die portugiesische Sprache | 3,740,000 |
| die französische Sprache | 1,058,000 |
| die holländische, dänische, schwedische und russische Sprache | 214,500 |
| Indianische Sprachen | 7,800,000 |
| | 34,284,000. |

Man hat der teutschen, galischen (irländischen) und baskischen Sprache nicht besonders erwähnt, weil die Individuen, welche die Kenntniß dieser drei Muttersprachen behalten, zugleich die englische oder castilianische Sprache verstehen. Die Anzahl der Individuen, welche gewöhnlich die indianischen Sprachen reden, verhält sich gegenwärtig zu der Anzahl von Individuen, die sich der europäischen Sprachen bedienen, wie 1 zu $3\frac{2}{5}$. In den indianischen Dörfern Südamerika's versteht kaum $\frac{1}{20}$ der Bevölkerung einige Worte castilianisch oder portugiesisch. Ich glaube, daß es mehr als $7\frac{1}{2}$ Mill. Eingeborne gibt, die den Gebrauch ihrer eigenen Sprache beibehielten, und die europäischen Sprachen fast gar nicht kennen. Dieß ist auch die Meinung des H. Erzbischofs von Mexiko und mehrerer sehr ehrwürdigen Geistlichen, die lange in Ober-Peru gelebt haben, und die ich hierüber zu Rath ziehen konnte. Die kleine Anzahl von Indianern (eine Mill. vielleicht), welche die einheimischen Sprachen gänzlich vergaßen, wohnen in den großen Städten und in den sehr volkreichen Dörfern, welche diese Städte umringen. Unter den Individuen in Amerika, die französisch reden, findet man mehr als 700,000 Neger von afrikanischer Race, ein Umstand, welcher, trotz den sehr löblichen Anstrengungen der haitischen

Regierung für den Volksunterricht, nicht dazu beiträgt, die Reinheit der Sprache zu erhalten. Man kann annehmen, daß überhaupt auf dem amerikanischen Kontinent und auf den Inseln, von 6,223,000 Schwarzen mehr als ein Drittel (wenigstens 2,360,000) englisch reden, über ein Viertel portugiesisch, und ein Achtel französisch.

# Die Guahiba-Mutter

Der Missionar von San Fernando[1] hatte seine Indianer an's Gestade des Rio Guaviare, für einen jener feindseligen Streifzüge geführt, welche mit der Religion und den Gesetzen Spaniens gleichmäßig in Widerspruch stehen. In einer indianischen Hütte ward eine Mutter vom Stamme der Guahiba, mit drey Kindern, wovon zwey noch minderjährig, angetroffen. Sie waren mit Zubereitung von Manioc-Mehl beschäftigt. Jeder Widerstand wäre unmöglich gewesen; der Vater befand sich auf dem Fischfange abwesend, die Mutter suchte mit den Kindern zu entfliehen. Kaum aber hatte sie die Savane erreicht, als sie von den Indianern der Mission, welche *auf die Menschenjagd* gehen, wie die Weißen und die Neger in Afrika, sich eingeholt sah. Mutter und Kinder wurden hierauf geknebelt ans Ufer geschleppt. Der Ordensmann hatte, in seinem Fahrzeuge sitzend, den Ausgang eines Unternehmens, an dessen Gefahren er keinen Theil nahm, abgewartet. Hätte die Mutter heftigeren Widerstand geleistet, so würden die Indianer sie getödtet haben; wo sich's um Seeleneroberungen um die *Conquista espiritual* handelt, da ist alles erlaubt, und man sucht vorzugsweise Kinder einzufangen, um sie in der Mission als *Poitos* oder Sklaven der Christen zu behandeln. Die Gefangenen wurden nach San Fernando gebracht, in der Hoffnung, die Mutter würde keinen Landweg zur Rückkehr in ihre Heymath finden. Allein die Entfernung von denjenigen ihrer Kinder, welche den Vater am Tage des Überfalls begleitet hatten, brachte das Weib zur höchsten Verzweiflung. Sie wollte die in der Gewalt des Missionars befindlichen Kinder zu den Ihrigen zurückbringen, und sie entfloh deßhalb mehrmals mit ihnen aus dem Dorfe San Fernando; die Indianer holten sie aber jedesmal wieder ein, und nachdem sie unbarmherzig mit Peitschenhieben war gezüchtigt worden, faßte der Missionar den grausamen Entschluß, die Mutter von den zwey mit ihr eingebrachten Kindern zu trennen. Sie ward den Atabapo hinauf in die Missionen am

[1] Er war einer der Vorgänger des Ordensmannes, den wir als Vorsteher der Missionen von San Fernando angesiedelt fanden.

Rio-Negro geführt. Locker gebunden, saß sie im Vordertheil des Fahrzeugs. Unbekannt mit dem ihr bestimmten Schicksal, schloß sie jedoch aus der Richtung der Sonne, daß sie sich immer weiter von ihrer Hütte und von ihrem Geburtslande entferne. Es gelang ihr die Bande zu lösen, sie stürzte in's Wasser und schwamm dem linken Ufer des Atabapo zu. Die Strömung trieb sie an die Felsenbank, welche noch gegenwärtig ihren Namen führt. Auf dieser gelandet, barg sie sich im Gebüsch; aber der Vorsteher der Missionen hieß seine Indianer gleichfalls landen, und das Guahiba-Weib aufsuchen. Am Abend wurde sie zurückgebracht, auf den Felsen *(la Piedra de la madre)* gestreckt, und mit jenen Riemen aus Lamantinfell, welche in dieser Landschaft als Peitschen gebraucht werden, und womit die Alkaden jederzeit versehen sind, grausam gezüchtigt. Mit starken Schlingen von Mavacure band man ihr die Hände auf den Rücken, und schleppte die unglückliche Frau in die Mission von Javita.

Sie ward hier in eines der Caravanserais, welche den Namen *Casa del Rey* führen, gebracht. Die Regenzeit war vorhanden und die Nacht stockfinster. Wälder, welche bis dahin für undurchdringlich gehalten wurden, trennen die Mission Javita von derjenigen von San Fernando, 25 Meilen weit in gerader Richtung. Die Flüsse sind die einzigen Straßen, welche man brauchen kann. Niemand hat jemals den Versuch gemacht, über Land von einem Dorf in's andere, wenn ihre Entfernung auch nur wenige Meilen betrug, zu gelangen. Diese Schwierigkeiten alle können eine Mutter, die von ihren Kindern getrennt wird, nicht abschrecken. Ihre Kinder sind in San Fernando de Atabapo; sie muß wieder dort hinkommen, dieselben aus der Gewalt der Christen befreyen und ihrem Vater an die Gestade des Guaviare zurückführen. Im Caravanserai hütet Niemand das Weib. Weil ihre Arme bluteten, hatten die Indianer von Javita, ohne Vorwissen des Missionars und der Alkaden, sie nur locker gebunden; mit den Zähnen gelang ihr die Bande völlig zu lösen; in der Nacht war sie verschwunden, und am vierten Morgen ward sie in der Mission von San Fernando in der Nähe der Hütte gesehen, wo ihre Kinder sich befanden. „Was dieß Weib ausgeführt hat, bemerkte der Missionar, welcher uns die traurige Erzählung machte, hätte der kräftigste Indianer zu unternehmen sich nicht getraut." Sie durchwanderte die Wälder in einer Jahrszeit, wo der Himmel beständig mit Wolken bedeckt ist, und die Sonne wenige Minuten nur sichtbar wird. Hat sie etwa dem Lauf der Gewässer gefolgt? Allein die Überschwemmungen der Flüsse nöthigten sie, von den Ufern entfernt mitten durch den Wald ihren Weg zu nehmen, wo die Bewegung der Wasser beynahe unmerklich ist. Wie oft mußte sie durch jene stachligen Schlingpflanzen, welche ein Gitterwerk um die von ihnen umschlungenen Bäume bilden, aufgehalten werden! Wie oft mußte sie schwimmend über die Flüsse setzen, welche sich in den Atabapo ergießen!

Das unglückliche Weib ward gefragt, womit sie sich die vier Tage über genährt habe? Ihre Antwort war: sie habe, durch Anstrengung erschöpft, keine andere Nahrung gefunden, als jene großen schwarzen Ameisen, die *Vachacos* heißen, und in langen Reihen die Bäume aufsteigen, an denen sie ihre harzigen Nester befestigen. Wir drangen in den Missionar, er möchte uns sagen, ob dem Guahiba-Weib endlich dann das Glück des ruhigen Beysammenlebens mit ihren Kindern zu Theil geworden sey, und ob man die an ihr verübte unsägliche Grausamkeit endlich bereut habe? Er weigerte sich die Frage zu beantworten, aber auf der Rückkehr vom Rio-Negro vernahmen wir, daß man der Indianerin nicht einmal Zeit ließ, ihre Wunden zu heilen, daß sie nochmals von ihren Kindern getrennt, und in eine der Missionen am Ober-Orenoko gesandt ward, wo sie, durch Weigerung aller Nahrung, wie die Wilden in großem Unglücke zu thun pflegen, sich den Tod gab.

# Ueber die künftigen Verhältnisse von Europa und America

## (Aus einer Schrift des Herrn von Humboldt)

——— Noch übersteigt die Bevölkerung des Americanischen Festlandes die von Frankreich oder Deutschland nur wenig. In den vereinigten Staaten verdoppelt sie sich in 23 bis 25 Jahren; in Mexico hat sie sich, sogar unter der Herrschaft des Mutterlandes, in 40 bis 45 Jahren verdoppelt. Ohne eitlen Hoffnungen für die Zukunft Raum zu geben, läßt sich annehmen, daß anderthalb Jahrhunderte verfließen werden, bevor die americanische Bevölkerung die von Europa erreicht hat. Dieser edle Eifer in Gesittung, (Civilisation) Kunstfleiß und Handelsverkehr wird aber, weit entfernt – wie vielfältig prophezeit worden ist – die Verarmung des alten Festlandes zum Vortheil des neuen herbeyzuführen, vielmehr den Verbrauchsbedarf, die Masse der productiven Arbeit und die Thätigkeit des Tauschverkehrs steigern. Freylich muß, nach großen Umwälzungen der menschlichen Gesellschaften, das Staatsvermögen, welches ein Gemeingut der Gesittung ist, zwischen den Völkerschaften beyder Halbkugeln sich ungleich vertheilt finden; allein nach und nach stellt das Gleichgewicht sich her, und es wäre ein verderbliches, ich mögte beynahe sagen gottloses Vorurtheil, im zunehmenden Wohlstande irgend einer andern Gegend unsers Planeten den Untergang oder das Verderben des alten Europa erblicken zu wollen. Die Unabhängigkeit der Colonien wird keinesweges ihre Trennung und Absonderung befördern, sondern vielmehr sie den Völkern früherer Gesittung annähern. Der Handelsverkehr strebt dasjenige zu vereinbaren, was eine eifersüchtige Staatskunst lange getrennt hielt. Und mehr noch: es liegt in der Natur der Gesittung, daß sie vorwärts schreitet, ohne darum da zu erlöschen, wo sie zuerst entstanden war. Ihre fortschreitende Bewegung von Ost nach West, von Asien nach Europa, beweist nichts gegen diese Behauptung. Eine helle Lichtflamme behält ihren Glanz, auch wenn sie einen größern Raum erleuchtet. Die geistige Bildung, diese fruchtbare

Quelle des Nationalreichthums, theilt sich überall hin mit, und dehnt sich aus, ohne deshalb den Ort zu ändern. Ihre Bewegung ist nicht eine Wanderung; wenn sie uns im Orient also vorkam, so geschah es, weil barbarische Horden sich Egyptens, Kleinasiens und jenes vormals freyen Griechenlands, dieser verlassenen Wiege der Gesittung unsrer Altvordern, bemächtigt hatten.

Die Verwilderung und Versunkenheit der Völker ist eine Folge erlittener Bedrückung, sey es nun, daß einheimischer Despotismus oder ein fremder Eroberer dieselbe ausübt; der Despotismus ist allezeit von fortschreitender Verarmung und Abnahme des öffentlichen Wohlstandes begleitet. Freye und kräftige dem Vortheile Aller entsprechende Staatseinrichtungen wenden diese Gefahren ab; und die wachsende Gesittung der Welt, die Concurrenz von Arbeit und Tauschverkehr richten diejenigen Staaten nicht zu Grunde, deren Wohlstand aus natürlicher Quelle herfließt. Das gewerbfleißige und handeltreibende Europa wird von der im Spanischen America sich entwickelnden neuen Ordnung der Dinge Vortheil ziehen, wie ihm solcher hinwieder auch durch vermehrten Verbrauch und Absatz aus Ereignissen zufließen würde, welche in Griechenland, auf den Nordküsten Africa's und in andern der Tyranney der Osmanen unterworfenen Landschaften, der Barbarey ein Ziel setzen möchten. Was den Wohlstand des alten Festlandes bedrohen kann, ist einzig nur die Verlängerung jener innern Kämpfe, welche die Erzeugnisse hemmen und zugleich Zahl und Bedürfnisse der Consumenten vermindern. Im Spanischen America nähert sich nun dieser, sechs Jahre nach meiner Abreise begonnene Kampf seinem Ende. In kurzer Zeit werden wir unabhängige Völkerschaften an beyden Ufergestaden des Atlantischen Weltmeers erblicken, die, bey sehr abweichenden Regierungsformen, hinwieder durch die Erinnerung an die gemeinsame Herkunft, durch die gleiche Sprache und durch gleichartige Bedürfnisse, wie sie aus der Gesittung überall hervorgehen, vereinbart erscheinen. Durch die unermeßlichen Fortschritte, welche die Kunst des Seefahrers gemacht hat, sind, möchte man sagen, die Wasserbecken der Meere verengert worden. Der Atlantische Ocean stellt sich uns in Gestalt eines schmalen Canales dar, welcher die europäischen Handelsstaaten von der neuen Welt nicht weiter entfernt, als in der Kindheit der Schifffahrtskunde das Wasserbecken von Mittelmeere die Griechen des Peloponnes von den Bewohnern Joniens, Siciliens, Cyrenea's entfernt hielt.

# Rede, gehalten bei der Eröffnung der Versammlung deutscher Naturforscher und Ärzte in Berlin am 18 Sept. 1828

——— Wenn es mir durch Ihre ehrenvolle Wahl vergönnt ist, diese Versammlung zu eröfnen, so habe ich zuerst eine Pflicht der Dankbarkeit zu erfüllen. Die Auszeichnung, welche dem zu Theil geworden, der noch nie Ihren denkwürdigen Vereinen beiwohnen konnte, ist nicht der Lohn wissenschaftlicher Bestrebungen, einzelner schwacher Versuche, in dem Drange der Erscheinungen das Beharrende aufzufinden, aus den schwindelnden Tiefen der Natur das dämmernde Licht der Erkenntniß zu schöpfen. Ein zarteres Gefühl hat Ihre Aufmerksamkeit auf mich geleitet. Sie haben aussprechen wollen, daß ich, in vieljähriger Abwesenheit, selbst in einem fernen Welttheile, nach gleichen Zweken mit Ihnen hinarbeitend, Ihrem Andenken nicht fremd geworden bin. Sie haben meine Rükkunft gleichsam begrüßen wollen, um durch die heiligen Bande des Dankgefühls mich länger und inniger an das gemeinsame Vaterland zu fesseln. Was aber kan das Bild dieses gemeinsamen Vaterlandes erfreulicher vor die Seele stellen, als die Versammlung, die wir heute zum erstenmale in unsern Mauern empfangen! Von dem heitern Neckarlande, wo Kepler und Schiller geboren wurden, bis zu dem lezten Saume der baltischen Ebenen; von diesen bis gegen den Ausfluß des Rheins, wo, unter dem wohlthätigen Einfluß des Welthandels, seit Jahrhunderten die Schäze einer exotischen Natur gesammelt und erforscht wurden, sind, von gleichem Eifer beseelt, von einem ernsten Gedanken geleitet, Freunde der Natur zu diesem Vereine zusammen geströmt. Ueberall, wo die deutsche Sprache ertönt und ihr sinniger Bau auf den Geist und das Gemüth der Völker einwirkt; von dem hohen Alpengebirge Europa's bis jenseits der Weichsel, wo, im Lande des Kopernikus, die Sternkunde sich wieder zu neuem Glanze erhoben sieht; überall in dem weiten Gebiete deutscher Nation, nennen wir unser jedes Bestreben, dem geheimen Wirken der Naturkräfte nachzuspüren, sey es in den weiten Himmelsräumen, dem höchsten Problem der Mechanik, oder in dem Innern des starren Erdkörpers, oder in dem zart gewebten Neze organischer Gebilde. Von edlen Fürsten beschirmt, hat dieser Verein alljährig an Interesse und Umfang zugenommen. Jede Entfernung, welche Verschiedenheit der Religion und bürgerlicher Verfassung erzeugen könnte, ist hier aufgehoben. Deutschland offenbart sich gleichsam in seiner geistigen Einheit; und, wie Erkenntniß des Wahren und Ausübung der Pflicht der höchste Zwek der Sittlichkeit sind, so schwächt jenes Gefühl der Einheit keine der Banden, welche jedem von uns Religion, Verfassung und Geseze der Heimath theuer machen. Eben dis gesonderte Leben der deutschen Nation, dieser Wetteifer geistiger Bestrebungen, riefen (so lehrt es die ruhmvolle Geschichte des Vaterlandes) die schönsten Blüthen der Humanität, Wissenschaft und Kunst hervor. Die Gesellschaft deutscher Naturforscher und Aerzte hat seit ihrer lezten Versammlung, da sie in München eine so gastliche Aufnahme fand, durch die schmeichelhafte Theilnahme benachbarter Staaten und Akademien sich eines besondern Glanzes zu erfreuen gehabt. Stammverwandte Nationen haben den alten Bund erneuern wollen zwischen Deutschland und dem gothisch-skandinavischen Norden. Eine solche Theilnahme verdient um so mehr unsere Anerkennung, als sie der Masse von Thatsachen und Meynungen, welche hier in einen allgemeinen, fruchtbringenden Verkehr gesezt werden, einen unerwarteten Zuwachs gewährt. Auch ruft sie in das Gedächtniß der Naturkundigen erhebende Erinnerungen zurük. Noch nicht durch ein halbes Jahrhundert von uns getrennt, erscheint Linné, in der Kühnheit seiner Unternehmungen, wie durch das, was er vollendet, angeregt und beherrscht hat, als eine der großen Gestalten eines früheren Zeitalters. Sein Ruhm, so glänzend er ist, hat dennoch Europa nicht undankbar gegen Scheele's und Bergmann's Verdienste gemacht. Die Reihe dieser gefeierten Namen ist nicht geschlossen geblieben; aber in der Furcht, edle Bescheidenheit zu verlezen, darf ich hier nicht von dem Lichte reden, welches noch jezt in reichstem Maaße von dem Norden ausgeht; nicht der Entdekungen erwähnen, welche die innere chemische Natur der Stoffe (im numerischen Verhältnisse ihrer Elemente) oder das wirbelnde Strömen der elektro-magnetischen Kräfte enthüllen. Mögen die treflichen Männer, welche durch keine Beschwerden von Land- und Seereisen abgehalten wurden, aus Schweden, Norwegen, Dänemark, Holland, England und Polen unserm Vereine zuzueilen, andern Fremden für kommende Jahre die Bahn bezeichnen, damit wechselsweise jeder Theil des deutschen Vaterlandes den belebenden Einfluß wissenschaftlicher Mittheilung aus den verschiedensten Ländern von Europa genieße. Wenn ich aber im Angesichte dieser Versammlung den Ausdruk meiner persönlichen Gefühle zurükhalten muß, so sey es mir wenigstens gestattet, die Patriarchen vaterländischen Ruhmes zu nennen, welche die Sorge für ihr der Nation theures Leben von uns entfernt hält: Goethe, den die großen Schöpfungen dichterischer Phantasie nicht abgehalten haben, den Forscherblik in alle Tiefen des Naturlebens zu tauchen, und der jezt, in ländlicher Abgeschiedenheit, um seinen fürstlichen Freund, wie Deutschland um eine seiner herrlichsten Zierden, trauert; Olbers, der zwei Weltkörper da entdekt hat, wo er sie zu suchen gelehrt; den größten Anatomen unsers Zeitalters, Sömmering, der mit gleichem Eifer die Wunder des organischen Baues, wie der Sonnenfakeln und Sonnenfleke (Verdichtungen und Oefnungen im wallenden Lichtmeere) durchspäht; Blumenbach, auch meinen Lehrer, der durch seine Werke und das belebende Wort überall die Liebe zur vergleichenden Anatomie, Physiologie und gesamten Naturkunde angefacht, und wie ein heiliges Feuer länger als ein halbes Jahrhundert sorgsam gepflegt hat. Konnte ich der Versuchung widerstehen, da die Gegenwart solcher Männer uns nicht vergönnt ist, wenigstens durch Namen, welche die Nachwelt wiedersagen wird, meine Rede zu schmüken? Diese Betrachtungen über den geistigen Reichthum des Vaterlandes und die davon abhängige fortschreitende Entwikelung unsers Instituts, leiten unwillkührlich auf die Hindernisse, die ein größerer Umfang (die anwachsende Zahl der Mitarbeiter) der Ausführung eines ernsten wissenschaftlichen Unternehmens scheinbar entgegenstellt. Der Hauptzwek des Vereins (Sie haben es selbst an dessen Stiftungstage ausgesprochen) bestehet nicht, wie in andern Akademien, die eine geschlossene Einheit bilden, in gegenseitiger Mittheilung von Abhandlungen, in zahlreichen Vorlesungen, die alle zum Druke bestimmt, nach mehr als Jahresfrist in eigenen Sammlungen erscheinen. Der Hauptzwek dieser Gesellschaft ist die persönliche Annäherung derer, welche dasselbe Feld der Wissenschaften bearbeiten; die mündliche und darum mehr anregende Auswechselung von Ideen, sie mögen sich als Thatsachen, Meynungen oder Zweifel darstellen; die Gründung freundschaftlicher Verhältnisse, welche den Wissenschaften Licht, dem Leben heitere Anmuth, den Sitten Duldsamkeit und Milde gewähren. Bei einem Stamme, der sich zur schönsten geistigen Individualität erhoben hatte, und dessen spätesten Nachkommen, wie aus dem Schifbruche der Völker gerettet, wir noch heute unsere bangen Wünsche weihen, in der Blüthezeit des hellenischen Alterthums, offenbarte sich am kräftigsten der Unterschied zwischen Wort und Schrift. Nicht die Schwierigkeit des Ideenverkehrs allein, nicht die Entbehrung einer deutschen Kunst, die den Gedanken wie auf Flügeln durch den Raum verbreitet, und ihm lange Dauer verheißt, geboten damals den Freunden der Philosophie und Naturkunde, Hellas oder die dorischen und jonischen Kolonien in Großgriechenland und Kleinasien auf langen

Reisen zu durchwandern. Das alte Geschlecht kannte den Werth des lebendigen Wortes, den begeisternden Einfluß, welchen durch ihre Nähe hohe Meisterschaft ausübt, und die aufhellende Macht des Gesprächs, wenn es unvorbereitet, frei und schonend zugleich, das Gewebe wissenschaftlicher Meynungen und Zweifel durchläuft. Entschleierung der Wahrheit ist ohne Divergenz der Meynungen nicht denkbar, weil die Wahrheit nicht in ihrem ganzen Umfange, auf einmal und von allen zugleich erkannt wird. Jeder Schritt, der den Naturforscher seinem Ziele zu nähern scheint, führt ihn an den Eingang neuer Labyrinthe. Die Masse der Zweifel wird nicht gemindert, sie verbreitet sich nur wie ein beweglicher Nebelduft über andere und andere Gebiete. Wer golden die Zeit nennt, wo Verschiedenheit der Ansichten, oder, wie man sich wohl auszudrüken pflegt, der Zwist der Gelehrten geschlichtet seyn wird, hat von den Bedürfnissen der Wissenschaft, von ihrem rastlosen Fortschreiten, eben so wenig einen klaren Begrif als derjenige, welcher in träger Selbstzufriedenheit sich rühmt, in der Geognosie, Chemie oder Physiologie seit mehrern Jahrzehnten dieselben Meynungen zu vertheidigen. Die Gründer dieser Gesellschaft haben, in wahrem und tiefem Gefühle der Einheit der Natur, alle Zweige des physikalischen Wissens (des beschreibenden, messenden und experimentirenden) innigst mit einander vereinigt. Die Benennungen: Naturforscher und Aerzte, sind daher hier fast synonym. Durch irdische Bande und an den Typus niederer Gebilde gekettet, vollendet der Mensch die Reihe höherer Organisationen. In seinem physiologischen und pathologischen Zustande bietet er kaum eine eigene Klasse von Erscheinungen dar. Was sich auf diesen hohen Zwek des ärztlichen Studiums bezieht, und sich zu allgemeinen naturwissenschaftlichen Ansichten erhebt, gehört vorzugsweise für diesen Verein. So wichtig es ist, nicht das Band zu lösen, welches die gleichmäßige Erforschung der organischen und unorganischen Natur umfaßt, so werden dennoch der zunehmende Umfang und die allmählige Entwikelung dieses Instituts die Nothwendigkeit fühlen lassen, außer den gemeinschaftlichen öffentlichen Versammlungen, denen diese Halle bestimmt ist, auch sektionsweise ausführlichere Vorträge über einzelne Disziplinen zu halten. Nur in solchen engeren Kreisen, nur unter Männern, welche Gleichheit der Studien zu einander hinzieht, sind mündliche Diskussionen möglich. Ohne diese Art der Erörterung, ohne Ansicht der gesammelten, oft schwer zu bestimmenden und darum streitigen Naturkörper, würde der freimüthige Verkehr Wahrheit suchender Männer eines belebenden Prinzips beraubt seyn. Unter den Anstalten, welche in dieser Stadt zur Aufnahme der Gesellschaft getroffen worden sind, hat man vorzüglich auf die Möglichkeit einer solchen Absonderung in Sektionen Rüksicht genommen. Die Hofnung, daß diese Vorkehrungen sich Ihres Beifalls erfreuen werden, legt mir die Pflicht auf, hier in Erinnerung zu bringen, daß, obgleich Ihr Vertrauen zweien Reisenden zugleich die Geschäftsführung übertragen hat, doch nur einem allein, meinem edlen Freunde Hrn. Lichtenstein, das Verdienst sorgsamer Vorsicht und rastloser Thätigkeit zukommt. Den wissenschaftlichen Geist achtend, der die Gesellschaft deutscher Naturforscher und Aerzte beseelt, und die Nüzlichkeit ihres Bestrebens anerkennend, ist das königliche Ministerium des Unterrichts seit vielen Monaten jedem unserer Wünsche mit der aufopferndsten Bereitwilligkeit zuvorgekommen. In der Nähe der Versammlungsorte, welche auf diese Weise für ihre allgemeinen und besondern Arbeiten vorbereitet worden, erheben sich die Museen, welche der Zergliederungskunst, der Zoologie, der Oryktognosie und der Gebirgskunde gewidmet sind. Sie liefern dem Naturforscher einen reichen Stof der Beobachtung und vielfache Gegenstände kritischer Diskussionen. Der größere Theil dieser wohlgeordneten Sammlungen zählt, wie die Universität zu Berlin, noch nicht zwei Decennien; die ältesten, zu welchen der botanische Garten (einer der reichsten in Europa) gehört, sind in dieser Periode nicht blos vermehrt, sondern gänzlich umgeschaffen worden. Der frohe und lehrreiche Genuß, den solche Institute gewähren, erinnert mit tiefem Dankgefühle, daß sie das Werk des erhabenen Monarchen sind, der, geräuschlos, in einfacher Größe, jedes Jahr diese Königsstadt mit neuen Schäzen der Natur und der Kunst ausgeschmükt, und, was einen noch höhern Werth hat als diese Schäze selbst, was dem preußischen Volke jugendliche Kraft und inneres Leben und gemüthvolle Anhänglichkeit an das alte Herrscherhaus gibt, der sich huldreich jedem Talente zuneigt, und freier Ausbildung des Geistes vertrauensvoll seinen königlichen Schuz verleiht.

# Über die Steppen und Wüsten

Am Fuße des hohen Granitrückens, welcher im Jugendalter unseres Planeten bei Bildung des Antillischen Meerbusens dem Einbruch der Wasser getrotzt hat, beginnt eine weite unabsehbare Ebene. Wenn man die Bergthäler von Carraccas, und den inselreichen See Tacarigua, in dem die nahen Pisangstämme sich spiegeln; wenn man die Fluren, welche mit dem zarten Grün des thaitischen Zuckerschilfes prangen, oder den ernsten Schatten der Cacaogebüsche zurückläßt: so ruhet der Blick in Süden auf Steppen, die, scheinbar ansteigend, in schwindender Ferne den Horizont begrenzen. Aus der üppigen Fülle des organischen Lebens tritt der Wanderer betroffen an den öden Rand einer pflanzenleeren Wüste. Kein Hügel, keine Klippe erhebt sich inselförmig in dem unermeßlichen Raume. Nur hier und dort liegen gebrochne Flötzschichten von zweihundert Quadratmeilen Oberfläche, bemerkbar höher, als die angrenzenden Theile. Bänke nennen die Eingebornen diese Erscheinungen, gleichsam im Geist der Sprache den alten Zustand der Dinge ahnend, da jene Erhöhungen und Untiefen, die Steppen selbst aber der Boden eines großen Mittelmeeres waren. Noch gegenwärtig ruft oft nächtliche Täuschung diese Bilder der Vorzeit zurück. Denn wenn im raschen Aufsteigen und Niedersinken die leitenden Gestirne den Saum der Ebene erleuchten; oder wenn sie zitternd ihr Bild verdoppeln, in der untern Schicht der wogenden Dünste, glaubt man den küstenlosen Ocean vor sich zu sehen. Wie dieser erfüllt die Steppe das Gemüth mit dem Gefühl der Unendlichkeit. Aber freundlich zugleich ist der Anblick des klaren Meeresspiegels, in dem sich die leichtbewegliche sanft aufschäumende Welle kräuselt. Todt und starr liegt die Steppe hingestreckt, wie die nackte Felsrinde eines verödeten Planeten. In allen Zonen bietet die Natur das Phänomen dieser großen Ebenen dar; in jeder haben sie einen eigenthümlichen Charakter; eine Physiognomie, die durch die Verschiedenheit ihres Bodens, durch ihr Klima und durch ihre Höhe über der Oberfläche des Meeres bestimmt wird. Im nördlichen Europa kann man die Heidelander, die, von einem einzigen, alles verdrängenden Pflanzenzuge bedeckt, von der Spitze von Jütland sich bis an den Ausfluß der Schelde erstrecken, als wahre Steppen betrachten; aber Steppen von geringer Ausdehnung und hochhüglicher Oberfläche, wenn man sie mit den Llanos und Pampas von Südamerika, oder gar mit den Grasfluren am Missury vergleicht, in denen der zottige Bison und das langhörnige Moschusthier umherschwärmen. Einen größern und ernstern Anblick gewähren die Ebenen im Innern von Afrika. Gleich der weiten Fläche des stillen Ozeans hat man sie erst in neueren Zeiten zu durchforschen versucht. – Theile eines Sandmeers, welches fruchtbare Erdstriche von einander trennt, oder inselförmig einschließt, wie die Wüste am Basaltgebirge Harutsch, wo in der dattelreichen Oasis von Siwah die Trümmer des Ammon-Tempels den ehrwürdigen Sitz früher Menschenbildung bezeichnen. Kein Thau, kein Regen benetzt diese öden Flächen, und entwickelt im glühenden Schooß der Erde den Keim des Pflanzenlebens. Denn heiße Luftsäulen steigen überall aufwärts, lösen die Dünste, und verscheuchen das vorübereilende Gewölk. – Wo die Wüste sich dem atlantischen Ozean nähert, wie zwischen Darah und dem weißen Vorgebürge, da strömt die feuchte Meeresluft hin, die Leere zu füllen, welche durch jene senkrechten Winde erregt wird. Dort erquicken kühle Weste den hügellichen Rand der Wüste. Selbst wenn der Schiffer durch ein Meer, das wiesenartig mit Seetang bedeckt ist, nach der Mündung des Gambia steuert, ahnet er, wo ihn plötzlich der tropische Ostwind verläßt, die Nähe des weitverbreiteten wärmestrahlenden Sandes. Heerden von Gazellen, schnellfüßige Strauße, dürstende Pantherthiere und Löwen durchirren in ungleichem Kampfe den unermeßlichen Raum. Rechnet man ab die im Sandmeere neuentdeckten Gruppen quellenreicher Inseln, an deren grünen Ufern die nomadischen Tibbos und Tuaryks schwärmen; so ist der übrige Theil der afrikanischen Wüste als dem Menschen unbewohnbar zu betrachten. Auch wagen die angrenzenden gebildeten Völker sie nur periodisch zu betreten. Auf Wegen, die der Handelsverkehr seit Jahrtausenden unwandelbar bestimmt hat, geht der lange Zug von Fafilet bis Tombuctu, oder von Fezzan bis Darfur; kühne Unternehmungen, deren Möglichkeit auf der Existenz des Kameels beruht, des Schiffs der Wüste, wie es die alten Sagen der Ostwelt nennen. Diese afrikanischen Ebenen füllen einen Raum aus, welcher den des nahen Mittelmeeres fast dreimal übertrifft. Sie liegen zum Theil unter den Wendekreisen selbst, zum Theil denselben nahe; und diese Lage begründet ihren individuellen Naturcharakter. Dagegen ist in der östlichen Hälfte des alten Continents dasselbe geognostische Phänomen der gemäßigten Zone eigenthümlich.

Auf dem Bergrücken von Mittelasien zwischen dem Altai und Mustag, von der chinesischen Mauer an bis gegen den Aral-See, in einer Länge von 1000

Meilen, breiten sich die höchsten und größten Steppen der Welt aus. Einige sind Grasebenen; andere mit saftigen, immergrünen gegliederten Kali-Pflanzen geschmückt; viele vorn leuchtend von flechtenartig aufsprießendem Salze, das ungleich wie frisch gefallener Schnee den lettigen Boden deckt.

Diese Mongolischen und Tatarischen Steppen scheiden die uralte langgebildete Menschheit in Tibet und Hindostan von den rohen Nordasiatischen Völkern. Auch ist ihr Daseyn von mannichfaltigem Einfluß auf die wechselnden Schicksale des Menschengeschlechtes gewesen. Sie haben die Bevölkerung gegen Süden zusammengedrängt; mehr, als das Schneegebirge von Sirinagur und Gorka, das Verkehr der Nationen gestört, und im Norden unwandelbare Grenzen gesetzt der Verbreitung milderer Sitten und des schaffenden Kunstsinns. – Aber nicht als hindernde Vormauer allein darf die Geschichte die Ebene von Inner-Asien betrachten. Unheil und Verwüstung hat sie mehrmals über den Erdkreis gebracht. Hirtenvölker dieser Steppe, die Avaren, Mongolen, Alanen und Uzen haben die Welt erschüttert. Wenn in dem Lauf der Jahrhunderte frühe Geisteskultur, gleich dem erquickenden Sonnenlicht, von Osten nach Westen gewandert ist; so haben späterhin in derselben Richtung Barbarei und sittliche Rohheit Europa nebelartig zu überziehen gedroht. Ein brauner Hirtenstamm, die Hiongnu, bewohnte in ledernen Gezelten die hohe Steppe von Gobi. Ungestüm brach er hervor aus dem östlichen Theile von Hinter-Asien, und erschien plötzlich, so geht die dunkle Sage, als Hunnische Kriegsschaar erst an der Wolga, dann in Pannonien, dann an der Loire und an den Ufern des Po, die schön bepflanzten Fluren verheerend, wo die bildende Menschheit Denkmal auf Denkmal gehäuft hat. So wehte aus den mongolischen Wüsten ein verpesteter Windeshauch, der auf Cisalpinischen Boden die zarte langgepflegte Blüthe der Kunst erstickte. – Von den Salzsteppen Asiens, von den europäischen Heideländern, die im Sommer mit honigreichen, röthlichen Blumen prangen, und von den pflanzenleeren Wüsten Afrikas kehren wir zu den Ebenen von Südamerika zurück, deren Gemälde ich bereits angefangen habe, mit rohen Zügen zu entwerfen. – Das Interesse, welches dies Gemälde dem Beobachter gewähren kann, ist ein reines Naturinteresse. Keine Oase erinnert hier an frühere Bewohner, kein behauener Stein, kein verwildeter Fruchtbaum an den Fleiß untergegangener Geschlechter. Wie den Schicksalen der Menschen fremd, allein an die Gegenwart fesselnd, liegt dieser Erdwinkel da, ein wilder Schauplatz des freien Thier- und Pflanzenlebens.

Diese Steppe nimmt einen Raum von 14,000 Quadratmeilen ein. Aus geographischer Unkunde hat man sie oft als ununterbrochen bis an die magellanische Meerenge fortlaufend geschildert, nicht eingedenk der Bergjoche, welche die Andeskette östlich aussendet, und welche die waldige Ebene des Amazonenflusses gegen Norden und Süden von den Grassteppen des Appure- und la Plata-Stromes scheiden. Die letztern, die Pampas von Buenos-Ayres, übertreffen jene (die Llanos) dreimal an Flächeninhalt. Ja ihre Ausdehnung ist so wundervoll groß, daß sie auf der nördlichen Seite durch Palmengebüsche begränzt, und auf der südlichen fast mit ewigem Eise bedeckt sind. – Der Casuarähnliche Touyou ist diesen Pampas eigenthümlich, wie die Colonien verwildeter Hunde, welche gesellig in unterirdischen Höhlen wohnen; aber oft blutgierig den Menschen anfallen, für dessen Vertheidigung ihre Stammväter kämpften. Gleich der Wüste Zaara liegen die Llanos, oder die nördlichsten Ebenen von Südamerika, in dem heißen Erdgürtel. Dennoch erscheinen sie in jener Hälfte des Jahres unter einer verschiedenen Gestalt; bald verödet, wie das Lybische Sandmeer, bald eine Grasflur, wie die hohe Steppe von Mittelasien. – Wenn gleich die Südamerikanische Steppe eine dünne Rinde fruchtbarer Erde hat, und periodisch durch Regengüsse getränkt, und mit üppig aufschießendem Grase geschmückt wird; so hat sie doch die angränzenden Völkerstämme nicht reizen können, die schönen Bergthäler von Caraccas, oder das Meeresufer, oder die Flußwelt des Orinoco zu verlassen, um sich in dieser baum- und quellenleeren Einöde zu verlieren. Daher ward sie auch bei der Ankunft europäischer und afrikanischer Ansiedler fast menschenleer gefunden. Zwar sind die Llanos zur Viehzucht allerdings geeignet, aber die Pflege milchgebender Thiere war den ursprünglichen Einwohnern des neuen Continents völlig unbekannt. Kein Völkerstamm wußte die Vortheile zu benutzen, welche die Natur auch in dieser Hinsicht dargeboten hatte. Zwei Arten einheimischer Rinder weiden in den Grasfluren von West-Canada, und um die kolossalen Trümmer des Azteken-Pallastes, der, ein amerikanisches Palmyra, sich verlassen in der Einöde am Gyla-Flusse erhebt. Der langhörnige Mouflon, der Stammvater des Schaafes, schwärmt auf den dürren und nackten Kalkfelsen von Californien umher. Der südlichen Halbinsel sind die kameelartigen Vicunnas, die Alpacas und Lamas eigenthümlich. Aber alle diese nutzbaren Thiere haben, das Lama abgerechnet, Jahrtausende lang ihre natürliche Freiheit bewahrt. Denn Genuß von Milch und Käse ist, wie der Besitz und die Kultur mehlreicher Grasarten, ein charakteristisches Unterscheidungszeichen der Nationen des alten Welttheils. – Blieb das Hirtenleben, diese wohlthätige mittelste Stufe, welche nomadische Jägerhorden an den grasreichen Boden fesselt, und gleichfalls zum Ackerbau vorbereitet, den Urvölkern Amerikas unbekannt; so liegt in dieser Unbekanntschaft selbst der Grund von der Menschenleere der Südamerikanischen Steppe. Desto freier haben sich in ihr die Naturkräfte in mannichfaltigen Thiergestalten entwickelt; frei, und nur durch sich selbst beschränkt, wie das Pflanzenleben in den Wäldern am Orinoco, wo dem riesenstämmigen Lorbeer nie die verheerende Hand des Menschen, sondern nur der üppige Andrang schlingender Gewächse drohet. Agutis, kleine buntgefleckte Hirsche, gepanzerte Armadille, welche rattenartig den unterirdischen Haasen in seiner Höhle aufschrecken; Heerden träger Chiguires, schön gestreifte Viverren, welche die Luft verpesten; der große ungemähnte Löwe; brasilianische Tiger, die den jungen selbst erlegten Stier am Hügel aufwärts schleppen – diese und viele andere Thiere durchirren die baumlose Ebene. – Fast nur ihnen bewohnbar, hätte sie keine der nomadischen Völkerhorden, die ohne dies (nach indischer Art) die vegetabilische Nahrung vorziehen, fesseln können, stände nicht hie und da die Fächer-Palme zerstreut umher. Weit berühmt sind die Vorzüge dieses wohlthätigen Lebensbaumes. Er allein ernährt am Ausflusse des Orinoco die unbezwungne Nation der Guaraunen. Hängematten, aus den Blattstielen dieser Palme gewebt, spannen sie künstlich von Stamm zu Stamm, um, während in der Regenzeit das Delta überschwemmt ist, nach Art der Affen auf den Bäumen zu leben. Diese schwebenden Hütten werden theilweise mit Letten bedeckt. Auf der feuchten Unterlage schüren die Weiber zu häuslichen Bedürfnissen Feuer an. Wer bei Nacht auf dem Flusse vorüber fährt, sieht die Flammen hoch in der Luft. Die Guaraunen verdanken die Erhaltung ihrer Unabhängigkeit dem lockeren Moorboden, über den sie leichtfüßig fortlaufen, und ihrem Aufenthalt auf den Bäumen, dieser hohen Freistatt, welche sie vor jedem Angriff sichert.

Aber nicht bloß sichere Wohnung, auch mannichfaltige Speise gewährt diese Palme. Ehe auf der männlichen Palme die zarte Blüthenscheide ausbricht, enthält das Mark des Stammes ein sagoartiges Mehl, welches in dünnen brotartigen Scheiben gedörrt wird. Der gegohrne Saft des Baumes ist der süße berauschende Palmenwein der Guaraunen. Die frischschuppigten Früchte, welche röthlichen Tannenzapfen gleichen, geben, wie Pisang und fast alle Früchte dieses Himmelstrichs, eine verschiedenartige Nahrung, je nachdem man sie nach völliger Entwicklung ihres Zuckerstoffes, oder früher im mehlreichen Zustande genießt. So finden wir auf der untersten Stufe menschlicher Geistesbildung (gleich dem Insekt, das auf einzelne Blüthentheile beschränkt ist) die Existenz eines Völkerstammes an einen einzigen Baum gefesselt. Seit der Entdeckung des neuen Continents ist die Ebene dem Menschen bewohnbar geworden. Um das Verkehr zwischen der Küste und der Guayana zu erleichtern, sind selbst hie und da Städte an den Steppenflüssen erbaut. Fern von ihnen hat überall Viehzucht in dem unermeßlichen Raume begonnen. Tagereisen von einander entfernt liegen einzelne mit Rindsfellen gedeckte, mit Riemen zusammengeflochtne Hütten. Zahllose Schaaren verwildeter Stiere, Pferde und Maulesel schwärmen dazwischen umher. Ja die ungeheure Vermehrung dieser Thiere der alten Welt ist um so bewundernswürdiger, je mannichfaltiger die Gefahren sind, mit denen sie in diesen Erdstrichen zu kämpfen haben. – Wenn unter dem senkrechten Strahl der nie bewölkten Sonne die verkohlte Grasdecke in Staub zerfallen ist, klafft der erhärtete Boden auf, als wäre er von mächtigen Erdstößen erschüttert. Berühren ihn dann entgegengesetzte Luftströme, und pflanzt sich durch Gegenstoß die kreisende Bewegung fort; so gewährt die Steppe einen seltsamen Anblick. Als trichterförmige Wolken, deren Spitzen an der Erde hingleiten, steigt der Staub dampfartig durch die luftdünne, vielleicht elektrischgeladene, Mitte des Wirbels empor – gleich den rauschenden Wasserhosen, die der erfahrne Schiffer fürchtet. Ein trübes, strohfarbiges Halblicht wirft die nun scheinbar niedrigere Himmelsdecke auf die verödete Flur. Der Horizont tritt plötzlich näher. Er verengt die Steppe, wie das Gemüth des Wanderers. Die heiße staubige Erde, die im nebelartig verschleierten Dunstkreise schwebt, vermehrt die erstickende Luftwärme. Statt Kühlung führt der Ostwind neue Gluth hinzu, wenn er über den langerhitzten Boden hinweht. – Auch verschwinden allmählig die Lachen, welche die gelbgebleichte Fächer-Palme vor der Verdünstung schützte. Wie im eisigen Norden die Thiere durch Kälte erstarren, so schlummert hier unbeweglich das Crokodill und die Boasschlange, tief vergraben in trocknen Letten. Ueberall verkündigt Dürre den Tod, und überall verfolgt den Dürstenden, im Spiele des gebogenen Lichtstrahls, das Trugbild des wellenschlagenden Wasserspiegels. In dichte Staubwolken gehüllt und von Hunger und brennendem Durste geängstigt, schweifen die Pferde und Rinder umher, erstere mit langgestrecktem Halse hoch gegen den Wind anschnaubend, um durch die Feuchtigkeit des Luftstroms die Nähe einer nicht ganz verdampften Lache zu errathen. Bedächtiger und verschlagener suchen die Maulthiere auf andere Art ihren Durst zu lindern. Eine kugelförmige, und dabei vielrippige Pflanze, der Melonen-Cactus, verschließt unter seiner stachlichten Hülle ein wasserreiches Mark. Mit dem Vorderfuße schlägt das Maulthier die Stacheln seitwärts, und wagt es dann erst die Lippen behutsam zu nähern und den kühlen Distelsaft zu trinken. Aber das Schöpfen aus dieser lebendigen vegetabilischen Quelle ist nicht immer gefahrlos; denn oft sieht man Thiere, welche von Cactusstacheln am Hufe gelähmt worden. Folgt endlich auf die brennende Hitze des Tages die Kühlung der gleich langen Nacht, so können Rinder und Pferde selbst dann nicht ruhen. Ungeheure Fledermäuse verfolgen sie während des Schlafes, saugen ihnen vampyrartig das Blut aus, und hängen sich an dem Rücken fest, wo sie eiternde Wunden erregen, in denen Mosquitos, Hippoboscen und eine Schaar stechender Insekten sich ansiedeln. So führen die Thiere ein schmerzenvolles Leben, wenn vor der Gluth der Sonne das Wasser auf dem Erdboden verschwindet. – Tritt endlich nach langer Dürre die wohlthätige Regenzeit ein; so verändert sich plötzlich die Scene in der Steppe. Das tiefe Blau des bis dahin nie bewölkten Himmels wird lichter. Kaum erkennt man bei Nacht den schwarzen Raum im Sternbild des südlichen Kreuzes. Der sanfte phosphorartige Schimmer der Magellanischen Wolken verlischt. Selbst die scheitelrechten Gestirne des Adlers und des Schlangenträgers leuchten mit zitterndem, minder planetarischem Lichte. Wie ein entlegenes Gebirge erscheint einzelnes Gewölk im Süden. Nebelartig breiten die Dünste sich über den Zenith aus. – Den belebenden Regen verkündigt der ferne Donner. Kaum ist die Oberfläche der Erde benetzt; so überzieht sich die duftende Steppe mit Kylingien, mit vielrispigen Paspalum und mit mannichfaltigen Gräsern. Vom Lichte gereizt entfalten krautartige Mimosen die schlummernden Blätter, und begrüßen die aufgehende Sonne, wie der Frühgesang der Vögel und die sich öffnenden Blüthen der Wasserpflanzen. Pferde und Rinder weiden nun im frohen Genuß des Lebens. Im hochaufschießenden Grase versteckt sich der schön gefleckte Jaguar und erhascht die vorüberziehenden Thiere im leichten Sprunge, katzenartig, wie der asiatische Tiger. – Bisweilen sieht man (so erzählen die Eingebornen) an den Ufern der Sümpfe den befeuchteten Letten sich langsam und schollenweise erheben, dann plötzlich mit heftigem Getöse, wie beim Ausbruch kleiner Schlammvulkane, die aufgewühlte Erde wolkenartig auffliegen. Wer des Anblicks kundig ist, flieht die Erscheinung; denn eine riesenhafte Wasserschlange, oder ein gepanzertes Krokodill steigen aus der Gruft hervor, durch den ersten Regenguß aus dem Scheintod erwecket. – Schwellen allmählig die Flüsse, welche die Ebene südlich begränzen, der Arauca, der Apuon und der Payara; so zwingt die Natur dieselben Thiere, welche in der ersten Jahreshälfte auf dem wasserleeren, staubigen Boden vor Durst verschmachteten, als Amphibien zu leben. Ein Theil der Steppe erscheint nun wie ein unermeßliches Binnen-Wasser. Die Mutterpferde ziehen sich mit den Füllen auf die höhern Bänke zurück, welche lange, inselförmig, über den Seespiegel hervorragen. Mit jedem Tage verengt sich der trockne Raum. Aus Mangel an Weide schwimmen die zusammengedrängten Thiere stundenlang umher, und nähren sich kärglich von der blühenden Grasrispe, die sich über dem braungefärbten gährenden Wasser erhebt. Viele Füllen ertrinken, viele werden von den Krokodillen erhascht, mit dem zackigen Schwanze zerschmettert, und verschlungen. Auch nicht selten bemerkt man Pferde und Rinder, die, den Rachen dieser blutgierigen Eidechsen entschlüpft, die Spur des spitzigen Zahnes am Schenkel tragen. – Dieser Anblick erinnert unwillkührlich den ernsten Beobachter an die

Biegsamkeit, mit welcher die alles aneignende Natur gewisse Thiere und Pflanzen begabt hat. Wie die mehlreichen Früchte der Ceres, sind Stier und Roß dem Menschen über den ganzen Erdkreis gefolgt; vom Ganges bis an den Platastrom, von der afrikanischen Meeresküste bis zur Gebirgsebene des Antisana, welche höher als der Kegelberg von Teneriffa liegt. Hier ist es die nordische Birke, dort die Dattelpalme, welche den ermüdeten Stier vor dem Strahl der Mittagssonne schützt. Dieselbe Thiergattung, welche im östlichen Europa mit Bären und Wölfen kämpft, wird unter einem andern Himmelsstriche von den Angriffen der Tiger und der Krokodille bedroht. – Aber nicht die Krokodille und der Jaguar allein stellen den Südamerikanischen Pferden nach, auch unter den Fischen haben sie einen gefährlichen Feind. Die Sumpfwasser von Bera und Rastro sind mit zahllosen elektrischen Aalen gefüllt, deren schleimiger gelbgefleckter Körper aus jedem Theile die erschütternde Kraft nach Willkühr aussendet. Diese Gymnoten haben 5 bis 6 Fuß Länge. Sie sind mächtig genug die größten Thiere zu tödten, wenn sie ihre nervenreichen Organe auf einmal in günstiger Richtung entladen. In der That mußte die Steppenstraße von Uritucu einst verändert werden, weil sie sich in solcher Menge in einem Flüßchen angehäuft hatten, daß jährlich vor Betäubung viele Pferde in der Fuhrt ertranken. Auch fliehen alle andere Fische die Nähe dieser furchtbaren Aale. Selbst den Angelnden am hohen Ufer schrecken sie, wenn die feuchte Schnur ihm die Erschütterung aus der Ferne zuleitet. So bricht elektrisches Feuer tief aus dem Schooße der Gewässer aus. – Ein mahlerisches Schauspiel gewährt der Fang der Gymnoten. Man jagt Maulthiere und Pferde in einen Sumpf, den die Indianer eng umzingeln, bis der ungewohnte Lärmen die muthigen Fische zum Angriff reizt. Schlangenartig sieht man sie auf dem Wasser schwimmen, und sich verschlagen unter den Bauch der Pferde drängen. Viele der letztern erliegen unter der Stärke unsichtbarer Schläge. Mit gesträubter Mähne schnaubend, wilde Angst im funkelnden Auge, fliehen andere das tobende Ungewitter. Aber die Indianer, mit langen Bambusstäben bewaffnet, treiben sie in die Mitte der Lache zurück. Allmählig läßt die Wuth des ungleichen Kampfes nach. Wie entladne Wolken zerstreuen sich die ermüdeten Gymnoten. Sie bedürfen einer langen Ruhe und einer reichlichen Nahrung, um zu sammeln, was sie an galvanischer Kraft verschwendet haben. Schwacher und schwächer erschüttern nun allmählig ihre Schläge. Vom Geräusch der stampfenden Pferde erschreckt, nahen sie sich furchtsam dem Ufer, wo sie durch Harpune verwundet, und mit dürrem nicht leitenden Holze auf die Steppe gezogen werden. Dies ist der wunderbare Kampf der Pferde und Fische. Was unsichtbar die lebendige Waffe dieser Wasserbewohner ist; was, durch die Berührung feuchter und ungleichartiger Theile erweckt, in allen Organen der Thiere und Pflanzen umtreibt, was die weite Himmelsgegend donnernd entflammt, was Eisen an Eisen bindet, und den stillen wiederkehrenden Gang der leitenden Nadel lenkt; alles, wie die Farbe des getheilten Lichtstrahls, fließt aus einer Quelle; alles schmilzt in eine ewige allverbreitete Kraft zusammen. – Gegen Süden umgiebt die Steppe eine schaudervolle Wildniß. Tausendjährige Wälder, ein undurchdringliches Dickigt erfüllen den feuchten Erdstrich zwischen dem Orinoco und dem Amazonen-Strome. Mächtige, bleifarbige Granitmassen verengen das Bette der schäumenden Flüsse, Berg und Wald hallen wieder von dem Donner der stürzenden Wasser, von dem Gebrüll des Jaguar, und dem dumpfen regenverkündenden Geheul der bärtigen Affen. – Wo der seichte Strom eine Sandbank übrig läßt, da liegen mit offnen Rachen unbeweglich wie Felsstücke hingestreckt, oft mit Vögeln bedeckt, die ungeschlachten Körper der Krokodille. Den Schwanz um einen Baumast befestigt, zusammengerollt, lauert am Ufer, ihrer Beute gewiß, die tigerfleckige Boasschlange. Schnell vorgestreckt ergreift sie in der Fuhrt den jungen Stier, oder das schwachere Wildpret, und zwängt mühsam den Raub, in Geifer gehüllt, durch den schwellenden Hals. – In dieser großen und wilden Natur leben mannichfaltige Geschlechter der Menschen. Durch wunderbare Verschiedenheit der Sprachen gesondert, sind einige nomadisch, dem Ackerbau fremd, Ameisen, Gummi und Erde genießend, ein Auswurf der Menschheit, wie die Ottomaken und Jaruren; andere angesiedelt, von selbst erzielten Früchten genährt, verständig und sanfterer Sitten, wie die Maquiritarer und Macos. Große Räume zwischen dem Cassiquiare und dem Atabapo sind nur vom Tapir und von geselligen Affen, nicht von Menschen, bewohnt. In Felsen gegrabene Bilder beweisen, daß einst auch diese Einöde der Sitz höherer Cultur war. Sie zeugen für die wechselnden Schicksale der Völker, wie die Form biegsamer Sprachen, die zu den unauslöschlichsten Denkmälern der Menschheit gehören. – Wenn aber in der Steppe Tiger und Krokodille mit Pferden und Rindern kämpften; so sehen wir dagegen an ihrem waldigen Ufer, in den Wildnissen der Guayana, ewig den Menschen gegen den Menschen gerüstet. Mit unnatürlicher Begier trinken hier ganze Völkerstämme das ausgesogne Blut ihres Feindes; andere würgen ihn, scheinbar waffenlos, und doch zum Morde vorbereitet, mit vergiftetem Daum-Nagel. Die schwächern Horden, wenn sie das sandige Ufer betreten, vertilgen sorgsam mit den Händen die Spur ihrer schüchternen Tritte. So bereitet der Mensch auf der untersten Stufe thierischer Rohheit, so im Scheinglanze seiner höhern Bildung sich stets ein mühevolles Leben. So verfolgt den Wanderer über den weiten Erdkreis, über Meer und Land, wie den Geschichtsforscher durch alle Jahrhunderte, das einförmige, trostlose Bild des entzweiten Geschlechts. Darum versenkt, wer im ungeschlichteten Zwist der Völker nach geistiger Ruhe strebt, gern der Blick in das stille Leben der Pflanzen, und in der heiligen Naturkraft inneres Wirken; oder hingegeben dem angestammten Triebe, der seit Jahrtausenden der Menschen Brust durchglüht, blickt er ahndungsvoll aufwärts zu den hohen Gestirnen, welche im ungestörten Einklang die alte ewige Bahn vollenden.

# A. v. Humboldt's Reise in den Ural

## (aus einem Briefe desselben aus Oust-Kamenogorsk in Siberien vom 1/13 und 8/20 Aug. 1829 an Arrago[1])

„Wir haben einen Monat verwendet zur Untersuchung des Gold-Bergwerkes von *Borrisovsk,* der Malachit-Gruben von *Goumechoski* und von *Tagilsk,* der Eisen- und Kupfer-Werke, der Beryll- und Topas-Gewinnungen und der Gold- und Platina-Waschereien. Man erstaunt über diese Gold-Geschiebe von 2 bis 3, selbst von 18 bis 20 Pfund, welche wenige Zolle tief unter dem Rasen gefunden werden, und seit Jahrhunderten unbekannt geblieben waren. Lagerung, so wie muthmaßliches Entstehen der Alluvionen, die meistens mit Trümmern von Grünstein, von Chloritschiefer und Serpentin vorkommen, genauer zu erforschen, gehörte zu dem vorzüglichsten Zwecke dieser Reise. Das jährlich gewonnene Waschgold beträgt bei 6000 Kil. Die neuen Entdeckungen jenseit des 59. und 60. Breiten-Grades sind von höchster Wichtigkeit. Wir besitzen fossile Elephanten-Zähne, welche in den Gold-führenden Sand-Alluvionen enthalten gewesen. Die Bildung der letztern, Folge örtlicher Zerstörungen, ist vielleicht selbst neuer, als der Untergang jener großen Thiere. Der Bernstein und die Braunkohlen, am östlichen *Ural*-Gehänge aufgefunden, haben entschieden ein höheres Alter. Mit dem Gold-führenden Sande finden sich Körner von Zinnober, von Gediegen-Kupfer, ferner Zeylanite, Granaten, kleine weiße Zirkone, denen der schönste Diamantglanz verliehen, auch Anatase, Albite u. s. w. Sehr bemerkenswerth ist der Umstand, daß im mittlern und nördlichen Theile des *Urals* das Platin nur auf der westlichen und Europäischen Seite vorkommt. Die reichen Gold-Waschereien der Familie Dimidov zu *Nynei-Tagilsk* liegen auf dem Asiatischen Abhange zu beiden Seiten des *Bartiraya;* die Alluvion von *Vilkni* allein hat schon mehr als 2800 Pfund Gold geliefert. Das Platin wird eine Stunde ostwärts von der Wasserscheide (welche mit der Axe der größten

---

1 *Nouvelles Annales des Voyages. par* Eyriès, Larenaudière et Klaproth. *Octobre* 1829. p. 126.

Höhen nicht verwechselt werden darf) auf dem Europäischen Gehänge zu *Soukhoi, Vicuin* und *Martian* getroffen. SVETSOW hat chromsaures Eisen mit eingeschlossenen Platin-Körnern entdeckt; diese Platina wurde durch HELM in *Katharinenburg* zerlegt. Die Platin-Waschereien von *Nijnei-Tagilsk* sind so reich, daß 100 Pud Sand (zu 40 Russischen Pfunden) 30, zuweilen selbst 50 Solotnik Platin geben, während die sehr reichen Gold-Alluvionen von *Vilkni* und andere Gold-Waschereien auf dem Asiatischen Abhange nur $1\frac{1}{2}$ bis 2 Solotnik auf 100 Pud Sand liefern. Im südlichen Amerika scheidet eine ziemlich niedere Kette der *Cordilleren,* jene von *Cati,* den Gold-haltigen und nicht Platin-führenden Sand des östlichen Abhanges (von *Popayan*) von den Gold-haltigen und an Platin sehr reichen Sand-Ablagerungen der Landenge von *Raspadura* oder *Choco.* BOUSSINGAULT wird vielleicht in diesem Augenblicke neue Aufklärungen über die Amerikanischen Lagerstätten verschafft haben und das Interesse seiner Beobachtungen dürfte noch erhöht werden durch die Thatsachen, welche wir hier auffanden. Wir besitzen Platin-Geschiebe mehrere Zolle lang; G. ROSE hat unter denselben eine schöne Gruppe krystallisirten Platins entdeckt. Was den Grünstein-Porphyr von *Laya* betrifft, in welchem ENGELHARDT kleine Platin-Körner bemerkte, so haben wir denselben an Ort und Stelle genau untersucht, allein bis jetzt von metallischen Körnern in den Felsarten von *Laya* sowohl, als in dem Grünstein des *Betaya-Gora*-Berges, nur Eisenkies wahrzunehmen vermocht. Auch das Osmium und Iridium haben eine eigenthümliche Lagerstätte; sie kommen nicht unter den Platin-führenden Alluvionen von *Nijnei-Tagilsk* vor, sondern bei *Bilimbaievski* und *Kichtem.* Die geognostischen Merkmale von den Metallen entnommen, welche die Platin-Körner zu *Choco,* in *Brasilien* und im *Ural* begleiten, haben nach meiner Ansicht eine entschiedene Wichtigkeit. – – – Nachdem wir den nördlichen Ural untersucht hatten, verließen wir *Katharinenburg* und gingen über *Tiumen* nach *Tobolsk* (6/18 Julius). Die günstige Witterung bestimmte uns, den ursprünglichen Reiseplan weiter auszudehnen und den *Altai,* so wie den hohen *Irtych* zu besuchen, die schönen Werke von *Barnaul,* den See von *Kolywan,* die berühmten Gruben am *Schlangenberg* (Lagerstätte im Porphyr), von *Reiders* und von *Ziriainovski,* welche jährlich 40,000 Pfund an güldischem Silber ertragen. – Was unsere Reise nach dem *Altai* höchst wichtig macht, ist, daß man an keiner Stelle der alten oder der neuen Welt deutlicher wie hier von großkörnigem Granite ohne Albit, ohne Gneiße und Glimmerschiefer, Beweise des Ausgebrochenseyns und des Uebertretens (Ergießens, *épanchement*) sieht. Man nimmt nicht nur wahr, wie Granit in Gängen aufwärts dringt, welche sich gegen die Höhe im Thonschiefer verlieren, oder durch dieses Gestein hindurch an die Oberfläche treten, sondern augenfällig und im Zusammenhange auf eine Strecke von mehr als 2000 Toisen Länge sich ergießen; Hügel von Granit, kegelartig gestaltet oder in Glockenform, neben denen von trachytischem Porphyr, Dolomite im Granit, Gänge von Porphyr u. s. w. Rose beobachtete im nördlichen *Ural* eine Stelle, wo der klüftige Porphyr, theils kugelförmig abgesondert, beim Berühren den Kalk in Jaspis umwandelt. Der *Ural* ist eben so denkwürdig durch die Verbindung von Euphotid (chloritischem Serpentin) mit Augitführendem Grünstein. u. s. w."

# Der Sklavenhandel

——— Der Beweis wäre leicht zu führen, daß der gesamte Antillenarchipel, worin gegenwärtig kaum 2,400,000 Neger und Mulatten (Freye und Sclaven) vorhanden sind, im Zeitraume von 1670 bis 1825 nahe an fünf Millionen Africaner *(negros bozales)* erhalten hat. Bey diesen empörenden Berechnungen von Menschenconsum ist noch keine Rücksicht genommen auf die Zahl jener unglücklichen Sclaven, die während der Überfahrt zu Grunde gingen, oder die als verdorbene Waare in die See geworfen wurden.

# Kannibalismus

——— Im dreyzehnten Jahrhundert hatte sich in Ägypten die Gewohnheit, Menschenfleisch zu speisen, unter allen Klassen der Einwohner verbreitet: den Ärzten insonderheit wurden arge Fallstricke gelegt. Hungernde gaben sich für krank aus, und ließen den Arzt rufen: nicht aber um seines Rathes zu pflegen, sondern um ihn zu fressen.

# Erdbeben in Cumaná

——— Vom 28. Oktober bis zum 3ten November erschien der Nebel dichter, als er zuvor nicht gewesen war: die Wärme der Nächte kam uns, obgleich der Thermometer nicht über 26° anstieg, erstickend vor. Der Seewind (brise), welcher gewöhnlich nach acht oder neun Uhr Abends die Luft abkühlt, blieb gänzlich aus. Die Atmosphäre war gleichsam feurig, das staubige und ausgetrocknete Erdreich warf überall Spalten. Am 4. November, gegen zwey Uhr Nachmittags, verhüllten dichte, ungewöhnlich schwarze Wolken die Gebirge des Brigantin und des Tataraqual. Nach und nach dehnten sie sich bis zum Scheitelpunkt aus. Gegen 4 Uhr ließ sich der Donner zuerst ob uns hören, aber noch in großer Höhe, ohne Rollen, mit dumpfem, oft unterbrochnem Geräusch. Im Augenblick der stärksten electrischen Entladung, um 4 Uhr 12′, geschahen zwey Erdstöße, die in 15 Secunden Zwischenraum auf einander folgten. Das Volk auf den Straßen erhob lautes Geschrey. Hr. *Bonpland*, der sich über einen Tisch bückte um Pflanzen zu untersuchen, fiel beynahe um. Ich fühlte den Stoß sehr kräftig, obgleich ich in einer Hangematte ausgestreckt lag. Seine Richtung ging, was in Cumana selten ist, von Norden nach Süden. Sclaven, die Wasser aus einem über achtzehn oder zwanzig Fuß tiefen Brunnen, in der Nähe des Rio Manzanares schöpften, hörten einen, einem starken Kanonenschuß ähnlichen Knall. Es war, als komme der Knall aus der Tiefe des Brunnens hervor; eine seltsame Erscheinung, obgleich sie in den meisten den Erdbeben ausgesetzten amerikanischen Landschaften gewöhnlich ist.

Etliche Minuten vor der ersten Erschütterung trat ein heftiger Windstoß ein, den ein electrischer Regen von großen Tropfen begleitete. Ich prüfte sogleich die atmosphärische Electrisität mittels des *Voltaischen* Electrometers. Seine Kügelchen traten um 4 Linien auseinander; die positive Electrisität ging öfters in die negative über, wie dieß während Gewittern, und im Norden von Europa bisweilen sogar, wenn es schneit, der Fall ist. Der Himmel blieb bedeckt und nach dem Windstoß war eine völlige Windstille eingetreten, welche die ganze Nacht durch anhielt. Der Sonnenuntergang gewährte ein außerordentlich prachtvolles Schauspiel. Der dichte Wolkenschleyer zerriß nahe am Horizont gleichsam in Stücke: die Sonne erschien zu 12° Höhe auf einem Grund von indigoblauer Farbe. Ihre Scheibe war außerordentlich erweitert und entstellt, und ihre Ränder waren wellenförmig ausgeschnitten. Die Wolken schienen vergoldet, und Bündel auseinander fahrender Lichtstrahlen, welche die schönsten Farben der Iris zurück warfen, dehnten sich bis in die Mitte des Himmels aus. Eine Menge Menschen hatten sich auf dem öffentlichen Platze versammelt. Diese Erscheinung, das Erdbeben, der gleichzeitige Donnerschlag, der seit vielen Tagen wahrgenommene röthliche Nebel, alles ward als Wirkung der Sonnenfinsterniß betrachtet.

Gegen neun Uhr Abends erfolgte eine dritte Erschütterung, welche ungleich schwächer als die zwey ersteren, aber von einem sehr merklichen unterirdischen Knall begleitet war. Der Barometer stund etwas tiefer als gewöhnlich; ohne daß jedoch der Gang der Stunden-Variationen oder der kleinen atmosphärischen Fluth und Ebbe die geringste Unterbrechung litt. Im Augenblick der Erderschütterung stund das Queksilber gerade am tiefsten, es stieg hierauf allmählig bis gegen elf Uhr Abends, und fiel dann wieder bis vier und ein halb Uhr Morgens, dem Gesetze der barometrischen Variationen gemäß. In der Nacht vom 3. auf den 4. November war der röthliche Dunst so dicht, daß ich die Stelle, wo der Mond sich befand, nur durch einen schönen Hof von 20° Durchschnitt unterscheiden konnte.

# Jagd und Kampf der electrischen Aale mit Pferden

## Aus den Reiseberichten des Hrn. Freiherrn Alexander v. Humboldt

– – Nirgends findet man den electrischen Aal, *(Gymnotus electricus L.,)* in größerer Menge, als in den kleinen Flüssen und in den vielen stehenden Gewässern oder Sümpfen des Theils von Guyana, welcher zwischen dem Oronoco und der Küsten-Cordillere von Venezuela liegt, und aus ungeheuren meist dürren Ebenen besteht, die unter dem Namen: Llanos de Caraccas oder Llanos de Apuré,[1] bekannt sind. Fast auf jeder Quadratmeile finden sich hier drei oder vier Sümpfe, welche eben so viel von der Natur gemachte Fischbehälter für die Zitteraale zu seyn scheinen, die sich darin in großer Zahl finden. Die geringe Tiefe dieser Sümpfe macht es den Indianern möglich, die electrischen Aale in ihnen zu fangen; in den großen Strömen, dem Meta, dem Apuré und dem Oronoko ist die Tiefe und die Gewalt des Wassers zu groß, als daß sie sich dieser Fische zu bemächtigen vermöchten. Wir haben gefunden, daß in Guyana allen Indianern die Gefahr sehr wohl bekannt ist, der sie sich aussetzen, wenn sie in Gewässern schwimmen, in welchen die Zitteraale zahlreich sind, indem man ihre schädliche Wirkung gewöhnlich eher empfindet, als man den Fisch gewahr wird.

Als wir durch jene weit verbreiteten Ebenen der Provinz Caraccas reisten, um uns zu San Fernando de Apuré einzuschiffen, und unsre Fahrt auf dem Oronoko zu beginnen, verweilten wir 5 Tage lang in der kleinen Stadt Calobozo, welche nach meinen Beobachtungen unter 8° 56′ 56″ nördlicher Breite liegt. Wir wollten uns hier mit den Zitteraalen beschäftigen, deren es eine unzählbare Menge in dieser Gegend giebt, im Rio Guarico, in den Cannos de Rastro, de Berito, de la Paloma und in etlichen funfzig kleinen stehenden Gewässern. Man hat mir ver-

[1] Man vergl. *Annalen,* XVI, 423. *d. H.*

sichert, daß man unweit Uritucu eine ehemahls sehr gangbare Straße wegen der electrischen Fische hat aufgeben müssen; sie führte durch einen Bach, und auf dem Fuhrt durch denselben ertranken jährlich mehrere Maulesel, die durch die Entladungsschläge der Zitteraale betäubt und sinnlos niedergeworfen wurden.

Um unsre Versuche mit aller Genauigkeit anstellen zu können, wünschten wir, daß man uns electrische Aale in das Haus brächte, welches wir in Calobozo bewohnten. Unser Wirth gab sich alle Mühe, um unser Verlangen zu erfüllen. Es wurden Indianer zu Pferde ausgeschickt, um in den Sümpfen zu fischen; todte Zitteraale hätten wir in Menge haben können, aber eine fast kindische Furcht verhinderte die Eingebornen, sie lebendig fortzutragen. Wir haben uns zwar in der Folge überzeugt, daß es allerdings sehr unangenehm ist, es mit diesen Fischen zu thun zu haben, wenn sie noch bei ihrer ganzen Kraft sind; bei dem gemeinen Volke ist aber diese Furcht um so sonderbarer, da es die Meinung hat, man könne die Zitteraale ungestraft berühren, wenn man Tabak rauche. Wir hatten 10 Francs für jeden electrischen Aal geboten, den man uns lebendig bringen würde, aber es fand sich niemand, der sie verdienen wollte; auch ist das angebliche Sicherungsmittel der Indianer gegen die Schläge des Zitteraals ohne alle Kraft. Die Liebe zum Wunderbaren ist unter den Eingebornen dieser Gegenden so groß, daß sie häufig Sachen erzählen und behaupten, an die selbst zu glauben sie weit entfernt sind. Auch sie meinen also, der Natur noch mehr Wunder leihen zu müssen, als wenn die Natur nicht schon an sich selbst der Geheimnisse und des Wunderbaren genug hätte.

Drei Tage lang hatten wir in der Stadt Calobozo zugebracht, und nur einen einzigen electrischen Gymnotus erhalten, der ziemlich schwach war. Wir faßten nun den Entschluß, uns selbst an Ort und Stelle zu begeben, und dort die Versuche in freier Luft, am Ufer der Sümpfe anzustellen, in welchen die Zitteraale wohnen. Wir verfügten uns zuerst in das kleine Dorf Rastro de Abasco, und von da führten uns die Indianer zu dem Canno de Bera, einem Bassin voll stehenden schleimigen Wassers das von einer herrlichen Vegetation, *Clusea Rosea*, *Hymenea courbaril*, dem großen indischen Feigenbaum und Mimosen mit wohlriechenden Blüthen, umgeben ist. Wir geriethen nicht wenig in Verwunderung, als wir hörten, man wolle in die benachbarten Savannas gehen, und dort einige dreißig halbwilde Pferde zusammen treiben, um sich ihrer bei diesem Fischfange zu bedienen. Man nennt diese Art, die Zitteraale zu fangen, *embarbascar con Cavallos*, das heißt, trunken machen durch Hülfe von Pferden, und das führt auf gar bizarre Vorstellungen. Mit dem Namen: *Barbasco*, belegt man die Wurzeln der *Jaquinia*, der *Piscidia* und jeder andern giftigen Pflanze, welche einer großen Wassermasse, in die man sie wirft, augenblicklich die Eigenschaft mittheilt, die Fische zu tödten, zu betäuben, oder trunken zu machen. Die durch dieses Mittel vergifteten Fische *(embarbascado)* schwimmen auf der Oberfläche des Wassers; und da die Pferde, welche man in dem Sumpfe hin und her treibt, dasselbe bei den in Schrecken gesetzten Fischen bewirken, so belegt man, indem man Ursache und Wirkung verwechselt, beide Arten zu fischen, mit gleichen Namen.

Während unser Wirth uns von der sonderbaren Art unterhielt, wie man hier die Zitteraale fängt, kam der Trupp Pferde und Maulesel an. Die Indianer hatten aus ihnen eine Art von Treiben gemacht, und nöthigten sie, in den Sumpf hinein zu gehen, indem dies der einzige Ausweg war, den sie ihnen ließen. Das interessante Schauspiel, das sich uns nun darbot, des Kampfs der Zitteraale gegen die Pferde, läßt sich mit Worten nur sehr unvollkommen schildern. Die Indianer, jeder mit einem sehr langen Rohre und mit einer kleinen Harpune bewaffnet, stellten sich um den Sumpf, und einige kletterten auf die Aeste der Bäume, die über dem Wasser lagen. Durch ihr Geschrei und durch ihre langen Stangen trieben sie die Pferde, wo sie sich dem Ufer näherten, zurück. Die durch den Lärm der Pferde geschreckten Zitteraale vertheidigten sich mit wiederhohlten Entladungsschlägen ihrer electrischen Batterieen, und eine Zeit lang schien es, als würden sie den Sieg über die Pferde und Maulesel davon tragen. Mehrere von diesen durch die Menge und Stärke der electrischen Schläge betäubt, verschwanden unter dem Wasser; einige derselben, die sich wieder aufrichteten, erreichten ungeachtet der Wachsamkeit der Indianer das Ufer, und streckten sich hier, durch ihre Anstrengung erschöpft, und durch die starken electrischen Schläge an allen Gliedern gelähmt, der Länge nach auf die Erde.

Ich hätte gewünscht, daß ein geschickter Mahler den Augenblick hätte auffassen können, als die Scene am belebtesten war. Die Gruppen der Indianer, welche den Sumpf umringten, die Pferde mit zu Berge stehender Mähne, Schrecken und Schmerz im Auge, welche dem Ungewitter, das sie überfällt, entfliehen wollen; die gelblichen und schlüpfrigen Aale, welche großen Wasserschlangen ähnlich an der Oberfläche schwimmen, und ihre Feinde verfolgen: alles das gab ein höchst mahlerisches Ganzes. Ich erinnerte mich dabei des berühmten Gemähldes, welches ein Pferd vorstellt, das in eine Höhle tritt, und durch den Anblick eines Löwen entsetzt wird. Der Ausdruck des Schreckens ist hier nicht stärker, als er in jenem ungleichen Kampfe sich zeigte.

In weniger als fünf Minuten waren zwei Pferde ertrunken. Die Aale, deren mehrere über 5 Fuß Länge hatten, schlüpften den Pferden und Mauleseln unter den Bauch, und gaben dann Entladungen ihres ganzen electrischen Organs. Diese

Schläge treffen zugleich das Herz, die Eingeweide und besonders das Nervengeflecht des Magens. Es ist daher nicht zu verwundern, daß der Fisch auf ein großes vierfüßiges Thier viel mächtigere Wirkung, als auf einen Menschen hervor bringt, der ihn nur mit den Extremitäten berührt. Doch zweifle ich, daß der Zitteraal die Pferde tödtet; er betäubt sie nur, wie ich glaube, durch die Erschütterungsschläge, die er ihnen hinter einander giebt; sie fallen in eine tiefe Ohnmacht, und verschwinden besinnungslos unter dem Wasser; die andern Pferde und Maulesel treten auf ihnen herum, und in wenig Minuten sind sie todt.

Nach diesem Anfange fürchtete ich, die Jagd möchte ein sehr tragisches Ende nehmen, und die Pferde würden eins nach dem andern ertrinken. Sind die Herren derselben bekannt, so bezahlt man jedes, das ertrinkt, mit 8 Franken. Die Indianer versicherten indeß, die Jagd werde bald geendigt seyn, und nur der erste Sturm der Zitteraale sey furchtbar. In der That kommen die Aale nach einiger Zeit in den Zustand entladener Batterieen, sey es nun, daß die galvani'sche Electricität sich durch die Ruhe in ihnen gehäuft hatte, oder daß ihr electrisches Organ durch einen zu häufigen Gebrauch ermüdet und zu fernern Verrichtungen unbrauchbar gemacht wird. Zwar ist ihre Muskelbewegung dann immer noch eben so lebhaft als zu Anfang, sie haben aber nicht mehr das Vermögen, recht kräftige Schläge zu ertheilen. Als der Kampf eine Viertelstunde gedauert hatte, schienen die Pferde und Maulesel minder in Schrecken zu seyn; die Mähnen standen ihnen nicht mehr zu Berge; ihr Auge druckte nicht mehr hohen Schmerz und Schrecken aus, und es fielen keine Pferde mehr um. Auch schwammen die Aale mit dem halben Leibe außer dem Wasser, flohen vor den Pferden, statt sie anzugreifen, und näherten sich dem Ufer. Die Indianer versicherten uns, daß, wenn man die Pferde zwei Tage hinter einander in den Sumpf treibt, am zweiten Tage kein Pferd mehr getödtet werde. Die Fische müssen Ruhe und hinlängliche Nahrung haben, um eine große Menge galvani'scher Electricität zu erzeugen oder anzuhäufen. Aus den Versuchen, welche man in Italien mit Zitterrochen gemacht hat, ist es bekannt, daß, wenn die Nerven dieser Rochen, welche in die electrischen Organe gehn, zerschnitten oder unterbunden werden, diese Organe in ihrer Wirkung gerade so gehemmt sind, wie ein Muskel, dessen Hauptarterie oder Hauptnerve unterbunden ist; beide bleiben gleich unbeweglich, so lange die Unterbindung dauert. Die electrischen Organe des Zitterrochens und der Zitteraale sind folglich der Herrschaft des Nervensystems unterworfen, und sind keinesweges gewöhnliche electromotorische Apparate, welche aus den benachbarten Wasserschichten die ihnen entzogene Electricität wieder anziehen. Ist dieses aber der Fall, so darf es uns nicht befremden, daß die Stärke der electrischen Schläge des Zitteraals von dem Zustande seiner Gesundheit abhängt, und daß Ruhe, Nahrung, Alter, und vielleicht noch eine Menge anderer physischer, auch moralische Gründe darauf Einfluß haben.

Die Zitteraale, welche nach dem Ufer fliehen, werden sehr leicht gefangen, mit kleinen an einen Strick befestigten Harpunen, die man ihnen in den Leib wirft. Die Harpune spießt manchmahl ihrer zwei auf. Ist der Strick sehr trocken und ziemlich lang, so kann man sie damit an das Ufer ziehen, ohne Schläge zu erhalten. In wenig Minuten waren 5 große Zitteraale auf dem Trockenen. Wir hätten zwanzig haben können, hätten wir ihrer so viele zu unsern Versuchen bedurft. Einige waren nur leicht am Schwanze verwundet, andere schwer am Kopfe; und wir konnten deutlich beobachten, wie die natürliche Electricität dieses Fisches nach der verschiedenen Stärke der Lebenskraft sich modificirt.

Wir haben unsre Versuche über die merkwürdigen electrischen Erscheinungen des *Gymnotus electricus* nicht bloß an diesen in unsrer Gegenwart gefangenen Fischen angestellt, sondern auch an einem Zitteraal von außerordentlicher Größe, den wir nach unsrer Zurückkunft von Rastro, zu Calobozo in unsrer Wohnung vorfanden. Er war mit einem Netze gefangen, und nicht verwundet worden, und man hatte ihn augenblicklich, nachdem man ihn aus dem Sumpfe gezogen, in einen Zuber gethan und nach Calobozo getragen. Da er beständig in demselben Wasser geblieben war, an welches er sich gewöhnt hatte, so konnte seine galvani'sche Electricität schwerlich geschwächt seyn. Wir werden indeß bald sehen, daß die verwundeten, und daher minder kraftvollen Zitteraale für Untersuchungen über die galvanisch-electrischen Phänomene dieser Fische viel belehrender sind, als Zitteraale in ihrer vollen Kraft. Es entgehen dem Auge des Beobachters sehr viele Nüancen, wenn der electrische Strom sich mit einer solchen Heftigkeit entladet, daß er sich den Weg durch minder vollkommene Leiter fast so gut als durch die besten Leiter bahnt.

Wenn man gesehen hat, daß die Zitteraale ein Pferd sinnlos zu Boden werfen, so darf man wohl sich fürchten, sie in den ersten Augenblicken, nachdem sie an das Land gezogen worden, zu berühren. Diese Furcht ist bei den Eingebornen so groß, daß sich keiner dazu verstehen wollte, die electrischen Aale von dem Stricke der Harpune loszumachen, und sie in die kleinen mit frischem Wasser gefüllten Löcher zu tragen, welche wir an dem Ufer des Sumpfes ausgehöhlt hatten. Wir mußten uns dazu verstehen, selbst die ersten Schläge auszuhalten, und diese waren fürwahr nicht sanft. Die stärksten schienen mir schmerzhafter zu seyn, als die heftigsten electrischen Schläge, die ich mich von einer großen völlig geladenen Flasche je erhalten zu haben entsinne. Wir begriffen nun sehr wohl, daß es nicht zu den Uebertreibungen gehörte, wenn die Indianer erzählten, daß jemand, der schwimmt, unfehlbar ertrinkt, wenn ihm ein Zitteraal an die Beine oder an die Arme einen Schlag versetzt. Eine so heftige Erschütterung kann dem Menschen sehr leicht den Gebrauch seiner Glieder auf mehrere Minuten entziehen; ja es könnte selbst der augenblickliche Tod erfolgen, wenn der Fisch, indem er längs des Bauchs und der Brust hinschlüpft, eine kraftvolle Entladung gäbe, weil dann die edlern Theile, das Herz, das gastrische System, der *plexus coeliacus*, und alle Nerven, die davon abhängen, zugleich ihrer Reitzbarkeit beraubt werden würden. Nur eine schwache Electricität vermehrt, wie bekannt, die Lebenskräfte, eine starke vernichtet sie. – – –

# Alexander von Humboldt an Herrn Arago

——— Tegel, bei Berlin, den 10. April.

Ich habe das Unglück gehabt, vorgestern Abend meinen Bruder zu verlieren. Ich befinde mich in der größten Niedergeschlagenheit. Im tiefen Schmerz denkt man an die, welche uns am theuersten sind; – ich fühle mich etwas erleichtert, indem ich Dir schreibe. – Wir haben ihn 10 Tage lang sterbend gesehen; die Schwäche hatte seit mehreren Wochen furchterregend zugenommen; ein fortwährendes Zittern hatte sich seiner Glieder bemächtigt, aber die Denkkraft hatte ihre ganze Energie behalten, – er arbeitete ohne Unterlaß. – Er hinterläßt zwei beinahe vollendete Werke, eins: über die vom Sanskrit abstammenden Sprachen des indischen Archipelagus, das andre: über den Ursprung und die Philosophie der Sprachen im allgemeinen. Diese Werke sollen herausgegeben werden. Mein Bruder hat seine Manuscripte angefangener Arbeiten und seine werthvolle Büchersammlung der öffentlichen Bibliothek vermacht. Er ist an einer Brustentzündung gestorben, mit schmerzlichem Scharfblicke das Fortschreiten des Uebels beachtend. Es war eine hohe Intelligenz und eine Seele voll Erhabenheit und Adel. Ich fühle mich sehr verlassen, doch hoffe ich noch in diesem Jahre das Glück zu haben, Dich zu umarmen.

# Island

Der berühmte Gelehrte, Alexander v. Humboldt, macht unterm 25. Juli aus Teplitz (wo er sich mit dem König von Preußen im Bade befindet) bekannt: „Um correspondirende Beobachtungen zu erhalten mit Island, eile ich anzuzeigen, daß nach einem, mir jetzt erst zugekommenen, Briefe von Hn Gaimard, Naturforscher der französischen wissenschaftlichen Commission in Island und Grönland, Hr Lottin, der Astronom der Corvette la Recherche in Reykiavik, von Mittwoch 10. August, 7 Uhr Morgens, bis Donnerstag 18. August, 10 Uhr Morgens, von 15 zu 15 Minuten (alles in wahrer Zeit von Reykiavik) die Variation der Magnetnadel beobachten wird. Hr Lottin bedient sich des Gambeyschen Apparats, den auf meine Bitte der französische Seeminister, Hr Admiral Duperré, permanent in Island hat aufstellen lassen, um die, von Peking anfangende Linie der magnetischen Stationen gegen NordWest zu verlängern. Diese Aufforderung zu Mitwirkung für einige Tage der angegebenen achttägigen Beobachtungszeit ist an die Physiker gerichtet, welche sich desselben Gambeyschen Apparats oder der neueren Methode des Hn Hofrathes Gauß bedienen."

# Pittoreske Ansichten in den Cordilleren

## (Aus Hrn. v. Humboldts historischer Beschreibung seiner Reise)

## Natürliche Brücken über den Icononzo

——— Unter den mannigfaltigen majestätischen Scenen, welchen man in den Cordilleren begegnet, ergreifen die Thäler die Einbildungskraft des europäischen Reisenden am meisten. Nur aus einer sehr ansehnlichen Entfernung und von den Ebenen aus, die sich von den Küsten bis zum Fuße der Centralkette erstrecken, kann das Auge die ungeheure Höhe dieser Gebirge ganz ermessen. Die Plateaus, welche von ihren mit ewigem Schnee bedeckten Gipfeln eingefaßt werden, liegen größtentheils 2500 bis 3000 Meter über der Meeresfläche. Dieser Umstand schwächt den Eindruck von Größe, welchen die kolossalen Massen des Chimborazo, des Cotopaxi und Antisana, von den Plateau's von Riobamba und Quito aus betrachtet, machen, bis auf einen gewissen Punkt. Bey den Thälern aber verhält es sich anders, als bey den Gebirgen. Tiefer und enger als die Alpen- und Pyrenäen-Thäler enthalten die Thäler der Cordilleren Ansichten, welche den wildesten Karakter tragen, und die Seele mit Bewunderung und Schauder erfüllen. Sie sind Klüfte, deren Grund und Rand mit einer kraftvollen Vegetation geschmückt, und deren Tiefe oft so ansehnlich ist, daß man den Vesuv und den Puy-de-Dome hineinstellen könnte, ohne daß ihre Gipfel über der nächsten Gebirge Saum wegragten. Durch die merkwürdigen Reisen des Herrn Ramond ist das Thal von Ordesa bekannt geworden, das sich vom Mont-Perdu herabsenkt, und dessen mittlere Tiefe ungefähr 900 Meter (459 Toisen) enthält. Auf unsrer Reise auf dem Rücken der Anden, von Pasto nach der Stadt Ibarra, und beym Heruntersteigen von Loxa gegen die Ufer des Amazonen-Stroms haben wir, Herr Bonpland und ich, die berühmten Klüfte von Chota und Cutaco durchschnitten, von denen die eine über 1500, und die andre über 1300 Fuß perpendikuläre Tiefe hat. Allein um eine vollständigere Idee von der Größe dieser geologischen Phänomene zu geben, muß ich bemerken, daß der Grund dieser Klüfte nur um ein Viertheil niedriger über dem Meeresspiegel steht, als die Straßen über den St. Gotthard und den Mont-Cenis.

Das Thal von Icononzo oder Pandi ist weniger merkwürdig wegen seiner Dimensionen, als wegen der ungewöhnlichen Form seiner Felsen, welche von Menschenhänden ausgehauen zu seyn scheinen. Ihre nackten dürren Gipfel bilden den mahlerischsten Kontrast mit dem Buschwerk von Bäumen und kräuterartigen Pflanzen, welche den Rand der Kluft bedecken. Der kleine Waldstrom, welcher sich durch das Thal von Icononzo Bahn gemacht hat, trägt den Namen Rio de la summa Paz. Er stürzt sich von der östlichen Kette der Anden herab, welche im Königreiche Neu-Granada das Bassin des Magdalenen-Flusses von den ungeheuern Ebenen des Meta, des Guaviar und des Orenoko scheidet. Dieser Waldstrom ist in ein beynah unzugängliches Bette eingezwängt, und würde nur schwer zu passiren seyn, wenn die Natur nicht zwey Felsenbrücken über ihn gebildet hätte, die man in dem Lande selbst mit allem Rechte für diejenigen Gegenstände ansieht, welche der Aufmerksamkeit der Reisenden am würdigsten sind. Im Monate September 1801 kamen wir auf unsrer Reise von Santa-Fe de Bogota nach Popayan und Quito über diese natürlichen Brücken von Icononzo.

Icononzo ist der Name eines alten Dorfes der Muyscas-Indianer, welches auf dem südlichen Rande des Thales liegt, und wovon nur noch einige zerstreute Hütten übrig sind. Der am nächsten liegende bewohnte Ort ist heutzutage das kleine Dorf Pandi oder Mercadillo, eine Viertel-Meile nordöstlich. Der Weg von Santa-Fe nach Fusagasuga (40 20′ 2″ der nörd. Br. u. 50 7′ 14″ der Länge) und von da nach Pandi ist einer der schwierigsten und am wenigsten besuchten Wege in den Cordilleren; denn man muß ein leidenschaftlicher Freund von Natur-Schönheiten seyn, um die gefahrvolle Straße, welche vom Paramo von San Fortunato, und den Gebirgen von Fusagasuga gegen die natürliche Brücke von Icononzo herabsteigt, dem gewöhnlichen Wege, der von dem Plateau von Bogota über die Mesa von Juan-Diaz nach den Ufern des Magdalenenstroms führt, vorzuziehen.

Die tiefe Kluft, durch welche sich der Waldstrom de la summa Paz herabstürzt, macht den Mittelpunkt des Thales von Pandi aus. Bey der Brücke nimmt sie auf mehr als 4000 Meter Länge ihre Richtung von Osten nach Westen. Wo der Fluß westwärts von Doa in die Kluft eintritt, und wo er sie in seiner Senkung gegen Melgar zu wieder verläßt, bildet er zwey schöne Kaskaden. Sehr wahrscheinlich wurde diese Kluft durch ein Erdbeben bewirkt. Sie gleicht einem ungeheuern Flötz, aus welchem der Gangstein durch die Arbeit der Bergleute weggenommen worden ist. Die sie umgebenden Gebirge bestehen aus Sandstein mit einem Thon-Cement, und diese Bildung, welche auf dem Thonschiefer von Villeta ruht, erstreckt sich von dem Stein-Salz-Gebirge von Zipaquira bis gegen das Bassin des Magdalenen-Flusses hin. Auch enthält sie Lagen der Steinkohlen von Canoas oder Chipa, welche man in der Nähe des großen Wasserfalls von Tequendama bricht.

(Der Beschluß folgt.)

# Pittoreske Ansichten in den Cordilleren

## Natürliche Brücken über den Icononzo

## (Beschluß)

——— Im Thale vor Icononzo ist der Sandstein aus zwey verschiedenen Felsarten zusammengesetzt. Ein sehr kompakter und quarziger Sandstein, mit wenig Cement und beynahe ganz ohne Schichtenspaltungen, ruht auf sehr feinkörnigem und in unzählige sehr kleine und beynahe horizontale Lagen getheiltem Sandsteinschiefer. Man darf annehmen, daß die kompakte und quarzige Lage bey der Bildung der Kluft der Gewalt, welche diese Gebirge zerriß, widerstanden hat, und daß nur die ununterbrochene Fortsetzung dieser Lage die Brücke ausmacht, auf welcher man von einem Theile des Thals nach dem andern gelangt. Dieser natürliche Bogen hat $14\frac{1}{2}$ Meter Länge, und 12 M. 7 Breite. Seine Dicke ist im Mittelpunkte 2 M. 4. Durch sehr sorgfältige Versuche, die wir mit dem Falle von Körpern angestellt, und vermittelst eines Chronometers von Berthoud, haben wir die Höhe der obern Brücke über der Wasserfläche des Waldstroms zu 97 M. 7 herausgebracht. Ein sehr aufgeklärter Mann, Don Jorge Lozano, welcher ein angenehmes Landgut in dem schönen Thale von Fusagasuga besitzt, hatte schon vor uns diese Höhe mit dem Senkbley gemessen, und sie von hundert und zwölf Varas

(93 M. 4) gefunden, so daß die Tiefe des Stroms bey mittlerm Wasserstande sechs Meter zu seyn scheint. Die Indianer von Pandi haben zur Sicherheit der Reisenden, welche in diesem öden Lande indeß sehr selten sind, eine kleine Ballustrade von Rohren angelegt, die sich gegen den Weg, der nach der obern Brücke führt, verlängert.

Zehn Toisen unter dieser ersten natürlichen Brücke befindet sich eine andere, zu der wir auf einem engen Pfade, welcher an dem Rande der Kluft hinabsteigt, geführt wurden. Drey ungeheure Felsenmassen fielen nämlich gerade so, daß eine die andre stützt. Die in der Mitte bildet den Schlußstein des Gewölbes, und dieser Zufall hätte bey den Eingebornen leicht die Idee von Bogenmauerwerk erwecken können, das den Völkern der neuen Welt eben so unbekannt war, als den alten Bewohnern von Egypten. (Zoega de Obeliscis, S. 407.) Indeß will ich nicht entscheiden, ob diese Bruchsteine von fernher geschleudert worden, oder ob sie blos Fragmente eines zum Theil zerstörten Bogens sind, welcher ursprünglich der obern natürlichen Brücke ähnlich war. Letztere Vermuthung wird durch einen analogen Zufall in dem Kolosseum zu Rom wahrscheinlich, wo man an einer halb zusammengestürzten Mauer mehrere Steine bemerkt, die in ihrem Falle dadurch aufgehalten wurden, daß sie im Sturze zufälliger Weise ein Gewölbe bildeten.

Mitten in der zweyten Brücke von Icononzo befindet sich ein Loch von mehr als acht Quadratmetern Umfang, durch welches man in den Abgrund hinabsehen kann, und wo wir auch unsre Versuche über den Fall der Körper angestellt haben. Der Strom scheint in einer finstern Höhle zu fließen, und das klägliche Geräusch, das man hört, rührt von einer Menge Nachtvögel her, welche die Kluft bewohnen, und die man im Anfange gern für die gigantischen Fledermäuse halten möchte, die in den Aequinoctial-Gegenden so bekannt sind. Man sieht hier zu Tausenden über dem Wasser flattern.

Indeß haben uns die Indianer versichert, daß diese Vögel von der Größe eines Huhns sind, Eulenaugen und einen gekrümmten Schnabel haben. Man nennt sie Cacas, und die Einförmigkeit der Färbung ihres Gefieders, das ein bräunliches Grau ist, macht mich glauben, daß sie nicht zu dem Geschlechte des Caprimulgus gehören, dessen Gattungen auf den Cordilleren in so vieler Mannigfaltigkeit vorhanden sind. Wegen der Tiefe des Thals ist es unmöglich, ihrer habhaft zu werden, und wir konnten sie nicht anders untersuchen, als daß wir Feuerbrände in die Klüfte warfen, um ihre Wände zu erhellen.

Die Höhe der natürlichen Brücke von Icononzo über dem Meeres-Spiegel ist achthundert drey und neunzig Meter (458 Toisen). In den Gebirgen von Virginien, und zwar in der Grafschaft Rock-Bridge, ist ein ähnliches Phänomen, wie die obere Brücke, die wir eben beschrieben haben. Es wurde von Hrn. Jefferson mit der Sorgfalt untersucht, welche alle Beobachtungen dieses vortrefflichen Naturkundigen karakterisirt. (Bemerkungen über Virginien, S. 56.) Die natürliche Brücke von Cedar-Kreck in Virginien, ist ein Bogen von Kalkstein, welcher sieben und zwanzig Meter Oeffnung hat, und seine Höhe über der Wasserfläche des Stroms beträgt siebenzig Meter. Die Erdbrücke, (Rumichaca), die wir auf der Senkung der Porphyr-Gebirge von Chumban, in der Provinz de los Pastos, gefunden haben; die Brücke der Mutter Gottes, Dantcu genannt, bey Totonilco in Mexico, und der durchbrochene Felsen bey Grandola, in der portugiesischen Provinz Alentejo, sind geologische Phänomene, welche sämtlich mit der Brücke von Icononzo einige Aehnlichkeit haben. Indeß zweifle ich, ob man bis jetzt irgendwo auf dem Globus einem so außerordentlichen Zufalle begegnet ist, wie der, welcher durch drey Felsmassen, die sich gegenseitig stützen, ein natürliches Gewölbe gebildet hat.

# Pittoreske Ansichten in den Cordilleren

## (Aus Hrn. v. Humboldts historischer Beschreibung seiner Reise)

## Straße über den Quindiu in der Cordillera der Anden

——— In dem Königreiche Neu-Granada vom 2° 30′ bis zum 5° 15′ der nördl. Br. theilt sich die Anden-Cordillera in drey Parallel-Ketten, von denen blos die auf beyden Seiten liegenden in sehr beträchtlichen Höhen mit Sandstein und andern sekondären Bildungen bedeckt sind.

Die östliche Kette scheidet das Thal des Magdalenen-Flusses von den Ebenen des Rio Meta. Auf ihrem westlichen Abhange befinden sich die natürlichen

Brücken von Icononzo, welche wir schon früher beschrieben haben. Ihre höchsten Gipfel sind der Paramo de la summa Paz, der von Chingasa, und die Cerras de San Fernando und von Tuquillo. Indeß erhebt sich keine bis zur Region des ewigen Schnees, und ihre mittlere Höhe beträgt 4000 Meter, also 564 Meter mehr, als das höchste Gebirg in den Pyrenäen.

Die Central-Kette theilt ihre Wasser zwischen dem Bassin des Magdalenen-Flusses und dem des Rio Cauca. Oft erreicht sie die Region des ewigen Schnees, und überschreitet sie sehr ansehnlich in den kolossalen Gipfeln des Guanacas, des Baragan, und des Quindiu, welche sich fünf bis sechsthalbtausend Meter über den Meeresspiegel erheben. Beym Aufgang und Untergang der Sonne gewährt diese Central-Kette den Bewohnern von Santa-Fe ein prächtiges Schauspiel, und erinnert, nur mit weit imposantern Dimensionen, an die Alpenansichten in der Schweiz.

Die westliche Kette der Anden trennt das Thal des Cauca von der Provinz Choco und den Küsten des Süd-Meeres. Ihre Höhe beträgt kaum 1500 Meter, und sie senkt sich zwischen den Quellen des Rio Atracto und des Rio San-Juan so stark, daß man ihre Verlängerung gegen den Isthmus von Panama nur mit Mühe verfolgen kann.

Diese drey Gebirgsketten treffen nordwärts unter dem Parallelkreise von Muzo und Antioquia dem 60 und 70 der nördl. Br. zusammen. Auch bilden sie im Süden von Popayan in der Provinz Pasto eine einzige Gruppe, eine Masse. Uebrigens muß man sie ja mit der Eintheilung der Cordilleren nicht verwechseln, wie sie Bouguer und La Condamine im Königreiche Quito vom Aequator bis zum 2° der südl. Br. beobachtet haben.

Die Stadt Santa Fe de Bogota, die Hauptstadt von Neu-Granada, liegt westlich von dem Paramo von Chingasa auf einem Plateau, das sich in einer absoluten Höhe von 2650 Metern auf dem Rücken der östlichen Cordillera hinzieht. Diese besondere Gestaltung der Anden macht, daß man, um von Santa-Fe nach Popayan und an die Ufer des Cauca zu kommen, entweder über Mesa oder über Tocayma oder über die natürlichen Brücken von Icononzo von der östlichen Kette herabsteigen, das Thal des Magdalenen-Flusses durchschneiden, und die Central-Kette passiren muß. Die gesuchteste Straße ist indeß die vom Paramo de Guanacas, welche Bouguer auf seiner Rückkehr von Quito nach dem amerikanischen Carthagena beschrieben hat. Auf diesem Wege legt der Reisende den Kamm der Central-Cordillera mitten in einem bewohnten Lande in einem Tage zurück. Indeß habe ich dieser Straße die über das Quindiu- oder Quindio-Gebirge zwischen den Städten Ibague und Carthago vorgezogen. Ich habe diese geographischen Bestimmungen für unerläßlich gehalten, um die Lage eines Ortes kennbar zu machen, den man auf den besten Karten vom mittäglichen Amerika, wie z. B. auf der von La Cruz, vergeblich suchen würde.

Das Quindiu-Gebirg (Br. 4° 36′, Länge 5° 12′) wird als die beschwerlichste Straße in der Cordillera der Anden angesehn. Es ist ein dichter, völlig unbewohnter Wald, den man auch in der besten Jahreszeit nicht schneller als in zehen oder zwölf Tagen zurücklegt. Hier findet man keine Hütte, keine Lebensmittel, und die Reisenden versehen sich in jeder Jahrszeit auf einen ganzen Monat mit Vorräthen, weil es nur zu oft geschieht, daß sie durch das Schmelzen des Schnees und das plötzliche Anschwellen der Giesbäche so sehr abgeschnitten werden, daß sie weder auf der Seite von Carthago noch auf der von Ibague herabkommen können. Der höchste Punkt des Weges, die Garita del Paramo, liegt 3505 Meter über der Fläche des Ozeans. Da der Fuß des Gebirges gegen die Ufer des Cauca hin nicht über 963 Meter erhaben ist, so genießt man daselbst im Durchschnitte ein sehr mildes und gemäßigtes Klima. Der Pfad über die Cordillera ist so eng, daß seine gewöhnliche Breite nicht über 3 bis 4 Decimeter beträgt, und er größtentheils einer offenen, durch den Felsen gehauenen Galerie ähnlich ist. In diesem Theile der Anden ist der Fels, wie beynahe fast überall, mit einer dicken Thonlage bedeckt. Die Wasserbäche, welche von dem Gebirge herabfließen, haben Schluchten von 6 bis 7 Meter Tiefe ausgespühlt. Diese Schluchten, in denen sich der Weg fortzieht, sind mit Morast angefüllt, und ihre Dunkelheit wird noch durch die dichte Vegetation, welche ihren Rand einfaßt, vermehrt. Die Ochsen, deren man sich in diesen Gegenden gemeiniglich als Saumthiere bedient, kommen nur mit größter Mühe in diesen Galerien fort, welche bis auf 2000 Meter Länge haben. Hat man das Unglück, solchen Saumthieren zu begegnen, so ist kein anderes Mittel, ihnen aus dem Wege zu gehen, als den Pfad wieder zurück zu wandeln, oder auf die Erdmauer zu steigen, welche die Schlucht einfaßt, und sich da an den Wurzeln festzuhalten, die von dem Baumwerke der Höhen hervorragen.

Als wir im Monate Oktober 1801 zu Fuß und mit zwölf Ochsen, welche unsre Instrumente und Sammlungen trugen, das Quindiu-Gebirge bereisten, litten wir sehr viel durch die beständigen Platzregen, denen wir die drey oder vier letzten Tage bey unsrem Herabsteigen von dem westlichen Abhange der Cordillera ausgesetzt waren. Der Weg führt durch ein sumpfiges, mit Bambusschilf bedecktes Land. Die Stacheln, womit die Wurzeln dieser gigantesken Grasart bewaffnet sind, hatten unsre Fußbekleidung so sehr zerrissen, daß wir genöthigt waren, wie alle Reisende, die sich nicht von Menschen auf dem Rücken tragen lassen wollen, barfuß zu gehen. Dieser Umstand, die beständige Feuchtigkeit, die Länge des

Weges, und die Muskelkraft, welche man, um auf dichtem und schlammigem Thone zu gehen, anwenden muß, und die Nothwendigkeit, durch sehr tiefe Gießbäche von äußerst kaltem Wasser zu waten, machen diese Reise gewiß äußerst beschwerlich; aber in so hohem Grade sie das auch ist, so hat sie doch keine der Gefahren, womit die Leichtgläubigkeit des Volks die Reisenden schreckt. Der Pfad ist freylich schmal, aber die Stellen sind sehr selten, wo er an Abgründen wegführt. Da die Ochsen immer ihre Beine in dieselben Fußstapfen stellen, so bildet sich dadurch eine Reihe von kleinen Gräben, welche den Weg durchschneiden, und zwischen denen eine sehr enge Erderhöhung sich ansetzt. Bey starkem Regen stehen diese Dämme unter dem Wasser, und der Gang des Reisenden wird nun doppelt unsicher, da er nicht weiß, ob er auf den Damm oder in den Graben seinen Fuß setzt.

(Der Beschluß folgt.)

# Pittoreske Ansichten in den Cordilleren

## Straße über den Quindiu in der Cordillera der Anden

## (Beschluß)

——— Da nur wenige wohlhabende Personen in diesen Klimaten die Gewohnheit haben, 15 bis 20 Tage hinter einander, und auf so beschwerlichen Wegen zu Fuß zu gehen, so läßt man sich von Menschen tragen, welche sich einen Sessel auf den Rücken gebunden haben, indem es beym gegenwärtigen Zustande der Straße über den Quindiu unmöglich wäre, sie auf Mauleseln zurückzulegen. Man spricht daher in diesem Lande von Reisen auf dem Rücken eines Menschen (andar en carguero), wie man anderwärts von einer Reise zu Pferd redet. Auch verbindet man gar keine erniedrigende Vorstellung mit dem Gewerbe der Cargueros, und die, welche es treiben, sind keine Indianer, sondern Metis, und manchmal sogar Weisse. Oft hört man mit Erstaunen nakte Menschen, welche dieses in unsern Augen so entehrende Handwerk treiben, mitten im Walde sich herumstreiten, weil der eine dem andern, welcher eine weissere Haut zu haben behauptet, die hochtönenden Titel Don und Sa Merced verweigert. Die Cargueros tragen gewönlich 6 bis 7 Arrobas (75 bis 80 Kilogramme); und manche sind so stark, daß sie bis auf 9 Arrobas aufladen. Bedenkt man die ungeheure Anstrengung dieser Unglücklichen, welche oft 8 bis 9 Stunden machen müssen, die sie täglich in dem Gebirgslande zurücklegen; weiß man, daß ihr Rücken manchmal wund gedrükt wird, wie der Rücken der Saumthiere, und die Reisenden oft grausam genug sind, sie, wenn sie krank werden, mitten im Walde liegen zu lassen; weiß man überdies, daß sie auf einer Reise von Ibague nach Carthago, in einer Zeit von 15, und selbst von 25 bis 30 Tagen, nicht mehr als 12 bis 14 Piaster (60 bis 70 Fr.) gewinnen, so begreift man kaum, wie alle starke, junge Leute, die am Fuß dieser Gebirge wohnen, dieses Gewerbe der Cargueros, eines der mühseligsten von allen, denen sich die Menschen ergeben, freywillig wählen können. Allein der Hang zu einem freyen, herumstreifenden Leben und die Idee einer gewissen Unabhängigkeit in den Wäldern lassen sie diese beschwerliche Beschäftigung den monotonen und Sitz-Arbeiten der Städte vorziehen.

Indeß ist der Weg über das Quindiu-Gebirge nicht die einzige Gegend im südlichen Amerika, wo man auf dem Rücken von Menschen reist. Die ganze Provinz von Antioquia z. B. ist mit Gebirgen umgeben, über welche so schwer zu kommen ist, daß diejenigen, die sich der Geschicklichkeit eines Carguero nicht anvertrauen wollen, und nicht stark genug sind, um den Weg von Santa-Fe de Antioquia nach der Boca de Nares, oder nach dem Rio Samana zu Fuß zu machen, dieses Land gar nicht verlassen können. Ich habe einen Bewohner dieser Provinz gekannt, dessen Körperumfang ungewöhnlich groß war. Er hatte nur zwey Metis gefunden, welche im Stande waren, ihn zu tragen, und er hätte unmöglich wieder nach Hause zurückkehren können, wenn diese beyden Cargueros während seines Aufenthalts an den Ufern des Magdalenenflusses in Mompox oder in Honda gestorben wären. Der jungen Leute, die sich im Choco, in Ibague und in Medellin als Lastthiere gebrauchen lassen, sind so viele, daß man öfter ganzen Reihen von 50 bis 60 begegnet. Als man vor einigen Jahren den Plan hatte, den Gebirgsweg von dem Dorfe Nares nach Antioquia für die Maulthiere zu bahnen, so machten die Cargueros in aller Form Vorstellungen gegen die Verbesserung der Straße, und die Regierung war schwach genug, ihren Einwendungen zu willfahren. Indeß muß hier auch bemerkt werden, daß die mexikanischen Bergwerke eine Menschenklasse enthalten, die keine Beschäftigung hat, als – Andre auf ihrem Rücken zu tragen. In diesen Klimaten sind die Weissen so träge, daß jeder Bergwerksdirektor einen oder zween Indianer in seinem Solde hat, welche seine Pferde (cavallitos) heißen, weil sie sich alle Morgen satteln lassen, und auf einen kleinen Stock gestützt, und mit vorgeworfenem Körper ihren Herrn von einem Theile des Bergwerks nach dem andern tragen. Unter den Cavallitos und Cargueros unterscheidet und empfielt man den Reisenden diejenigen, die sichere Füsse und einen sanften, gleichen Schritt haben, und es thut einem recht wehe, von den Eigenschaften eines Menschen in Ausdrücken reden zu hören, mit welchen man den Gang der Pferde und Maulthiere bezeichnet.

Diejenigen, welche sich auf dem Sessel eines Carguero tragen lassen, müssen mehrere Stunden hintereinander unbeweglich und rückwärts den Körper gesenkt dasitzen. Die geringste Bewegung würde den, der sie trägt, stürzen machen, und ein Sturz ist hier um so gefährlicher, da der Carguero, in zu großem Vertrauen auf seine Geschicklichkeit, oft die steilsten Abhänge wählt, oder auf einem schmalen und glitschigen Baumaste über einen Waldstrom setzt. Indeß sind Unglücksfälle sehr selten, und müssen, wo sie auch geschehen sind, der Unklugheit der Reisenden beygemessen werden, welche, durch einen Mißtritt ihres Carguero erschreckt, von ihrem Sessel herabgesprungen sind.

Ist man in Ibague angekommen, und rüstet sich zu der Reise über den Quindiu, so läßt man in den benachbarten Gebirgen einige hundert Vijao-Blätter schneiden, eine Pflanze aus der Familie der Pisangs, welche ein neues, an das des Thalia gränzendes, Geschlecht bildet, und die man ja nicht mit der Heliconia Bihai verwechseln darf. Diese Blätter, welche häutig und glänzend sind, wie die des Musa, haben eine ovale Form, 54 Centimeter (20 Zoll) Länge, und 37 Centimeter (14 Zoll) Breite. Ihre untere Fläche ist silberweiß, und mit einer mehligen Materie bedeckt, die sich schuppenweise ablöst. Dieser eigenthümliche Firniß macht, daß sie dem Regen lange widerstehen können. Sammelt man sie, so macht man einen Einschnitt in die Haupt-Rippe, welcher die Stelle des Hacken vertritt, an den man sie aufhängt, wenn man das tragbare Dach aufrichtet; dann dehnt man sie aus, und rollt sie sorgfältig zu einem cylinderförmigen Packe zusammen. Um eine Hütte, in welcher 6 bis 8 Personen schlafen können, zu bedecken, braucht man 50 bis 60 Kilogramme Blätter. Kommt man mitten in den Wäldern auf eine Stelle, wo der Boden trocken ist, und man die Nacht zubringen will, so hauen die Cargueros einige Baumäste, die sie in Form eines Zelts zusammenstellen. In einigen Minuten ist dieses leichte Gebälke mit Lianen- und Agaven-Fasern, die 3 bis 4 Decimeter von einander parallel laufen, in Quadrate getheilt. Während dieser Zeit hat man den Pak von Vijao-Blättern auseinander gerollt, und mehrere Personen sind beschäftigt, sie an dem Gegitter zu befestigen, das sie am Ende wie die Dachziegel bedecken. Dergleichen Hütten sind sehr frisch und bequem, ob man sie gleich in größter Eile ausführt. Bemerkt der Reisende bey Nacht, daß der Regen eindringt, so zeigt er nur die Stelle, welche tropft, und ein einziges Blatt hilft dem Uebelstande ab. Wir brachten im Thale von Boquia mehrere Tage unter einem solchen Blätterzelt, ohne naß zu werden, zu, obgleich der Regen sehr stark, und beynahe unaufhörlich war.

Das Quindiu-Gebirg ist eine der reichsten Gegenden an nüzlichen und merkwürdigen Pflanzen. Hier fanden wir den Palmbaum (Ceroxylon andicola), dessen Stamm mit vegetabilischem Wachs bedeckt ist; Passionsblumen in Bäumen, und die prächtige Mutisia grandiflora, deren scharlachrothe Blumen 16 Centimeter (6 Zoll) lang sind. Die Wachs-Palme erreicht die ungeheure Höhe von 58 Meter, oder 180 Fuß, und der Reisende erstaunt, eine Pflanze aus diesem Geschlechte unter einer beynahe kalten Zone, und über 2800 Meter über der Meeresfläche zu finden. (Siehe mein Essai sur la géographie des plantes, S. 59, und mein Recueil d'observations astronomiques, B. II, S. 21, die Plantes équinoxiales décrites et publiées par M. Bonpland, B. I, S. 3, 76 u. 177, Pl. I, XXI u. L.)

# Pittoreske Ansichten in den Cordilleren

## Die Kaskade von Tequendama

——— Das Plateau, auf welchem die Stadt Santa-Fe de Bogota liegt, hat in mehrern Zügen Aehnlichkeit mit demjenigen, auf welchem sich die mexikanischen Seen befinden. Beyde sind höher als das Kloster auf dem Sankt Bernhard, und zwar ist das erste 2660 Meter (1365 Toisen) und das zweyte 2277 Meter (1168 Toisen) über dem Meeresspiegel erhaben. Das Thal von Mexiko ist mit einer Cirkelmauer von Porphyr-Gebirgen umgeben, und in seiner Mitte mit Wasser bedeckt, indem keiner der vielen Gießbäche, die sich in dieses Thal herabstürzen, ehe die Europäer den Kanal von Huehuetoca gegraben hatten, in dem selben einen Ausfluß fand. Das Plateau von Bogota ist gleichermaßen mit hohen Gebirgen eingefaßt, und der wagerechte Zustand seines Bodens, seine geologische Beschaffenheit, die Form der Felsen von Suba und Facataliva, die sich wie Eilande in der Mitte der Steppen erheben, alles scheint hier das ehemalige Daseyn eines Sees zu verrathen. Der Fluß Funzha, welcher gewöhnlich Rio de Bogota heißt, hat sich, nachdem er alle Wasser des Thals aufgenommen, durch die Gebirge, die südwestlich von der Stadt Santa-Fe liegen, ein Bette gebrochen. Bey der Pächterey Tequendama verläßt er das Thal, und stürzt sich durch eine enge Oeffnung in eine Kluft, die sich gegen das Bassin des Magdalenen-Flusses herabzieht. Versuchte man es, diese Oeffnung, die einzige in dem Thale von Bogota, zu verschließen, so würden diese fruchtbaren Ebenen sehr bald in einen See, welcher den mexikanischen Seen ähnlich wäre, verwandelt seyn.

Es ist gar nicht schwer, den Einfluß zu entdecken, welchen diese geologischen Thatsachen auf die Traditionen der alten Bewohner der Gegenden gehabt haben. Indeß wollen wir nicht entscheiden, ob der Anblick dieser Orte selbst bey Völkern, welche von der Civilisation nicht mehr sehr fern waren, auf Hypothesen über die ersten Revolutionen des Globus geleitet hat, oder ob die großen Ueberschwemmungen im Thale von Bogota neu genug gewesen sind, um sich im Andenken der Menschen zu erhalten. Ueberall vermischen sich historische Ueberlieferungen mit religiösen Meinungen; und es ist merkwürdig, hier an diejenigen zu erinnern, welche der Eroberer dieses Landes, Gonzalo Ximenez de Quesada, als er zuerst in die Gebirge von Cundinamarca eindrang, unter den Muyscas-, Panchas- und Natagaymas-Indianern verbreitet gefunden hat. (Siehe Lucas Fernandez Piedrahita, Obispo de Panama, Historia general del nuevo Reyno de Grenada, S. 17, ein Werk, das nach Quesada's Handschriften ausgearbeitet ist.)

In den ältesten Zeiten, ehe noch der Mond die Erde begleitete, erzählt die Mythologie der Muyscas- oder Mozcas-Indianer, lebten die Bewohner des Plateau von Bogota als Barbaren, nackt, ohne Ackerbau, ohne Gesetze und ohne Religion. Plötzlich erschien aber ein Greis unter ihnen, welcher aus den Ebenen östlich von der Cordillera von Chingasa kam, und von einer andern Race zu seyn schien, als der der Eingebornen, indem er einen langen starken Bart trug. Er war unter drey verschiedenen Namen bekannt, nämlich als Bochica, Nemquetheba und Zuhé. Dieser Greis lehrte die Menschen, gleich Manco-Capac, sich zu bekleiden, Hütten zu bauen, die Erde zu bearbeiten, und sich in Gesellschaft zu vereinigen. Bey sich hatte er eine Frau, welcher die Tradition gleichfalls die Namen gibt, und zwar Chia, Yubecayguaya und Huythaca. Dieses Weib, das außerordentlich schön, aber auch eben so boshaft war, arbeitete ihrem Manne in Allem, was er zum Glücke der Menschen unternahm, entgegen. Durch ihre Zauberkünste machte sie den Fluß

Funzha anschwellen, dessen Wasser das Thal von Bogota überschwemmten. In dieser Fluth kamen die meisten Einwohner um, und nur einige retteten sich auf die Spitze der benachbarten Gebirge. In seinem Zorne hierüber verjagte der Greis die schöne Huythaca weit von der Erde; sie wurde zum Mond, der von da an unsern Planeten bey Nacht beleuchtet. Endlich zerriß Bochica, sich der auf den Gebirgen umherirrenden Menschen erbarmend, mit mächtiger Hand die Felsen, welche das Thal auf der Seite von Canoas und Tequendama schließen, ließ die Wasser des Sees von Funzha durch diese Oeffnung abfließen, vereinigte die Völker aufs Neue im Thal von Bogota, baute Städte, führte die Anbetung der Sonne ein, ernannte Oberhäupter, unter welche er die geistliche und weltliche Macht vertheilte, und zog sich am Ende unter dem Namen Idacanzas in das heilige Thal von Iraca bey Tunja zurück, wo er in Uebungen der strengsten Buße noch über 2000 Jahre lang fortlebte.

Reisende, welche die imposante Lage der großen Kaskade des Tequendama gesehen haben, werden sich nicht wundern, daß rohe Völker diesen Felsen, welche wie von Menschenhänden durchgehauen scheinen, diesem engen Schlunde, in den sich ein Fluß stürzt, der alle Wasser des Thals von Bogota aufnimmt, diesen Regenbogen, die in den schönsten Farben glänzen, und jeden Augenblick ihre Form verändern, dieser Dunstsäule, die sich wie eine dicke Wolke erhebt, und die man in einer Entfernung von 5 Meilen bey einem Spaziergange um die Stadt Santa-Fe noch erkennt: daß sie allem diesem einen wunderbaren Ursprung gegeben haben. Von solchem majestätischem Schauspiel kann ein Kupferstich nur eine schwache Vorstellung geben; denn, wenn es schwer ist, die Schönheiten einer Kaskade zu beschreiben, so ist es noch weit schwerer, sie in einer Zeichnung fühlbar zu machen. Der Eindruck, den sie auf die Seele des Beobachters machen, hängt von mehrern Umständen ab. Die Wassermasse, die sich herabstürzt, muß in richtigem Verhältnisse zur Höhe ihres Falls seyn, und die sie umgebende Gegend einen romantischen wilden Karakter haben. Die Pissevache und der Staubbach in der Schweiz haben eine sehr große Höhe, aber ihre Wassermasse ist unbeträchtlich. Der Niagara- und der Rhein-Fall hingegen zeigen eine ungeheure Wassermasse, aber ihr Fall ist nicht über 50 Meter Höhe. Eine Kaskade, die mit nur wenig erhabenen Hügeln umgeben ist, macht weniger Wirkung, als die Wasserfälle, die man in den tiefen Thälern der Alpen, der Pyrenäen, und besonders der Anden-Cordillera sieht. Außer der Höhe und dem Umfange der Wassersäule und außer der Gestaltung des Bodens und dem Anblicke der Felsen gibt die Kraft und die Form der Bäume und der Graspflanzen, ihre Vertheilung in Gruppen oder einzelne Sträuße, und der Kontrast zwischen den Steinmassen und der frischen

Vegetation, solchen großen Naturscenen einen besondern Karakter. So würde der Sturz des Niagara noch weit schöner seyn, wenn seine Umgebungen, statt sich unter einer nördlichen Zone in der Gegend der Pinien und Eichen zu befinden, mit Heliconia, Palmen und baumartigem Farrenkraut geschmückt wären.

(Der Beschluß folgt.)

# Pittoreske Ansichten in den Cordilleren

## Die Kaskade von Tequendama

## (Beschluß)

——— Der Fall (Salto) des Tequendama vereinigt Alles, was eine Gegend im höchsten Grade mahlerisch machen kann. Indeß ist er nicht die höchste Kaskade auf der Erde, wie man im Lande selbst glaubt, (Piedrahita, S. 19. Julian, la Perla de la America, provincia de Santa Martha, 1787, S. 9.) und wie es die Physiker in Europa wiederholt haben (Gehler physikalisches Wörterbuch, B. IV, S. 655). Der Fluß stürzt sich nicht, wie Bouguer sagt, (Figure de la terre, S. 92.) in einen Abgrund von fünf bis sechshundert Meter perpendikulärer Tiefe; aber es wird kaum eine Kaskade geben, welche bey einer so ansehnlichen Fallhöhe eine so große Wassermasse enthält. Der Rio de Bogota hat, nachdem er die Sümpfe zwischen den Dörfern Facatativa und Fontibon getränkt, noch bey Canoas, etwas über dem Salto, eine Breite von vier und vierzig Metern, und ist also halb so breit, als die Seine in Paris zwischen dem Louvre und dem Palais des arts. Nahe bey dem Wasserfalle selbst, wo die Kluft, die durch ein Erdbeben gebildet zu seyn scheint, nur zehn bis zwölf Meter Oeffnung hat, verengt sich der Fluß sehr. Aber auch zur Zeit der Dürre hat die Wassermasse, die sich in zwey Streifen hundert und fünf und siebenzig Meter tief herabstürzt, ein Profil von neunzig Quadrat-Metern. Auf der Zeichnung dieser Kaskade hat man zwey Männer als Masstab für die Gesammt-Höhe des Salto angebracht. Der Punkt, auf welchem sie am obern Rande stehen, ist zwey tausend vierhundert sieben und sechszig Meter über den

Meeresspiegel erhaben. Von diesem Punkte bis an den Magdalenen-Strom hat der kleine Fluß Bogota, welcher am Fuße der Kaskade die Namen Rio de la Mesa, oder de Tocayma, oder del Collegio annimmt, noch über zweytausend einhundert Meter Fall, welches über hundert und vierzig Meter auf die gewöhnliche Meile beträgt.

Der Weg, welcher von der Stadt Santa-Fe nach dem Salto des Tequendama führt, geht durch das Dorf Suacha und die große Pächterey Canoas, welche durch ihre schönen Weizen-Ernten bekannt ist. Man glaubt, daß die ungeheure Dunstmasse, die sich täglich aus der Kaskade erhebt, und durch den Kontakt der kalten Luft wieder niedergestürzt wird, viel zur großen Fruchtbarkeit dieses Theils des Plateau von Bogota beyträgt. In einer kleinen Entfernung von Canoas, auf der Höhe von Chipa, genießt man eine prächtige Aussicht, welche den Reisenden durch die Kontraste, die sie darstellt, in Erstaunen setzt. Man hat so eben die mit Weizen und Gerste bebauten Felder verlassen, sieht nun, außer den Aralia's, der Alstonia theaeformis, den Begonia und den gelben Fieberrinden-Baum, (Cinchona cordifolia, Mut.) Eichen, Ulmen und andre Pflanzen um sich her, deren Wuchs an europäische Vegetation erinnert, und entdeckt, wie von einer Terrasse herab, so zu sagen zu seinen Füßen, ein Land, wo Palmen, Pisangs und Zucker-Rohr wachsen. Da die Kluft, in welche sich der Rio de Bogota stürzt, an die Ebenen der heissen Region (tierra caliente) stößt, so haben sich einige Palmen bis an den Fuß der Kaskade herangemacht. Wegen dieses besondern Umstandes sagen die Bewohner von Santa-Fe, der Fall des Tequendama sey so hoch, daß das Wasser in Einem Sprunge aus dem kalten Lande (terra fria) in das heiße stürze. Indeß sieht man wol, daß eine Höhen-Verschiedenheit von blos hundert fünf und siebenzig Metern nicht hinlänglich ist, um eine fühlbare Veränderung in der Luft-Temperatur hervorzubringen. Wirklich bewirkt die Höhe des Bodens den Kontrast zwischen der Vegetation des Plateau von Canoas und der in der Kluft nicht; denn wenn der Fels von Tequendama, welcher ein Sandstein auf einer Thon-Basis ist, nicht so schroff abgeschnitten, und das Plateau von Canoas eben so gut vor Wind und Wetter geschützt wäre, so hätten sich die Palmbäume, welche am Fuße der Kaskade wachsen, gewiß schon an dem obern Rande des Flusses fortgepflanzt. Uebrigens ist diese Vegetation für die Bewohner des Thals von Bogota um so merkwürdiger, da sie in einem Klima wohnen, wo der Thermometer sehr oft auf den Gefrierpunkt herabsinkt.

Nicht ohne Gefahr ist es mir gelungen, Instrumente in die Kluft selbst bis an den Fuß der Kaskade zu bringen. Auf einem engen Pfade (Camino de la Culebra), der nach der Kluft de la Povasa führt, braucht man drey Stunden zum Hinuntersteigen. Ungeachtet der Fluß in seinem Sturze eine Menge Wasser verliert, das sich in Dünste verwandelt, so ist der Strom unten dennoch so reißend, daß sich der

Beobachter dem Bassin, welches sich der Wasserfall ausgehöhlt hat, auf hundert und vierzig Meter nicht nähern kann. Der Grund dieser Schlucht wird nur schwach vom Tageslicht erleuchtet. Die Einsamkeit des Orts, der Reichthum der Vegetation und das schreckliche Geräusch, welches man vernimmt, machen den Fuß der Kaskade des Tequendama zu einer der wildesten Gegenden in den Kordilleren.

# Pittoreske Ansichten in den Cordilleren

## Ansicht des Chimborazo und des Carguairazo

——— Die Anden-Cordillera theilt sich bald in verschiedene Zweige, welche durch der Länge nach sich erstreckende Thäler von einander getrennt sind, bald bildet sie nur eine einzige Masse, welche in vulkanische Spitzen ausgezackt ist. Die großen Thäler zwischen den beyden Seiten-Aesten und der Central-Kette sind Bassins zweyer beträchtlicher Flüsse, deren Grund noch niedriger über dem Meeresspiegel steht, als das Bett der Rhone, wo ihr Wasser das Thal von Sion in den Ober-Alpen ausgegraben hat. Reist man von Popayan südwärts, so sieht man auf dem dürren Plateau der Provinz de los Pastos die drey Ketten-Glieder der Anden in einer Gruppe zusammentreffen, welche sich weit jenseits des Aequators erstreckt.

Diese im Königreiche Quito gelegene Gruppe stellt von dem Flusse Chota an, der sich durch Basalt-Gebirge hinwindet, bis zum Paramo vom Assuay, auf welchem sich die merkwürdigen Reste peruanischer Baukunst erheben, eine ganz eigene Ansicht dar. Die höchsten Gipfel stehen in zwey Reihen, die einen doppelten Kamm der Cordillera bilden, und diese kolossalen, mit ewigem Schnee bedeckten Bergspitzen haben den Operationen der französischen Akademiker bey ihrer Messung des Aequatorial-Grades zu Signalen gedient. Ihre symmetrische Stellung auf zwey von Norden nach Süden laufenden Linien verführte Bouguer'n sie als zwey durch ein der Länge nach laufendes Thal getrennte Ketten-Glieder anzusehen: Allein, was dieser berühmte Astronom den Grund eines Thals nennt, ist der Rücken der Anden selbst, und ein Plateau, dessen absolute Höhe zweytausend siebenhundert bis zweytausend neunhundert Meter beträgt. Es ist von Wichtigkeit, einen solchen doppelten Gebirgs-Kamm nicht mit einer wirklichen Verzweigung der Cordilleren zu verwechseln.

Die mit Bimsstein bedeckte Ebene, welche den ersten Plan der Zeichnung bildet, die wir hier beschreiben, ist ein Theil des Plateau, welches den westlichen Kamm von dem östlichen der Anden von Quito scheidet. In diesen Ebenen ist die Bevölkerung des wunderbaren Landes vereinigt, und hier liegen die Städte, welche dreißig bis fünfzigtausend Einwohner zählen. Hat man einige Monate auf diesem hohen Plateau gelebt, wo sich der Barometer immer auf $0^{m}$, 54 hält, so wird man von einer unwiderstehlichen Täuschung hingerissen, und vergißt es nach und nach völlig, daß Alles, was den Beobachter umgibt, daß diese Dörfer mit der Industrie eines Gebirgsvolks, diese mit Lama's und europäischen Schafen bedeckten Weiden, diese mit lebendigem Gehege von Duranta und Barnadesia eingefaßten Obstgärten, diese sorgfältig bearbeiteten und reiche Ernten versprechenden Aecker gleichsam in die hohen Regionen der Atmosphäre aufgeknüpft sind; und man erinnert sich kaum, daß der Boden, den man bewohnt, höher über den nahen Küsten des stillen Meeres liegt, als der Gipfel des Canigu über dem Bassin des mittelländischen Meeres.

Betrachtet man den Rücken der Cordilleren als eine ungeheure, von fernen Gebirgsmassen begränzte Ebene, so gewöhnt man sich, die Ungleichheiten des Kamms der Anden als eben so viele isolirte Spitzen anzusehen. Der Pichincha, der Cayambe, der Cotopaxi, und alle diese vulkanischen Piks, welche mit eigenen Namen bezeichnet sind, unerachtet sie bis über die Hälfte ihrer ganzen Höhe nur eine Masse ausmachen, scheinen in den Augen der Bewohner von Quito eben so viele einzelne Berge, die sich mitten auf einer waldlosen Ebene erheben, und diese Täuschung wird um so vollständiger, da die Einschnitte des doppelten Kamms der Cordilleren bis zu der Fläche der hohen bewohnten Ebenen herabreichen. Die Anden stellen sich daher auch nur in großer Entfernung, wie von den Küsten des großen Oceans oder von den Steppen, welche sich an ihrem östlichen Abhange hinstrecken, als eine völlige Kette dar. Steht man hingegen auf dem Rücken der Cordilleren selbst, entweder im Königreiche Quito, oder in der Provinz de los Pastos, oder noch nördlicher im Innern von Neu-Spanien, so sieht man blos einen Haufen einzelner Berggipfel und Gruppen isolirter Gebirge, welche sich von dem Central-Plateau losmachen; denn je größer die Masse der Cordilleren ist, um so schwerer findet man es, ihren Bau und ihre Form im Ganzen aufzufassen.

Und dennoch wird das Studium dieser Form und dieser Gebirgs-Physionomie, wenn ich den Ausdruck wagen darf, durch die Richtung der hohen Ebenen, welche den Rücken der Anden bilden, wunderbarlich erleichtert. Reist man von der Stadt Quito nach dem Paramo von Assuay, so sieht man auf einer Länge von sieben und dreißig Meilen nach einander westwärts die Spitzen des Casitagua, Pichincha, Atacazo, Corazon, Iliniza, Carguairazo, Chimborazo und Cunambay, und gegen Osten die Gipfel des Guamani, Antisana, Passuchoa, Ruminavi, Cotopaxi, Quelendanna, Tungurahua und Capa-Urcu erscheinen, welche sämmtlich, mit Ausnahme von dreyen oder vieren, höher sind, als der Montblanc. Diese Gebirge stehen auf eine Weise da, daß sie, vom Central-Plateau aus betrachtet, statt sich gegenseitig zu bedecken, vielmehr in ihrer wahren Gestalt sich, wie auf das azurne Himmelsgewölbe gemahlt, darstellen. Man glaubt auf einem und demselben vertikalen Plane ihren ganzen Umriß zu sehen; sie erinnern an den imposanten Anblick der Küsten von Neu-Norfolk und des Cook-Flusses, und gleichen einem schroffen Uferlande, das sich aus dem Meere hebt, und um so näher scheint, da kein Gegenstand zwischen ihm und dem Auge des Beobachters steht.

Wie sehr indeß der Bau der Cordilleren und die Form des Central-Plateau die geologischen Beobachtungen begünstigen, und wie leicht sie es dem Reisenden machen, die Umrisse des doppelten Kamms der Anden in der Nähe zu untersuchen, so sehr verkleinert die ungeheure Höhe dieses Plateau dafür auch die Gipfel, welche, auf Inselchen in den weiten Raum der Meere gestellt, wie der Mowna-Roa, und der Pik von Teneriffa, durch ihre furchtbare Höhe Staunen erregen würden. Die Ebene von Tapia hat eine absolute Höhe von zweytausend, einhundert und ein und neunzig Metern (vierzehnhundert und drey und achtzig Toisen); ist also nur ein Sechszehentheil niedriger, als der Aetna. Der Gipfel des Chimborazo reicht somit blos dreytausend sechshundert und vierzig Meter über die Höhe dieses Plateaus weg, und demnach vier und achtzig Meter weniger, als die Spitze des Mont-Blanc über die Priorey von Chamonix; denn die Verschiedenheit des Chimborazo und des Mont-Blanc verhält sich ungefähr wie jene der Höhe des Plateau von Tapia und des Grundes vom Chamonis-Thale. Auch der Gipfel des Pik von Teneriffa ist, gegen die Lage der Stadt Orotava verglichen, höher, als der Chimborazo und der Mont-Blanc über Riobamba und Chamonix.

(Der Beschluß folgt.)

# Pittoreske Ansichten in den Cordilleren

## (Beschluß)

——— Gebirge, welche uns durch ihre Höhe in Erstaunen setzen würden, wenn sie am Meeres-Ufer stünden, scheinen, auf den Rücken der Cordilleren gestellt, bloße Hügel. Quito z. B. lehnt sich an einen kleinen Kegel, Javirac genannt, der den Bewohnern dieser Stadt nicht höher vorkommt, als der Mont-Martre oder die Höhen von Meudon den Parisern; und dennoch hat er, nach meinen Messungen, dreytausend einhundert und ein und zwanzig Meter (1600 Toisen) absolute Höhe, und erhebt sich demnach beynahe so hoch, als der Gipfel des Marboré, einer der höchsten Spitzen der Pyrenäen-Kette.

Neben allen Wirkungen dieser Täuschung, welche durch die Höhe der Plateaus von Quito, von Mutalo und von Riobamba verursacht wird, würde man dennoch auf den Küsten oder auf dem östlichen Abhange des Chimborazo vergebens eine Stelle suchen, welche eine so prächtige Ansicht der Cordillera gestattete, als ich sie, mehrere Wochen lang, von der Ebene von Tapia aus genossen habe. Sieht man auf dem Rücken der Anden, zwischen dem doppelten Kamme, welchen die kolossalen Spitzen des Chimborazo, des Pungurakua und des Cotopaxi bilden, so ist man ihren Gipfeln immer noch nahe genug, um sie unter sehr ansehnlichen Höhenwinkeln zu sehen. Steigt man aber gegen die Wälder herab, welche den Fuß der Cordilleren einschließen, so werden diese Winkel sehr klein; denn wegen der ungeheuren Masse der Gebirge entfernt man sich, je mehr man sich der Meeresfläche nähert, sehr schnell von den Gipfeln.

Ich (Humboldt) habe die Umrisse des Chimborazo und des Carguairazo mit Anwendung derselben geographischen Mittel gezeichnet, wie ich sie bey der Beschreibung meiner Zeichnung des Cotopaxi angegeben habe. Die Linie, welche die untern Gränze des ewigen Schnees bezeichnet, ist immer noch etwas höher, als der Mont-Blanc; denn dieser Berg würde unter dem Aequator blos zuweilen mit Schnee bedeckt werden. Die sich gleich bleibende Temperatur dieser Zone macht die Wirkung, daß die Gränze des ewigen Eises nicht so unregelmäßig ist, wie in den Alpen und in den Pyrenäen. Auf dem nördlichen Abhange des Chimborazo, zwischen diesem Berge und dem Carguairazo, zieht sich der Weg hin, welcher von Quito nach Guayaquil gegen die Küsten des stillen Meeres führt. Die mit Schnee bedeckten Auswüchse, welche sich auf dieser Seite erheben, erinnern durch ihre Form an die des Dome du Gouté, vom Chamonix-Thale aus betrachtet. Auf einer schmalen Gräthe, welche sich auf der Süd-Seite aus dem Schnee erhebt, versuchten wir, Hr. Bonpland, Hr. Montufar und ich, die Spitze des Chimborazos zu erreichen. Trotz des dicken Nebels und der Schwierigkeit, in der dünnen Luft Athem zu holen, brachten wir doch Instrumente auf eine beträchtliche Höhe. Der Punkt, wo wir stille hielten, um die Inklination der Magnetnadel zu beobachten, scheint viel höher, als alle andere, welche je von Menschen auf Gebirgeshöhen erreicht worden sind, und liegt eilfhundert Meter erhabener, als die Spitze des Mont-Blanc, auf die es Hrn. Saussure, dem gelehrtesten und beherztesten Reisenden, nach Besiegung viel größerer Schwierigkeiten, als wir auf unsrer Besteigung des Chimborazo fanden, vorzudringen gelungen ist. Solche mühvolle Unternehmungen, deren Erzählung gewöhnlich die Aufmerksamkeit des Publikum im höchsten Grade anzieht, werfen indeß nur wenige Resultate für die Wissenschaften ab; denn der Reisende befindet sich auf einem mit Schnee bedeckten Boden, in einer Schichte von Luft, deren chemische Mischung der in den niedrigern Gegenden gleich kommt, und in einer Lage, wo feinere Versuche nicht mit der nöthigen Genauigkeit angestellt werden können.

Die noch thätigen Vulkane, welche nur einen einzigen außerordentlich weiten Krater haben, sind konische Gebirge, mit mehr oder weniger abgestumpfter Spitze, wie der Cotopaxi, der Popocatepec und der Pik von Orizaba. Andre Vulkane, deren Gipfel sich nach einer Menge Eruptionen gesenkt hat, stellen zackige Kämme, schiefe Spitzen, und zerbrochene, Einsturz drohende Felsen dar. Von der Art sind z. B. der Altar, oder der Capac-Urcu, ein Gebirge, das einst höher war, als der Chimborazo, und dessen Zerstörung eine, in der Natur-Geschichte des neuen Continents merkwürdige Epoche bezeichnet; und der Carguairazo, welcher großentheils in der Nacht vom 19 Juli 1698 zusammenstürzte. Wasserströme und Thonauswürfe brachen dazumal aus den geöffneten Seiten des Berges hervor, und machten die ihn umgebenden Gefilde unfruchtbar. Diese schreckliche Katastrophe war überdies von einem Erdbeben begleitet, das Tausende von Einwohnern in den nahen Städten Hambato und Llactacunga verschlang.

Die dritte und die majestätischste Form der hohen Anden-Gipfel ist die des Chimborazo, dessen Spitze abgerundet ist. Sie erinnert an die kraterlosen Auswüchse, welche die elastische Kraft der Dünste in Gegenden auftreibt, wo die grottenreiche Rinde des Globus durch unterirdische Feuer unterminirt ist. Die Ansicht von Granit-Gebirgen hat nur eine schwache Aehnlichkeit mit jener des Chimborazo. Die Granit-Gipfel sind abgeplattete Halbkugeln, und die Trapp-Porphyrs bilden die hochausstrebenden Kuppeln. So sieht man an der Küste der Süd-See, wenn die Luft nach den langen Winterregen plötzlich durchsichtig geworden ist, den Chimborazo, wie eine Wolke, am Himmel erscheinen. Er hat sich völlig von den ihm benachbarten Spitzen losgemacht, und erhebt sich über die ganze Anden-Kette, wie jener majestätische Dom, das Werk von Michael Angelos Genie, über die antiken Denkmahle, welche das Kapitol einfassen.

# Ueber zwei Versuche den Chimborazo zu besteigen

——— Die höchsten Berggipfel beider Continente, im alten der Dhawalagiri (weisse Berg) und der Jawahir (Dschawahir); im neuen der Sorata und Illimani, sind bisher noch nie von Menschen erreicht worden. Der höchste Punkt zu dem man in beiden Continenten auf der Erdoberfläche gelangt ist, liegt in Südamerika am südöstlichen Abfall des Chimborazo. Dort sind Reisende fast bis 18500 Pariser Fuss, nämlich einmal im Junius 1802 bis 3016 Toisen, ein andermal im December 1831 bis 3080 Toisen Höhe über der Meeresfläche gelangt. Barometermessungen wurden also in der Andeskette 3720 Fuss höher als der Gipfel des Montblanc angestellt. Die Höhe des Montblanc ist im Verhältniss der Gestaltung der Cordilleren so unbeträchtlich, dass in diesen vielbetretene Wege (Pässe) höher liegen, ja selbst der obere Theil der grossen Stadt Potosi dem Gipfel des Montblanc nur um 323 Toisen nachsteht. Ich habe es für nöthig gefunden, diese wenigen numerischen Angaben hier voranzuschicken, um der Phantasie bestimmte Anhaltspunkte für die hypsometrische, gleichsam plastische Betrachtung der Erdoberfläche darbieten zu können.

Das Erreichen grosser Höhen ist von geringem wissenschaftlichen Interesse, wenn dieselben weit über der Schneegrenze liegen, und nur auf wenige Stunden besucht werden können. Unmittelbare Höhenbestimmungen durch das Barometer gewähren zwar den Vortheil schnell zu erhaltender Resultate, doch sind die Gipfel meist nahe mit Hochebenen umgeben, die zu einer trigonometrischen Operation geeignet sind, und in denen alle Elemente der Messung wiederholt geprüft werden können, während eine einmalige Bestimmung mittelst des Barometers, wegen auf- und absteigender Luftströme am Abhange des Gebirgstockes und wegen dadurch erzeugter Variation in der Temperaturabnahme, beträchtliche Fehler in den Resultaten erzeugt. Die Natur des Gesteins ist wegen der ewigen Schneedecke der geognostischen Beobachtung fast gänzlich entzogen, da nur einzelne Felsrippen (Grathe) mit sehr verwitterten Schichten hervortreten. Das organische Leben ist in diesen hohen Einöden der Erdfläche erstorben. Kaum verirren sich in die dünnen Schichten des Luftkreises der Berggeier (Condor) und geflügelte Insecten, letztere unwillkürlich von Luftströmen gehoben. Wenn ein ernstes wissenschaftliches Interesse kaum noch der Bemühung reisender Physiker, die die höhern Gipfel der Erde zu ersteigen streben, geschenkt wird, so hat sich dagegen im allgemeinen Volkssinne ein reger Antheil an einer solchen Bemühung erhalten. Das, was unerreichbar scheint, hat eine geheimnissvolle Ziehkraft; man will, dass alles erspähet, dass wenigstens versucht werde, was nicht errungen werden kann. Der Chimborazo ist der ermüdende Gegenstand aller Fragen gewesen, die seit meiner ersten Rückkunft nach Europa an mich gerichtet wurden. Die Ergründung der wichtigsten Naturgesetze, die lebhafteste Schilderung der Pflanzenzonen und der, die Objecte des Ackerbaues bestimmenden Verschiedenheit der Klimate, welche schichtenweise über einander liegen, waren selten fähig, die Aufmerksamkeit von dem schneebedeckten Gipfel abzulenken den man damals noch (vor *Pentlands* Reise nach Bolivia) für den Culminationspunkt der gangartig ausgedehnten Andeskette hielt.

Ich werde hier aus dem noch ungedruckten Theile meiner Tagebücher die einfache Erzählung einer Bergreise ausziehen. Das ganze Detail der trigonometrischen Messung, die ich bei dem Neuen Riobamba in der Ebene von Tapia angestellt habe, ist in der Einleitung zu dem ersten Bande meiner *astronomischen Beobachtungen* bald nach meiner Rückkunft bekannt gemacht worden. Die Geographie der Pflanzen an dem Abhange des Chimborazo und dem ihm nahen Gebirge (von dem Meeresufer an bis 14800 Fuss Höhe) nach *Kunths* vortrefflichen Bestimmungen der von *Bonpland* und mir gesammelten Alpengewächse der Cordilleren, habe ich auf einer Tafel meines *geographischen* und *physikalischen Atlasses von Südamerika* bildlich darzustellen versucht.

Die Geschichte der Ersteigung selbst, die wenig dramatisches Interesse darbieten kann, war dem vierten und letzten Bande meiner Reise nach den Aequinoctialgegenden vorbehalten. Da aber mein vieljähriger Freund, Herr *Boussingault*, jetzt Professor der Chemie in Lyon, einer der talentvollsten und gelehrtesten Reisenden neuerer Zeit, vor Kurzem auf meine Bitte, sein dem meinen sehr ähnliches Unternehmen in den *Annales de Chimie et de Physique*[1] beschrieben hat, und da unsere Beobachtungen sich gegenseitig ergänzen, so wird dies einfache Fragment eines Tagebuchs, das ich hier bekannt mache, sich wohl einer nachsichtsvollen Aufnahme zu erfreuen haben. Allen umständlicheren geognostischen und physikalischen Discussionen werde ich mich vorläufig enthalten.

---

1 S. auch *Poggendorffs* Ann. d. Physik, B. XXXIV. S. 193–220.

Den 22. Junius 1799 war ich im Crater des Pic von Teneriffa gewesen, 3 Jahre darauf, fast an demselben Tage (den 23. Junius 1802), gelangte ich 6700 Fuss höher bis nahe an den Gipfel des Chimborazo. Nach einem langen Aufenthalte in dem Hochlande von Quito, einer der wundervollsten und malerischsten Gegenden der Erde, unternahmen wir die Reise nach den Chinawäldern von Loxa, dem oberen Laufe des Amazonenflusses, westlich von der berühmten Stromenge (Pongo de Manseriche) und durch die sandige Wüste längst dem peruanischen Ufer der Südsee nach Lima, wo der Durchgang des Merkur durch die Sonnenscheibe (am 9. November 1802) beobachtet werden sollte. Wir genossen mehrere Tage lang, auf der mit Bimstein bedeckten Ebene, in der man (nach dem furchtbaren Erdbeben vom 4. Februar 1797) die neue Stadt Riobamba zu gründen anfing, einer herrlichen Ansicht des glocken- oder domförmigen Gipfels des Chimborazo bei dem heitersten, eine trigonometrische Messung begünstigenden, Wetter. Durch ein grosses Fernrohr hatten wir den noch 15700 Toisen entfernten Schneemantel des Berges durchforscht und mehrere Felsgrathe entdeckt, die wie dürre schwarze Streifen aus dem ewigen Schnee hervorragend, dem Gipfel zuliefen und einige Hoffnung gaben, dass man auf ihnen in der Schneeregion festen Fuss würde fassen können. Riobamba Nuevo liegt im Angesicht des ungeheuren jetzt zackigen Gebirgsstocks Capac-Urcu, von den Spaniern el Altar genannt, der (laut einer Tradition der Eingebornen) einst höher als der Chimborazo war, und, nachdem er viele Jahre lang gespieen, einstürzte. Dieses Schrecken verbreitende Naturereigniss fällt in die Zeit kurz vor der Eroberung von Quito durch den Inca Tupac-Yupanqui. Riobamba Nuevo ist nicht mit dem alten Riobamba der grossen Karte von *La Condamine* und Don *Pedro Maldonado* zu verwechseln. Letztere Stadt ist gänzlich zerstört worden durch die grosse Catastrophe vom 4. Februar 1797, die in wenigen Minuten über 45000 Menschen tödtete. Das neue Riobamba liegt, nach meiner Chronometerbestimmung, 42 Zeitsecunden östlicher als das alte Riobamba, aber fast unter derselben Breite (1° 41′ 46″ südlich. Wir befanden uns in der Ebene von Tapia, aus der wir am 22. Junius unsere Expedition nach dem Chimborazo antraten, schon 8898 Pariser Fuss[2] (1483 Toisen) hoch über dem Spiegel der Südsee. Diese Hochebene, ein Theil des Thalbodens zwischen der östlichen und westlichen Andeskette (der Kette der thätigen Vulkane Cotopaxi und Tungurahua und der Kette des Iliniza und Chimborazo) verfolgten wir sanft ansteigend bis an den Fuss des letzteren Berges, wo wir im indischen Dorfe Calpi übernachten

[2] Also 2890 Meter; *Boussingault* fand 2870 Meter und nach der Erdwärme die mittlere Temperatur der Hochebene von Tapia 16°,4 C.

sollten. Sie ist sparsam mit Cactusstämmen und Schinus molle, der einer Trauerweide gleicht, bedeckt. Heerden buntgefärbter Llamas suchen hier zu Tausenden eine sparsame Nahrung. Auf einer so grossen Höhe schadet die starke nächtliche Wärmestrahlung des Bodens, bei wolkenlosem Himmel, dem Ackerbau durch Erkältung und Frost. Ehe wir Calpi erreichten, besuchten wir Lican, jetzt ebenfalls ein kleines Dorf, aber vor der Eroberung des Landes durch den eilften Inca, (denselben Tupac-Yupanqui, dessen wohlerhaltenen Körper Garcilasso de la Vega noch 1559 in der Familiengruft zu Cuzco gesehen hatte) eine beträchtliche Stadt und der Aufenthaltsort des *Conchocando* oder Fürsten der Puruay. Die Eingebornen glauben, dass die kleine Zahl wilder Llamas, die man am westlichen Abfall des Chimborazo findet, nur verwildert sind und von den, nach der Zerstörung des alten Lican zerstreuten und flüchtig gewordenen Heerden abstammen.

Ganz nahe bei Calpi, nordwestlich von Lican, erhebt sich in der dürren Hochebene ein kleiner isolirter Hügel, *der schwarze Berg, Yana-Urcu*, dessen Name von den französischen Akademikern nicht genannt worden ist, der aber in geognostischer Hinsicht viel Aufmerksamkeit verdient. Der Hügel liegt südsüdöstlich vom Chimborazo, in weniger als drei Meilen (15 auf $1^{\circ}$) Entfernung und von jenem Colosse nur durch die Hochebene von Luisa getrennt. Will man in ihm auch nicht einen Seitenausbruch dieses Colosses erkennen, so ist der Ursprung dieses Eruptionskegels doch gewiss den unterirdischen Mächten zuzuschreiben, die unter dem Chimborazo Jahrtausende lang vergeblich einen Ausweg gesucht haben. Er ist späteren Ursprungs, als die Erhebung des grossen glockenförmigeren Berges. Der Yana-Urcu bildet mit dem nördlicheren Hügel Naguangachi eine zusammenhängende Anhöhe, in Form eines Hufeisens; der Bogen (mehr als Halbzirkel) ist gegen Osten geöffnet. Wahrscheinlich liegt in der Mitte des Hufeisens der Punkt, aus dem die schwarzen Schlacken ausgestossen werden, die jetzt weit umher verbreitet sind. Wir fanden dort eine trichterförmige Senkung von etwa 120 Fuss Tiefe, in deren Innerem ein kleiner runder Hügel steht, dessen Höhe den umgebenden Rand nicht erreicht. Yana-Urcu heisst eigentlich der südliche Culminationspunkt des alten Craterrandes, der höchstens 400 Fuss über der Fläche von Calpi erhaben ist. Naguangachi heisst das nördliche niedere Ende. Die ganze Anhöhe erinnert durch ihre Hufeisenform, aber nicht durch ihr Gestein, an den etwas höheren Hügel Javirac (el Panecillo de Quito), der sich isolirt am Fusse des Vulkan Pichincha in der Ebene von Turubamba erhebt, und der auf *La Condamine's* oder vielmehr *Morainville's* Karte irrig als ein vollkommener Kegel abgebildet ist. Nach der Tradition der Eingebornen und nach alten Handschriften, welche der Cacike oder *Apu* von Lican, ein Abkömmling der alten Fürsten des Landes, (der *Concho-*

*candi*) besass, ist der vulkanische Ausbruch des Yana-Urcu gleich nach dem Tode des Inca Tupa-Yupanqui, also wohl in der Mitte des 15ten Jahrhunderts erfolgt. Die Tradition sagt, es sey eine Feuerkugel oder gar ein Stern vom Himmel gefallen und habe den Berg entzündet. Solche Mythen, welche Aerolithenfälle mit Entzündungen in Verbindung setzen, sind auch unter den mexikanischen Völkerstämmen verbreitet. Das Gestein des Yana-Urcu ist eine poröse, dunkel nelkenbraune, oft ganz schwarze schlackige Masse, die man leicht mit porösem Basalt verwechseln kann. Olivin fehlt gänzlich daran. Die weissen sehr sparsam darin liegenden Krystalle sind überaus klein und wahrscheinlich Labrador. Hier und da sah ich Schwefelkies eingesprengt. Das Ganze gehört wohl dem schwarzen Augit-Porphyr an, wie die ganze Formation des Chimborazo, von dem wir unten reden werden, und der ich nicht den Namen Trachyt geben mag, da sie keinen Feldspath (mit etwas Albit) wie unser Trachyt des Siebengebirges bei Bonn enthält. Die schlackenartigen, durch ein sehr thätiges Feuer veränderten Massen des Yana-Urcu sind zwar überaus leicht, aber eigentlicher Bimstein ist dort nicht ausgeworfen worden. Der Ausbruch ist durch eine graue, unregelmässig geschichtete Masse von Dolerit geschehen, der hier die Hochebene bildet und dem Gestein von Penipe (am Fuss des Vulkans von Tungurahua) ähnlich ist, wo Syenit und granathaltiger Glimmerschiefer durchbrochen worden sind. Am östlichen Abhange des Yana-Urcu, oder vielmehr am Fuss des Hügels gegen Lican zu, führten uns die Eingebornen an einen vorspringenden Fels, an dem eine Oeffnung dem Mundloch eines verfallenen Stollens glich. Man hört hier und auch schon in zehn Fuss Entfernung ein heftiges unterirdisches Getöse, das von einem Luftstrome oder unterirdischen Winde begleitet ist. Die Luftströmung ist viel zu schwach um ihr allein das Getöse zuzuschreiben. Letzteres entsteht gewiss durch einen unterirdischen Bach, der in eine tiefere Höhle herabstürzt und durch seinen Fall die Luftbewegung erregt. Ein Mönch, Pfarrer in Calpi, hatte in derselben Meinung den Stollen auf einer offenen Kluft vor langer Zeit angesetzt, um seinem Dorfe Wasser zu verschaffen. Die Härte des schwarzen Augitgesteins hat wahrscheinlich die Arbeit unterbrochen. Der Chimborazo sendet trotz seiner ungeheuren Schneemasse so wasserarme Bäche in die Hochebene herab, dass man wohl annehmen kann, der grössere Theil seiner Wasser fliesse auf Klüften dem Inneren zu. Auch in dem Dorfe Calpi selbst hörte man ehemals ein grosses Getöse unter einem Hause, das keine Keller hatte. Vor dem berühmten Erdbeben vom 4. Februar 1797 entsprang im Südwesten des Dorfes ein Bach an einem tieferen Punkte. Viele Indianer hielten denselben für einen Theil der Wassermasse die unter dem Yana-Urcu fliesst. Seit dem grossen Erdbeben ist aber dieser Bach wiederum verschwunden.

Nachdem wir die Nacht in Calpi, nach meiner Barometermessung 9720 Fuss (1620 Toisen) hoch über dem Meere zugebracht hatten, begannen wir am 23ten Morgens unsere eigentliche Expedition nach dem Chimborazo. Wir versuchten den Berg von der südsüdöstlichen Seite zu ersteigen und die Indianer, die uns zu Führern dienen sollten, von denen aber nur wenige je bis zur Grenze des ewigen Schnees gelangt waren, gaben dieser Richtung des Weges ebenfalls den Vorzug. Wir fanden den Chimborazo mit grossen Ebenen, die stufenweise über einander liegen, umgeben. Zuerst durchschritten wir die Llanos de Luisa, dann, nach einem nicht sehr steilen Ansteigen von kaum 5000 Fuss Länge, gelangten wir in die Hochebene (Llano) von Sisgun. Die erste Stufe ist 10200, die zweite 11700 Fuss hoch. Diese mit Gras bewachsenen Ebenen erreichen also die eine den höchsten Gipfel der Pyrenäen (den Pic Nethou), die andere den Gipfel des Vulkans von Teneriffa. Die vollkommene Söligkeit (Horizontalität) dieser Hochebenen lassen auf einen langen Aufenthalt stehender Wasser schliessen. Man glaubt einen Seeboden zu sehen. An dem Abhange der Schweizer Alpen bemerkt man bisweilen auch dies Phänomen stufenweise übereinander liegender kleiner Ebenen, welche wie abgelaufene Becken von Alpenseen jetzt durch enge offene Pässe verbunden sind. Die weit ausgedehnten Grasfluren (los Pajonales) sind am Chimborazo, wie überall um die hohen Gipfel der Andeskette, so einförmig, dass die Familie der Gräser (Arten von Paspalum, Andropogon, Bromus, Dejeuxia, Stipa) selten von Kräutern dicotyledonischer Pflanzen unterbrochen werden. Es ist fast die Steppennatur, die ich in dem dürren Theile des nördlichen Asiens gesehen habe. Die Flora des Chimborazo hat uns überhaupt minder reich geschienen als die Flora der andern Schneeberge, welche die Stadt Quito umgeben. Nur wenige Calceolarien, Compositen, (Bidens, Eupatorium, Dumerilia paniculata, Werneria nubigena) und Gentianen, unter denen die schöne Gentiana cernua mit purpurrothen Blüthen hervorleuchtet, erheben sich in der Hochebene von Sisgun zwischen den gesellig wachsenden Gräsern. Diese gehören, der grössten Zahl nach, nordeuropäischen Geschlechtern an. Die Lufttemperatur, die gewöhnlich in dieser Region der Alpengräser (in 1600 und 2000 Toisen Höhe) herrscht, schwankt bei Tage zwischen 4° und 16° Ct., bei Nacht zwischen 0° und 10°. Die mittlere Temperatur des ganzen Jahres scheint für die Höhe von 1800 Toisen nach der von mir in der Nähe des Aequators gesammelten Beobachtungen, ohngefähr 9° zu sein.[3] In dem Flachlande der temperirten Zone ist dies die mittlere Temperatur des nördlichen Deutsch-

[3] Alle Temperaturen sind in diesem Aufsatze nach Graden des hundertheiligen Thermometers ausgedrückt.

lands, z. B. von Lüneburg (Breite 53° 15′), wo aber die Wärmevertheilung unter die einzelnen Monate (das wichtigste Element zur Bestimmung des Vegetationscharakters einer Gegend) so ungleich ist, dass der Februar −1°,8 der Julius +18° mittlerer Wärme hat.

Mein Plan war, in der schönen ganz ebenen Grasflur von Sisgun eine trigonometrische Operation anzustellen. Ich hatte mich dazu vorbereitet, dort eine Standlinie zu messen. Die Höhenwinkel wären sehr beträchtlich ausgefallen, da man dem Gipfel des Chimborazo nahe ist. Es blieb nur noch eine senkrechte Höhe von weniger als 8400 Fuss (eine Höhe, wie der Canigou in den Pyreneen) zu bestimmen übrig. Bei der ungeheuren Masse der einzelnen Berge in der Andeskette ist doch jede Bestimmung der Höhe über der Meeresfläche aus einer barometrischen und trigonometrischen zusammengesetzt. Ich hatte den Sextanten und andere Messinstrumente vergeblich mitgenommen. Der Gipfel des Chimborazo blieb in dichtem Nebel gehüllt. Aus der Hochebene von Sisgun steigt man ziemlich steil bis zu einem kleinen Alpensee (Laguna de Yana-Coche) an. Bis dahin war ich auf dem Maulthiere geblieben und nur von Zeit zu Zeit abgestiegen, um mit meinem Reisegefährten, Herrn *Bonpland*, Pflanzen zu sammeln. Yana-Coche verdient nicht den Namen eines Sees. Es ist ein cirkelrundes Becken von kaum 130 Fuss Durchmesser. Der Himmel wurde immer trüber, aber zwischen und über den Nebelschichten, lagen noch einzelne Wolkengruppen zerstreut. Der Gipfel des Chimborazo erschien auf wenige Augenblicke. Da in der letzten Nacht viel Schnee gefallen war, so verliess ich das Maulthier da, wo wir die untere Grenze dieses frischgefallenen Schnees fanden, eine Grenze, die man nicht mit der ewigen Schneegrenze verwechseln muss. Das Barometer zeigte, dass wir erst 13500 Fuss hoch gelangt waren. Auf anderen Bergen habe ich, ebenfalls dem Aequator nahe, bis zu 11200 Fuss Höhe schneien sehen, doch nicht tiefer. Meine Begleiter ritten noch bis zur perpetuirlichen Schneegrenze, das ist bis zur Höhe des Montblanc, der bekanntlich unter dieser Breite (1° 27′ südl.) nicht immer mit Schnee bedeckt seyn würde. Dort blieben unsere Pferde und Maulthiere stehen, um uns bis zur Rückkunft zu erwarten.

Ein hundert und fünfzig Toisen über dem kleinen Wasserbecken Yana-Coche, sahen wir endlich nacktes Gestein. Bis dahin hatte die Grasflur jeder geognostischen Untersuchung den Boden entzogen. Grosse Felsmauern, von Nordost nach Südwest streichend, zum Theil in unförmliche Säulen gespalten, erhoben sich aus der ewigen Schneedecke, ein bräunlich schwarzes Augitgestein, glänzend wie Pechstein-Porphyr. Die Säulen waren sehr dünne, wohl 50 bis 60 Fuss hoch fast wie die Trachyt-Säulen des Tabla-Uma am Vulkan Pichincha. Eine

Gruppe stand einzeln und erinnerte in der Ferne fast an Masten- und Baumstämme. Die steilen Mauern führten uns, durch die Schneeregion, zu einem gegen den Gipfel gerichteten schmalen Grath, einem Felskamm, der es uns allein möglich machte, vorzudringen, denn der Schnee war damals so weich, dass man fast nicht wagen konnte, seine Oberfläche zu betreten. Der Kamm bestand aus sehr verwittertem bröckligen Gestein. Es war oft zellig, wie ein basaltartiger Mandelstein.

Der Pfad wurde immer schmaler und steiler. Die Eingebornen verliessen uns alle bis auf einen in der Höhe von 15600 Fuss. Alle Bitten und Drohungen waren vergeblich. Die Indianer behaupteten von Athemlosigkeit mehr als wir zu leiden. Wir blieben allein, *Bonpland*, unser liebenswürdiger Freund, der jüngere Sohn des *Marquès de Selvalegre, Carlos Montufar*, der in dem späteren Freiheitskampfe (auf General *Morillo's* Befehl) erschossen wurde, ein Mestize aus dem nahen Dorfe San Juan und ich. Wir gelangten mit grosser Anstrengung und Geduld höher als wir hoffen durften, da wir meist ganz in Nebel gehüllt waren. Der Kamm (im Spanischen sehr bedeutsam *Cuchilla*, gleichsam Messerrücken genannt) hatte oft nur die Breite von acht bis zehn Zoll; zur Linken war der Absturz mit Schnee bedeckt, dessen Oberfläche durch Frost wie verglaset erschien. Die dünneisige Spiegelfläche hatte gegen 30° Neigung. Zur Rechten senkte sich unser Blick schaurig in einen achthundert oder tausend Fuss tiefen Abgrund, aus dem schneelose Felsmassen senkrecht hervorragten. Wir hielten den Körper immer mehr nach dieser Seite hin geneigt, denn der Absturz zur linken schien noch gefahrdrohender, weil sich dort keine Gelegenheit darbot, sich mit den Händen an zackig vorstehendem Gesteine festzuhalten und weil dazu die dünne Eisrinde nicht vor dem Untersinken im lockeren Schnee sicherte. Nur ganz leichte poröse Doleritstücke konnten wir auf dieser Eisrinde herabrollen lassen. Die geneigte Schneefläche war so ausgedehnt, dass wir die Steine früher aus dem Gesichte verloren, als sie zur Ruhe kamen. Der Mangel von Schnee sowohl auf der Grate, die uns leitete, als auf den Felsen zu unserer Rechten gegen Osten, darf weniger der Steilheit der Gesteinmassen und dem Windstosse, als offenen Klüften zuzuschreiben seyn, welche die warme Luft der tiefern Erdschichten aushauchen. Bald fanden wir das weitere Steigen dadurch schwieriger, dass die Bröcklichkeit des Gesteins beträchtlich zunahm. An einzelnen sehr steilen Staffeln musste man die Hände und Füsse zugleich anwenden, wie dies bei allen Alpenreisen so gewöhnlich ist. Da das Gestein sehr scharfkantig war, so wurden wir, besonders an den Händen, schmerzhaft verletzt. In noch höherem Maasse haben wir, *Leopold von Buch* und ich, nahe am Crater des obsidianreichen Pics von Teneriffa von diesen Verletzungen gelitten. Ich hatte dazu (wenn es anders einem Reisenden erlaubt ist, so unwichtige Einzelnheiten zu erwähnen), seit mehreren Wochen eine Wunde am Fusse, die durch die Anhäufung der Niguas[4] (Pulex penetrans) veranlasst und durch feinen Staub von Bimsstein, bei Messungen im Llano de Tapia, sehr vermehrt worden war. Der geringe Zusammenhang des Gesteins auf dem Kamm machte nun grössere Vorsicht nöthig, da viele Massen, die wir für anstehend hielten, lose in Sand gehüllt lagen. Wir schritten hinter einander und um so langsamer fort, als man die Stellen prüfen musste, die unsicher schienen. Glücklicherweise war der Versuch, den Gipfel des Chimborazo zu erreichen, die letzte unserer Bergreisen in Südamerika, daher die früher gesammelten Erfahrungen uns leiten und mehr Zuversicht auf unsere Kräfte geben konnten. Es ist ein eigener Charakter aller Excursionen in der Andeskette, dass oberhalb der ewigen Schneegrenze weisse Menschen sich in den bedenklichsten Lagen stets ohne Führer, ja ohne alle Kenntniss der Oertlichkeit befinden. Man ist hier überall zuerst.

Wir konnten den Gipfel auch auf Augenblicke nicht mehr sehen, und waren daher doppelt neugierig zu wissen, wie viel uns zu ersteigen übrig bleiben möchte. Wir öffneten das Gefässbarometer an einem Punkte, wo die Breite des Kammes erlaubte, dass zwei Personen bequem neben einander stehen konnten. Wir waren erst 17300 Fuss hoch, also kaum zweihundert Fuss höher, als wir drei Monate zuvor, einen ähnlichen Kamm erklimmend, auf dem Antisana gewesen waren. Es ist mit Höhenbestimmungen bei dem Bergsteigen, wie mit Wärmebestimmungen im heissen Sommer. Man findet mit Verdruss das Thermometer nicht so hoch, den Barometerstand nicht so niedrig, als man es erwartete. Da die Luft, trotz der Höhe, ganz mit Feuchtigkeit gesättigt war, so trafen wir nun das lose Gestein und den Sand, der die Zwischenräume desselben ausfüllt, überaus nass. Die Luft war noch 2°,8 über dem Gefrierpunkt. Kurz vorher hatten wir an einer trocknen Stelle, das Thermometer drei Zoll tief in den Sand eingraben können. Es hielt sich auf +5°,8. Das Resultat dieser Beobachtung, die ohngefähr in 2860 Toisen Höhe angestellt wurde, ist sehr merkwürdig, denn bereits 400 Toisen tiefer, an der Grenze des ewigen Schnees, ist nach vielen und sorgfältig von *Boussingault* und mir gesammelten Beobachtungen die mittlere Wärme der Atmosphäre nur +1°,6. Die Temperatur der Erde zu +5°,8 muss daher der unterirdischen Wärme des Doleritberges, ich sage nicht der ganzen Masse, sondern den aus dem Inneren aufsteigenden Luftströmen zugeschrieben werden.

---

[4] Der Sandfloh, la Chique der französischen Colonisten von Westindien, ein Insect, das sich unter die Haut des Menschen eingräbt, und, da der Eiersack des befruchteten Weibchens beträchtlich anschwillt, Entzündung erregt.

Nach einer Stunde vorsichtigen Klimmens wurde der Felskamm weniger steil, aber leider! blieb der Nebel gleich dick. Wir fingen nun nach und nach an, alle an grosser Ueblichkeit zu leiden. Der Drang zum Erbrechen war mit etwas Schwindel verbunden und weit lästiger als die Schwierigkeit zu athmen. Ein farbiger Mensch (Mestize aus San Juan) hatte uns bloss aus Gutmüthigkeit keinesweges aber in eigennütziger Absicht, nicht verlassen wollen. Es war ein kräftiger, armer Landmann, der mehr litt, als wir. Wir bluteten aus dem Zahnfleisch und aus den Lippen. Die Bindehaut (tunica conjunctiva) der Augen war bei allen ebenfalls mit Blut unterlaufen. Diese Symptome der Extravasate in den Augen, des Blutausschwitzens am Zahnfleisch und an den Lippen, hatten für uns nichts Beunruhigendes, da wir aus mehrmaliger früherer Erfahrung damit bekannt waren. In Europa hat Herr *Zumstein* schon auf einer weit geringern Höhe am Monte Rosa zu bluten angefangen. Spanische Krieger kamen bei Eroberung der Aequinoctialregion von Amerika (während der Conquista) nicht über die untere Grenze des ewigen Schnees, also wenig über die Höhe des Montblanc hinaus, und doch spricht schon *Acosta* in seiner *Historia natural de las Indias*, einer Art physischer Erdbeschreibung, die man ein Meisterwerk des 16ten Jahrhunderts nennen kann, umständlich „von Ueblichkeiten und Magenkrampf" als schmerzhaften Symptomen der *Bergkrankheit*, die darin der *Seekrankheit* analog ist. Auf dem Vulcan von Pichincha fühlte ich einmal, ohne zu bluten, ein so heftiges Magenübel von Schwindel begleitet, dass ich besinnungslos auf der Erde gefunden wurde, als ich mich eben auf einer Felsmauer über der Schlucht von Verde-Cuchu, von meinen Begleitern getrennt hatte, um electrometrische Versuche an einem recht freien Punkte anzustellen. Die Höhe war gering, unter 13800 Fuss. Am Antisana aber, auf der beträchtlichen Erhebung von 17022 Fuss, blutete unser junge Reisegefährte *Don Carlos Montufar* sehr stark aus den Lippen. Alle diese Erscheinungen sind nach Beschaffenheit des Alters, der Constitution, der Zartheit der Haut, der vorhergegangenen Anstrengung der Muskelkraft sehr verschieden, doch für einzelne Individuen sind sie eine Art Maass der Luftverdünnung und absoluten Höhe, zu welcher man gelangt ist. Nach meinen Beobachtungen in den Cordilleren zeigen sie sich an weissen Menschen bei einem Barometerstande zwischen 14 Zoll und 15 Zoll 10 Linien. Es ist bekannt, dass die Angaben der Höhen, zu denen die Luftschiffer behaupten sich erhoben zu haben, gewöhnlich wenig Glauben verdienen, und wenn ein sicherer und überaus genauer Beobachter, Herr *Gay-Lussac*, der am 16ten September 1804 die ungeheure Höhe von 21600 Fuss erreichte, (also zwischen den Höhen des Chimborazo und des Illimani) kein Bluten erlitt, so ist dies vielleicht dem Mangel der Muskelbewegung zuzuschreiben. Nach dem jetzigen Stande der Eudiometrie erscheint die Luft in jenen hohen Regionen eben so sauerstoffreich als in den unteren; aber da in dieser dünnen Luft, bei der Hälfte des Barometerdrucks, dem wir gewöhnlich in den Ebenen ausgesetzt sind, bei jedem Athemzuge, eine geringere Menge Sauerstoff von dem Blute aufgenommen wird, so ist allerdings begreiflich, wie ein allgemeines Gefühl der Schwäche eintreten kann. Warum diese Asthenie, wie im Schwindel, vorzugsweise Ueblichkeit und Lust zum Erbrechen erregt, ist hier nicht zu erörtern, so wenig als zu beweisen, dass das Ausschwitzen des Blutes (das Bluten aus Lippen, Zahnfleisch und Augen), was auch nicht alle Individuen auf so grossen Höhen erfahren, keinesweges durch Aufhebung eines „mechanischen Gegendrucks" auf das Gefäss-System befriedigend erklärt werden kann. Es wäre vielmehr die Wahrscheinlichkeit des Einflusses eines verminderten Luftdruckes auf Ermüdung bei Bewegung der Beine in sehr luftdünnen Regionen zu untersuchen, da, nach der denkwürdigen Entdeckung zweier geistreichen Forscher, *Wilhelm* und *Eduard Weber*,[5] das schwebende Bein, am Rumpfe hangend, bloss durch den Druck der atmosphärischen Luft gehalten und getragen wird.

Die Nebelschichten, die uns hinderten entfernte Gegenstände zu sehen, schienen plötzlich, trotz der totalen Windstille, vielleicht durch elektrische Processe, zu zerreissen. Wir erkannten einmal wieder, und zwar ganz nahe, den domförmigen Gipfel des Chimborazo. Es war ein ernster grossartiger Anblick. Die Hoffnung, diesen ersehnten Gipfel zu erreichen, belebte unsere Kräfte aufs neue. Der Felskamm, der nur hier und da mit dünnen Schneeflocken bedeckt war, wurde etwas breiter; wir eilten sicheren Schrittes vorwärts, als auf einmal eine Art Thalschlucht von etwa 400 Fuss Tiefe und 60 Fuss Durchmesser unserem Unternehmen eine unübersteigliche Grenze setzte. Wir sahen deutlich jenseits des Abgrundes unseren Felskamm in derselben Richtung fortsetzen, doch zweifle ich, dass er bis zum Gipfel selbst führt. Die Kluft war nicht zu umgehen. Am Antisana konnte freilich Herr *Bonpland* nach einer sehr kalten Nacht, eine beträchtliche Strecke des ihn tragenden Schnees durchlaufen. Hier war der Versuch nicht zu wagen, wegen Lockerheit der Masse; auch machte die Form des Absturzes das Herabklimmen unmöglich. Es war 1 Uhr Mittags. Wir stellten mit vieler Sorgfalt das Barometer auf, es zeigte 13 Z. $11\frac{2}{10}$ L. Die Temperatur der Luft war nun $1^{\circ},6$ unter dem Gefrierpunkt, aber nach einem mehrjährigen Aufenthalt in den heissesten Gegenden der Tropenwelt schien uns diese geringe Kälte erstarrend. Dazu

---

5 *Mechanik der menschlichen Gehwerkzeuge.* 1836. §. 64. S. 147–160. Neuere, von den Gebrüdern *Weber* zu Berlin angestellte Versuche haben den Satz: dass das Bein in der Beckenpfanne von dem Druck der atmosphärischen Luft getragen wird, vollkommen bestätigt.

waren unsere Stiefel ganz von Schneewasser durchzogen, denn der Sand, der bisweilen den *Grath* bedeckte, war mit altem Schnee vermengt. Wir hatten nach der *La Place*'schen Barometerformel, eine Höhe von 3016 Toisen, genauer von 18097 Pariser Fuss erreicht. Wäre *La Condamine's* Angabe der Höhe des Chimborazo, wie sie auf der noch in Quito, im Jesuiter-Collegio, aufbewahrten Steintafel aufgezeichnet ist, die richtige, so fehlten uns noch bis zum Gipfel senkrecht 1224 Fuss oder die dreimalige Höhe der Peterskirche zu Rom.

*La Condamine* und *Bouguer* sagen ausdrücklich, dass sie am Chimborazo nur bis 2400 Toisen Höhe gelangt waren, aber am Corazon, einem der malerischsten Schneeberge (Nevados) in der nahen Umgebung von Quito, rühmen sie sich das Barometer auf 15 Zoll 10 Linien gesehen zu haben. Sie sagen, dies sey „ein tieferer Stand als je ein Mensch bisher habe beobachten können." An dem oben beschriebenen Punkte des Chimborazo war der Luftdruck um fast zwei Zoll geringer, geringer auch, als da, wo sechzehn Jahre später, 1818, sich Capitain *Gerard* am höchsten im Himalayagebirge, auf dem Tarhigang erhoben hat. In einer Taucherglocke bin ich in England einem Luftdruck von 45 Zoll fast eine Stunde lang ausgesetzt gewesen. Die Flexibilität der menschlichen Organisation erträgt demnach Veränderungen im Barometerstande, die 31 Zoll betragen. Doch sonderbar möchte die physische Constitution des Menschengeschlechts allmälig umgewandelt werden, wenn grosse kosmische Ursachen solche Extreme der Luftverdünnung oder Luftverdichtung permanent machten.

Wir blieben kurze Zeit in dieser traurigen Einöde, bald wieder ganz in Nebel gehüllt. Die feuchte Luft war dabei unbewegt. Keine bestimmte Richtung war in den einzeln Gruppen dichterer Dunstbläschen zu bemerken, daher ich nicht sagen kann, ob auf dieser Höhe der dem tropischen Passat entgegengesetzte Westwind wehet. Wir sahen nicht mehr den Gipfel des Chimborazo, keinen der benachbarten Schneeberge, noch weniger die Hochebene von Quito. Wir waren wie in einem Luftball isolirt. Nur einige Steinflechten waren uns bis über die Grenze des ewigen Schnees gefolgt. Die letzten cryptogamischen Pflänzchen, die ich sammelte, waren Lecidea atrovirens (Lichen geographicus, *Web.*) und eine Gyrophora des *Acharius*, eine neue Species (Gyrophora rugosa) ohngefähr in 2820 Toisen Höhe. Das letzte Moos, Grimmia longirostris, grünte 400 Toisen tiefer. Ein Schmetterling (Sphinx) war von Herrn *Bonpland* in 15000 Fuss Höhe gefangen worden, eine Fliege sahen wir noch um 1600 Fuss höher. Den auffallendsten Beweis, dass diese Thiere unwillkührlich vom Luftstrome, der sich über den erwärmten Ebenen erhebt, in diese obere Region der Atmosphäre gebracht werden, giebt folgende Thatsache. Als *Boussingault* die Silla de Caracas bestieg, um meine Messung des Berges zu wiederholen, sah er in 8000 Fuss Höhe um Mittag, als dort *Westwind* wehte, von Zeit zu Zeit weissliche Körper die Luft durchstreichen, die er anfangs für aufsteigende Vögel mit weissem, das Sonnenlicht reflectirendem Gefieder hielt. Diese Körper erhoben sich aus dem Thale von Caracas mit grosser Schnelligkeit und überstiegen die Gipfel der Silla, indem sie sich gegen Nordosten richteten, wo sie wahrscheinlich das Meer erreichten. Einige fielen früher nieder auf den südlichen Abhang der Silla; es waren von der Sonne erleuchtete Grashalme. *Boussingault* schickte mir solche, die noch Aehren hatten, in einem Briefe nach Paris, wo mein Freund und Mitarbeiter *Kunth* sie augenblicklich für die Wilfa tenacissema erkannte, welche im Thal von Caracas wächst und die er eben in unserem Werke *Nova Genera et Species plantarum Americæ æquinoctialis* beschrieben hatte. Ich muss noch bemerken, dass wir keinem Condor auf dem Chimborazo begegneten, diesem kräftigen Geyer, der auf Antisana und Pichincha so häufig ist und mit dem Menschen unbekannt, grosse Dreistigkeit zeigt. Der Condor liebt heitere Luft, um seinen Raub oder seine Nahrung (denn er giebt todten Thieren den Vorzug) aus der Höhe leichter zu erkennen.

Da das Wetter immer trüber und trüber wurde, so eilten wir auf demselben Felsgrathe herab, der unser Aufsteigen begünstigt hatte. Vorsicht war indess wegen Unsicherheit des Trittes noch mehr nöthig als im Heraufklimmen. Wir hielten uns nur so lange auf, als wir brauchten Fragmente der Gebirgsart zu sammeln. Wir sahen voraus, dass man uns in Europa oft um „ein kleines Stück vom Chimborazo“ ansprechen würde. Damals war noch keine Gebirgsart in irgend einem Theile von Südamerika benannt worden; man nannte Granit das Gestein aller hohen Gipfel der Andes. Als wir ungefähr in 17400 Fuss Höhe waren, fing es an heftig zu hageln. Es waren undurchsichtige milchweisse Hagelkörner mit concentrischen Lagen. Einige schienen durch Rotation beträchtlich abgeplattet. Zwanzig Minuten ehe wir die untere Grenze des ewigen Schnees erreichten, wurde der Hagel durch Schnee ersetzt. Die Flocken waren so dicht, dass der Schnee bald viele Zoll tief den Felskamm bedeckte. Wir wären gewiss in grosse Gefahr gekommen, hätte uns der Schnee auf 18000 Fuss Höhe überrascht. Um 2 Uhr und einige Minuten erreichten wir den Punkt, wo unsere Maulthiere standen. Die zurückgebliebenen Eingebornen waren mehr als nöthig um uns besorgt gewesen.

Der Theil unserer Expedition oberhalb des ewigen Schnees hatte nur $3\frac{1}{2}$ Stunden gedauert, während welchen wir, trotz der Luftverdünnung, uns nie durch Niedersetzen zu ruhen brauchten. Die Dicke des domförmigen Gipfels hat in dieser Höhe der ewigen Schneegrenze, also in 2460 Toisen Höhe, noch einen Durchmesser von 3437 Toisen und nahe am höchsten Gipfel, fast 150 Toisen unterhalb demselben, einen Durchmesser von 672 Toisen. Die letztere Zahl ist also der Durchmesser des oberen Theils des Doms oder der Glocke; die erstere drückt die Breite aus, in der die ganze Schneemasse des Chimborazo, in Riobamba Nuevo gesehen, dem Auge erscheint, eine Schneemasse, die sich mit ihren nördlich anliegenden zwei Kuppen auf den 16ten und 25ten Tafeln meines Kupferwerkes: *Vues des Cordilleres* abgebildet findet. Ich habe sorgfältig mit dem Sextanten die einzelnen Theile des Umrisses gemessen, wie derselbe sich in der Hochebene von Tapia, gegen das tiefe Blau des Tropenhimmels, an einem heiteren Tage, prachtvoll abhebt. Solche Bestimmungen dienen dazu, das Volum des Colosses zu ergründen, so weit es eine Fläche übersteigt, in der *Bouguer* seine Versuche über die Anziehung des Berges gegen das Pendel anstellte. Ein ausgezeichneter Geognost Herr *Pentland*, dem wir die Kenntniss der Höhen des Sorata und Illimani verdanken, und der, mit vielen trefflichen astronomischen und physikalischen Instrumenten ausgerüstet, eben jezt wieder nach dem Oberen Peru (Bolivia) abgeht, hat mich versichert, dass mein Bild des Chimborazo gleichsam wiederholt ist in dem Nevado de Chuquibamba, einem Trachytberge, der in der westlichen Cordillere, nördlich von Arequipa, 19680 Fuss (3280 Toisen) Höhe erreicht. Nächst dem Himalaya ist dort, durch die Frequenz hoher Gipfel und durch die Masse derselben, zwischen dem 15ten und 18ten Grade südlicher Breite, die grösste Anschwellung der uns bekannten Erdoberfläche, so weit nämlich diese Anschwellung nicht von der primitiven Form des rotirenden Planeten, sondern von Erhebung der Bergketten und einzelnen Glocken von Dolerit-, Trachyt- und Albitgestein auf diesen Bergketten herrührt.

Wegen des frischgefallenen Schnees fanden wir beim Herabsteigen vom Chimborazo die untere Grenze des ewigen Schnees mit den tieferen sporadischen Schneeflecken auf dem nackten, mit Lichenen bedeckten Gestein und auf der Grasebene (Pajonal) in zufälliger momentaner Verbindung; doch immer war es leicht, die eigentliche perpetuirliche Grenze (damals in 2470 Toisen Höhe) an der Dicke der Schicht und ihrer eigenthümlichen Beschaffenheit zu erkennen. Ich habe an einem anderen Orte (in einer den *Fragmens asiatiques* einverleibten Abhandlung über die Ursachen, welche die Krümmung der *isothermen Linien* bedingen) gezeigt, dass in der Provinz Quito die Höhenunterschiede der ewigen Schneegrenze an den verschiedenen *Nevados*, nach der Gesammtheit meiner Messungen, nur um 38 Toisen schwanken, dass die mittlere Höhe selbst zu 14760 Fuss oder 2460 Toisen anzurechnen ist und dass diese Grenze, 16° bis 18° südlicher vom Aequator, in Bolivia, wegen des Verhältnisses der mittleren Jahrestemperatur zur mittleren Temperatur der heissesten Monate, wegen der Masse, Ausdehnung und grösseren Höhe der umliegenden wärmestrahlenden *Plateaux*, wegen der Trockenheit der Atmosphäre und wegen des völligen Mangels alles Schneefalles von März bis November, volle 2670 Toisen hoch liegt. Die untere Grenze des perpetuirlichen Schnees, die keineswegs mit der isothermen Curve von $0^\circ$ zusammenfällt, steigt demnach hier ausnahmsweise, statt zu sinken, indem man sich vom Aequator entfernt. Aus ganz analogen Ursachen der Wärmestrahlung in nahen Hochebenen liegt die Schneegrenze zwischen $30^\circ\frac{3}{4}$ und $31^\circ$ nördlicher Breite, am nördlichen tibetischen Abhange des Himalaya, in 2600 Toisen Höhe, wenn am südlichen, indischen Abhange sie nur 1950 Toisen Höhe erreicht. Durch diesen merkwürdigen Einfluss der Gestaltung der Erdoberfläche ist ausserhalb der Wendekreise, ein beträchtlicher Theil von Inner-Asien von Ackerbauenden, mönchisch-regierten, aber doch in Gesittung fortgeschrittenen Völkern bewohnt, wo unter dem Aequator in Südamerika der Boden mit ewigem Eise bedeckt ist.

Wir nahmen unseren Rückweg nach dem Dorfe Calpi etwas nördlicher als die Llanos de Sisgun durch den pflanzenreichen Paramo de Pungupala. Schon um 5 Uhr Abends waren wir wieder bei dem freundlichen Pfarrer von Calpi. Wie gewöhnlich folgte auf den nebelverhüllten Tag der Expedition die heiterste Witterung. Am 25. Junius erschien uns in Riobamba Nuevo der Chimborazo in seiner ganzen Pracht, ich möchte sagen, in der stillen Grösse und Hoheit, die der Naturcharakter der tropischen Landschaft ist. Ein zweiter Versuch auf dem durch eine Kluft unterbrochenen Kamm wäre gewiss so fruchtlos als der erste ausgefallen und schon war ich mit der trigonometrischen Messung des Vulkans von Tungurahua beschäftigt.

*Boussingault* hat mit seinem Freunde, dem englischen Oberst *Hall*, der bald darauf in Quito ermordet wurde, am 16ten December 1831 einen neuen Versuch gemacht, den Gipfel des Chimborazo zu erreichen, erst von Mocha und Chillapullu, dann von Arenal aus, also auf einem anderen Wege, als den ich mit *Bonpland* und *Don Carlos Montufar* betrat. Er musste das Weitersteigen aufgeben als sein Barometer 13 Zoll $8\frac{1}{2}$ Linien, bei der warmen Lufttemperatur von $+7^\circ{,}8$ zeigte. Er sah also die uncorrigirte Quecksilbersäule fast 3 Linien niedriger und war um 64 T. höher als ich gelangt, bis zu 3080 Toisen. Hören wir selbst diesen der Andeskette so kundigen Reisenden, der mit grosser Kühnheit zuerst chemische Apparate an und in die Krater der Vulkane getragen hat. „Der Weg, sagt *Boussingault*, den wir uns in dem letzten Theile unserer Expedition durch den Schnee bahnten, erlaubte uns nur sehr langsam vorzuschreiten; rechts konnten wir uns an einen Felsen festhalten, links war der Abgrund furchtbar. Wir spürten schon die Wirkung der Luftverdünnung und waren gezwungen uns alle 2 bis 3 Schritte niederzusetzen. So wie wir uns aber eben gesetzt hatten, standen wir wieder auf, denn unser Leiden dauerte nur so lange, als wir uns bewegten. Der Schnee, den wir betreten mussten, war weich und lag kaum 3 bis 4 Zoll hoch auf einer sehr glatten und harten Eisdecke. Wir waren genöthigt Stufen einzuhauen. Ein Neger ging voran, um diese Arbeit, die seine Kräfte bald erschöpfte, zu vollziehen. Indem ich bei ihm vorbeigehen wollte, um ihn abzulösen, glitt ich aus und wurde glücklicherweise vom Oberst *Hall* und meinem Neger zurückgehalten. Wir befanden uns (setzt Hr. *Boussingault* hinzu) für einen Augenblick alle drei in der grössten Gefahr. Weiterhin ward der Schnee günstiger und um $3\frac{3}{4}$ Uhr Nachmittags standen wir auf dem lang ersehnten Felskamme, der wenige Fuss breit, aber mit Abgründen umgeben war. Hier überzeugten wir uns, dass das Weiterkommen unmöglich sey. Wir befanden uns an dem Fusse eines Felsprisma's, dessen obere Fläche, bedeckt mit einer Kuppe von Schnee, den eigentlichen Gipfel des Chimborazo bildet. Um sich von der Topographie des ganzen Berges ein richtiges Bild zu machen, denke man sich eine ungeheure schneebedeckte Felsmasse, die von allen Seiten, wie durch Strebepfeiler, unterstützt erscheint. Die Strebepfeiler sind die Kämme, die sich anlegen und (aus dem ewigen Schnee) hervortreten." Der Verlust eines Physikers, wie *Boussingault*, wäre unbeschreiblich theuer durch den wenigen Gewinn erkauft worden, den Unternehmungen dieser Art den Wissenschaften darbieten können.

So lebhaft ich auch vor bereits dreissig Jahren den Wunsch ausgesprochen habe, dass die Höhe des Chimborazo möchte von neuem sorgsam trigonometrisch gemessen werden, so schwebt doch noch immer einige Ungewissheit über das absolute Resultat. *Don Jorge Juan* und die französischen Akademiker geben, nach verschiedenen Combinationen derselben Elemente, oder wenigstens nach Operationen, die allen gemeinschaftlich waren, Höhen von 3380 und 3217 Toisen an, Höhen, die um $\frac{1}{20}$ differiren. Das Ergebniss meiner trigonometrischen Operation (3350 T.) fällt zwischen beide, nähert sich aber bis auf $\frac{1}{112}$ der spanischen Bestimmung. *Bouguer's* kleineres Resultat gründet sich, theilweise wenigstens, auf die Höhe der Stadt Quito, die er um 30 bis 40 Toisen zu gering angiebt. Er findet, nach alten Barometerformeln ohne Correction für die Wärme, 1462 Toisen, statt 1507 und 1492 Toisen, die *Boussingault* und ich, sehr übereinstimmend, gefunden haben. Die Höhe, die ich der Ebene von Tapia gebe, wo ich eine Basis von 873 Toisen Länge[6] maass, scheint auch ziemlich fehlerfrei zu seyn. Ich fand für dieselbe 1482 und *Boussingault*, in einer sehr verschiedenen Jahreszeit, also bei anderer Wärmeabnahme in den auf einander gelagerten Luftschichten, 1471 Toisen. *Bou-*

[6] *Humboldt*, Recueil d'observations astronomiques, d'opérations trigonometriques etc. T. I. p. LXXII.

*guer's* Operation war dagegen sehr verwickelt, da er die Höhe der Thalebene zwischen der östlichen und westlichen Andeskette durch sehr kleine Höhenwinkel der Trachyt-Pyramide von Ilinissa in der unteren Küstenregion bei Niguas gemessen, zu ergründen gezwungen war. Der einzige ansehnliche Berg der Erde, für den die Messungen jetzt bis $\frac{1}{246}$ übereinstimmen, ist der Montblanc, denn der Monte Rosa wurde durch vier verschiedene Reihen von Dreiecken eines vortrefflichen Beobachters, des Astronomen *Carlini*, zu 2319, 2343, 2357 und 2374 Toisen, von *Oriani* ebenfalls durch eine Triangulation zu 2390 Toisen gefunden; Unterschiede von $\frac{1}{34}$. Die älteste ausführliche Erwähnung des Chimborazo finde ich bei dem geistreichen, etwas satyrischen italienischen Reisenden *Girolamo Benzoni*, dessen Werk 1565 gedruckt ward. Er sagt, dass ihm die *Montagna di Chimbo*, die 40 *miglia* hoch sey, abenteuerlich *come una visione* erschien. Die Eingebornen von Quito wussten lange vor der Ankunft der französischen Gradmesser, dass der Chimborazo der höchste aller Schneeberge ihrer Gegend sey. Sie sahen, dass er am weitesten über die ewige Schneegrenze hinausreiche. Eben diese Betrachtung hatte sie veranlasst, den jetzt eingestürzten Capac Urcu für höher als den Chimborazo zu halten.

Ueber die geognostische Beschaffenheit des Chimborazo füge ich hier nur die allgemeine Bemerkung hinzu, dass wenn nach den wichtigen Resultaten, die *Leopold von Buch* in seiner letzten classischen Abhandlung über Erhebungscrater und Vulkane (*Poggendorff's* Annalen, Band 37. S. 188–190) niedergelegt hat, *Trachyt* nur feldspathhaltige, *Andesit* nur albithaltende Massen genannt werden sollen, das Gestein vom Chimborazo beide Namen keinesweges verdient. Dass am Chimborazo Augit die Hornblende ersetze, hat schon derselbe geistreiche Geognost vor mehr als zwanzig Jahren bemerkt, als ich ihn aufforderte, die von mir heimgebrachten Gesteine der Andeskette genau oryctognostisch zu untersuchen. Dieser Thatsache ist in mehreren Stellen meines im Jahr 1823 erschienenen „*Essai géognostique sur le Gisement des Rochers dans les deux Hémisphères*" erwähnt worden. Dazu findet mein sibirischer Reisegefährte, *Gustav Rose*, der durch seine treffliche Arbeit über die dem Feldspath verwandten Fossilien und ihre Association mit Augit und Hornblende den geognostischen Untersuchungen neue Wege geöffnet hat, in allen von mir gesammelten Gebirgsfragmenten des Chimborazo weder Albit, noch Feldspath. Die ganze Formation dieses berühmten Gipfels der Andeskette besteht aus *Labrador* und *Augit*; beide Fossilien in deutlichen Krystallen erkennbar. Der Chimborazo ist, nach der Nomenclatur von *Gustav Rose*, ein *Augitporphyr*, eine Art Dolerit. Auch fehlen ihm Obsidian und Bimstein. Hornblende ist nur ausnahmsweise und sehr sparsam (in zwei Stücken) erkannt worden. Der Chimborazo ist also, wie *Leopold von Buch's* und *Elie de Beaumont's* neueste Bestimmungen lehren, der Gebirgsart des Aetna analog. Neben den Trümmern der alten Stadt Riobamba, drei geographische Meilen östlich vom Chimborazo, ist schon wahrer *Dioritporphyr*, ein Gemenge von schwarzer Hornblende (ohne Augit) und weissem glasigen Albit anstehend, ein Gestein, das an die schöne, in Säulen getheilte Masse von Pisoje bei Popayan und an den mexikanischen Vulkan von Toluca, den ich ebenfalls bestiegen, erinnert. Ein Theil der Stücke von Augitporphyr, die ich bis in 18000 Fuss Höhe auf dem zum Gipfel führenden Felskamm, meist in losen Stücken von zwölf bis vierzehn Zoll Durchmesser gefunden habe, ist kleinzellig porös und von rother Farbe. Diese Stücke haben glänzende Zellen. Die schwärzesten sind bisweilen bimsteinartig leicht und wie frisch durch Feuer verändert. Sie sind indess nicht in Strömen lavaartig geflossen, sondern wahrscheinlich auf Spalten, an dem Abhange des früher emporgehobenen glockenförmigen Berges, herausgeschoben. Die ganze Hochebene der Provinz Quito ist stets von mir als ein grosser vulkanischer Heerd betrachtet worden. Tungurahua, Cotopaxi, Pichincha mit ihren Kratern sind nur verschiedene Auswege dieses Heerdes. Wenn Vulkanismus im weitesten Sinne des Wortes alle Erscheinungen bezeichnet, die von der Reaction des Inneren eines Planeten gegen seine oxydirte Oberfläche abhängen, so ist dieser Theil des Hochlandes mehr als irgend ein anderer in der Tropengegend von Südamerika, der permanenten Wirkung des Vulkanismus ausgesetzt. Auch unter den glockenförmigen Augitporphyren, welche wie die des Chimborazo, keinen Krater haben, toben die vulkanischen Mächte. Drei Tage nach unserer Expedition hörten wir, in dem Neuen Riobamba, um ein Uhr Nachts, ein wüthiges unterirdisches Krachen *(bramido)*, das von keiner Erschütterung begleitet war. Erst drei Stunden später erfolgte ein heftiges Erdbeben ohne vorhergehendes Geräusch. Aehnliche *bramidos*, wie man glaubt vom Chimborazo kommend, wurden wenige Tage vorher in Calpi vernommen. Dem Bergkoloss noch näher, im Dorfe San Juan, sind sie überaus häufig. Sie erregen die Aufmerksamkeit der Eingebornen nicht mehr, als es ein ferner Donner thut aus tiefbewölktem Himmel, in unserer nordischen Zone.

Das sind die flüchtigen Bemerkungen über zwei Besteigungen des Chimborazo, die ich mir erlaubt habe, aus einem ungedruckten Reisejournale einfach mitzutheilen. Wo die Natur so mächtig und gross und unser Bestreben rein wissenschaftlich ist, kann wohl die Darstellung jedes Schmuckes der Rede entbehren.

Berlin, im September 1836.

## Sternschnuppenströme

——— Ich bekam im Mai 1837 folgenden Brief von Herrn Alex. von Humboldt, den ich theilweise hier mittheile.

„Ihre Beobachtungen über die Sternschnuppen, wo Sie die Wissenschaft so rühmlich gefördert haben, sind mir sehr interessant gewesen.

Es ist eben die ungeheure Schnelligkeit der Bewegung, welche mich immer bestimmt hat, die Aerolithen als kreisende, in schichtweise kreisende Massen zu betrachten.

Die kleinen Planeten liegen ja auch fast in einer Bahn.

Das Grössenverhältniss der Ceres zum Saturn, kommt vielleicht dem des grössten noch unaufgelösten, (nachher in Fragmenten, wieder Monden, besonders) Aerolithen gleich.

Die um die Sonne kreisenden Aerolithen mögen in bestimmten Zonen vertheilt sein, in denen sie wie Billardkugeln hintereinander laufen, aber *ipacirt*, so dass der Endeknoten der Bahnen nicht alle Jahr (z. B. 13. November) nothwendig Sternschnuppenfälle veranlasst.

Mehrere solcher Bahnen mögen an andern Tagen, (Quetelet sagt im August) unsere Erdbahn schneiden.

Wo die Materie der Aerolithen einst ursprünglich war, ist ja wohl dieselbe Frage, als, wo war vorher die Materie, die jetzt den Mars, den Uran oder die Cometen bildet?

Der Mond und andere Satelliten können allerdings Meteore wurfweise hergeben, aber die Frage ist ja viel allgemeiner, und wie alles was mit dem Ursprung der Dinge zusammenhängt, nicht zu lösen.

Die Aerolithen können sich so gut als die andern Planeten, aus kreisenden Dunstringen, (wie der das Zodiakallicht verursachende Dunstring) als Kern, nach mehrfachen Abstractionspuncten, abgesondert, geballt haben.

Warum muss diese Materie im Weltraume, die sich mannigfaltig zu Cometen, Planeten und Aerolithen ballt vorher gerade im Monde gewesen sein?

Die Abtheilung in Klassen, die Herr Quetelet unter den Sternschnuppen haben will, scheint mir sehr gewagt und unbestimmt, und den Beobachtungen entgegen zu sein.

Das scheinbare stille stehen, kann ja eine Folge der Richtung sein.

Das zählen der Sternschnuppen ist sehr wichtig, und so unter den Tropen ein neues Feld.

Auch mir hatte es geschienen, als wäre unter den Tropen das Phänomen häufiger, wofür bei einem kosmischen Ursprung kein klimatischer Grund sein dürfte.

Wahrscheinlich war es Täuschung, die vor einem wirklichen zählen schwinden wird.

Aber das zählen erfordert einige Vorsicht.“

## Brief des Herrn Alexander vom Humbold

### Potsdam den 22. October 1837

——— „Ihre Beobachtungen vom August und September sind mir um so erfreulicher, als sie uns recht bestimmt lehren, was viel oder wenig Sternschnuppen heissen sollen.

Wegen der periodisch wiederkehrenden Sternschnuppenfälle $\frac{10}{11}$ Aug. 1823, $\frac{9}{10}$ Aug. 1837, 11.–13. Nov. 14. October 1798 und 6. Dezember 1798 ist eine solche Bestimmung sehr wichtig, um zu Entscheiden, ob das Phänomen mehrere Tage ausfüllt, oder ob die Knoten fortrücken.

Was die historische Frage betrifft die Sie aufwerfen, so liegt ja wohl die Idee, dass Sternschnuppen und Aerolithen Eins sind, um die Sonne (als kleine Taschenasteroiden, *planetes de poche*), kreisen, ganz in Chladnys Werk. Das periodische Phänomen vom 13. November müsste also bei vielen zugleich die specielle Anwendung auf Commetenähnlichen, die Erdbahn schneidenden, und derselben genäherten Bahnen veranlassen.

Die wichtigsten und neuesten Facta sind das Periodische, und Olmstedts

Beobachtungen dass die Sternschnuppen von dem Sterne kamen, gegen den die Erde sich bewegte, viele Stunden lang ohne Parallaxe, also beweisen mathematisch, dass das Phänomen ausserhalb unserer Atmosphäre liegt.

Ihre Beobachtungen konnten 1799 mir nicht in Cumana bekannt sein. Aber ich habe sie citirt Artikel 8 T. 1. p. 524 (4to), ohnerachtet ich damals noch sehr schwankte, ob alle Sternschnuppen den Meteorsteinen als cosmisch beigesellt werden könnten.“

# Brief an den Herzog von Sussex

——— Eine merkwürdige Epoche in der Entwicklung des Erdmagnetismus bildet die in neuester Zeit unternommene Errichtung correspondirender magnetischer Observatorien, wodurch die Erdkugel gleichsam mit einem magnetischen Netze überzogen werden soll. Um dieses grossartige Unternehmen und den zu erwartenden Erfolg richtiger beurtheilen zu können, wird es zweckmässig seyn, den Zusammenhang dessen, was gegenwärtig beabsichtiget wird, mit vorausgehenden Ereignissen und Veranlassungen kurz anzudeuten.

Im Jahre 1836 richtete Alex. v. *Humboldt* an S. K. Hoheit den *Herzog von Sussex*, Präsidenten der königlichen Societät in London, ein Schreiben (in französischer Sprache), dessen Eingang folgende Worte enthält:

„Ich erlaube mir die Aufmerksamkeit E. K. Hoheit auf jene Arbeiten zu lenken, deren Zweck es ist, durch genaue, fast ununterbrochen angewendete Hülfsmittel die Aenderungen des Erdmagnetismus zu ergründen. Seit acht Jahren ist es Hrn. *Arago*, Hrn. *Kupffer* und mir gelungen, indem wir eine grosse Anzahl eifriger mit ähnlich construirten Instrumenten versehener Beobachter zur Theilnahme bewogen, jene Arbeiten über einen grossen Theil der nördlichen Halbkugel auszudehnen. Nachdem nun gegenwärtig permanente magnetische Stationen von Paris bis China auf einer zwischen 40° und 60° liegenden Zone hergestellt sind, glaube ich hinreichenden Grund zu haben, mich durch Vermittlung E. K. Hoheit an die königliche Societät in London mit dem Ansuchen zu wenden, dass dieselbe durch ihren mächtigen Einfluss zur Förderung des Unternehmens, wie zu dessen Ausdehnung durch Errichtung neuer Stationen in der Nähe des magnetischen Aequators und in dem temperirten Theile der südlichen Halbkugel mitwirken wolle."

Hierauf stellt *v. Humboldt* die frühern magnetischen Arbeiten und Unternehmungen in kurzen Umrissen dar. Er erwähnt zuerst der Beobachtungen, welche er selbst in der heissen Zone Amerika's (1799–1804), dann in Berlin (1806–1807) gemacht hatte, und woraus hauptsächlich die regelmässige Wiederkehr einer nächtlichen Periode, das häufige Vorkommen der Störungen, insbesondere jener gewitterartigen Störungen, welche ein ungewöhnlich grosses Ausschwingen der Nadel bewirken, sich ergab: alsdann geht er auf die von *Arago* nachgewiesene und näher bestimmte Verbindung magnetischer Störungen mit dem Erscheinen der Nordlichter über, und führt die wichtige Entdeckung von *Kupffer* und *Arago* an, die mit ähnlichen Apparaten in Kasan und Paris beobachtend erkannten, dass die magnetischen Störungen an beiden Orten gleichzeitig eintraten, und „gleichsam als Signale vom Innern der Erde ausgesendet, an den verschiedenen Puncten der Oberfläche, an den Ufern der Seine und des Wolgaflusses in demselben Augenblicke ankamen." Hierauf erwähnt er der vielen, von Russischen, Französischen und Britischen Gelehrten theils zur Erreichung correspondirender Resultate theils zur Herstellung von Mittelwerthen unternommenen Arbeiten, und leitet aus allem bisher Geschehenen die Folgerung ab, dass es in hohem Grade förderlich seyn würde, wenn die Linie correspondirender Beobachtungen ausgedehnt, und sowohl in den tropischen Gegenden beiderseits des magnetischen Aequators, als auch in hohen südlichen Breiten, und in Canada permanente magnetische Observatorien errichtet würden. „Indem ich," fährt er fort, „dieses Schreiben der berühmten Societät, in welcher E. K. Hoheit den Vorsitz führen, mitzutheilen bitte, glaube ich, dass es mir nicht zukomme, die magnetischen Stationen zu bezeichnen, welche etwa gegenwärtig den Vorzug verdienen möchten und deren Errichtung an örtlichen Hindernissen keine Schwierigkeit fände. Es genügt mir den mächtigen Einfluss der königlichen Societät zu Gunsten eines nützlichen Unternehmens womit ich mich seit vielen Jahren beschäftige, angesprochen zu haben. Ich wage, blos noch den Wunsch auszudrücken, dass, falls mein Vorschlag eine günstige Aufnahme fände, die königliche Societät sich unmittelbar mit der königl. Societät in Göttingen, der Akademie der Wissenschaften in Paris und der kaiserlichen Akademie in Petersburg in Benehmen setzen wolle, und das neu Herzustellende mit dem auf einer grossen Ausdehnung bereits Bestehenden in angemessene Verbindung zu bringen. Es gehört zu den glücklichen Wirkungen der Civilisation und der Fortschritte der Vernunft, dass man, indem man sich an die gelehrten Gesellschaften wendet, auf die Vereinigung der einzelnen Willen rechnen könne, sobald es um die Förderung der Wissenschaft oder um die Entwickelung des menschlichen Geistes sich handelt."

Endlich macht v. *Humboldt* auf die im magnetischen Hause in Göttingen ausgeführten Bestimmungen, welche an Präcision alles frühere übertreffen, aufmerksam, und bezeichnet die Wahl der Instrumente, welche an den neuen Observatorien gebraucht werden sollen, insbesondere die Erwägung, ob die neuen Gaussischen Apparate einzuführen seyen, als einen Gegenstand von vorzüglicher Wichtigkeit.

# Das Kreuz des Südens

Nichts gleicht der Schönheit und Milde des Klimas in der Aequinoctialgegend des Oceans. Während der regelmäßige Wind stark wehte, hielt sich der Wärmemesser den Tag über auf 23 und 24 Graden, und während der Nacht zwischen 22 und 22,5 Graden. Um allen Reiz dieser glücklichen, dem Aequator nahen Gegenden vollkommen zu empfinden, muß man in einer sehr rauhen Jahreszeit die Reise von Acapulco oder von den Küsten von Chili nach Europa gemacht haben. Welcher Contrast zwischen den stürmischen Meeren der nördlichen Breiten und diesen Gegenden, wo die Ruhe der Natur niemals gestört wird! Wenn die Rückkehr von Mexico oder von dem südlichen Amerika nach den Küsten von Spanien eben so schnell und angenehm wäre, als die Ueberfahrt von dem alten in den neuen Continent, so würde die Zahl der Europäer, welche sich in den Colonieen niedergelassen haben, weit unbeträchtlicher sein, als wir es gegenwärtig sehen. Das Meer, welches die Azorischen und Bermudischen Inseln umströmt, und welches man durchschifft, wenn man in hohen Breiten nach Europa zurückkehrt, wird von den Spaniern durch die sonderbare Benennung Golfo de las Veguas (Golf der Lastthiere) bezeichnet. Die Colonisten, welche nicht an das Meer gewohnt sind und welche lange Zeit abgesondert in den Wäldern von Guiana, in den Savanen von Caracas oder auf den Cordilleren von Peru gelebt haben, fürchten die Nähe der Bermudischen Inseln mehr, als die Einwohner von Lima heut zu Tage die Fahrt um's Cap Horn. Sie übertreiben sich die Gefahr einer Schifffahrt, welche nur im Winter gefährlich ist. Sie verschieben von Jahr zu Jahr die Ausführung eines Vorhabens, welches ihnen gewagt scheint, und sehr oft überrascht sie der Tod mitten unter den Zubereitungen, welche sie zu ihrer Rückkehr machen.

Seit wir in die heiße Zone eingetreten waren, konnten wir jede Nacht die Schönheit des südlichen Himmels nicht genugsam bewundern, welcher in dem Maß, als wir nach Süden vorrückten, neue Sternbilder unsern Augen entfaltete. Man hat ein wunderbar bekanntes Gefühl, wenn man bei der Annäherung gegen den Aequator und besonders, wenn man von der einen Hemisphäre in die andere übergeht, allmählig die Sterne niederer werden und zuletzt verschwinden sieht, welche man von seiner ersten Kindheit an kennt. Nichts erinnert einen Reisenden lebhafter an die unermeßliche Entfernung seines Vaterlandes als der Anblick eines neuen Himmels. Die Gruppirung der großen Sterne, einige zerstreute Nebelsterne, welche am Glanz mit der Milchstraße wetteifern, und Räume, welche durch eine außerordentliche Schwärze ausgezeichnet sind, geben dem südlichen Himmel eine eigenthümliche Physiognomie. Dieses Schauspiel setzt selbst die Einbildungskraft derjenigen in Bewegung, welche, ohne Unterricht in den höhern Wissenschaften, das Himmelsgewölbe gern betrachten, wie man eine schöne Landschaft oder eine majestätische Aussicht bewundert. Man hat nicht nöthig Botaniker zu sein, um die heiße Zone bei dem bloßen Anblicke der Vegetation zu erkennen; ohne Kenntniß in der Astronomie erlangt zu haben, ohne mit den Himmelscharten von Flamstrad und la Caille vertraut zu sein, fühlt man, daß man nicht in Europa ist, wenn man das ungeheure Sternbild des Schiffs oder die phosphorescirenden Wolken Magellans am Horizont aufsteigen sieht. Die Erde und der Himmel, Alles nimmt in der Aequinoctial-Gegend einen exotischen Charakter an.

Die niedern Gegenden der Luft waren seit einigen Tagen mit Dämpfen angeschwängert. Wir sahen erst in der Nacht vom 4ten zum 5ten Julius, im 16ten Grad der Breite, das Kreuz des Südens zum ersten Mal deutlich; es war stark geneigt und erschien von Zeit zu Zeit zwischen Wolken, deren Mittelpunkt, von dem Wetterleuchten gefurcht, ein silberfarbenes Licht zurück warf. Wenn es einem Reisenden erlaubt ist, von seinen persönlichen Rührungen zu reden, so setze ich hinzu, daß ich in dieser Nacht einen der Träume meiner ersten Jugend in Erfüllung gehen sah.

Wenn man anfängt, den Blick auf geographische Charten zu heften und die Beschreibungen der Reisenden zu lesen, so fühlt man eine Art von Vorliebe für gewisse Länder und Klimata, von welchen man sich in einem höhern Alter nicht wohl Rechenschaft geben kann. Diese Eindrücke haben einen merkbaren Einfluß auf unsere Entschlüsse, und wir suchen uns wie instinktmäßig mit den Gegenständen in Beziehung zu setzen, welche seit langer Zeit einen geheimen Reiz für uns hatten. In einer Epoche, wo ich den Himmel studirte, nicht um mich der Astronomie zu widmen, sondern um die Sterne kennen zu lernen, wurde ich von einer Furcht in Bewegung gesetzt, welche denjenigen unbekannt ist, die eine sitzende Lebensart lieben. Es schien mir schmerzhaft, der Hoffnung zu entsagen, die schönen Sternbilder zu sehen, welche in der Nähe des Südpols liegen. Ungeduldig, die Gegenden des Aequators zu durchwandern, konnte ich die Augen nicht gegen das gestirnte Gewölbe des Himmels erheben, ohne an das Kreuz des Südens zu denken, und ohne mir die erhabene Stelle des Dante ins Gedächtniß zurück zu rufen, welche die berühmtesten Commentatoren auf dieses Sternbild bezogen haben. –

Die Befriedigung, welche wir bei der Entdeckung dieses Kreuzes des Südens empfanden, wurde lebhaft von denjenigen Personen der Schiffsmannschaft getheilt, welche die Kolonieen bewohnt hatten. In der Einsamkeit der Meere grüßt man einen Stern wie einen Freund, von dem man lange Zeit getrennt war. Bei den Portugiesen und Spaniern scheinen noch besondere Gründe dieses Interesse zu vermehren: ein religiöses Gefühl macht ihnen ein Sternbild lieb, dessen Form ihnen das Zeichen des Glaubens ins Gedächtniß ruft, welches von ihren Voreltern in den Wüsten der neuen Welt aufgepflanzt wurde.

Da die beiden großen Sterne, welche die Spitze und den Fuß des Kreuzes bezeichnen, ungefähr die nämliche gerade Aufsteigung haben, so muß das Sternbild in dem Augenblick, wo es durch den Meridian geht, beinahe senkrecht stehen. Diesen Umstand kennen alle Völker, welche jenseit des Wendekreises oder in der südlichen Hemisphäre wohnen. Man hat beobachtet, um welche Zeit in der Nacht, in verschiedenen Jahreszeiten, das Kreuz im Süden gerade oder geneigt ist. Es ist dies eine Uhr, welche ziemlich regelmäßig, nahe zu um 4 Minuten täglich, vorrückt, und kein anderes Sternbild bietet bei dem bloßen Anblick eine so leicht anzustellende Beobachtung der Zeit dar. Wie oft hörten wir in den Savanen von Venezuela oder in der Wüste, welche sich von Lima nach Truxillo erstreckt, unsern Wegweiser sagen: „Mitternacht ist vorbei, das Kreuz fängt an sich zu neigen." Wie oft haben diese Worte uns die rührende Scene ins Gedächtniß gerufen, wo Paul und Virginie, sitzend an der Quelle des Flusses der Latanien, sich zum letzten Mal unterhalten, und wo der Greis, bei dem Anblick des Kreuzes im Süden, sie erinnert, daß es Zeit ist zu scheiden! –

# Über die Emanzipation der Juden

——— Der Brief welchen Hr. von Humboldt in Betreff der Gerüchte über die Judenordnung an den Minister, Grafen Stollberg, geschrieben, enthält sehr bemerkenswürdige Aussprüche. „Ich hoffe, sagt der berühmte Gelehrte darin, daß Vieles sehr falsch und hämisch aufgefaßt ist; wäre es aber so, so halte ich die beabsichtigte Einrichtung nach meiner innersten Ueberzeugung für höchst aufregend, wider alle Grundsätze wahrhafter Staatsklugheit streitend, zu den bösartigsten Interpretationen der Motive veranlassend, Rechte raubend, die durch ein menschlicheres Gesetz des Vaters bereits erworben sind, und der Milde unseres jetzigen Monarchen entgegen. Es ist gefahrvolle Anmaaßung der schwachen Menschheit, die uralten Decrete Gottes auslegen zu wollen. Die Geschichte finsterer Jahrhunderte lehrt, zu welchen Abwegen solche Deutungen Muth geben. – Die Besorgniß, mir zu schaden, muß Sie nicht abhalten, von diesen Zeilen Gebrauch zu machen, man muß vor Allen den Muth einer Meinung haben!“ – In einem andern Briefe an einen jüdischen Bankier spricht sich Hr. v. Humboldt nicht minder energisch aus: Sie sehen, sagt er, was ich schon im Verein mit dem edlen Stollberg gethan habe, man muß so viel als möglich diese Angelegenheit veröffentlichen; man wird etwas scheu werden und damit ist viel geholfen!

# Versuch die mittlere Höhe der Continente zu bestimmen

——— Hr. Alexander von Humboldt verlas eine Abhandlung unter dem Titel: Versuch die mittlere Höhe der Continente zu bestimmen.

„Unter den numerischen Elementen, von deren genauer Erörterung die Fortschritte der physischen Erdbeschreibung abhangen, giebt es eines, dessen Bestimmung bisher fast gar nicht versucht worden ist. Der Unglaube an die Möglichkeit einer solchen Bestimmung ist vielleicht die Hauptursach dieser Vernachlässigung gewesen. Die Erweiterung aber unseres orographischen Wissens, wie die Vervollkommnung der Karten großer Länderstrecken hat (sagt der Verfasser der Abhandlung) mir den Muth gegeben, mich seit Jahren einer mühevollen, sehr steril scheinenden Arbeit zu unterziehen, deren Zweck die genäherte Kenntniß der mittleren Höhe der Continente, die Bestimmung der Höhe des Schwerpunkts ihres Volums ist. Bei diesem Gegenstande, wie bei vielen anderen der Dimensionen des Weltbaues, der wahrscheinlichen Entfernung der Fixsterne, der mittleren Temperatur der Erdpole oder des ganzen Luftkreises im Meeres-Niveau, der Schätzung der allgemeinen Bevölkerung der Erde, kommt es darauf an die Grenz-Zahlen *(nombres limites)* zu erlangen, zwischen welche die Resultate fallen müssen, von dem Bekannten aus einem einzigen Lande, z. B. von der genau geometrisch und auch hypsometrisch dargestellten Oberfläche von Frankreich, allmählich zu größeren Theilen von Europa und Amerika, durch Analogien geleitet, überzugehen, zugleich aber allen numerischen Angaben nachzuspüren, die in neueren Zeiten, besonders für Inner- und West-Asien, uns in so erfreulicher Fülle zugekommen sind. Astronomische Ortsbestimmungen, um die Grenzen zwischen den Gebirgs-Abfällen und den Rändern der Ebenen bis zu drei- oder vierhundert Meter absoluter Höhe auszumitteln, sind am sorgfältigsten zu sammeln. Die Möglichkeit einer solchen Ergründung der Grenzen und der davon abhängigen Vergleichung des Flächeninhalts der Ebenen und der Gebirgs-Grundflächen habe ich früher in geognostischen Untersuchungen über Süd-Amerika gezeigt, wo die lange, auf einer ungeheueren Gangspalte mauerartig erhobene Cordillere der Andes und die Massen-Erhebungen der Parime und Brasiliens in allen älteren Karten so unrichtig umgrenzt waren. Es ist eine allgemeine Tendenz der graphischen Darstellungen, den Gebirgen mehr Breite zu geben, als sie in der Wirklichkeit haben, ja in den Ebenen die Plateaux verschiedener Ordnung mit einander zu vermengen." Herr von Humboldt hat zuerst im Jahr 1825 in zwei Abhandlungen, die er in der Akad. der Wiss. zu Paris verlesen, die mittlere Höhe der Continente berührt, „*l'évaluation du volume des arêtes ou soulèvemens des montagnes comparé à l'étendue de la surface des basses régions.*" Eine denkwürdige Behauptung von Laplace in der *Mécanique céleste* (T. V. livre XI. chap. 1. p. 3.) hatte Veranlassung zu dieser Untersuchung gegeben. Der große Geometer hatte den Satz aufgestellt, daß der Einklang, welcher sich findet zwischen den Resultaten der Pendel-Versuche und der Erd-Abplattung, aus trigonometrischen Grad-Messungen und den Monds-Ungleichheiten hergeleitet, den Beweis davon liefert: „*que la surface du sphéroide terrestre seroit à peu près celle de l'équilibre, si cette surface devenoit fluide. De là et de ce que la mer laisse à découvert de vastes continens, on conclut qu'elle doit être peu profonde et que sa profondeur moyenne est du même ordre que la hauteur moyenne des continens et des îles au-dessus de son niveau, hauteur qui ne surpasse pas mille mètres* (3078 pariser Fuß, nur 463 F. weniger als der Brocken-Gipfel nach Gauß, oder mehr als die höchsten Bergspitzen in Thüringen). *Cette hauteur,* heißt es weiter, *est donc une petite fraction de l'excès du rayon de l'équateur sur celui du pôle, excès qui surpasse 20000 mètres. De même que les hautes montagnes recouvrent quelques parties des continens, de même il peut y avoir de grandes cavités dans le bassin des mers, mais il est naturel de penser que leur profondeur est plus petite que l'élévation des hautes montagnes, les dépôts des fleuves et les dépouilles des animaux marins devant remplir à la longue ces grandes cavités.*" Bei der Vielseitigkeit des gründlichstens Wissens, welches den Gründer der *Mécanique céleste* in so hohem Grade auszeichnete, war eine solche Behauptung um so auffallender, als es ihm nicht entging, daß das höchste Plateau von Frankreich, das, auf welchem die ausgebrannten Vulkane von Auvergne ausgebrochen sind, nach Ramond nur 1044 Fuß, die große iberische Hochebene, nach meinen Messungen, nur 2100 Fuß über dem Meeresspiegel liegen. Laplace hat die obere Grenze auf tausend Meter nur deshalb gesetzt, weil er den Umfang und die Masse der Gebirgs-Erhebungen für beträchtlicher hielt als sie ist, die Höhe einzelner Pics (culminirender Punkte) mit der mittleren Höhe der Gebirgs-Rücken verwechselte, die mittlere Meerestiefe zu gering anzunehmen besorgte, und zu seiner Zeit keine Data aufgeführt fand, aus denen sich das Verhältniß des

Flächeninhalts (in Quadrat-Meilen) der ganzen Continente zu dem Flächeninhalte der Gebirgs-Grundflächen schließen ließ. Eine sorgfältige Rechnung ergab, daß die Masse der Andes-Kette von Süd-Amerika, auf den ganzen ebenen Theil der östlichen Gras- und Waldfluren pulverartig, aber gleichförmig zerstreut, diese Ebenen, deren Flächeninhalt genau $\frac{1}{3}$ größer ist als die Oberfläche von Europa, nur um 486 Fuß erhöhen würde. Herr von Humboldt schloß schon damals daraus: „*que la hauteur moyenne des terres continentales dépend bien moins de ces chaînons ou arêtes longitudinales de peu de largeur, qui traversent les continens, de ces points culminans ou dômes qui attirent la curiosité du vulgaire, que de la configuration générale des plateaux de différens ordres et de leur série ascendante, de ces plaines doucement ondulées et à pentes alternantes qui influent par leur étendue et leur masse sur la position d'une surface moyenne, c'est-à-dire sur la hauteur d'un plan placé de manière que la somme des ordonnées positives soit égale à la somme des ordonnées négatives.*" Die Vergleichung, welche Laplace in der oben angeführten Stelle der *Mécanique céleste* zwischen der Tiefe des Meeres und der Höhe der Continente macht, erinnert an eine Stelle des Plutarch im 15[ten] Capitel seiner Lebensbeschreibung des Aemilius Paulus (ed. Reiskii T. II. p. 276.). Sie ist um so merkwürdiger, als sie uns eine unter den Physikern von Alexandrien allgemein herrschende Meinung kennen lehrt. Nachdem Plutarch den Inhalt einer Inschrift mitgetheilt hat, welche am Olympus gesetzt worden war und das Resultat der sorgfältigen Höhenmessung des Xenagoras angab, fügt er hinzu: „aber die Geometer (wahrscheinlich die alexandrinischen) glauben, man finde keinen Berg, der höher, kein Meer, das tiefer sei als 10 Stadien." Man setzte keinen Zweifel in die Richtigkeit der Messung des Xenagoras, aber man drückte aus, es müsse durch den Bau der Erde eine völlige Gleichheit geben zwischen den positiven und negativen Höhen. Hier ist freilich nur von dem Maximum der Höhe und Tiefe die Rede, nicht von einem mittleren Zustande, eine Betrachtung, welche überhaupt sich den alten Physikern wenig darbot und welche erst bei veränderlichen Größen auf eine der Astronomie heilbringende Weise von den Arabern eingeführt ward. Auch in den Meteorologicis des Kleomedes (I. 10.) ist eine Meinung geäußert, die mit der des Plutarchus gleich lautet, während in den Meteorologicis des Stagiriten (Aristot. met. II. 2.) nur der Einfluß der Inclination des Meeresbodens von Osten nach Westen auf die Strömung betrachtet wird.

Wenn man versucht die mittlere Höhe der Continental-Erhebungen über dem jetzigen Niveau der Meere zu bestimmen, so heißt das, den Schwerpunkt des Volums der Continente über dem jetzigen Meeresspiegel aufzufinden, eine Untersuchung, die ganz von der verschieden ist, statt des *centre de gravité du volume* den Schwerpunkt der Continental-Masse, *centre de gravité des masses*, aufzufinden, da der sich über dem Meere erhebende Theil der festen Erdrinde keinesweges von homogener Dichtigkeit ist, wie die Geognosie und die Pendel-Versuche lehren. Der Gang der einfachen Rechnung ist der: man betrachtet jede Gebirgskette als ein dreiseitiges horizontal liegendes Prisma. Die mittlere Höhe der Gebirgspässe, welche die mittlere Höhe des Gebirgsrückens bestimmt, ist die Höhe der Seitenkante des liegenden dreiseitigen Prisma's, senkrecht auf die Fläche gefällt, welche die Basis der Gebirgskette ausmacht. Die Hochebenen *(Plateaux)* sind als stehende Prismen ihrem Inhalte nach berechnet worden. Um ein europäisches Beispiel zu geben, erinnere ich, daß die Oberfläche von Frankreich 10,087 geogr. □ Meilen enthält. Nach Charpentier beträgt die Grundfläche der Pyrenäen 430 dieser □ Meilen. Obgleich die mittlere Höhe des Kammes der Pyrenäen 7500 F. beträgt, so habe ich doch eine kleinere Höhe angenommen, wegen der Erosionen des liegenden Prisma's, welche die häufigen tiefen Querthäler als volum-vermindernd bilden. Der Effect der Pyrenäen auf ganz Frankreich ist nur 35 Meter oder 108 Fuß. Um diese Quantität nämlich würde die Normal-Oberfläche der Ebenen von ganz Frankreich, die sich durch Vergleichung vieler genau gemessener, wohlgelegener, d. h. dem Centrum angehöriger, Orte (Bourges, Chartres, Nevers, Tours etc.) ergiebt und 480 Fuß beträgt, erhöht werden. Die Rechnung, die ich mit Herrn Élie de Beaumont gemeinschaftlich angestellt, ergiebt nun folgendes allgemeine Resultat:

| | | |
|---|---|---|
| 1) Effect der Pyrenäen | 18 | Toisen |
| 2) Die franz. Alpen, der Jura und die Vogesen einige Toisen mehr als die Pyrenäen; ihr gemeinsamer Effect | 20 | - |
| 3) Es bleiben übrig die Plateaux des Limousin, der Auvergne, der Cevennen, des Aveyron, des Forez, Morvant und der Côte d'or. Ihr gemeinsamer Effect, sehr nahe dem der Pyrenäen, gleich | 18 | - |
| Da nun die Normal-Höhe der Ebenen von Frankreich in der weitesten Erstreckung | 80 | - |
| so ist die mittlere Höhe von Frankreich höchstens | 136 | Toisen |
| | oder 816 | Fuß. |

Die baltischen, sarmatischen und russischen Ebenen sind nur durch die Meridian-Kette des Ural von den Ebenen von Nord-Asien getrennt; daher denn Herodot, dem der Zusammenhang um die südliche Extremität des Urals im Lande der Issidonen bekannt war, ganz Asien nördlich vom Altai Europa hieß. In dem cisuralischen Theile unserer baltischen Ebenen sind, dem Littoral der Ostsee nahe, partielle Massen-Erhebungen, die eine besondere Rücksicht verdienen. Westlich von Danzig, zwischen dieser Stadt und Bütow, wo das Seeufer weit gegen Norden vortritt, liegen viele Dörfer 400 Fuß hoch; ja der Thurmberg, dessen Messungen zu vielen hypsometrischen Streitigkeiten Anlaß gegeben haben, erhebt sich nach Major Baeyer's trigon. Operation zu 1024 Fuß, – vielleicht die größte Berghöhe zwischen dem Harz und Ural. Sonderbar, daß nach Struve's Messung der culminirende Punkt von Livland, der Munamaggi, bis auf 4 t. die Höhe des pommerschen Thurmberges erreicht, ja daß eben so übereinstimmend nach Schiffscap. Albrecht's neuer Seekarte die größte Tiefe der Ostsee zwischen Gothland und Windau 167 t. beträgt, wenn der Thurmberg 170 t. hat. Das Loch hat 4 □ Meilen. Das ausschließlich europäische Flachland, dessen Normal-Höhe man nicht über 60 t. anschlagen kann, hat, genau gemessen, 9 mal den Flächeninhalt von Frankreich. Die ungeheure Ausdehnung dieser niederen Region ist die Ursach, warum die mittlere Continental-Höhe von ganz Europa mit seinen 170,000 geogr. □ Meilen um volle 30 t. kleiner ausfällt als das Resultat für Frankreich. Ohne länger durch Zahlen ermüden zu wollen, füge ich nur die, für eine allgemeine geognostische Ansicht nicht ganz unwichtige Betrachtung hinzu, daß Massen-Erhebungen von ganzen Ländern als Hochebenen einen ganz anderen Effect auf Erhöhung der Schwerpunkte des Volums hervorbringen als Bergketten, wenn sie auch noch so beträchtlich an Länge und Höhe sind. Während die Pyrenäen auf ganz Europa kaum den Effect von 1 Toise, das Alpensystem, dessen Grundfläche die der Pyrenäen fast viermal übertrifft, den Effect von $3\frac{1}{2}$ t. hervorbringen, bewirkt die iberische Halbinsel mit ihrer compacten Plateau-Masse von 300 t. Höhe einen Effect von 12 t. Das iberische Plateau wirkt demnach auf ganz Europa viermal so viel als das Alpensystem. Das Resultat der Rechnungen ist meist so befremdend, daß es sich aller Vorausbestimmung zu entziehen scheint.

Über die Gestaltung von Asien ist in den neuesten Zeiten viel Licht verbreitet worden. Der Effect der südlichen colossalen Erhebungs-Massen wird dadurch vermindert, daß $\frac{1}{3}$ des ganzen Continents von Asien, ein Theil Sibiriens, der selbst um $\frac{1}{3}$ den Flächeninhalt von Europa übertrifft, nicht 40 t. Normal-Höhe hat. Das ist selbst noch die Höhe von Orenburg an dem nördlichen Rande der caspischen und turanischen Senkung. Tobolsk hat nicht die Hälfte dieser Höhe; und Kasan, das 5 mal entfernter von dem Littoral des Eismeeres liegt als Berlin von der Ostsee, hat kaum die Hälfte der Höhe unserer Stadt. Am oberen Irtysch zwischen Buktormensy und dem Saysan-See, an einem Punkte, wo man dem indischen Meere näher als dem Eismeere ist, fanden wir die Ebene noch nicht 800 Fuß hoch, ein sogenanntes Central-Plateau Inner-Asiens, das noch nicht die Hälfte der Erhebung des Straßenpflasters von München über dem Niveau des Meeres hat. Das einst so berühmte Plateau zwischen dem Baikal-See und der chinesischen Mauer (die steinige Wüste Gobi oder Cha-mo), das die russischen Akademiker Bunge und

Fuß barometrisch gemessen, hat nur die mittlere Höhe von 660 t. (3960 F.), als setze man die Müggelsberge auf den Gipfel des Brocken; ja das Plateau hat in seiner Mitte, wo Ergi liegt (Br. 45° 31′), eine muldenartige Vertiefung, wo der Boden bis 400 t. (2400 F.), fast bis zur Höhe von Madrid, herabsinkt. „Diese Senkung," sagt Herr Bunge in einem noch ungedruckten Aufsatze, den ich besitze, „ist mit Halophyten und Arundo-Arten bedeckt; und nach der Tradition der Mongolen, die uns begleiteten, war sie einst ein großes Binnenmeer." Beide Extremitäten dieses alten Binnenmeeres sind durch flache Felsränder, ganz einem Seeufer gleich, bei Olonbaischan und Zukeldakan begrenzt. Das Areal des Gobi in seiner einförmigen Massen-Erhebung von SW. gegen NO. ist zweimal so groß als ganz Deutschland, und würde den Schwerpunkt von Asien um 20 t. erhöhen, während der Himalaya und das den Hindou Kho fortsetzende Kouen-lun sammt der tübetanischen Hochebene, die Himalaya und Kouen-lun verbindet, einen Effect von 56 t. hervorbringen würden. Bei der Berechnung des ungeheuren Reliefs zwischen den indischen Ebenen und dem niedrigen, von dem milden Kaschgar gegen den Lop-See östlich abfallenden Plateau des Tarím war der Punkt zu beachten nahe dem Meridian des Kaylasa und der zwei heiligen Seen Manasa und Ravana-brada, von wo an der Himalaya nicht mehr von Osten gen Westen dem Kouen-lun parallel läuft, sondern sich, von SO.-NW. gerichtet, dem Berggurten des Tsun-ling anschaart. Die Höhen der zahlreichen Bergpässe von Bamian bis zu dem Meridian des Tschamalari (24,400 F.), bei welchem Turner auf das tübetanische Plateau von H'Lassa gelangte, also in einer Ausdehnung von 21 Längegraden, sind bekannt. Der größere Theil derselben hat sehr einförmig 14,000 engl. Fuß (2200 t.), eine in den Pässen der Andes-Kette gar nicht ungewöhnliche Höhe. Die große Landstraße, der ich von Quito nach Cuenca gefolgt bin, hat z. B. am Assuay (Ladera de Cadlud) schneefrei die Höhe von 2428 t., das ist fast 1400 F. mehr als jene Himalaya-Übergänge. Die Pässe, wie ich bereits früher bemerkt, bestimmen die mittlere Höhe der Gebirgskämme. In einer Abhandlung über das Verhältniß der höchsten Gipfel (culminirenden Punkte) zu der Höhe der Gebirgsrücken habe ich gezeigt, daß der Gebirgsrücken der Pyrenäen, aus 23 Pässen *(cols, hourques)* berechnet, 50 t. höher als der mittlere Gebirgsrücken der Alpen ist, obgleich die Culminationspunkte der Pyrenäen und Alpen sich wie 1 zu $1\frac{4}{10}$ verhalten. Da einzelne Himalaya-Pässe, z. B. Niti Gate, durch das man in die Ebene der Schaal-Ziegen aufsteigt, 2629 t. hoch sind, so habe ich die mittlere Höhe des Himalaya-Rückens nicht zu 14,000 engl. Fuß, sondern, wenn gleich überschätzt, zu 15,500 F. (2432 t.) angeschlagen. Das Plateau der drei Tübets von Iscardo, Ladak und H'Lassa ist eine Intumescenz zwischen zwei anschaarenden Ketten

(Himalaya und Kouen-lun). Vigne's eben erschienene Reise nach Baltistan oder Klein-Tübet, die von Lloyd besorgte Ausgabe der Journale der Brüder Gerard, so wie neue in Indien selbst angeregte Streitigkeiten über die relative Höhe der ewigen Schneegrenze an dem indischen und tübetanischen Abhange des Himalaya haben immer mehr gezeigt, daß die mittlere Höhe der tübetanischen Hochebene bisher ansehnlich überschätzt worden ist. In seinem Werke *Asie centrale*, von dessen drittem Bande nur noch wenige Bogen ungedruckt sind und welches von einer hypsometrischen Karte von Asien vom Phasis bis zum Golf Petcheli, vom Zusammenfluß des Ob und Irtysch bis zum Parallel von Delhi begleitet ist, glaubt Herr von Humboldt durch Zusammenstellung vieler Thatsachen zu beweisen, daß die Intumescenz zwischen Himalaya und Kouen-lun (der südlichen und nördlichen Grenzkette von Tübet) nicht 1800 t. mittlerer Höhe übersteigt, also selbst 200 t. niedriger als die Hochebene des Sees Titicaca ist.

Die hypsometrische Configuration des asiatischen Festlandes, in der die Ebenen und Senkungen vielleicht noch auffallender als die colossalen Hebungen sind, zeichnet sich durch zwei charakteristische Grundzüge aus: 1) durch die lange Reihe von Meridian-Ketten, die mit parallelen Axen, aber unter sich alternirend (vielleicht gangartig verworfen), vom Cap Comorin (Ceylon gegenüber) bis an die Küste des Eismeers, in gleichmäßiger Richtung, SSO.-NNW., unter dem Namen der Ghates, der Soliman-Kette, des Paralasa, des Bolor und des Ural hinstreichen. Diese alternirende Lage der goldreichen Meridian-Ketten (Vigne hat neuerdings am östlichen Bolor-Abfall, im Basha-Thale des Baltistan, die vom tübetischen Murmelthiere, Herodots großen Ameisen, durchwühlten Goldsandschichten besucht) offenbart das Gesetz, daß keine der eben genannten fünf Meridian-Ketten, zwischen 64° und 75° Länge, neben der nächsten gegen Osten und Westen vorbeistreicht, auch daß jede neue longitudinale Erhebung erst in der geogr. Breite beginnt, welche die vorhergehende noch nicht erreicht hat. 2) Ein anderer, ebenfalls nicht genug beachteter, charakteristischer Zug der Configuration von Asien ist die Continuität einer ungeheuren ost-westlichen Hebung, zwischen Br. 35° und 36°½, vom Takhialou-dagh an im alten Lycien bis zur chinesischen Provinz Houpih, eine Hebung, die dreimal von Meridian-Ketten (Zagros in West-Persien, Bolor in Afghanistan, Assam-Kette im Dzangbo-Thale) durchschnitten wird. Von Westen gegen Osten heißt diese Kette, auf dem Parallel des Dicäarchus, welcher zugleich der Parallel von Rhodus ist: Taurus, Elbruz, Hindou Kho, und Kouen-lun oder A-neoutha. In dem dritten Buche der Geographie des Eratosthenes findet sich der erste Keim des Gedankens einer ununterbrochen fortlaufenden, ganz Asien theilenden Bergkette

(Strabo XV. p. 689. Cas.). Dicäarchus sah den Zusammenhang ein zwischen dem kleinasiatischen Taurus und den indischen Schneebergen, denen die Erzählungen und Lügen der Begleiter des Macedoniers bei den Griechen so viel Ruf verschafft hatten. Man legte Wichtigkeit auf den Parallel von Rhodus und auf die Richtung dieser unermeßlichen Bergkette. Die „Chlamyde“ von Asien sollte unter diesem Parallel am breitesten sein (Strabo XI. p. 519.); ja weiter gegen Osten könnte (wie Strabo sagt) ein anderer Continent liegen. Sonderbare geognostische Träume über eine Zone, einen Breitengrad, eine Spaltung der Erdoberfläche, in der vorzugsweise Continental- und Bergerhebungen statt gefunden haben, ja in der auch die Straße und die Säulen des Hercules bei Gades (lat. 36°) liegen. Der Taurus und die Hochebenen von Kleinasien hatten den Einfluß der Höhe auf die Temperatur den griechischen Physikern zuerst recht merklich gemacht. „Auch in südlichen Erdstrichen,“ sagt der große Geograph von Amaseia (Strabo II. p. 73.), indem er das Klima der nördlichen Küsten von Kappadocien mit der 3000 Stadien südlicheren Ebene um den Argaios vergleicht, „sind die Berge und jeder hohe Boden kalt, wenn er auch eine Ebene ist.“ Strabo allein unter allen griechischen Schriftstellern gebraucht das schön bezeichnende Wort ὀροπέδια, Berg-Ebenen.

Nach dem Schlußresultat der ganzen Arbeit des Herrn von Humboldt ist das von Laplace angegebene Maximum der mittleren Continental-Höhe um $\frac{2}{3}$ zu groß. Der Verf. der Abhandlung findet für die drei Welttheile, die er berechnet (an Afrika würde zu früh sein sich zu wagen!), folgende numerische Elemente:

| | | |
|---|---|---|
| Europa | 105 t. | (205 met.) |
| Nord-Amerika | 117 t. | (228 met.) |
| Süd-Amerika | 177 t. | (345 met.) |
| Asien | 180 t. | (351 met.). |

Für den ganzen Neuen Continent ergeben sich 146 t. (285 m.), und für die Höhe des Schwerpunkts des Volums aller Continental-Massen (Afrika nicht eingerechnet) über dem heutigen Meeresspiegel 157$^{t}$,8 oder 307 Meter. Herr von Hoff hat auf einer Landstrecke von 224 geogr. □ Meilen die Höhen von 1076 Punkten mit seltener Genauigkeit gemessen, und zwar in einem meist gebirgigen Theile Thüringens. Er bestimmte demnach fast 5 Höhen auf jeder □ Meile; aber diese Höhen waren ungleich vertheilt. Herr von Humboldt forderte, wegen der Laplacischen Behauptung über die Continental-Massen, Herrn von Hoff auf, die mittlere Höhe seines hypsometrisch vermessenen Landstrichs zu berechnen. Dieser findet sie zu 166 t. (Höhen-Messungen in und um Thüringen 1833. p. 118.), also nur 8 t. mehr als das Resultat des Herrn von Humboldt. Man darf daraus schließen, daß, da eine sehr gebirgige Gegend Thüringens gemessen wurde, das Resultat von 157 t. oder 942 Fuß als Grenzwerth *(nombre limite)* noch eher zu groß als zu klein ist. Bei der Gewißheit eines progressiven, aber partiellen Aufsteigens von Schweden (eine für die physische Erdbeschreibung so wichtige Gewißheit, die wir Leop. von Buch verdanken) kann man glauben, daß diese Lage des Schwerpunkts nicht immer dieselbe bleiben wird; aber bei einzelnen herabsteigenden Massen und bei der Kleinheit der Räume, auf welche die unterirdischen Kräfte zu wirken scheinen, wird die, sich großentheils selbst compensirende Variation im Ganzen wenig störend auf den Schwerpunkt des Über-Oceanischen einwirken. In den numerischen Resultaten jener hypsometrischen Arbeit offenbart sich auf's neue: daß die geringsten Höhen in unserer Hemisphäre den Continental-Massen des Nordens zugehören. Europa giebt 105 t., Nord-Amerika 117 t. Die Intumescenz Asiens, zwischen 28° und 40° Breite, compensirt die mindernde Wirkung des sibirischen Tieflandes. Asien und Süd-Amerika geben 180 und 177 Toisen. Man liest gewissermaßen in jenen Zahlen, in welchen Theilen unserer Erdoberfläche der V u l k a n i s m u s (die Reaction des Inneren gegen das Äußere) durch uralte Hebungen am kräftigsten gewirkt hat.

# Krokodile in Südamerika

——— Man zeigte uns eine Hütte oder vielmehr eine Art Überdach (hangard), worin unser Wirth von Calabozo, Don Miguel Cousin, Zeuge eines ganz außerordentlichen Vorfalls gewesen war. In Gesellschaft eines seiner Freunde und auf eine mit Leder überzogene Bank gelagert, hatte er hier die Nacht zugebracht, als er früh Morgens durch heftige Stöße und einen furchtbaren Lärm geweckt ward. Erdschollen wurden bis mitten in die Hütte geschleudert. Bald kam ein junges, zwey bis drey Fuß langes Crocodil unter dem Bett hervor, warf sich auf einen an der Thürschwelle liegenden Hund, verfehlte ihn im Ungestüm seines Sprunges und floh dann gegen das Ufer, um den Fluß zu erreichen. Bey Ansicht der Stelle, wo die *barbacoa*, oder Schlafstätte errichtet war, konnte man sich die Ursache des seltsamen Vorfalls leicht erklären. Der Boden war in beträchtlicher Tiefe aufgewühlt. Er bestund aus trocknem Schlamm, welcher das Crocodil in dem lethargischen Zustand oder *Sommerschlaf* (sommeil d'été) begraben hatte, den manche Individuen dieser Art, mitten in den *Llanos*, in der Jahrszeit, wo kein Regen fällt, erleiden. Der Lärm von Menschen und Pferden, vielleicht auch der Geruch des Hundes, hatte das Thier aus seinem Schlummer erweckt.

Die Indianer versicherten, in San Fernando vergehe selten ein Jahr, wo nicht zwei oder drey erwachsene Personen, meist Weiber, die am Strome Wasser schöpfen, diesen fleischfressenden Eidechsen zur Beute werden. Man erzählte uns die Geschichte eines Mädchens aus Uritucu, das sich mit außerordentlicher Geistesgegenwart und Unerschrockenheit aus dem Rachen eines Crocodils rettete. So bald es sich vom Thier gefaßt fühlte, griff es nach den Augen der Bestie und drückte dieselben mit den Fingern, so gewaltsam, daß das Crocodil, von Schmerz überwältigt, seine Beute, der es bereits den Vorderarm abgekneipt hatte, fahren ließ. Des großen Blutverlustes unerachtet, gelangte die Indianerin, durch Schwimmen mit der ihr übrig gebliebenen Hand, glücklich ans Ufer. In diesen Einöden, wo der Mensch mit der Natur in stetem Kampfe lebt, ist das Tagesgespräch vielfältig auf die Mittel gerichtet, durch die man sich gegen die Nachstellungen eines Tigers, einer Boa oder *Traga-Venado*, und eines Crocodils schützen mag; Jedermann rüstet sich, so zu sagen, gegen die drohenden Gefahren. „Ich wußte, sprach hernach das junge Mädchen von Uritucu ganz ruhig, daß der Cayman seinen Raub fahren läßt, wenn man ihm die Augen mit den Fingern drückt."

# Über die Verbindung zwischen dem Orinoco und Amazonenfluss

Zu den außerordentlichsten und seltensten Erscheinungen, welche der Lauf der Ströme darbietet, gehört die *Spaltung in zwey Theile* nahe bey ihrem Ursprung, und die natürliche Verbindung zwischen zweyen Flußbetten, deren Abhang nach entgegengesetzter Richtung geht. *Prony* beschreibt in dem vorhergehenden Artikel die Voltata des Arno und den Arm, welchen er ehedem in die Tiber geschickt zu haben scheint. Eine Zeichnung, die nach der großen, im Jahr 1806 erschienenen Carte militaire von dem Königreich Hetrurien gemacht ist, stellt diese Verbindung zwischen zweyen Flüssen, von welchen der eine gegen Süden, der andere gegen Westen geht, deutlich vor Augen.[1] Dieselbe Erscheinung, die hier durch die Untersuchungen von *Fossombroni* wahrscheinlich gemacht ist, findet auf eine nicht zu bezweifelnde Weise, im südlichen Amerika statt. Ich habe sie durch meine Fahrt auf dem Orinoco, Cassiquiari, und Rio Negro in den Monaten März, April, Mai und Jun. 1800 außer Zweifel gesetzt. Die beygefügte Skizze von dem Laufe des Orinoco, die nach meiner großen Karte, welche ich an Ort und Stelle aufgenommen habe, gemacht ist, kann als Seitenstück zu der Karte von *Prony* dienen.[2] Für den Hydrographen ist es von Wichtigkeit, den Einfluß, welchen die Ungleichheiten des Bodens und die besondere Gestalt eines Erdstrichs auf die Richtung und Verzweigung der Flüsse, in den verschiedensten Theilen der Erdkugel, haben, kennen zu lernen.

Seit einem Jahrhundert hat man darüber gestritten, ob zwischen zweyen der größten Flüsse der Welt, dem Orinoco und Amazonenfluß, eine Verbindung statt finde oder nicht. Der P. *Gumilla* hatte in seiner Geschichte des Orinoco eine solche Verbindung geläugnet; *Condamine* hingegen, der den Ausfluß des Rio negro in den Amazonenfluß gesehen hatte, sammelte während seines Aufenthaltes in Para un-

[1] Eine etwas verkleinerte Copie dieser Zeichnung ist diesem Hefte beygefügt.

[2] Auch von dieser erhalten unsere Leser auf demselben Blatte, auf welchem die Karte von *Prony* befindlich ist, eine Copie in gleicher Größe mit dem Original.

widerlegbare Beweise von der Verbindung des Orinoco mit dem Rio negro. *D'Anville*, der das seltne Talent hatte, die Wahrheit aus einfachen Angaben zu treffen, stellte auf seiner schönen Karte von Südamerika, den Cassiquiari ziemlich richtig als einen Arm des Orinoco dar. Bey der militärischen Expedition, welche die spanische Regierung im Jahr 1755 zur Berichtigung der Gränzen zwischen ihren und den portugiesischen Besitzungen unternahm, wurde der Cassiquiari untersucht, nicht von den Anführern der Expedition, den Herren *Hurriaga* und *Solano*, sondern von einigen Unterofficieren ihres Corps. Der P. *Caulin*, ein Franziskaner, welcher den *Solano* bis zu den Wasserfällen des Orinoco begleitet hatte, gab in seiner chorographischen Geschichte von Neu-Andalusien, eine Karte des spanischen Guiana's heraus. In dieser findet man außer der wirklich vorhandenen Verbindung zwischen den mehrgedachten Flüssen, noch mehrere Verzweigungen derselben, deren Kenntniß sich aber nur auf unbestimmte und ungenaue Aussagen gründet. Die Karte des P. *Caulin*, die außerhalb Spanien sehr wenig bekannt ist, und ungeheure Fehler in den Breiten enthält, wurde von *la Cruz* in seiner großen Karte von Süd-Amerika, welche 1775 in Madrid herauskam, copirt. Ein französischer Geograph, dessen Arbeiten viel zum Fortgang der Wissenschaften beygetragen haben, gab im Jahr 1798 eine neue Karte von Guiana heraus, worinn er, nach seinen theoretischen Ansichten, das Bette des Orinoco zwischen dem Rio Jao und dem Cunucunumo durch eine Kette sehr hoher Berge durchschneiden läßt. Er fügt in einer besondern Anmerkung hinzu: „Daß die vermeintliche Verbindung zwischen dem Orinoco und Amazonenfluß eine geographische Ungereimtheit wäre, und daß man, um die Ideen darüber zu berichtigen, die Richtung der Cordilleren, durch welche die Gewässer getheilt würden, gehörig untersuchen müßte."

Ich habe Gelegenheit gehabt, diese Untersuchung der Richtung der Berge an Ort und Stelle vorzunehmen; ich habe den Lauf der Flüsse durch eine beträchtliche Anzahl astronomischer Beobachtungen bestimmt; ich bin mit Hrn. *Bonpland* den Atabapo, den Tuamini und den Terni hinaufgegangen; ich habe mein Canot von Javita über den *Schlangenwald* bis zum *Canno Pimichin* tragen lassen; ich bin auf diesem Fluß in den Guainia eingelaufen, welchen die Europäer *Rio negro* nennen; auf dem Guainia bin ich abwärts gefahren bis zu dem kleinen Fort San Carlos; alsdann bin ich den Cassiquiari aufwärts gegangen bis zu der Stelle, wo er sich vom Orinoco trennt; und auf diesem wieder herunter bis nach San Thomas de Guiana, und habe auf diese Weise die Gebirgskette, von welcher man wähnte, daß sie die Gewässer des Orinoco und Cassiquiari von einander trennte, im Canot durchschnitten. Diese Fahrt, die bey niedrigem Wasserstande gemacht, und durch nichts als durch die Stelle bey Javita unterbrochen worden war, hat nicht den geringsten Zweifel über die Spaltung des Orinoco ganz nahe bey seinem Ursprung übrig gelassen. Die ungeheuere Ebene, die sich zwischen den Missionen von San Fernando de Atabapo, Esmeralda, Maroa und San Carlos del Rio negro ausbreitet, zeigt uns die außerordentliche Erscheinung von vier Flüssen, von denen zwey und zwey einander beynahe parallel, obwohl nach entgegengesetzten Seiten hin, laufen. Der Orinoco fließt gegen N. W., der Guainia gegen S. O., der Cassiquiari gegen S. und der Atabapo gegen N. Die culminirenden Puncte auf dieser Ebene finden sich in einer Linie, die von N. O. gegen S. W. geht. Ein großer Theil von Guiana ist eine Insel, die durch das Meer und durch die strömenden Gewässer des Amazonenflusses, des Guainia, des Cassiquiari und des Orinoco gebildet wird.

Untersucht man den Boden eines Flusses, nach einem in die Queere laufenden Durchschnitt, mit dem Senkbley, so findet man beständig, daß er, weit entfernt eine horizontale Ebene zu bilden, aus einer Reihe von Furchen von ungleicher Tiefe besteht. Je breiter der Fluß ist, desto größer ist die Anzahl der Furchen; und oft behaupten sie auf große Strecken einen vollkommenen Parallelismus. Jeder Fluß kann angesehen werden, als bestände er aus mehrern Canälen; und es findet bey ihm eine Spaltung in zwey Theile statt, wenn ein Theil des Erdreichs, welches an das Ufer stößt, niedriger ist, als der Boden einer ihm zur Seite liegenden Furche. Diese Spaltungen sind in der Nähe der Mündungen der Flüsse, wo das Erdreich wenig Ungleichheiten hat, ziemlich gemein. Das Delta des Nils und das des Orinoco geben uns Beyspiele dieser Erscheinung. In diesen Fällen gibt es sogar bisweilen Verbindungen zwischen zweyen Flüssen, wenn die Arme derselben einander nahe laufen. Die Spaltungen im Innern des Landes in der Nähe der Quellen sind desto seltener, da die meisten großen Flüsse in bergigten Gegenden entspringen und in Thälern fortfließen, die durch mehr oder minder beträchtliche Erhöhungen von einander abgesondert sind. Ein Arm der Loire könnte sich unmöglich einen Weg zum Bette der Seine bahnen. Das Innere von Guiana, derjenige Theil des Landes, welcher sich von den Granitbergen des Duida und Parima bis über den Aequator hinaus erstreckt, ist so eben, daß die kleinsten Ungleichheiten des Bodens den Lauf der Flüsse daselbst bestimmen. Wir haben oben gesehen, daß der Cassiquiari, dessen mittlere Breite vier- bis fünfhundert Mètres beträgt, nur ein Arm des Orinoco ist; und eben dieser Arm zeigt oberhalb des Orts, wo sonst der indianische Flecken Capivary gelegen hat, eine neue Spaltung. Er schickt einen Arm gegen Westen, den Canno Conorichiti, der sich zehn Meilen oberhalb der Mündung des Cassiquiari, in den Rio negro ergießt.

Diese letzte Spaltung hat große Aehnlichkeit mit der sonderbaren Verzweigung, welche die Sorque, die Louvere und Nesque, zwischen Avignon und Monteuk in dem Departement von Vaucluse zeigen. Der Arm der Aigues, der sich bey Travaillans absondert, um sich in der Nähe der Meierey Lampourde mit der Rhone zu vereinigen, gibt ein Beyspiel von Spaltung, das dem des Conorichiti ganz ähnlich ist. Ueberall bestimmt die Gestaltung des Bodens die Richtung der Flüsse, nach beständigen und gleichförmigen Gesetzen.

CARTE DU VAL DI CHIANA
ET D'UNE PARTIE DU COURS DE L'ARNO.

Zur Monat.

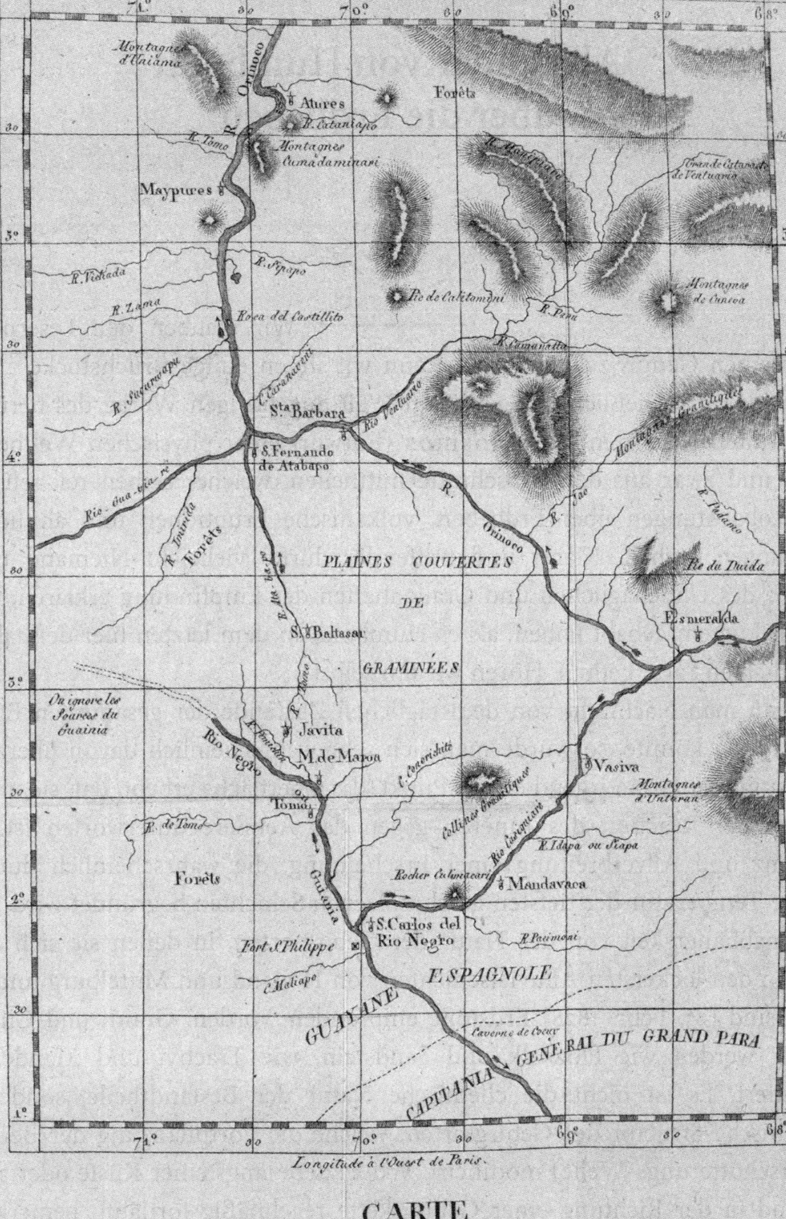


CARTE

De l'Interieur de la Guayane Espagnole dressée sur les lieux d'après des observations astronomiques par A. de Humboldt.

# Alexander von Humboldt über die Erdbeben

——— Wir glauben den Lesern dieses Blattes einen Genuß zu gewähren, wenn wir ihnen einige Bruchstücke aus dem nicht ganz ausschließlich der gelehrten Welt angehörigen Werke des berühmten obgenannten Gelehrten, dem Kosmos (Entwurf einer physischen Weltbeschreibung), und zwar aus dem Abschnitte mittheilen, welcher seinen reichen Schatz von Beobachtungen über Erdbeben, vulkanische Eruptionen und ähnliche Erscheinungen enthält. Klarer und treffender dürfte vielleicht Niemand uns die Ursache des Unbehaglichen und Grauenhaften der Empfindung erklären, die wir erst vor kurzem gehabt haben, als es Humboldt in dem letzten hier deßhalb ganz abgedruckten Satze gethan. Hören wir ihn selbst.

„Wenn man Nachricht von dem täglichen Zustande der gesammten Erdoberfläche haben könnte, so würde man sich sehr wahrscheinlich davon überzeugen, daß fast immerdar an irgend einem Punkt, die Oberfläche erbebt, daß sie ununterbrochen der Reaction des Inneren gegen das Aeußere unterworfen ist. Diese Frequenz und Allverbreitung einer Erscheinung, die wahrscheinlich durch die erhöhte Temperatur der tiefsten geschmolzenen Schichten begründet wird, erklärt ihre Unabhängigkeit von der Natur der Gebirgsarten, in denen sie sich äußert. Selbst in den lockersten Alluvialschichten von Holland und Mittelburg und Bliesfingen sind (23. Febr. 1828) Erdstöße empfunden worden. Granit und Glimmerschiefer werden wie Flozkalk und Sandstein, wie Trachyt und Mandelschein erschüttert. Es ist nicht die chemische Natur der Bestandtheile, sondern die mechanische Structur der Gebirgsarten, welche die Fortpflanzung der Bewegung (die Erschütterungs-Welle) modificirt. Wo letztere längs einer Küste oder an dem Fuß und in der Richtung einer Gebirgskette regelmäßig fortläuft, bemerkt man bisweilen, und dies seit Jahrhunderten, eine Unterbrechung an gewissen Punkten. Die Wellenbewegung schreitet in der Tiefe fort, wird aber an jenen Punkten an der Oberfläche nie gefühlt. Die Peruaner sagen von diesen unbewegten oberen Schichten: „daß sie eine Brücke bilden."" – –

„Der innere Zusammenhang aller hier geschilderten Erscheinungen (der Erdbeben und damit verknüpfte Gas-, Schlamm- und Feuer- und Rauchausbrüche auf einzelnen Landstrecken, namentlich Amerika's) ist noch in Dunkel gehüllt. Elastische Flüssigkeiten sind es gewiß, die sowohl das leise, ganz unschädliche, mehrere Tage dauernde Zittern der Erdrinde (wie 1816 in Sicilien vor der vulkanischen Erhebung der neuen Insel Julia) als die sich durch Getöse verkündigenden furchtbaren Explosionen verursachen. Der Heerd des Uebels, der Sitz der bewegenden Kraft liegt tief unter der Erdrinde; wie tief, wissen wir eben so wenig als welches die chemische Natur so hochgespannter Dämpfe sey. An zwei Kraterränden gelagert, am Vesuv und auf dem thurmartigen Fels, welcher den ungeheuren Schlund des Pichincha bei Quito überragt, habe ich periodisch und sehr regelmäßig Erdstöße empfunden, jedes Mal 20 bis 30 Sekunden früher als brennende Schlacken oder Dämpfe ausgestoßen wurden. Die Erschütterung war um so stärker, als die Explosionen später eintraten, und also die Dämpfe länger aufgehäuft blieben. In dieser einfachen, von so vielen Reisenden bestätigten Erfahrung liegt die allgemeine Lösung des Phänomens. Die thätigen Vulkane sind als Schutz- und Sicherheits-Ventile für die nächste Umgebung zu betrachten. Die Gefahr des Erdbebens wächst, wenn die Oeffnung der Vulkane verstopft, ohne freien Verkehr mit der Atmosphäre sind; doch lehrt der Umsturz von Lissabon, Caraccas, Lima, Caschmir und so vielen Städten von Kalabrien, Syrien und Kleinasien, daß im Ganzen doch nicht in der Nähe noch brennender Vulkane die Kraft der Erdstöße am größten ist."

„In dem Erdbeben offenbart sich demnach eine vulkanisch vermittelnde Macht; aber eine solche Macht, allverbreitet wie die innere Wärme des Planeten, und überall sich selbst verkündend, wird selten und dann nur an einzelnen Punkten bis zu wirklichen Ausbruchs-Phänomenen gesteigert. Die Gangbildung, d. h. die Ausfüllung der Spalten mit krystallinischen, aus dem Innern hervorquellenden Massen (Basalt, Melaphyr und Grünstein) stört allmählig die freie Communication der Dämpfe. Durch Spannung wirken diese dann auf dreierlei Weise: erschütternd, oder plötzlich, d. h. ruckweise hebend, oder wie zuerst in einem großen Theil von Schweden beobachtet worden ist, ununterbrochen und nur in langen Perioden bemerkbar, das Niveau-Verhältniß von Meer und Land umändernd."

„Ehe wir diese große Erscheinung verlassen, müssen wir noch die Ursache des unaussprechlich tiefen und ganz eigenthümlichen Eindrucks berühren, welchen das erste Erdbeben, das wir empfinden, so es auch von keinem unterirdischen Getöse begleitet, in uns zurückläßt. Ein solcher Eindruck ist, glaube ich, nicht Folge der Erinnerung an die Schreckensbilder der Zerstörung, welche unserer

Einbildungskraft aus Erzählungen historischer Vergangenheit vorschweben. Was uns so wundersam ergreift, ist die Enttäuschung von dem angeborenen Glauben an die Ruhe und Unweglichkeit des Starren, der festen Erdschichten. Von früher Kindheit an sind wir an den Kontrast zwischen dem beweglichen Element des Wassers und der Unbeweglichkeit des Bodens gewöhnt, auf dem wir stehen. Alle Zeugnisse unserer Sinne haben diesen Glauben befestigt. Wenn nun plötzlich der Boden bebt, so tritt geheimnißvoll eine unbekannte Naturmacht, als das Starre bewegend, als etwas Handelndes auf. Ein Augenblick vernichtet die Illusion des ganzen früheren Lebens. Enttäuscht sind wir über die Ruhe der Natur, wir fühlen uns in den Bereich zerstörender, unbekannter Kräfte versetzt. Jeder Schall, die leiseste Regung der Lüfte spannt unsere Aufmerksamkeit. Man traut gleichsam dem Boden nicht mehr, auf den man tritt. Das Unmögliche der Erscheinung bringt dieselbe ängstliche Unruhe bei Thieren hervor. Schweine und Hunde sind besonders davon ergriffen. Die Crocodille am Orinocko, sonst so stumm als unsere kleinen Eidechsen, verlassen den erschütterten Boden des Flusses und laufen brüllend dem Walde zu.

Dem Menschen stellt sich das Erdbeben als etwas Allgegenwärtiges, Unbegränztes dar. Von einem thätigen Ausbruch-Krater, von einem auf unsere Wohnungen gerichteten Lavastrom, kann man sich entfernen, bei dem Erdbeben glaubt man sich überall, wohin auch die Flucht gerichtet sey, über dem Heerd des Verderbens. Ein solcher Zustand des Gemüths, aus unserer innersten Natur hervorgerufen, ist aber nicht von langer Dauer. Folgt in einem Lande eine Reihe von schwachen Erdstößen auf einander, so verschwindet fast jegliche Spur von Furcht. An den regenlosen Küsten von Peru kennt man weder Hagel noch den rollenden Donner und die leuchtenden Explosionen im Luftkreise. Den Wolkendonner ersetzt dort das unterirdische Getöse, welches die Erdstöße begleitet. Vieljährige Gewohnheit und die sehr verbreitete Meinung, als seyen gefahrbringende Erscheinungen nur zwei oder drei Mal in einem Jahrhundert zu befürchten, machen, daß in Lima schwache Oscillationen des Bodens kaum mehr Aufmerksamkeit erregen, als ein Hagelwetter der gemäßigten Zone.“

## Über das geeignete Klima für Weinbau

——— Ich habe in keinem Erdtheile, selbst nicht auf den canarischen Inseln oder in Spanien oder im südlichen Frankreich, herrlicheres Obst, besonders schönere Weintrauben, gesehen als in Astrachan nahe den Ufern des caspischen Meeres (46° 21′). Bei einer mittleren Temperatur des Jahres von etwa 9° steigt die mittlere Sommerwärme auf 21°,2, wie um Bordeaux: während nicht bloß dort, sondern noch weiter südlich, zu Kislar an der Terek-Mündung (in den Breiten von Avignon und Rimini), das Thermometer im Winter auf –25° und –30° herabsinkt.

Irland, Guernsey und Jersey, die Halbinsel Bretagne, die Küsten der Normandie und des südlichen Englands liefern durch die Milde ihrer Winter, die niedrige Temperatur und den nebelverschleierten Himmel ihrer Sommer den auffallendsten Contrast mit dem Continental-Klima des inneren östlichen Europa. In Nordost von Irland (54° 56′) unter Einer Breite mit Königsberg in Preußen vegetirt die Myrte üppig wie in Portugal. Der Monat August, welcher in Ungarn 21° erreicht, hat in Dublin (auf derselben Isotherme von 9°½) kaum 16°; die mittlere Winterwärme, die in Ofen zu –2°,4 herabsinkt, ist in Dublin (bei der geringen Jahreswärme von 9°,5) noch 4°,3 über dem Gefrierpunkt: d. i. noch 2° höher als in Mailand, Pavia, Padua und der ganzen Lombardei, wo die mittlere Jahreswärme volle 12°,7 erreicht. Auf den Orkney's-Inseln (Stromneß), keinen halben Grad südlicher als Stockholm, ist der Winter 4°, also wärmer als in Paris, fast so warm als in London. Selbst auf den Färöer-Inseln in 62° Breite gefrieren unter dem begünstigenden Einflusse der Westwinde und des Meeres die Binnenwasser nie. An der lieblichen Küste von Devonshire, wo der Hafen Salcombe wegen seines milden Klima's das Montpellier des Nordens genannt worden ist, hat man Agave mexicana im Freien blühen, Orangen, die an Spalieren gezogen und kaum mit Matten geschützt wurden, Früchte tragen sehen. Dort, wie zu Penzance und Gosport und an der Küste der Normandie zu Cherbourg steigt die mittlere Winter-Temperatur über 5°,5: d. i. nur 1°,3 weniger hoch als die Winter von Montpellier und Florenz. Die hier angedeuteten Verhältnisse zeigen, wie wichtig für die Vegetation, den Ackerbau, die Obstcultur und das Gefühl klimatischer Behaglichkeit die so verschiedene Vertheilung einer und derselben mittleren Jahrestemperatur unter die verschiedenen Jahreszeiten ist.

Die Linien, welche ich Isochimenen und Isotheren (Linien gleicher Winter- und Sommerwärme) nenne, sind keinesweges den Isothermen (Linien gleicher Jahrestemperatur) parallel. Wenn da, wo Myrten wild wachsen und die Erde sich im Winter nie bleibend in Schnee einhüllt, die Temperatur des Sommers und Herbstes nur noch (man möchte fast sagen: kaum noch) hinlänglich ist Äpfel zur vollen Reife zu bringen, wenn die Weinrebe, um trinkbaren Wein zu geben, die Inseln und fast alle Küsten (selbst die westlichen) flieht; so liegt der Grund davon keineswegs allein in der geringeren Sommerwärme des Littorals, die unsere im Schatten der Luft ausgesetzten Thermometer anzeigen; er liegt in dem bisher so wenig beachteten und doch in anderen Erscheinungen (der Entzündung eines Gemisches von Chlor und Wasserstoffgas) so wirksamen Unterschiede des directen und zerstreuten Lichtes, bei heiterem oder durch Nebel verschleiertem Himmel. Ich habe seit langer Zeit die Aufmerksamkeit der Physiker und Pflanzen-Physiologen auf diese Unterschiede, auf die ungemessene örtlich in der belebten Pflanzenzelle durch directes Licht entwickelte Wärme zu leiten gesucht.

Wenn man in der thermischen Scale der Culturarten von denen anhebt, die das heißeste Klima erfordern, also von der Vanille, dem Cacao, dem Pisang und der Cocos-Palme zu Ananas, Zuckerrohr, Caffee, fruchttragenden Dattelbäumen, Baumwolle, Citronen, Ölbaum, ächten Kastanien, trinkbarem Weine herabsteigt; so lehrt die genaue geographische Betrachtung der Culturgrenzen gleichzeitig in der Ebene und an dem Abhange der Berge, daß hier andere klimatische Verhältnisse als die mittlere Temperatur des Jahres wirken. Um nur des einzigen Beispiels des Weinbaues zu erwähnen, so erinnere ich, daß, um trinkbaren[1] Wein hervorzubringen, nicht bloß die Jahreswärme $9^{\circ}\frac{1}{2}$ übersteigen, sondern auch einer Wintermilde von mehr als $+0^{\circ},5$ eine mittlere Sommertemperatur von wenigstens $18^{\circ}$ folgen muß. Bei Bordeaux am Flußthal der Garonne (Br. $44^{\circ}$ 50′) sind die Temperaturen des Jahres, des Winters, des Sommers und des Herbstes $13^{\circ},8$; $6^{\circ},2$; $21^{\circ},7$

[1] Hier folgt eine die europäische Weincultur erläuternde Tabelle in absteigender Scale, gleichsam die Verschlechterung des Weines nach Maaßgabe der klimatischen Verhältnisse darstellend. S. meine Asie centrale T. III. p. 159. Den Beispielen, welche im Text des Kosmos über die Weincultur bei Bordeaux und Potsdam gegeben worden, sind noch die numerischen Verhältnisse der Rhein- und Maingegenden (Br. $48^{\circ}$ 35′ – $50^{\circ}$ 7′) beigefügt. Cherbourg (Normandie) und Irland offenbaren am deutlichsten, wie bei Temperaturverhältnissen, welche von denen des innern Landes nach Angabe der im Schatten beobachteten Thermometer wenig verschieden sind, die Pflanze bei heiterem sonnigen oder durch Nebel verschleiertem Himmel reife oder unreife Früchte trägt.

und 14°,4. In den baltischen Ebenen (Br. 52°$\frac{1}{2}$), wo ungenießbare Weine erzeugt, und doch getrunken werden, sind diese Zahlen 8°,6; –0°,7; 17°,6 und 8°,6. Wenn es befremdend scheinen kann, daß die großen Verschiedenheiten, welche die vom Klima begünstigte oder erschwerte Weincultur zeigt, sich nicht noch deutlicher in unseren Thermometerangaben offenbaren; so wird diese Befremdung durch die Betrachtung vermindert, daß ein im Schatten beobachtetes, gegen die Wirkungen der directen Insolation und nächtlichen Strahlung fast geschütztes Thermometer nicht in allen Theilen des Jahres bei periodischen Wärmeveränderungen die wahre oberflächliche Temperatur des die ganze Insolation empfangenden Bodens anzeigt.

---

| Orte | Breite | Höhe in Toisen | Jahr | Winter | Frühjahr | Sommer | Herbst | Beobachtungsjahre |
|---|---|---|---|---|---|---|---|---|
| Bordeaux | 44°50′ | 4 | 13°,9 | 6°,1 | 13°,4 | 21°,7 | 14°,4 | 10 |
| Strasburg | 48 35 | 75 | 9 ,8 | 1 ,2 | 10 ,0 | 18 ,1 | 10 ,0 | 35 |
| Heidelberg | 49 24 | 52 | 9 ,7 | 1 ,1 | 10 ,0 | 17 ,9 | 9 ,9 | 20 |
| Manheim | 49 29 | 47 | 10,3 | 1 ,5 | 10 ,4 | 19 ,5 | 9 ,8 | 12 |
| Würzburg | 49 48 | 88 | 10 ,1 | 1 ,6 | 10 ,2 | 18 ,7 | 9 ,7 | 27 |
| Frankfurt a. M. | 50 7 | 60 | 9 ,6 | 0 ,8 | 10 ,0 | 18 ,0 | 9 ,7 | 19 |
| Berlin | 52 31 | 16 | 8 ,6 | 0 ,6 | 8 ,1 | 17 ,5 | 8 ,6 | 22 |
| Cherbourg kein Wein | 49 39 | 0 | 11 ,2 | 5 ,2 | 10 ,4 | 16 ,5 | 12 ,5 | 3 |
| Dublin | 53 23 | 0 | 9 ,5 | 4 ,6 | 8 ,4 | 15 ,3 | 9 ,8 | 13 |

Die große Übereinstimmung in der Vertheilung der Jahreswärme unter die verschiedenen Jahreszeiten, welche die Angaben vom Rhein- und Mainthale darbieten, zeugt für die Genauigkeit der angewandten meteorologischen Beobachtungen. Als Winter sind, wie in meteorologischen Tabellen am vortheilhaftesten ist, die Monate December, Januar und Februar gerechnet. Die Thermometergrade sind, wie im ganzen Kosmos, in hunderttheiliger Scale. Wenn man die Qualität der Weine in Franken oder den baltischen Ländern mit der mittleren Temperatur der Sommer- und Herbstmonate um Würzburg und Berlin vergleicht, so ist man fast verwundert nur 1° bis 1°,2 Unterschied zu finden; aber die Frühlingstemperaturen sind um 2° verschieden; und die Blüthezeit der Rebe bei späten Maifrösten, nach einem ebenfalls um 2° kälteren Winter, ist ein eben so wichtiges Element als die Zeit der späten Reife der Traube und die Wirkung des directen, nicht zerstreuten (diffusen) Lichtes bei unverdeckter Sonnenscheibe. Der im Text berührte Unterschied zwischen der wahren oberflächlichen Bodentemperatur und den Angaben eines im Schatten beobachteten geschützten Thermometers ist von Dove durch fünfzehnjährige Resultate aus dem Garten zu Chiswick bei London ergründet worden. (Bericht über die Verhandl. der Berl. Akad. der Wiss. August 1844 S. 285.)

# Humboldts *Kosmos*

## (Zweiter Band)

Humboldt hat kürzlich in einem deutschen Periodikum vom Erscheinen des zweiten Bandes seines Werkes berichtet und die Übersicht des Inhalts veröffentlicht. Diese stellen wir nun den Lesern von *Przegląd* vor, bevor wir die Auszüge aus dem zweiten Kosmos-Band publizieren. Wir sind erfreut, berichten zu können, dass der vollständige erste Band in Kürze in polnischer Übersetzung erscheinen wird. […]

In dem zweiten, soeben erschienenen Band stellt Humboldt dar, wie das Abbild der Außenwelt, welches von den menschlichen Sinnen wahrgenommen wird, Gefühle und die dichterisch gestimmte Vorstellungskraft beeinflusst. Der Autor schreibt: „Wir treten aus dem Kreise der Objecte in den Kreis der Empfindungen. Es eröffnet sich uns eine innere Welt. Wir durchforschen sie, nicht um in diesem Buche von der Natur zu ergründen, – wie es von der Philosophie der Kunst gefordert wird –, was in der Möglichkeit ästhetischer Wirkungen dem Wesen der Gemüthskräfte und den mannigfaltigen Richtungen geistiger Thätigkeit zukommt; sondern vielmehr um die Quelle lebendiger Anschauung, als Mittel zur Erhöhung eines reinen Naturgefühls, zu schildern, um den Ursachen nachzuspüren, welche, besonders in der neueren Zeit, durch Belebung der Einbildungskraft so mächtig auf die Liebe zum Naturstudium und auf den Hang zu fernen Reisen gewirkt haben.

A. Die Anregungsmittel zum Naturstudium sind von dreierlei Art:

1. Ästhetische Behandlung von Naturscenen, in belebten Schilderungen der Thier- und Pflanzenwelt, ein sehr moderner Zweig der Litteratur;

2. Landschaftsmalerei, besonders in so fern sie angefangen hat die Physiognomik der Gewächse aufzufassen;

3. Mehr verbreitete Cultur von Tropengewächsen, den physiognomischen Charakter der Pflanzendecke auf der Erdoberfläche bezeichnend;

4. Contrastirende Zusammenstellung exotischer Formen.

Jedes der hier bezeichneten Anregungsmittel könnte schon seiner historischen Beziehungen wegen der Gegenstand vielumfassender Erörterung werden; aber nach dem Geiste und dem Zweck meiner Schrift scheint es geeigneter nur wenige leitende Ideen zu entwickeln, daran zu erinnern, wie die Naturwelt in verschiedenen Zeitepochen und bei verschiedenen Volksstämmen so ganz anders auf die Gedanken- und Empfindungswelt eingewirkt hat, wie in einem Zustande allgemeiner Cultur das ernste Wissen und die zarteren Anregungen der Phantasie sich gegenseitig zu durchdringen streben. Um die Natur in ihrer ganzen erhabenen Größe zu schildern, darf man nicht bei den äußeren Erscheinungen allein verweilen; die Natur muß auch dargestellt werden, wie sie sich im Inneren des Menschen abspiegelt, wie sie durch diesen Reflex bald das Nebelland physischer Mythen mit anmuthigen Gestalten füllt, bald den edlen Keim darstellender Kunstthätigkeit entfaltet."

Nachdem die Anregungsmittel zum Naturstudium genannt worden sind, folgt:

„B. Die Geschichte der physischen Weltanschauung: In dem Abschnitt über die Begrenzung und wissenschaftliche Behandlung einer physischen Weltbeschreibung, glaube ich deutlich entwickelt zu haben, wie die einzelnen Naturwissenschaften sich zur Weltbeschreibung, d. h. zur Lehre vom Kosmos (vom Weltganzen), verhalten, wie diese Lehre aus jenen Disciplinen nur die Materialien zu ihrer wissenschaftlichen Begründung schöpfe. Die Geschichte der Erkenntniß des Weltganzen, zu welcher ich hier die leitenden Ideen darlege und welche ich der Kürze wegen bald Geschichte des Kosmos, bald Geschichte der physischen Weltanschauung nenne, darf also nicht verwechselt werden mit der Geschichte der Naturwissenschaften, wie sie mehrere unserer vorzüglichsten Lehrbücher der Physik oder die der Morphologie der Pflanzen und Thiere liefern."

Die wichtigsten Aspekte der Geschichte der physischen Weltanschauung sind:

„a) das selbstständige Streben der Vernunft nach Erkenntniß von Naturgesetzen, also eine denkende Betrachtung der Naturerscheinungen.

b) die Weltbegebenheiten, welche plötzlich den Horizont der Beobachtung erweitert haben.

c) die Erfindung neuer Mittel sinnlicher Wahrnehmung, gleichsam die Erfindung neuer Organe, welche den Menschen mit den irdischen Gegenständen wie mit den fernsten Welträumen in näheren Verkehr bringen, welche die Beobachtung schärfen und vervielfältigen.

Dieser dreifache Gesichtspunkt muß uns leiten, wenn wir die Hauptepochen (Hauptmomente) bestimmen, welche die Geschichte der Lehre vom Kosmos zu durchlaufen hat."

Die historische Darstellung der Entwicklung der Geschichte der physischen Weltanschauung in zwei Sphären, das heißt in der Erforschung der Erde und des Himmels, ist eng mit der Festlegung der Perioden und Begebenheiten verbunden, die in der physischen und geistigen Welt erkennbar sind und welche diesen Perioden bestimmte Eigenschaften und Färbung verleihen. Dazu gehören:

„– Vordringen gegen Osten nach dem Pontus und Kolchis, erste Kenntniß der westlichen Gestade des caspischen Meeres
– die Expeditionen nach tropischen Gold- und Weihrauchländern
– die Durchschiffung der westlichen Meerenge
– Entdeckung – in langen Zeitabständen – der Insel Cerne, der Hesperiden und der vulkanischen Azoren
– Entdeckung des Neuen Continents des Columbus

Auf die Bewegungen, welche aus dem Becken des Mittelmeeres und dem nördlichsten Ende des nahen arabischen Meerbusens ausgingen, auf die Pontus- und Ophirfahrten, folgen in meiner historischen Schilderung:

Feldzüge der Macedonier unter Alexander dem Großen. Verschmelzung des Westens mit dem Osten. Einfluß des Seehandels.

Festigung des griechischen Staates.

Zunahme der Weltanschauung unter den Lagiden. Alexandrien. Verallgemeinerung der Naturansichten in den Erd- und Himmelsräumen. Vermehrter Seehandel nach Süden.

Römische Weltherrschaft. Einfluß eines großen Staatsverbandes auf die kosmischen Ansichten, Fortschritte der Erdkunde durch Landhandel. Die Entstehung des Christenthums erzeugt und begünstigt das Gefühl von der Einheit des Menschengeschlechts.

Einfall der Araber. Hang zum Verkehr mit der Natur und ihren Kräften. Erweiterung der physischen Erdkunde, der Astronomie und der mathematischen wie auch der praktisch-chemischen Wissenschaften.

Zeit der großen oceanischen Entdeckungen. Eröffnung der westlichen Hemisphäre. Amerika und das stille Meer. Die Scandinavier, Columbus, Cabot und Gama; Cabrillo, Mendaña und Quiros. Die reichste Fülle des Materials zur Begründung der physischen Erdbeschreibung wird den westlichen Völkern Europa's dargeboten.

Zeit der größten Entdeckungen in den Himmelsräumen, die je von menschlichem Geist hervorgebracht wurden. Die Hauptepoche der Sternkunde von Copernicus und Galilei bis Kepler, Newton und Leibnitz schließt eine Reihe von Ereignissen ab, die zur Erweiterung der Kenntniß der physikalischen Gesetzmäßigkeiten beitragen und zum Naturstudium anregen.

Die Intelligenz bringt fortan Großes ohne Anregung durch Begebenheiten, als Wirkung eigener innerer Kraft, gleichzeitig nach allen Richtungen hervor. Die Geschichte der physischen Wissenschaften schmilzt allmälig mit der Geschichte des Kosmos zusammen."

Nachdem der Inhalt kurz dargestellt worden ist, erklärt Humboldt, dass er, obwohl die Bände 1 und 2 ein Ganzes bilden, beabsichtigt, vor seinem Lebensende noch einen Band zu veröffentlichen, der die „Ergebnisse wissenschaftlicher Forschungen in den speciellen Theilen der physischen Weltbeschreibung" enthalten und „das allgemeine Naturgemälde" erläutern werde.

# Ueber die erdefressenden Otomaken[1]

An den Küsten von Cumana, Neu-Barcellona und Caraccas, welche die Franziskaner-Mönche der Guayana auf ihrer Rückkehr aus den Missionen besuchen, ist die Sage von erdefressenden Menschen am Orinoco verbreitet. Wir haben am 6. Junius 1800 auf unsrer Rückreise vom Rio Negro, als wir in 36 Tagen den Orinoco herabschifften, einen Tag in der Mission zugebracht, die von den erdefressenden Otomaken bewohnt wird. Das Dörfchen heißt la Concepcion di Uruana, und ist sehr mahlerisch an einen Granitfelsen angelehnt. Seine geographische Lage fand ich unter $7^{\circ}$ 8′ 3″ Breite und $4^{h.}$ 38′ 38″ westlicher Länge von Paris. Die Erde, welche die Otomaken verzehren, ist ein fetter milder Letten, wahrer Töpferthon von gelblichgrauer Farbe mit etwas Eisenoxyd gefärbt. Sie wählen ihn sorgfältig aus, und suchen ihn in eignen Bänken am Ufer des Orinoco und Meta. Sie unterscheiden im Geschmacke eine Erdart von der andern, denn aller Letten ist ihnen nicht gleich angenehm. Sie kneten diese Erde in Kugeln von 4 bis 6 Zoll Durchmesser zusammen, und brennen sie äusserlich bey schwachem Feuer, bis die Rinde röthlich wird. Beym Essen wird die Kugel wieder befeuchtet. Diese Indianer sind größtentheils wilde, Pflanzenbau verabscheuende Menschen. Es ist ein Sprichwort unter den entferntesten Nationen am Orinoco von etwas recht Unreinlichem zu sagen, „so schmutzig, daß es der Otomake frißt." So lange der Orinoco und der Meta niedriges Wasser haben, leben diese Menschen von Fischen und Schildkröten. Erstere werden durch Pfeile erlegt, wenn sie auf die Oberfläche des Wassers kommen; eine Jagd, bey der wir oft die große Geschicklichkeit der Indianer bewundert haben. Schwellen die Ströme periodisch an, so hört der Fischfang auf, denn im tiefen Flußwasser ist so schwer als im tiefen Ozean zu fischen. In dieser Zwischenzeit, die 2 bis 3 Monate dauert, sieht man die Otomaken ungeheure Quantitäten Erde verschlingen. Wir haben in ihren Hütten große Vorräthe davon gefunden, pirami-

[1] Aus Alex. v. Humboldt's Ansichten der Natur, wovon das erste Bändchen nächstens bey der J. G. Cotta'schen Buchhandlung in Tübingen ausgegeben wird.

dale Haufen, in denen die Lettenkugeln zusammengehäuft waren. Ein Indianer verzehrt, wie uns der verständige Mönch Fray Ramon Bueno, aus Madrid gebürtig (der 12 Jahre lang unter diesen Indianern lebt), versichert, an einem Tage $\frac{3}{4}$ bis $\frac{5}{4}$ Pfund. Nach der Aussage der Otomaken selbst ist diese Erde in der Epoche der Regenzeit ihre Hauptnahrung. Sie essen indeß dabey hier und da (wenn sie es sich verschaffen können) eine Eidexe, einen kleinen Fisch und eine Farrenkrautwurzel. Ja sie sind nach dem Letten so lüstern, daß sie selbst in der trockenen Jahreszeit, wenn sie Fischnahrung genug haben, doch als Leckerbissen täglich nach der Mahlzeit etwas Erde verzehren. Diese Menschen haben eine dunkelkupferbraune Farbe; sie sind von unangenehmen tartarischen Gesichtszügen; feist, aber nicht dickbäuchig. Der Franziskaner-Mönch, welcher als Missionair unter ihnen lebt, versichert, daß er in dem Befinden der Otomaken während des Erdeverschlingens keine Veränderung bemerkte. – Dieß sind einfache Thatsachen. Die Indianer verzehren große Quantitäten Letten, ohne ihrer Gesundheit zu schaden; sie halten diese Erde für Nahrungsmittel, das heißt, sie fühlen sich durch ihren Genuß auf lange Zeit gesättiget. Sie schreiben diese Sättigung dem Letten, nicht der anderweitigen sparsamen Nahrung zu, welche sie sich neben der Erde hier und da zu verschaffen wissen. Befragt man den Otomaken nach seinem Wintervorrath (Winter heißt im heißen Süd-Amerika die Regenzeit), so zeigt er auf die Erdhaufen in seiner Hütte. Aber eben diese einfachen Thatsachen entscheiden gar noch nicht die Fragen: Kann der Letten wirklich Nahrungsstoff seyn? Können Erden sich assimiliren? Oder dienen sie nur als Ballast im Magen? Dehnen sie bloß die Wände desselben aus, und verscheuchen sie auf diese Weise den Hunger? Ueber alle diese Fragen kann ich nicht entscheiden. Auffallend ist es, daß der sonst so überaus leichtgläubige und unkritische Pater Gumilla das Erdfressen als solches geradezu läugnet (Histoire de l'Orenoque T. I. p. 283.). Er behauptet, die Lettenkugeln seyen mit Maysmehl und Krokodilfett innigst gemengt; aber der Missionair Fray Ramon Bueno und unser Freund und Reisegefährte, der Layenbruder Fray Juan Gonzalez, den das Meer an den afrikanischen Küsten mit einem Theil unsrer Sammlungen verschlang, haben beyde uns versichert, daß die Otomaken den Letten nie mit Krokodilfett bestreichen. Von beygemischtem Mehl haben wir vollends in Uruana gar nichts gehört. Die Erde, welche wir mitgebracht, und welche Hr. Vauquelin chemisch untersucht hat, ist ganz rein und ungemengt. Sollte Gumilla aus Verwechselung heterogener Thatsachen auf die Brodbereitung aus der langen Schote einer Inga-Art anspielen wollen? Diese Frucht wird allerdings in die Erde vergraben, damit sie früher zu rotten beginne. – Daß übrigens die Otomaken durch den Genuß so vieler Erde nicht erkranken, scheint mir besonders auffallend. Ist dieses Volk seit vielen Generationen an diesen Reitz gewöhnt? In allen Tropenländern haben die Menschen eine wunderbare, fast unwiderstehliche Begier, Erde zu verschlingen, und zwar nicht sogenannte alkalische (Kalkerde), um etwa Säuren zu neutralisiren, sondern fetten, starkriechenden Letten. Kinder muß man oft einsperren, damit sie nach frischgefallenem Regen nicht ins Freye laufen, und Erde essen. Die indianischen Weiber, die am Magdalenen-Flusse im Dörfchen Banco Töpfe drehen, fahren, wie ich mit Verwunderung gesehen, während der Arbeit, mit großen Portionen Letten nach dem Munde[2]. Ausser den Otomaken erkranken die Individuen aller andern Völkerstämme, wenn sie dieser sonderbaren Neigung nach dem Genuß des Lettens nachgeben. In der Mission San Borja fanden wir das Kind einer Indianerinn, das nach Aussage der Mutter fast nichts als Erde geniessen wollte, dabey aber auch schon skelettartig abgezehrt war. Warum ist in den gemäßigten und kalten Zonen diese krankhafte Begierde nach Erde um so viel seltner, und fast nur auf Kinder und schwangere Frauen eingeschränkt? Ja man darf behaupten, daß in den Tropenländern aller Welttheile das Erdeessen einheimisch ist. In Guinea essen die Negern eine gelbliche Erde, welche sie Caouac nennen. Werden sie als Sklaven nach Westindien gebracht, so suchen sie sich dort eine ähnliche zu verschaffen. Sie versichern dabey, das Erdeessen sey in ihrem afrikanischen Vaterlande ganz unschädlich. Aber der Caouac der amerikanischen Inseln macht die Sklaven krank. Daher war das Erdeessen dort verboten, ob man gleich noch 1751 in Martinique heimlich Erde (un tuf rouge, jaunâtre) auf den Märkten verkaufte. Les Negres de Guinée disent que dans leur pays ils mangent habituellement une certaine terre, dont le gout leur plait sans en être incommodé. Ceux qui sont dans l'abus de manger du Caouac en sont si friand qu'il n'y a pas de chatiment qui puisse les empêcher de devorer de la terre. Thibault de Chanvalon. p. 85. Auf der Insel Java zwischen Sourabaya und Samarang sah Labillardiere in den Dörfern kleine viereckige röthliche Kuchen verkaufen. Die eingebornen nennen sie tana-ampo. Als er sie näher untersuchte, fand er, daß es Kuchen von röthlichen Letten waren, welche gegessen werden. (Voyage à la recherche de la Perouse II. p. 322.) Die Einwohner von Neu-Caledonien essen, um ihren Hunger zu stillen, faustgroße Stücken von zerreiblichem Speckstein, in dem Vauquelin einen nicht unbeträchtlichen Kupfergehalt gefunden (l. c. p. 205). In Popayan und in mehrern Theilen von Peru wird Kalkerde als Eßwaare für die Indianer auf dem Markte verkauft. Dieser Kalk wird mit der Cocca (den

[2] Eben dies bemerkte schon Gily Saggio di Storia Americana T. II. p. 311. – Auch die Wölfe fressen im Winter Erde, besonders Letten. Es wäre sehr wichtig, die Excremente aller erdefressenden Menschen und Thiere genau zu untersuchen.

Blättern des Erythroxylon peruvianum) genossen. So finden wir das Erdeessen, welches die Natur eher den Bewohnern des dürren Nordens bestimmt zu haben schiene, in der ganzen heissen Zone unter den trägen Menschenraçen verbreitet, welche die herrlichsten und fruchtbarsten Theile der Welt inne haben.

# Das nächtliche Thierleben im Urwalde

Von der Insel del Diamante an, auf welcher die spanisch sprechenden Zambos Zuckerrohr bauen, tritt man in eine große und wilde Natur. Die Luft war von zahllosen Flamingos (Phoenicopterus) und anderen Wasservögeln erfüllt, die, wie ein dunkles, in feinen Umrissen stets wechselndes Gewölk, sich von dem blauen Himmelsgewölbe abhoben. Das Flußbette verengte sich bis zu 900 Fuß Breite, und bildete in vollkommen gerader Richtung einen Canal, der auf beiden Seiten von dichter Waldung umgeben ist. Der Rand des Waldes bietet einen ungewohnten Einblick dar. Vor der fast undurchdringlichen Wand riesenartiger Stämme von Caesalpinia, Cedrela und Desmanthus erhebt sich auf dem sandigen Flußufer selbst, mit großer Regelmäßigkeit, eine niedrige Hecke von Sauso. Sie ist nur 4 Fuß hoch, und besteht aus einem kleinen Strauche, Hermesia castaneifolia, welcher ein neues Geschlecht aus der Familie der Euphorbiaceen bildet. Einige schlanke dornige Palmen, Piritu und Corozo von den Spaniern genannt (vielleicht Martinezia- ober Bactris-Arten), stehen der Hecke am nächsten. Das Ganze gleicht einer beschnittenen Gartenhecke, die nur in großen Entfernungen von einander thorartige Öffnungen zeigt. Die großen vierfüßigen Thiere des Waldes haben unstreitig diese Öffnungen selbst gemacht, um bequem an den Strom zu gelangen. Aus ihnen sieht man, vorzüglich am frühen Morgen und bei Sonnenuntergang, heraustreten, um ihre Jungen zu tränken, den amerikanischen Tiger, den Tapir und das Nabelschwein (Pecari, Dicotyles). Wenn sie, durch ein vorüberfahrendes Canot der Indianer beunruhigt, sich in den Wald zurückziehen wollen, so suchen sie nicht die Hecke des Sauso mit Ungestüm zu durchbrechen, sondern man hat die Freude die wilden Thiere vier- bis fünfhundert Schritt langsam zwischen der Hecke und dem Fluß fortschreiten und in der nächsten Öffnung verschwinden zu sehen. Während wir 74 Tage lang auf einer wenig unterbrochenen Flußschifffahrt von 380 geographischen Meilen auf dem Orinoco, bis seinen Quellen nahe, auf dem Cassiquiare und dem Rio Negro in ein enges Canot eingesperrt waren, hat sich uns an vielen Punkten dasselbe Schauspiel wiederholt; ich darf hinzusetzen: immer mit neuem Reize. Es erscheinen, um zu trinken, sich zu baden oder zu fischen, gruppenweise Geschöpfe der verschiedensten Thierclassen: mit den großen Mammalien vielfarbige Reiher, Palamedeen und die stolz einherschreitenden Hoffohühner (Crax Alector, C. Pauxi). „Hier geht es zu wie im Paradiese, es como en el Paraiso": sagte mit frommer Miene unser Steuermann, ein alter Indianer, der in dem Hause eines Geistlichen erzogen war. Aber der süße Friede goldener Urzeit herrscht nicht in dem Paradiese der amerikanischen Thierwelt. Die Geschöpfe sondern, beobachten und meiden sich.

# Brief an Wilhelm Heine

## New York, 6. Mai 1851

Während der jüngsten politischen Auseinandersetzung zwischen England und den Vereinigten Staaten in Mittelamerika hielt sich Mr. E. George Squier als Amtsträger der USA in diesem Teil des Kontinents auf. Diese Auseinandersetzung führte zur Besetzung und anschließenden Räumung der Insel El Tigre durch die Engländer und zu zwei Verträgen über die Öffnung des Isthmus von Nicaragua. Er schickt sich nun an, nach Mittelamerika zurückzukehren. Es scheint, dass Mr. Squier auf seiner neuerlichen Reise keine diplomatische Mission zu erfüllen hat, sondern in jenen interessanten Ländern, in denen sich die wertvollsten Überreste der alten amerikanischen Zivilisation befinden, die archäologischen Untersuchungen fortsetzen will, mit denen dieser fähige und gelehrte Altertumsforscher zuvor begonnen hatte.

Begleitet wird Mr. Squier auf seiner wissenschaftlichen Expedition von dem ausgezeichneten deutschen Künstler Herrn Heine, der sich seit einiger Zeit in dieser Stadt aufhält. Wir hatten das Vergnügen, ein Antwortschreiben des Altmeisters der Wissenschaften, des berühmten Barons von Humboldt, an Herrn Heine zu Gesicht zu bekommen, ebenso wie einen Brief des Vaters von Herrn Heine, in dem dieser ein Gespräch beschreibt, das er mit Baron von Humboldt hatte, um diesem den Brief zu überreichen, in dem Herr Heine den hochbetagten Philosophen um einige Ratschläge bat, welches die wichtigsten Dinge seien, die er auf seiner Reise durch Mittelamerika untersuchen und studieren sollte. In der Folge übersetzen wir den Brief des Barons von Humboldt.

„Mein verehrter Herr Heine, da ich derzeit sehr beschäftigt bin, kann ich Ihren freundlichen Brief nur mit einigen kurzen Worten beantworten. Ich glaube, Sie können sich glücklich schätzen, dass sich Ihrem Talent eine günstige Gelegenheit bietet, die großen Szenen der tropischen Welt und die ehrwürdigen Überreste der antiken Kultur zu beschreiben. Ich empfehle Ihnen ein genaues Studium der vulkanischen Gipfel. Dies halte ich für sehr viel wichtiger als jenes der Physiognomie der Pflanzenwelt, die schon von den getreuen, umfassenden Darstellungen von Rugendas, Eduard Hildebrandt und Bellermann beleuchtet wurde. Allerdings sollten all jene mit Inseln übersäten großen Seen dem Landschaftsmaler viele Szenerien darbieten. In Bezug auf die Monumente (in Yucatán, Guatemala und Nicaragua) fehlt es vor allem an Modellzeichnungen, die deren wahre Proportionen zeigen. Ihre Kenntnisse in Architektur werden es Ihnen erleichtern, diesen Mangel zu beheben.

Die Oktav-Ausgabe meines dreiteiligen Folio-Werks *Ansichten der Kordilleren* könnte meiner Meinung nach für Sie sehr hilfreich sein. Darin werden Sie eine Vielzahl von Ansichten finden, die einen Eindruck davon vermitteln, was es für Sie auf dem Gebiet der ornamentalen Bildhauerkunst zu entdecken gibt, mit der alle alten Gebäude der Azteken, der Bewohner Yucatáns und der südlichen Region nahe des Isthmus übersät sind. In Yucatán findet man eine Art Spitzbögen, die indes aus hervorstehenden Steinen konstruiert sind, wie in den antiken Monumenten der Ägypter. Hier werden Sie Teile von Skulpturen des aztekischen Kalenders finden, Überlieferungen der vier Weltalter oder auch den Namen Votun, der, wie es scheint, eine gewisse Verbindung mit dem des Odin hat, welcher bei unserer Einteilung des Jahres eine Rolle spielt.

Ihre Beziehung zu Mr. Squier freut mich sehr, übermitteln Sie ihm bitte meine besondere Wertschätzung. Ich danke ihm für seine bewundernswerten Forschungen zu den rätselhaften Monumenten in den Vereinigten Staaten. Ich wünsche Ihnen Glück und guten Erfolg, die Ihren lobenswerten Forschergeist sicherlich krönen werden!

Humboldt

Sie werden sicher auch mit Interesse die folgenden Absätze lesen, die wir aus dem Brief des Vaters von Herrn Heine übersetzt haben:

„Der große Philosoph erschien mir als der liebenswerteste Herr, der mir je begegnet ist. Er ist ein Menschen- und Naturfreund. Seine heiteren, klaren Augen, die sympathischen Gesichtszüge, gekrönt von weißem Haar, machten auf mich großen Eindruck, und ich könnte nicht sagen, ob dieser Eindruck eher ein Gefühl der Hochachtung oder eines von spontaner Zuneigung war. Er spricht sehr schnell, aber artikuliert. Seine Stimme ist sanft und überzeugend, und sein leicht gebeugter Körper verrät kaum sein hohes Alter von 81 Jahren. Er lud Deine Mutter und mich dazu ein, auf dem Sofa Platz zu nehmen, und schob mit familiärer Geste einen Stuhl neben mich. Auf meine Andeutung hin erwiderte er: ‚Ich setze mich niemals auf Sofas.' Ich gebe Dir jetzt seine Worte so genau wie möglich wieder:

‚Ich bitte Sie, mich nicht zu unterbrechen, denn meine Zeit ist sehr begrenzt. Ihr Sohn hat mir einen sehr freundlichen Brief geschrieben, der mir sehr große Freude bereitet hat und in dem er mir von seinen Plänen berichtet. Ich kenne Mr. Squier und seine Unternehmungen. Ich habe darüber auch mit dem König gesprochen, der sich freut, dass ein junger deutscher Künstler Mr. Squiers Begleiter sein wird. Der König schätzt Mr. Squier sehr, anfänglich jedoch überraschten ihn dessen Berichte über die monströsen Ausmaße der antiken amerikanischen Monumente. Diese Berichte später vollständig bestätigt zu sehen, fand das Wohlwollen seiner Majestät, und so verfolgt er das Unternehmen jetzt mit nicht weniger Anteilnahme als ich. Sie können sich kaum vorstellen, mit welch lebhaftem Interesse ich all die Dinge verfolge, die dort in der Ferne unternommen werden, um neue Wahrheiten und Schönheiten zu entdecken. etc. … Der höchste Grad der Vollkommenheit, den der Mensch erreichen kann, ist das Wissen darum, was es noch zu tun gilt. Ich habe in die Wege geleitet, was Ihr Sohn für mich tun möge. Aber warten Sie einen Moment, ich muss noch etwas aufschreiben.‘ Und mit diesen Worten verschwand er ins Nebenzimmer und kehrte sogleich mit zwei Bänden zurück, lächelte und sprach die folgenden Worte: ‚Wenn ich schreiben will, muss ich sehr langsam schreiben. So ist es eben mit 81 Jahren! …‘“

# Die Einheit des Menschengeschlechts[1]

——— Es würde das allgemeine Naturbild, das ich zu entwerfen strebe, unvollständig bleiben, wenn ich hier nicht auch den Muth hätte, das Menschengeschlecht in seinen physischen Abstufungen, in der geographischen Verbreitung seiner gleichzeitig vorhandenen Typen, in dem Einfluß, welchen es von den Kräften der Erde empfangen und wechselseitig, wenn gleich schwächer, auf sie ausgeübt hat, mit wenigen Zügen zu schildern. Abhängig, wenn gleich in minderem Grade als Pflanzen und Thiere, von dem Boden, und den meteorologischen Processen des Luftkreises, den Naturgewalten durch Geistesthätigkeit und stufenweise erhöhte Intelligenz, wie durch eine wunderbare sich allen Klimaten aneignende Biegsamkeit des Organismus leichter entgehend, nimmt das Geschlecht wesentlich Theil an dem ganzen Erdenleben. Durch diese Beziehungen gehört demnach das dunkle und vielbestrittene Problem von der Möglichkeit gemeinsamer Abstammung in den Ideenkreis, welchen die physische Weltbeschreibung umfaßt. Es soll die Untersuchung dieses Problems, wenn ich mich so ausdrücken darf, durch ein edleres und rein menschliches Interesse das letzte Ziel meiner Arbeit bezeichnen. Das unermessene Reich der Sprachen, in deren verschiedenartigem Organismus sich die Geschicke der Völker ahnungsvoll abspiegeln, steht am nächsten dem Gebiet der Stammverwandschaft; und was selbst kleine Stammverschiedenheiten hervorzurufen vermögen, lehrt uns in der Blüthe geistiger Kultur die hellenische Welt. Die wichtigsten Fragen der Bildungsgeschichte der Menschheit knüpfen sich an die Ideen von Abstammung, Gemeinschaft der Sprache, Unwandelbarkeit in einer ursprünglichen Richtung des Geistes und des Gemüthes.

[1] Das Hauptwerk über die Naturgeschichte des Menschen ist: J. G. Prichard, Naturgeschichte des Menschengeschlechtes. Aus dem Englischen übersetzt und herausgegeben von R. Wagner. Leipzig. 1845. 3 Bände. Gegen die Einheit des Menschengeschlechts: H. Burmeister, Geschichte der Schöpfung (S. 562 ff. der Mensch.) 4. Auflage. Leipzig. 1851. Vergl. außerdem: J. W. Löbell, Weltgeschichte in Umrissen und Ausführungen. Bd. 1. Leipzig. 1846. C. G. Carus, über ungleiche Befähigung der verschiedenen Menschheitstämme für höhere geistige Entwickelung. Leipzig. 1849.

So lange man nur bei den Extremen in der Variation der Farbe und der Gestaltung verweilte und sich der Lebhaftigkeit der ersten sinnlichen Eindrücke hingab, konnte man allerdings geneigt werden, die Racen nicht als bloße Abarten, sondern als ursprünglich verschiedene Menschenstämme zu betrachten. Die Festigkeit gewisser Typen mitten unter der feindlichsten Einwirkung äußerer, besonders klimatischer Potenzen schien eine solche Annahme zu begünstigen, so kurz auch die Zeiträume sind, aus denen historische Kunde zu uns gelangt ist. Kräftiger aber sprechen, auch meiner Ansicht nach, für die Einheit des Menschengeschlechts die vielen Mittelstufen der Hautfarbe und des Schädelbaues, welche die raschen Fortschritte der Länderkenntniß uns in neueren Zeiten dargeboten haben, die Analogie der Abartung in anderen wilden und zahmen Thierklassen die sicheren Erfahrungen, welche über die Grenzen fruchtbarer Bastarderzeugung haben gesammelt werden können. Der größere Theil der Contraste, die man ehemals hatte zu finden geglaubt, ist durch die fleißige Arbeit Tiedemann's über das Hirn der Neger und der Europäer, durch die anatomischen Untersuchungen Vrolik's und Weber's über die Gestalt des Beckens hinweggeräumt. Wenn man die dunkelfarbigen afrikanischen Nationen, über die Prichard's gründliches Werk so viel Licht verbreitet hat, in ihrer Allgemeinheit umfaßt und sie dazu noch mit den Stämmen des südindischen und westaustralischen Archipels, mit den Papuas und Alfourous (Haraforen, Endamenen) vergleicht, so sieht man deutlich, daß schwarze Hautfarbe, wolliges Haar und negerartige Gesichtszüge keineswegs immer mit einander verbunden sind. So lange den westlichen Völkern nur ein kleiner Theil der Erde aufgeschlossen war, mußten einseitige Ansichten sich bilden. Sonnenhitze der Tropenwelt und schwarze Hautfarbe, schienen unzertrennlich. „Die Aethiopen," sang der alte Tragiker Theodektes von Phaselis, „färbt der nahe Sonnengott in seinem Laufe mit des Russes finsterem Glanz; die Sonnengluth kräuselt ihnen dörrend das Haar." Erst die Heerzüge Alexander's, welche so viele Ideen der physischen Erdbeschreibung anregten, fachten den Streit über den unsicheren Einfluß der Klimate auf die Volksstamme an. „Die Geschlechter der Thiere und Pflanzen," sagt einer der größten Anatomen unseres Zeitalters, Johannes Müller, in seiner alles umfassenden Physiologie des Menschen, verändern sich während ihrer Ausbreitung über die Oberfläche der Erde innerhalb der den Arten und Gattungen vorgeschriebenen Grenzen. Sie pflanzen sich als Typen der Variation der Arten organisch fort. Aus dem Zusammenwirken verschiedener sowohl innerer als äußerer, im einzelnen nicht nachweisbarer Bedingungen sind die gegenwärtigen Racen der Thiere hervorgegangen, von welchen sich die auffallendsten Abarten bei denen finden, die der ausgedehntesten Verbreitung auf der

Erde fähig sind. Die Menschenracen sind Formen einer einzigen Art, welche sich fruchtbar paaren und durch Zeugung fortpflanzen; sie sind nicht Arten eines Genus: wären sie das letztere, so würden ihre Bastarde unter sich unfruchtbar sein. Ob die gegebenen Menschenracen von mehreren oder Einem Urmenschen abstammen, kann nicht aus der Erfahrung ermittelt werden."

Die geographischen Forschungen über den alten Sitz, die sogenannte Wiege des Menschengeschlechts haben in der That einen rein mythischen Charakter. „Wir kennen," sagt Wilhelm von Humboldt in einer noch ungedruckten Arbeit über die Verschiedenheit der Sprachen und Völker „geschichtlich, oder auch nur durch irgend sichere Ueberlieferung keinen Zeitpunkt, in welchem das Menschengeschlecht nicht in Völkerhaufen getrennt gewesen wäre. Ob dieser Zustand der ursprüngliche war oder erst später entstand, läßt sich daher geschichtlich nicht entscheiden. Einzelne, an sehr verschiedenen Punkten der Erde, ohne irgend sichtbaren Zusammenhang, wiederkehrende Sagen verneinen die erstere Annahme und lassen das ganze Menschengeschlecht von Einem Menschenpaare abstammen. Die weite Verbreitung dieser Sage hat sie bisweilen für eine Urerinnerung der Menschheit halten lassen. Gerade dieser Umstand aber beweist vielmehr, daß ihr keine Ueberlieferung und nichts Geschichtliches zum Grunde lag, sondern nur die Gleichheit der menschlichen Vorstellungsweise zu derselben Erklärung der gleichen Erscheinung führte: wie gewiß viele Mythen, ohne geschichtlichen Zusammenhang, bloß aus der Gleichheit des menschlichen Dichtens und Grübelns entstanden. Jene Sage trägt auch darin ganz das Gepräge menschlicher Erfindung, daß sie die außer aller Erfahrung liegende Erscheinung des ersten Entstehens des Menschengeschlechts auf eine innerhalb heutiger Erfahrung liegende Weise, und so erklären will, wie in Zeiten, wo das ganze Menschengeschlecht schon Jahrtausende hindurch bestanden hatte, eine wüste Insel oder ein abgesondertes Gebirgsthal mag bevölkert worden sein. Vergeblich würde sich das Nachdenken in das Problem jener ersten Entstehung vertieft haben, da der Mensch so an sein Geschlecht und an die Zeit gebunden ist, daß sich ein einzelner ohne vorhandenes Geschlecht und ohne Vergangenheit gar nicht in menschlichem Dasein fassen läßt. Ob also in dieser weder auf dem Wege der Gedanken noch der Erfahrung zu entscheidenden Frage wirklich jener angeblich traditionelle Zustand der geschichtliche war, oder ob das Menschengeschlecht von seinem Beginnen an völkerweise den Erdboden bewohnte, darf die Sprachkunde weder aus sich bestimmen, noch, die Entscheidung anderswoher nehmend, zum Erklärungsgrund für sich brauchen wollen."

Die Gliederung der Menschheit ist nur eine Gliederung in Abarten, die man mit dem, freilich etwas unbestimmten Worte Racen bezeichnet. Wie in dem Gewächsreiche, in der Naturgeschichte der Vögel und Fische die Gruppirung in viele kleine Familien sicherer als die in wenige, große Massen umfassende Abtheilungen ist, so scheint mir auch, bei der Bestimmung der Racen, die Aufstellung kleinerer Völkerfamilien vorzuziehen. Man mag die alte Klassifikation meines Lehrers Blumenbach nach fünf Racen (der kaukasischen, mongolischen, amerikanischen, äthiopischen und malayischen) befolgen oder mit Prichard sieben Racen (die iranische, turanische, amerikanische, der Hottentotten und Buschmänner, der Neger, der Papuas und der Alfourous) annehmen; immer ist keine typische Schärfe, kein durchgeführtes natürliches Princip der Eintheilung in solchen Gruppirungen zu erkennen. Man sondert ab, was gleichsam die Extreme der Gestaltung und Farbe bildet: unbekümmert um die Völkerstämme, welche nicht in jene Klassen einzuschalten sind, und welche man bald scythische, bald allophylische Racen hat nennen wollen. Iranisch ist allerdings für die europäischen Völker ein minder schlechter Name als kaukasisch; aber im Allgemeinen darf man behaupten, daß geographische Benennungen als Ausgangspunkt der Race sehr unbestimmt sind, wenn das Land, welches der Race den Namen geben soll, wie z. B. Turan (Mawerannahr), zu verschiedenen Zeiten von den verschiedensten Volksstämmen, – indo-germanischen und finnischen, nicht aber mongolischen Ursprungs, – bewohnt worden ist.

Die Sprachen als geistige Schöpfungen der Menschheit, als tief in ihre geistige Entwickelung verschlungen, haben, indem sie eine nationelle Form offenbaren, eine hohe Wichtigkeit für die zu erkennende Aehnlichkeit oder Verschiedenheit der Racen. Sie haben diese Wichtigkeit, weil Gemeinschaft der Abstammung in das geheimnißvolle Labyrinth führt, in welchem die Verknüpfung der physischen (körperlichen) Anlagen mit der geistigen Kraft in tausendfältig verschiedener Gestaltung sich darstellt. Die glänzenden Fortschritte, welche das philosophische Sprachstudium im deutschen Vaterlande seit noch nicht einem halben Jahrhundert gemacht, erleichtern die Untersuchungen über den nationellen Charakter[2] der Sprachen, über das, was die Abstammung scheint herbeigeführt zu haben. Wie in allen Gebieten idealer Speculation, steht aber auch hier die Gefahr der Täuschung neben der Hoffnung einer reichen und sicheren Ausbeute.

Positive ethnographische Studien, durch gründliche Kenntniß der Geschichte unterstützt, lehren, daß eine große Vorsicht in dieser Vergleichung der Völker, und der Sprache, welcher die Völker sich zu einer bestimmten Zeitepoche bedien-

[2] Wilhelm von Humboldt über die Verschiedenheit menschlichen Sprachbaues, in dem großen Werke über die Kawi-Sprache auf der Insel Java. Bd. 1 S. XXI, XLVIII. und CCXIV.

ten, anzuwenden sei. Unterjochung, langes Zusammenleben, Einfluß einer fremden Religion, Vermischung der Stämme, wenn auch oft nur bei geringer Zahl der mächtigeren und gebildeteren Einwanderer, haben ein in beiden Continenten sich gleichmäßig erneuerndes Phänomen hervorgerufen: daß ganz verschiedene Sprachfamilien sich bei einer und derselben Race, daß bei Völkern sehr verschiedener Abstammung sich Idiome desselben Sprachstammes finden. Asiatische Welteroberer haben am mächtigsten auf solche Erscheinungen eingewirkt.

Sprache ist aber ein Theil der Naturkunde des Geistes; und wenn auch die Freiheit, mit welcher der Geist in glücklicher Ungebundenheit die selbstgewählten Richtungen, unter ganz verschiedenartigen physischen Einflüssen, stetig verfolgt, ihn der Erdgewalt mächtig zu entziehen strebt, so wird die Entfesselung doch nie ganz vollbracht. Es bleibt etwas von dem, was den Naturanlagen aus Abstammung, dem Klima, der heiteren Himmelsbläue oder einer trüben Dampfatmosphäre der Inselwelt zugehört. Da nun der Reichthum und die Anmuth des Sprachbaues sich aus den Gedanken wie aus des Geistes zartester Blüthe entfalten, so wollen wir nicht, daß bei der Innigkeit des Bandes, welches beide Sphären, die physische und die Sphäre der Intelligenz und der Gefühle, mit einander verknüpft, unser Naturbild des freundlichen Lichtes und der Färbung entbehre, welche ihm die, hier freilich nur angedeuteten Betrachtungen über das Verhältniß der Abstammung zur Sprache verleihen können.

Indem wir die Einheit des Menschengeschlechts behaupten, widerstreben wir auch jeder unerfreulichen Annahme von höheren und niederen Menschenracen[3]. Es giebt bildsamere, höher gebildete, durch geistige Kultur veredelte, aber keine edlere Volksstämme. Alle sind gleichmäßig zur Freiheit bestimmt; zur Freiheit, welche in roheren Zuständen dem Einzelnen, in dem Staatenleben bei dem Genuß politischer Institutionen der Gesammtheit als Berechtigung zukommt. „Wenn wir eine Idee bezeichnen wollen, die durch die ganze Geschichte hindurch in immer mehr erweiterter Geltung sichtbar ist, wenn irgend eine die vielfach bestrittene, aber noch vielfacher mißverstandene Vervollkommung des ganzen Geschlechtes beweist, so ist es die Idee der Menschlichkeit: das Bestreben, die Grenzen, welche Vorurtheile und einseitige Ansichten aller Art feindselig zwischen die Menschen gestellt, aufzuheben, und die gesammte Menschheit, ohne Rücksicht auf Religion, Nation und Farbe, als einen großen, nahe verbrüderten Stamm, als ein zur Erreichung eines Zweckes, der freien Entwickelung

[3] Das Unerfreulichste und in späteren Zeiten so oft Wiederholte über die Berechtigung der Menschen zur Freiheit und über Sklaverei als eine naturgemäße Einrichtung findet sich leider! sehr systematisch entwickelt in Aristoteles Politica I. 3, 5, 6.

innerlicher Kraft, bestehendes Ganzes zu behandeln. Es ist dies das letzte äußerste Ziel der Geselligkeit, und zugleich die durch seine Natur selbst in ihn gelegte Richtung des Menschen auf unbestimmte Erweiterung seines Daseins. Er sieht den Boden, so weit er sich ausdehnt, den Himmel, so weit, ihm entdeckbar, er von Gestirnen umflammt wird, als innerlich sein, als ihm zur Betrachtung und Wirksamkeit gegeben an. Schon das Kind sehnt sich über die Hügel, über die Sonne hinaus, welche seine enge Heimath umschließen; es sehnt sich dann wieder pflanzenartig zurück: denn es ist das Rührende und Schöne im Menschen, daß Sehnsucht nach Erwünschtem und nach Verlorenem ihn immer bewahrt, ausschließlich an dem Augenblicke zu haften. So festgewurzelt in der innersten Natur des Menschen, und zugleich geboten durch seine höchsten Bestrebungen, wird jene wohlwollend menschliche Verbindung des ganzen Geschlechts zu einer der großen leitenden Ideen in der Geschichte der Menschheit[4]."

[4] Wilhelm v. Humboldt über die Kawisprache Band III. S. 426.

# Verbindung des Atlantik mit dem Pazifik

Da in dieser neuesten Zeit die Besitznahme eines beträchtlichen Theils der Westküste des Neuen Continents durch die Vereinigten Staaten von Nordamerika und der Ruf des Goldreichthums von Neu-Californien (jetzt Hoch-Californien, Upper California, genannt) den Drang nach einer Verbindung der atlantischen Staaten mit der West-Region durch die Landenge von Panama mehr als je erhöht hat; so halte ich es für meine Pflicht hier noch einmal darauf aufmerksam zu machen, daß der kürzeste Weg, welchen die Eingeborenen dem Alonso Martin de Don Benito zeigten, um an das Ufer der Südsee zu gelangen, dem östlichen Theile der Landenge angehört und zu dem Golfo de San Miguel leitete. Wir wissen, daß Columbus (Vida del Almirante por Don Fernando Colon cap. 90) ein „estrecho de Tierra firme" suchte; und in den officiellen Documenten, die wir von den Jahren 1505, 1507 und besonders von 1514 besitzen, ist der zu findenden Öffnung (abertura) und des Passes (passo) erwähnt, welche in dieser Gegend zu dem „indischen Lande der Specereien" unmittelbar führen können. Seit mehr als vierzig Jahren mit den Communications-Mitteln zwischen beiden Meeren beschäftigt, habe ich in meinen gedruckten Schriften sowohl als in den verschiedenen Memoires, welche mir in ehrenvollem Vertrauen von den Freistaaten im spanischen Amerika abgefordert worden sind, immer darauf gedrungen: den Isthmus in seiner ganzen Länge hypsometrisch zu untersuchen; besonders da, wo er sich an das Festland von Südamerika durch den Darien und die unwirthbare ehemalige Provincia de Biruquete anschließt, und wo zwischen dem Atrato und der Bai von Cupica (im Littoral der Südsee) die Bergkette des Isthmus fast gänzlich verschwindet.

Der General Bolivar hat auf meine Bitte in den Jahren 1828 und 1829 durch Lloyd und Falmarc die Landenge zwischen Panama und der Mündung des Rio Chagres genau nivelliren lassen. Andere Messungen sind seitdem von kenntnißvollen und erfahrenen französischen Ingenieurs, wie Projecte für Canäle und Eisenbahnen mit Schleusen und Tunnels gemacht worden: aber immer in der Meridian-Richtung zwischen Portobello und Panama, oder westlich davon, gegen Chagres und Cruces hin. Die wichtigsten Punkte des östlichen und süd-östlichen Theils des Isthmus sind an beiden Meeresufern unberücksichtigt geblieben! So lange dieser Theil nicht geographisch nach genauen, aber leicht und schnell zu erlangenden, Breiten- und chronometrischen Längen-Bestimmungen, wie hypsometrisch in seiner Oberflächen-Gestaltung nach barometrischen Höhenmessungen dargestellt ist; halte ich den, jetzt (1849) so vielfach wiederholten Ausspruch: „der Isthmus sei keiner Anlage eines oceanischen Canals (eines Canals mit weniger Schleusen als der caledonische Canal), keiner ungehemmten, nicht von Jahreszeiten abhangenden Durchfahrt fähig, mit denselben Seeschiffen, die von Chili und Californien, von Neu-York und Liverpool kommen", für unbegründet und vollkommen übereilt.

Auf dem antillischen Littoral der Landenge dringt, nach Untersuchungen, welche die Direccion des Deposito hidrografico von Madrid schon seit 1809 in ihre Karten eingetragen hat, die Ensenada de Mandinga so tief gegen Süden vor, daß sie von dem Littoral der Südsee östlich von Panama etwa nur vier bis fünf geographische Meilen (15 auf den Äquatorial-Grad) entfernt scheint. Fast eben so ist die Landenge auf ihrem Südsee-Gestade durch den tiefen Golfo de San Miguel eingeschnitten, in welchen der Rio Fuyra mit seinem Nebenflusse Chuchunque (Chucunaque) fällt. Letzterer nähert sich ebenfalls in seinem oberen Laufe bis auf vier geographische Meilen dem antillischen Meerufer westlich vom Cap Tiburon. Seit mehr als zwanzig Jahren werde ich von Gesellschaften, die beträchtliche Geldmittel anwenden wollen, über das Problem des Isthmus von Panama befragt; aber nie ist der einfache Rath, welchen ich gegeben, befolgt worden. Jeder wissenschaftlich gebildete Ingenieur weiß, daß unter den Tropen, selbst ohne correspondirende Beobachtungen, gute Barometer-Messungen, mit Beachtung der stündlichen Variationen, eine Sicherheit von 70 bis 90 Fuß gewähren können. Es wäre dazu leicht, auf einige Monate zwei fixe correspondirende Barometer-Stationen an beiden Meeren zu gründen, und die zum vorläufigen Nivellement angewandten tragbaren Instrumente vielfach unter einander und mit denen der fixen Stationen zu vergleichen. Man suche vorzugsweise da, wo die Scheideberge gegen die Continental-Masse von Südamerika hin zu Hügeln herabsinken. Bei der Wichtigkeit, welche der Gegenstand für den großen Welthandel hat, darf man nicht, wie bisher, in einen engen Kreis gebannt bleiben. Eine große, den ganzen östlichen Isthmus umfassende Arbeit, – für jede Art der möglichen Anlagen, für Canalbau und Eisenbahnen, gleich nützlich –, kann allein über das viel besprochene Problem positiv oder negativ entscheiden. Man wird dann mit dem aufhören, womit man, meinem Rathe folgend, hätte beginnen sollen.

# Einleitung

——— Ich erfülle eine schmerzliche Pflicht, vielleicht in allzu großem Vertrauen und ohne das Maaß meiner Kräfte zu erwägen. Durch das Wohlwollen einer mir theuren Familie aufgefordert, den gesammten Werken des hochberühmten Mannes, dessen Freundschaft fast ein halbes Jahrhundert hindurch zu dem Glücke meines Lebens beigetragen hat, eine Einleitung vorauszuschicken, bedürfte ich ohne Zweifel der Entschuldigung, einer solchen Aufforderung Folge gegeben zu haben; doch hier wäre es ungeeignet, literarischen Bedenken oder bescheidener Zurückhaltung Raum zu geben: handelt es sich doch darum, auf ein jüngst geschlossenes Grab den Tribut meiner Bewunderung und meiner lebhaften Dankbarkeit niederzulegen.

Den innigen Beziehungen, welche ich so lange Jahre hindurch mit Arago, meinem Collegen in der Akademie der Wissenschaften des Instituts von Frankreich, aufrecht erhalten habe, und der mir so angenehmen Gewohnheit, welche Arago hatte, mich von seinen Arbeiten und seinen wissenschaftlichen Vorhaben ununterbrochen in Kenntniß zu erhalten, danke ich den Vorzug, die fortschreitende Anwendung (ich sage nicht die Entwickelung) der Kräfte dieses mächtigen Geistes auf die großen Entdeckungen, die man ihm schuldet, aus der Nähe beobachtet zu haben. Ohne eine akademische Lobrede oder eine Biographie schreiben zu wollen, werde ich versuchen aus der Kenntniß Nutzen zu ziehen, welche ich von dem Material in der Sammlung der Schriften Arago's besitze. Ich werde daran erinnern, welchen weiten Kreis die Arbeiten eines einzigen Mannes in den verschiedenen Zweigen menschlicher Wissenschaft umfaßten, wie er inmitten dieser Mannigfaltigkeit der Gegenstände immer ein und dasselbe Ziel erstrebte, nämlich den Ueberblick zu erweitern, scheinbar unzusammenhängende Erscheinungen untereinander zu verketten und mit seinem Nachdenken bis in die unzugänglichsten Höhen der Naturwissenschaft einzudringen. Die Thätigkeit der Naturkräfte, welche sich beim Lichte, bei der Wärme, dem Magnetismus und der Elektricität ebensowohl, als im Spiel der chemischen Verbindungen und Zersetzungen offenbart, gehört in die Reihe der geheimnißvollen

Processe, über welche die glänzenden Entdeckungen des XIX. Jahrhunderts eine unerwartete Helligkeit verbreitet haben. Im Bereich dieser ruhmwürdigen Eroberungen nimmt Arago eine Stelle ein unter den großen Physikern unsers Zeitalters. Eifrig nach Entdeckungen strebend und zugleich vorsichtig in den Folgerungen, welche über die Tragweite vereinzelter Resultate hinausgehen konnten, liebte er es vorzüglich neue Wege anzugeben, auf denen man sich dem Ziele mehr und mehr nähern und so die Identität der Ursachen scheinbar verschiedenartiger Phänomene erkennen konnte. Steigt man von der durch Arago befolgten Methode auf zu den mächtigen Geisteskräften, die in ihm thätig waren, so wird man nicht ohne Erstaunen ihren Umfang ermessen. Während er für die Gelehrten die Gränzen des Wissens hinausrückte, besaß er andererseits eine wunderbare Kunst, die erworbenen Kenntnisse um sich her zu verbreiten. So fehlte ihm keine Art des Einflusses, und die Autorität seines Namens stand seiner Popularität nicht nach.

Seit fünf Jahren war ich aus Mexiko zurückgekehrt und genoß den unschätzbaren Vortheil, Mitarbeiter Gay-Lussac's zu sein, mit welchem ich schon Italien, die Schweiz und Deutschland durchreist hatte, als ich Arago in dem Augenblick kennen lernte, wo er, im Juli 1809, von Algier nach Frankreich zurückkam. Im August 1808 hatte er schon die afrikanischen Küsten durchreist, nachdem man ihn lange Zeit in einer spanischen Festung gefangen gehalten, in Folge der wichtigen Triangulationsarbeiten, welche er behufs einer Verbindung der Balearischen Inseln mit dem Continent und der Bestimmung der Länge eines Parallelkreises der Erde ausgeführt hatte. Meine Aufmerksamkeit ward auf Arago hingeleitet nicht allein durch die ehrenvolle Wahl, der zufolge das Längenbureau ihn im Jahre 1806, gemeinschaftlich mit Biot und auf den Wunsch von Laplace, mit der in Spanien zu beendigenden Messung des Meridians von Frankreich beauftragt hatte, sondern vorzüglich durch das Zeugniß des berühmtesten Geometers, Lagrange, mit dem ich in freundschaftlichen Beziehungen zu leben so glücklich war. Der Verfasser der analytischen Mechanik hatte mit dem Scharfblick, der alle seine Urtheile auszeichnete, die glücklichen und zeitig entwickelten Anlagen des jungen Gelehrten erkannt. Ihn hatte an Arago gleich zu Anfang jener eindringende Verstand in Erstaunen gesetzt, der in schwierigen Aufgaben schnell und klar das, worauf es ankommt, aufzufinden weiß. Lagrange äußerte oft zu mir: „Dieser junge Mann wird weit gehen," und meinem Geiste ist dieser prophetische Ausspruch des Mannes, der im Lobe überhaupt so mäßig war, stets als ein Ruhmestitel gegenwärtig geblieben, wohl würdig, der Geschichte überliefert zu werden.

Als Arago's Ankunft an der französischen Küste in Arcueil bekannt wurde, dem Orte, welchen der Aufenthalt und die Freundschaft Berthollet's und Laplace's damals zierten, beglückwünschte ich den Reisenden noch bevor er die Quarantaine in Marseille verließ. Es war der erste Brief, den er in Europa empfing, nachdem er, um die Früchte seiner Beobachtungen zu retten, so viele Gefahren und Leiden ausgestanden hatte. Ich erwähne diese an sich wenig bedeutende Thatsache, weil Arago, empfänglich für den Reiz, welchen die Freundschaft über das Leben verbreitet, sie lebhaft und lange im Andenken behalten hat. Den Anfang unserer freundschaftlichen Beziehungen pflegte er auf diesen Zeitpunkt zurückzuführen.

Im September 1809, im Alter von dreiundzwanzig Jahren, wurde Arago Mitglied der Akademie der Wissenschaften, mit 47 Stimmen von 52 Votirenden. Er war der Nachfolger Lalande's, dessen seltenes Verdienst, während einer langen Laufbahn allzu leicht angegriffen, nach dem Tode allgemein anerkannt worden ist. Es waren nicht nur mühsame astronomische und geodätische Arbeiten, welche das Institut durch die Wahl Arago's belohnen wollte; wichtige Untersuchungen in der Optik und Physik hatten gleichfalls die Aufmerksamkeit der Gelehrten auf sich gezogen. Gemeinschaftlich mit Biot hatte Arago das Verhältniß zwischen dem Gewichte der Luft und des Quecksilbers bestimmt, und die Ablenkung gemessen, welche ein Lichtstrahl in verschiedenen Gasen erleidet. Das Prisma und der Repetitionskreis konnten seitdem einige Daten liefern über das Verhältniß der Bestandtheile der Atmosphäre; sie konnten sogar die geringe Veränderlichkeit beweisen, welche in diesem Verhältniß eintritt. So groß ist die wunderbare Verkettung der Phänomene in der Natur, daß schon vor langer Zeit der Geometer, durch einfache Messung eines Refractionswinkels, im Stande gewesen wäre, dem Chemiker den Beweis zu führen, daß die atmosphärische Luft weniger als siebenundzwanzig oder achtundzwanzig Hundertel Sauerstoff enthält.

Die Geschwindigkeit des Lichtes hatte Arago zum Gegenstande einer andern astronomisch-physikalischen Arbeit gemacht, die nicht weniger sinnreich war als die erste. Indem er ein Prisma vor das Objectivglas eines Fernrohrs anbrachte, bewies er nicht nur, daß dieselben Refractionstafeln für das von der Sonne ausgestrahlte Licht und das von den Sternen zu uns kommende Geltung haben, sondern auch (und schon dieser Umstand machte die Emanationstheorie sehr zweifelhaft), daß die Strahlen der Sterne, nach welchen die Erde sich hinbewegt, genau ebenso starke Brechung darbieten als das Licht derjenigen Sterne, von welchen die Erde sich entfernt. Um dies aus einer Reihe sehr feiner Beobachtungen hervorgegangene Resultat mit der Newton'schen Hypothese verträglich zu machen, hätte man die Voraussetzung machen müssen, daß die leuchtenden Körper Strahlen von allen Geschwindigkeiten aussenden, und daß nur die von einer bestimmten Geschwindigkeit sichtbar werden, daß diese allein im Auge das Gefühl des Lichtes hervorrufen.

Betrachtet man die Gattung von Untersuchungen, denen sich Arago vor seinem Eintritt in's Institut und sogar vor seiner Abreise aus Frankreich hingegeben hatte, so wird sogleich eine besondere Vorliebe für Alles bemerklich, was auf Refraction Bezug hat, d. h. auf den Weg der leuchtenden Strahlen und auf die Ursachen, welche die Geschwindigkeit derselben ändern. Diese Vorliebe entstammte, wie mir Arago oftmals bestätigte, dem fleißigen Studium der optischen Werke von Bouguer, Lambert und Thomas Smith, welche ihm der Zufall frühzeitig in die Hände gegeben hatte. Ich möchte darauf aufmerksam machen, wie sehr, im Laufe von drei auf geodätische Operationen verwendeten Jahren, der Anblick der in den Ebenen fruchtbaren und auf den Berggipfeln wilden und oft großartigen Natur, wie sehr die Färbung der wogenden Wasser des Oceans, die veränderliche Höhe der Wolken, die Luftspiegelung auf dürren Steppen und in den atmosphärischen Schichten, wenn die nächtlichen Signale sich vervielfältigten und vertical auf- und abschwankten, wie sehr endlich das Leben in freier Luft, in so vielen Beziehungen wohlthuend, den Gedankenkreis Arago's erweitern mußten, die Einbildungskraft anregen und die Forschbegier reizen, mitten unter den unaufhörlichen Störungen, in der dennoch regelmäßigen Reihenfolge der Erscheinungen! Ein Reisender, dessen Leben den Wissenschaften geweiht ist, bringt von seinen weiten und abenteuerlichen Zügen, wenn sein Sinn für große Natureindrücke empfänglich ist, nicht nur einen Schatz von Erinnerungen, sondern ein köstlicheres Gut zurück, die innere Neigung, den Gesichtskreis zu erweitern, und die Fähigkeit, eine große Anzahl von Gegenständen in ihren gegenseitigen Verbindungen gleichzeitig zu betrachten. Arago hatte eine ausgesprochene Vorliebe für die Erscheinungen der meteorologischen Optik; vorzüglich gern beschäftigte er sich mit den Gesetzen, nach welchen die fortwährenden Veränderungen der Meeresfärbung vor sich gehen, und welche die Intensität des von der Oberfläche der Wolken zurückgeworfenen Lichtes und das Spiel der Brechungen in der Luft regeln.

Wäre es mir gestattet, hier in einige Einzelnheiten einzugehen, so würde ich an das Erstaunen erinnern, das der junge Astronom empfand, als er zuerst bemerkte, wie leicht sein Blick von der Höhe eines nadelförmigen Berges am Gestade bis in die klippenerfüllte Meerestiefe eindrang. Diese einfache Beobachtung leitete ihn später auf interessante Untersuchungen über das Verhältniß des unter spitzen Einfallswinkeln von der Wasseroberfläche zurückgeworfenen Lichtes zu dem aus der Tiefe aufsteigenden; dieselbe Beobachtung führte ihn auf den glücklichen Vorschlag, zur Entdeckung von Riffen eine Turmalinplatte anzuwenden, welche, der Axe der Doppelbrechung parallel geschnitten, vor das Auge in einer Lage gehalten wird, in welcher sie die Strahlen auslöscht, die unter einem Winkel von 37 Graden, vollständig polarisirt, von der Oberfläche des Wassers zurückgeworfen werden. Es war dies, wie Arago in den für die Weltumsegelung der Corvette la Bonite aufgesetzten Instructionen sagte, „ein Versuch, die Polarisation in die Nautik einzuführen.“

Die Anzahl und die Mannigfaltigkeit der Arbeiten Arago's, welche die Physik des Himmels und der Erde in gleicher Weise zum Gegenstand haben, werden eines Tages der Aufgabe, sein Leben zu erzählen, große Schwierigkeiten entgegenstellen. In allen diesen Untersuchungen begegnet man demselben Scharfsinne, demselben Eifer, die Wissenschaft zu fördern, aber auch derselben Zurückhaltung und derselben Mäßigung in der Aufstellung hypothetischer Erklärungen. Anderswo hat man die sehr richtige Bemerkung gemacht, daß Arago „durch seine gründlichen mathematischen Studien die strengen Methoden und den sichern Blick erworben habe, welche er in seine eigenen Experimentaluntersuchungen übertrug und nach denen er die Arbeiten seiner Zeitgenossen würdigte.“ Man glaubt sich im Allgemeinen berechtigt, einiges Mißtrauen gegen die Gründlichkeit sehr mannigfaltiger Arbeiten zu hegen, und am gefährlichsten ist das pomphafte Wort Universal-Kenntnisse, dessen Anwendung in jedem Falle ungeeignet ist. Baco, Newton, Leibnitz, Cuvier, hatten sehr mannigfaltige Kenntnisse, Universal-Kenntnisse hatten sie nicht. Arago nimmt durch den Umfang und die Mannigfaltigkeit seiner Kenntnisse eine Stelle unter den hervorragendsten Geistern ein, deren sich die Wissenschaft rühmt.

Um in seinem wahren Lichte das Verdienst der ausgezeichneten Männer zu erkennen, welche eine leuchtende Spur ihres Daseins zurückgelassen haben, muß man zunächst den Blick auf ihre hervorragendsten Leistungen lenken. Arago's große Entdeckungen gehören in die Jahre 1811, 1820 und 1824; sie betreffen die Optik, die Erscheinungen der Physik des Himmels, der Elektricität in Bewegung, der Erregung des Magnetismus durch Rotation. Sie sind, um sie einzeln genau zu bezeichnen: 1) die Entdeckung der farbigen oder chromatischen Polarisation; 2) die genaue Beobachtung der Verrückung der farbigen Streifen, hervorgebracht durch die Begegnung zweier Lichtstrahlen, wenn einer derselben eine dünne durchsichtige Lamelle, etwa Glas, durchläuft: eine Erscheinung, welche Abnahme der Geschwindigkeit, eine Verzögerung während des Durchgangs beweist, und in directem Widerspruch steht mit der Emissionstheorie; 3) die erste Beobachtung der Eigenschaft, vermöge welcher der Leitungsdraht der Elektricität in Oerstedt's Versuchen, oder mit andern Worten der Rheophor der

Säule, Eisenfeilspäne anzieht; der glückliche Gedanke, den Strom in einer Spirale um die Nadel zu führen und Eisen zu magnetisiren sowohl durch den Entladungsfunken der Leydener Flasche als durch den elektrischen Strom einer Volta'schen Säule; 4) der Rotationsmagnetismus.

Durch die Entdeckung der chromatischen Polarisation wurde Arago auf die Erfindung des Polariskops, des Photometers, des Cyanometers und mehrerer Apparate geleitet, die beim Studium optischer Phänomene in Anwendung zu kommen pflegen. Solche Versuche über chromatische Polarisation machten es Arago schon vor dem Jahre 1820 möglich, physikalisch festzusetzen, daß das Sonnenlicht nicht von einer glühenden, festen oder flüssigen Masse ausgesendet wird, sondern von einer gasartigen Hülle. Nachdem das Mittel entdeckt war, directes Licht von reflectirtem zu unterscheiden, hat man mit Sicherheit erkannt, daß das Licht der Kometenschweife theilweise polarisirt ist und also nothwendig eines Theils in erborgtem Lichte glänzt. Die chromatische Polarisation hat es Arago ferner möglich gemacht nachzuweisen, daß das diffuse Licht der Atmosphäre theilweise durch Reflexion polarisirt ist, und daß man, der Reihe nach die atmosphärischen Schichten in verschiedenen Höhen und in verschiedenen Azimuthen untersuchend, einen neutralen Punkt der Polarisation findet, im Verticalkreise der Sonne liegend, etwa 30 Grade über dem Gegenpunkte dieses Gestirns. Diesen Punkt, den man den neutralen nennt, weil an der Stelle die Polarisation unmerklich ist, darf man nicht mit den beiden andern neutralen Punkten verwechseln, welche Babinet und Brewster später aufgefunden haben.

In dieser schönen Reihe optischer Arbeiten bleibt mir übrig, von zwei Gegenständen zu reden, über welche Arago und sein beharrlicher Freund Fresnel, Meister und Gesetzgeber in mehreren Theilen der Optik, eine lebhafte Klarheit verbreitet haben, und deren Wichtigkeit nicht zu leugnen ist, da sie die großen Phänomene der Interferenz und der Diffraction des Lichtes berühren. Der erste dieser Gegenstände ist das Flimmern der Sterne, jene Erscheinung, welche der berühmte Thomas Young, der Urheber der Grundgesetze der Interferenz des Lichtes, für unerklärlich gehalten hatte. Das Flimmern wird stets von einer Aenderung der Farbe und der Intensität begleitet. Die Strahlen der Sterne, nach ihrem Durchgange durch eine Atmosphäre, die aus Schichten von verschiedener Temperatur, Dichtigkeit, Feuchtigkeit und mithin von verschieden brechender Kraft zusammengesetzt ist, vereinigen sich zu einem Bilde, schwingen mit oder ohne Uebereinstimmung, verstärken sich durch Interferenz oder heben sich gegenseitig auf. Ich erinnere mit Stolz daran, daß Auszüge aus dieser schönen Theorie des Flimmers der Sterne zuerst, im Jahre 1814, im vierten Buche meines

Werkes „Voyage aux régions équinoxiales du nouveau continent“ bekannt gemacht wurden. Die Abhandlung selbst, reich an merkwürdigen historischen Untersuchungen, ist eine der Hauptzierden in dieser Sammlung der Werke meines berühmten Freundes. Andere Auszüge, denselben Gegenstand betreffend, aber neueren Handschriften aus dem Jahre 1847 entlehnt, sind dem astronomischen Theile des Kosmos eingereiht worden.

Die Interferenz des Lichtes, von welcher Grimaldi (zu Bologna) schon in der Mitte des XVII. Jahrhunderts eine Ahnung besaß, hat Veranlassung gegeben, eine Grundwahrheit auszusprechen, die oft schon angeführt wurde, nämlich: „daß unter gewissen Bedingungen Licht zu Licht hinzugefügt Dunkelheit erzeugt.“ In diesen Worten liegt zweifelsohne der Sieg der Undulationstheorie über das Emissionssystem; aber diesen Sieg konnte man erst von der Zeit an als sicher und vollständig betrachten, seit er sich auf einfache und unabweisliche Versuche stützt. Arago hatte bereits im Jahre 1818, wie oben erwähnt, die merkwürdige Einwirkung entdeckt, welche eine sehr dünne Platte auf die Interferenzerscheinungen ausübt, sobald einer der beiden interferirenden Strahlen hindurchgeht. Es findet dann eine Verrückung der farbigen Streifen statt und eine Verzögerung des Lichtes, welches den Weg durch eine dichtere Substanz langsamer zurücklegt. „Nachdem die Eigenschaft zweier Strahlen, sich durch Interferenz gegenseitig aufzuheben, einmal festgestellt ist, sagt Arago mit Bezug auf andere von ihm und Fresnel gemeinschaftlich angestellte Versuche, ist es nicht noch merkwürdiger, daß man sie willkürlich dieser Eigenschaft berauben kann, daß der eine Strahl dieselbe für den Augenblick verlieren, während im Gegentheil der andere dieser Eigenschaft für immer verlustig gehen kann?“

Als es Wheatstone bei seinen schönen Untersuchungen über die Geschwindigkeit des elektrischen Lichtes (1835) gelungen war, mit großem Erfolge seinen sinnreich construirten Dreh-Apparat in Anwendung zu bringen, erkannte Arago augenblicklich die Möglichkeit, unter Anwendung desselben Princips, durch Winkel-Ablenkung den Unterschied der Lichtgeschwindigkeit in einer Flüssigkeit und in der Luft zu messen. Gegen Ende des Jahres 1838 berichtete er im Institut über den von ihm auszuführenden Versuch. Von einem erfahrenen und geschickten Künstler, Herrn Breguet dem Sohne, unterstützt, gelang ihm, nach zahlreichen Abänderungen der Apparate, die Ausführung seines Vorhabens. Im Verlauf dieser Versuche hatte es Hr. Breguet ermöglicht, eine vom Gewicht des aufzusetzenden Spiegels befreite Axe in jeder Sekunde achttausend Umdrehungen machen zu lassen. Alles war im Jahre 1850 bereit, und der vervollkommte Apparat konnte in Thätigkeit gesetzt werden; aber die unglückliche, tief greifende Aenderung, welche fast plötzlich Arago's Sehkraft erlitt, raubte ihm jede Hoffnung, an den Beobachtungen Theil nehmen zu können. In einem Aufsatz, den er am 29. April 1850 dem Institute vorlegte, sagt er in edler Einfachheit: „Ich muß meine Ansprüche darauf beschränken, das Problem aufgestellt und sichere Mittel für die Auflösung desselben öffentlich angegeben zu haben. … Bei dem gegenwärtigen Zustande meiner Augen bleibt mir nur übrig, mit meinen Wünschen die Beobachter zu begleiten, welche meine Ideen zur Ausführung bringen wollen, und dadurch einen neuen Beweis für die Wahrheit des Wellensystems den Beweisen hinzufügen werden, die ich aus einer Interferenz-Erscheinung hergeleitet habe, welche den Physikern zu bekannt ist, als daß hier daran zu erinnern nöthig schiene." Arago sollte seinen Wunsch in Erfüllung gehen sehen. Zweien durch ihr Talent und durch die Feinheit ihrer Beobachtungsweisen gleich ausgezeichneten Experimentatoren, Hrn. Foucault, dem man den physikalischen Beweis für die Umdrehung der Erde mittelst des Pendels verdankt, und Hrn. Fizeau, der durch ein sinnreiches Verfahren die Geschwindigkeit des Lichts in der Luft bestimmt hat, ist es, nach einigen Vervollkommungen der von Arago vorgeschlagenen Methoden, gelungen, die Frage in einem Sinne zu beantworten, der die Emissionstheorie umstürzt. Foucault und Fizeau haben die Ergebnisse ihrer Arbeiten der Akademie der Wissenschaften vorgelegt, jener im Mai 1850, dieser im September 1851.

Wenn ich Arago's hauptsächlichste Untersuchungen über das Licht ausführlich entwickelt habe, so geschah es, weil er sich diesen Arbeiten auf das Anhaltendste während eines Zeitraums von mehr als vierzig Jahren hingegeben hat. Seine Entdeckungen in der Lehre von der Elektricität und dem Magnetismus, wie wichtig sie an sich immerhin seien, haben ihn, möchte ich sagen, nur vorübergehend gefesselt. Die Anziehung, welche der Leitungsdraht, der die Pole der Volta'schen Säule verbindet, auf Eisenfeilspäne ausübt, und die Magnetisirung mittelst eines in Spiralform gewundenen Metalldrahtes, gleichviel ob mit oder ohne Unterbrechungen, hatte Arago schon vor Ampère's trefflichen Arbeiten beobachtet, und diese Beobachtungen hatten bereits den elektro-magnetischen Untersuchungen einen lebhaften Impuls gegeben.

Den Rotationsmagnetismus entdeckte Arago am Abhange des schönen Greenwicher Hügels, während wir uns gemeinschaftlich in England aufhielten, um im Vereine mit Biot die Pendellängen zu vergleichen. Die Resultate unserer Beobachtungen zeigten sich nicht so befriedigend, als wir gewünscht hatten; aber während Arago mit mir die magnetische Intensität mittelst der Schwingungszahl einer Inclinationsnadel bestimmte, machte er allein die wichtige Bemerkung: daß eine in Unruhe versetzte Magnetnadel sich in der Nähe metallischer oder nichtmetallischer Substanzen in kürzerer Zeit beruhigt, als wenn sie von diesen entfernt ist. Diese erste Bemerkung, durch scharfsinnige Combinationen fruchtbringend gemacht, führte ihn im Jahre 1825 auf die Erklärung der Erscheinungen, welche aus der Einwirkung rotirender Scheiben auf stillstehende Nadeln hervorgehen, sowie des Einflusses, der auf die Nadeln durch Wasser, Eis, Glas ausgeübt wird. Sechs Jahre hindurch war die Erregung des Magnetismus durch Bewegung Gegenstand heftiger Discussionen zwischen Nobili, Antinori, Seebeck, Barlow, Sir John Herschel, Babbage und Baumgartner, bis zum Jahre 1831, in welchem durch Faraday's glänzende Entdeckung alle Erscheinungen des Rotationsmagnetismus an das fruchtbare Princip der Inductionsströme geknüpft wurden. Dies ist der Gang der Wissenschaften in den Zeiten (leider von kurzer Dauer), in welchen sie schnelle Fortschritte machen, in welchen die Gedanken nach Verallgemeinerung streben und die Geister stufenweis zu Begriffen höherer Ordnung sich erheben.

Zum Entwurfe dieses Umrisses der wichtigsten Arbeiten Arago's und zur Darlegung des Einflusses, den sie ausgeübt haben, mußte ich meine eigenen Erinnerungen durch die zweier Männer ergänzen, welche seinem Andenken ergeben sind: des berühmten Genfer Professors Hrn. August de La Rive, und desjenigen Gelehrten, den Arago selbst mit der Herausgabe seiner Werke beauftragt hat, des Hrn. Barral, Chemiker und Physiker von seltenem Verdienst, Repetitor an jener polytechnischen Schule, der ich ein dankendes Andenken bewahre, weil ich dort lange Zeit unter Gay-Lussac's Leitung gearbeitet habe. Nach Beendigung dieses allgemeinen Bildes bleibt mir noch übrig, in einige Einzelnheiten über die Vertheilung des Stoffes in F. Arago's Werken einzugehen. Vor Allem muß ich aber bemerken, daß es schwer sein wird, immer eine ganz bestimmte Reihenfolge zu beobachten, weil die innigen Beziehungen, welche die verschiedenen Wissenschaften verknüpfen, noch täglich durch neue Entdeckungen vermehrt werden, – weil die Gränzen, die sie absondern, so ungewiß sind! Fern von Frankreich, das ich lange Zeit wie ein zweites Vaterland betrachtete, und ohne die Handschriften Arago's einsehen zu können, bin ich nicht im Stande, mehr als einen ungefähren Umriß zu bieten. Die Gesammtarbeiten meines hochberühmten Freundes vertheile ich in sechs Gruppen.

# I. Literarischer und biographischer Theil

Inmitten aller Meinungsverschiedenheiten spreche ich wohl die allgemeine Ueberzeugung aus, wenn ich rühme in Arago's akademischen Gedächtnißreden die kritische Sorgfalt, welche er auf die Ermittelung der Thatsachen wendet, die Unparteilichkeit der Urtheile, die Klarheit der wissenschaftlichen Auseinandersetzungen, die Wärme endlich, welche mit der Größe des Gegenstandes gleichmäßig wächst. Dieselben Eigenschaften zeichnen die mannigfaltigen Reden aus, welche er in den politischen Versammlungen hielt, wo er durch den Adel und die Reinheit seiner Gesinnungen eine so hervorragende Stelle einnahm; sie machen auch werthvoll die Berichte, welche er in der Absicht verfaßte, den Wissenschaften, in den Personen einiger berühmten Erfinder, glänzende Huldigungen zu verschaffen.

Um das Verdienst der Männer, deren Leben er erzählen, deren Arbeiten er charakterisiren will, richtig würdigen zu lassen, beginnt Arago stets mit einer Darstellung der Kenntnisse derjenigen Epoche, in welcher sie zuerst hervortreten. Er verwendete auf die Arbeit eben so viel Geduld als Fleiß, und deßwegen sind seine Gedächtnißreden für die Geschichte der Wissenschaften, insbesondere für die Geschichte der großen Entdeckungen von hohem Werthe. Seine Urtheile sind mitunter streng, aus tiefer Ueberzeugung, die aus langen und mühsamen Untersuchungen hervorging; sie haben deßhalb Arago selbst ungerechten Beurtheilungen ausgesetzt. Die Entdeckung z. B. der Zersetzung des Wassers, die Erfindung der Hochdruck-Dampfmaschine, die so mächtig die Herrschaft der Menschen über die Natur unterstützt hat, gehören zu den Thatsachen, über welche die Gelehrten, nicht aus Nationalgefühl allein, verschiedener Meinungen sind.

Ein eifriger Vertheidiger aller Interessen der Vernunft, macht uns Arago häufig in seinen akademischen Gedächtnißreden bemerklich, wie sehr Erhabenheit des Charakters den Geisteswerken Adel und Bedeutung verleiht. In der Darlegung der Grundsätze der Wissenschaften, über welche er eine wunderbare, überzeugende Klarheit zu verbreiten weiß, ist der Styl des Redners um so ausdrucksvoller, je mehr er Einfachheit und Bestimmtheit besitzt. Hierin erreicht er, was Buffon als die Wahrheit des Styls bezeichnete.

## II. Auf Astronomie und Physik des Himmels bezüglicher Theil

Arbeiten an der Messung des Meridians von Frankreich in seiner südlichsten Erstreckung, ausgeführt in Gemeinschaft mit Biot. – Gestalt der Erde. – Untersuchungen über die genaue Festsetzung der Planetendurchmesser. – Neues Ocularmikrometer und neues Prismenfernrohr, verschieden von dem Rochon's. – Sommer- und Wintersolstitien; Frühlings- und Herbstnachtgleichen; Abweichung südlicher und circumpolarer Sterne; absoluter Ort des Polarsterns im Jahre 1813; Breite von Paris; Parallaxe des 61. Sterns im Schwan (gemeinschaftlich mit Mathieu). – Geodätische Beobachtungen an den französischen und englischen Küsten, mit Mathieu und englischen Gelehrten, zur Bestimmung des Längenunterschiedes von Greenwich und Paris. – Untersuchungen über die Abweichungen einiger Sterne erster und zweiter Größe, zusammen mit Mathieu und Humboldt. – Neue photometrische Untersuchungen über das Verhältniß der Lichtstärke von Sternen, sowie am Rande und in der Mitte der Sonnenscheibe. – Grade der Helligkeit in verschiedenen Gegenden des Mondes. – Veränderlichkeit des aschfarbenen Lichtes in der Mondscheibe. – Polargegenden des Mars. – Streifen des Jupiter und Saturn. – Licht der Satelliten des Jupiter, verglichen mit dem des Centralkörpers in diesem kleinen Systeme. – Physische Constitution der Sonne und ihrer verschiedenen Umhüllungen. – Licht von den Gashüllen der Sonne ausgestrahlt. – Merkwürdige Erscheinungen, welche totale Verfinsterungen der Sonne bieten. – Rothe Hervorragungen, welche am Mondrande während einer totalen Sonnenfinsterniß erscheinen. – Strahlen polarisirten Lichtes in dem Lichte, welches die Kometen aussenden. – Ursache des Flimmerns der Sterne. – Refractionstafeln. – Irradiation. – Wirkung der Fernröhre auf die Sichtbarkeit der Sterne am Tage. – Betrachtungen über das diffuse Licht der Atmosphäre. – Geschwindigkeit des Lichts der Sterne, nach welchen die Erde sich hinbewegt, und der Sterne, von welchen sie sich entfernt. – Fortpflanzungsgeschwindigkeit der Strahlen von verschiedener Farbe. – Mittel, welches die Lichterscheinungen des Algol bieten, zur Messung der Fortpflanzungsgeschwindigkeit der Lichtstrahlen.

Die populäre Astronomie enthält die öffentlichen Vorlesungen, welche Arago von 1812 bis 1845 in dem prachtvollen Hörsaale der Pariser Sternwarte hielt und welche von allen Klassen der Gesellschaft mit dem lebhaftesten Interesse aufgenommen wurden: sie wird diesem zweiten Theile seiner Werke zur Hauptzierde gereichen. Angenehme und traurige Erinnerungen werden gleichzeitig beim Lesen der populären Astronomie in denjenigen erweckt werden, welche das Glück hatten, Arago's Vorlesungen zu hören und seine so einfache, überzeugende, fesselnde Darstellung zu bewundern.

## III. Optischer Theil

Verschiedenheit der Natur des Lichtes, je nachdem es festen, glühenden Körpern oder Gasen entströmt. – Mittel, welches das Polariskop bietet, um polarisirtes Licht von ursprünglichem Lichte zu unterscheiden. – Beständiges Verhältniß zwischen dem Theil polarisirten Lichtes, welcher sich im durchgelassenen oder gebrochenen Lichtbüschel, und dem Theile, welcher sich im reflectirten Büschel findet. – Gemeinschaftlich mit Fresnel hat Arago auch gefunden, daß polarisirte Strahlen nicht ferner aufeinander wirken, wenn ihre Polarisationsebenen senkrecht aufeinander stehen, und daß sie folglich keine farbigen Streifen erzeugen, obgleich alle Bedingungen genau erfüllt sind, welche im gewöhnlichen Falle diese Erscheinung hervorrufen. – Darstellung der Photometrie, gegründet auf die Wellentheorie (diese Arbeit enthält Versuche und Theorie; ein großer Theil davon fand sich in sieben Abhandlungen, welche der Akademie der Wissenschaften im Jahre 1850 vorgelegt wurden). – Brechung leuchtender Strahlen in verschiedenen Gasen und unter verschiedenen Winkeln. – Abhandlung über die Möglichkeit, die brechende Kraft der Körper aus ihrer chemischen Zusammensetzung herzuleiten. – Untersuchungen über die Verwandtschaft der Körper zum Licht, gemeinschaftlich mit Biot angestellt. – Chromatische Polarisation; Fruchtbarkeit ihrer Anwendungen in der Physik des Himmels und der Erde. – Circulare (kreisförmige) Polarisation, oder farbige Erscheinungen, schon im Jahre 1811 von Arago entdeckt, in senkrecht auf die Axe geschnittenen Quarzplatten (der weiße Strahl polarisirten Lichtes zeigt nach seinem Durchgange durch dieselben die lebhaftesten Farben, wenn man ihn durch ein doppelbrechendes Prisma betrachtet). – Farbige Ringe in zurückgeworfenem und durchgelassenem Lichte. – Anwendung der Doppelbrechung auf Photometrie. – Ableitung photometrischer Tafeln, welche die reflectirte oder durchgelassene Lichtmenge für eine Glasplatte angeben, für Neigungen zwischen 4° und 26°;

Fortsetzung dieser Tafeln bis zum senkrechten Einfall des Strahls vermittelst eines besondern Verfahrens. – Ermittelung des Lichtverlustes, der bei Reflexion an Metalloberflächen entsteht, und Beweis der wichtigen Thatsache, daß bei totaler Reflexion kein Licht verloren geht. – Das Malus'sche Gesetz oder das sogenannte Cosinus-Gesetz, die Trennung des polarisirten Lichtes betreffend, „welches bisher nur ein empirisches Gesetz war, um die augenfälligen Erscheinungen darzustellen", ist auf experimentellem Wege von Arago für den Fall bewiesen worden, wo der polarisirte Büschel entweder durch ein doppelbrechendes Prisma geht, oder durch eine der Axe parallel geschnittene Turmalinplatte. (Das Polarimeter, welches Arago bei dieser Gattung von Versuchen in Anwendung brachte, war so empfindlich, daß es, ohne Zweideutigkeit, in einem Lichtbüschel den achtzigsten Theil polarisirten Lichtes angab. In diesen auf Photometrie bezüglichen Untersuchungen haben die Herren Laugier und Petit, unter Arago's Leitung, die Versuche und Rechnungen ausgeführt.) – Beweis der Möglichkeit, ein Interferenz-Barometer, Thermometer und einen Interferenz-Refractor zu construiren. – Ansichten über das Messen der Berghöhen vermittelst des Polariskops, und der Höhe der Wolken vermittelst eines graduirten Polarimeters.

## IV. Elektro-magnetischer Theil

Entdeckung der Eigenschaft, welche der Schließungsdraht der Pole einer Säule besitzt, Eisenfeilspäne anzuziehen. – Magnetisirung einer Nadel durch den elektrischen Strom in einer Spirale; daraus hergeleitete Folgerungen. – Rotationsmagnetismus, durch welchen zuerst streng bewiesen wurde, daß alle Körper Magnetismus aufnehmen können, eine Thatsache, die William Gilbert schon vermuthet hatte und die durch Coulomb's sinnreiche Versuche wahrscheinlich geworden war. – Beobachtungen über die stündlichen Veränderungen der magnetischen Abweichung zu Paris, seit dem Jahre 1818; Secularänderungen der Abweichung. – Discussion der von Ost nach West gerichteten Bewegung der Knoten oder Durchschnittspunkte des magnetischen Aequators mit dem geographischen Aequator. – Störungen, welche der Gang der stündlichen Aenderungen der magnetischen Abweichung durch den Einfluß der Polarlichte an Orten erleidet, wo das Polarlicht unsichtbar ist. – Gleichzeitigkeit der Declinations-Störungen (magnetische Gewitter), bewiesen aus correspondirenden Beobachtungen zwischen Paris und Kasan, zwischen Paris und Berlin, zwischen Paris, Berlin und den Bergwerken zu Freiberg in Sachsen. – Beobachtung der Ablenkung, welche bei Annäherung eines Magnets der Lichtbogen erleidet, der in einem geschlossenen, electrischen Strome die beiden Kohlenspitzen des Leitungsdrahtes verbindet; Analogieen, welche dieser Versuch mit den Erscheinungen des Nordlichtes bietet. – Entdeckung (im Jahre 1827) der stündlichen Aenderungen der erdmagnetischen Neigung und der Intensität.

## V. Auf die Meteorologie und die allgemeinen Grundsätze der Physik der Atmosphäre bezüglicher Theil

Bestimmung des specifischen Gewichtes der Luft, gemeinschaftlich mit Biot. – Versuche mit Dulong angestellt, um nachzuweisen, daß bis zu einem Druck von siebenundzwanzig Atmosphären und darüber hinaus das Mariotte'sche Gesetz keine wesentliche Aenderung erleidet. – Gefährliche Versuche mit demselben Physiker gemeinschaftlich angestellt über die Elasticität des Wasserdampfes bei sehr hohen Temperaturen. – Tafel der Elasticität des Wasserdampfes und der entsprechenden Temperaturen. – Entstehung der Höfe und polarisirtes Licht, welches diese Höfe reflectiren. – Cyanometer. – Optische Untersuchungen über die Ursachen der Farbe des Meer- und Flußwassers. – Verdunstungskälte. – Untersuchungen über die Regenmengen in verschiedenen Höhen und an verschiedenen Orten. – Erklärung der schädlichen Wirkungen, welche man dem Aprilmonde zuschreibt. – Eine sehr umfangreiche Abhandlung über den Donner, Blitz und das Wetterleuchten mit zahlreichen Zusätzen, welche Arago in seiner letzten Krankheit einem gelehrten und treuergebenen Secretär dictirte, Hrn. Goujon, einem jungen Astronomen an der Pariser Sternwarte, der ebenso nach dem Dictat seines gefeierten Lehrers die Darstellung der populären Astronomie geschrieben hat. – Versuche über die Geschwindigkeit des Schalles, im Jahre 1822 im Vereine mit Gay-Lussac, Bouvard, Prony, Mathieu und Humboldt, unter Beihilfe der königlichen Garde-Artillerie, zwischen Monthléry und Villejuif angestellt.

## VI. Auf die physikalische Geographie bezüglicher Theil

Niveau der Meere. – Wärmezustand des Erdkörpers. – Temperatur der Meeresoberfläche unter verschiedenen Breitengraden, und der verschiedenen übereinander gelagerten Schichten bis in die größten Tiefen hinab. – Warme und kalte Meeresströmungen. – Das Wasser des Oceans in Bezug auf die Temperatur verglichen mit der Atmosphäre, welche es bedeckt. – Färbung des Himmels und der Wolken in verschiedenen Höhen über dem Horizont. – Neutraler Punkt der Polarisation in der Atmosphäre. – Anwendung einer parallel mit den Kanten des Prisma's geschnittenen Turmalinplatte, um Riffe und den Meeresgrund zu sehen. – Temperatur der Luft um den Nordpol herum. – Mittlere Temperatur im Innern der Erde, in Tiefen, welche dem Menschen noch zugänglich sind (die Beobachtungen, welche über die Temperatur artesischer Brunnen von verschiedener Tiefe angestellt wurden, haben auf das Gesetz geführt, nach welchem die Wärme zunimmt mit der Tiefe, in welche man hinabsteigt).

Dies ist das Gemälde der Arbeiten Arago's, freilich noch sehr unvollständig, trotz der unendlichen Reichthümer, die es enthält. Durch diese Arbeiten hat er sich in die Reihe der hervorragendsten Männer des XIX. Jahrhunderts gestellt. Seinen Namen wird man überall ehren, wo Achtung besteht vor wissenschaftlichen Leistungen, wo sich das Bewußtsein der Würde des Menschen und der Unabhängigkeit des Denkens erhält und wo man die öffentlichen Freiheiten liebt. Die Popularität, deren sich Arago erfreute, ging aber nicht allein aus der Autorität seines gewaltigen Wissens hervor: was seinem Namen Ansehen verschaffte, ist sein gewissenhafter Eifer, der sich selbst beim Annahen des Todes nicht verläugnete, das sind seine verzweiflungsvollen Anstrengungen, um bis zum letzten Augenblicke selbst die geringsten Pflichten zu erfüllen. Man darf auch nicht den Reiz seiner Ausdrucksweise übersehen, die Anmuth seiner Sitten und das Wohlwollen seines Charakters. Der zärtlichsten Aufopferung fähig, und durch angeborene Güte die Lebhaftigkeit seiner heißen Seele mildernd, hat Arago in seiner geistvollen, liebenden Familie den Frieden und die Annehmlichkeiten des häuslichen Lebens genossen. Während der langsam vorschreitenden Erschöpfung seiner Kräfte fand Arago in dem leider nur allzu engen Kreise theurer Verwandten jeden Trost und jede Erleichterung, welche rührende Beharrlichkeit und das Walten kluger Vorsicht und zärtlicher, erfinderischer Eifer nur zu bieten vermögen. Er starb umgeben von seinen Söhnen; einer Schwester, Madame Mathieu, die der zärtlichen Liebe eines solchen Bruders würdig war; einer Nichte, Madame Laugier, die sich ihm mit der rührendsten Selbstverläugnung gewidmet hatte, und die sich, als der letzte Augenblick gekommen war, eben so groß im Schmerz zeigte, als edel in der Aufopferung.

Von Arago's Schmerzenslager entfernt, war es mir nur vergönnt, aus der Ferne meiner tiefen Betrübniß Ausdruck zu geben. Selbst die Gewißheit eines nahenden Verlustes vermochte nicht das Bittere desselben zu vermindern. Eine letzte Huldigung meinem soeben ins Grab hinabgestiegenen Freunde zu bringen, will ich hier wenige Zeilen wiederholen, die schon an einem andern Orte veröffentlicht wurden. „Was diesen einzigen Mann charakterisirt, waren meine Worte, ist nicht nur die Kraft des schöpfenden und befruchtenden Genies, nicht nur die seltene Klarheit, welche Neues und Schwieriges wie dem Menschengeiste längst Erworbenes zu entwickeln weiß; es ist auch die anziehende Verbindung der Stärke und der Erhebung eines leidenschaftlichen Charakters mit der zarten Sanftmuth des Gefühls. Der Gedanke macht mich stolz, daß ich ihm durch liebevolle Hingebung und durch die beharrliche Bewunderung, die in allen meinen Schriften Ausdruck fand, vierundvierzig Jahre hindurch angehört habe, und daß mein Name dann und wann an der Seite seines großen Namens genannt werden wird."

Alexander von Humboldt. Potsdam, November 1853.

# Über die ältesten Karten des Neuen Continents und den Namen Amerika

——— Das lebhafte Interesse, welches die wichtige, mit kritischem Scharfblick abgefasste Abhandlung des Herrn Prof. Ghillany über die Erdgloben von *Martin Behaim* und *Johann Schöner* in mir erregt haben,[1] musste mich auf die Untersuchungen zurückführen, welche ich selbst über Behaim und Schöner in meinem Examen critique de l'Histoire de la Géographie du Nouveau Continent aux 15^me^ et 16^me^ siècles (terminé 1833) bekannt gemacht habe, T. I. p. 256–308; T. II. p. 26 und T. V. p. 170. Es ist mir eine Freude, hier zur Publicirung die chronologischen Resultate mitzutheilen, welche in der noch ungedruckten dritten Section den letzten Abschnitt meiner Schrift ausmachen sollten. Ich citire, als Beweisstellen, immer nur das Französische Originalwerk (die Ausgabe in 8°, die erst drei Jahre nach der Ausgabe in Folio erschien), nicht die Deutsche Uebersetzung, die ich nicht kenne und in der die 1832 von mir entdeckte Weltkarte von Juan de la Cosa (6 Jahre älter als des Columbus Tod) gänzlich fehlt.

Alle Forschungen über die ältesten Karten von Amerika müssen bekanntlich mit den Ausgaben der Geographie des Ptolemaeus beginnen wegen der Gewohnheit, die seit 1482 (Ausgabe von Nicolas Donis) und 1486 (opera ac expensis Justi de Albano de Venetiis) eintrat, neuere Karten den älteren von Agathodaemon beizufügen. Die grösseste und vollständigste Sammlung von Ausgaben des Ptolemæus ist die des ausgezeichneten Geographen Baron Walckenaer zu Paris; sie zählt mehr als 30 Editionen, von denen einige in verschiedenen Jahren wiederholte aber gleichartige Abdrücke sind; sie enthält viele Ausgaben mehr, als Raidel's Commentatio critico-literaria de Claudii Ptolemæi Geographia 1737 darbietet. Ich habe die Walckenær'sche Sammlung mehrere Monate lang bearbeitet und meine Bearbei-

[1] Dr. *Ghillany*: Die Erdgloben von Martin Behaim und Johann Schöner. Ein Programm. Nürnberg bei Schrag.

tung ist durch den gelehrten Besitzer vervollständigt worden. Die editio princeps des Ptolemæus ist die Bologneser Ausgabe von Dominicus de Lapis, welche durch einen Druckfehler das Jahr 1462 auf dem Titel führt, aber, wie De Burc (Bibliographie instructive 1768 T. I. p. 32–45) und Bartolomeo Gamba (Osservazioni sulla Geografia di Tolomeo; Bassano 1796 p. 132) gründlich erwiesen haben, dem späteren Jahre 1472 angehört. Die nächst folgenden Ausgaben des Ptolemæus von 1475 (durch Jacobus Angelus aus Vicenza); von 1478 (auctore Arnoldo Buckinck e Germania, in Rom gedruckt); von 1482 (durch Nicolaus Donis, zwei Abdrücke aus Rom und Ulm); von 1486 (von Justus de Albano de Venetiis, gedruckt in Ulm) von 1490 (Romae, arte et impensis Petri de Torre); und von 1507 (Roma, edirt von Bernardinus de Vitalibus aus Venedig und Evangelista aus Brescia) enthalten zwar mehrmals moderne Karten, aber Nichts, das sich auf den neuen Welttheil bezieht. Der südliche Theil dieses Welttheils und die Antillen finden sich zum ersten Male auf einer Kupferplatte dargestellt (ohne den Namen Amerika) in der Römischen Ausgabe des Ptolemæus von 1508, correcta a Marco Beneventano et Joanne Cotta Veronensi. Ehe wir aber von dieser Ausgabe reden, in welcher die Weltkarte von Joh. Ruysch enthalten ist, muss die älteste gezeichnete Karte erwähnt werden, welche bisher bekannt ist.

Es ist dies die Weltkarte, welche 1500 der grosse Seefahrer Juan de la Cosa (bisweilen auch schlechthin Juan Biscaino genannt) in der Puerto da Sta. Maria gezeichnet hat, da er eben erst von der Reise mit Alonso de Hojeda und Amerigo Vespucci (eine Reise, die nur vom 20. Mai 1499 bis Mitte Juni 1500 dauerte und sich doch schon bis 3° nördl. Breite an die Ostküste von Südamerika erstreckte) zurückgekommen war. Von dieser Karte, der wichtigsten, die es für die früheste Geschichte der Geographie des Neuen Welttheils gibt, ist nur bisher das einzige Exemplar bekannt, welches sich in der kostbaren Bibliothek des Baron Walckenaer zu Paris befindet und von der ich in 3 Blättern die Haupttheile zuerst habe stechen lassen. Man hatte sie für eine Portugiesische Weltkarte gehalten von ganz unbekanntem Alter, bis ich während der Cholerazeit bei fleissigen Arbeiten in den Pariser Bibliotheken im Jahre 1832 die Worte entdeckte: Juan de la Cosa la fizo en el Puerto de Sta. Maria en año de 1500. Diese Inschrift steht neben einem kleinen farbigen Bilde, den grossen Christoph vorstellend, wie er das eine Weltkugel in der Rechten haltende Christuskind durch das Meer trägt – eine sinnige Anspielung auf den Namen Christophorus Columbus und die Hoffnung, welche seine Entdeckung des festen Landes von Südamerika (1. August 1498) für die Verbreitung des Christenthums gab. Juan de la Cosa, der Zeichner der Weltkarte, war des Columbus Gefährte auf seiner zweiten Expedition (25. Sept. 1493 bis 11.

Juni 1496) gewesen. Er hat an fünf grossen Expeditionen Theil genommen (von 1493 bis 1509), von denen er zwei anführte (Exam. crit. T. V. p. 163). Aus dem Prozesse des Spanischen Fiscus gegen Don Diego Colomb über das Verdienst der ersten Entdeckung lernen wir, durch die Aussage des Bernardo de Iharra: „Christoph Columbus, den man immer schlechthin den Admiral (wie Hernan Cortez den Marquès) nennt, habe sich darüber beklagt, dass Juan de la Cosa umherginge und behaupte, Mehr zu wissen als er, der Admiral. Cosa, hombre habil andaba diciendo que sabia mas que el". Auch Petrus Martyr de Anghiera spricht mit grosser Achtung von Juan de la Cosa. Als er zu dem Marineminister, dem Bischof von Burgos Juan de Fonseca ging, um ihn 1514 über den Zusammenhang neu entdeckter Küsten zu consultiren, „fand er in dem Studirzimmer des Bischofs die trefflichen Seekarten des Juan de la Cosa, des Andrès de Morales aus Triana, und eine Portugiesische Karte, von der man glaubt, sie sei das Werk des überaus sachkundigen Amerigo Vespucci, der in seiner Schifffahrt die Aequatorial-Linie durchschnitten hat." Exam. crit. T. IV. p. 130.

Die Weltkarte von Juan de la Cosa stellt in ziemlich richtiger Configuration, aber viel zu nördlich vor die grossen und kleinen Antillen, die nördliche Küste von Südamerika (von der Bocca del Drago bis Cabo de la Vela und Monte San Eufemia, dem östlichsten Berggehange der Sierra de Sta. Marta, damals Sierras nevadas da Citarma genannt), auch die östliche Küste von Südamerika, auf welcher die Mündung des Orinoco (Rio de la Possession y Mar dulce), die des Amazonen-Flusses (Costa Plaida) und das Vorgebirge San Augustin (südliche Breite 8° 19′) angegeben sind. Bei diesem Vorgebirge, etwas südlich, wo der Name Puerto Hermoso steht, ist als Entdecker im Jahr 1499 Vicente Yañez Pinzon genannt. Die frühesten Namen des Cabo San Augustin waren Rostro Hermoso, Cabo Sta. Maria de la Consolacion und Cabo de Sta. Cruz. (Exam. crit. I. p. 314–316). Eine Küstenlinie ohne alle Namen, von Cabo de la Vela bis zum äussersten Norden, verbindet durch festes Land Venezuela mit Labrador. Man glaubt die Mündung des Rio Magdalena oder des Atrato zu erkennen, Nichts aber deutet auf eine Kenntniss der Configuration der Strecke von Puerto de Mosquitos am westlichsten Ende des Isthmus von Panama bis Honduras,[2] eine Strecke, die Christoph Columbus erst auf der vierten oder letzten Expedition entdeckte (von Mai 1502 bis Nov. 1805); Nichts auf die Configuration des Golfs von Mexico, wohin Cortez erst 1519 schiffte, obgleich die Existenz der Mexicanischen Küste durch die Einge-

[2] Das Bild des grossen Christoph mit dem Jesuskinde bedeckt diesen Theil und unterbricht so scheinbar die Configuration des Littorals.

borenen von Cuba früh schon bekannt war, eben so wenig ist das Littoral der jetzigen Vereinigten Staaten von Nordamerika speciell bezeichnet, obgleich Sebastian Cabot auf seiner zweiten Expedition für England die ganze Küste von dem Parallel von $67^{\circ}\frac{1}{2}$ und der Terra de Bacalaos (Neufundland) bis zur Spitze von Florida, Cuba gegenüber, bereits im Sommer 1498 beschifft hatte. (Petr. Martyr. de Anghiera, Oceanica Decas III. lib. 6 p. 267 und Biddle Memoir of Sebastian Cabot p. 34). In den nördlichen Regionen, in einer Mar discubierta per Yngleses, im Nordosten von der Insel Cuba, gibt aber die Weltkarte von Juan de la Cosa, durch viele Namen bezeichnet, die Entdeckungen Englischer Schifffahrer auf einer Küste an, die genau von Osten gegen Westen läuft, unter $53^{\circ}$ Breite, wenn man den von Cosa dargestellten Abstand des nördlichen Wendekreises vom Aequator zum Massstabe nimmt. Das Stück Küste, welches in dieser ostwestlichen Richtung dargestellt wird, ist wahrscheinlich die den St. Lorenzbusen nördlich begränzende Küste, gegenüber der jetzt so genannten Insel Anticosti. Die Isla Verde, nordöstlich von dem Cabo d'Inglaterra, wäre dann wohl Neufundland und nicht Grönland (Greenland). Die Küste, die sich plötzlich gegen Norden wendet, wird nur bis $70^{\circ}\frac{1}{2}$ Breite verzeichnet und in Osten so weit vorgestreckt, dass sie die Inseln Frieslanda der Brüder Zeni und Tille (Thule des Ptolemaeus, wahrscheinlich Island, Exam. crit. II. p. 113–116) umfasst.

Von der frühesten Entdeckung des festen Landes von Amerika durch die von Bristol absegelnden Johann und Sebastian Cabot, an der Küste von Labrador, zwischen $56^{\circ}$ und $58^{\circ}$ Breite, den 24. Juni 1497 (also volle 13 Monate vor des Columbus Entdeckung des festen Landes in Südamerika, im östlichen Theile der Provinz Cumana bei Punta Redonda; Exam. crit. T. I. p. 309) findet sich auf Cosa's Karte kein ursprüngliches Zeugniss. Der von den Cabots berührte Punkt wurde von denselben immer mit dem Namen Prima Vista (terra primum visa) bezeichnet, gegenüber einer gleichen Insel, welche sie St. John nannten. Auf der Weltkarte von Juan de la Cosa finde ich unter den, den Engländern (d. h. den Cabots) zugeschriebenen Entdeckungen blos das Wort Cabo de San Johan neben einer grossen Isla de la Trinidad, etwa $3^{\circ}$ südlicher als Cabot's Angabe, wenn man überhaupt auf Cosa's Breitenangaben viel fussen dürfte. Es ist hier der Ort zu erinnern, dass diese sogenannten ersten Entdeckungen des festen Landes von Nordamerika durch Johann und Sebastian Cabot, von Südamerika durch Christoph Columbus doch nur ein Wiederauffinden des Neuen Continents genannt werden müssen. Ohngefähr ein halbes Jahrtausend früher, um das Jahr 1000, betrat schon Leif, der Sohn Erik's, des Rothen, das Festland des Staates Masachusetts, welches zu der Küstenstrecke Winland (so nannten die Amerikanischen Scandinavier nie Neufundland, sondern die Küste zwischen Boston und New-York) gehörte. Nach den ältesten Sagen und dem Isländischen Landnamabuche sind selbst die südlichen Küsten zwischen Virginien und Florida unter dem Namen des Weissmännerlandes oder Gross-Island beschrieben worden. Zwischen Grönland und Neu-Schottland (Maryland) gab es noch Verbindungen bis 1347, zwischen Grönland und Bergen in Norwegen bis 1484, also bis sieben Jahre nach dem Zeitpunkte, wo Columbus Island besucht hatte. (Kosmos, Bd. II. S. 269–277 und S. 457–461.)

Der Karte von Juan de la Cosa bleibt ihr Vorrang[3], und wenn in Italien, wie sehr zu wünschen wäre, eine Karte von den frühesten Entdeckungen aufgefunden würde, die Bartholomè Colon gezeichnet und die später noch in den Händen des Venetianischen Cosmographen Alessandro Zorzi, Herausgeber und Sammler (raccogglitore) des Mondo novo (der Raccolta Vicentina von 1507) sich befand. Diese bis jetzt für uns verlorene Seekarte war von 1505, also doch fünf Jahre neuer als Cosa (Exam. crit. T. IV. p. 80.) Eben so sind für uns verloren: die von Christoph Columbus 1498 gezeichneten Karten der Insel Trinidad und der Küste Paria, deren in dem berühmten Processe gegen die Erben Erwähnung geschieht (Exam. crit. T. I. 188); die Karte der Entdeckungen von Amerigo Vespucci, die Trithemius (der Benedictiner-Abt von Trittenheim) klagt wegen grosser Theuerkeit nicht haben kaufen zu können (Exam. crit. T. I. p. 87 und T. IV. 141); die Seekarte, welche nach einem Briefe von Angelo Trivigiano, vom 21. August 1501, Columbus für diesen seinen „grossen" Freund in Palos durch Domenico Malpiero zeichnen liess und die alle bis dahin im Westen neu entdeckten Länder darstellte (Exam. crit. T. IV. p. 71). Das Wappen selbst, welches nach der ersten Entdeckungsreise dem Christoph Columbus von Ferdinand und Isabella den 20. Mai 1493 als Admiral gegeben wurde (para sublimar su persona), enthielt auch eine kleine Seekarte. Man sieht darin eine Gruppe von Inseln in einem Golf, der, wie Oviedo sagt, von einer tierra firme de las Indias gebildet wird. Die Insel Cuba selbst wurde nämlich gleich Anfangs für ein Festland (tierra firme) angesehen, und auf der zweiten Reise liess Columbus den 12. Juni 1497 diesen Glauben in einem eigenen Documente von 80 Mitreisenden als eine unumstössliche Wahrheit beschwören[4]. Juan de la Cosa (maestro de hacer Cartas) war einer dieser Zeugen. (Exam. crit. T. IV. p. 239.)

---

[3] Ueber die auf blosse Vermuthungen gegründete Karte, deren sich Columbus zu seiner Entdeckung bediente und die wohl mit Unrecht dem Toscanelli zugeschrieben wird, s. Ex. crit. T. I. p. 239–254. Las Casas hat sie besessen, Hist. general Mss. Lib. I. cap. 12.

[4] In der Historia general de las Indias von Bartolomè de las Casas, die ich genau studirt, wird ausdrücklich gesagt: Colon murió antes que supi de que Cuba fuese isla. Lib. II. cap. 38.

Diese Notiz über die bisher entdeckten ältesten gezeichneten Karten der Neuen Welt[5] ist noch mit der Betrachtung zu beendigen, dass man, bis zu meiner Veröffentlichung (1832) der Weltkarte von Juan de la Cosa aus der Bibliothek des Baron Walkenaer zu Paris, für die ältesten gezeichneten Karten zwei in der Militär-Bibliothek zu Weimar aufbewahrte von 1527 und 1529 hielt. Sie sind 21 bis 23 Jahre neuer als des Columbus Todesjahr und wesentlich von einander verschieden, obgleich Sprengel in der Deutschen Uebersetzung der „Geschichte der Neuen Welt von Muñoz" (Th. I. p. 429) sie irrthümlich für identisch hielt. Beide bezeugen den Reichthum des Materials, der dabei angewandt worden ist, da die Configuration von Nord- und Südamerika und beider Zusammenhang durch die Landenge von Panama im Allgemeinen unseren jetzigen Karten sehr ähnlich sind. Die Weltkarte von 1527 stammt aus der Ebner'schen Bibliothek zu Nürnberg her. Ebner hatte geglaubt, sie sei erst in der Bibliotheca Colombiana zu Sevilla gewesen, deren Stifter des Christoph Colon gelehrter Sohn, Don Fernando Colon, war. Ich habe Gelegenheit gehabt, diese Karte von 1527 mehrfach in Weimar genau zu untersuchen. Sie ist genannt in Murr, Memorabilia Bibl. Norimb. T. II. p. 97. und genau beschrieben von Baron von Lindenau in Zach's Monatl. Correspondenz, October 1810. Der vollständige Titel heisst: Carta universal en que se contiene todo lo que del Mundo se a descubierto hasta aora, hizola un Cosmographo de Su Magestad MDXXVII. In der anderen Weltkarte ist der Cosmograph, der sie verfasst hat, deutlich genannnt; es ist Diego Ribero, Cosmographo de S. M. und (seit 1523), maestre de hacer Cartas, Astrolabios y otros instrumentos, ein Mann, der nie in Amerika war, aber wohl mit Don Fernando Colon, dem zweiten Sohne des grossen Admirals, mit Sebastian Cabot und Johann Vespucci, Neffen des Amerigo, dem berühmten, geographisch-astronomischen Congress an der Puente de Caya (zwischen Bajadoz und Yelves) beiwohnte, ein Congress, in welchem die Längengrade festgesetzt wurden, welche die Territorial-Grenzen zwischen den Kronen von Spanien und Portugal in den neu entdeckten Ländern werden sollten. (Exam. crit. T. II. p. 180–186.) In der anonymen Karte von 1527 sind die Küsten der Südsee bloss im Golf von Panama angedeutet, man sieht nichts vom Littoral des Choco oder dem von Quito: in der Karte von Ribero (1529) erkennt man dagegen die Südseeküsten von Panama an bis zu 10° südlicher Breite.

Wenn acht Jahre nach der Entdeckung von Amerika durch Christoph Columbus die von Juan de la Cosa gezeichnete Weltkarte schon ein allgemeines Bild

[5] Mehrere Jahre nachdem ich die Weltkarte von Juan de la Cosa von 1500 entdeckt und beschrieben habe, ist sie von meinem Freunde Don Ramon de la Sagra ganz publicirt worden.

der Antillen, eines grossen Theils von Südamerika und der nördlichen Entdeckungen der Cabote darlegte, so gehörte dieselbe Zahl von Jahren wieder dazu, um in der mit modernen Karten Europäischer Länder bereits längst bereicherten Geographie des Ptolomäus endlich einmal Theile des Neuen Continents auf Kupferplatten abgebildet zu sehen. Nichts davon, wie wir bereits oben bemerkt, war vorhanden in der Römischen Ausgabe von 1507, edirt von Bernardinus de Vitalibus und dem Brescianer Evangelista. Theile des Neuen Continents, nämlich das noch nicht ganz umschiffte und anonyme Cuba, Haiti, die kleinen Antillen und ein beträchtliches Stück von Süd-Amerika (hier Terra Sanctae Crucis sive Mundus Novus genannt), bis 40° südlicher Breite, finden sich zuerst in einer Weltkarte von Johannes Ruysch (Germanus), die in der Römischen Ausgabe des Ptolemäus von 1508 erscheint. Der Text derselben ist von dem der Ausgabe von 1507 gar nicht verschieden, er ist wie ein blosser Nachdruck, und dazu noch ein päpstliches Privilegium vom 28. Julius 1506 beigefügt. (Ueber diese wichtige Karte von 1508 s. Walkenaer, in den Recherches géographiques sur l'Interieur de l'Afrique septentrionale p. 186, wie auch in der Biographie universelle, T. VI. p. 207.) Der Titel der Karte ist: Universalior cogniti Orbis Tabula ex recentibus confecta observationibus. Von Nordamerika ist Nichts zu sehen, weil Neufundland unter dem Namen Terra Nova und Bacalauras[6] mit Grönland (Gruentland) zu dem nordöstlichen Theile von Asien gerechnet sind, zu dem Theile, in dem man „Desertum Lob und Judaei inclusi" unter dem Polarkreise; Gog und Magog, Karocoam (die Mongolen-Hauptstadt Karacorum) und Tibet findet. In den Asiatischen Bergi extremis wird angegeben, „dass der Seecompass nicht mehr weist," eine Vermuthung über die Lage des Magnetpols. Eine andere Anmerkung sagt, dass die Insel Haiti (Spagnola) das goldreiche Zipangu (Sipangus) des Marco Polo sei und dass dieser Identität wegen man Zipangu weggelassen. Der abgebildete Theil von Südamerika, Terra Sanctae Crucis, ist gegen Westen unbegrenzt geblieben. Dort ist keine Südseeküste angegeben. Die östliche Küste hat viele Positionen mit Namen, deren südlichste (lat. 32° und 33° austr.) Rio de St. Vincent und Rio de Cananor sind. Wir werden weiter unten zeigen, welches Interesse sich an diese Namen, wegen des von Herrn Professor *Ghillany* beschriebenen Schöner'schen Globus von 1520, knüpft. Was man von Südamerika in der Karte von Johann Ruysch (1508) sieht, von der ich ein Amerikanisches und Ostasiatisches Fragment im fünften Theile meines Examen critique de la Geographie du Nouveau Continent habe stechen lassen, endet

6 Stockfischland, von Bacallao, dem Spanischen Namen des Stockfisches.

keineswegs pyramidalisch in einem spitzen Winkel. Die von Rio de Cananor an unbenamt bis 40° südlicher Breite fortlaufende Küste ist von Norden gegen Süden gerichtet. Sehr merkwürdig ist es, dass in dieser Ausgabe des Ptolemäus von 1508 (gedruckt von Evangelista Tosino und bearbeitet oder vielmehr commentirt von Marcus aus Benevent und Johann Cotta) zweimal deutlichst gesagt ist: die Portugiesen seien in ihrer Schifffahrt bis 50° südlicher Breite gekommen und hätten noch kein Ende des Landes gefunden. „Nautae Lusitani partem hanc terrae (Sanctae Crucis) observarunt et usque ad elevationem poli antarctici 50 graduum pervenerunt, nondum tamen ad ejus finem austrinum. Terra Sanctae Crucis (setzt dieser Bemerkung von Ruysch, die auf der Karte selbst gestochen ist, Marcus Beneventanus im 14. Capitel seiner Nova Orbis descriptio[7] hinzu) decrescit (also Verschmälerung!) usque ad latitudinem 37° austr., quamque Archiploi usque ad lat. 50° austr. navigaverint, ut ferunt; quam reliquam portionem descriptam non reperi. Dies führt bis $2^{\circ}\frac{1}{2}$ nördlich von der Magellanischen Meerenge und beweist, dass Ruysch sich entweder auf Vespucci's Behauptung, er sei in der dritten Reise (1501 und 1502) vom Cap San Augustin an auf offener See bis 50° oder 52° südlicher Breite gelangt (Ex. crit. T. IV. p. 121. und T. V. p. 20.), gründet, oder dass zwischen 1500 und 1508 heimliche Expeditionen von den Portugiesen unternommen wurden, deren bestimmte Epochen und Anführer uns unbekannt geblieben sind (Examen crit. T. V. p. 5–9.).

Wir kennen genau nur die Chronologie der Spanischen Entdeckungen an der Ostküste von Südamerika. Nachdem Christoph Columbus den 1. August 1498 die Nordostküste der Provinz Cumana, nicht den bergigen Theil von Paria, sondern bei Punta Redonda, nahe dem Caño Macareo[8] als das erste Festland von Amerika seit den Scandinaviern entdeckt hatte, gelangten Alonzo de Hojeda (mit Juan de la Cosa und Amerigo Vespucci) 1499 bis 3° nördlicher Breite; Vicente Yañez Pinzon im Jahr 1500 bis zum Vorgebirge San Augustin in 8° 20′ südlicher Breite und, wenige Wochen darauf, Diego de Lepe eben dahin. Dieser bemerkte, was für die Vermuthungen über die pyramidale Gestaltung von Südamerika nicht ohne Wichtigkeit gewesen ist, dass vom Cap San Augustin die Küste Nordost–Südwest läuft. Ohne von Vicente Yañez Pinzon und von Lepe etwas wissen zu können, berührte, von König Emanuel von Portugal ausgesandt, um auf

---

7 Diese Abhandlung von Marcus Benev. ist in dem Ptol. von 1508 selbst enthalten. (Exam. crit. T. II. p. 7.)

8 Humboldt, Rel. hist. T. II. p. 702. Exam. crit. T. I. p. 309. Bekanntlich ist, wie schon oben bemerkt, Cabot's Entdeckung des Festlands von Nordamerika an der Küste von Labrador, 24. Juni 1497, älter als die Auffindung des Festlandes von Südamerika.

dem von Gama eröffneten Wege nach Calicut zu segeln, Pedro Alvarez Cabral, wie zufällig, am 24. April 1500 die Brasilianische Küste unter 10° südlicher Breite, nur 25 geographische Meilen südlicher als das Vorgebirge San Augustin, zwischen der jetzigen Porto Frances und der Mündung des Rio San Francisco. Um die Windstillen des Golfs von Guinea und die Südwest-Winde zu vermeiden, die zwischen den Caps Palmas und Lopez wehen, hatte Cabral auf der Fahrt nach dem Vorgebirge der guten Hoffnung den Aequator zu weit westlich durchschnitten und war dadurch, wie Rennell's Karten der Meeresströmungen deutlich zeigen, durch den mittleren Aequatorialstrom in den gefürchteten Brasilianischen Strom gelangt. Aus einem Briefe des Königs Emanuel an Ferdinand, den Katholischen, (29. Juli 1501) wissen wir, dass man damals das von Cabral entdeckte Land für eine abgesonderte Insel und gar nicht mit dem von Columbus entdeckten Paria zusammenhängend hielt, aber gleich erkannte, wie nützlich die Lage derselben für die Schifffahrt nach Ostindien sein würde. „La qual tierra pareció que milagrosamente quiso nuestro Señor que se hallase, porque es muy conveniente y necessaria para la navegacion de la ludia, porque alli Pedro Alvarez (Cabral) reposò sus navios y tomi agua." Als Cabral von seinem Landungsplatze noch längs der Brasilianischen Küste bis $16^{\circ}\frac{1}{2}$ südlicher Breite, ohngefähr bis Porto Seguro, weiter vorgedrungen war, wandte er sich, begünstigt von Rennell's southern connecting Current, in Ostsüdost nach der Lagullas-Bank bei dem Vorgebirge der guten Hoffnung. Die nächstfolgende Spanische Expedition war die von Vicente Yañez Pinzon und Juan Diaz de Solis, welche die Küsten vom Vorgebirge San Augustin bis Rio Colorado, also auch nur bis 40° südl. Breite besuchte. Es war dieselbe erst den 29. Juni 1508 von San Lucar ausgelaufen, als schon in der oben beschriebenen Ausgabe des Ptolomäus die Weltkarte von Ruysch und der Commentar von Marcus Beneventanus zu Rom erschienen waren, in denen „von Portugiesischen Entdeckungen bis 50° südl. Breite geredet wird." (Exam. crit. T. I. p. 315–322.) Selbst in der zweiten Expedition, in der Juan Diaz de Solis den Tod fand, gelangte man im Jahr 1515 von der damals zuerst erkannten Mündung des La Plata-Stromes (Mar dulce, Rio de Solis) südlich kaum weiter als 35°. Erst in der Expedition von Magellan erreichte den in der Weltkarte von Johann Ruysch (1508) erwähnten 50. Grad südl. Breite der Capitän Juan Serrano bei der Mündung des Rio de Santa Cruz (lat. austr. 50° 18′) im October 1520. (Exam. crit. T. II. p. 23.) Endlich in der Expedition von Fray Garzia de Loaysa, also 5 Jahre nach Juan Serrano, fand Francisco de Hoces, der die Caravela S. Lesmes commandirte, 1526, was er „die Südspitze des Amerikanischen Continents" (acabamiento de tierra[9]) nennt, nach seiner Beobachtung in 55° südl. Breite. (Exam. crit. T. V. p. 254.) Das Cap Horn, der südlichste Hornblendschieferfels einer kleinen Insel, liegt in lat. 55° 58′ 41″.

Die Römische Ausgabe des Ptolemäus von 1508 enthält, wie wir bereits bemerkt, die erste gestochene Karte von Theilen des Neuen Continents, doch ohne den Namen Amerika. Dieser Name erscheint in keiner Ausgabe des Ptolemäus vor dem Jahre 1522, wohl aber schon, wie wir bald hier zeigen werden, 1507 im Ilacomylus; 1509 in dem anonymen Strassburger Werke: Globus mundi declaratio; 1512 im Commentar von Vadianus zum Pomponius Mela; 1520 in der gestochenen Weltkarte des Petrus Appianus, die der Ausgabe des Solinus von Camers beigefügt ist. Wie ist der Name Amerika entstanden? Wer hat ihn gegeben?

Christoph Columbus starb zu Valadolid den 20. Mai 1506, und ein Jahr darauf erscheint in einem Werke: Cosmographiae Introductio cum quibusdam Geometriae ac Astronomiae principiis ad eam rem necessariis. Insuper quatuor Americi Vespucii navigationes, gedruckt ohne Namen des Verfassers in den Vogesen, in der kleinen Lothringischen Stadt Saint Dié (Diey) an der Meurthe, der auf einem blossen Irrthum beruhende Vorschlag, dem neuen Welttheil „zu Ehren seines Entdeckers, Vespucci" den Namen Americi terra vel America zu geben. Dieser ersten Ausgabe vom Mai 1507, dem Kaiser Maximilian im Namen des Gymnasium Vosagense zu Saint Dié gewidmet, folgte zu Strassburg eine andere von 1509, in der der Verfasser sich ex Sancti Deodati oppido in der Vorrede als Martinus Ilacomylus unterschreibt. Noch 2 andere Editionen erschienen in Venedig 1535 und 1554. Trotz dieser Vervielfältigung ist dies Werk, welches den wahren und ersten Ursprung des Namens Amerika erweist, so selten geblieben, dass 1832 in Paris nur ein einziges Exemplar und nicht einmal auf der königlichen Bibliothek existirte (Ex. crit. T. IV. p. 104). Robertson und selbst Muñoz haben sein Dasein gar nicht gekannt. Der gründlichste Forscher der geograph. Entdeckungen im Neuen Continent, Navarrete, hielt das Oppidum divi Deodati für die Stadt Tata oder Dotis in Ungarn und den Hylacomylus (er schrieb sich bald mit, bald ohne H) für einen Ungar. Meine Untersuchungen haben unwidersprechlich gelehrt, dass Hylacomylus ein Deutscher, Lehrer der Geographie am Gymnasium

[9] „Das Aufhören des Landes." Gewöhnlich wird die Entdeckung des Cap Horn dem Sir Francis Drake 1578, als er vom Westen kam, zugeschrieben. Er nannte das Vorgebirge: Cap der Elisabeth-Inseln. Le Maire, von dem der Name Cap-Horn herrührt, gab diesen Namen 38 Jahre später, weil er in seinem Schiffe (Endragt) von der Stadt Hoorn aus an der Zuydersee, Schouten's Vaterstadt, abgesegelt war (Fleurieu, im Voyage de Marchand T. III. p. 254 und 271).

zu Saint Dié und aus Freiburg im Breisgau gebürtig war. Sein Name war Martin Waldseemüller (oder Waltzemüller). Er hatte wenig vor 1507 in St. Dié selbst eine Buchhandlung gestiftet, war ein genauer Freund von Pater Reisch, dem Karthäuser-Prior bei Freiburg, Verfasser der encyclopädischen Margarita philosophica und des berühmten Philologen Mathias Philesius (Ringmann); er bearbeitete zugleich Handschriften des Ptolomäus und die Reiseberichte, welche Amerigo Vespucci an den grossen Beschützer der Geographie, Herzog Renatus II. von Lothringen, Grafen von Provence (Enkel des Renatus I. von Anjou, und dadurch Anspruch machend auf den zweifachen Titel der Königthümer von Sicilien und Jerusalem) richtete. Der Munificenz dieses Fürsten verdankt man die schöne Strassburger Ausgabe des Ptolemäus von 1513, die, wie ausdrücklich darin gesagt wird, sechs Jahre früher in den Lothringischen Vogesen (Lotharingiae terrae latebris, Vosagi rupibus) begonnen war. (Ex. crit. T. IV. p. 109.) In diesem Ptolemäus von 1513 findet sich, dieses fürstlichen Einflusses wegen, unter den Regionen extra Ptolemäum eine Karte von Lotharingia, vastum Regnum. Die Karten im Ptolemäus von 1522 aus Strassburg (bei Johann Grüninger) sind alle, wie Phrisius ausdrücklich sagt, von der Hand des Ilacomylus (sunt tabulae e novo a Martino Ilacomylo pie defuncto constructae). Ex. crit. T. IV. p. 116. Forschungen, die auf meine Bitte in den Universitäts-Archiven von Freiburg im Breisgau angestellt wurden, haben endlich 1836 dahin geführt, dass der Herr Professor und Bibliothekar Schreiber in den wohl aufbewahrten Universitäts-Matrikeln des 15. Jahrhunderts die Worte aufgefunden hat, die ich habe lithographiren lassen: „Martinus Waltzemüller de Friburgo, Constantiensis dyœcessis wurde als Student eingeschrieben unter dem Rectorate des Conrad Knoll von Grüningen, den 7. Dec. 1490." Schon Ortelius hatte im Theatrum Orbis terrarum 1570 die Vermuthung ausgesprochen, „dass der Geograph Martinus Ylacomilus Friburgensis, Verfasser einer Karte von Europa, und Martin Waldseemüller, Verfasser einer Weltkarte (tabula navigatoria oder marina) eine und dieselbe Person sei."

Die endliche Ergründung der persönlichen Verhältnisse des Mannes, der den Namen Amerika dem neu entdeckten Welttheile zu geben anrieth, und die sichere Bestimmung des Jahres (1507), in dem dieser geographische Name entstand, sind um so wichtiger, als sie den zuerst (1533) von Schöner angeregten, später von Fray Pedro Simon in den Noticias historicas de las Conquistas, von Solorzano und Herrera verbreiteten Verdacht widerlegt, als habe Amerigo Vespucci als Piloto major in Karten, die er in Sevilla zeichnen liess, das Wort Amerika auf die neu entdeckten Küsten gesetzt. Vespucci wurde erst am 22. März 1508, also ein Jahr, nachdem in Lothringen die Quatuor Navigationes (übersetzt de vulgari Gallico in Latinum) erschienen, zum Piloto major ernannt. (Ex. crit. T. IV. p. 157. T. V. p. 167. 173. 206 u. 207.) Der Gedanke, einen neuen Welttheil entdeckt zu haben, ist nie bei Vespucci, so wenig wie bei Columbus entstanden. Beide sind in dem festen Glauben gestorben, Theile von Asien entdeckt zu haben. Nur vier Jahre vor seinem Tode schreibt Columbus noch an den Pabst Alexander VI.: „ich habe Besitz genommen von 1400 Inseln und habe entdeckt 333 Leguas von dem Festlande von Asien." (Ex. crit. T. IV. p. 9. 234. 257 u. 299. T. V. p. 181.) Vespucci ist gestorben den 22. Februar 1512 (nicht 1508, wie Robertson, nicht 1516, wie Bandini und Tiraboschi wollen), ohne zu erfahren, welche Ehre die Geographen seinem Namen angethan. Auf Karten erschien der Name erst 8 Jahre nach seinem Tode. Merkwürdig ist es, dass Ferdinand Columbus, der als Biograph des grossen Vaters mit unerbittlicher Strenge Alles verfolgt und widerlegt, was den Ruhm des Vaters schmälern konnte, in seinem erst 1533 beendigten Werke nie Unwillen gegen Vespucci bezeigt, ja der so ungerechten und schon damals weit verbreiteten Benennung „Amerika" nie erwähnt. Dieser Umstand hat schon die Verwunderung des berühmten Bartolomé de las Casas, Bischof de la Ciudad Real de Chiapa oder Cacatlan, erregt, der in seinem langen Werke, das leider! immer nur noch handschriftlich existirt, in den verschiedenen Epochen der Redaction von 1527 bis 1559 allmälig heftiger und heftiger gegen Vespucci auftritt, je nachdem er den Namen des neuen Welttheils, Amerika, mehr und mehr sich verbreiten sieht.

Ich habe in zwei Epochen meines Lebens, in Paris 1838 und in Berlin 1847, die vier Folio-Bände der Abschrift von des Las Casas Historia general de las Indias, die Jahre 1492 bis 1520 enthaltend, gründlich zu untersuchen Gelegenheit gehabt. Die Abschrift hat ursprünglich Herrn Ternaux-Compan gehört und ist wahrscheinlich dieselbe, welche ich im Mai 1799 vor meiner Einschiffung nach Amerika in Madrid in den Händen des ausgezeichneten Geschichtsschreibers Don Pedro Muñoz gesehen. Fray Bartolomé de las Casas war 1474 geboren und starb 60 Jahre nach dem Tode seines Freundes Christoph Columbus in dem Alter von 92 Jahren. In dem lib. I. cap. 140. pag. 693 heisst es noch mit einiger Schonung: „Auch ist hier zu erwähnen la injusticia y el agravio, welche gegen den Admiral (Columbus) begehen, sei es jener Americo Vespuccio selbst, seien es die, welche seine vier Seereisen drucken liessen (que aquel Americo Vespucio parece aver hecho al Almirante), indem sie dem Vespucio in ihren Lateinischen Schriften oder in modernen Sprachen, wie auch in Landkarten, die Entdeckung des Welttheils zuschreiben." Die Wendung parece, „es hat das Ansehen", ist sehr mildernd und zeigt den Zweifel an, ob wohl Vespucio selbst an dem Uebel schuld sein möge.

Nachdem in demselben Capitel pag. 696 die wahren Verhältnisse von Amerigo, der als Lootse (Piloto), oder als Kaufmann (mercador), oder vielleicht als Actionär an der Expedition des Alonso de Hojeda betheiligt, sich im Mai 1499 eingeschifft hatte, entwickelt worden sind, setzt Las Casas hinzu: die falsche Angabe der Abreise in 1497 ist eine grosse Bosheit, wenn die Angabe eine geflissentliche (nicht aus Versehen entstandene) ist. War sie auch wirklich keine absichtliche, so scheint sie es doch. Wahr ist freilich, dass die Zahl 97 vielleicht nur ein blosser Schreibfehler sei und dass nichts Strafbares darin liege. („Que partió Amerigo a 20 de Mayo 1497 parece falsedad: y si fué de industria hecha maldad grande fue: y ya que no lo fuese al menos parecelo. – Verdad es que parece aver avido yerro y no malicia en esto.“) Diese Unklarheit des Styls, diese Schwankungen zwischen dem, was absichtlicher Betrug oder zufällige Verwirrung der Epochen sei, findet sich wieder pag. 699: „Tambien se pudo errar la pendola en poner el año de nueve por el de ocho al fin quando trata Amerigo de la vuelta á Castilla y si asi fuera era cierta la malicia. Desta falsedad o yerro de pendola o lo que aya sido han tomado los escriptores extrangeros de nombrar la nuestra tierra firme America, como si Amerigo solo y no otro que el, y antes, la oviera descubierto, parece pues quanta injusticia se hizo si de industria se le usurpó lo que era suyo al Almirante Don Christobal Colon.“ In dem 164. Capitel des ersten Buches p. 827 hört aber alle Scheu auf, den Vespucci, welchen Columbus fast bis zum Tode seinen Freund nennt, ungerecht zu beschuldigen. Das Buch de las quatro Navegaciones (pag. 693 und 695) mit dem Prologo: „que hizo Amerigo al Rey Renato de Napoles“ hat mit vielen anderen Schriften, (z. B. dem Novus Orbis des Grynacus von 1532, der lib. II. cap. 2. p. 32 citirt ist) welche alle dem Columbus die erste Entdeckung rauben, den Bischof allmälig auf's Aeusserste gereizt. Er sagt ausdrücklich: es gereue ihn, in dem Cap. 140 die malicia des Amerigo für zweifelhaft gehalten zu haben. Er hat sich von der gran falsedad y maldad jetzt überzeugt, ohne uns seine Gründe anzugeben. („En el capitulo 140 del libro I. trabage de poner por dudoso si el Amerigo avia de industria negado tacitamente este descubrimiento primero aver sido hecho por el Almirante y aplicado á si solo, porqué no avia mirado lo que despues colegi de los mismos escriptos del Amerigo con otras escripturas que de aquellos tiempos tengo y he hallado. Por lo qual digo aver sido gran falsedad y maldad la de Amerigo queriendo usurpar contra justicia el honor devido al Almirante y la prueva desta falsedad por esta manera y por el mismo Americo quedara clarificada.“) Seite 826 wird derselbe Ausspruch: „de industria lo hazia Vespucio“ wiederholt. Lib. I. cap. 165. p. 829; Lib. II. cap. 2. p. 23 und 26.

Kritischer und nicht ewig verwechselnd, was Andere dem Amerigo zuschreiben und was er von sich selbst behauptet hat, verfuhr des Columbus Sohn, Don Hernando, der sich doch überall sonst so eifersüchtig auf den Ruhm seines Vaters zeigt. Auffallend genug ist es, dass jener Mangel aller Anschuldigung des Amerigo im Munde des Don Hernando Colon dem eifernden Bischof selbst unerklärlich scheint und dass dieser Umstand ihn doch nicht in seinem Irrthum wankend gemacht. Ich finde Lib. I. cap. 164. p. 828 die merkwürdige Stelle: „Amerigo glaubte um so leichter zu betrügen, als er in Lateinischer Sprache (was, wie ich oben bewiesen, ganz falsch ist!) und weit ausserhalb Spanien an den König Renatus von Napolis schrieb, wo Niemand war, der ihm widersprechen konnte (enguañando al Mundo, como escrivia en latin y al Rey Renato de Napoles y para fuera de España, y no avia cubiertos? los que entonces esto sabian quien lo resistiese y declarase.) Um so mehr setzt es mich in Erstaunen, dass Hernando Colon, Sohn des Admirals, der doch ein Mann von so gutem Verstande und vieler Bedachtsamkeit war und der, wie ich bestimmt weiss, die oft genannten (vier) Navegaciones des Amerigo selbst besass, Nichts von dem Diebstahl und der Usurpation, welche Amerigo Vespucio gegen seinen erlauchten Vater begangen, gemerkt hat. („Maravillome yo de donde Hernando Colon, hijo del mismo Almirante: que siendo persona de muy buen ingenio y prudencia y teniendo en su poder las mismas Navegaciones de Amerigo, como lo sé yo: no advertié en este hurto y usurpacion que Amerigo Vespucio hizo a su muy illustre padre.") Eben so verwundert hätte der Bischof über das Stillschweigen von Petrus Martyr de Anghiera sein können, eines innigen Verehrers und persönlichen Freundes von Christoph Columbus, dessen Oceanica 24 Jahre früher (1533) erschienen, als der Bischof sein Amerikanisches Geschichtswerk vollendete. Petrus Martyr, der so streng die Anmassungen von Cadamosto rügt, spricht nur mit Lob von Amerigo Vespucci und von dessen Neffen (Johannes Vesputius Florentinus, Americi Vesputii nepos, cui patruus hereditatem reliquit artem polarem, graduum calculi peritiam). Ex. crit. T. IV. p. 125–135. T. V. p. 188.

Der Ruhm von Christoph Columbus wurde seit seiner Rückkunft von der dritten Expedition durch die folgereichen Unternehmungen von Vasco de Gama, Vicente Yañez Pinzon, Gaspar de Cortereal, Alvarez Cabral und Solis, durch die Entdeckung der Südsee, die Balboa zuerst sah, dermassen verdunkelt, dass zufällige Umstände, wie die Vorliebe eines Deutschen Gelehrten für Amerigo Vespucci, erregt durch des Seefahrers Correspondenz mit Renatus von Lothringen, hinreichend waren, nicht bloss einem ganzen Welttheil den Namen Amerika zu geben, sondern auch, eben so wie jetzt oft Ross und Parry verwechselt werden, die

Entdeckung des tropischen Festlandes bald dem Columbus, bald dem Vespucci zuzuschreiben.

Es ist hier nicht der Ort, von Neuem zu zeigen, wie ich schon am Ende des 5. Bandes des Examen critique de la Geographie gethan (p. 180–225), mit welcher Ungründlichkeit in der Erforschung der Thatsachen und mit welchem Mangel an historischer Kritik die Streitfrage über die Schuld oder Unschuld des Amerigo Vespucci bisher behandelt worden ist. Es erhellt aus der Zusammenstellung aller Verhältnisse, dass Amerigo während seines Lebens (1451–1512) und mehr als 15 oder 20 Jahre nach seinem Tode für einen sehr ehrenwerthen Mann gehalten worden ist, dass er wegen seiner seemännischen Kenntnisse zu dem bedeutenden Range eines Piloto major en la navegacion de Indias ernannt wurde und mit den berühmtesten Seefahrern und Gelehrten seiner Zeit befreundet war. Die öffentliche Meinung erklärte sich erst dann gegen ihn, als man ihm Entdeckungen zuzuschreiben begann, welche ihm nicht zugehörten, ja selbst, was er nie veranlasst und wahrscheinlich nie erfahren hat, seinen Namen auf Weltkarten gesetzt hatte oder setzen wollte. Letzteres war dreimal vorgeschlagen worden: zuerst von Hylacomylus (Waldseemüller) in Lothringen, Verfasser der Cosmographiae Introductio 1507, bald darauf (1509) von dem anonymen Verfasser des kleinen Buches Globus, Mundi declaratio, sive descriptio totius orbis terrarum, gedruckt bei Grüniger zu Strassburg[10]; endlich (1512) in der Epistola Vadiani ab eo pene adolescente (geboren 1484 war er doch schon 28 Jahre alt) ad Rudolphum Agricolam juniorem scripta, begleitend des Vadianus Ausgabe von Pomponius Mela de situ Orbis, die erst 1522 erschien.[11] Zur wirklichen Ausführung kam aber der Vorschlag erst auf der Weltkarte des Petrus Apianus

10 Panzer hat mit Unrecht dieses Büchlein von 1509 dem Henricus Loritus Glareanus zugeschrieben, von dem ich eine andere Schrift unter dem Titel: Henrici Glareani Poëtae Laureati, de Geographia liber unus, Basileae 1527, aufgefunden habe. In dem anonymen Globus, Mundi Declaratio von 1509, der bei demselben Grüninger gedruckt ist, bei dem die zweite Ausgabe des Hylacomylus erschien, wird Columbus nie genannt; Amerigo Vespucci auch nur einmal und zwar auf dem Titel und mit dem Beisatze: De quarta orbis terrarum parte nuper ab Americo reperta. (Examen crit. T. IV. p. 142.) Das ganze Büchlein: Globus, Mundi Declaratio, besteht aus 13 Blättern. Man liest am Schluss: „ex Argentina MDIX: Joannes Grüniger imprimebat.“ Auf der kleinen Weltkarte des Titels stehen bloss die Worte: Nüw Welt.

11 In dem Briefe des Joachim Vadianus an Rudolph Agricola, aus Wien datirt 1512 und beiden Ausgaben des Pomponius Mela aus Basel und Cölln von 1522 angehängt, wird der Name America zweimal als eine schon ganz gewöhnliche Benennung ausgesprochen und zwar in zwei Stellen, die von den Antipoden handeln: 1. ex recentiorum autem inquisitione si Americam a Vesputio repertam et eam Eoae terrae partem, quae terrae e Ptolemaeo cognitae adjecta est ..... 2. Immo non usque adeo immensum Pelagus interesse inter extremum ab America occidens et Oriens Ptolemaei ..... Cancellieri hat irriger Weise geglaubt, dass Vadianus es gewesen sei, welcher den Namen Amerika zuerst

(Bienewitz), die der Ausgabe des Camers von Sólini Polyhistoria des Jahres 1520 angehängt ist. Auf dieser von einer Kupferplatte abgezogenen Karte ist zum ersten Male, also acht Jahre nach dem Tode von Amerigo Vespucci, der Name Amerika gesehen worden. Der Minorite Camers (sein eigentlicher weltlicher Name war Giovanni Rienzzi Vellini, aus Camerino in Umbrien gebürtig und Lehrer in Wien) datirt seine Vorrede zum Solinus Viennae Pannoniæ VI. Calendas Febr. anno post Christi natalem MDXX. Apianus (Peter Bienewitz, geb. 1495 zu Leissnig bei Meissen), gibt folgenden Titel seiner Karte, auf der zuerst der Name Amerika in dem südlichen Theile des Neuen Kontinents eingeschrieben ist: Typus Orbis universalis juxta Ptolomei Cosmographi Traditionem et Americi Vespucii aliorumque lustrationes a Petro Apiano Leysn. elaboratus, Anno Do. MDXX. Der Isthmus von Panama ist auf der Karte des Apianus von einer Meerenge durchschnitten, was um so merkwürdiger ist, als dieser, bis in die neuesten Chinesischen Weltkarten fortgepflanzte offene Isthmus sich auch auf dem Globus von Johann Schöner findet, der dasselbe Alter hat. Dazu fügt die Karte des Apianus in der Ausgabe des Camers[12] über den am grössten geschriebenen Namen Amerika die Inschrift hinzu: Anno 1497 haec terra cum adjacentibus insulis inventa est per Columbum Januensem ex mandato Regis Castillae.

Eine wundersame Ideenverwirrung! Der südliche Theil des Neuen Continents wird nach Vespucci Amerika genannt und doch eingestanden, dass das Land zuerst von Columbus entdeckt worden sei und zwar in dem gemeinhin der ersten Expedition des Vespucci fälschlich[13] zugeschriebenen Jahre 1497, statt 1. August 1498 in des Columbus dritter Reise. Derselbe Apianus schreibt aber in seinem Cosmographicus Liber Landshutii 1524 fol. 69: „America, quae nunc quarta pars terrae dicitur, ab Americo Vespucio eiusdem inventore nomen sortita est." So leichtsinnig und wechselnd wurden damals Jahrzahlen und Namen der ersten Entdecker aufgestellt. (Humboldt in Berghaus Annalen der Erdkunde 1835 Bd. 1 Seite 211.)

Die Aehnlichkeiten, welche ich seit meinen frühesten Untersuchungen zwischen der Karte des Apianus und dem Globus von Schöner, beide aus dem Jahr 1520,

ausgesprochen. Ilacomylus (Waldseemüller) hat es 5 Jahre früher (1507), also 1 Jahr nach dem Tode des Columbus, gethan.

12 Sonderbar genug, dass von Solinus in demselben Jahre 1520 drei Ausgaben erschienen, in Wien, in Basel und in Cölln; die ersten beiden mit Commentar von Camers, die letzte (Coloniae apud Eucharium Cervicornum et Heronem Fuchs mense Dec. M. D. XX.) ohne Namen des Herausgebers.

13 Man kann durch ein alibi beweisen, dass die erste Reise des Vespucci nicht am 10. oder 20. Mai 1497 habe beginnen können, da nach sichern Documenten er von der Mitte des April 1497 bis 30. Mai 1498 in Sevilla und San Lucar war (Examen crit. T. IV. p. 268).

bemerkt habe, veranlassen mich nun in ein näheres Detail einzugehen. Die freundschaftliche Mittheilung, welche mir Herr Professor Ghillany von einer schönen und genauen Copie der Ostküste von Südamerika vom Aequator bis zur Südspitze des Landes, wie sie der Globus von Schöner enthält, mit allen darauf befindlichen Namen gemacht, hat es mir erleichtert, zu erkennen, welche frühere Karte Schöner für Südamerika benutzt hat. Ich beginne die Vergleichung mit diesem Theile des Neuen Kontinents. Die Configuration der nördlichen und östlichen Küste von Südamerika ist bei Schöner richtiger, als bei Apianus in dem Solinus von Camers (1520), am ähnlichsten ist sie aber der Karte von Johann Ruysch im Ptolemæus von 1508, der ersten in Kupfer gestochenen Karte der Neuen Welt, doch ohne den Namen Amerika. Eine grosse Verschiedenheit zeigt sich indess darin, dass in Ruysch keine Spur der westlichen Küste, so wenig als etwas vom Isthmus von Panama und dem ganzen nördlicheren Theile des Kontinents angedeutet ist, während in Schöner und Apianus die westliche Küste von Südamerika dargestellt wird zwar ohne alle Ortsnamen, doch aber so, dass man in Schöner die wichtige Einbiegung der Küste bei Arica erkennt. In Apianus ist die Configuration beider Küsten überaus schlecht und Südamerika bis 50° südlicher Breite, besonders vom Wendekreise des Steinbocks an, viel zu schmal in eine einfache Spitze ausgehend. Schöner hält den Kontinent breiter, lässt ihn aber schon bei dem Rio de Cananor endigen, wo jenseits einer Meerenge, als wäre es die Magellaens-Strasse, statt des Archipel des Feuerlandes ein ungeheures, vom 43° bis 55° südlicher Breite sich erstreckendes, auch von Ost nach West weitgedehntes Südland vorliegt. Es heisst dasselbe Brasilia inferior, zum Unterschiede von „America vel Brasilia sive Papagalli Terra.“ Im Ptolemaeus von 1508 sieht man keine pyramidale Zuspitzung. Der graduirte Rand schneidet das Land schon 8° südlich vom Rio de Cananor ab und bis zu diesem Rande läuft die Küste fast ganz von Nord gegen Süd. Die Ortsbenennungen auf der östlichen Küste sind auf beiden Karten, denen von Ruysch (1508) und Schöner (1520), wesentlich gleich, nur sind sie, wohl wegen des grösseren Massstabes, auf dem Globus zahlreicher. Die südlichste Angabe von Schöner ist auch die südlichste und letzte 12 Jahre später bei Ruysch. Dieser hat Rio de Cananor, Schöner Rio de Cananorum.[14] Im Ptolemæus liegt diese Flussmündung

[14] Bei der in den älteren Karten (besonders denen des 16. und 17. Jahrhunderts) so gewöhnlichen Unart, Namen im Latinisiren zu verstümmeln, ist es allerdings ein sehr unsicheres Geschäft, Positionen durch Wort- und Klangähnlichkeiten bestimmen zu wollen: doch erlaube ich mir, auf die Bahia Cananea nach Admiral Roussin's Küstenaufnahme lat. 25° 3′ aufmerksam zu machen. Ist Cananea von Ruysch in das Malabarisch klingende Canan-or umgewandelt worden? Die Bahia und Punta Cananea in der Nähe der Insel Cardoso hat einige Wichtigkeit für die früheste Entdeckungsgeschichte von Brasilien, weil dort 1767 ein Gedenkstein (pedrão) gefunden worden ist, auf dem

lat. austr. 30°, in der von Herrn Professor Ghillany publicirten Reduction des Globus wenigstens 10–12 Breitegrade südlicher. Dann folgen in beiden Karten von Süden gegen Norden: Rio de St. Vincent (Porto de Sct. Vincentia); Rio de S. Antonio; Rio Jordan; Bahia de Rees; Rio de Sta. Lucia; Monte Pasquale (Pascoal)[15] nach dem Briefe eines Begleiters des Cabral, Yaz de Caminha, an König Emanuel von Portugal, der erste Landungsplatz des Cabral an der Brasilianischen Küste, südlich von Porto Seguro, nach Ruysch lat. 15°, auf der Karte in Ptolemaeus cura Joannis Schottii (1513) unter 24° Br., nach sicheren Combinationen nahe an lat. 17° 1′; Rio de Brasil; Rio de S. Hieronymo und Caput S. Crucis bei Ruysch unter 5°, bei Schöner unter 10° südlicher Breite. Dieses Vorgebirge, als der gegen Osten am meisten vorgestreckte Theil des Südamerikanischen Kontinents, verdient schon deshalb, als charakteristischer Theil der Gestaltung, die grösste Aufmerksamkeit. In der Geschichte der frühesten Entdeckungen nahm diese Wichtigkeit noch durch zwei andere Verhältnisse zu; durch die grosse Nähe der päpstlichen Demarkationslinie, welche die gegenseitigen Rechte zweier Kronen bestimmte und durch den Umstand, dass von dort aus Diego de Lepe zuerst die veränderte Richtung der Küste gegen Süd-Süd-West (eine pyramidale Gestalt des ganzen Landes verkündigend) erkannte. Man ist zuerst verwundert, an diesem Punkte in beiden Karten weder den Namen: Vorgebirge des heil. Augustinus, noch den des heil. Rochus, sondern einen sehr unbekannten Namen, C. Stac. Crucis zu lesen. Vicente Yañez Pinzon nahm zuerst Besitz (indem er Zweige abbrach und Seewasser trank!) von dem östlichsten Vorgebirge (20. Jan. 1500) und nannte es Cabo Santa Maria de la Consolacion; wenig später gab ihm Diego de Lepe den Namen Rostro hermoso. Vespucci erwähnt in seiner dritten Reise, in dem Briefe an den König Renatus nach der Ausgabe des Ilacomylus, allerdings des Caps des Heil. Augustinus, aber er sagt keineswegs, wie Gomara will, dass die Benennung seine Erfindung sei.[16] Nach demselben Texte aus St. Dié wird von Vespucci auch das

einige die Jahrszahl 1503, andere 1531 gelesen haben. (Examen crit. T. V. p. 134.) Wenn ich keine Rücksicht nehme auf die dem Schöner'schen Globus beigefügte Breiten-Graduation, sondern bloss auf die detaillirte Karte, die Herr Dr. Ghillany die Güte gehabt hat, mir zu schicken, und die relativen Abstände von Cap S. Crucis, Monte Pasqual und Rio Cananorum erwäge, so finde ich, da der Berg Pasqual (lat. 17° 1′) fast in der Mitte liegt zwischen Cap S. Crucis, (dem Namen nach, wie ich bald zeigen werde, identisch mit Cap. St. Augustin lat. 8° 21′) und Rio de Cananor, für den letzteren lat. 17° +8° 40′, das ist 25° 40′, sehr nahe der wirklichen Breite de Bahia de Cananea. Freilich liegt diese 10°–12° westlicher, als Schöner für Rio de Cananorum angab, aber Meridianunterschiede konnte man im 16. Jahrhunderte bei Küsten, deren Richtung man nicht dauernd verfolgte, kaum errathen.

15 Examen crit. T. V. p. 59. Mein Atlas tab. 37. Der Monte Pascoal ist ein abgerundeter Gipfel der Sierra de Aymores. Ein im April 1500 von Cabral gegebener Name hat sich auf allen Karten unverändert erhalten!

16 Examen crit. T. V. p. 19 u. 67.

östlichste Vorgebirge mit der Bemerkung, dass es unter 7° Breite liege, Cap des Heil. Vincent genannt,[17] also nach Vergleichung mit den anderen Texten ein viertes Synonymon für Cap St. Augustin.

Der Mons S. Vincenti, den ich nördlicher (lat. 3°) in der Karte von 1508 (Ruysch) finde, hängt, wie der eben genannte Name des Vorgebirges mit dem Vornamen des ersten Entdeckers, Vicente Yañez Pinzon zusammen. Auf der Karte von Juan de la Cosa (1500) ist das Vorgebirge unbenannt geblieben. Es enthält aber doch eine bestimmte Bezeichnung als: Este Cabo se descubriò en el año de mil y IIIIXCIX por Castilla, syendo su descubridor Vicenti ans.[18] Nahe dabei gibt Cosa einen Puerto Fermoso an, ein Name, der an den dem Diego de Lepe (von anderen aber dem Pinzon) zugeschriebenen Namen des Vorgebirges Rostro hermoso erinnert. Das fünfte Synonymon, um das es sich in der Vergleichung der beiden Karten von 1508 und 1520 am meisten handelt, ist das Wort: Caput S. Crucis. Ich finde die deutlichste Erläuterung in dem Zeugenverhör, welches der Fiscus in dem Prozesse gegen die Erben des Columbus (1513–1515) führte. Manuel de Valdovinos aus Lepe, Begleiter des Pinzon in der Expedition, welche im Anfang 1499 aus Palos auslief, sagt: „Das Vorgebirge Rostro Hermoso, von dem man behauptet, dass es jetzt von Santa Cruz und von S. Augustin genannt wird." (per nombre Rostro hermoso que agora diz que se Ilama Santa Cruz e San Augustin)[19]. Da Juan de la Cosa schon im Oktober 1500 (in der Reise von Rodrigo de Bastidas nach dem Golf von Uraba und dem Isthmus von Panama) Europa wieder verliess, so konnte seine Karte nichts von den Brasilianischen Entdeckungen von Alvarez Cabral enthalten, von deren Wichtigkeit erst im Julius 1501 Kunde nach Portugal kam. In dem Briefe des Königs Emanuel von Portugal an den Spanischen Monarchen (29. Juli 1501) – ein umständlicher Bericht über die ganze Reise des Cabral –, heisst das neue Land noch nie Brasilien, sondern Terra Sanctae Crucis. Eben so bedient sich Cabral's Begleiter, Vaz de Caminha, nur derselben Benennung, doch wird das Wort Santa Cruz von ihm bisweilen in Terra da Vera Cruz verwandelt. Erst als die vermehrte Ausfuhr des Färbeholzes den Namen Brasilienland gebräuchlicher gemacht hatte, findet man (z. B. in der Chronik von Goës) beide Benennungen mit einander verbunden als Terra de Santa Cruz do Brasil. Die Bezeichnung des Vorgebirges C. S. Crucis ist also wohl neuer, als die von C. San Augustin, und kann Beziehung auf Terra Sanctae Crucis haben, die freilich einem südlicheren Landestheile ursprüng-

17 T. V. p. 15–17.

18 Juan de la Cosa irret nur um 20 Tage: er wählt die Epoche der Abreise.

19 Examen crit. T. V. p. 66.

lich zugehörte. Sonderbar genug setzt Juan de la Cosa etwas westlicher die Mündung eines Flusses, in dem man ein Kreuz will gefunden haben: Rio do se hallo una Cruz! Die grosse Verschiedenheit der Breitenangaben für ein vielnamiges Vorgebirge lässt sich durch die Gestalt der weitausgedehnten vortretenden Convexität erklären, über deren wahre Gestaltung erst die hydrographische Aufnahme von Roussin und Givry (1826) Licht verbreitet hat. Nachdem die Küste des Pra Maranham vom Ausfluss des Amazonenstromes an (180 geographische Meilen lang) in der Richtung WNW.–OSO., ja in dem Basses de St. Roque selbst 20 Meilen lang W.–O. gelaufen ist, wendet sie sich bei der Pta. Toiro (lat. 5° 9′) und Bom Jesus 20′ nördlich vom Cap S. Roque plötzlich NNW.–SSO. und bildet eine Convexität, bis sie, unter 8° Breite, von Olinda de Pernambuco aus die Richtung NO.–SW. annimmt. Diese Convexität (zwischen den Parallelen[20] von 5° 9′ und 8° 0′) beträgt also etwas über $2^{\circ}\frac{3}{4}$, eine Grösse, die noch um 21′ zu vermehren ist, wenn man den ganzen Breiten-Unterschied zwischen den Untiefen (Basses) von St. Roque (5° 9′) und Cap S. Augustin (8° 21′) in Anschlag bringt. Die wahre Lage des letztern Vorgebirges fällt schon ausserhalb der Convexität, also südlich von Pernambuco, aber, der geographischen Länge nach, doch noch 20′ östlicher als Cap S. Roque. Diese numerischen Bestimmungen verdienen deshalb einige Aufmerksamkeit, weil sie wegen der so verschiedenen, in den Karten von 1500, 1508, 1513, 1520 und 1557 angegebenen Breiten vielnamiger Caps beweisen, dass die Seefahrer oft an ganz anderen Punkten der Küste landeten und ihnen doch dieselben Benennungen ertheilten. Pinzon z. B. gibt dem Vorgebirge Rostro hermoso, das er zuerst in Besitz nahm, in seinem Reise-Journal 8° Breite; eben so die im Ptolemaeus von 1513 copirte und etwas veränderte Karte von Ruysch. Hier ist also wirklich unser jetziges Cap S. Augustin (lat. 8° 21′) gemeint: ja Sebastian Cabot hat in der wegen der Lage der Demarkationslinie 1515 gepflogenen Berathung bestimmt Zeugniss[21] davon abgelegt, „dass Vespucci für das Vorgebirge des heil. Augustinus die Breite von 8° festgestellt habe.“ Viel südlicher (auf 10°) scheint das Vorgebirge Sanctae Crucis auf dem Globus von Schöner zu fallen; dagegen liegt C. S. Crucis auf der Karte von Ruysch (1508) in lat. $4^{\circ}\frac{1}{2}$, also dem Cap des heil. Rochus (5° 9′) nahe. An der Stelle des letzteren findet man den Namen C. St. Augustin in der Karte von Brasilien, die der „Wahrhaftigen Historia und Beschreibung einer Landschaft der wilden, nacketen und grimmigen Menschenfresser in der Neuen

[20] In der ganzen Convexität der östlich vorspringenden Küste ist der äusserste, also Afrika nächste Punkt von Südamerika die Punta Dos Coqueiros unter lat. 7° 24′ zwischen Parahyba do Norte und Itamaraca.

[21] Examen crit. T. V. p. 71.

Welt“ des Hans Stader von Homburg (Marpurg 1575) angehängt ist. Denselben Namen gehört also nicht dieselbe Breite zu, keineswegs wegen Fehler der Breitebestimmungen, die damals nicht 3° betrugen, sondern weil andere Punkte gemeint sind.

Am wunderbarsten ist in beiden Karten von Schöner und Apianus (im Solinus von Camers), in Karten aus demselben Jahre 1520, die eigenthümliche ganz gleiche schmale und ärmliche Darstellung von Nordamerika. Es führt dasselbe im südlichen Ende (in der Gegend von Nicaragua) den Namen Parias, den man dort wohl eben so wenig erwarten würde, als auf Schöners Globus die Worte Terra de Cuba zwischen dem 40sten und 50sten Grad nördlicher Breite, in den Staaten von Neu-England, während die Insel Cuba bloss Isabella genannt wird!

Alles das zeugt nur von der Unwissenheit und Sorglosigkeit der Kartenzeichner, da in derselben Zeit schon in gedruckten Schriften viel genauere Materialien zum Gebrauch offen lagen. Bei der Willkür der Kartenzeichner stehen die Karten oft im klarsten Widerspruche mit dem Zustande des geographischen Wissens in der Epoche, in der sie construirt sind. Ich habe Karten von Südamerika mit meinem Namen bezeichnet gesehen, in denen das Fabelmeer, Laguna Parime, dargestellt ist, dessen Nichtexistenz ich erwiesen habe. Die wunderbar abnorme Gestalt von Nordamerika (Mexico und den Vereinigten Staaten) als ein schmales Parallelogramm, das unter 50° Breite durch eine O–W. laufende Küste scharf abgeschnitten ist, habe ich ausser in den Arbeiten von Apianus und Schöner (1520) auch wiedergefunden auf einem unedirten Globus der Weimarschen Militairbibliothek, welcher für vieles älter als 1534 gehalten[22] wird; dann im Orbis Novus des Grynaeus (Baseler Ausgaben von 1532 und 1555), zuletzt in einem Ptolemaeus von 1511 aus Venedig cura Bernardi Sylvani Eboliensis, den die Bibliothek des Arsenal zu Paris besitzt. Die letzte Angabe ist mir aber zweifelhaft; vielleicht ist die Karte nur durch Zufall eingeklebt, denn in dem Exemplar dieser schlechten Venetianischen Ausgabe von 1511, welche sich in dem überreichen geographischen Schatze des Baron Walckenaer befindet, fehlt dieselbe. Man findet statt ihrer zwei gekuppelte, herzförmig projicirte Weltkarten, deren eine den Neuen Kontinent darstellt ohne den Namen Amerika, aber mit der einzigen Ortsinschrift: Terra Sanctae Crucis et Cannibales. So unförmlich auch dieses Bild von Nordamerika als schmales Parallelogramm ist, so erkennt man doch darin die Halbinseln Florida und Yucatan; besonders, als weiten Rachen, mit vielen kleinen Inseln gefüllt, den Mexicanischen Meerbusen. Die nördliche Küste ist ganz einförmig von N. gegen S. gerichtet.

[22] T. II. p. 28 u. 186.

Ueberall, wo diese schmale parallelogrammartige Gestaltung von Nordamerika sich zeigt, ist die Landenge von Panama als geöffnet abgebildet. Auf dem Weimarschen Globus sieht man sogar ein Schiff durch die Meerenge, von den Antillen kommend, nach Zipangri (Japan) „ubi auri copia" segeln. Eben solchen Durchbruch zeigt eine Karte von Isolario di Benedetto Bordone in der ersten Venetianischen Edition von 1528 – und doch hatten Vasco Nuñez de Balboa und Alonzo Martin de San Benito, im September 1513 in das Stille Meer vordringend, schon die trennende Landenge überschritten.

Am Schlusse dieser Untersuchung der Quellen, aus denen Schöner zur Anfertigung seines Globus von 1520 geschöpft hat, muss ich den Ausdruck der Verwunderung wiederholen, wie 13 Jahre später derselbe Schöner in dem Opusculo geographico Norimb. 1533 (T. II. cap. 1 und 20) wieder die Neue Welt für einen Theil von Asien erklären, die Stadt Temistitan (Mexico) für das von Marco Polo beschriebene Quinsay in China halten und (T. I. cap. 2) die Alten (wahrscheinlich Hicetas und Aristarch von Samos?) tadeln konnte, die Rotation der Erde anzunehmen und diese wie in einem Bratenwender zu bewegen, damit sie von der Sonne gebraten werde.[23]

Die Capita rerum aller Untersuchung über die Geschichte der Karten des Neuen Kontinents lassen sich auf folgende 4 Fragen reduciren:

1) Welches ist die älteste aufgefundene Karte von Amerika unter den gezeichneten?

2) Wann und durch Wen ist vorgeschlagen worden, dem Neuen Welttheil den Namen Amerika zu geben?

3) Welche ist die älteste gestochene Karte des Neuen Welttheils ohne den Namen: Amerika?

4) In welchem Jahre und wo ist zuerst eine Karte mit dem Namen Amerika erschienen?

Folgendes ist meine Beantwortung auf jene vier Fragen:

ad 1) Die älteste Karte des Neuen Welttheils, die bisher unter den gezeichneten Karten aufgefunden worden, ist die des Juan de la Cosa von 1500, die ich im Jahre 1832 erkannt und theilweise zuerst edirt habe (s. oben Seite 1). Bis 1832 wurden für die ältesten Karten von Amerika gehalten: zwei in der vortrefflichen Militair-Bibliothek zu Weimar aufbewahrte Welttafeln von 1527 und 1529. Die

[23] T. V. p. 173. „Aves non potuerint bene volare contra orientem propter aerem insequentem, qui pennas earum elevaret. Ita antiqui imaginabantur, quod terra haberet se sicut assatura in veru et sol sicut ignis assans." Aber das ganze Kapitel scheint eigentlich dem Regiomontanus zuzuschreiben zu sein. Delambre, Hist. de l'Astronomie du moyen age p. 453.

letztere, ein Werk des grossen Cosmographen Diego Ribero, ist 1795 von Sprengel und Güssefeld publicirt worden.

ad 2) Der Vorschlag, dem Neuen Welttheil den Namen Amerika zu geben, ist von Martin Waltzeemüller (Hylacomylus), aus Freiburg im Breisgau gebürtig, Lehrer der Geographie am Gymnasium zu Saint Dié in Lothringen, 1507 ausgegangen, ganz ohne Theilnahme und Wissen des Amerigo Vespucci. Der Vorschlag ist enthalten in der ersten anonymen, dem Kaiser Maximilian Namens des Gymnasium Vosagense zu St. Dié gewidmeten[24] Ausgabe des Werkes: Cosmographiae Introductio cum quibusdam Geometriae ac Astronomiae principiis ad eam rem necessariis. Insuper quatuor Americi Vespucii Navigationes. Am Ende liest man: Finitum VII. kl. Maji anno supra sesquimillesimum VII.

ad 3) Die erste gestochene Karte von einem Theile des Neuen Kontinents, aber ohne den Namen Amerika, ist die von Ruysch gezeichnete, und der Römischen Ausgabe des Ptolemaeus von 1508 (correcta a Marco Beneventano et Joanne Cotta) angehängte Weltkarte.

ad 4) Die erste gestochene Karte des Neuen Welttheils mit dem Namen Amerika ist die Weltkarte des Petrus Apianus 1520, welche der Camers'schen Ausgabe des Solinus von 1522 beigegeben ist. Auch auf dem merkwürdigen Globus, den in demselben Jahre 1520 (mit pecuniairer Unterstützung seines Freundes Johann Seyler's) zu Bamberg Johann Schöner zeichnete und der gegenwärtig in der Nürnberger Stadtbibliothek aufgestellt ist, liest man die Benennung Amerika. Unter allen Ausgaben der Geographie des Ptolemæus ist, wie schon der Baron Walckenaer bemerkt hat, die Strassburger Ausgabe von Laurentius Phrisius im Jahr 1522 edirt, die erste, welche auf dem Orbis typus universalis iuxta hydrographorum traditionem den Namen Amerika enthält. Es ist überaus merkwürdig, dass diese Ausgabe von 1522 auch diejenige ist, in welcher (Liber VIII. cap. 2) der Martinus Hylacomylus (Waldseemüller), jam pie defunctus, als Zeichner und Bearbeiter eines grossen Theils der zu dieser Ausgabe gehörigen Karten genannt wird.[25] Laurentius Phrisius, in Colmar geboren, war im Dienst des Herzogs von Lothringen und lebte zu Metz, also St. Dié nahe. Er konnte sich schon dieser Nähe wegen nicht zuschreiben, was dem Hylacomylus gehörte. Er sagt deshalb mit grosser Freimüthigkeit in der oben bezeichneten Stelle der Ausgabe von 1522: Et ne nobis decor alterius elationem inferre videatur, has

[24] Examen crit. T. II. p. 180–186.

[25] Ex. crit. T. IV. p. 116.

tabulas a Martino Ilacomylo pie defuncto constructas et in minorum quam prius unquam fuere formam redactas esse notificamus. Huic igitur et non nobis, si bonae sunt, pacem et custodiam in caelesti Ierarchia .... Caetera vero quae sequuntur nos perfecisse scias. Man kann also mit grosser Sicherheit annehmen, dass der Deutsche, aber in Lothringen lebende Gelehrte, der die Benennung Amerika zuerst vorschlug, dieselbe auch in eine Karte des Ptolemæus von 1522 (2 Jahre nach der des Apianus im Solinus von Camers) eingetragen habe.

*Alexander v. Humboldt.* (Mai 1852.)

# Insel Cuba

Ich habe in Paris im Jahr 1826 unter dem Titel Essai politique sur l'Isle de Cuba in zwei Bänden Alles vereinigt, was die große Ausgabe meines Voyage aux Régions équinoxiales du Nouveau Continent im T. III. p. 345–469 über den Agricultur- und Sklavenzustand der Antillen enthält. Eine englische und eine spanische Uebersetzung sind von diesem Werke zu derselben Zeit erschienen, letztere als Ensayo politico sobre la isla de Cuba, und ohne etwas von den sehr freien Aeußerungen wegzulassen, welche die Gefühle der Menschlichkeit einflößen. Jetzt eben erscheint, sonderbar genug, aus der spanischen Ausgabe und nicht aus dem französischen Original übersetzt, in New-York in der Buchhandlung von Derby und Jackson ein Octavband von 400 Seiten unter dem Titel: The Island of Cuba, by Alexander Humboldt. With notes and a preliminary Essay by J. S. Thrasher. Der Uebersetzer, welcher lange auf der schönen Insel gelebt, hat mein Werk durch neuere Thatsachen über den numerischen Zustand der Bevölkerung, der Landescultur und der Gewerbe bereichert, und überall in der Discussion über entgegengesetzte Meinungen eine wohlwollende Mäßigung bewiesen. Ich bin es aber einem inneren moralischen Gefühle schuldig, das heute noch eben so lebhaft ist, als im Jahr 1826, eine Klage darüber öffentlich auszusprechen, daß in einem Werke, welches meinen Namen führt, das ganze 7te Capitel der spanischen Uebersetzung (p. 261–287.), mit dem mein Essai politique endigte, eigenmächtig weggelassen worden ist. Auf diesen Theil meiner Schrift lege ich eine weit größere Wichtigkeit als auf die mühevollen Arbeiten astronomischer Ortsbestimmungen, magnetischer Intensitäts-Versuche oder statistischer Angaben. „J'ai examiné avec franchise (ich wiederhole die Worte, deren ich mich vor 30 Jahren bediente) ce qui concerne l'organisation des sociétés humaines dans les Colonies, l'inégale répartition des droits et des jouissances de la vie, les dangers menaçants que la sagesse des legislateurs et la modération des hommes libres peuvent éloigner, quelle que soit la forme des gouvernements. Il appartient au voyageur qui a vu de près ce qui tourmente et dégrade la nature humaine, de faire parvenir les plaintes de l'infortune à ceux qui ont le devoir de les soulager. J'ai rappelé dans cet exposé, combien l'ancienne legislation espagnole de l'esclavage est moins inhumaine et moins atroce que celle des États à esclaves dans l'Amérique continentale au nord et au sud de l'équateur.“ Ein beharrlicher Vertheidiger der freiesten Meinungsäußerung in Rede und Schrift, würde ich mir selbst nie eine Klage erlaubt haben, wenn ich auch mit großer Bitterkeit wegen meiner Behauptungen angegriffen würde; aber ich glaube dagegen auch fordern zu dürfen, daß man in den freien Staaten des Continents von Amerika lesen könne, was in der spanischen Uebersetzung seit dem ersten Jahre des Erscheinens hat circuliren dürfen.

Alexander v. Humboldt. Berlin, im Juli 1856.

# Schreiben zur Versammlung der Naturforscher und Ärzte in Bonn

Bonn, 22. September.

Das Antwortschreiben Alexander v. Humboldt's auf die ihm zugegangene Einladung zur Theilnahme an der Versammlung der Naturforscher und Aerzte lautet:

„Ich bin tief, aber ich muß auch hinzufügen, schmerzhaft gerührt durch die Worte herzlichen Wohlwollens und mich ehrender Anhänglichkeit, mit dem Sie, hochverehrter Herr Kollege, mich im Namen meiner Freunde zu Bonn zu Ihrem schönen Feste der 33. Versammlung deutscher Naturforscher und Aerzte einladen. Nicht der Ruhe erheischende Zustand meiner schwindenden Kräfte allein, nur die Nothwendigkeit, am nahen Abschiede des Lebens durch angestrengte, ununterbrochene Arbeitsamkeit der Vollendung näher zu bringen, was mit Unvorsicht zu spät unternommen worden ist, fesselt mich an mein Studirzimmer. Der Schmerz über die Entbehrung, die ich mir auflege, kann allein gemindert werden durch die Hoffnung großmüthiger Nachsicht, dem verliehen, der, wie ein edler Mann (der alte Stolz unsers Vaterlandes) sich ausdrückte, „„es für eine Pflicht hält, aufzuräumen, wenn das Ende irdischer Dinge näher rückt.""

Berlin, 14. Juli 1857. Mit inniger Verehrung und Freundschaft

Euer Hochwohlgeboren gehorsamster

A. v. Humboldt."

# Nachricht von Bonplands Tod

## Aímé Bonpland

——— Alexander v. Humboldt veröffentlicht in der „Spen. Zeitung“ folgendes: Des innigen Antheils bewußt den so viele mir wohlwollende Menschen an dem tiefen Schmerze nehmen welchen die so weit verbreitete Nachricht von dem Tode meines theuren, edeln Freundes und Reisebegleiters Bonpland in mir erregt, halte ich es für eine Pflicht wenigstens eine vorläufige Notiz über diesen Gegenstand zu veröffentlichen, die ich der freundschaftlichen Thätigkeit des Dr. Lallemant (des Verfassers einer wichtigen Schrift über die Krankheiten der Europäer in den Tropenländern) verdanke. Dieser vielbegabte Mann hat, um mir eine Freude zu bereiten, seitdem er sich von der kaiserlich österreichischen Expedition der Fregatte „Novara“ getrennt, von Rio Janeiro aus im Februar dieses Jahres eine Reise nach Rio grande und von da über Porto Alegre durch die ehemaligen Jesuiten-Missionen nach San Borja gemacht, wo er Bonpland irrig noch angesiedelt glaubte, wie er es früher (seit 1831) gewesen. Ich besitze zwei Briefe des Dr. Lallemant: einen aus San Borja am Uruguay vom 10 April; den andern, nachdem er Bonpland in Santa Anna gesprochen, aus der Villa de Uruguaiana am 19 April 1858 geschrieben. Einen umständlicheren Auszug dieser Briefe habe ich an die Redaction des vielgelesenen interessanten botanischen Journals „Bonplandia“ nach Hannover gesandt. Hier mögen folgende kürzere Notizen dienen:

„In San Borja,“ schreibt Dr. Lallemant, „wohnte ich bei einem genauen Freunde Bonplands, dem Vicarius Gay, mit welchem ich den lange wohl gepflegten, jetzt öden und verwüsteten Garten des Botanikers besuchte. Der Vicarius Gay hatte zu Ende des Jahres 1857 den letzten Brief von Bonpland erhalten. Seitdem kam die Nachricht von schwerer Erkrankung desselben. Briefe, geschrieben um seinen Gesundheitszustand zu erforschen, blieben ohne Antwort; ja, trotz der Nähe, war man in San Borja selbst ungewiß ob ich Ihren Reisegefährten noch am Leben finden würde. Im Jahr 1853 hatte Bonpland San Borja verlassen, und den Aufenthalt in seinem größeren Besitzthum, Santa Anna, vorgezogen, wo ihn lange die Cultur selbstgepflanzter Orangenbäume beschäftigte. Die Wohnung des alten Gelehrten besteht (in der Estancia von S. Anna) in zwei großen Hütten, deren Lehmwände von Bambusstäben und einigen Balken unter einem Strohdach zusammengehalten werden. Die beiden Hütten haben Thüren, aber keine Fenster, weil das Licht durch die Oeffnungen zwischen den Bambusstäben der Wände hineinfällt. Ich wurde herzlich und freundlich empfangen. Trotz der tiefen Furchen welche ein so viel bewegtes Leben dem lieben Antlitz gegeben hat, schaute das Auge noch rein, klar und sinnig um sich. Lebhafte Gespräche die er veranlaßte, schienen ihn sehr zu ermüden; er leidet stark an einem chronischen Blasenkatarrh. Die Entbehrungen die er sich so wundersam auferlegt, sind keineswegs Folge der Dürftigkeit oder nothwendiger Einschränkung, sondern langer Gewohnheit, großer Selbstbeherrschung, charakteristischer Individualität. Die Regierung von Corrientes hat ihm einen Landbesitz von 10,000 spanischen Piastern Werth geschenkt, auch genießt er einer französischen Pension von 3000 Franken jährlich. Die medicinische Praxis hat er von jeher mit völliger Uneigennützigkeit ausgeübt. Er ist allgemein geachtet, liebt aber die Einsamkeit, und vermeidet besonders die welche ihm Rath und Hülfe anbieten möchten. Sein wissenschaftlicher Eifer ist noch nicht erschlafft; seine Sammlungen und Manuscripte liegen in Corrientes, wo er ein vaterländisches Museum errichtet hat. Am folgenden Morgen fand ich ihn beträchtlich mehr angegriffen und schwächer. Die Nacht war schmerzvoll gewesen. Ich bat ihn dringend mir zu sagen ob ich nicht in irgend einer Weise ihm dienen könnte, wie es auch immer seyn möchte. Aber es gieng mir wie allen seinen Freunden: er bedurfte keiner Dienstleistung. Ich nahm Abschied von ihm mit gerührtem Herzen. Wie gern hätte ich ihn beredet zur cultivirten Welt zurückzukehren! Aber ich fühlte es mit ihm – seine Zeit war vorbei. Er gehört der ersten Hälfte des neunzehnten Jahrhunderts, nicht der zweiten an. Mir schien Ihr Freund selbst bewegt zu seyn als ich seine beiden welken Hände mit meinen Händen drückte zum Abschied. Die ihn umgeben, finden ihn seit drei Monaten sehr an Kräften abnehmend. Vielleicht hatte der alte Mann dieselbe Empfindung bei der Trennung wie ich, der ich wohl einer der letzten Sendboten europäischen Stammes seyn mochte welcher viele Meilen weit in diese Wildniß gekommen war um ihm im Namen der Wissenschaft, die er erweitert, Hochachtung, Liebe und Dank darzubieten. Ich bestieg mein Pferd, und jagte in nördlicher Richtung durch das immer grüne Gefilde. Kein Weg führte mich, durch keinen Begleiter ward ich gestört; ich war allein mit meinen wehmüthigen Gedanken an den vergangenen Bonpland."

Wie lebensfroh war noch der letzte Brief den ich von Bonpland erhielt aus Corrientes vom 7 Juni 1857: „J'irai," sagt er darin, „porter mes collections et mes manuscrits moi-même à Paris, pour les déposer au Muséum. Mon voyage en France ne sera que très court; je retournerai à mon S. Ana, où je passe une vie tranquille et heureuse. C'est là que je veux mourir, et où ma sépulture, mon tombeau se trouvera à l'ombre des arbres nombreux que j'ai plantés. Que je serais heureux, cher Humboldt, de te revoir encore une fois et de renouveler nos souvenirs communs. Le mois d'août prochain, le 28, je compléterai ma 84ème année, et j'ai trois (4) ans de moins que toi. Il vient de mourir dans cette province un homme de 107 ans. Quelle perspective pour deux voyageurs qui ont passé leur 80ème année!" Dieser heitere, fast lebensdurstige Brief contrastirt wunderbar mit der trüben Schilderung von dem Besuch des Dr. Lallemant. In Montevideo glaubte man (nach Hrn. v. Tschudi) am 29 Mai Bonpland todt, und zwar gestorben in San Borja, ohne Angabe des Todestags. Am 18 April sprach Lallemant mit ihm in S. Anna. Am 19 Mai wurde sein Tod geläugnet in Porto Alegre. Es bleibt also noch Hoffnung daß nicht der jüngere von beiden zuerst abgerufen worden ist. In solchen Entfernungen ist leider oft die Ungewißheit von langer Dauer; so die Sehnsucht nach Eduard Vogel in Inner-Afrika, nach Adolf Schlagintweit in Inner-Asien, den schmerzlich Vermißten!

# Ruf um Hülfe

——— Leidend unter dem Drucke einer immer noch zunehmenden Correspondenz, fast im Jahresmittel zwischen 1600 und 2000 Nummern (Briefe, Druckschriften über mir ganz fremde Gegenstände, Manuscripte, deren Beurtheilung gefordert wird, Auswanderungs- und Colonialprojecte, Einsendung von Modellen, Maschinen und Naturalien, Anfragen über Luftschiffarth, Vermehrung autographischer Sammlungen, Anerbietungen mich häuslich zu pflegen, zu zerstreuen u. zu erheitern u. s. w.), versuche ich einmal wieder, die Personen, welche mir ihr Wohlwollen schenken, öffentlich aufzufordern, dahin zu wirken, dass man sich weniger mit meiner Person in beiden Continenten beschäftige und mein Haus nicht als ein Adress-Comptoir benutze, damit bei ohnedies abnehmenden physischen und geistigen Kräften mir einige Ruhe und Musse zu eigener Arbeit verbleibe. Möge dieser Ruf um Hülfe, zu dem ich mich ungern und spät entschlossen habe, nicht lieblos gemissdeutet werden!

Alexander v. Humboldt. Berlin, 15. März 1859.

# Der Autor

ALEXANDER VON HUMBOLDT, geboren 1769 in Berlin, studierte in Frankfurt an der Oder, Göttingen, Hamburg und Freiberg u. a. Kameralistik und Hüttenwesen (1787–1792). Anschließend arbeitete er im preußischen Bergdepartement (1792–1796). Er erfand Apparate zum Arbeitsschutz unter Tage und führte neurophysiologische Selbstversuche durch. Zusammen mit dem französischen Arzt Aimé Bonpland unternahm er eine fünfjährige Forschungsreise durch die spanischen Kolonien in Amerika (1799–1804). Auf dem Chimborazo stellte er einen bergsteigerischen Höhenweltrekord auf und diagnostizierte die Symptome der Höhenkrankheit. Er zeichnete, beschrieb und untersuchte den später nach ihm benannten Pinguin, Meeresstrom und Schall-Effekt. Die Ergebnisse seiner Expedition veröffentlichte er in Paris in 29 Bänden als *Voyage aux régions équinoxiales du Nouveau Continent* (1805–1838). In Preußen wurde er zum Kammerherrn des Königs, zum Geheimen Rat und zum Mitglied des Staatsrats ernannt. Eine zweite außereuropäische Forschungsreise unternahm er 1829 durch Russland und Sibirien, die er in drei Bänden unter dem Titel *Asie centrale* (1843) auswertete. Auf Deutsch verfasste er die *Ansichten der Natur* (1808, 1826, 1849) und den fünfbändigen *Kosmos* (1845–1862), den er bis zu seinem Tod 1859 nicht mehr vollenden konnte. Neben seinen Buchwerken erschienen weltweit zahlreiche Aufsätze, Artikel und Essays. Sie werden zu seinem 250. Geburtstag (2019) bei dtv zum ersten Mal gesammelt herausgegeben.

# Die Herausgeber

OLIVER LUBRICH, geboren 1970 in Berlin, studierte Literaturwissenschaft in Berlin, Saint-Étienne und Berkeley. Er war Juniorprofessor für Rhetorik an der FU Berlin, Gastdozent in Chicago, Long Beach, São Paulo und Monterrey (Mexiko). Seit 2011 ist er Professor für Komparatistik an der Universität Bern. Seine Veröffentlichungen behandeln Shakespeares Selbstdekonstruktion, Postkoloniale Poetiken und Reisen ins Reich (1933–1945). Zusammen mit Psychologinnen und Neurowissenschaftlern unternahm er Studien in experimenteller Rhetorik. Gemeinsam mit Primatologinnen und Ethnologen untersuchte er die Rolle von Affekten in der Feldforschung.

THOMAS NEHRLICH, geboren 1984 in Berlin, studierte Literaturwissenschaft in Berlin und Paris. Er war wissenschaftlicher Mitarbeiter an der Freien Universität Berlin und Gastdozent in Long Beach. Seit 2011 ist er wissenschaftlicher Assistent an der Universität Bern. Er ist Editionsphilologe und Buchhistoriker. Er veröffentlichte Studien zu Zeichensetzung und Typographie bei Heinrich von Kleist, zur Textgestaltung bei Jonathan Safran Foer und zu Superhelden von Achilles bis Batman. In seiner Dissertation untersucht er Heldenfiguren nach 1945.

# Quellenverzeichnis

**1789 Berlin**

„Lettre à L'Auteur de cette Feuille; sur le Bohon-Upas, par un jeune Gentilhomme de cette ville", in: *Gazette littéraire de Berlin* 1270 (5. Januar 1789), S. 4–8; 1271 (12. Januar 1789), S. 11–13.
Für diese Ausgabe: „Brief an den Autor dieses Blattes; über den Bohon-Upas, von einem jungen Adligen aus dieser Stadt". Übersetzt von Corinna Fiedler.

**1790 Helmstädt**

„Abhandlung vom Wasser im Basalt", in: *Chemische Annalen für die Freunde der Naturlehre, Arzneygelahrtheit, Haushaltungskunst und Manufacturen* 7:1:5 (1790), S. 414–418.

**1791 Göttingen**

„Beschreibung einer neuen Spin- Zwirn- Haspel- Kratz- und Krempel-Maschine zu hundert und mehrern Faden. Nebst 27 Abrissen. Cöthen in der Hochfürstl. priv. Glandenberg. Buchhandlung 1789. (40 Seiten in 4.) 10 Thaler" [Besprechung], in: *Physikalisch-ökonomische Bibliothek* 16:2 (1791), S. 228–244.

**1792 Freiberg**

„Anzeige", in: *Bergmännisches Journal* 5:2:2 (Februar 1792), S. 184–188.

**1793 Zürich**

[Selbstanzeige von *Florae Fribergensis specimen*], in: *Annalen der Botanick* 2:6 (1793), S. 164–166.

**1794 Jena**

[Richtigstellung], in: *Intelligenzblatt der Allgemeinen Literatur-Zeitung* 20 (26. Februar 1794), Sp. 160.

**1795 Tübingen**

„Die Lebenskraft oder der Rhodische Genius. Eine Erzählung", in: *Die Horen* 1:5 (1795), S. 90–96.

**1796 Salzburg**

„Ankündigung", in: *Medicinisch-chirurgische Zeitung* 2:49 (20. Juni 1796), S. 414–416.

**1797 Lüttich**

„Expériences sur le Galvanisme", in: *L'Esprit des journaux français et étrangers* 2 (Ventôse et Germinal an 5, März und April 1797), S. 304–312.
Für diese Ausgabe: „Neue Versuche über den Metallreitz, besonders in Hinsicht auf die verschiedenartige Empfänglichkeit der thierischen Organe", in: *Neues Journal der Physik* 3:2 (1796), S. 165–184.

1798 Gotha

„Anzeige von ein paar für den Bergbau wichtigen Maschinen, um das Lichtbrennen und Athmen in irrespirablen Luftarten zu unterhalten", in: *Magazin für das Neueste aus der Physik und Naturgeschichte* 11:4 (1798), S. 51–55.

1799 Madrid

„Extracto de una carta del Sr. Baron de Humboldt al Sr. Baron de Forell, de Cumana, en 16 de Julio de 1799, por D. Christiano Herrgen", in: *Anales de historia natural* 1:2 (Oktober 1799), S. 125–127.
Für diese Ausgabe: „Auszug aus einem Brief des Barons von Humboldt aus Cumaná an den Baron von Forell, vom 16. Juli 1799, von Herrn Christian Herrgen". Übersetzt von Johanna von Koppenfels.

1800 Haarlem

„Korte Levens-Schets van Frederik Alexander van Humboldt", in: *Algemene Konst- en Letter-Bode voor het Jaar 1800* 13:316 (1800), S. 17–20. [Aus dem Französischen.]
Für diese Ausgabe: „Kurze Lebensskizze von Friedrich Alexander von Humboldt. Geschrieben von ihm selbst, in Spanien, im Mai 1799". Übersetzt von Frank Geeraers.

1801 London

„Letter from C. Humboldt to C. Fourcroy, Member of the French National Institute", in: *The Philosophical Magazine* 10:37 (Juni 1801), S. 3–8.
Für diese Ausgabe: „Auszug aus einem Briefe des Hrn. v. Humboldt an Hrn. Fourcroy", in: *Magazin für den neuesten Zustand der Naturkunde mit Rücksicht auf die dazu gehörigen Hülfswissenschaften* 4:2 (1802), S. 188–195.

1802 Zeitz

„Neuere Berichte vom Hrn. Oberbergrath Humboldt", in: *Geist der Journale im Gebiete der schönen Wissenschaften und Künste* 6 (Juni 1802), S. 1311–1319.

1803 Brüssel

„Extrait d'une lettre d'Alexandre Humboldt au C. Delambre, secrétaire-perpétuel de l'institut national", in: *Le nouvel esprit des journaux français et étrangers* 1 (Vendémiaire an 12, September 1803), S. 138–144.
Für diese Ausgabe: „Auszug aus einem Briefe des Hrn. Alexander von Humboldt an Hrn. Delambre", in: *Magazin für den neuesten Zustand der Naturkunde mit Rücksicht auf die dazu gehörigen Hülfswissenschaften* 5:6 (Juni 1803), S. 467–483.

1804 Washington

„Baron Humboldt", in: *National Intelligencer, and Washington Advertiser* 4:612 (17. September 1804), S. [1]; 4:613 (19. September 1804), S. [1].
Für diese Ausgabe: „J. C. Delametherie's vorläufige Nachricht von der durch die Herren v. Humboldt und Bonpland in den Jahren 1799, 1800, 1801, 1802, 1803 und 1804 nach den Wendekreisen unternommenen Reise", in: *Allgemeine Geographische Ephemeriden* 16:4 (April 1805), S. 457–481.

1805 Erfurt

„Versuche über die electrischen Fische. Aus einem Briefe an den Präsidenten Freyherrn von Dachroeden", in: *Neue physikalische Abhandlungen der Akademie nützlicher Wissenschaften zu Erfurt von dem Jahre 1805* (1806), S. 5–25.

1806 Paris

[Sur le Guano], in: Antoine François de Fourcroy und Louis-Nicolas Vauquelin, „Mémoire sur le guano, ou sur l'engrais naturel des îlots de la mer du sud, près des côtes du Pérou", in: *Mémoires de l'institut des sciences, lettres et arts* 6 (Januar 1806), S. 369–381, hier S. 369–370.
Für diese Ausgabe: [Über den Guano], in: Martin Heinrich Klaproth, *Beiträge zur chemischen Kenntniss der Mineralkörper*, 6 Bände, Posen/Berlin: Decker/Heinrich August Rottmann 1795–1815, Band 4 (1807), S. 299–313.

**1807 Weimar**

„Auszüge aus einigen Briefen des Frhrn. Alex. v. Humboldt an den Herausgeber (Hierzu gehört die Skizze einer nächtlichen Scene am Orinoko)", in: *Allgemeine Geographische Ephemeriden* 22:1 (Januar 1807), S. 107–112, eine Tafel.

**1808 Mailand**

„Delle foreste di Cinchona nell' America meridionale", in: *Giornale della Società d'incoraggiamento delle scienze et delle arti stabilita in Milano* 3 (März 1808), S. 260–278; 5 (Mai 1808), S. 145–159; 8 (August 1808), S. 186–204.

Für diese Ausgabe: „Über die Chinawälder in Südamerika", in: *Der Gesellschaft naturforschender Freunde zu Berlin Magazin für die neuesten Entdeckungen in der gesammten Naturkunde* 1 (1807), S. 57–68, 104–120.

**1809 Stuttgart**

„Fragmente aus dem neuesten Hefte des v. Humboldt'schen Werkes über den politischen Zustand des Königreichs Neu-Spanien", in: *Morgenblatt für gebildete Stände* 3:186 (5. August 1809), S. 741–742; 3:187 (7. August 1809), S. 745–746; 3:192 (12. August 1809), S. 767–768; 3:193 (14. August 1809), S. 769–771; 3:194 (15. August 1809), S. 774–775; 3:195 (16. August 1809), S. 778–779. [Aus dem Französischen.]

**1810 Hull**

„Cow Pock in Mexico", in: *The Hull Advertiser and Exchange Gazette* 16:865 (15. Dezember 1810), S. [4].

Für diese Ausgabe: [Kuhpocken in Mexiko], aus: *Versuch über den politischen Zustand des Königreichs Neu-Spanien*, 2 Bände, Tübingen: J. G. Cotta 1809, Band 2 [übersetzt von Philipp Joseph von Rehfues], S. 92–98.

**1811 Genf**

„Considérations générales sur les mines du Mexique, dans leurs rapports avec la géologie", in: *Bibliothèque britannique* 16:46 (1811), S. 128–153.

Für diese Ausgabe: [Allgemeine Betrachtungen über die Minen von Mexiko, in ihren Beziehungen zur Geologie], in: *Taschenbuch für die gesammte Mineralogie, mit Hinsicht auf die neuesten Entdeckungen* 5 (1811), S. 240–248.

**1812 Aarau**

„Kurze Darstellung des gegenwärtigen Zustandes von Neu-Spanien", in: *Miszellen für die Neueste Weltkunde* 6:86 (24. Oktober 1812), S. 341–342. [Aus dem Französischen.]

**1813 Leipzig**

„Bemerkungen über das gelbe Fieber, und dessen Zusammenhang mit der Temperatur", in: *Annalen der Physik* 43:1:3 (1813), S. 257–295. [Aus dem Französischen.]

**1814 Frankfurt am Main**

[Beschreibung des Vulkans Jorullo, ausgezogen aus dem *Essai politique sur le Royaume du Mexique*], in: *Taschenbuch für die gesammte Mineralogie, mit Hinsicht auf die neuesten Entdeckungen* 8 (1814), S. 258–263. [Aus dem Französischen.]

**1815 Edinburgh**

„Description of the Ascent of the Peak of Teneriffe", in: *The Scots Magazine, and Edinburgh Literary Miscellany: Being A General Repository of Literature, History, and Politics, for 1815* 77 (1815), S. 268–272.

Für diese Ausgabe: [Beschreibung des Aufstiegs auf den Gipfel von Teneriffa], aus: *Reise in die Aequinoctial-Gegenden des neuen Continents* [übersetzt von Paulus Usteri und Ferdinand Gottlob Gmelin], 6 Bände, Tübingen: J. G. Cotta 1815–1832, Band 1, S. 179, 181, 183–184, 188, 191, 192–193, 194–195, 204–205, 209, 210–211, 216, 217, 217–219, 220–222.

**1816 Willemstad, Curaçao**

„Naval Anecdote", in: *De Curacãosche Courant* 4:34 (24. August 1816), [o. S.].

Für diese Ausgabe: [Anekdote aus dem Seekrieg], aus: *Reise in die Aequinoctial-Gegenden des neuen Continents* [übersetzt von Paulus Usteri und Ferdinand Gottlob Gmelin], 6 Bände, Tübingen: J. G. Cotta 1815–1832, Band 1, S. 457.

**1817 Graz**

„Was sind Barbarer?", in: *Der Aufmerksame* [Beilage zur Grätzer Zeitung] 153 (23. Dezember 1817), [o. S.]. [Aus dem Französischen.]

**1818 Sankt Petersburg**

„О водопадахъ рѣки Ориноко" [O vodopadach' reki Orinoko], in: *Совернователь просвещ* [*Sorevnovatel' prosvescenija i blagotverenija*] 3 (1818), S. 180–203, 288–309.

Für diese Ausgabe: „Der Orinoco", in: Franz Sartori, *Überlieferungen aus der neuen Welt, oder die Staaten, Colonien und Völker jenseits des Meeres, der Schauplatz gewaltiger Ereignisse, das Augenmerk von ganz Europa*, 2 Bände, Brünn: Joseph Georg Traßler 1818, Band 1.1, S. 102–128.

**1819 Providence**

„The Cow Tree", in: *Providence Patriot* 17/1:974/91 (13. November 1819), [o. S.].

Für diese Ausgabe: „Ueber die Milch des Kuhbaums und die Pflanzenmilch überhaupt", in: *Journal für Chemie und Physik* 26:3 (1819), S. 231–242.

**1820 Straßburg**

„Sur les lois que l'on observe dans la distribution des formes végétales", in: Georges Cuvier et al., *Dictionnaire des sciences naturelles*, 61 Bände, Strasbourg/Paris: F. G. Levrault/Le Normant 1816–1845, Band 18 (1820), S. 422–436.

Für diese Ausgabe: [Über die Gesetze, welche man in der Vertheilung der Pflanzenformen beobachtet], in: *Literatur-Blatt* [Beilage zum Morgenblatt für gebildete Stände 239] 80 (5. Oktober 1821), S. 319–320.

**1821 Liverpool**

„Shirt Tree!", in: *The Kaleidoscope or Literary and Scientific Mirror* 2:77 (18. Dezember 1821), S. 187.

Für diese Ausgabe: „Hemden und Mützen auf den Bäumen", in: *Das Pfennig-Magazin der Gesellschaft zur Verbreitung gemeinnütziger Kenntnisse* 1:22 (28. September 1833), S. 174. [Aus dem Französischen.]

**1822 Christiania**

„En Reisescene af Alex. v. Humboldt", in: *Morgenbladet* 193 (13. April 1822), Sp. 821–823.

Für diese Ausgabe: [Eine Reiseszene], aus: *Reise in die Aequinoctial-Gegenden des neuen Continents* [übersetzt von Paulus Usteri und Ferdinand Gottlob Gmelin], 6 Bände, Tübingen: J. G. Cotta 1815–1832, Band 4, S. 250–254.

**1823 Nachtez, Mississippi**

„The Tomb of a Nation", in: *The Mississippi State Gazette* 11:47 (11. Juni 1823), S. 2.

Für diese Ausgabe: [Das Grab eines Volkes], aus: *Reise in die Aequinoctial-Gegenden des neuen Continents* [übersetzt von Paulus Usteri und Ferdinand Gottlob Gmelin], 6 Bände, Tübingen: J. G. Cotta 1815–1832, Band 4, S. 537–542.

**1824 Wien**

[Verschiedenheit der Völker Südamerikas und Europas], in: *Der Wanderer* 256 (12. September 1824), S. 1–3. [Aus dem Französischen.]

**1825 Prag**

[Brief an einen Geistlichen in Amsterdam], in: *Prager Zeitung* 80 (24. Mai 1825), [o. S.].

**1826 New York**

„The Guahibi Mother", in: *Crystal Hunter* 1:2 (9. Dezember 1826), S. 25–26.

Für diese Ausgabe: [Die Guahiba-Mutter], aus: *Reise in die Aequinoctial-Gegenden des neuen Continents* [übersetzt von Paulus Usteri und Ferdinand Gottlob Gmelin], 6 Bände, Tübingen: J. G. Cotta 1815–1832, Band 4, S. 204–207.

**1827 Oldenburg**

„Über die künftigen Verhältnisse von Europa und Amerika", in: *Oldenburger Blätter* 11:4 (23. Januar 1827), S. 26–27. [Aus dem Französischen.]

**1828 Augsburg**

„Rede, gehalten bei der Eröffnung der Versammlung deutscher Naturforscher und Ärzte in Berlin am 18 Sept. 1828", in: *Allgemeine Zeitung* 280 (6. Oktober 1828), Beilage, S. 1117–1118.

**1829 Moskau**

„О степяхъ" [O stepjach'], in: *Московский телеграфъ* [*Moskovskij telegraf'*] 18 (September 1829), S. 151–180.

Für diese Ausgabe: „Ueber die Steppen und Wüsten", in: Friedrich Philipp Wilmsen, *Der Deutsche Kinderfreund. Ein Lesebuch für höhere Bürgerschulen und die untern Klassen der Gymnasien*, 2 Bände, Augsburg: Lotter 1802–1814, Band 2 (1814), S. 34–45.

**1830 Heidelberg**

„A. v. Humboldt's Reise in den Ural (aus einem Briefe desselben aus Oust-Kamenogorsk in Siberien vom 1/13 und 8/20 Aug. 1829 an Arrago)", in: *Jahrbuch für Mineralogie, Geognosie, Geologie und Petrefaktenkunde* 1 (1830), S. 149–151. [Aus dem Französischen.]

**1831 Louisville**

„The Slave Trade", in: *Louisville Daily Journal* 1:241 (2. September 1831), S. [2].

Für diese Ausgabe: [Der Sklavenhandel], aus: *Reise in die Aequinoctial-Gegenden des neuen Continents* [übersetzt von Paulus Usteri und Ferdinand Gottlob Gmelin], 6 Bände, Tübingen: J. G. Cotta 1815–1832, Band 6, S. 223.

**1832 Pittsburgh**

[Cannibalism], in: *The Pittsburgh Gazette* 47:65 (1. Mai 1832), S. [2].

Für diese Ausgabe: [Kannibalismus], aus: *Reise in die Aequinoctial-Gegenden des neuen Continents* [übersetzt von Paulus Usteri und Ferdinand Gottlob Gmelin], 6 Bände, Tübingen: J. G. Cotta 1815–1832, Band 4, S. 373.

**1833 Boston**

„Earthquake at Cumana", in: *The Family Lyceum. Design for Instruction and Entertainment, and Adapted to Families, Schools and Lyceums* 1:39 (11. Mai 1833), S. 153.

Für diese Ausgabe: [Erdbeben in Cumaná], aus: *Reise in die Aequinoctial-Gegenden des neuen Continents* [übersetzt von Paulus Usteri und Ferdinand Gottlob Gmelin], 6 Bände, Tübingen: J. G. Cotta 1815–1832, Band 2, S. 271–274.

**1834 Philadelphia**

„Baron Humboldt's description of the mode of catching the Gymnotus, or Electrical Eel", in: *The Friend. A Religious and Literary Journal* 7:16 (25. Januar 1834), S. 122–124.

Für diese Ausgabe: „Jagd und Kampf der electrischen Aale mit Pferden", in: *Annalen der Physik* 25:1 (1807), S. 34–43.

**1835 Merthyr Tydfil**

[Letter to Arago], in: *Glamorgan Monmouth and Brecon Gazette, and Merthyr Guardian* 3:129 (2. Mai 1835), [o. S.].

Für diese Ausgabe: „Alexander von Humboldt an Herrn Arago", in: *Zeitung für die elegante Welt* 92 (11. Mai 1835), S. 367. [Aus dem Französischen.]

**1836 Ofen**

„Island", in: *Gemeinnützige Blätter zur Belehrung und Unterhaltung* 26:63 (7. August 1836), S. 502–503.

1837 Cincinnati

„Cargueroes, or Man-Carriers of Quindiu", in: *The Family Magazine; or, Monthly Abstract of General Knowledge* 4 (1836), S. 259–261.

Für diese Ausgabe: „Pittoreske Ansichten in den Cordilleren", in: *Morgenblatt für gebildete Stände* 4:5 (5. Januar 1810), S. 17–18; 4:6 (6. Januar 1810), S. 23; 4:28 (1. Februar 1810), S. 109–110; 4:29 (2. Februar 1810), S. 115–116; 4:86 (10. April 1810), S. 341–342; 4:87 (11. April 1810), S. 346–347; 4:211 (3. September 1810), S. 841–842; 4:212 (4. September 1810), S. 847–848. [Aus dem Französischen.]

1838 Pest

„Két fölmeneteli próba a' Chimborazóra", in: *Athenæum* 2:5 (15. Juli 1838), Sp. 73–79.

Für diese Ausgabe: „Ueber zwei Versuche den Chimborazo zu besteigen", in: *Jahrbuch für 1837* (1837), S. 176–206.

1839 Hamburg

[Sternschnuppenströme], in: Johann Friedrich Benzenberg, *Die Sternschnuppen*, Hamburg: Perthes, Besser und Mauke 1839, S. 207–210.

1840 München

[Brief an den Herzog von Sussex], in: Johann Lamont, „Neue magnetische Observatorien", in: *Jahrbuch der Königlichen Sternwarte bei München* 3 (1840), S. 238–247, Humboldts Brief S. 238–241. [Aus dem Französischen.]

1841 Nördlingen

„Das Kreuz des Südens", in: *Der Hausfreund. Wochenschrift für Belehrung und Unterhaltung in mannichfaltiger Form* 4:39 (25. September 1841), Sp. 615–619. [Aus dem Französischen.]

1842 Speyer

[Über die Emanzipation der Juden], in: *Neue Speyerer Zeitung* 84 (26. April 1842), S. 370.

1843 Neapel

„Saggio di una determinazione dell' altezza media de' continenti", in: *Rendiconto delle adunanze e de' lavori dell' accademia delle scienze* 2:10 (1843), S. 315–321.

Für diese Ausgabe: „Versuch die mittlere Höhe der Continente zu bestimmen", in: *Bericht über die zur Bekanntmachung geeigneten Verhandlungen der Königl. Preuß. Akademie der Wissenschaften zu Berlin* (1842), S. 233–244.

1844 Manchester

„Alligators in South America", in: *The Manchester Guardian* 1648 (23. Oktober 1844), S. 3.

Für diese Ausgabe: [Krokodile in Südamerika], aus: *Reise in die Aequinoctial-Gegenden des neuen Continents* [übersetzt von Paulus Usteri und Ferdinand Gottlob Gmelin], 6 Bände, Tübingen: J. G. Cotta 1815–1832, Band 3, S. 327–328, 365.

1845 Bologna

„Nota sulla comunicazione che esiste fra l'Orenoco e il fiume delle Amazoni. Contenuta nel giornale della scuola politecnica di Parigi quaderno X. pag. 65. e seg. Tradotta dal francese", in: *Nuova raccolta di autori italiani che trattano del moto delle acque* 7 (1845), S. 89–92.

Für diese Ausgabe: „Über die Verbindung zwischen dem Orinoco und Amazonenfluss. (Aus dem Französischen)", in: *Monatliche Correspondenz zur Beförderung der Erd- und Himmels-Kunde* 26:3 (September 1812), S. 230–235, zwei Karten.

1846 Calcutta

„First Impression made by an Earthquake", in: *The Bengal Catholic Herald* 10:10 (7. März 1846), S. 140.

Für diese Ausgabe: „Alexander von Humboldt über die Erdbeben", in: *Didaskalia. Blätter für Geist, Gemüth und Publizität* 227 (18. August 1846), [o. S.].

**1847 Sydney**

„On Climates Suitable for the Production of Wine", in: *The Sydney Morning Herald* 12:3080 (2. April 1847), S. [2].
Für diese Ausgabe: [Über das geeignete Klima für Weinbau], aus: *Kosmos. Entwurf einer physischen Weltbeschreibung*, 5 Bände, Stuttgart/Tübingen: J. G. Cotta 1845, Band 1, S. 347–350, 481–482.

**1848 Warschau**

„Cosmos Humboldta. (Tom drugi)", in: *Przegląd Naukowy* 7:1/2 (10. Januar 1848), S. 5–9.
Für diese Ausgabe: Humboldts *Kosmos* (Zweiter Band). Bearbeitet nach dem Original von Dorota Krawczyk-Janisch.

**1849 Amsterdam**

„Aard-Eters", in: *Nieuwe Amsterdamsche Courant. Algemeen Handelsblad* 5643 (31. Dezember 1849), S. [8].
Für diese Ausgabe: „Ueber die erdefressenden Otomaken", in: *Morgenblatt für gebildete Stände* 241 (8. Oktober 1807), S. 961–962.

**1850 Pietermaritzburg**

„Nocturnal Life of Animals in the Primeval Forest", in: *The Natal Witness and Agricultural and Commercial Advertiser* 229:5 (5. Juli 1850), S. [3].
Für diese Ausgabe: [Das nächtliche Thierleben im Urwalde], aus: *Ansichten der Natur, mit wissenschaftlichen Erläuterungen*, dritte verbesserte und vermehrte Ausgabe, 2 Bände, Stuttgart/Tübingen: J. G. Cotta 1849, Band 1, S. 317–340, hier S. 329–332.

**1851 San Salvador**

[Carta a Wilhelm Heine], in: *El Siglo* 1:50 (24. Juli 1851), [o. S.].
Für diese Ausgabe: [Brief an Wilhelm Heine]. Übersetzt von Johanna von Koppenfels.

**1852 Breslau**

„Die Einheit des Menschengeschlechts", in: H. Kletke (Hrsg.), Das *Alterthum in seinen Hauptmomenten dargestellt. Eine Reihe historischer Aufsätze von Boeckh, Dahlmann, Droysen, Drumann, Ewald, Heeren, Hegel, Herder, Hoeck, A. v. Humboldt, Rortüm, Lassen. Leo, Loebell, Manso, R. A. Menzel, O. Müller, Niebuhr, Passow, Ritter, Schiller, F. v. Schlegel, Schlosser, Schnaase, Wachsmuth*, Breslau: Trewendt und Granier 1852, S. 16–21.

**1853 Auckland**

„Junction of the Atlantic and the Pacific", in: *Daily Southern Cross* 10:593 (4. März 1853), S. 4.
Für diese Ausgabe: [Verbindung des Atlantik mit dem Pazifik], aus: *Ansichten der Natur, mit wissenschaftlichen Erläuterungen*, dritte verbesserte und vermehrte Ausgabe, 2 Bände, Stuttgart/Tübingen: J. G. Cotta 1849, Band 2, S. 389–393.

**1854 Rio de Janeiro**

„Obras de M. Arago", in: *O Cearense* 741 (27. Juni 1854), S. 3–4.
Für diese Ausgabe: „Einleitung", in: *Franz Arago's sämmtliche Werke. Mit einer Einleitung von Alexander von Humboldt*, hrsg. v. Wilhelm Gottlieb Hankel, 16 Bände, Leipzig: Otto Wigand 1854–1860, Band 1, S. I–XXII. [Aus dem Französischen.]

**1855 Havanna**

„Antigüedades americanas. Sobre las cartas mas antiguas del Nuevo Continente y el Nombre ‚América', por Alejandro de Humboldt", übersetzt von Antonio Angulo y Heredia, in: *Revista de la Habana* 4:16 (1855), S. 58–61; 4:19 (1855), S. 72–74; 4:23 (1855), S. 86–88; 4:27 (1855), S. 104–107; 4:38 (1855), S. 149–150.
Für diese Ausgabe: „Über die ältesten Karten des Neuen Continents und den Namen Amerika", in: Friedrich Wilhelm Ghillany, *Ge-*

*schichte des Seefahrers Ritter Martin Behaim*, Nürnberg: Bauer und Raspe 1853, S. 1–12.

**1856 Bombay**

„Humboldt and the Americans", in: *The Bombay Times and Journal of Commerce* 20:75 (17. September 1856), S. 597.

Für diese Ausgabe: „Insel Cuba", in: *Berlinische Nachrichten von Staats- und gelehrten Sachen* 172 (25. Juli 1856), [o. S.].

**1857 Klagenfurt**

[Schreiben zur Versammlung der Naturforscher und Ärzte in Bonn], in: *Klagenfurter Zeitung* 221 (29. September 1857), S. 878–879.

**1858 Lausanne** [Lettre sur la mort de Bonpland], in: *Gazette de Lausanne et Journal Suisse* 59:191 (14. August 1858), S. 1–2.

Für diese Ausgabe: [Nachricht von Bonplands Tod], in: *Allgemeine Zeitung* 198 (17. Juli 1858), Beilage, S. 3218–3219.

**1859 Jackson, Mississippi:**

„The Miseries of Greatness", in: *Semi-Weekly Mississippian* 4:102 (6. Mai 1859), S. [1].

Für diese Ausgabe: [Ruf um Hülfe], in: *Berlinische Nachrichten von Staats- und gelehrten Sachen* 67 (20. März 1859), [o. S.].

Die vollständige Druckgeschichte aller Quellen ist nachgewiesen in der Gesamtbibliographie der Berner Ausgabe von Humboldts *Sämtlichen Schriften*. Die Auszüge aus den Buchwerken wurden ihrer jeweiligen Vorlage angepasst.